U0370137

国家出版基金资助项目

现代数学中的著名定理纵横谈丛书

丛书主编　王梓坤

FERMAT'S LAST THEOREM

Fermat大定理

刘培杰数学工作室　编著

哈尔滨工业大学出版社
HARBIN INSTITUTE OF TECHNOLOGY PRESS

内 容 简 介

本书全面地介绍了 Fermat 大定理这一数学分支的研究成果.全书共分 18 章,详细论述了 Fermat 大定理的起源及发展历程以及 Fermat 大定理的应用.全书脉络清晰,对读者在了解 Fermat 大定理、应用 Fermat 大定理等问题上具有重要意义.

本书适合大中学数学爱好者阅读参考。

图书在版编目(CIP)数据

Fermat 大定理/刘培杰数学工作室编著.—哈尔滨:哈尔滨工业大学出版社,2018.1
(现代数学中的著名定理纵横谈丛书)
ISBN 978-7-5603-6512-1

Ⅰ.①F… Ⅱ.①刘… Ⅲ.①费马最后定理
Ⅳ.①O156

中国版本图书馆 CIP 数据核字(2017)第 048269 号

策划编辑 刘培杰 张永芹
责任编辑 张永芹 杜莹雪
封面设计 孙茵艾
出版发行 哈尔滨工业大学出版社
社 址 哈尔滨市南岗区复华四道街 10 号 邮编 150006
传 真 0451-86414749
网 址 http://hitpress.hit.edu.cn
印 刷 牡丹江邮电印务有限公司
开 本 787mm×960mm 1/16 印张 50.75 字数 523 千字
版 次 2018 年 1 月第 1 版 2018 年 1 月第 1 次印刷
书 号 ISBN 978-7-5603-6512-1
定 价 198.00 元

(如因印装质量问题影响阅读,我社负责调换)

代序

读书的乐趣

你最喜爱什么——书籍.

你经常去哪里——书店.

你最大的乐趣是什么——读书.

这是友人提出的问题和我的回答.真的,我这一辈子算是和书籍,特别是好书结下了不解之缘.有人说,读书要费那么大的劲,又发不了财,读它做什么?我却至今不悔,不仅不悔,反而情趣越来越浓.想当年,我也曾爱打球,也曾爱下棋,对操琴也有兴趣,还登台伴奏过.但后来却都一一断交,"终身不复鼓琴".那原因便是怕花费时间,玩物丧志,误了我的大事——求学.这当然过激了一些.剩下来唯有读书一事,自幼至今,无日少废,谓之书痴也可,谓之书橱也可,管它呢,人各有志,不可相强.我的一生大志,便是教书,而当教师,不多读书是不行的.

读好书是一种乐趣,一种情操;一种向全世界古往今来的伟人和名人求教的方法,一种和他们展开讨论的方式;一封出席各种活动、体验各种生活、结识各种人物的邀请信;一张迈进科学宫殿和未知世界的入场券;一股改造自己、丰富自己的强大力量.书籍是全人类有史以来共同创造的财富,是永不枯竭的智慧的源泉.失意时读书,可以使人重整旗鼓;得意时读书,可以使人头脑清醒;疑难时读书,可以得到解答或启示;年轻人读书,可明奋进之道;年老人读书,能知健神之理.浩浩乎!洋洋乎!如临大海,或波涛汹涌,或清风微拂,取之不尽,用之不竭.吾于读书,无疑义矣,三日不读,则头脑麻木,心摇摇无主.

潜能需要激发

我和书籍结缘,开始于一次非常偶然的机会.大概是八九岁吧,家里穷得揭不开锅,我每天从早到晚都要去田园里帮工.一天,偶然从旧木柜阴湿的角落里,找到一本蜡光纸的小书,自然很破了.屋内光线暗淡,又是黄昏时分,只好拿到大门外去看.封面已经脱落,扉页上写的是《薛仁贵征东》.管它呢,且往下看.第一回的标题已忘记,只是那首开卷诗不知为什么至今仍记忆犹新:

日出遥遥一点红,飘飘四海影无踪.

三岁孩童千两价,保主跨海去征东.

第一句指山东,二、三两句分别点出薛仁贵(雪、人贵).那时识字很少,半看半猜,居然引起了我极大的兴趣,同时也教我认识了许多生字.这是我有生以来独立看的第一本书.尝到甜头以后,我便千方百计去找书,向小朋友借,到亲友家找,居然断断续续看了《薛丁山征西》《彭公案》《二度梅》等,樊梨花便成了我心中的女英雄.我真入迷了.从此,放牛也罢,车水也罢,我总要带一本书,还练出了边走田间小路边读书的本领,读得津津有味,不知人间别有他事.

当我们安静下来回想往事时,往往会发现一些偶然的小事却影响了自己的一生.如果不是找到那本《薛仁贵征东》,我的好学心也许激发不起来.我这一生,也许会走另一条路.人的潜能,好比一座汽油库,星星之火,可以使它雷声隆隆、光照天地;但若少了这粒火星,它便会成为一潭死水,永归沉寂.

抄,总抄得起

好不容易上了中学,做完功课还有点时间,便常光顾图书馆.好书借了实在舍不得还,但买不到也买不起,便下决心动手抄书.抄,总抄得起.我抄过林语堂写的《高级英文法》,抄过英文的《英文典大全》,还抄过《孙子兵法》,这本书实在爱得狠了,竟一口气抄了两份.人们虽知抄书之苦,未知抄书之益,抄完毫末俱见,一览无余,胜读十遍.

始于精于一,返于精于博

关于康有为的教学法,他的弟子梁启超说:"康先生之教,专标专精、涉猎二条,无专精则不能成,无涉猎则不能通也."可见康有为强烈要求学生把专精和广博(即"涉猎")相结合.

在先后次序上,我认为要从精于一开始.首先应集中精力学好专业,并在专业的科研中做出成绩,然后逐步扩大领域,力求多方面的精.年轻时,我曾精读杜布(J. L. Doob)的《随机过程论》,哈尔莫斯(P. R. Halmos)的《测度论》等世界数学名著,使我终身受益.简言之,即"始于精于一,返于精于博".正如中国革命一样,必须先有一块根据地,站稳后再开创几块,最后连成一片.

丰富我文采,澡雪我精神

辛苦了一周,人相当疲劳了,每到星期六,我便到旧书店走走,这已成为生活中的一部分,多年如此.一次,偶然看到一套《纲鉴易知录》,编者之一便是选编《古文观止》的吴楚材.这部书提纲挈领地讲中国历史,上自盘古氏,直到明末,记事简明,文字古雅,又富于故事性,便把这部书从头到尾读了一遍.从此启发了我读史书的兴趣.

我爱读中国的古典小说,例如《三国演义》和《东周列国志》.我常对人说,这两部书简直是世界上政治阴谋诡计大全.即以近年来极时髦的人质问题(伊朗人质、劫机人质等),这些书中早就有了,秦始皇的父亲便是受害者,堪称"人质之父".

《庄子》超尘绝俗,不屑于名利.其中"秋水""解牛"诸篇,诚绝唱也.《论语》束身严谨,勇于面世,"己所不欲,勿施于人",有长者之风.司马迁的《报任少卿书》,读之我心两伤,既伤少卿,又伤司马;我不知道少卿是否收到这封信,希望有人做点研究.我也爱读鲁迅的杂文,果戈理、梅里美的小说.我非常敬重文天祥、秋瑾的人品,常记他们的诗句:"人生自古谁无死,留取丹心照汗青""休言女子非英物,夜夜龙泉壁上鸣".唐诗、宋词、《西厢记》《牡丹亭》,丰富我文采,澡雪我精神,其中精粹,实是人间神品.

读了邓拓的《燕山夜话》,既叹服其广博,也使我动了写《科学发现纵横谈》的心.不料这本小册子竟给我招来了上千封鼓励信.以后人们便写出了许许多多的“纵横谈”.

从学生时代起,我就喜读方法论方面的论著.我想,做什么事情都要讲究方法,追求效率、效果和效益,方法好能事半而功倍.我很留心一些著名科学家、文学家写的心得体会和经验.我曾惊讶为什么巴尔扎克在51年短短的一生中能写出上百本书,并从他的传记中去寻找答案.文史哲和科学的海洋无边无际,先哲们的明智之光沐浴着人们的心灵,我衷心感谢他们的恩惠.

读书的另一面

以上我谈了读书的好处,现在要回过头来说说事情的另一面.

读书要选择.世上有各种各样的书:有的不值一看,有的只值看20分钟,有的可看5年,有的可保存一辈子,有的将永远不朽.即使是不朽的超级名著,由于我们的精力与时间有限,也必须加以选择.决不要看坏书,对一般书,要学会速读.

读书要多思考.应该想想,作者说得对吗?完全吗?适合今天的情况吗?从书本中迅速获得效果的好办法是有的放矢地读书,带着问题去读,或偏重某一方面去读.这时我们的思维处于主动寻找的地位,就像猎人追找猎物一样主动,很快就能找到答案,或者发现书中的问题.

有的书浏览即止,有的要读出声来,有的要心头记住,有的要笔头记录.对重要的专业书或名著,要勤做笔记,“不动笔墨不读书”.动脑加动手,手脑并用,既可加深理解,又可避忘备查,特别是自己的灵感,更要及时抓住.清代章学诚在《文史通义》中说:“札记之功必不可少,如不札记,则无穷妙绪如雨珠落大海矣.”

许多大事业、大作品,都是长期积累和短期突击相结合的产物.涓涓不息,将成江河;无此涓涓,何来江河?

爱好读书是许多伟人的共同特性,不仅学者专家如此,一些大政治家、大军事家也如此.曹操、康熙、拿破仑、毛泽东都是手不释卷,嗜书如命的人.他们的巨大成就与毕生刻苦自学密切相关.

王梓坤

⊙ 目录

第一编　前　传

第 0 章　引言　//3

第 1 章　清代一则求勾股数的数学方法　//19

1　中国关于"勾股数"的历史梳理　//20

2　沈立民求勾股数的数学方法　//22

3　一点启示　//26

第 2 章　关于 $x^2+y^2=z^2$ 在正整数内的勾序解与股序解　//29

1　主要结论　//30

2　几个引理　//31

3　主要结论的证明　//35

4　从费马大定理到死刑的废除　//38

第 3 章　不定方程 $x^2+y^2=z^2$ 之通解由其任一特解的显示表示　//49

1 前言 //49
2 主要结果 //50
3 基本定理 //56
4 定理的证明 //66
5 结束语 //67

第二编 正 史

第 4 章 费马——孤独的法官 //71
1 出身贵族的费马 //71
2 官运亨通的费马 //73
3 淡泊致远的费马 //75
4 复兴古典的费马 //77
5 议而不作的数学家 //80
第 5 章 欧拉——多产的数学家 //84
1 $n=3$ 时,费马定理的初等证明 //84
2 被印在钞票上的数学家 //86
3 $n=3$ 时的费马问题 //89
4 不定方程 $x^3+y^3=z^2$ 与 $x^3+y^3=z^4$ //98
第 6 章 高斯——数学王子 //111
1 最后一个使人肃然起敬的峰巅 //112
2 高斯的《算术研究》及高斯数问题 //114
3 离散与连续的“不解之缘” //116
4 高斯的“关于一般曲面的研究” //117
5 高斯与正 17 边形 //118
6 奇妙的高斯数列 //119
7 多才多艺的数学家 //121
8 追求完美的人 //123
9 不受引诱的原因 //125

10　一类 l 次循环域与费马方程　//127
第 7 章　库默尔——“理想”的创造者　//132
1　老古董——库默尔　//132
2　哲学的终生爱好者——库默尔　//135
3　“理想数”的引入者——库默尔　//137
4　承上启下的库默尔　//142
5　悠闲与幽默的库默尔　//146
第 8 章　闯入理想王国的女性　//148
1　首先闯入理性王国的女性——吉尔曼的故事　//149
2　糊在墙上的微积分——俄国女数学家柯娃列夫斯卡娅的故事　//159
3　美神没有光顾她的摇篮——近世代数之母诺特　//171
第 9 章　迪克森论费马大定理　//195
第 10 章　法尔廷斯——年轻的菲尔兹奖得主　//292
1　曲线上的有理点——莫德尔猜想　//292
2　最年轻的菲尔兹奖得主——法尔廷斯　//301
3　厚积薄发——法尔廷斯的证明　//310
4　激发数学——莫德尔猜想与阿贝尔簇理论　//321
5　众星捧月——灿若群星的代数几何大师　//334
6　如何在椭圆、双曲线上快速找到有理点　//341
7　椭圆曲线 $y^2=px(x^2+2)$ 有正整数点的判别条件　//346
8　关于亏格 g 的超椭圆曲线同构等价类数目的

估计 //352
9 超椭圆曲线 $y^k=x(x+1)(x+3)(x+4)$ 上的有理点 //363
第 11 章 布朗——用真心换无穷 //378
第 12 章 谷山和志村——天桥飞架 //433
1 双星巧遇——谷山与志村戏剧性的相识 //433
2 战时的日本科学 //434
3 过时的研究内容——模形式 //438
4 以自己的方式行事 //440
5 怀尔斯证明的方向——谷山－志村猜想 //442
第 13 章 宫冈洋一——百科全书式的学者 //446
1 费马狂骚曲——因特网传遍世界，UPI 电讯冲击日本 //446
2 从衰微走向辉煌——日本数学的历史与现状 //452
3 废止和算、专用洋算——中日数学比较 //457
4 “克罗内克青春之梦”的终结者——数论大师高木贞治 //461
5 日本代数几何三巨头——小平邦彦、广中平佑、森重文 //467
6 好事成双 //487
7 对日本数学教育的反思——几位大师对数学教育的评论 //490
第 14 章 怀尔斯——毕其功于一役 //503
1 世纪末的大结局——怀尔斯的剑桥

演讲 //503
2 风云乍起——怀尔斯剑桥语出惊人 //505
3 天堑通途——弗雷曲线架桥梁 //511
4 集之大成——十八般武艺样样精通 //518
5 好事多磨——证明有漏洞沸沸扬扬 //542
6 避重就轻——巧妙绕过欧拉系 //547
7 代数数论历史及其在 ICM 上的反映 //571
8 关于自守形式三本书的评论 //590
9 Fermat 大定理证明者:搞数学是一种怎样的体验? //605

第三编 外 史

第 15 章 概率方法 //613
1 费曼用概率方法巧“证”费马大定理 //613
2 浅议现代数学物理对数学的影响 //618
3 数论中的概率方法 //639
第 16 章 有理指数的费马大定理 //722
1 介绍 //722
2 实根的情况 //725
3 需要的伽罗瓦理论片断 //727
4 主要结果 //729
第 17 章 骑自行车上月球的旅人 //736
1 业余数学爱好者的证明 //736
2 证明 //754
第 18 章 50 年来数理学在法国之概况 //780
1 序言 //780
2 解析函数论 //782

3 微分方程式论 //786
4 数论、代数及几何 //790
5 实变数函数论及集合论 //794
6 数理学与物理学之关系 //796
7 结论 //798

第一编

前　传

第 0 章　引言

在数学解题中一般是由小定理来证明大定理的多，由低阶结论论证高阶结论的多，反过来的情况比较少见，偶有出现，必有惊喜之处，下面先举几个小例子.

在普林斯顿大学第 7 届数学竞赛试题中有这样两个问题：

问题 1　求 $a^{503}+b^{1\,006}=c^{2\,012}$ 的解的个数，其中 a,b,c 是整数并且 $|a|$，$|b|$，$|c|$ 都小于 2 012.

（2012 年第 7 届普林斯顿大学数学竞赛）

解　答案为 189. 注意到方程可以写成 $(a)^{503}+(b^2)^{503}=(c^4)^{503}$. 感谢普林斯顿大学的数学教授安德鲁·怀尔斯(AndrewWiles)，他证明了费马大定理

(Fermat's last theorem),使得我们知道这个方程没有非平凡解.因此对于任何解(a,b,c),a,b,c中至少有一个为0.

若$a=0$,则$b^{1\,006}=c^{2\,012}$,$b=c^2$.注意到$44<\sqrt{2\,012}<45$,那么我们有下面的解

$$S_a=\{(0,c^2,c)\mid c=0,\pm 1,\pm 2,\cdots,\pm 44\}$$

若$b=0$,则$a^{503}=c^{2\,012}$,$a=c^4$.注意到$6<\sqrt[4]{2\,012}<7$,那么我们有下面的解

$$S_b=\{(c^4,0,c)\mid c=0,\pm 1,\pm 2,\cdots,\pm 6\}$$

若$c=0$,则$a^{503}=-b^{1\,006}$,$a=-b^2$.那么我们有下面的解

$$S_c=\{(-b^2,b,0)\mid b=0,\pm 1,\pm 2,\cdots,\pm 44\}$$

我们有$|S_a|=|S_c|=89$,$|S_b|=13$(这里$|S|$表示S中元素的个数).注意到这三个解集都包含$(0,0,0)$,则

$$|S_a\cup S_b\cup S_c|=|S_a|+|S_b|+|S_c|-2=89+13+89-2=189$$

问题2 求所有满足方程$3x^2+4=2y^3$的整数对(x,y),并给出证明.

(2012年第7届普林斯顿大学数学竞赛)

解 方程可以被写成$(2+x)^3+(2-x)^3=(2y)^3$.由费马大定理,$2+x$,$2-x$和y中至少有一个必须是0.第一种情况给出了解$(-2,2)$,第二种情况给出了解$(2,2)$,第三种情况无解.

还有其他的解法.我们首先注意到x一定是偶数,因此令$x=2k$(对于某个$k\in\mathbf{Z}$).将它代入方程并且化简得到$6k^2+2=y^3$.那么y一定也是偶数,并且令$y=2l$得到$3k^2+1=4l^3$.现在我们看出k一定是奇数,因此

令 $k=2m+1$ 得到 $3m^2+3m+1=l^3$. 方程的左边容易认出是 $(m+1)^3-m^3$，我们可以将方程重新写为 $(m+1)^3=l^3+m^3$. 那么或者 $m=-1$，或者 $m=0$，或者 $l=0$，通过考虑这三种情况，我们得到和前面相同的两个解.

在美国著名数学教育家查·特里格编著的《数学机敏》一书中也有一个类似题目：

问题 3　对于区间 $(0,\frac{\pi}{2})$ 内的任何一个 θ，$\sqrt{\sin\theta}$ 和 $\sqrt{\cos\theta}$ 能不能同时取有理数值？

解　设

$$\sqrt{\sin\theta}=\frac{a}{b},\sqrt{\cos\theta}=\frac{c}{d}$$

其中 a,b,c,d 都是正整数. 于是

$$\sin^2\theta+\cos^2\theta=\frac{a^4}{b^4}+\frac{c^4}{d^4}$$

利用公式 $\sin^2\theta+\cos^2\theta=1$，可得

$$(bd)^4=(ad)^4+(bc)^4$$

但是这个等式不成立，因为方程 $x^4+y^4=z^4$ 没有正整数解. 因此，$\sqrt{\sin\theta}$ 和 $\sqrt{\cos\theta}$ 不能同时取有理数值.

本题是查·特里格先生从早期的《美国数学月刊》中精选出来的，其特点是题目看似很难，但解法别出心裁，巧辟捷径，出人意料.

值得注意的是，当将费马方程形式稍加改变，则难度会陡然降低，变成一个竞赛题：

问题 4　p 是一个素数，求方程 $x^p+y^p=p^z$ 的全部正整数组解 (x,y,z,p).

（1994 年保加利亚数学奥林匹克竞赛）

解　如果 (x,y,z,p) 是一组满足题目条件的正

整数组解. 由于 p 是素数,则 x,y 的最大公因数有下述等式

$$(x,y)=p^k \qquad ①$$

这里 k 是一个非负整数. 利用上式,有

$$x=p^k x^*,y=p^k y^* \qquad ②$$

这里 x^*,y^* 是两个互素的正整数,将上式代入题目中方程,有

$$x^{*p}+y^{*p}=p^{z-kp} \qquad ③$$

由于 x^*,y^* 都是正整数,记

$$z^*=z-kp \qquad ④$$

z^* 也是一个正整数. 利用 ③④,有

$$x^{*p}+y^{*p}=p^{z^*} \qquad ⑤$$

方程 ⑤ 的形式与题目中的方程完全一样,只不过方程 ⑤ 多了一个辅助条件:x^*,y^* 互素,从而可以推出 x^* 不是 p 的倍数,y^* 也不是 p 的倍数. 下面分情况讨论:

(1) 当 $p=2$ 时,首先知道 x^*,y^* 都是奇数. 此时方程 ⑤ 化为

$$x^{*2}+y^{*2}=2^{z^*} \qquad ⑥$$

由于 x^*,y^* 都是奇数,有

$$x^{*2}\equiv 1(\mathrm{mod}\ 4),y^{*2}\equiv 1(\mathrm{mod}\ 4) \qquad ⑦$$

利用方程 ⑥ 和上式,有

$$z^*=1,x^*=1,y^*=1 \qquad ⑧$$

再利用公式 ②,有

$$x=2^k,y=2^k,z=2k+1 \qquad ⑨$$

(2) 当 p 是奇素数时,这时 $x^{*p}+y^{*p}$ 是 x^*+y^* 的倍数,再利用方程 ⑤,有

$$x^*+y^*=p^t \qquad ⑩$$

这里 t 是一个正整数. 由于 $p \geqslant 3$,则 $x^* + y^* \geqslant 3$,于是有

$$x^{*p} + y^{*p} > x^* + y^* \tag{11}$$

利用上两式及方程 ⑤,有

$$1 \leqslant t \leqslant z^* - 1 \tag{12}$$

利用方程 ⑤ 及公式 ⑩,有

$$x^{*p} + (p^t - x^*)^p = p^{z^*} \tag{13}$$

展开上式左端第二项,并且利用 p 是奇数,有

$$p^{tp} - C_p^1 p^{(p-1)t} x^* + \cdots - C_p^{p-2} p^{2t} x^{*p-2} + C_p^{p-1} p^t x^{*p-1} = p^{z^*} \tag{14}$$

因为 p 是奇素数,所以 $C_p^j (j = 1, 2, \cdots, p-2, p-1)$ 都是 p 的倍数. 公式 ⑭ 的左端除了最后一项外,其余各项都是 p^{2t+1} 的倍数,而左端最后一项仅是 p^{t+1} 的倍数. 因此,p^{z^*} 一定是 p^{t+1} 的倍数,但肯定不是 p^{t+2} 的倍数. 因此,必定有

$$z^* = t + 1 \tag{15}$$

将上式代入公式 ⑩,有

$$x^* + y^* = p^{z^*-1} \tag{16}$$

由方程 ⑤ 和上式,有

$$x^{*p} + y^{*p} = p(x^* + y^*) \tag{17}$$

当正整数 $u \geqslant 2$ 时,用数学归纳法极容易证明,对于任何大于或等于 3 的正整数 n,有

$$u^{n-1} > n \tag{18}$$

利用上式,当 $x^* \geqslant 2$ 和 $y^* \geqslant 2$ 时,有

$$x^{*p} + y^{*p} = x^* x^{*p-1} + y^* y^{*p-1} > p(x^* + y^*) \tag{19}$$

不等式 ⑲ 与等式 ⑰ 是矛盾的. 因此,x^* 和 y^* 中至少有一个是 1. 不妨设 $x^* = 1$,利用公式 ⑯ 和 ⑰,有

$$y^{*}=p^{z^{*}-1}-1 \tag{20}$$

$$y^{*p}-py^{*}=p-1 \tag{21}$$

利用公式 ㉑,可以知道 y^{*} 是 $p-1$ 的一个因子,再利用公式 ⑳,必有

$$z^{*}-1=1, z^{*}=2, y^{*}=p-1 \tag{22}$$

将上式代入公式 ㉑,有

$$(p-1)^{p}-p(p-1)=p-1 \tag{23}$$

利用上式,有

$$(p-1)^{p-1}=p+1 \tag{24}$$

当正整数 $p>3$ 时,用数学归纳法,很容易证明

$$(p-1)^{p-1}>p+1 \tag{25}$$

利用公式 ㉔ 和 ㉕,必有

$$p=3 \tag{26}$$

将上式代入公式 ㉒,有

$$y^{*}=2 \tag{27}$$

因此,再利公式 ② 和 ④,有

$$x=3^{k}, y=2\times 3^{k}, z=2+3k \tag{28}$$

由于 x,y 的对称性,还应当有

$$x=2\times 3^{k}, y=3^{k}, z=2+3k \tag{29}$$

综述之,本题的所有解为

$$\begin{cases}x=2^{k}\\y=2^{k}\\z=2k+1\\p=2\end{cases},\begin{cases}x=3^{k}\\y=2\times 3^{k}\\z=2+3k\\p=3\end{cases},\begin{cases}x=2\times 3^{k}\\y=3^{k}\\z=2+3k\\p=3\end{cases} \tag{30}$$

对于一个如此大的数学猜想的解决,能如此快速的反映到初等数学的试题中,其社会学因素是存在的.著名数学家瑟斯顿(W. Thurston)指出:“当数学家在做数学的时候,更加依赖于想法的涌动和社会关于有

效性的标准，而不是形式化的证明. 数学家通常并不善于检验一个证明在形式上的正确性，但却擅长探查证明中潜在的弱点和缺陷.”

一个典型的例子就是数学共同体对英国数学家怀尔斯对费马大定理证明的态度. 专家很快就开始相信怀尔斯的证明在高级别的想法上是对的，然后才开始检验证明的细节. 因此，对数学共同体来说，一个未曾经过充分验证的数学证明往往不是在全面详查之后才给出的，而是在大体肯定的基础上，再来逐步验证的. 实际上，在怀尔斯最初对费马大定理的证明中有错误，后来得以更正. 有 12 位专家组成的小组参与了对怀尔斯论文的审核，而其他数学家则没有跟进对论文细节的检验，而是采取了基于社会信任的态度接受了怀尔斯证明的合理性.

再比如有限单群的完全分类问题(即找出有限单群所有的同构类)，经过全世界一百多位数学家 40 年的努力，终于在 1981 年完成. 然而，“最终的定理 …… 将超过 5 000 页. …… 这将超过人的呈现一个绝对准确且严密论证的几百页论文的能力. …… 一个人怎么能担保‘筛子’没有错过一个可能导致另一个单群的结构呢？”

汉纳(G. Hanna) 在对“新数学”所依赖的两个基本假设(1. 在现代数学中有普遍被接受的关于数学证明可靠性的标准；2. 严格证明是现代数学实践的特点.) 进行批评之后，提出了数学家接受一个新定理的 5 条标准：

(1) 数学家理解了定理(就是说，包含在其中的概念，共逻辑前提以及其含义)，而且没有什么能表明它是不对的；

(2) 定理是重要的，具有在一个或多个数学分支中的应用价值，并且允许进一步地研究和分析；

(3) 定理与已被接受的知识体系是一致的；

(4) 作者具有在定理所涉及的学科内作为一个专家的无可指责的声誉；

(5) 在定理的证明中，论证的类型（严格的或其他的）是令人信服的，就像以前他们遇见过的一样.

综合看来，以上 5 条标准集中体现了数学定理（和知识）所具有的自主性与社会性的有机结合. 从中可知，数学共同体和数学范式在一个新定理被数学界认可时起到了十分关键的作用. 由于当代数学是一个复杂的科学生物体，因此，在不同的数学范式之间，例如在纯粹数学范式与应用数学范式之间，对于严格性的理解也有许多差异.

在当代数学研究中，对数学证明的本质与结构造成极具挑战性的是随着计算机的广泛应用带来的证明范式的革命. 美国哈佛大学的贾弗和弗吉尼亚理工学院的奎因（F. Quinn）主张，应该借鉴物理学中理论物理和实验物理的各自分工，把数学分为“证明数学”和“假设数学”，从而允许“推测数学”的存在，于是在数学界和科学界引起了一场大范围的争论. 贾弗认为：“数学科学与物理科学在检验的性质上是有所不同的，差别在于程度上.”这些主张无疑是对传统数学范式中具有“合法化”的和“可接受标准”的挑战. 但在被认可的数学知识中，被予以严格证明是一个起码的标准，现在，即使这样一个标准也被要求加以放宽. 事实上，在物理学的许多热点研究中，所谓严格性被放置在很低的位置上.在与计算机密切相关的新的数学范式——“实验数学”中,对于严格性标准的要求大为降低,许多论文甚至不具有严格的证明形式.

随着计算机的发展以及计算机辅助数学证明和机器证明的兴起,逐步开辟了数学证明的新时代.通过对数学证明历史变迁和当代文化的考察,贾弗敏锐地洞察到不仅是物理学,还有诸如重大数学事件(指费马大定理的解决和唐纳森(Donaldson)理论的改进)以及网络给数学研究带来的影响和变化:“也许在未来若干年,我们观察数学证明方式的最大变化是在传达方式上.其中一个基本的事实是电子出版物已被视为理所当然的.”“四色定理”的计算机证明是 20 世纪后半叶最鼓舞人心的数学文化事件.

最后再举一个与 IMO 相关的问题:

问题 5　解方程 $28^x=19^y+87^z$,其中 x,y,z 均为整数.

(1987 年第 28 届 IMO 备选题)

解　若 x,y,z 中有负数,例如 $z<0$,则用 28^x,19^y,87^z 的分母的最小公倍数乘方程

$$28^x=19^y+87^z \tag{31}$$

的两边,左边所得的整数被 3 整除,右边的第一项被 3 整除,第二项不被 3 整除,式 ㉛ 不成立.于是 x,y,z 均为非负.显然 $x>z\geqslant 0$,由式 ㉛ 得

$$0\equiv(-1)^y+(-1)^z \pmod 4$$

所以 y,z 的奇偶性不同.又由式 ㉛ 得

$$\pm 1=(-1)^x\equiv 19^y \pmod{29}$$

因为 $19 \pmod{29}$ 的阶是 28,所以 $14\mid y$,从而 z 为奇数.若 $y=0$,则

$$28^x = 1 + 87^z = 88(87^{z-1} + 87^{z-2} + \cdots + 1)$$

此式右端被 11 整除，左边不被 11 整除. 所以 y 为正偶数. 由式 ㉛ 得

$$1^x \equiv 1^y + 87^z \pmod 9$$

即

$$87^z \equiv 0 \pmod 9$$

所以 $z \geqslant 3$，仍由式 ㉛ 得

$$1^x \equiv 19^y \pmod{27}$$

因为 $19 \pmod{27}$ 的阶为 3，所以 $3 \mid y$，从而 $6 \mid y$，$19^y \equiv 1 \pmod 7$，由式 ㉛ 得

$$0 \equiv 1 + 87^z \pmod 7$$

即

$$3^z \equiv -1 \pmod 7$$

$3 \pmod 7$ 的阶为 6，所以 $3 \mid z$. 由于 $11^3 \equiv 1 \pmod{19}$，所以由式 ㉛ 得

$$9^x \equiv 87^z \equiv 11^z \equiv 1 \pmod{19}$$

$9 \pmod{19}$ 的阶为 9，所以 $9 \mid x$.

由于 x, y, z 均是被 3 整除的正整数，所以由式 ㉛ 得

$$(28^{\frac{x}{3}})^3 + (19^{\frac{y}{3}})^3 = (87^{\frac{z}{3}})^3 \qquad ㉜$$

但由费马大定理可知式 ㉜ 无解，所以式 ㉛ 无解.

顺便指出：

多项式也具有自然数的许多性质. 例如：确定多项式的因式分解式，为多项式对确定最大公因式，诸如此类. 与此相联系的是对多项式可以提出与著名的题目类似的问题，或者是提出与数论中的题目类似的问题. 一般地，对于多项式来说，问题的解决实质上比较简单. 例如，著名的费马猜想：当 $n \geqslant 3$ 时，方程 $x^n + y^n =$

z^n 没有自然数解. 而与它类似的问题(关于多项式的方程 $f^n+g^n=h^n$ 的不可解性),正如我们下面所见到的,可以较简单地得到解答.

在 19 世纪后期得到以下结果:写出满足如下条件的全部的自然数三元组 α,β,γ,使得对于多项式 f,g,h,方程 $f^\alpha+g^\beta=h^\gamma$ 有非平凡解. 我们提供这种分类的更为新近的表述.

以下结果在关于多项式的许多丢番图(Diophantine)方程的不可解性的证明中十分有效.

定理 1　设 $a(x),b(x)$ 与 $c(x)$ 是两两互素的多项式,它们满足关系式 $a+b+c=0$,那么这些多项式中每一个的次数都不大于 $n_0(abc)-1$,其中 $n_0(abc)$ 是多项式 abc 的不同的根的个数.

证明　设 $f=\dfrac{a}{c}$ 且 $g=\dfrac{b}{c}$,那么 f 与 g 都是有理函数,它们满足关系式 $f+g+1=0$. 将这个等式求导数得 $f'=-g'$,因此

$$\frac{b}{a}=\frac{g}{f}=-\frac{\dfrac{f'}{f}}{\dfrac{g'}{g}}$$

有理函数 f 与 g 有特别的形式 $\prod(x-\rho_i)^{r_i}$,其中 r_i 是整数. 函数 $R(x)=\prod(x-\rho_i)^{r_i}$ 满足等式

$$\frac{R'}{R}=\sum\frac{r_i}{x-\rho_i}$$

设 $a(x)=\prod(x-\alpha_i)^{a_i}$,$b(x)=\prod(x-\beta_j)^{b_j}$,$c(x)=\prod(x-\gamma_k)^{c_k}$. 那么

$$\frac{f'}{f}=\sum\frac{a_i}{x-\alpha_i}-\sum\frac{c_k}{x-\gamma_k}$$

$$\frac{g'}{g}=\sum\frac{b_j}{x-\beta_j}-\sum\frac{c_k}{x-\gamma_k}$$

因此，在乘以 $n_0(abc)$ 次多项式 $N_0=\prod(x-\alpha_i)(x-\beta_j)(x-\gamma_k)$ 之后，有理函数$\frac{f'}{f}$与$\frac{g'}{g}$都成为次数不大于 $n_0(abc)-1$ 的多项式. 因此，由多项式 $a(x)$ 与 $b(x)$ 的互素性及等式$\frac{b}{a}=-\frac{N_0\frac{f}{f'}}{N_0\frac{g}{g'}}$得出：多项式 $a(x)$ 与 $b(x)$ 中的每一个的次数都不大于 $n_0(abc)-1$. 对于多项式 $c(x)$ 的证明是类似的.

由定理 1 可以得到一些有意义的推论. 我们在以下的定理 2 ～ 4 中说明这些推论. 下面将多项式 f 的次数记为 $\deg f$.

定理 2　设 f 与 g 是互素的非零次多项式，那么 $\deg(f^3-g^2)\geqslant\frac{1}{2}\deg f+1$.

证明　如果 $\deg f^3\neq\deg g^2$，那么

$$\deg(f^3-g^2)\geqslant\deg f^3=3\deg f\geqslant\frac{1}{2}\deg f+1$$

因此，可以认为 $\deg f^3=\deg g^2=6k$.

考虑多项式 $F=f^3$，$G=g^2$ 与 $H=F-G=f^3-g^2$，显然有 $\deg H\leqslant 6k$. 根据定理 1 得

$$\begin{aligned}\max(\deg F,\deg G,\deg H)\leqslant n_0(FGH)-1\leqslant&\\ \deg f+\deg g+&\\ \deg H-1&\end{aligned}$$

即

$$6k\leqslant 2k+3k+\deg H-1$$

于是

$$\deg H \geqslant k+1=\frac{1}{2}\deg f+1$$

定理 3　设 f,g 与 h 是互素的多项式，而且其中至少有一个不是常数，那么当 $n\geqslant 3$ 时，等式 $f^n+g^n=h^n$ 不可能成立.

证明　根据定理 1 可知，多项式 f^n,g^n 与 h^n 中每一个的次数都不大于 $\deg f+\deg g+\deg h-1$，即 $n\deg f, n\deg g, n\deg h\leqslant \deg f+\deg g+\deg h-1$. 将这三个不等式相加得

$$\begin{aligned}&n(\deg f+\deg g+\deg h)\leqslant\\&3(\deg f+\deg g+\deg h-1)<\\&3(\deg f+\deg g+\deg h)\end{aligned}$$

于是，$n<3$.

如果三个数 α,β,γ 中有一个等于1，那么关于多项式 f,g,h 的丢番图方程 $f^\alpha+g^\beta=h^\gamma$ 有显然的解. 因此，我们认为 $\alpha,\beta,\gamma\geqslant 2$.

定理 4　设 α,β,γ 都是自然数，且 $2\leqslant\alpha\leqslant\beta\leqslant\gamma$. 那么，方程 $f^\alpha+g^\beta=h^\gamma$ 只对于下列数组 (α,β,γ) 有互素的解：$(2,2,\gamma)$，$(2,3,3)$，$(2,3,4)$ 与 $(2,3,5)$.

证明　设多项式 f,g,h 的次数分别是 a,b,c. 那么根据定理 1 有

$$\alpha a\leqslant a+b+c-1 \tag{33}$$

$$\beta b\leqslant a+b+c-1 \tag{34}$$

$$\gamma c\leqslant a+b+c-1 \tag{35}$$

所以

$$\alpha(a+b+c)\leqslant \alpha a+\beta b+\gamma c\leqslant 3(a+b+c)-3$$

这表示 $\alpha<3$. 依条件 $\alpha\geqslant 2$，因此 $\alpha=2$. 当 $\alpha=2$ 时，不

等式 ㉝ 的形式是

$$a \leqslant b + c - 1 \tag{36}$$

将不等式 ㉞㉟ 与 ㊱ 相加得

$$\beta b + \gamma c \leqslant 3(b + c) + a - 3$$

考虑到 $\beta \leqslant \gamma$，并再一次应用不等式 ㊱ 得

$$\beta(b + c) \leqslant 4(b + c) - 4$$

这表示 $\beta < 4$，即 $\beta = 2$ 或 3.

剩下的是证明：如果 $\beta = 3$，那么 $\gamma \leqslant 5$. 当 $\beta = 3$ 时，不等式 ㉞ 的形式是

$$2b \leqslant a + c - 1 \tag{37}$$

将不等式 ㊱ 与 ㊲ 相加得

$$b \leqslant 2c - 2$$

在这个情形中，由不等式 ㊱ 得

$$a \leqslant 3c - 3$$

由最后两个不等式与不等式 ㉟ 得

$$\gamma c \leqslant 6c - 6$$

因此，$\gamma \leqslant 5$.

满足关系式 $f^{\alpha} + g^{\beta} = h^{\gamma}$ 的多项式与正则多项式有密切的联系. 在克莱因(Klein) 的下列的书中详尽地说明这种联系：《关于二十面体与五次方程的解的讲义》(莫斯科：科学出版社，1989). 在该书中指出构造这些多项式的方法. 我们只列出几个结果.

$\alpha = \beta = 2, \gamma = n$ 的情形联系着退化的正则多项式——平面的 n 边形. 所要求的关系式的形式是

$$\left(\frac{x^n + 1}{2}\right)^2 - \left(\frac{x^n - 1}{2}\right)^2 = x^n$$

$\alpha = 2, \beta = 3, \gamma = 3$ 的情形联系着正四面体. 关系式

的形式是

$$12\sqrt{3}\mathrm{i}(x^5-x)^2+(x^4-2\sqrt{3}\mathrm{i}x^2+1)^3=(x^4+2\sqrt{3}\mathrm{i}x^2+1)^3$$

$\alpha=2,\beta=3,\gamma=4$ 的情形联系着正八面体. 关系式的形式是

$$(x^{12}-33x^8-33x^4+1)^2+108(x^5-x)^4=(x^8+14x^4+1)^3$$

$\alpha=2,\beta=3,\gamma=5$ 的情形联系着十二面体及二十面体. 关系式的形式是

$$T^2+H^3=1\ 728f^5$$

其中

$$T=x^{30}+1+522(x^{25}-x^5)-10\ 005(x^{20}+x^{10})$$

$$H=-(x^{20}+1)+228(x^{15}-x^5)-494x^{10}$$

$$f=x(x^{10}+11x^5-1)$$

定理 3 表明:如果 x,y,z 是自然数,方程 $x^n+y^n=z^n$ 有解的充分必要条件是当 x,y,z 是多项式时该方程有解. 自然会产生下列的问题:当方程 $x^\alpha+y^\beta=z^\gamma$ 有自然数解的时候,这个方程是不是有多项式解?

第一个给予肯定性答案的例子是方程 $x^2+y^3=z^4$,它既有自然数解,也有多项式解. 这就是可以用下列的方式作出这个方程的无穷多组自然数解. 设 $x=\frac{n(n-1)}{2}$,$y=n$ 且 $z^2=\frac{n(n+1)}{2}$. 要求选择那样的数 n,使得 z 是整数. 可以将等式 $2z^2=n(n+1)$ 写成下列形式

$$(2n+1)^2-2(2z)^2=1$$

这是著名的费马－佩尔方程(Fermat-Pell Equation)，它有无穷多个解. 例如，当 $n=8$ 时，得 $x=28$，$y=8$，$z=6$. 除了这一组无穷多个解以外，还有其他的解.

但是方程 $x^2+y^4=z^6$ 却使我们失望. 这个方程没有多项式解，可是它有自然数解. 它的一个解的形式是

$$x=3^7\cdot 5^9\cdot 7\cdot 29^8$$

$$y=2\cdot 3^3\cdot 5^5\cdot 29^4,$$

$$z=3^2\cdot 5^3\cdot 29^3$$

清代一则求勾股数的数学方法

第1章

安徽师范大学数学计算机科学学院的陈克胜教授指出：哥伦比亚大学普林顿（G. A. Plimpton）收藏约公元前1900年到公元前1600年的古巴比伦数学泥板，这些数学泥板记录了人类历史上最早的勾股数研究，其他民族或地区也先后陆续发现和应用勾股数. 勾股数不仅具有重要的应用价值，而且其所蕴含的数学思想方法更有教育价值，因此，一直受到人们的关注. 起初可能是因为利用勾股数可以得到直角，这是人们所信赖的基本事实，在生产实践中得到有效的运用. 在我国把满足 $a^2+b^2=c^2$ 且为正整数的 a,b,c 叫作勾股（弦）数. 中国关于勾股数的最早文字记载的著作是《周髀算经》(约公元前1世纪). 在西方,把它称为毕达哥拉斯(Pythagoras)三元数组(约公元前6世纪),并得到了求毕达哥拉斯三元数组的公式 $c=m^2+n^2, a=m^2-n^2, b=2mn(m>n,(m,n)=1,m,n$ 为正整数). 后来,有人将毕达哥拉斯三元数组公式推广到更一般形式,使其能表出所有勾股数,即 $c=(m^2+n^2)r, a=(m^2-n^2)r, b=2mnr(r$ 为整数). 但在运用此公式具体求勾股数时,它的缺点是容易遗漏和重复勾股数. 本章根据崔朝庆、杨冰合著的《算表合璧》来介绍沈立民所创造的求勾股数的公式的一种数学方法,其特点是求勾股数具有程序性,得到的勾股数不遗漏、不重复,易于操作. 挖掘这则求勾股数的方法对于数学史研究以及基础数学教育中有关勾股定理的学习有一定现实意义和历史意义.

1 中国关于"勾股数"的历史梳理

钱宝琮在《中国数学中之整数股形研究》中详细地研究了中国关于"勾股数"的历史概况:(1) 清代以前的算书中所见之有理数勾股形. 中国现传最古老的算书《周髀算经》以及标志着中国传统数学形成的《九章算术》(至迟约公元前1世纪) 就有关于"勾股数"的历史记载及其研究. 到了唐代,王孝通在《辑古算经》(约公元626年) 给出了勾股题六则. 宋元时期,李冶在《测圆海镜》(1248年) 第八卷第十五题自注中记有 9:40:41 一率. 朱世杰在《四元玉鉴》(1303年) 卷下“方程正负门”记有 12∶35∶37 一率.（2）清代数学家之整数勾股形研究.《数学精蕴》（1723 年）下编卷十二《定勾股弦无零数法》有关于“勾股数”的研究，其公式实际上是：$a=p,b=\frac{m-n}{2},c=\frac{m+n}{2}$（$m,n$ 同为奇数或偶数）. 清代乾隆时期嘉兴王元启的《勾股衍》九卷，附录《答友问勾股书》. 清代道光时期陈杰的《算法大成》（1844 年）上编卷二论“定勾股弦三数皆整法”. 刘彝程的《简易庵算稿》（1895 年）有造整数勾股弦法一题. 据席淦遗稿及崔敬昌《李壬叔征君传》称李善兰有《造整数勾股级数法》二卷，可惜，没见原著. 但李善兰在《天算或问》（1867 年）卷一中，相当于给出了勾股数的公式：$\frac{m^2-n^2}{2},mn,\frac{m^2+n^2}{2}$（$m,n$ 同为奇偶）. 还有贵荣《造勾股最简之法》（1880 年）、陈维祺《求整数勾股弦法》（1889 年）、蒋士栋《拟任设一数求正股勾术》（1897 年）、陈志坚《整勾股释术》（1904 年）都有所涉及，在《蠡城算社选高》（1904 年）中记有金桜论造整数勾股形法，崔朝庆《得一斋算草》（1891 年），嵊县支宝枬《上虞算学堂课艺》（1901 年）也讨论过“勾股数”的问题.

沈康身在《中算导论》中，也介绍中外关于“勾股数”问题的历史情况，在钱宝琮的研究基础上，又新添了黄宗宪的《悯笑不计》（1906 年），认为求勾股数的公式是：当 $z-y=1$ 时，$x=2m+1,y=2m(m+1),z=2m^2+2m+1$（$m$ 为正整数）；当 $z-y=2$ 时，$x=2(m+1),y=m^2+2m,z=m^2+2m+2$（$m$ 为正整数）；……；当 $z-y=9$ 时，$x=3(2m+3),y=2m^2+6m,z=m^2+6m+9$.

以上说明，自《周髀算经》最早记载勾股定理以来，中国算学家对勾股定理及其求勾股数一直都非常关注，不断地取得一些新的研究成果，继续挖掘这些史料是数学史工作者工作的一部分，丰富中国有关数学研究的文库，有利于形成中国关于勾股数研究的一条较为完整的体系. 同样，由于勾股定理在基础数学教育中有一定地位，这些数学史料的挖掘对于基础数学教育关于勾股定理的教学具有重要的启发意义.

2　沈立民求勾股数的数学方法

沈立民求勾股数的数学方法记录在清末数学家、数学教育家崔朝庆与其学生杨冰合编的《算表合璧》(1902 年) 中，是中国关于求勾股数研究的一部分.《算表合璧》是中国近代科学用表的一次较为全面的总结，不仅收集、整理当时中外科学用表，而且还创造新的方法、编制新的算表. 全书共有 51 种算表，包括数论、三角、几何、测量、天文、地理和历史等学科内容，其中作者创造的算表有 12 个，根据学堂的要求整理中外的算表有 25 个，其他是直接引用原著的算表. 其中列有“整数勾股弦表”，表中记录了沈立民关于求勾股数的研究，列出了弦长不超过 1 000 的所有勾股数. 后来，许莼舫在《中算家的几何学研究》中用现代符号证明了沈立民求勾股数的方法.

2.1　沈立民的简介

沈立民，又名沈善蒸(1845—1903)，浙江桐乡乌镇人，清代算学家，火器发明家. 早年在上海求志书院求学，师从清代算学家刘彝程(1833—1920) 学习算学. 学成后，他曾任上海广方言馆、浙江求知书院算学教习，后来在湖南思贤书院作为算学掌教. 他曾同其老师刘彝程合编(著) 过《广方言馆算学课艺》(1896 年) 和《亥加人开立方解证》(1896 年)，著有《解代数》1 卷、《造整数勾股弦表》1 卷，曾校正过英国哈斯韦(Haswell Chas. H.) 所辑、傅兰雅所译、江衡笔述的《算式集要》(*Mensuration and Practical Geometry*, 1863 年)4 卷. 通晓物理、化学，著有《火器真诀解证》(1892 年)，这是对李善兰的著作《火器真诀》进行补充和完善，曾校正过英国田大里(Tyndall) 所著、金楷理(Kreyer Carl. T.) 所译、赵元益笔述的《光学》(*Light*, 1870 年)2 卷(这是波动光学的第一部中译本) 和田大里所著、傅兰雅口译、周郇笔述的《电学纲目》(1879 年) 等.

2.2　造整数勾股弦表的方法

下面为沈立民关于“求勾股数” 研究的结果：

“整数勾股弦表冷仙所撰其所用之算式为弦＝寅^{二} 丄 卯^{二}，勾或股＝寅^{二} 丅 卯^{二}，股或勾＝二寅卯. 桐乡沈君立民造无零勾股表之法，以勾三、股四、弦五为根代入公式：

伯弦＝二(弦 丄 勾 丄 股) 丄 弦

伯勾＝二(弦 丄 勾 丄 股)丅 股

伯股＝二(弦 丄 勾 丄 股)丅 勾

仲弦＝二(弦 丅 勾 丄 股) 丄 弦

仲勾＝二(弦 丅 勾 丄 股)丅 股

仲股＝二(弦⊤勾⊥股)⊥勾

季弦＝二(弦⊥勾⊤股)⊥弦

季勾＝二(弦⊥勾⊤股)⊤勾

季股＝二(弦⊥勾⊤股)⊥股

一形可化三形，由一而三，由三而九、而二十七，挨次递求，无重复，并无遗漏，亦善法也.”

也就是说，整数勾股弦表有两个方案，杨冰利用公式 $c=m^2+n^2$，$a=m^2-n^2$，$b=2mn$. 而沈立民创造了新的公式，将 $a=3$，$b=4$，$c=5$ 代入以下公式：

$c_1=2(a+b+c)+c$，$a_1=2(a+b+c)-b$，

$b_1=2(a+b+c)-a$；

$c_2=2(c-a+b)+c$，$a_2=2(c-a+b)-b$，

$b_2=2(c-a+b)+a$；

$c_3=2(c+a-b)+c$，$a_3=2(c+a-b)-a$，

$b_3=2(c+a-b)+b$.

根据书中所述，沈立民创造勾股数的公式来列出求勾股数的方法是这样的：

将 $a=3$，$b=4$，$c=5$ 代入 $c_3=2(c+a-b)+c$，$a_3=2(c+a-b)-a$，$b_3=2(c+a-b)+b$ 得出算表中第二组勾股数 $c=13$，$a=5$，$b=12$.

再将 $a=3$，$b=4$，$c=5$ 代入 $c_2=2(c-a+b)+c$，$a_2=2(c-a+b)-b$，$b_2=2(c-a+b)+a$ 得出算表中第三组勾股数 $c=17$，$a=8$，$b=15$.

将 $c=13$，$a=5$，$b=12$ 代入 $c_3=2(c+a-b)+c$，$a_3=2(c+a-b)-a$，$b_3=2(c+a-b)+b$ 得出算表中第四组勾股数 $c=25$，$a=7$，$b=24$.

再将 $a=3$，$b=4$，$c=5$ 代入 $c_1=2(a+b+c)+c$，$a_1=2(a+b+c)-b$，$b_1=2(a+b+c)-a$ 得出算表

中第五组勾股数 $c=29,a=20,b=21$.

……

综上,沈立民的方法是首先将 $a=3,b=4,c=5$ 作为第一组勾股数,分别代入上述公式,从而得到新的三组勾股数,然后再将新得到的三组勾股数再分别代入上述公式,又得到另外九组勾股数. 以此类推,将得到所要求得的勾股数. 其特点是继承了中国传统算法,通过反复迭代而得到一定数区间内的所有勾股数,具有程序化特点. 而通常用毕达哥拉斯三元数组公式 $c=m^2+n^2,a=m^2-n^2,b=2mn(m>n,(m,n)=1,m,n$ 为正整数) 来求勾股数,必须先从自然数中寻找两个互素的数,然后再代入上述公式,从而求出勾股数,这样每次都要取两个互素的数. 因此,相比较而言,沈立民所创造的求勾股数的方法的优点是:一次取 $a=3$, $b=4,c=5$ 勾股数,以此为基础反复代入公式,这样所求的勾股弦数既不易重复,也不易遗漏,方法简单,易操作,具有明显的程序化特点.

事实上

$$c=m^2+n^2,a=m^2-n^2,b=2mn$$

$$m>n,(m,n)=1,m,n \text{ 为正整数} \quad ①$$

代入沈立民所创造的公式,可得:

$$c_1=(2m+n)^2+m^2,b_1=2m(2m+n),$$
$$a_1=(2m+n)^2-m^2;$$
$$c_2=(2n+m)^2+n^2,b_2=2n(2n+m),$$
$$a_2=(2n+m)^2-n^2;$$
$$c_3=(2m-n)^2+m^2,b_3=2m(2m-n),$$
$$a_3=(2m-n)^2-m^2. \quad ②$$

从而,再由 $m>n,(m,n)=1$,可知$(2m+n,m)=$

1,$(2n+m,n)=1$,$(2m-n,m)=1$,且满足 $a^2+b^2=c^2$.故 ① 与 ② 是等价的.

3 一点启示

数学史在数学教育中具有重要的意义已成为共识,这也是数学史研究的方向之一,将其研究成果服务于数学教育.本章探讨的是与勾股定理有关的内容,而勾股定理是基础数学教育的重要内容,挖掘勾股定理相关的史料已为数学教育所迫切之需,勾股定理的教学需要有丰富的勾股定理史料为其支撑.有了丰富的勾股定理的史料知识,教师可以重新认识、思考勾股定理及其相关知识,重新挖掘其教育价值.由此,教师增强信心和鼓起勇气大胆地去尝试数学课程基本理念所倡导"再创造"教学,让学生重新经历探索过程,从而体会求勾股数的数学思想方法,感受勾股数所蕴含的数学精神和价值观.

例如,由丰富的史料启示教师更加重视勾股定理中求勾股数的教学,其设计不妨如下:第一步,由某些特殊的勾股数开始探讨其规律,导出毕达哥拉斯求勾股数的公式.(设计思路来自于中国古代《周髀算经》《九章算术》以及历代中国关于勾股数的研究、古巴比伦"普林顿 322"泥板、毕达哥拉斯三元数组.)第二步,引出问题:列出 100 以内的所有勾股数.(设计思路来自于人们常常通过制作数表来研究问题,同样勾股数表也是其中工作之一,历史上,有中国算学家的工作、古巴伦“普林顿 322”等.）第三步，介绍沈立民求勾股数的方法，结合程序算法，使学生了解中国算法及其能够在计算机上实现的特点，由此说明沈立民的方法的优点以及其现代意义.（设计思路来自于本章挖掘的数学史料，如果条件允许，可介绍多种方法，如《数理精蕴》介绍的方法，黄宪宗的方法.）

参考文献

[1] 中国科学院自然科学史研究所. 钱宝琮科学史论文选集[M]. 北京：科学出版社，1983，10：287-303.

[2] 沈康身. 中算导论[M]. 上海：上海教育出版社，1986，297-301.

[3] 陈克胜，郭世荣. 中国第一部近代学堂所用的综合科学用表[J]. 中国科技史杂志，2012(1)：11-21.

[4] 许莼舫. 中算家的几何学研究[J]. 开明书店，1952，3：11-13.

[5] 骆祖英. 浙江数学家著述再记[J]. 浙江师大学报(自然科学版)，1992(2)：22-32.

[6] 张晓. 近代汉译西学书目提要·明末到 1919[M]. 北京：北京大学出版社，2012，9：482.

[7] 熊月之. 西学东渐与明清社会[M]. 北京：中国人民大学出版社，2011，3：425.

[8] 中国历史大辞典·科技史卷编纂委员会. 中国历史大辞典·科技史卷[M]. 上海：上海辞书出版

社,2000,4:166.

[9] 陈玉堂.中国近现代人物名号大辞典(续)[M].杭州:浙江古籍出版社,2001,12:139.

[10] (清)崔朝庆,杨冰.算表合璧[M].江楚书局刊刻本,1902 年(光续二十八年).

关于 $x^2+y^2=z^2$ 在正整数内的勾序解与股序解

第 2 章

著名的勾股方程

$$x^2+y^2=z^2 \tag{A}$$

在正整数内的求解公式是人们熟知的.为了进而探求(A)在正整数内的勾序解,从 Marcus Junius Nipsus 开始,人们做了大量有益的探索,但一直未能彻底解决.

武汉大学的高宏教授 1979 年用新方法彻底解决了:勾数按数列 3,4,5,6,… 的次序顺次求出(A)的所有正整数解以及股数按数列 4,5,6,7,… 的次序顺次求出(A)的所有正整数解的问题.

字母如未说明,均表示正整数,且约定 $x<y<z$.

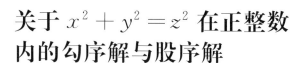

1　主要结论

以勾数 x 的次序为准求解的，有下述三个定理.

定理 1　$x^2+y^2=z^2$ 在正整数内按勾数 x 的次序顺次求出的第一群无穷多组解是

$$x=a_i \quad ①$$

$$y=\frac{m_{ij}(\bar{a}_i^2-1)}{2} \quad ②$$

$$z=y+m_{ij} \quad ③$$

其中(1)$a_i\in\{3,4,5,6,\cdots\}$；(2)a_i 确定后，取 $m_{ij}\in\{1,2,\cdots,[(\sqrt{2}-1)a_i]\}$，并使(3)$m_{ij}\mid a_i$，即有 $a_i=\bar{a}_i\cdot m_{ij}$，且满足(4)$m_{ij}\equiv a_i(\mathrm{mod}\ 2)$.

定理 2　$x^2+y^2=z^2$ 在正整数内按勾数 x 的次序顺次求出的第二群无穷多组解是

$$x=a_i \quad ④$$

$$y=\frac{q_{ij}-m_{ij}}{2} \quad ⑤$$

$$z=y+m_{ij} \quad ⑥$$

其中(1)$a_i\in\{3,4,5,6,\cdots\}$；(2)a_i 确定后，取 $m_{ij}\in\{1,2,\cdots,[(\sqrt{2}-1)a_i]\}$，并满足(3)当 $m_{ij}\nmid a_i$ 时有 $m_{ij}\mid a_i^2$，即有 $a^2=m_{ij}\cdot q_{ij}$，且要求(4)$q_{ij}\equiv m_{ij}(\mathrm{mod}\ 2)$.

定理 3　定理 1 与定理 2 一起给出了 $x^2+y^2=z^2$ 在正整数内的所有勾序解.

定义 1　数论函数$\lfloor a\rceil$表示不小于实数 a 的最小整数.

以股数 y 的次序为准求解的，有下述三个定理.

定理 4　$x^2+y^2=z^2$ 在正整数内按股数 y 从小到大的次序顺次求出的第一群无穷多组解是

$$y=a_i \tag{7}$$

$$x=\frac{m_{ij}(\overline{a}_i^2-1)}{2} \tag{8}$$

$$z=x+m_{ij} \tag{9}$$

其中(1)$a_i\in\{4,5,6,7,\cdots\}$；(2)a_i 确定后，取 $m_{ij}\in\{\lfloor(\sqrt{2}-1)a_i\rceil,\lfloor(\sqrt{2}-1)a_i\rceil+1,\cdots,a_i-1\}$，并使(3)$m_{ij}\mid a_i$，即有 $a_i=\overline{a}_i\cdot m_{ij}$，且满足(4)$m_{ij}\equiv a_i(\mathrm{mod}\ 2)$.

定理 5　$x^2+y^2=z^2$ 在正整数内按股数 y 的次序顺次求出的第二群无穷多组解是

$$y=a_i \tag{10}$$

$$x=\frac{q_{ij}-m_{ij}}{2} \tag{11}$$

$$z=x+m_{ij} \tag{12}$$

其中(1)$a_i\in\{4,5,6,7,\cdots\}$；(2)a_i 确定后，取 $m_{ij}\in\{\lfloor(\sqrt{2}-1)a_i\rceil,\lfloor(\sqrt{2}-1)a_i\rceil+1,\cdots,a_i-1\}$，并且(3)当 $m_{ij}\nmid a_i$ 时使 $m_{ij}\mid a_i^2$，即有 $a_i^2=m_{ij}\cdot q_{ij}$，且满足(4)$q_{ij}\equiv m_{ij}(\mathrm{mod}\ 2)$.

定理 6　定理 4 与定理 5 一起给出了 $x^2+y^2=z^2$ 在正整数内的所有股序数.

2　几个引理

定义 2　勾股数组(x_i,y_{i1},z_{i1})，(x_i,y_{i2},z_{i2})，$\cdots$，

$(x_i, y_{is}, z_{is}), \cdots$ 叫作同勾异股数组. 而勾股数组$(x_{i1}, y_i, z_{i1}), (x_{i2}, y_i, z_{i2}), \cdots, (x_{is}, y_i, z_{is}), \cdots$ 叫作同股异勾数组.

引理 1 (同勾异股有理数组存在定理)

以任意确定的正有理数 a_i 为勾数的同勾异股有理数组有无穷多组.

证明 在直角坐标空间 $Oxyz$ 内作平面 $x=a_i$,存在着$(r,s)=1$,使$\frac{r}{s}=a_i$. 作坐标变换 $x_1=sx, y_1=sy, z_1=sz$,则平面 $x=a_i$ 的方程在新坐标系内是 $x_1=r$. 不失证明一般性,可设 $r\geqslant 5$(否则,再作变换 $x'_1=10x_1, y'_1=10y_1, z'_1=10z_1$,平面 $x_1=r$ 的方程变为 $x'_1=10r>5$). 对于任何 $r\geqslant 5$ 根据 Marcus 公式在新坐标系 $Ox_1y_1z_1$ 的平面 $x_1=r$ 上可求出一个勾股整点

$$A'_1\left(r, \frac{r^2-1}{2}, \frac{r^2+1}{2}\right),\text{当 } r \text{ 为奇数时}$$

或

$$\overline{A}'_1\left(r, \left(\frac{r}{2}\right)^2-1, \left(\frac{r}{2}\right)^2+1\right),\text{当 } r \text{ 为偶数时}$$

即是在原坐标系内平面 $x=a_i=\frac{r}{s}$ 上至少可求出一个勾股有理点

$$A_1\left(\frac{r}{s}, \frac{\left(\frac{r}{s}\right)^2-\left(\frac{1}{s}\right)^2}{2\cdot\left(\frac{1}{s}\right)}, \frac{\left(\frac{r}{s}\right)^2+\left(\frac{1}{s}\right)^2}{2\cdot\left(\frac{1}{s}\right)}\right)$$

或

$$\overline{A}_1\left(\frac{r}{s}, \frac{\left(\frac{r}{s}\right)^2-\left(\frac{2}{s}\right)^2}{2\cdot\left(\frac{2}{s}\right)}, \frac{\left(\frac{r}{s}\right)^2+\left(\frac{2}{s}\right)^2}{2\cdot\left(\frac{2}{s}\right)}\right)$$

继而再作坐标变换 $x_2=10\cdot sx$，$y_2=10\cdot sy$，$z_2=10\cdot sz$，平面 $x=a_i=\frac{r}{s}$ 在新坐标系 $Ox_2y_2z_2$ 内的方程是 $x_2=10r$. 据 Marcus 公式，平面 $x_2=10r$ 上至少有一个勾股整点

$$A'_2\left(10r,\frac{100r^2-4}{4},\frac{100r^2+4}{4}\right)$$

这即是原坐标系内平面 $x=a_i=\frac{r}{s}$ 上的又一个勾股有理点

$$A_2\left[\frac{r}{s},\frac{\left(\frac{r}{s}\right)^2-\left(\frac{2}{10\cdot s}\right)^2}{2\cdot\left(\frac{2}{10\cdot s}\right)},\frac{\left(\frac{r}{s}\right)^2+\left(\frac{2}{10\cdot s}\right)^2}{2\cdot\left(\frac{2}{10\cdot s}\right)}\right]$$

显然，在平面 $x=a_i=\frac{r}{s}$ 内勾股有理点 A_1（或 $\overline{A}_1$）与 A_2 是不重合的互异点.

仿上，作第 n 次坐标变换，根据 Marcus 公式可求出平面 $x=a_i=\frac{r}{s}$ 内与点 A_1（或 $\overline{A}_1$），A_2，…，A_{n-1} 不重合的第 n 个勾股有理点

$$A_n\left[\frac{r}{s},\frac{\left(\frac{r}{s}\right)^2-\left(\frac{2}{10^{n-1}\cdot s}\right)^2}{2\cdot(10^{n-1}\cdot s)},\frac{\left(\frac{r}{s}\right)^2+\left(\frac{2}{10^{n-1}\cdot s}\right)^2}{2\cdot(10^{n-1}\cdot s)}\right]$$

如此无限次作下去，可得平面 $x=a_i$ 上不相重合的无穷多个勾股有理点. 在 $r\geqslant 5$ 的条件下，它们的坐标就是以任意指定的正有理数 a_i 为勾数的无穷多组同勾异股有理数组. 至此，引理 1 证毕.

注意到，在上述坐标变换中，在第一个新坐标系内事实上可求出 $(r-1)$ 个不相重合的勾股有理点，而在第二个新坐标系内可求出 $(10r-1)$ 个不相重合的勾

股有理点，一般地，在第 n 个新坐标系内可求出 $(10^{n-1}\cdot r-1)$ 个不相重合的勾股有理点. 故有如下的：

引理 2 （所有有理解定理）

$x^2+y^2=z^2$ 的所有正有理数解是

$$x=a_i \tag{13}$$

$$y=\frac{a_i^2-\mu_{ij}^2}{2\mu_{ij}} \tag{14}$$

$$z=y+\mu_{ij} \tag{15}$$

其中有理数 $a_i\in$ 正有理数集合 $(0,\infty)$，a_i 确定后取有理数 $\mu_{ij}\in$ 正有理数集合 $(0,a_i)$.

引理 2 易证. 条件充分性的证明只需将式 ⑬⑭ 代入 $x^2+y^2=z^2$ 的左边，易证等于式 ⑮ 的平方.

条件必要性的证明分两步：先证 $a_i\in\{2,3,4,\cdots\}$ 与 $\mu_{ij}\in\{1,2,\cdots,a_i-1\}$ 时成立，再进一步运用引理 1 证法中的代换，易证 $a_i\in$ 有理数集 $(0,\infty)$ 与 $\mu_{ij}\in$ 有理数集 $(0,a_i)$ 时条件必要性成立. 故引理 2 的证明从略.

引理 3 （确定 a_i 是勾数的充要条件）

$x^2+y^2=z^2$ 的有理解公式

$$x=a_i \tag{16}$$

$$y=\frac{a_i^2-\mu_{ij}^2}{2\mu_{ij}} \tag{17}$$

$$z=y+\mu_{ij} \tag{18}$$

中，确定 a_i 是勾数，即 $x=a_i<y$ 的充分必要条件是 $0<\mu_{ij}<(\sqrt{2}-1)a_i$.

引理 3 易证. 证明条件充分性只需将 $\mu_{ij}<(\sqrt{2}-1)a_i$ 代入式 ⑰ 中化简即可. 证明条件必要性只需将式

⑰ 代入不等式 $x<y$ 中，将 μ_{ij} 解出. 证明从略.

类似地，容易证明下述引理：

引理 4　（确定 a_i 是股数的充要条件）

$x^2+y^2=z^2$ 的有理解公式

$$y=a_i \tag{19}$$

$$x=\frac{a_i^2-\mu_{ij}^2}{2\mu_{ij}} \tag{20}$$

$$z=x+\mu_{ij} \tag{21}$$

中，确定 a_i 是股数，即 $y=a_i>x$ 的充分必要条件是 $(\sqrt{2}-1)a_i<\mu_{ij}<a_i$.

3　主要结论的证明

定理 1 的证明　因为 $\min m_{ij}=1$ 要使式 ② $y=\frac{a_i^2-m_{ij}^2}{2m_{ij}}=\frac{a_i^2-1}{2}$ 是正整数，必须 $a_i^2\equiv 1(\bmod 2)$. 而 $\min a_i>\min m_{ij}=1$，故 $\min a_i=3$.

条件(1) $a_i\in\{3,4,5,6,\cdots\}$ 不遗漏 a_i 可能的取值，即不遗漏 $x^2+y^2=z^2$ 的正整数解. a_i 确定后的条件(2)，根据引理 3，确保公式 ⑯⑰⑱ 求出的都是同勾异股数组，即 $a_i=x<y$. 下面证 x,y,z 在条件(3) 与 (4) 之下是正整数.

因为

$$m_{ij}\mid a_i$$

有

$$a_i=\bar{a}_i\cdot m_{ij} \tag{22}$$

又因为

$$m_{ij} \equiv a_i \pmod 2 \tag{23}$$

由 ㉓，可能 $a_i \equiv m_{ij} \equiv 0 \pmod 2$，也可能 $a_i \equiv m_{ij} \equiv 1 \pmod 2$，于是有 $a_i^2 \equiv m_{ij}^2 \equiv 1$，$a_i^2 - m_{ij}^2 \equiv 0$，即 $m_{ij}^2(\overline{a}_i - 1) \equiv 0 \pmod 2$。但 $m_{ij}^2 \equiv 1$，故 $\overline{a}_i^2 - 1 \equiv 0 \pmod 2$，总之，$y = \dfrac{a_i^2 - m_{ij}^2}{2m_{ij}} = \dfrac{m_{ij}^2(\overline{a}_i^2 - 1)}{2m_{ij}} = \dfrac{m_{ij}(\overline{a}_i^2 - 1)}{2}$ 总是正整数，$z = y + m_{ij}$ 也总是正整数.

这也说明引理 2 中的式 ⑭ 与本定理中的式 ② 在条件(3) 与(4) 之下等效，故本定理中的式 ①②③ 据引理 2 也适合于 $x^2 + y^2 = z^2$.

至此，定理 1 证毕.

由定理 1 显然可得：

(i)$(a_i, m_{ij}) \leqslant 2$ 时，由定理 1 求出的是 $x^2 + y^2 = z^2$ 的既约解；

(ii)$(a_i, m_{ij}) > 2$ 时，由定理 1 求出的是 $x^2 + y^2 = z^2$ 的非既约解.

定理 2 的证明　与定理 1 证明类似，条件(1) 确保不遗漏 a_i 可能的取值，从而不遗漏 $x^2 + y^2 = z^2$ 的正整数解. 条件(2) 确保求出的都是同勾异股数组，即 $a_i = x < y$.

现只需证明在本定理条件(3) 与(4) 之下，式 ⑤ 与引理 2 的式 ⑭ 等效，且求出的 y 是正整数.

因为 $m_{ij} \mid a_i^2$，有

$$a_i^2 = m_{ij} \cdot q_{ij} \tag{24}$$

且因为

$$q_{ij} \equiv m_{ij} \pmod 2 \tag{25}$$

所以

$$q_{ij}-m_{ij}\equiv 0\ (\mathrm{mod}\ 2) \qquad ㉖$$

于是 $y=\frac{a_i^2-m_{ij}^2}{2m_{ij}}=\frac{m_{ij}q_{ij}-m_{ij}^2}{2m_{ij}}=\frac{q_{ij}-m_{ij}}{2}$ 是正整数，$z=y+m_{ij}$ 也是正整数.

这又表明引理 2 中的式 ⑭ 与本定理式 ⑤ 在条件(3) 与(4) 之下等效，故本定理中的式 ④⑤⑥ 据引理 2 也适合于 $x^2+y^2=z^2$.

至此，定理 2 证毕.

由定理 2 显然可得：

(i)$(q_{ij},m_{ij})\leqslant 2$ 时，由定理 2 求出的是 $x^2+y^2=z^2$ 的既约解；

(ii)$(q_{ij},m_{ij})>2$ 时，由定理 2 求出的是 $x^2+y^2=z^2$ 的非既约解.

定理 3 的证明　定理 1 讨论了 $m_{ij}\mid a_i$ 并且 $m_{ij}\equiv a_i(\mathrm{mod}\ 2)$ 时的情形，定理 2 讨论了 $m_{ij}\nmid a_i$ 但 $m_{ij}\mid a_i^2$，即有 $a_i^2=m_{ij}\cdot q_{ij}$ 且 $q_{ij}\equiv m_{ij}(\mathrm{mod}\ 2)$ 时的情形，都得到了正整数解.

在条件(1) 与(2) 不变的前提下，易知：

(i)$m_{ij}\mid a_{i0}$，且 $a_{i0}\not\equiv m_{ij}(\mathrm{mod}\ 2)$ 时，得不可约分母为 2 的勾股有理数组；

(ii)$m_{ij}\nmid a_{i0}$，但 $m_{ij}\mid a_{i0}^2$，有 $a_{i0}^2=q_{ij}m_{ij}$ 并且 $q_{ij}\not\equiv m_{ij}(\mathrm{mod}\ 2)$ 时，得不可约分母为 2 的勾股有理数组；

(iii)$m_{ij}\nmid a_{i0}$，且 $m_{ij}\nmid a_{i0}^2$ 时，得不可约分母为 $2m_{ij}$ 的勾股有理数组.

如将上述这三种条件下求出的勾股有理数的分母去掉，化为勾股整数组，那么这些勾股正整数组可分别在 $a_i=2a_{i0}$ 或 $a_i=2m_{ij}a_{i0}$ 时，用定理 1 或定理 2 求出. 故所有勾股正整数解由定理 1 与定理 2 一起给出. 至此,定理 3 证毕.

显然,对符合定理 1 中四个条件的 a_i 与 m_{ij},也可用定理 2 来求(x,y,z).反之不可.

定理 4,5,6 可根据引理 2 与引理 4 类似地进行证明,故证明从略.

参考文献

[1] DICKSON. Leonard Eugene[M]. History of the theory of numbers, Vol. Ⅱ, New York, 1952.

[2] 华罗庚.数论导引[M].北京:科学出版社,1957.

4 从费马大定理到死刑的废除①

说纯粹数学可能对我们的日常生活产生意想不到的影响和后果,这也是老生常谈了.那么有像上面那个标题所提出的那样把这两件事联系起来的思想链条吗?如果做适当的取舍,我认为有.我提议大家来设想一下数学历史发展过程在某一两个地方所发生的稍微有点意外的改变.也许我要告诫爱好者,本节主题要花

① 大约是 1929 年在 Liverpool 时我曾把这些材料写成一篇文章. F. L. T. 是说,对大于 2 的 n,方程 $x^n+y^n=z^n$ 不可能有 x,y,z 都异于 0 的整数解.只要解决 n 为素数就足够了.它的正确性仍未确定.(这个著名的问题最终在 1994 年由著名数学家安德鲁·怀尔斯(1953—)解决了.—— 译者注)

点时间才会出现,但在末了会进展得很快;我希望能说服他在这个过程的较早些的部分不要离开(这部分还恰好涉及数学上极为重要的概念).

数论特别容易受到这样的责难,说它有些问题问得不对头,我自己认为这种危险并不严重,而且说不定适当地集中力量还可能引出明显有趣的新概念或新方法,或者要不然干脆可以把问题扔到一边去."完全数(Perfect number)"[①] 肯定从来没有做过什么有用的事,但是它们也从来没有做过什么特别有害的事. F. L. T. [②]是一个引起议论纷纷的案例;它具备了"错误问题"所有外部特征(并且是一个否定性定理的特征);可是我们知道对它的研究导致了"理想数(ideals)"这个非常重要的数学概念. 这是在我的思想链条中的第一个环节.

对 F. L. T. 的密集研究已经很快就揭露出,要想获得更深入的认识必须推广下面这个定理[③],即把这个"不可能的"方程 $x^p+y^p=z^p$ 的 x,y,z 从普通的整数推广到为由方程 $\zeta^p+1=0$ 所确定的"域(field)"中的整数[④]. 如果 α 是这个方程的一个(异于 -1 的)根,则这个域的整数是(这对目前的任务来说足够接近了)形式为 $m_0+m_1\alpha+\cdots+m_{p-1}\alpha^{p-1}$ 的数,这里所有 m 都

① 完全数是一个整数,它等于除它本身之外它的所有因子之和,例如,28 就是一个完全数,因为有 $28=1+2+4+7+14$. —— 译者注

② F. L. T. 为 Fermat's Last Theorem(费马大定理)的缩写. —— 译者注

③ 并由此去克服明显更困难的问题.

④ 作者在下面就把这种整数称之为"域整数(field integer)". —— 译者注

是“普通的”整数(正负均可).一个域整数 a 能被另一个域整数 b 除尽的概念很简单;如果 $a=bc$,其中 c 为一个域整数,那么就说 a 可以被 b 除尽.同样,一个域的素数就是一个没有“真”因子的域整数,就是说它只能被自身和域的“单位元”除尽(单位元是“1”的推广,它能除尽所有的域整数).任一(域)整数都可以进一步分解为素因子.对某些(实际上是大多数的)p 的域,这个素因子的分解并不总是唯一的(普通整数的素因子分解是唯一的).为了保持因子分解的唯一性这就引进了“理想”.[1]

像理想这样新出现的东西一般来说开始是作为一种“公设(postulation)”提出来的,事后再通过“建构”打造成一个我们所希望的实体,从而将其置于严格的基础之上[2].这一点上最易于接受的做法,就是马上作出戴德金(Dedekind)构造来,然后再从那里继续前进.设 $\alpha,\beta,\cdots,\kappa$ 为域整数的一任意有限数组,$m,\cdots,k$ 为普通的整数,考虑所有形如 $m\alpha+\cdots+k\kappa$ 的数组所构成的集合;这个集合中的数如有重叠的话,“只计入一次”.这个集合完全由数组 $\alpha,\cdots,\kappa$ 确定,记为$(\alpha,\cdots,\kappa)$并称之为一“理想(ideal)”.现在让我们返回到普通整数的“域”,看看在这个特殊情况下一个“理想”会成为什么样子.$\alpha,\cdots,\kappa$ 这些(普通)的整数有一个“最大公因子”d(而这个事实是“因子分解唯一性”的基础

① 分解的唯一性是指对一个域的整数而言,这种域是由一个一般的代数方程 $a_0+a_1\zeta+\cdots+a_n\zeta^n=0$ 所确定的,式中的各个 a 均为整数.

② 其他的例子:复数、无穷远点、非欧几何.

—— 这是欧几里得(Euclid) 在其证明中做到这一点的,而这是“正统的” 证明,虽然很多教科书常常给出其他证明方法). 由 $m\alpha+\cdots+k\kappa$ 这样的数组成的集合,如果大量的重复忽略不计,就很容易与 nd(n 取所有普通的整数值) 这样的数组成的集合一致;于是理想($\alpha,\cdots,\kappa$) 就与理想(d) 一致. 在一个一般域中形如(α)(这里 α 为域中的一个整数) 的理想称之为一“主理想(principle ideal)”,于是普通整数域就是这样的性质,即它所有的理想都是主理想. 接下来再设 a,b 为普通的整数,而且 b 可除尽 a,例如令 $a=6,b=3$. 则(a) 就是由所有 6 的倍数组成的集合,(b) 则是由所有 3 的倍数组成的集合,从而集合(a) 包含在集合(b) 之中. 反之,这种情况也只有在 a 能被 b 除尽时才能成立. 这样一来,“b 能除尽 a” 与“(a) 含于(b) 中” 是完全等价的. 于是各种各样的实体(a) 的集合就能与各种各样的 a(不带括号的) 的集合一一对应. 我们可以取理想(a) 来代替整数 a 作为原始材料,并且把“b 能除尽 a” 解释为“(a) 包含在(b) 之中” 这个意思. 带括号的实体的理论与不带括号的实体的理论是平行的只不过是后者的一个“译本”. 回过来谈一般的域,整数 α 被(a) 所代替,但是不是所有的理想都是主理想. 将所有理想取作原始材料,如果第一个理想(作为集合来看) 包含于第二个理想之中(暂时还未确定),那么就规定第一个理想能被第二个理想整除. 用 Clarendon 字体[①]来记理想,下面假设 **a**,…,**k** 为一有限个理想的组. 则存在一个这

① 为一种中长黑体字,最早为 Clarendon 伯爵所创办的牛津大学出版社印刷厂所采用,故称为 Clarendon 字体. —— 译者注

样的理想 **d**,它的集合包含了 **a**,…,**k** 的每一个集合,而且是这种理想中最小的一个[①],**d** 起的作用相当于 **a**,…,**k** 的一个"最大公因子". 在这之后我们就不难得到关键的命题(很像在"普通的"情况下一样),即每一个理想均可唯一地因子分解为"素理想". 因为这个理论在"普通的"整数的特许情况下"归结"到"普通的"理论,它是后者的真正推广,所以可以说它"重新构建了"分解的唯一性.

我总觉得理想"应该"是创造在先,而且"实数"的"戴德金切割"定义应该是受到它的启发提出来的,尽管几乎是这样,事实却并非如此[②]. 但是我们不妨假设把历史修正一下.

在戴德金切割中所有的有理数都分别位于两个集合 L 和 R 的某一个之中[③],L 中的每一个成员都位于 R 中每一个成员的左边(即小于 R 中的每一个成员,而且为明确起见指出 L 没有最大成员 —— 而 R 可能有最小成员,也可能没有). 所有可能的"有理数的切割"的

---

① 如果 $\mathbf{a}=(\alpha_1,\beta_1,\cdots,\kappa_1),\cdots,\mathbf{k}=(\alpha_n,\beta_n,\cdots,\kappa_n)$,那么实际上就有 $\mathbf{d}=(\alpha_1,\cdots,\kappa_1,\cdots,\alpha_n,\cdots,\kappa_n)$.

② 发表差不多是同时的(而且后来的概念可以是先前概念的更新),但是发表于 1872 年的"切割"("Was sind usw.?(什么是等等?)"发源于 1858 年.)

③ 这两个字母 L,R,一整代的学生都应当感谢它们. 在《纯数学》(指 Hardy 所著之《纯数学教程》(*A Course of Mathematics*)一书 —— 译者注)的第一版中它们是 T,U. 在其最新的版本中大方地引用了我的工作,但是当我告诉 Hardy 他应该承认这是我提出来的(这一点他已经忘掉了),他以这样做导致任何这么小的事都要去讲为理由而拒绝了.(这像我们熟悉的压迫者的反应:受压迫者的需要不是他自己的兴趣之最.)

总体给我们提供了一个实体的集合,具有我们期望“实数”连续统应有的性质,由此就严格地奠定了实数的基础.

确切地讲“切割”(“Schnitt[①]”)到底是什么意思?在理想的集合定义之后看来把实数定义成集合 L(当然定义成 R 也完全一样)就是很自然的,几乎是不可避免的事了.这样一来实数 $\sqrt{2}$ 就是由所有的负的有理数再加上满足 $r^2<2$ 的非负有理数组成的集合.把采取这一步看成是理所当然的事并将它称之为戴德金切割的定义,这个理由就很清楚了.实际情况非常奇怪.在戴德金那里,Schnitt 是一种切割的行为,而不是切下来的东西,他“假设有(postulates)”一个实数去做这个切割的动作,对此他也不完全满意(当代的学生更喜欢用集合):正如伯特兰·罗素(Bertrand Russell)所说的,假设的方法有很多便利的地方,有点和偷偷越过诚实劳动的做法相像.还有,从语义学上来讲,“Schnitt”和“cutting”二者也是模棱两可的,既可以表示切割的行为,也可以表示切割下来的东西,误读有可能造成一种进步,这里就是这样一个例子.

这两个用“集合”来作出的定义(理想和实数)自从约公元前 350 年以来还没有与之相似的东西.“比例相等”(不可通约数)的攸多克萨斯(Eudoxus)定义(欧几里得的第五卷)实际上非常接近戴德金切割(比例 $a:b$ 与比例 $c:d$ 的攸多克萨斯相等即它们都各自对应于同一个“有理数 m/n 的集合;如果能使 $ma<nb$

---

① 这是德文中的“切割”,为戴德金在其原始论文中的用语.——译者注

的 m/n 的集合与能使 $mc < nd$ 的 m/n 的集合一致，就规定这两个比例相等”).

现在转到另一个问题：“函数”是什么意思？我愿离开刚刚讲的主题（自然是有一定的目的）从福赛思(Forsyth)的《单复变量的函数理论》中摘出几段，这是为了让初学者感到容易一些.（福赛思的书在写的时候(1893 年)就过时了，但是这类东西是我们那一代人都要通读的. 单复变函数的“正则性”得到了阐释，这一事实同时又很不恰当地给大家带来了令人感到不寒而栗的东西，但是，我很抱歉我不能让我的读者享受到智慧的盛宴.）

所有对一个复变量做的普通的运算，我们已经讲过，会得出其他的复变量，而由这种对 z 的运算所得出的任何确定的量必定是 z 的函数.

但是如果一个复变量 w 作为 x 和 y 的复函数给出，而对其来源又未做任何指示，那么对 w 是否是 z 的函数这个问题就需要研究函数关系的一般概念.

作为一个公设将 $u+\mathrm{i}v$，其中 u 和 v 是实变量，规定为复变量的形式，这样做是很方便的. 因为 w 的变化一开始就是不受限制的，而且实变量 u 和 v 目前也是独立的，因此可以看成是 x 和 y 的任意函数，这里 x 和 y 是包含在 z 中的变元. 但是对这两个函数的更明显的表式既未给定，也没假设.

函数关系的概念最早的出现是与实变量函数的概念相联系的，因此它与依赖(dependence)的概念是同样广阔的. 比如，如果 X 的值依赖于 x 而与其他变量无关，我们就习惯把 X 看成是 x 的函数，而且通常有这样一种潜在的意思，认为 X 是用一连串的若干运算从 x

算出来的.

彻底知道了 z 的数值就唯一地决定了 x 和 y，因此 u 和 v 的值可以认为是已经知道了. 于是 w 的值也就知道了. 这样一来 w 的值就依赖于 z 的值，而与其他和 z 没有联系的变量的值无关. 于是，按照前面函数关系的观点，w 是 z 的一个函数.

然而这是与把复变量函数看成是 z 所依赖的两个独立变元的函数的观点一致的. 于是我们就被引导到只需考虑两个独立的实变量的函数，而这两个函数(可能)带有虚数系数.

这两种形式的 w 对 z 的依赖性都要求 z 应看成是一个含两个可以各自改变的独立变元的复合量. 然而我们的目的是要把 z 看成最一般形式的代数变量，从而成为一个不可分解的个体. 因此，在这个有关 z 的预先的要求没有得到满足之际，这两种形式都不能采用.

设 w 是在这样的意义下看成 z 的函数，即它是由对被看成是不可分解的量 z 做一些确定的运算构造出来的，随着这些运算在把 z 换成 $x+\mathrm{i}y$ 后通过把 w 的实部和虚部分开就会出现量 u 和 v. 这样一来就等于说，只要一组运算就足以同时构造出 u 和 v，而不必像在[上面]那种一般复函数的情形中那样对 u 要用一组运算，对 v 又要用另一组运算. 如果这个说法得到肯定，由这两种不同的构造方法得出的形式相同，那么由此可推知，在一般情况下算出 u 和 v 的两组运算必定与单独一组的运算等价，因此这二者必定是由一种条件相联系着. 这就是说，u 和 v 作为 x 和 y 的函数，它们的函数形式之间有以下关系

$$\frac{\partial w}{\partial x}=\frac{1}{\mathrm{i}}\frac{\partial w}{\partial y}=\frac{\mathrm{d}w}{\mathrm{d}y}\text{①} \quad ㉗$$

$$-\frac{\partial v}{\partial x}=\frac{\partial u}{\partial y},\frac{\partial u}{\partial x}=\frac{\partial v}{\partial y} \quad ㉘$$

这些方程是 u 和 v 的函数形式之间应有的必要……和充分……的关系.

上述对函数关系所应满足的必要和充分条件的推导是以存在这样一个函数形式为基础的. 可是那个形式不是必要的,因为,正如已经指出了的,它从条件方程中消失了. 而假设有这样一种形式就等于假设对独立变量的每一个特定的值这个函数可以数值地计算出来,尽管这个假设的中间表达式在当下已经消失了. 实变量函数的经验表明,利用它们的性质比拥有它们的数值更加方便. 这个经验已经由实践证实了. 函数关系的实质条件就是方程 ㉗.

自然在今天函数 $y=y(x)$ 意味着有一个"自变量"x 的集合,对每一个 x 指定一个且仅仅一个"值"y 与之对应. 在做了一些微不足道的(或者不用做?)解释之后,我们还可以更直白一些,就说函数是一个数偶 (x,y)(括号内的次序要考虑)的集合 C,这个 C(只要)满足在不同数偶中的 x 也不同这个条件.(而"关系"R,"x 与 y 之间有关系 R"则归结为只不过就是一个集合,它可以是任意的集合,不论有序数偶为如何.)还有,在今天 x 可以是任何种类的个体,而且 y 也可以是这样(例如,可以是集合、命题). 如果我们需要考虑

① 原文如此,疑应为 $\cdots=\frac{\mathrm{d}w}{\mathrm{d}z}$. —— 译者注

行为良好的函数，例如一个实变量的“连续”函数，或者福赛思的 $f(z)$，我们就定义这种函数是什么意思(对福赛思函数就是那两行)，然后来“研究”受到这种限制的函数类，这就是一切. 这种像大白天一样清清楚楚的事，现在已经是很自然的事，可是就是它取代了午夜一般的晦涩[①]. 关键的一步是狄利克雷(Dirichlet)在 1837 年迈出的(对一个实变量的函数来说，自变量的集合由某些或全部实数组成，而函数值的集合限于实数). 函数概念的完全解放，比如像命题函数这样的概念，那就是属于 20 世纪 20 年代的事了.

现在假设我们再一次设想对历史做个修正，设想白日的到来稍稍晚了些，并且设想这是由戴德金思想的成功所指引的(这无疑也是有这种可能性的). 那么就可以把函数的概念弄成好像是由费马定理导出的(如果这一点被否决了，那就把“死刑废除”与傅里叶(Fourier) 级数或热传导的微分方程联系起来).

现在来考虑这样一个函数，它的自变量的集合是由时间的(历史的) 瞬时 t 所组成，而函数在自变量 t 处的值 $f(t)$ 为宇宙的一个状态(用十分详细地记录任何人感兴趣的任何事件来表述). 如 t_0 为当下的日期，对于 $t<t_0$，$f(t)$ 就是对已经发生了的事情的一个表述，或者说是一本记录着过去的字典. 假设我们把字典翻回到一个较早一些的时刻 τ，则它包含着对在时刻 τ 与 t_0 之间所发生的事情的预测. 这个论点显然跟与自由

① 自然麻烦在于在我们的思想深处有一种顽固的感觉，以为一个函数的值“就应该”通过“一连串的运算”从自变量算出来.

意志对立的决定性这种事情有关,而且会加强当前对自由意志的怀疑.对自由意志的怀疑关乎道德责任的问题,因而(或正确地,或错误地)与惩罚的问题相关.狂放不羁的思想对改革者已经有过影响了.

不定方程 $x^2+y^2=z^2$ 之通解由其任一特解的显式表示

第3章

1　前　　言

熟知,整系数一次不定方程有整数解时,它在整数内的通解可被它的任意一组特解组成的显函数式表出.而非一次的不定方程,为佩尔方程

$$x^2-dy^2=1$$

(自然数 d 非完全平方)

尽管它的通解可被它的最小正整数解 x_0,y_0 的显函数式表出,但至今未能被它的任一组特解的显函数式表出.那么,有没有某个二次不定方程的通解可被它的任一特解的显函数式表示呢?这是引人注意的一个问题.

Г. Н. Берман 教授曾指出:特殊解的知识能使我们解一次不定方程,但对

于非一次不定方程,求通解时需用特殊技巧.

武汉大学的高宏教授 1981 年证明了

$$x^2+y^2=z^2 \tag{E}$$

的通解(x,y,z)可由(E)的特解(3,4,5)的显函数式表出.不仅如此,还证明了(E)的通解可由(E)的任意一组非显然特解(x^*,y^*,z^*)①的显函数式表出.这表明:特殊解的知识不仅可以解一切一次不定方程,而且也可解某些二次不定方程.

为叙述方便计,约定本章中字母均表示正整数,惯用符号与术语与文献[2]一致.因为当(x,y,z)是(E)的解时,$(\pm x,\pm y,\pm z)$也都是(E)的解,故本章仅讨论(E)的正整数解而不影响结论的一般性.又因(E)是关于x,y的对称方程,故不妨约定$x<y<z$.

2 主要结果

本节主要定理中新出现的数论函数及术语定义如下:

定义 1 数论函数$\lfloor\alpha\rceil$表示不小于实数α的最小整数,注意$\lfloor\alpha\rceil$与 Gauss 函数$[\alpha]$的区别.

定义 2 若正整数M的标准分解式是

$$m=2^{\alpha_0}\prod_{i=1}^{s}P_i^{\alpha_i},\text{奇素数 } p_i\neq p_j,i\neq j$$

则定义数论函数

① $(0,0,0),(a,0,a)$,以$R(0,a,a)$叫作(E)的显著特解.

$$\langle m\rangle^{\lfloor\frac{1}{2}\rceil}=2^{\lfloor\frac{\alpha_0}{2}\rceil}\prod_{i=1}^{s}p^{\lfloor\frac{\alpha_i}{2}\rceil}$$

$$\langle m\rangle^{1-\lfloor\frac{1}{2}\rceil}=2^{\alpha_0-\lfloor\frac{\alpha_0}{2}\rceil}\prod_{i=1}^{s}p_i^{\alpha_i-\lfloor\frac{\alpha_i}{2}\rceil}$$

$$\langle m\rangle^{\lfloor\frac{1}{2}\rceil-1}=2^{\lfloor\frac{\alpha_0}{2}\rceil-\alpha_0}\prod_{i=1}^{s}p_i^{\lfloor\frac{\alpha_i}{2}\rceil-\alpha_i}$$

定义 3　若勾股正整数组 $(x_1,y_1,z_1),(x_2,y_2,z_2),\cdots,(x_n,y_n,z_n),\cdots$ 有 $z_1-y_1=z_2-y_2=\cdots=z_n-y_n=\cdots=m$ 的关系,则称这些数组是差同为 m 的勾股正整数组.

定义 4　差同为 m 的所有股勾正整数组中形为 $(3m,4m,5m)$ 的数组叫作差同为 m 的基准组或差同为 m 的第 $t+1$ 组,记为 $(x_{m_1},y_{m_1},z_{m_1})$. 勾数 x 刚刚小于 x_{m_1} 的数组若存在,就叫作差同为 m 的第 t 组,记为 $(x_{m_0},y_{m_0},z_{m_0})$. 勾数 x 最小的那一组叫作差同为 m 的最小组或差同为 m 的第一组,记为 $(x_{m_{1-t}},y_{m_{1-t}},z_{m_{1-t}})$. 勾数 x 刚刚大于 x_{m_1} 的数组叫作差同为 m 的第 $t+2$ 组,记为 $(x_{m_2},y_{m_2},z_{m_2})$,依此类推. 于是差同为 m 的第 $t+n$ 组记为 $(x_{m_n},y_{m_n},z_{m_n})$.

引理 1　当 m 跑遍自然数时,差同为 m 的勾股正整数必有最小组和基准组,并且这两组关系是

$$x_{m_{1-t}}\leqslant x_{m_1} \tag{①}$$

$$y_{m_{1-t}}\leqslant y_{m_1} \tag{②}$$

$$z_{m_{1-t}}\leqslant z_{m_1} \tag{③}$$

证明　据[3]的引理3,这里

$$m<(\sqrt{2}-1)x_{m_n}$$

于是

$$x_{m_n}>(\sqrt{2}+1)m$$

即

$$x_{m_n} \geqslant \lfloor (\sqrt{2}+1)m \rceil$$

所以

$$x_{m_{1-t}} = \lfloor (\sqrt{2}+1)m \rceil$$

据[3]的定理1或2，可求出 $y_{m_{1-t}}$，$z_{m_{1-t}}$，故必有最小组存在.

而 $x_{m_{1-t}} = \lfloor (\sqrt{2}+1)m \rceil \leqslant 3m = x_{m_1}(1)$，故根据[3]的定理1或2，可求出 y_{m_1}，z_{m_1}，基准组存在. 因为

$$x_{m_{1-t}} \leqslant x_{m_1} \quad ④$$

据[3]的引理2，有

$$y_{m_{1-t}} \leqslant y_{m_1} \quad ⑤$$

$$z_{m_{1-t}} \leqslant z_{m_1} \quad ⑥$$

定理1 若 (x^*, y^*, z^*) 是 $x^2+y^2=z^2$(E)的任一非显然特解，令 $m^*=z^*-y^*$，则：

(A)当 $m^* \mid x^*$ 时(E)的通解分为两个子集. 在 m 跑遍自然数时，第一子集内无穷多个正整数解被 (x^*, y^*, z^*) 表示为

$$\text{(I)}\begin{cases} x_{m_n} = 3m + (N-1)m & ⑦ \\ y_{m_n} = \left[\dfrac{y^*}{z^*-y^*} - \displaystyle\sum_{i=1}^{k_1}\left(i+\dfrac{5}{2}\right)\right]m + \displaystyle\sum_{j=1}^{N-1}\left(j+\dfrac{5}{2}\right)m & ⑧ \\ z_{m_n} = \left[\dfrac{z^*}{z^*-y^*} - \displaystyle\sum_{i=1}^{k_1}\left(i+\dfrac{5}{2}\right)\right]m + \displaystyle\sum_{j=1}^{N-1}\left(j+\dfrac{5}{2}\right)m & ⑨ \end{cases}$$

其中：

(i) 当 m 为偶数时，取 $N=n, n=1-t_1, 2-t_1, \cdots, t_1-t_1, 1, 2, \cdots$，而

$$t_1=\left[\frac{3m-\lfloor(\sqrt{2}+1)m\rceil}{m}\right]$$

(ii) 当 m 为奇数时，取 $N=2n-1, n=1-t'_1, 2-t'_1, \cdots, t'_1-t'_1, 1, 2, \cdots$，而

$$t'_1=\left[\frac{3m-\lfloor(\sqrt{2}+1)m\rceil}{m}\right]$$

(iii) $k_1=\dfrac{x^*}{z^*-y^*}-3$.

第二子集中无穷多个正整数解被 (x^*, y^*, z^*) 表示为

$$(\mathrm{II})\begin{cases} x_{m_n}=3m+(N-1)\langle m\rangle^{\lfloor\frac{1}{2}\rceil} & ⑩ \\ y_{m_n}=\left[\dfrac{y^*}{z^*-y^*}-\displaystyle\sum_{i=1}^{k_1}\left(i+\dfrac{5}{2}\right)\right]m+\displaystyle\sum_{j=1}^{N-1}\dfrac{6m+(2j-1)\langle m\rangle^{\lfloor\frac{1}{2}\rceil}}{2\langle m\rangle^{1-\lfloor\frac{1}{2}\rceil}} & ⑪ \\ z_{m_n}=\left[\dfrac{z^*}{z^*-y^*}-\displaystyle\sum_{i=1}^{k_1}\left(i+\dfrac{5}{2}\right)\right]m+\displaystyle\sum_{j=1}^{N-1}\dfrac{6m+(2j-1)\langle m\rangle^{\lfloor\frac{1}{2}\rceil}}{2\langle m\rangle^{1-\lfloor\frac{1}{2}\rceil}} & ⑫ \end{cases}$$

其中：

(i) 当 m 为偶数时，取 $N=n, n=1-t_2, 2-t_2, \cdots, t_2-t_2, 1, 2, \cdots$，而

$$t_2=\left[\frac{3m-\lfloor(\sqrt{2}+1)m\rceil}{\langle m\rangle^{\lfloor\frac{1}{2}\rceil}}\right]$$

(ii) 当 m 为奇数时，取 $N=2n-1, n=1-t'_2, 2-t'_2, \cdots, t'_2-t'_2, 1, 2, \cdots$，而

$$t'_2 = \left[\frac{3m - \lfloor(\sqrt{2}+1)m\rceil}{2\langle m\rangle^{\lfloor\frac{1}{2}\rceil}}\right]$$

(iii) $k_1 = \dfrac{x^*}{z^* - y^*} - 3.$

并且 m 的标准分解式 $m = 2^{\alpha_0}\prod_{i=1}^{s} p_i^{\alpha_i}$ 中，指数必须满足条件：

(iv) $\alpha_0 \in \{3,5,7,9,\cdots\}$，或者：

(v) $\alpha_0 = 0$ 时，$\max(\alpha_1, \alpha_2, \cdots, \alpha_s) \geqslant 2$.

这两个子集的无穷多个正整数解是(E)在正整数内的全部解，并且是按 $m = z_{m_n} - y_{m_n}$ 之值分类，依 x 从小到大的次序排列的.

(B) 当 $m^* \nmid x^*$ 时，(E) 的通解分为两个子解集. 在 m 跑遍自然数时，第一子集中无穷多个正整数解被 (x^*, y^*, z^*) 表示为

$$\text{(III)}\begin{cases} x_{m_n} = 3m + (N-1)m & ⑬ \\ y_{m_n} = \left(\dfrac{y^*}{z^* - y^*} - \displaystyle\sum_{i=1}^{k_2} \dfrac{6 + (2i-1)\langle z^* - y^*\rangle^{\lfloor\frac{1}{2}\rceil - 1}}{2\langle z^* - y^*\rangle^{1-\lfloor\frac{1}{2}\rceil}}\right)m + \displaystyle\sum_{j=1}^{N-1}\left(j + \frac{5}{2}\right)m & ⑭ \\ z_{m_n} = \left(\dfrac{z^*}{z^* - y^*} - \displaystyle\sum_{i=1}^{k_2} \dfrac{6 + (2i-1)\langle z^* - y^*\rangle^{\lfloor\frac{1}{2}\rceil - 1}}{2\langle z^* - y^*\rangle^{1-\lfloor\frac{1}{2}\rceil}}\right)m + \displaystyle\sum_{j=1}^{N-1}\left(j + \frac{5}{2}\right)m & ⑮ \end{cases}$$

其中 N 的确定方法同(A) 之(I)

$$k_2=\frac{x^*-3(z^*-y^*)}{\langle z^*-y^*\rangle^{\lfloor\frac{1}{2}\rceil}}$$

第二子集中无穷多个正整数解被(x^*,y^*,z^*)表示为

$$(\mathrm{IV})\begin{cases} x_{m_n}=3m+(N-1)\langle m\rangle^{\lfloor\frac{1}{2}\rceil} & ⑯ \\ y_{m_n}=\Bigg(\dfrac{y^*}{z^*-y^*}- \\ \qquad \displaystyle\sum_{i=1}^{k_2}\frac{6+(2i-1)\langle z^*-y^*\rangle^{\lfloor\frac{1}{2}\rceil-1}}{2\langle z^*-y^*\rangle^{1-\lfloor\frac{1}{2}\rceil}}\Bigg)m+ \\ \qquad \displaystyle\sum_{j=1}^{N-1}\frac{6m+(2j-1)\langle m\rangle^{\lfloor\frac{1}{2}\rceil}}{2\langle m\rangle^{1-\lfloor\frac{1}{2}\rceil}} & ⑰ \\ z_{m_n}=\Bigg(\dfrac{z^*}{z^*-y^*}- \\ \qquad \displaystyle\sum_{i=1}^{k_2}\frac{6+(2i-1)\langle z^*-y^*\rangle^{1-\lfloor\frac{1}{2}\rceil}}{2\langle z^*-y^*\rangle^{1-\lfloor\frac{1}{2}\rceil}}\Bigg)m+ \\ \qquad \displaystyle\sum_{j=1}^{N-1}\frac{6m+(2j-1)\langle m\rangle^{\lfloor\frac{1}{2}\rceil}}{2\langle m\rangle^{1-\lfloor\frac{1}{2}\rceil}} & ⑱ \end{cases}$$

其中 N 的确定方法及 m 的标准分解式中各素数幂的幂指数的限制均同(A) 之(II)

$$k_2=\frac{x^*-3(z^*-y^*)}{\langle z^*-y^*\rangle^{\lfloor\frac{1}{2}\rceil}}$$

这两个子集的无穷多个正整数解是(E) 在正整数内的全部解,并且是按 $m=z_{m_n}-y_{m_n}$ 之值分类,依 x 从小到大的次序排列的.

3 基本定理

为了证明上述定理，需要(E)的通解被(3,4,5)的显式表出的如下基本定理.

基本定理 $x^2+y^2=z^2$(E)的通解分为两个子解集. 令 $m=z_{m_n}-y_{m_n}$，当 m 跑遍自然数时，第一子集中无穷多个正整数解被(3,4,5)表示为

$$\begin{cases} x_{m_n}=3m+(N-1)m & \text{⑲} \\ y_{m_n}=4m+\sum\limits_{i=1}^{N-1}\left(i+\dfrac{5}{2}\right)m & \text{⑳} \\ z_{m_n}=5m+\sum\limits_{i=1}^{N-1}\left(i+\dfrac{5}{2}\right)m & \text{㉑} \end{cases}$$

其中：

(i) 当 m 为偶数时，取 $N=n$，$n=1-t_1,2-t_1,\cdots,t_1-t_1,1,2,\cdots$，而

$$t_1=\left[\frac{3m-\lfloor(\sqrt{2}+1)m\rceil}{m}\right]$$

(ii) 当 m 为奇数时，取 $N=2n-1$，$n=1-t'_1,2-t'_1,\cdots,t'_1-t'_1,1,2,\cdots$，而

$$t_1=\left[\frac{3m-\lfloor(\sqrt{2}+1)m\rceil}{2m}\right]$$

第二子集中无穷多个正整数解被(3,4,5)表示为

$$\begin{cases} x_{m_n}=3m+(N-1)\langle m\rangle^{\lfloor\frac{1}{2}\rceil} & ㉒ \\ y_{m_n}=4m+\sum\limits_{i=1}^{N-1}\dfrac{6m+(2i-1)\langle m\rangle^{\lfloor\frac{1}{2}\rceil}}{2\langle m\rangle^{1-\lfloor\frac{1}{2}\rceil}} & ㉓ \\ z_{m_n}=5m+\sum\limits_{i=1}^{N-1}\dfrac{6m+(2i-1)\langle m\rangle^{\lfloor\frac{1}{2}\rceil}}{2\langle m\rangle^{1-\lfloor\frac{1}{2}\rceil}} & ㉔ \end{cases}$$

其中：

(i) 当 m 是偶数时，取 $N=n$，$n=1-t_2,2-t_2,\cdots,t_2-t_2,1,2,\cdots$，而

$$t_2=\left[\frac{3m-\lfloor(\sqrt{2}+1)m\rceil}{\langle m\rangle^{\lfloor\frac{1}{2}\rceil}}\right]$$

(ii) 当 m 是奇数时，取 $N=2n-1$，$n=1-t'_2,2-t'_2,\cdots,t'_2-t'_2,1,2,\cdots$，而

$$t'_2=\left[\frac{3m-\lfloor(\sqrt{2}+1)m\rceil}{2\langle m\rangle^{\lfloor\frac{1}{2}\rceil}}\right]$$

并且 m 的标准分解式 $m=2^{\alpha_0}\prod\limits_{i=1}^{s}p_i^{\alpha_i}$ 中的指数必然满足条件：

(iii) $\alpha_0\in\{3,5,7,9,\cdots\}$ 或者：

(iv) $\alpha_0=0$ 时，$\max(\alpha_1,\alpha_2,\cdots,\alpha_s)\geqslant 2$.

这两个子集的无穷多个正整数解是(E)在正整数内的全部解，并且是按 $m=z_{m_n}-y_{m_n}$ 之值分类，并依 x 从小到大的次序排列的.

公式⑲⑳㉑的证明：据[3]中定理1的要求，勾数 x_{m_n} 需同时满足 $x_{m_2}>x_{m_1}$ 与 $m\mid x_{m_2}$ 以及 $m\equiv x_{m_2}\pmod 2$ 的条件，故：

(i) 当 m 是偶数时

$$x_{m_2}=x_{m_1}+m=x_{m_1}+(2-1)m$$

$$x_{m_3}=x_{m_2}+m=x_{m_1}+(3-1)m$$

一般地,有

$$x_{m_n}=x_{m_{n-1}}+m=x_{m_1}+(n-1)m=3m+(n-1)m \qquad ㉕$$

据引理 1

$$x_{m_{1-t}}\leqslant x_{m_1}$$

所以

$$0\leqslant t=\left[\frac{x_{m_1}-x_{m_{1-t}}}{x_{m_2}-x_{m_1}}\right]=\left[\frac{3m-\lfloor(\sqrt{2}+1)m\rceil}{m}\right]=t_1$$

于是整数 n 必须取

$$n=1-t_1,2-t_1,\cdots,t_1-t_1,1,2,\cdots$$

显然

$$m\equiv 3m+(n-1)m=x_{m_n}\pmod 2$$

而且 $m\mid x_{m_n}$,符合[3]中定理 1 的要求,可用该定理求出

$$y_{m_n}=\frac{(n+1)(n+3)m}{2}$$

令 $d_{m_n}=z_{m_n}-y_{m_n}$,则 $d_{m_n}=\left(n+\frac{5}{2}\right)m$,所以

$$y_{m_n}-y_{m_1}+\sum_{i=1}^{n-1}d_{m_i}=4m+\sum_{i=1}^{n-1}\left(i+\frac{5}{2}\right)m \qquad ㉖$$

$$z_{m_n}=5m+\sum_{i=1}^{n-1}\left(i+\frac{5}{2}\right)m \qquad ㉗$$

取 $N=n$,公式 ㉕㉖㉗ 就变成 ⑲⑳㉑.

(ii) 当 m 是奇数时,因为 $m\equiv x_{m_2}\equiv x_{m_1}+2m\not\equiv x_{m_1}+m\pmod 2$.

故可令

$$x_{m_2}=x_{m_1}+2m=x_{m_1}+[(2\cdot 2-1)-1]\cdot m$$

于是

$$x_{m_3}=x_{m_2}+2m=x_{m_1}+[(2\cdot 3-1)-1]\cdot m$$

一般地，有

$$x_{m_n}=x_{m_1}+[(2n-1)-1]m=$$
$$3m+[(2n-1)-1]m \quad ㉘$$

据引理1，$x_{m_{1-t}}\leqslant x_{m_1}$，所以

$$0\leqslant t=\left[\frac{3m-\lfloor(\sqrt{2}+1)m\rceil}{x_{m_2}-x_{m_1}}\right]=$$
$$\left[\frac{3m-\lfloor(\sqrt{2}+1)m\rceil}{2m}\right]=t'_1$$

于是整数 n 必须取

$$n=1-t'_1,2-t'_1,\cdots,t'_1-t'_1,1,2,\cdots$$

显然

$$m\equiv 3m+[(2n-1)-1]m=x_{m_n}\pmod 2$$

并且 $m\mid x_{m_n}$，符合[3]中定理1的要求，可用该定理求出

$$y_{m_n}=\frac{[(2n-1)+1]\cdot[(2n-1)+3]}{2}m$$

令 $\overline{d}_{m_n}=y_{m_{n+1}}-y_{m_n}$，则有

$$\overline{d}_{m_n}=\sum_{i=2n-1}^{2n}d_{m_i}=\sum_{i=2n-1}^{2n}\left(i+\frac{5}{2}\right)m$$

所以

$$y_{m_n}=y_{m_1}+\sum_{i=1}^{n-1}\overline{d}_{m_i}=$$
$$y_{m_1}+\sum_{i=1}^{(2n-1)-1}d_{m_i}=$$
$$4m+\sum_{i=1}^{(2n-1)-1}\left(i+\frac{5}{2}\right)m \quad ㉙$$

$$z_{m_n}=5m+\sum_{i=1}^{(2n-1)-1}\left(i+\frac{5}{2}\right)m \quad ㉚$$

此时取 $N=2n-1$，公式 ㉘㉙㉚ 就变成 ⑲⑳㉑.

综上，对条件(i)(ii) 有统一公式 ⑲⑳㉑.

为了证明式 ㉒㉓㉔ 需要下述引理：

引理 2　若 m 的标准分解式

$$m=2^{\alpha_0}\prod_{i=1}^{s}p_i^{\alpha_i}$$

中 p_i 表示互异的奇素数

$$x_{m_n}=3m+(N-1)\langle m\rangle^{\lfloor\frac{1}{2}\rceil}$$

那么，使 $m\nmid x_{m_n}$，但 $m\mid x_{m_n}^2$，令 $q=\dfrac{x_{m_n}^2}{m}$ 并有

$$q\equiv m\pmod 2$$

成立的充分必要条件是：

(iii)$\alpha_0\in\{3,5,7,9,\cdots\}$ 或者：

(iv)$\alpha_0=0$ 时，$\max(\alpha_1,\alpha_2,\cdots,\alpha_5)\geqslant 2$.

证明　条件(iii) 与(iv) 的必要性.

因为

$$x_{m_n}=3m+(N-1)\langle m\rangle^{\lfloor\frac{1}{2}\rceil}=\langle m\rangle^{\lfloor\frac{1}{2}\rceil}(3\langle m\rangle^{1-\lfloor\frac{1}{2}\rceil}+N-1)$$

而 $m\nmid x_{m_n}$，所以 $m\nmid\langle m\rangle^{\lfloor\frac{1}{2}\rceil}$，并且$\langle m\rangle^{1-\lfloor\frac{1}{2}\rceil}\nmid(N-1)$，但是 $m\mid x_{m_n}^2$，有

$$\frac{x_{m_n}^2}{m}=q\equiv m\pmod 2$$

以下就得奇偶性分别讨论：

(i) 当 $q\equiv m\equiv 0\pmod 2$ 时，就 2 的指数 α_0 而言，有

$$2\lfloor\frac{\alpha_0}{2}\rceil>\alpha_0>\lfloor\frac{\alpha_0}{2}\rceil \qquad ㉛$$

的关系，解 ㉛，得

$$\alpha_0 \in \{3,5,7,9,\cdots\}$$

而就奇素数 p_i 的指数 α_i 而言，有

$$2\llcorner \frac{\alpha_i}{2} \urcorner \geqslant \alpha_i \geqslant \llcorner \frac{\alpha_i}{2} \urcorner, i=1,2,\cdots,s \tag{32}$$

的关系. 解 ㉜，α_i 可为任何非负整数.

条件(iii) 的必要性得证.

(ii) 当 $q \equiv m \equiv 1 \pmod 2$ 时，$\alpha_0=0$. 对奇素数 p_i 的指数 α_i 而言，其中至少有某一个 $\alpha_r (1 \leqslant r \leqslant s)$ 使得

$$2\llcorner \frac{\alpha_r}{2} \urcorner \geqslant \alpha_r \geqslant \llcorner \frac{\alpha_r}{2} \urcorner \tag{33}$$

成立. 而其余的指数 $\alpha_j (j=1,2,\cdots,r-1,r+1,\cdots,s)$ 有

$$\alpha_j = \llcorner \frac{\alpha_j}{2} \urcorner \tag{34}$$

解 ㉝，得

$$\alpha_r \geqslant 2 \tag{35}$$

解 ㉞，得

$$0 \leqslant \alpha_j \leqslant 1, j=1,2,\cdots,r-1,r+1,\cdots,s \tag{36}$$

即 $\alpha_0=0$ 时，$\max(\alpha_1,\alpha_2,\cdots,\alpha_s) \geqslant 2$.

条件(iv) 的必要性也得证.

现证明条件(iii)(iv) 的充分性.

据条件(iii)$\alpha_0 \in \{3,5,7,9,\cdots\}$ 立得

$$2\llcorner \frac{\alpha_0}{2} \urcorner = \alpha_0 + 1$$

不难得知

$$\alpha_0 > \llcorner \frac{\alpha_0}{2} \urcorner > 1$$

于是

$$m \nmid \langle m \rangle^{\llcorner \frac{1}{2} \urcorner}$$

因而可知 $m \nmid x_{m_n}$，但

$$\begin{aligned} x_{m_n}^2 = & [\langle m\rangle^{\lfloor\frac{1}{2}\rceil}(3\langle m\rangle^{1-\lfloor\frac{1}{2}\rceil}+N-1)]^2 = \\ & \langle m\rangle^{2\lfloor\frac{1}{2}\rceil}\cdot(3\langle m\rangle^{1-\lfloor\frac{1}{2}\rceil}+N-1)^2 = \\ & \left[2^{2\lfloor\frac{\alpha_0}{2}\rceil}\cdot\prod_{i=1}^{s}p_i^{2\lfloor\frac{\alpha_0}{2}\rceil}\right]\cdot(3\langle m\rangle^{1-\lfloor\frac{1}{2}\rceil}+N-1)^2 = \\ & \left[2^{\alpha_0}\cdot\prod_{i=1}^{s}p_i^{2\lfloor\frac{\alpha_i}{2}\rceil}\right]\cdot[2\cdot(3\langle m\rangle^{1-\lfloor\frac{1}{2}\rceil}+N-1)] \end{aligned}$$

上式中，$2\lfloor\frac{\alpha_i}{2}\rceil \geqslant \alpha_i, i=1,2,\cdots,s$，故

$$m \mid 2^{\alpha_0}\prod_{i=1}^{s}p_i^{2\lfloor\frac{\alpha_i}{2}\rceil}$$

即是 $m \mid x_{m_n}^2$. 因为 $2\lfloor\frac{\alpha_0}{2}\rceil = \alpha_0 + 1$，所以有

$$\frac{x_{m_n}^2}{m} = q \equiv m \equiv 0 \pmod 2$$

条件(iii)的充分性获证.

据条件(iv)$\alpha_0 = 0$ 时，$\max(\alpha_1,\alpha_2,\cdots,\alpha_s) \geqslant 2$. 故至少有某一个指数 $\alpha_r \geqslant 2(1 \leqslant r \leqslant s)$，使得

$$\alpha_r > \lfloor\frac{\alpha_r}{2}\rceil \geqslant 1$$

而其余的指数 $\alpha_j \leqslant 1(j=1,2,\cdots,r-1,r+1,\cdots,s)$，于是 $\lfloor\frac{\alpha_j}{2}\rceil + \alpha_j$. 所以

$$m \nmid \langle m\rangle^{\lfloor\frac{1}{2}\rceil}$$

即是

$$m \nmid x_{m_n}$$

但是

$$x_{m_n}^2 = \langle m\rangle^{2\lfloor\frac{1}{2}\rceil}(3\langle m\rangle^{1-\lfloor\frac{1}{2}\rceil}+N-1)^2$$

中，$m \mid \langle m\rangle^{2\lfloor\frac{1}{2}\rceil}$，即 $m \mid x_{m_n}^2$.

设 $q=\frac{x_{m_n}^2}{m}$，因为 $\alpha_0=0$，所以

$$q\equiv m\equiv 1\ (\bmod 2)$$

条件(iv)的充分性也得证.

公式㉒㉓㉔的证明：根据上列引理2，本定理的条件(iii)(iv)与[3]中定理2的条件(iii)(iv)等价，故可用[3]中的定理2与引理2.

将

$$x_{m_n}=x_{m_1}+(n-1)\langle m\rangle^{\lfloor\frac{1}{2}\rceil} \tag{37}$$

代入[3]中引理2的公式(2)，并设 $d_{m_n}=y_{m_{n+1}}-y_{m_n}$，那么

(i) 当 m 是偶数时

$$d_{m_n}=\frac{x_{m_{n+1}}^2-m^2}{2m}-\frac{x_{m_n}^2-m^2}{2m}=$$
$$\frac{\langle m\rangle^{\lfloor\frac{1}{2}\rceil}[6\langle m\rangle^{1-\lfloor\frac{1}{2}\rceil}+2n-1]}{2\langle m\rangle^{1-\lfloor\frac{1}{2}\rceil}}$$

据条件(iii) $\alpha_0\in\{3,5,7,9,\cdots\}$，有

$$\lfloor\frac{\alpha_0}{2}\rceil-\left(\alpha_0-\lfloor\frac{\alpha_0}{2}\rceil\right)=2\lfloor\frac{\alpha_0}{2}\rceil-\alpha_0=1$$

及

$$\lfloor\frac{\alpha_i}{2}\rceil-\left(\alpha_i-\lfloor\frac{\alpha_i}{2}\rceil\right)=2\lfloor\frac{\alpha_i}{2}\rceil-\alpha_i\geqslant 0,i=1,2,\cdots,s$$

所以 $2\langle m\rangle^{1-\lfloor\frac{1}{2}\rceil}\mid\langle m\rangle^{\lfloor\frac{1}{2}\rceil}$，即 d_{m_n} 是整数，所以

$$y_{m_n}=y_{m_1}+\sum_{i=1}^{n-1}d_{m_i}=$$
$$4m+\sum_{i=1}^{n-1}\frac{6m+(2i-1)\langle m\rangle^{\lfloor\frac{1}{2}\rceil}}{2\langle m\rangle^{1-\lfloor\frac{1}{2}\rceil}} \tag{38}$$

$$z_{m_n}=5m+\sum_{i=1}^{n-1}\frac{6m+(2i-1)\langle m\rangle^{\lfloor\frac{1}{2}\rceil}}{2\langle m\rangle^{1-\lfloor\frac{1}{2}\rceil}} \tag{39}$$

这时取 $N=n,n=1-t_2,2-t_2,\cdots,t_2-t_2,1,2,\cdots$，而

$$t_2=\left[\frac{3m-\lfloor(\sqrt{2}+1)m\rceil}{\langle m\rangle^{\lfloor\frac{1}{2}\rceil}}\right]$$

则公式 ㊲㊳㊴ 就变成公式 ㉒㉓㉔ 了.

(ii) 当 m 是奇数时，$\alpha_0=0$，同时 $\max(\alpha_1,\alpha_2,\cdots,\alpha_s)\geqslant 2$. 因为

$$\lfloor\frac{\alpha_0}{2}\rceil-(\alpha_0-\lfloor\frac{\alpha_0}{2}\rceil)=2\lfloor\frac{\alpha_0}{2}\rceil-\alpha_0=0$$

以及

$$\lfloor\frac{\alpha_t}{2}\rceil-(\alpha_i-\lfloor\frac{\alpha_i}{2}\rceil)=2\lfloor\frac{\alpha_i}{2}\rceil-\alpha_i\geqslant 0$$

所以在 d_{m_n} 中，$\langle m\rangle^{1-\lfloor\frac{1}{2}\rceil}\mid\langle m\rangle^{\lfloor\frac{1}{2}\rceil}$，但 $2\langle m\rangle^{1-\lfloor\frac{1}{2}\rceil}\nmid\langle m\rangle^{\lfloor\frac{1}{2}\rceil}$，故 d_{m_n} 有不可约去的分母 2. 这只需令

$$\overline{d}_{m_n}=\sum_{i=2n-1}^{2n}d_{m_i}=y_{m_{n+1}}-y_{m_n}$$

即可去掉分母 2，于是

$$y_{m_n}=y_{m_1}+\sum_{i=1}^{n-1}\overline{d}_{m_i}=$$

$$4m+\sum_{i=1}^{(2n-1)-1}\frac{6m+(2i-1)\langle m\rangle^{\lfloor\frac{1}{2}\rceil}}{2\langle m\rangle^{1-\lfloor\frac{1}{2}\rceil}} \tag{40}$$

$$z_{m_n}=5m+\sum_{i=1}^{(2n-1)-1}\frac{6m+(2i-1)\langle m\rangle^{\lfloor\frac{1}{2}\rceil}}{2\langle m\rangle^{1-\lfloor\frac{1}{2}\rceil}} \tag{41}$$

因而此时

$$x_{m_n}=3m+[(2n-1)-1]\langle m\rangle^{\lfloor\frac{1}{2}\rceil} \tag{42}$$

若取 $N=2n-1,n=1-t'_2,2-t'_2,\cdots,t'_2-t'_2,\cdots,1,2,\cdots$，而

$$t'_2=\left[\frac{3m-[(\sqrt{2}+1)m]}{2\langle m\rangle^{\lfloor\frac{1}{2}\rceil}}\right]$$

则上列公式 ㊷㊵㊶ 就变为公式 ㉒㉓㉔.

综上可知,对条件(i)(ii) 与(iii)(iv) 有统一公式㉒㉓㉔.

下面证明基本定理中 ⑲⑳㉑ 与 ㉒㉓㉔ 两组公式所表出的两个子解集是(E) 的全部正整数解.

本定理中式 ⑲⑳㉑ 所适用的条件与[3]中的定理1一致,公式本身也直接由[3]中定理1的公式 ①②③推出,因此两组公式等效;同理,本定理公式 ㉒㉓㉔ 与[3]中定理2的公式 ①②③ 等效.根据[3]中的定理3,本定理的两组公式 ⑲⑳㉑ 与 ㉒㉓㉔ 所表出的两个子解集中的无穷多个解是(E) 的全部正整数解.

对于已确定的 m,当它不符合基本定理中的条件(iii)(iv) 时,只可用公式 ⑲⑳㉑;当 m 符合基本定理中的条件(iii) 或(iv) 时,既可用公式 ⑲⑳㉑,又可用公式㉒㉓㉔.因此,对于后一种情形有细考之必要.

对于符合条件(iii) 或(iv) 的同一个 m,我们有

$$x_{m_n}=x_{m_1}+(N-1)m$$

与

$$x_{m_u}=x_{m_1}+(U-1)\langle m\rangle^{\lfloor\frac{1}{2}\rceil}$$

设

$$f_m=x_{m_{n+1}}-x_{m_n}=m$$

$$g_m=x_{m_{u+1}}-x_{m_u}=\langle m\rangle^{\lfloor\frac{1}{2}\rceil}$$

则

$$f_m=\langle m\rangle^{1-\lfloor\frac{1}{2}\rceil}\cdot g_m$$

这表明:用公式 ⑲⑳㉑ 表出的任意两个相邻的差同为 m 的勾股正整数解之间,应用公式 ㉒㉓㉔ 还可插入 $\langle m\rangle^{1-\lfloor\frac{1}{2}\rceil}-1$ 个差同为 m 的勾股正整数.亦即:此时

用公式 ⑲⑳㉑ 表出的第一子解集是用公式 ㉒㉓㉔ 表出的第二子解集的真子集. 故此时仅用基本定理的公式 ㉒㉓㉔ 即可.

4　定理的证明

无论根据基本定理的哪一组公式,恒有 $z^*-y^*=m^*$,可见只需确定与公式 N 相应的 N^*.

(A) 当 $m^* \mid x^*$ 时,应用基本定理公式 ⑲⑳㉑. 将 x^*, m^*, N^* 代替 ⑲ 中 x_{m_n}, m, N 并解出 N^*,得

$$N^*=\frac{x^*}{z^*-y^*}-2$$

将 x^*, m^* 及 N^* 的表达式代替 ⑲ 中 x_{m_n}, m, N,并解出 3,得

$$3=3 \tag{43}$$

将 y^*, m^* 及 N^* 的表达式代替 ㉒ 中的 y_{m_n}, m, N 并解出 4,得

$$4=\frac{y^*}{z^*-y^*}-\sum_{i=1}^{k_1}\left(i+\frac{5}{2}\right), k_1=\frac{x^*}{z^*-y^*}-3 \tag{44}$$

将 y^*, m^* 及 N^* 的表达式代替 ㉑ 中的 y_{m_n}, m, N,并解出 5,得

$$5=\frac{y^*}{z^*-y^*}-\sum_{i=1}^{k_1}\left(i+\frac{5}{2}\right), k_1=\frac{x^*}{z^*-y^*}-3 \tag{45}$$

将 ㊸㊹㊺ 代入基本定理的公式 ⑲⑳㉑ 得本定理公式 ⑦⑧⑨;代入基本定理的公式 ㉒㉓㉔ 就得本定理的公式 ⑩⑪⑫.

(B) 当 $m^* \nmid x^*$ 时,可用基本定理的公式 ㉒㉓㉔.

将 x^*,m^*,N^* 代替 ⑩ 中 x_{m_n},m,N,并解出 N^*,得

$$N^*=\frac{x^*-3(z^*-y^*)}{\langle z^*-y^*\rangle^{\lfloor\frac{1}{2}\rceil}}+1$$

将 x^*,m^* 与 N^* 的表达式代替 ⑩ 中 x_{m_n},m,N,解出 3,得

$$3=3 \tag{46}$$

将 y^*,m^* 与 N^* 的表达式代入 ⑪,解出 4,得

$$4=\frac{y^*}{z^*-y^*}-\sum_{i=1}^{k_2}\frac{6+(2i-1)\langle z^*-y^*\rangle^{\lfloor\frac{1}{2}\rceil-1}}{2\langle z^*-y^*\rangle^{1-\lfloor\frac{1}{2}\rceil}}$$

$$k_2=\frac{x^*-3(z^*-y^*)}{\langle z^*-y^*\rangle^{\lfloor\frac{1}{2}\rceil}} \tag{47}$$

将 z^*,m^* 与 N^* 的表达式代入 ⑫,解出 5,得

$$5=\frac{z^*}{z^*-y^*}-\sum_{i=1}^{k_2}\frac{6+(2i-1)\langle z^*-y^*\rangle^{\lfloor\frac{1}{2}\rceil-1}}{2\langle z^*-y^*\rangle^{1-\lfloor\frac{1}{2}\rceil}}$$

$$k_2=\frac{x^*-3(z^*-y^*)}{\langle z^*-y^*\rangle^{\lfloor\frac{1}{2}\rceil}} \tag{48}$$

将 ㊻㊼㊽ 代入基本定理的公式 ⑲⑳㉑ 得本定理的公式 ⑬⑭⑮;代入基本定理的公式 ㉒㉓㉔ 即得本定理的公式 ⑯⑰⑱.

5　结　束　语

上述定理获证就给出了一个例子,说明特殊解的知识不仅可以解一切一次不定方程,而且可以解某些二次不定方程.

从几何的角度来看,本文结论的含义是:二次锥面 $x^2+y^2=z^2$(E) 上三个坐标都不为零的任一个整点 ξ

的坐标值(x^*,y^*,z^*),确定之后,整个锥面上的所有整点的坐标也就可以确定下来.一般二次锥面是否有此性质?还有哪些锥面有此性质?都是有意义的问题.对于更高次的不定方程如何研究这一类似问题也是值得注意的.

参考文献

[1] БЕРМАН Г Н. ЧИСЛО И Наука О Нем[M]. Государственное иадателвсотво техникотеореяииеской литературы,1960.
[2] 华罗庚.数论导引[M].北京:科学出版社,1957.
[3] 高宏.关于 $x^2+y^2=z^2$ 在正整数内的勾序解与股序[J].数学杂志 1981,1(1):64-70.

第二编

正史

费马 —— 孤独的法官

第 4 章

1　出身贵族的费马

皮埃尔·费马(Pierre de Fermat, 1601—1665),1601 年 8 月 17 日生于法国南部图卢兹(Towlouse)附近的博蒙·德·罗马涅(Beaumont de Lomagen)镇,同年 8 月 20 日接受洗礼.费马的双亲可用大富大贵来形容,他的父亲多米尼克·费马(Domiaique Fermat)是一位富有的皮革商,在当地开了一家大皮革商店,拥有相当丰厚的产业,这使得费马从小生活在富裕舒适的环境中,并幸运地享有进入格兰塞尔夫(Grandselve)

的圣方济各会修道院受教育的特权.费马的父亲由于家财万贯和经营有道,在当地颇受人们尊敬,所以在当地任第二领事官职,费马的母亲名叫克拉莱·德·罗格,出身穿袍贵族.父亲多米尼克的大富与母亲罗格的大贵,构筑了费马富贵的身价.

费马的婚姻又使费马自己也一跃而跻身于穿袍贵族的行列.费马娶了他的表妹伊丝·德·罗格.原本就为母亲的贵族血统而感到骄傲的费马,如今干脆在自己的姓名前面加上了贵族姓氏的标志"de".今天,作为法国古老贵族家族的后裔,他们依然很容易被辨认出来,因为名字中间有着一个"德"字.一听到这个字,今天的法国人都会肃然起敬,脑海中浮现出"城堡、麋鹿、清晨中的狩猎、盛大的舞会和路易时代的扶手椅……"

从费马所受的教育与日后的成就看,费马具有一个贵族绅士所必备的一切.费马虽然上学很晚,直到14岁才进入博蒙·德·罗马涅公学.但在上学前,费马就受到了非常好的启蒙教育,这都要归功于费马的叔叔皮埃尔.据考克斯(C. M. Cox)研究(《三百位天才的早期心理特征》),获得杰出成就的天才,通常有超乎一般少年的天赋,并且在早期的环境中具有优越的条件.显然,少年天才的祖先在生理上和社会条件上为他们后代的非凡进步做出了一定的贡献.在这里卢梭所极力倡导的"人人生来平等"的信条是完全不起作用的,因为根本不可能所有的人都站在同一个起跑线上,而且许多人的起跑线远远超过了绝大多数人几代人才跑到的终点线.贝尔曾评价费马说,他对主要的欧洲语言和欧洲大陆的文学,有着广博而精湛的知识.希腊和拉丁的哲学有几个重要的订正得益于他.用拉丁文、法文、西班牙文写诗是他那个时代绅士们的素养之一,他在这方面也表现出了熟练的技巧和卓越的鉴赏力.

费马有三女二男五个子女,除了大女儿克拉莱出嫁之外,其余四个子女继承了费马高贵的出身,使费马感到体面.两个女儿当了修女,次女当上了菲玛雷斯的副主教,尤其是长子克莱曼·萨摩尔,继承了费马的公职,在 1665 年也当上了律师,使得费马那个大家族得以继续显赫.

2　官运亨通的费马

迫于家庭的压力,费马走上了文职官员的生涯.1631 年 5 月 14 日在法国图卢兹就职,任晋见接待官,这个官职主要负责请愿者的接待工作.如果本地人有任何事情要呈请国王,他们必须首先使费马或他的一个助手相信他们的请求是重要的.另外费马的职责还包括建立图卢兹与巴黎之间的重要联系,一方面是与国王进行联络,另一方面还必须保证发自首都的国王命令能够在本地区有效地贯彻.

但据记载,费马根本没有应付官场的能力,也没有什么领导才能.那么他是如何走上这个岗位的呢?原来这个官是买来的.

费马中学毕业后,先后在奥尔良大学和图卢兹大学学习法律,费马生活的时代,法国男子最讲究的职业就是律师.

有趣的是,法国当时为那些家财万贯但缺少资历的“准律师”能够尽快成为律师创造了很好的条件. 1523 年,佛朗期瓦一世组织成立了一个专门卖官鬻爵的机关,名叫“burean des parries casuelles”,公开出售官职. 由于社会对此有需求,所以这种“买卖”一经产生,就异常火暴. 因为卖官鬻爵,买者从中可以获得官位从而提高社会地位,卖者可以获得钱财使政府财政得以好转,因此到了 17 世纪,除了宫廷官和军官以外的任何官职都可以有价出售. 直到近代,法院的书记官、公证人、传达人等职务,仍没有完全摆脱买卖性质. 法国的这种买官制度,使许多中产阶级从中受益,费马也不例外. 费马还没大学毕业,家里便在博蒙·德·罗马涅买好了“律师”和“参议员”的职位,等到费马大学毕业返回家乡以后,他便很容易地当上了图卢兹议院顾问的官职. 从时间上,我们便可体会到金钱的作用. 费马是在 1631 年 5 月 1 日获得奥尔良(Orleans)大学民法学士学位的,13 天后即 5 月 14 日就已经升任图卢兹议会晋见接待员了.

尽管费马在任期间没有什么政绩,但他却一直官运亨通. 费马自从步入社会直到去世都没有失去官职,而且逐年得到提升,在图卢兹议会任职 3 年后,费马升任为调查参议员(这个官职有权对行政当局进行调查和提出质疑).

1642 年,费马又遇到一位贵人,他叫勃里斯亚斯,是当时最高法院顾问,他非常欣赏费马,推荐他进入了最高刑事法庭和法国大理院主要法庭,这又为费马进一步升迁铺平了道路. 1646 年,费马被提升为议会首席发言人,之后还担任过天主教联盟的主席等职.

有人把费马的升迁说成是并非费马有雄心大志,

而是由于费马身体健康.因为当时鼠疫正在欧洲蔓延,幸存者被提升去填补那些死亡者的空缺.其实,费马在 1652 年也染上了致命的鼠疫,但却奇迹般地康复了.当时他病得很重,以至他的朋友伯纳德·梅登(Bernard Medon)已经对外宣布了他的死亡.所以当费马脱离死亡威胁后,梅登马上开始辟谣,他在给荷兰人尼古拉斯·海因修斯(Nicholas Heinsius)的报告中说:

> "我前些时候曾通知过您费马逝世.他仍然活着,我们不再担心他的健康,尽管不久前我们已将他计入死亡者之中.瘟疫已不在我们中间肆虐."

但这次染上瘟疫给费马一贯健康的身体带来了损害.1665 年元旦一过,费马开始感到身体不适,于 1 月 10 日辞去官职,3 天以后溘然长逝.由于官职的缘故,费马先被安葬在卡斯特雷(Custres)公墓,后来改葬在图卢兹的家族墓地中.

3　淡泊致远的费马

数学史家贝尔曾这样评价费马的一生:"这个度过平静一生的、诚实、和气、谨慎、正直的人,有着数学史上最美好的故事之一."

很难想象一个律师、一位法官能不沉溺于灯红酒绿、纸醉金迷,而能自甘寂寞、青灯黄卷,从根本上说这种生活方式的选择源于他淡泊的天性. 在 1646 年,费马升任为议会首席发言人,后又升任为天主教联盟的主席等职,但他从没有利用职权向人们勒索,也从不受贿,为人敦厚、公开廉明.

另一个原因是政治方面的,俗话说高处不胜寒,政治风波时刻伴随着他. 在他被派到图卢兹议会时,恰是红衣天主教里奇利恩(Richelien) 刚刚晋升为法国首相 3 年之后. 那是一个充满阴谋和诡计的时代,每个涉及国家管理的人,哪怕是在地方政府中,都不得不小心翼翼以防被卷入红衣主教的阴谋诡计中. 费马用研究数学来逃避议会中混乱的争吵,这种明哲保身的做法,无意中造就了这位“业余数学家之王”.

按费马当时的官职,他的权力是很大的. 从英国数学家凯内尔姆·迪格比爵士(Sir Kenelm Digby) 给另一位数学家约翰·沃利斯(John Wallis) 的信中我们了解到一些当时的情况:

> 他(费马) 是图卢兹议会最高法庭的大法官,从那天以后,他就忙于非常繁重的死刑案件. 其中最后一次判决引起很大的骚动,它涉及一名滥用职权的教士被判以火刑. 这个案子刚判决,随后就执行了.

由此可见,费马的工作是很辛苦的,所以很多人在考虑到费马的公职的艰难费力的性质和他完成的大量第一流数学工作时,对于他怎么能找出时间来做这一切感到迷惑不解. 一位法国评论家提出了一个可能的答案:费马担任议员的工作对他的智力活动有益无害.

议院评议员与其他的 —— 例如在军队中的公职人员不同，对他们的要求是避开他们的同乡，避开不必要的社交活动，以免他们在履行职责时因受贿或其他原因而腐化堕落. 由于孤立于图卢兹高层社交界之外，费马才得以专心于他的业余爱好.

幸好，费马所献身的所谓“业余事业”是不朽的，费马熔铸在数论之中，这是织入人类文明之锦的一条粗韧的纤维，它永远不会折断.

4　复兴古典的费马

日本数学会出版的《岩波数学辞典》中对费马是这样评价的：“他与笛卡儿(Descartes)不同，与其说他批判希腊数学，倒不如说他以复兴为主要目的，因此他的学风古典色彩浓厚.”

早在 1629 年，费马便开始着手重写公元前 3 世纪古希腊几何学家阿波罗尼斯(Apollonius，约公元前 260— 前 170)所著的当时已经失传的《平面轨迹》(*On Plane Loni*)，他利用代数方法对阿波罗尼斯关于轨迹的一些失传的证明做了补充，对古希腊几何学，尤其是对阿波罗尼斯圆锥曲线论进行了总结和整理，对曲线做了一般研究，并于 1630 年用拉丁文撰写了仅有 8 页的论文“平面与立体轨迹引论”(Introduction anx Lieux Planes es Selides，这里的“立体轨迹”指不能用尺规作出的曲线，和现代的用法不同)，这篇论文直到他死后 1679 年才发表.

早在古希腊时期，阿基米德(Archimedes，公元前

287— 前 212) 为求出一条曲线所包含任意图形的面积,曾借助于穷竭法. 由于穷竭法烦琐笨拙,后来渐渐被人遗忘. 到了 16 世纪, 由于开普勒(Johannes Kepler,1571—1630) 在探索行星运动规律时,遇到了如何研究椭圆面积和椭圆弧长的问题. 于是,费马又从阿基米德的方法出发重新建立了求切线、求极大值和极小值以及定积分的方法.

费马与笛卡儿被公认为解析几何的两位创始人,但他们研究解析几何的方法却是大相径庭的,表达形式也迥然不同;费马主要是继承了古希腊人的思想,尽管他的工作比较全面系统,正确地叙述了解析几何的基本原理,但他的研究主要是完善了阿波罗尼斯的工作,因此古典色彩很浓,而笛卡儿则是从批判古希腊的传统出发,断然同这种传统决裂,走的是革新古代方法的道路,所以从历史发展来看,后者更具有突破性.

费马研究曲线的切线的出发点也与古希腊有关,古希腊人对光学很有研究,费马继承了这个传统. 他特别喜欢设计透镜,而这促使费马探求曲线的切线,他在 1629 年就找到了求切线的一种方法,但迟后 8 年才发表在 1637 年的手稿《求最大值与最小值的方法》中.

另一表现费马古典学风之处在于费马的光学研究. 费马在光学中突出的贡献是提出最小作用原理,这个原理的提出源远流长. 早在古希腊时期,欧几里得就提出了今天人们所熟知的光的直线传播和反射定律. 后来海伦统一了这两条定律,揭示了这两条定律的理论实质 —— 光线行进总是取最短的路径. 经过若干年后,这个定律逐渐被扩展成自然法则,并进而成为一种哲学观念. 人们最终得出了这样更一般的结论:"大自然总是以最短捷的可能途径行动.”这种观念影响着费马,但费马的高明之处则在于变这种哲学的观念为科学理论.

对于自然现象,费马提出了“最小作用原理”.这个原理认为,大自然各种现象的发生,都只消耗最低限度的能量.费马最早利用他的最小作用原理说明蜂房构造的形式,在节省蜂蜡的消耗方面比其他任何形式更为合理.费马还把他的原理应用于光学,做得既漂亮又令人惊奇.根据这个原理,如果一束光线从一个点 A 射向另一个点 B,途中经过各种各样的反射和折射,那么经过的路程 —— 所有由于折射的扭转和转向,由于反射的难于捉摸的向前和退后可以由从 A 到 B 所需的时间为极值这个单一的要求计算出来.由这个原理,费马推出了今天人们所熟知的折射和反射的规律:入射角(在反射中)等于反射角;从一个介质到另一个介质的入射角(在折射中)的正弦是反射角的正弦的常数倍,折射定律其实都是 1637 年费马在笛卡儿的一部叫作《折光》(*Ia Dioptriqre*)的著作中看到的.开始他对这个定律及其证明方法都持怀疑和反对态度,并因此引起了两人之间长达十年之久的争论,但后来在 1661 年他从他的最小作用原理中导出了光的折射定律时,他不但解除了对笛卡儿的折射定律的怀疑,而且更加确信自己的原理的正确性.可以说费马发现的这个最小作用原理及其与光的折射现象的关系,是走向光学统一理论的最早一步.

最能体现费马“言必称希腊”这一“复古”倾向的是一本历尽磨难保存下来的古希腊著作《算术》(*Arithmetica*).17 世纪初,欧洲流传着 3 世纪古希腊数学家丢番图(Diophantus)所写的《算术》一书.丢番图是古希腊数学传统的最后一位卫士.他在亚历山大的生涯是在收集易于理解的问题以及创造新的问题中度过的,他将它们全部汇集成名为《算术》的重要论著.当时《算术》共有13卷之多,但只有6卷逃过了欧洲中世纪黑暗时代的骚乱幸存下来,继续激励着文艺复兴时期的数学家们.1621年费马在巴黎买到了经巴歇(M.Bachet)校订的丢番图《算术》一书法文译本,他在这部书的第二卷第八命题——"将一个平方数分为两个平方数"的旁边写道:"相反,要将一个立方数分为两个立方数,一个四次幂分为两个四次幂,一般地将一个高于二次的幂分为两个同次的幂,都是不可能的.对此,我确信已发现了一种美妙的证法,可惜这里空白的地方太小写不下."这便是数学史上著名的费马大定理.

5 议而不作的数学家

我国著名思想家孔子是"述而不作",而费马却是"议而不作",并且费马还有一个与毛泽东相同的读书习惯"不动笔墨不读书".他读书时爱在书上勾勾画画,圈点批注,抒发见解与议论.他研究数学的笔记常常是散乱地堆在一旁不加整理,最后往往连书写的确切年月也无可稽考.他曾多次阻止别人把他的结果复印.

至于费马为什么会养成这种"议而不作"的习惯,有多种原因.据法国著名数学家韦尔(André Weil)的分析,是由于17世纪的数论学家缺少竞争所致,他说:

“那个时代的数学家，特别是数论学家是很舒服的，因为他们面临的竞争是如此之少．但对微积分而言，即使在费马的时代，情形就有所不同，因为今天使我们许多人受到困扰的东西（如优先权问题）也困扰过当时的数学家．然而，有趣的是费马在整个 17 世纪期间，在数论方面可以说一直是十分孤独的．值得注意的是在这样一段较长的时间中，事物发展是如此缓慢，而且这样从容不迫，人们有充足的时间去考虑大问题而不必担心他的同伴可能捷足先登．在那时候，人们可以在极其平和宁静的气氛中研究数论，而且说实在的，也太宁静了．欧拉和费马都抱怨过他们在这领域中太孤单了．特别是费马，有段时间他试图吸引帕斯卡（Blaise Pascal）对数论产生兴趣并一起合作．但帕斯卡不是搞数论的材料，当时身体又太差，后来他对宗教的兴趣超过了数学，所以费马没有把他的东西好好写出来，从而只好留给了欧拉这样的人来破译，所以人们说欧拉刚开始研究数论时，除了费马的那些神秘的命题外，什么东西也没有．”

对费马“议而不作”的原因的另一种分析是费马有一种恶作剧的癖好，本来从 16 世纪沿袭下来的传统就是：巴黎的数学家守口如瓶，当时精通各种计算的专家柯思特（Cossists）就是如此．这个时代的所有专业解题者都创造他们自己的聪明方法进行计算，并尽可能地为自己的方法保密，以保持自己作为有能力解决某个特殊问题的独一无二的声誉.用今天的话说就是严守商业秘密,加大其他竞争对手进入该领域的进入成本,以保持自己在此领域的垄断地位,这种习惯一直保持到 19 世纪.

当时有一个人在顽强地同这种恶习做斗争,这就是梅森神父.他所起到的作用类似于今天数学刊物的作用,他热情地鼓励数学家毫无保留地交流他们的思想,以便互相促进各自的工作.梅森(Mersenne)定期安排会议,这个组织后来发展为法兰西学院.当时有人为了保护自己发现的结果,不让他人知道而拒绝参加会议.这时,梅森则会采取一种特殊的方式,那就是通过他们与自己的通信中发现这些秘密,然后在小组中公布.这种做法,应该说是不符合职业道德的,但是梅森总以交流信息对数学家和人类有好处为理由为自己来辩解.在梅森去世的时候,人们在他的房间发现了 78 位不同的通信者写来的信件.

当时,梅森是唯一与费马有定期接触的数学家.梅森当年喜欢游历,到法国及世界各地,出发前总要与费马会见,后来游历停止后,便用书信保持着联系,有人评价说梅森对费马的影响仅次于那本伴随费马终生的古希腊数学著作《算术》.费马这种恶作剧的癖好在与梅森的通信中暴露无遗.他只是在信中告诉别人"我证明了这,我证明了那",却从不提供相应的证明,这对其他人来讲,既是一种挑逗,也是一种挑战,因为发现证明似乎是与之通信的人该做的事情,他的这种做法激起了其他人的恼怒.笛卡儿称费马为"吹牛者",英国数学家约翰·沃利斯则把他叫作"那个该诅咒的法国佬".而这些因隐瞒证明给同行带来的烦恼给费马带来了莫大的满足.

这种“议而不作”与费马的性格也有关.费马生性内向,谦抑好静,不善推销自己,也不善展示自我,所以尽管梅森神父一再鼓励,费马仍固执地拒绝公布他的证明.因为公开发表和被人们承认对他来说没有任何意义,他因自己能够创造新的未被他人触及的定理所带来的那种愉悦而感到满足.

另外一个更为实在的动机是,拒绝发表可以使他无须花费时间去全面地完善他的方法,从而争取时间去转向征服下一个问题.此外,从费马的性格分析,他也应该采取这种方式,因为他频频抛出新结果不可避免会招来嫉妒,而嫉妒的合法发泄渠道就是挑剔,证明是否严密完美是永远值得挑剔的.特别是那些刚刚知道一点皮毛的人,所以为了避免被来自吹毛求疵者的一些细微的质疑所分心,费马宁愿放弃成名的机会,当一个缄默的天才.以致当帕斯卡催促费马发表他的研究成果时,这个遁世者回答说:“不管我的哪个工作被确认值得发表,我不想其中出现我的名字.”

费马的“议而不作”带来的副作用是他当时的成就无缘扬名于世,并且使他暮年脱离了研究的主流.

欧拉——多产的数学家

第 5 章

1 $n=3$ 时，费马定理的初等证明

对费马大定理的证明过程是先从具体的路线出发的，人们迈出的第一步就是 $n=3$ 时的证明，而绝无人像费马宣称的那样，一上来就试图全部解决. 这种想法是很自然的，它符合数论中具体先于抽象的特点，正如线性规划创始人丹齐克之父老丹齐克在其名著《数，科学的语言》中所指出：

在宗教神秘中诞生，经过迂回曲折的猜哑谜时期，整数的理论最后获得了一种科学的地位.

虽然在那些把神秘和抽象等同的人看来，这仿佛是令人费解的，然而这种数的神秘性的基础，却是十分具体的. 它包含两个观念. 渊源于古老的毕达哥拉斯学派的形象化的数字，显示了数与形之间的紧密联系. 凡表示简单而规则的图形，如三角形、正方形、角锥体和立方体等图形的数，较易于想象，因此被作为有特殊重要性的数被选择出来. 另一方面，完全数、友数和素数都具有与可除性相关的特性. 这都可以追溯到古人对分配问题所给予的重要地位，正如在苏美尔人的黏土片和古埃及的芦草纸上所明白显示出的一样.

这种具体性，说明了早期的试验的性质，这种特性今天多少还在这门理论中保持着. 我们转引当代最卓越的数论专家之一，英国的哈代(G. H. Hardy)的话如下：

“数论的诞生，比数学中的任一分支都包含着更多的实验科学的气味. 它的最有名的定理都是猜出来的，有时等了一百年甚至百余年才得到证明；它们的提出，也是凭着一大堆计算上的证据.”

具体往往先于抽象. 这就是数论先于算术的理由. 而具体又往往成为科学发展中的最大绊脚石. 把数看

作个体，这种看法自古以来对人类有巨大的魔力，它成了发展数的集合性理论（即算术）的道路上的主要障碍.这正如对于单个星体的具体兴趣长期地延缓了科学的天文学的建立一样.

最早证明费马猜想 $n=3$ 时情形的数学家大概要算胡坚迪（Al-khujandi，？—1 000），这位阿拉伯数学家、天文学家，曾在特兰索克塞（Transoxania，位于阿姆河之北）做过地方官，他长期从事科学研究工作，并得到白益王朝统治者的赞助.在数学方面，对球面三角学和方程理论有所贡献.重新发现了球面三角形的正弦定理（该定理曾被希腊数学家梅涅劳斯（Menelaus）发现）.他最先证明了方程 $x^3+y^3=z^3$ 不可能有整数解.在天文学方面，他在瑞依（Rayy，今德黑兰附近）附近建造过一座精确度空前的测量黄赤交角的装置，角度测量可以精确到秒.还制作了浑天仪和其他天文仪器，测出了瑞依的黄赤交角和黄纬.

2　被印在钞票上的数学家

其实现在流传下来的费马大定理当 $n=3$ 时的证明是瑞士大数学家欧拉（Leonhard Euler，1707—1783）所给出的.欧拉作为数学史上为数不多的几位超级大师早已被读者所熟悉，但有多少人知道，他还是唯一被印在钞票上的数学家.

1994 年国际数学家大会在瑞士举行，瑞士联邦的科学部长，德赖费斯（Ruth Dreifus）女士在开幕式上的讲话指出：

绝大多数老百姓并不意识到在日常生活每件事的背后有科学家们的工作，譬如随便问一个瑞士人“在 10 瑞士法郎钞上的头像是谁？”他们可能答不上来，他们从没有注意到这是欧拉，也许根本不知道欧拉是什么人.

但不管怎样，欧拉毕竟作为一位最伟大的数学家而受到人们的怀念. 欧拉的一生，可以说是“生逢其时”，这要从两方面说：一是事业上恰逢方兴未艾之时，欧拉的数学事业开始于牛顿(Newton)去世那年，于是恰呈取代之势，数学史家贝尔(Baire)说：“对于像欧拉那样的天才，不能选择比这更好的时代了.”

那时，解析几何已经应用了 90 年，微积分产生了 40 年，万有引力定律出现在数学家们面前有 40 年，在这些领域中充满着大量已被解决了的孤立问题，也偶尔出现过一些方面试图统一的理论尝试，但对整个纯数学与应用数学的统一系统的研究还尚未开始，正等待着欧拉这样的天才去施展.

历史上，能跟欧拉相比的人的确不多，有历史学家把欧拉和阿基米德、牛顿、高斯(Gauss)列为有史以来贡献最大的四位数学家.

由于欧拉出色的工作，后世的著名数学家都极度推崇欧拉. 大数学家拉普拉斯(P. S. M. de Laplace，1749—1827)曾说过：“读读欧拉，他是我们一切人的老师.”数学王子高斯也曾说过：“对于欧拉工作的研究，将仍旧是对于数学的不同范围的最好的学校，并且没有别的可以替代它.”

对于欧拉这样的天才人物，我们不得不多说上几句，欧拉无疑是历史上著作最多的数学家，人们说欧拉撰写他的伟大的研究论文，就像下笔流畅的作家给密友写信一样容易.甚至在他生命的最后17年中的完全失明，也没有妨碍他的无与伦比的多产.

以出版欧拉的全集来说，一直到1936年，人们也没能确切知道欧拉的著作的数量，当时估计要出版他的全集需要大四开本60至80卷.1909年瑞士的自然科学协会开始着手收集和出版欧拉散轶的论文，得到了世界各地许多个人和数学团体的经济资助，由此可以看出欧拉不仅属于瑞士更属于整个文明世界.当时预算全部出齐需花费约8万美元，可是过了不久，在圣彼得堡又发现了一大堆确切属于欧拉的手稿，这样原有的预算就大大超支了，有人估计要全部出版这些著作至少有100卷，在著作量上，似乎只有英国文豪莎士比亚可以与之匹敌.

对于欧拉来说，对人激励最大、最具有人格魅力的是他那种在失明后对数学研究的继续奋进的精神.眼睛对于数学家来说不亚于登山运动员的腿，数学史上失明的大数学家只有三位，除欧拉外还有苏联数学家庞德里雅金，但他与欧拉都是在掌握了数学之后才失明的，真正在失明后才掌握数学的是英国数学家桑德森.

桑德森1岁时因患天花病导致双目失明，但他并没有屈服于厄运，而是顽强地坚持学习和研究.他从小练就了十分纯熟的心算法，能够解许多冗长而又复杂的算术难题.他曾是剑桥大学路卡斯教授惠斯顿的学生，1711年，他接替了惠斯顿的教授职位.1728年英国乔治二世授予他法学博士称号. 1736 年被选为伦敦皇家学会会员. 桑德森还是一位出色的教员. 他编著了《代数学》(*Algebra*, 1740 ~ 1741, 已译为法文和德文)、《流数术》(*Method of Fluxions*, 1751) 等书.

3　$n=3$ 时的费马问题

华罗庚教授在其所著《数论导引》一书中, 借域 $R(\omega)$(R 是有理数域, ω 为 1 的三次原根) 证明了方程

$$x^3+y^3+z^3=0, xyz\neq 0$$

无整数解. 1965 年 2 月当时在上海市第三职工业余中学工作的汤健儿老师在《数学通报》上发表了一篇文章, 给出一个比较初等的证法, 而无须涉及复数域.

先证以下引理:

引理 1　不定方程

$$x_1x_2\cdots x_n=w^3, x_1, x_2, \cdots, x_n \text{ 两两互素} \qquad ①$$

的一切整数解均可由公式

$$x_1=\alpha^3, x_2=\beta^3, \cdots, x_n=\tau^3, w=\alpha\beta\cdots\tau \qquad ②$$

表出, 其中 $\alpha, \beta, \cdots, \tau$ 两两互素.

证明　由 ② 确定的 $x_1, x_2, \cdots, x_n, w$ 显然适合 ①. 今设 $x_1, x_2, \cdots, x_n, w$ 为 ① 的一组解, 令

$$x_1=\alpha^3x'_1, x_2=\beta^3x'_2, \cdots, x_n=\tau^3x'_n$$

使 $x'_1, x'_2, \cdots, x'_n$ 为不再含有立方因数的正数. 因 $x_1, x_2, \cdots, x_n$ 两两互素, 故 $\alpha, \beta, \cdots, \tau$ 与 $x'_1, x'_2, \cdots, x'_n$ 皆两两互素. 由 ① 知 $\alpha^3\beta^3\cdots\tau^3 \mid w^3$, 即 $\alpha\beta\cdots\tau \mid w$; 设 $w=\alpha\beta\cdots\tau w_1$, 代入 ①, 便得 $x'_1x'_2\cdots x'_n=w_1^3$.

若 w_1 有素因数 p, 则应有 $p^3 \mid x'_1x'_2\cdots x'_n$. 因

$x'_1,x'_2,\cdots,x'_n$两两互素,所以p^3整除某x'_s,这与x'_s没有立方因数相矛盾,因此只有$w_1=1$.于是$x'_1x'_2\cdots x'_n=1$.因$x'_1,x'_2,\cdots,x'_n$皆为整数,故$x'_1=x'_2=\cdots=x'_n=1$.所以

$$x_1=\alpha^3,x_2=\beta^3,\cdots,x_n=\tau^3,w=\alpha\beta\cdots\tau$$

其中$\alpha,\beta,\cdots,\tau$两两互素.

引理2 方程

$$x^2+3y^2=z^3,(x,y)=1 \quad ③$$

的一切整数解均可表示为

$$\begin{cases}x=u^3-9uv^2=u(u+3v)(u-3v)\\y=3u^2v-3v^2=3v(u+v)(u-v)\\z=u^2+3v^2\end{cases} \quad ④$$

其中$(u,v)=1,3\nmid u,u,v$一奇一偶.

证明 不难验证,恒等式

$$(u^3-9uv^2)^2+3(3u^2v-3v^3)^2=(u^2+3v^2)^3$$

成立.因$(u,v)=1$,且$3\nmid u$,所以u分别与$3v,u+v,u-v$互素;又因u,v一奇一偶,所以$u+3v,u-3v$分别与$3v,u+v,u-v$互素,故x,y互素.因此由④确定的x,y,z满足③.

为了证明③的解一定可表示成④,我们先指出下述两命题:

1.设n是不能被3整除的正奇数,则

$$x^2+3y^2=n,(x,y)=1,x>0,y>0$$

的解的个数与同余式$z^2+3\equiv0(\bmod n)$的解的个数相等.

2.设n是不能被3整除的正奇数,则同余式$z^2+3\equiv0(\bmod n)$与$z^2+3\equiv0(\bmod n^3)$的解的个数相等.

由这两个命题可知，当 n 为不能被 3 整除的正奇数时，方程 $x^2+3y^2=n$ 与 $x^2+3y^2=n^3$ 满足 $(x,y)=1$ 的解的个数相等.

若 ③ 有解，则 z 一定是不能被 3 整除的奇数，因为若不然，则 $3\mid z$，于是由 ③ 推出 $3\mid x$，设 $z=3z_1$，$x=3x_1$，代入 ③，得 $3x_1^2+y^2=9z_1^3$，于是 $3\mid y$，与 $(x,y)=1$ 矛盾. 若 $2\mid z$，则 $z^3\equiv 0(\mathrm{mod}\ 8)$，而当 x,y 都是奇数时 $x^2+3y^2\equiv 4(\mathrm{mod}\ 8)$，当 x,y 一奇一偶时 x^2+3y^2 为奇数，故只可能 x,y 都是偶数，亦与 $(x,y)=1$ 矛盾. 所以对于此 z，$u^2+3v^2=z$，$(u,v)=1$ 也一定有同样多的解，并必满足 $3\nmid u$，u,v 一奇一偶（否则与 z 不能被 3 和 2 整除矛盾）. 而由 ④，$u^2+3v^2=z$ 的每一满足 $(u,v)=1$，$3\nmid u$，u,v 一奇一偶的解确定 ③ 的一个解，因此，如果还能证明对于同一 z，两组不同的解 (u_1,v_1)，(u_2,v_2) 所确定的 ③ 的解 (x_1,y_1)，(x_2,y_2) 也不一样，那么因为 ④ 给出了 $u^2+3v^2=z$ 的所有满足条件的解，便可肯定 ③ 所有的解均包含于 ④ 之中.

设 (u_1,v_1)，(u_2,v_2) 是 $u^2+3v^2=z$ 的两组满足条件的不同的解，设由它们确定的 ③ 的解为 (x_1,y_1)，(x_2,y_2). 若 $x_1=x_2$，$y_1=y_2$，则 $\frac{1}{3}x_1y_1=\frac{1}{3}x_2y_2$，而

$$\begin{aligned}\frac{1}{3}xy=\frac{1}{3}(u^3-9uv^2)(3u^2v-3v^3)=\\ uv(u^2+3v^2)^2-16u^3v^3=\\ uvz^2-16u^3v^3\end{aligned}$$

故

$$u_1v_1z^2-16u_1^3v_1^3=u_2v_2z^2-16u_2^3v_2^3$$

即

$$(u_1v_1-u_2v_2)[z^2-16(u_1^2v_1^2+u_1v_1u_2v_2+u_2^3v_2^2)]=0$$

由于 z 是奇数,所以等号左端第二个因子为奇数,故不能等于 0,因此 $u_1v_1=u_2v_2$;另外因

$$u_1^2+3v_1^2=u_2^2+3v_2^2=z$$

于是可推得

$$(u_1+\sqrt{3}v_1)^2=(u_2+\sqrt{3}v_2)^2$$

即

$$u_1+\sqrt{3}v_1=u_2+\sqrt{3}v_2$$

因为 u,v 都是整数,所以 $u_1=u_2,v_1=v_2$;这与 (u_1,v_1),(u_2,v_2) 不同相矛盾,故 (x_1,y_1),(x_2,y_2) 不同. 引理得证.

推论 1 不定方程

$$x^2-xy+y^2=z^3,(x,y)=1 \tag{5}$$

的一切整数解均包含在下面两组公式中

$$\begin{cases}x=u^3+3u^2v-9uv^2-3v^3\\y=6u^2v-6v^3\\z=u^2+3v^2\end{cases} \tag{6}$$

其中 $(u,v)=1,3\nmid u,u,v$ 一奇一偶

$$\begin{cases}x=u^3+3u^2v-9uv^2-3v^3\\y=u^3-3u^2v-9uv^2+3v^3\\z=u^2+3v^2\end{cases} \tag{7}$$

其中 $(u,v)=1,3\nmid u,u,v$ 一奇一偶.

证明 不难验证,由 ⑥ 与 ⑦ 所确定的 x,y,z 满足 ⑤. 若 x,y,z 是 ⑤ 满足 $2\mid xy$ 的一个解,不妨设 $2\mid y$,于是 ⑤ 中的方程可改写成

$$\left(x-\frac{y}{2}\right)^2+3\left(\frac{y}{2}\right)^2=z^3$$

因 $(x,y)=1$,故必有 $\left(x-\frac{y}{2},\frac{y}{2}\right)=1$. 由引理 2 得

$$\begin{cases} x-\dfrac{y}{2}=u^3-9uv^2 \\ \dfrac{y}{2}=3u^2v-3v^3 \\ z=u^2+3v^2 \end{cases}$$

其中$(u,v)=1,3\nmid u,u,v$一奇一偶，即x,y,z不由⑥表出.

若x,y,z是⑤满足$2\nmid xy$的一解，则必有$2\mid x+y,2\mid x-y$，于是⑤中的方程可改写成

$$\left(\frac{x+y}{2}\right)^2+3\left(\frac{x-y}{2}\right)^2=z^3$$

因$(x,y)=1$，故$\left(\dfrac{x+y}{2},\dfrac{x-y}{2}\right)=1$. 由引理 2 得

$$\begin{cases} \dfrac{x+y}{2}=u^3-9uv^2 \\ \dfrac{x-y}{2}=3u^2v-3v^3 \\ z=u^2+3v^2 \end{cases}$$

其中$(u,v)=1,3\nmid u,u,v$一奇一偶，即x,y,z可由⑦表出.

推论 2　不定方程

$$x^2-xy+y^2=3z^3,(x,y)=1 \qquad ⑧$$

的一切整数解均可由下面两组公式表出

$$\begin{cases} x=u^3+9u^2v-9uv^2-9v^3 \\ y=2u^3-18uv^2 \\ z=u^2+3v^2 \end{cases} \qquad ⑨$$

其中$(u,v)=1,3\nmid u,u,v$一奇一偶

$$\begin{cases} x=u^3+9u^2v-9uv^2-9v^3 \\ y=-u^3+9u^2v+9uv^2-9v^3 \\ z=u^2+3v^2 \end{cases} \qquad ⑩$$

其中$(u,v)=1,3\nmid u,u,v$一奇一偶.

证明 先考虑方程

$$x^2+3y^2=3z^3,(x,y)=1$$

若有解,则应有$3\mid x$,这时方程可写成

$$y^2+3\left(\frac{x}{3}\right)^2=z^2$$

因$(x,y)=1$,故$\left(y,\frac{x}{3}\right)=1$,由引理2得

$$\begin{cases}y=u^3-9uv^2\\ \frac{x}{3}=3u^2v-3v^3\\ z=u^2+3v^2\end{cases}$$

其中$(u,v)=1,3\nmid u,u,v$一奇一偶,即

$$\begin{cases}x=9u^2v-9v^3\\ y=u^3-9uv^2\\ z=u^2+3v^2\end{cases} \qquad ⑪$$

其中$(u,v)=1,3\nmid u,u,v$一奇一偶.不难验证,由这两组公式所确定的x,y,z一定满足方程.再按照推论1的方法,即可证得本推论.

现在我们证明下述定理:

定理1 不定方程

$$x^3+y^3+z^3=0,xyz\neq 0$$

无整数解.

证明 因式⑪是x,y,z的齐次方程,若有解且$(x,y)=d>1$,则必有$\left(\frac{x}{d}\right)^3+\left(\frac{y}{d}\right)^3+\left(\frac{z}{d}\right)^3=0$.因此,只需证明⑪无$x,y,z$两两互素的整数解即可.

首先,我们证明⑪无$3\nmid xyz$之解.若不然,设x,y,z为一个解,则应有

$$(x+y)(x^2-xy+y^2)=(-z)^3 \quad ⑫$$

若$(x+y)$与(x^2-xy+y^2)有素公因数 p，即 $p\mid(x+y)$，$p\mid(x^2-xy+y^2)$，则由 $3xy=(x+y)^2-(x^2-xy+y^2)$ 推得 $p\mid 3xy$. 由于 $3\nmid z$，故 $p\neq 3$，所以 $p\mid xy$；不妨设 $p\mid x$，而因 $p\mid(x+y)$，便有 $p\mid y$，这与 x，y 互素矛盾. 因此$(x+y)$，(x^2-xy+y^2)互素. 由 ⑫ 并根据引理 1，必有

$$x+y=\alpha^3,x^2-xy+y^2=\beta^3$$
$$-z=\alpha\beta,(\alpha,\beta)=1 \quad ⑬$$

由 ⑬ 的第二式，因$(x,y)=1$ 及 $3\nmid x$，$3\nmid y$，根据引理 2 的推论 1，必有

$$\begin{cases}x=u^3+3u^2v-9uv^2-3v^3\\y=u^3-3u^2v-9uv^2+3v^3\\z=u^2+3v^2\end{cases} \quad ⑭$$

其中$(u,v)=1$，$3\nmid u$，u，v 一奇一偶. 将 ⑭ 的前两式代入 ⑬ 的第一式，得

$$2u(u+3v)(u-3v)=\alpha^3$$

因$(u,v)=2$，$3\nmid u$，及 u，v 一奇一偶，故 $2u$，$u+3v$，$u-3v$ 两两互素，再由引理 1，必有

$$2u=\alpha_1^3,u+3v=\beta_1^3,u-3v=\gamma_1^3,\alpha=\alpha_1\beta_1\gamma_1$$

α_1，β_1，γ_1 两两互素. 从前三式中消去 u，v，得

$$\alpha_1^3+(-\beta_1)^3+(-\gamma_1)^3=0$$

因 $-z=\alpha\beta=\alpha_1\beta_1\gamma_1(u^2+3v^2)$，故 $3\nmid\alpha_1\beta_1\gamma_1$，且有 $0<|\gamma_1|<|z|$. 按同法又可得 $\alpha_2^3+\beta_2^3+\gamma_2^3=0$ 满足 $3\nmid\alpha_2\beta_2\gamma_2$，且 $0<|\gamma_2|<|\gamma_1|$. 如此得一无限递降正整数序列

$$|z|,|\gamma_1|,|\gamma_2|,\cdots$$

这是不可能的，推出了矛盾.

其次证明 ⑪ 无 $3\mid xyz$ 之解. 设 $z=3^n z_1$, $3\nmid z_1$, 代入 ⑪, 得

$$x^3+y^3+3^{3n}z_1^3=0 \tag{15}$$

因 x,y,z 两两互素, 故 $3\nmid x$, $3\nmid y$, 因而只需证明对任何 u 式 ⑮ 无解即可.

对 n 施行归纳法: 当 $n=0$ 时, 上面已证明 ⑮ 无解. 假设 $n-1$ 时 ⑮ 无解. 若对 n 时 ⑮ 有解 x,y,z_1, 则

$$(x+y)(x^2-xy+y^2)=3^{3n}(-z_1)^3 \tag{16}$$

因 $x^2-xy+y^2=(x+y)^2-3xy$, 且 $3\nmid xy$, 所以若 $3\nmid x+y$, 则 $3\nmid x^2-xy+y^2$; 若 $3^s\nmid x+y(s\geqslant 1)$, 则 $3\mid x^2-xy+y^2$, 而 $3^2\nmid x^2-xy+y^2$, 故由 ⑯, 必有 $3^{3n-1}\mid x+y$, $3\mid x^2-xy+y^2$. 按照前述方法, 同样可证 $x+y$, x^2-xy+y^2 没有不等于 3 的素公因数, 因而 $\frac{1}{3^{3n-1}}(x+y)$ 与 $\frac{1}{3}(x^2-xy+y^2)$ 互素. 由 ⑯, 根据引理 1, 应有

$$x+y=3^{3n-1}\alpha^3, x^2-xy+y^2=3\beta^3$$
$$-z_1=\alpha\beta, (\alpha,\beta)=1 \tag{17}$$

由 ⑰ 的第二式, 因 x,y 互素, 根据引理 2 的推论 2, 必有

$$\begin{cases} x=u^3+9u^2v-9uv^2-9v^3 \\ y=2u^3-18uv^2 \\ z=u^2+3v^2 \end{cases} \tag{18}$$

其中 $(u,v)=1$, $3\nmid u$, u,v 一奇一偶, 或

$$\begin{cases} x=u^3+9u^2v-9uv^2-9v^3 \\ y=-u^3+9u^2v+9uv^2-9v^3 \\ z=u^2+3v^2 \end{cases} \tag{19}$$

其中 $(u,v)=1$, $3\nmid u$, u,v 一奇一偶. 将 ⑱ 的前两式代

入 ⑰ 的第一式,得

$$u^3 + 3u^2v - 9uv^2 - 3v^3 = 3^{3n-2}\alpha^3$$

因 $3 \nmid u$,所以等号左端不能被 3 整除,于是等式不能成立,故 ⑱ 为不可能;现将 ⑲ 的前两式代入 ⑰ 的第一式,得

$$2v(u+v)(u-v) = 3^{3(n-1)}\alpha^3$$

因 $(u,v)=1$,且 u,v 一奇一偶,故 $2v,u+v,u-v$ 两两互素,所以必有一个能被 $3^{3(n-1)}$ 整除,不妨设为 $u-v$,按引理 1,应有

$$2v = \alpha_1^3, u+v = \beta_1^3$$

$$u - v = 3^{3(n-1)}\gamma_1^3, \alpha = \alpha_1\beta_1\gamma_1$$

$\alpha_1,\beta_1,\gamma_1$ 两两互素. 而因 $-z_1 = \alpha\beta = \alpha_1\beta_1\gamma_1(u^2+3v^2)$,故 $3 \nmid \alpha_1\beta_1\gamma_1$. 从前面三式中消去 u,v,得

$$\alpha_1^3 + (-\beta_1)^3 + 3^{3(n-1)}\gamma_1^3 = 0$$

这与归纳法假设矛盾. 如果是 $2v$ 或 $u+v$ 能被 $3^{3(n-1)}$ 整除,便可得

$$(-\beta_1)^3 + \gamma_1^3 + 3^{3(n-1)}\alpha_1^3 = 0$$

或

$$\alpha_1^3 + \gamma_1^3 + 3^{3(n-1)}(-\beta_1)^3 = 0$$

则同样与归纳法假设相矛盾,于是定理得证.

参 考 文 献

[1] 华罗庚. 数论导引[M]. 北京:科学出版社,1957.

[2] 闵嗣鹤,严士健. 初等数论[M]. 北京:高等教育出版社,1957.

[3] 维诺格拉陀夫. 数论基础[M]. 北京:高等教育出

版社,1956.
[4] 郑格于.勾股定理的推广[J].数学通报,1964(9):34-42.

4 不定方程 $x^3+y^3=z^2$ 与 $x^3+y^3=z^4$[①]

在 x,y 互素的条件下,本节给出不定方程 $x^3+y^3=z^2$ 的所有整数解,并证明不定方程 $x^3+y^3=z^4$ 无 $xyz\neq 0$ 的整数解.

众所周知,不定方程 $x^3+y^3=z^3$ 无 $xyz\neq 0$ 的整数解,它是著名的费马猜测的特例,被欧拉首先证明.本节将证明下面两个定理.

定理 2 不定方程

$$x^3+y^3=z^2,(x,y)=1,z>0 \tag{20}$$

全部整数解包含在以下三组公式之中:

(1)$x=r^4-8rs^3$,$y=4r^3s+4s^4$,$z=|r^6+20r^3s^3-8s^6|$,其中,$(r,s)=1$,$2\nmid r$,$3\nmid r+s$;

(2)$x=(r^4+6r^2s^2-3s^4)/4$,$y=(-r^4+6r^2s^2+3s^4)/4$,$z=3rs(r^4+3s^4)/4$,其中,$r>0$,$s>0$,$(r,s)=1$,$2\nmid rs$,$3\nmid r$;

(3)$x=r^4+6r^2s^2-3s^4$,$y=-r^4+6r^2s^2+3s^4$,$z=6rs(r^4+3s^4)$,其中,$r>0$,$s>0$,$(r,s)=1$,$2\nmid r+s$,$3\nmid r$.

(1) 给出所有 $3\nmid z$ 之解;(2) 给出所有 $3\mid z$ 而 $2\nmid z$ 之解;(3) 给出所有 $3\mid z$ 且 $2\mid z$ 之解.

---

① 本节内容引自上海财经大学信息系汤健儿教授的文章.

定理3　不定方程

$$x^3+y^3=z^4,(x,y)=1 \tag{21}$$

无 $xyz\neq 0$ 的整数解.

引理3　不定方程

$$x^2+3y^3=z^2,(x,y)=1,x>0,y>0,z>0 \tag{22}$$

全部整数解包含在以下两组公式之中：

(1)$x=|a^2-3b^2|,y=2ab,z=a^2+3b^2$,其中,$a>0,b>0,(a,b)=1,3\nmid a,2\nmid a+b$;

(2)$x=|a^2-3b^2|/2,y=ab,z=(a^2+3b^2)/2$,其中,$a>0,b>0,(a,b)=1,3\nmid a,2\nmid ab$.

(1)给出所有 $2\nmid z$ 之解;(2)给出所有 $2\mid z$ 之解.

证明　对于(1),恒等式$(a^2-3b^2)^2+3(2ab)^2=(a^2+3b^2)^2$ 显然成立.设$(x,y)=d$,则 $d\mid a^2-3b^2$,$d\mid a^2+3b^2$.由 $2\nmid a+b$ 知 $2\nmid x$,故 $2\nmid d$.于是 $d\mid a^2$,$d\mid 3b^2$.再由$(a,b)=1$ 及 $3\nmid a$ 必有 $d=1$.所以(1)给出㉒之解.由 $2\nmid a+b$ 即知 $2\nmid z$.类似的论证可知(2)给出㉒的 $2\mid z$ 之解.

反之,设 x,y,z 为㉒的一解.若 x 偶,则 y,z 均奇.于是 $x^2=z^2-3y^2=-2 \pmod 8$,这是不可能的,故㉒无 $2\mid x$ 之解.若 z 奇,则 x 奇 y 偶.方程㉒变形为

$$3\left(\frac{y}{2}\right)^2=\frac{z+x}{2}\cdot\frac{z-x}{2}$$

由$(x,y)=1$ 必有$\left(\frac{z+x}{2},\frac{z-x}{2}\right)=1$.故存在整数 a,b 适合 $a>0,b>0,(a,b)=1,3\nmid a,2\nmid a+b$,使

$$\frac{z+x}{2}=a^2,\frac{z-x}{2}=3b^2,\frac{y}{2}=ab$$

或

$$\frac{z+x}{2}=3b^2,\frac{z-x}{2}=a^2,\frac{y}{2}=ab$$

由前者得

$$x=a^2-3b^2,y=2ab,z=a^2+3b^2$$

由后者得

$$x=-a^2+3b^2,y=2ab,z=a^2+3b^2$$

即此解可由(1)表出;若 z 偶,则 x 奇,y 奇.方程㉒变形为

$$3y^2=(z+x)(z-x)$$

且

$$(z+x,z-x)=1$$

故存在整数 a,b 适合 $a>0,b>0,(a,b)=1,3\nmid a,2\nmid ab$,使

$$z+x=a^2,z-x=3b^2,y=ab$$

或

$$z+x=3b^2,z-x=a^2,y=ab$$

由前者得

$$x=(a^2-3b^2)/2,y=ab,z=(a^2+3b^2)/2$$

由后者得

$$x=(-a^2+3b^2)/2,y=ab,z=(a^2+3b^2)/2$$

即此解可由(2)表出.

引理 4 不定方程

$$x^2+2y^2=3z^2,(x,y)=1,x>0,y>0,z>0 \quad ㉓$$

全部整数解可表示为

$$x=|r^2-4rs-2s^2|$$
$$y=|r^2+2rs-2s^2|$$
$$z=r^2+2s^2 \quad ㉔$$

其中,$(r,s)=1,2\nmid r,3\nmid r+s$.

证明　易验证恒等式$(r^2-4rs-2s^2)^2+2(r^2+2rs-2s^2)^2=3(r^2+2s^2)^2$成立. 设$(x,y)=d$,则

$$d\mid r^2-4rs-2s^2,d\mid r^2+2rs-2s^2,d\mid r^2+2s^2$$

于是$d\mid 6r^2$,$d\mid 12s^2$. 由$2\nmid r$,$3\nmid r+s$及

$$y=|r^2+2rs-2s^2|=|(r+s)^2-3s^2|$$

知$2\nmid y$,$3\nmid y$. 故$2\nmid d$,$3\nmid d$. 因$(r,s)=1$必有$d=1$. 所以㉔给出㉓之解.

反之,设x,y,z是㉓之解. 若$3\mid y$,则$3\mid x$,这与$(x,y)=1$矛盾,故必有$3\nmid y$. 方程㉓可化为

$$(x+y)(x-y)+3y^2=3z^2$$

故$3\mid(x+y)(x-y)$. 若$3\mid x+y$,因$-x+2y=-(x+y)+3y$,必有

$$3\mid -x+2y$$

令

$$(x+y)/3=v,(-x+2y)/3=u$$

则

$$x=-u+2v,y=u+v$$

代入方程㉓有$u^2+2v^2=z^2$,且由$(x,y)=1$必有$(u,v)=1$. 故存在整数r,s适合$(r,s)=1$,$2\nmid r$使

$$u=\pm(r^2-2s^2),v=\pm 2rs,z=r^2+2s^2$$ [2]

且u,v的表示式中取相同加减号. 于是

$$x=\mp(r^2-4rs-2s^2)$$

$$y=\pm(r^2+2rs-2s^2)$$

$$z=r^2+2s^2$$

因$3\nmid y$,故$3\nmid r+s$. 若$3\mid x-y$,类似的论证可得同样的结果. 所以㉓之解必可由㉔表出.

引理 5　不定方程

$$x^2+y^2=3z^2,z\neq 0$$

无整数解.

证明 若有解 x,y,z,显然可设 $(x,y)=1$,故 $3\nmid x$ 或 $3\nmid y$,不妨设 $3\nmid y$,则有整数 y' 使

$$yy'\equiv 1(\bmod 3)$$

于是由 $x^2+y^2=3z^2\equiv 0(\bmod 3)$ 得

$$(xy')^2+1\equiv 0(\bmod 3)$$

这是不可能的.

引理 6 不定方程

$$x^4-9y^4=z^2,y\neq 0 \tag{㉕}$$

无整数解.

证明 若㉕有解 x,y,z,可假设

$$x>0,y>0,z>0,(x,y)=1$$

故 $(z,y)=1$. 整数 k 若奇,则 $k^4\equiv 1(\bmod 16)$,若偶,则 $k^4\equiv 0(\bmod 16)$. 如 $2\nmid y$,则

$$z^2=x^4-9y^4\equiv -8 \text{ 或 } -9(\bmod 16)$$

均为不可能. 故㉕无 y 奇之解. 如 $3\mid z$,显然 $3\mid x$,令 $z=3z_1,x=3x_1$,代入方程得

$$z_1^2+y^4=9x_1^4,(z_1,y)=1$$

则有整数 a,b 使 z_1(或 y^2)$=a^2-b^2$,y^2(或 z_1)$=2ab$,$3x_1^2=a^2+b^2$. 据引理 5,第三个等式为不可能. 故㉕无 $3\mid z$ 之解. 如 $2\mid y,3\nmid z$,则方程为

$$z^2+(3y^2)^2=(x^2)^2$$

且 $(z,3y^2)=1$. 故有整数 e,f 适合 $e>f>0,(e,f)=1,2\nmid e+f$ 使

$$z=e^2-f^2,3y^2=2ef,x^2=e^2+f^2$$

从第三式又有

$$e(\text{或 } f)=r^2-s^2,f(\text{或 } e)=2rs,x^2=r^2+s^2$$

其中,$r>s>0,(r,s)=1,2\nmid r+s$. 代入第二式得

$$3y^2 = 4rs(r+s)(r-s)$$

因 $r,s,r+s,r-s$ 两两互素，故有两两互素的正整数 t,u,v,w 使以下四种情形必有其一成立：

(1) $r=3t^2, s=u^2, r+s=v^2, r-s=w^2$；

(2) $r=t^2, s=3u^2, r+s=v^2, r-s=w^2$；

(3) $r=t^2, s=u^2, r+s=3v^2, r-s=w^2$；

(4) $r=t^2, s=u^2, r+s=v^2, r-s=3w^2$.

从(1)与(3)分别得出 $u^2+w^2=3t^2$ 与 $t^2+u^2=3v^2$，由引理 5 知均为不可能；从(2)可得 $t^2+3u^2=v^2$，$t^2-3u^2=w^2$，两式相乘有 $t^4-9u^4=(vw)^2$，而 $0<t\leqslant r<x$，根据费马无穷递降法也不可能；从㉓可得 $t^2+u^2=v^2$，$t^2-u^2=3w^2$，因㉒无 $2\mid x$ 之解，由第二式可知 u 奇，再因 $2\nmid r+s$，故 t 偶而 v,w 均奇，两式相乘则有 $t^4=u^4+3(vw)^2\equiv 4 \pmod 8$，仍不可能. 故㉕也无 $2\mid y$ 且 $3\nmid z$ 之解.

定理 2 的证明　对于(1)，有恒等式

$$(r^4-8rs^3)^3+(4r^3s+4s^4)^3=(r^6+20r^3s^3-8s^6)^2$$

成立，而

$$x=r(r-2s)(r^2+2rs+4s^2)$$
$$y=4s(r+s)(r^2-rs+s^2)$$

由 $(r,s)=1$ 及 $2\nmid r, 3\nmid r+s$ 知，$r, r-2s, r^2+2rs+4s^2$ 分别与 $4s, r+s, r^2-rs+s^2$ 均互素，故 $(x,y)=1$. 又

$$z=\left|[(r+s)^3-3r^2s-3rs^2]^2+18r^3s^3-9s^6\right|$$

故(1)给出⑳之解必有 $3\nmid z$. 对于(2)，因 r,s 均奇，故 x,y,z 都是整数，恒等式

$$\left[\frac{1}{4}(r^4+6r^2s^2-3s^4)\right]^3+$$

$$\left[\frac{1}{4}(-r^4+6r^2s^2+3s^4)\right]^3=$$
$$\left[\frac{3}{4}rs(r^4+3s^4)\right]^2$$

成立.若有素数 $p\mid(x,y)$,即

$$p\mid\frac{1}{4}(r^4+6r^2s^2-3s^4)$$

$$p\mid\frac{1}{4}(-r^4+6r^2s^2+3s^4)$$

则

$$p\mid 3r^2s^2,p\mid\frac{1}{2}(r^4-3s^4)$$

由 $3\nmid r$ 知 $p\neq 3$,故必有 $p\mid(r,s)$,得矛盾.因 $2\nmid rs$,$r^4+3s^4\equiv 4(\bmod 16)$,故 $3\mid z$ 而 $2\nmid z$.类似地可证(3)给出 ⑳ 之解并有 $3\mid z,2\mid z$.

反之,设 x,y,z 是 ⑳ 的 $xyz\neq 0$ 之解.若 $3\nmid z$,则必有 $(x+y,x^2-xy+y^2)=1$①. ⑳ 中不定方程为

$$(x+y)(x^2-xy+y^2)=z^2$$

故存在整数 u,v 适合 $(u,v)=1$ 使

$$x+y=u^2,x^2-xy+y^2=v^2,z=uv$$

令 $x-y=w$,则由 $(x,y)=1$ 必有 $(u,w)=2$ 或 1.代入恒等式

$$(x+y)^2+3(x-y)^2=4(x^2-xy+y^2)$$

得方程

$$u^4+3w^2=4v^2$$

若 $(u,w)=2$,因 $(u,v)=1$ 必有 $2\nmid v$.方程为

---

① 若 $(a,b)=1,a+b\neq 0,p$ 是素数,则 $\left(a+b,\frac{a^p+b^p}{a+b}\right)=1$ 或 p[3].

$$4\left(\frac{u}{2}\right)^4+3\left(\frac{w}{2}\right)^2=v^2$$

故 $2\nmid\frac{w}{2}$. 于是

$$4\left(\frac{u}{2}\right)^4=v^2-3\left(\frac{w}{2}\right)^2\equiv-2\pmod 8$$

此为不可能. 所以 $(u,w)=1$. 据引理3的(2), 存在整数 a,b 适合 $(a,b)=1, 3\nmid a, 2\nmid ab$ 使

$$u^2=\frac{1}{2}\mid a^2-3b^2\mid, w=ab, 2v=\frac{(a^2+3b^2)}{2}$$

由于 a,b 均奇, $u^2=(a^2-3b^2)/2\equiv-1\pmod 4$ 为不可能, 故 $u^2=-(a^2-3b^2)/2$, 即 $a^2+2u^2=3b^2$. 若有素数 $p\mid(a,u)$, 由 $3\nmid a$ 知 $p\neq 3$, 则从 $p^2\mid 3b^2$ 必有 $p\mid b$, 这与 $(a,b)=1$ 矛盾, 故 $(a,u)=1$. 据引理4, 存在整数 r,s 适合 $(r,s)=1, 2\nmid r, 3\nmid r+s$ 使

$$a=\pm(r^2-4rs-2s^2)$$

$$u=\pm(r^2+2rs-2s^2)$$

$$b=r^2+2s^2$$

于是

$$x+y=u^2=r^4+4r^3s-8rs^3+4s^4$$

$$x-y=w=ab=\pm(r^4-4r^3s-8rs^3-4s^4)$$

所以

$$x=r^4-8rs^3, y=4r^3s+4s^4$$

或 x,y 互换, 而

$$z=\sqrt{x^3+y^3}=\mid r^6+20r^3s^3-8s^6\mid$$

即此解可由(1)表出.

⑳ 的 $xyz\neq 0$ 之解 x,y,z, 若 $3\mid z$, 则

$$(x+y, x^2-xy+y^2)=3$$

故存在整数 u,v 适合 $(u,v)=1$ 使

$$x+y=3u^2, x^2-xy+y^2=3v^2, z=3uv$$

令 $x-y=w$，则 $(w,u)=1$ 或 2. 由恒等式

$$(x+y)^2+3(x-y)^2=4(x^2-xy+y^2)$$

得方程

$$w^2+3u^4=4v^2$$

如 $(w,u)=1$，则据引理 3 之 (2) 有 a,b 适合 $(a,b)=1, 3\nmid a, 2\nmid ab$ 使

$$w=\pm(a^2-3b^2)/2, u^2=ab, 2v=(a^2+3b^2)/2$$

由第二式存在整数 $r>0, s>0$ 适合 $(r,s)=1$，$3\nmid r, 2\nmid rs$ 使 $a=r^2, b=s^2, u=rs$. 于是

$$x+y=3u^2=3r^2s^2$$

$$x-y=w=\pm(a^2-3b^2)/2=\pm(r^4-3s^4)/2$$

所以

$$x=(r^4+6r^2s^2-3s^4)/4, y=(-r^4+6r^2s^2+3s^4)/4$$

或 x,y 互换

$$z=3uv=\frac{3}{4}rs(r^4+3s^4)$$

即此解由 (2) 表出；若 $(w,u)=2$，则 $2\nmid v$，方程为

$$\left(\frac{w}{2}\right)^2+3\left(\frac{u^2}{2}\right)^2=v^2$$

而 $\left(\frac{w}{2},\frac{u^2}{2}\right)=1$，据引理 3 之 (1)，存在整数 a,b 适合 $(a,b)=1, 3\nmid a, 2\nmid a+b$ 使

$$\frac{w}{2}=\pm(a^2-3b^2), \frac{u^2}{2}=2ab, v=a^2+3b^2$$

故有 $r>0, s>0$ 适合 $(r,s)=1, 3\nmid r, 2\nmid r+s$，使

$$a=r^2, b=s^2, u=2rs$$

于是

$$x+y=3u^2=12r^2s^2$$

$$x-y=w=\pm(a^2-3b^2)=\pm 2(r^4-3s^4)$$

所以

$$x=r^4+6r^2s^2-3s^4,y=-r^4+6r^2s^2+3s^4$$

或 x,y 互换

$$z=6rs(r^4+3s^4)$$

即此解由(3)表出.

定理3的证明 显然㉑无 $x=y$ 之解,设有解 x,y,z,可假定 $x>y$.

1. 若 $3\nmid z$,则

$$(x+y,x^2-xy+y^2)=1$$

故存在整数 $u>0,v>0,(u,v)=1$ 使

$$x+y=u^4,x^2-xy+y^2=v^4$$

令 $x-y=w$,则 $w>0$,因 $(x,y)=1$,故 $(u,w)=2$ 或 1.代入恒等式

$$(x+y)^2+3(x-y)^2=4(x^2-xy+y^2)$$

得方程

$$u^8+3w^2=4v^4$$

若 $(u,w)=2$,则 $2\nmid v$,方程为

$$\left(\frac{u^4}{2}\right)^2+3\left(\frac{w}{2}\right)^2=(v^2)^2,\left(\frac{u^4}{2},\frac{w}{2}\right)=1$$

而 $\frac{u^4}{2}$ 为偶,故不可能;若 $(u,w)=1$,则 u,w 均奇,方程为

$$(u^4)^2+3w^2=(2v^2)^2$$

由引理3之(2),存在整数 $a>0,b>0$ 适合 $(a,b)=1$,$3\nmid a,2\nmid ab$ 使

$$u^4=|a^2-3b^2|/2,w=ab,2v^2=(a^2+3b^2)/2$$

因 a,b 均奇,$u^4=(a^2-3b^2)/2\equiv -1 \pmod 4$ 为不可能,故 $u^4=-(a^2-3b^2)/2$.第三式即为 $a^2+3b^2=$

$(2v)^2$，于是

$$a=|r^2-3s^2|/2, b=rs, 2v=(r^2+3s^2)/2$$

其中，$r>0, s>0, (r,s)=1, 3\nmid r, 2\nmid rs$. 将 a,b 代入 $u^4=-(a^2-3b^2)/2$ 得

$$r^4-18r^2s^2+9s^4=-8u^4$$

因 r,s 均奇，故 $r^2-s^2\equiv 0 \pmod 4$，则有

$$r^4-u^4=2\left[\frac{3(r^2-s^2)}{4}\right]^2$$

平方可得

$$(ru)^4+\left[\frac{3(r^2-s^2)}{4}\right]^4=\left(\frac{r^4+u^4}{2}\right)^2$$

熟知不定方程 $x^4+y^4=z^2$ 无 $xy\neq 0$ 之解[4]，故必有 $r=0$ 或 $u=0$ 或 $r=s$. 因 r,u 均奇，前两者为不可能. 如 $r=s$，则因 $(r,s)=1$ 必有 $r=1, s=1$. 于是 $a=b=1$，即有 $u=w=1$，则 $x=1, y=0$，这与 $xyz\neq 0$ 矛盾. 故 ㉑ 于 $3\nmid z$ 之解.

2. 若 $3\mid z$ 而 $2\nmid z$，㉑ 为 $x^3+y^3=(z^2)^2$，据定理 2 之(2)，存在整数 $r>0, s>0, (r,s)=1, 2\nmid rs, 3\nmid r$ 使 $z^2=\dfrac{3}{4}rs(r^4+3s^4)$，即

$$(2z)^2=3rs(r^4+3s^4)$$

且 r, s, r^4+3s^4 两两互素，$3\nmid r^4+3s^4$. 故存在整数 u, v, w 使

$$r=u^2, s=3v^2, r^4+3s^4=w^2$$

由 $2\nmid rs$ 必有 $2\nmid uv$. 于是

$$w^2=u^8+243v^8\equiv 244\equiv -12 \pmod{32}$$

这是不可能的. 故 ㉑ 无 $3\mid z$ 而 $2\nmid z$ 之解.

3. 若 $3\mid z$ 且 $2\mid z$，则 $(x+y, x^2-xy+y^2)=3$ 并且 x, y 均奇，$3\nmid x-y$，由等式

$$(x+y)^2+3(x-y)^2=4(x^2-xy+y^2)$$

可知,$9\nmid x^2-xy+y^2$,故存在整数 u,v 有 $2\mid u,2\nmid v,(u,v)=1$ 使

$$x+y=27u^4,x^2-xy+y^2=3v^4,z=3uv$$

第二式即为

$$\left(\frac{x-y}{2}\right)^2+3\left(\frac{x+y}{6}\right)^2=v^4$$

因 $(x,y)=1$ 必有 $\left(\frac{x-y}{2},\frac{x+y}{6}\right)=1$. 令 $\frac{x-y}{2}=w$,则有方程

$$w^2+3\left(\frac{9u^4}{2}\right)^2=(v^2)^2$$

由引理3之(1),存在整数 a,b 适合 $(a,b)=1,3\nmid a,2\nmid a+b$ 使

$$w=\pm(a^2-3b^2),\frac{9u^4}{2}=2ab,v^2=a^2+3b^2$$

从第三式又有

$$a=|r^2-3s^2|,b=2rs,v=r^2+3s^2$$

其中,$(r,s)=1,3\nmid r,2\nmid r+s$. 代入第二式得 $9u^4=8rs|r^2-3s^2|$,因 r,s,r^2-3s^2 两两互素及 $3\nmid r,2\nmid r^2-3s^2,3\nmid r^2-3s^2$,故:

(1) 如 r 奇 s 偶,则 $r=m^4,s=18n^4,|r^2-3s^2|=l^4,2\nmid m$;

(2) 如 r 偶 s 奇,则 $r=2m^4,s=9n^4,|r^2-3s^2|=l^4,2\nmid n$. 根据引理5,$-(r^2-3s^2)=l^4$ 为不可能. 故(1)与(2)中的第三式为 $l^4+3s^2=r^2$. 对于(1),由引理3之(1),存在整数 e,f 使 $l^2=e^2-3f^2$($l^2=-(e^2-3f^2)$ 为不可能),$s=2ef,r=e^2+3f^2$. 但 $r=m^4$,故第三式为 $m^4=e^2+3f^2$,与第一式相乘得 $e^4-9f^4=(lm^2)^2$,根

据引理 6 这是不可能的;对于(2),由引理 3 之(2),存在两个整数 e,f 适合 $(e,f)=1,3\nmid e,2\nmid ef$ 使

$$l^2=|e^2-3f^2|/2, s=ef, r=(e^2+3f^2)/2$$

因 $r=2m^4, s=9n^4$,故

$$9n^4=ef, 2m^4=(e^2+3f^2)/2$$

则 $e=h^4, f=9k^4, h,k$ 均奇,$4m^4=e^2+3f^2=h^8+243k^8\equiv 244\equiv -12 \pmod{32}$ 亦为不可能.所以㉑无 $3\mid z$ 且 $2\mid z$ 之解.定理 3 获证.

注 ㉑中如无条件 $(x,y)=1$,则定理 3 不再成立,因为对任何 a,b,恒等式 $[a(a^3+b^3)]^3+[b(a^3+b^3)]^3=(a^3+b^3)^4$ 显然成立.

参考文献

[1] 汤健儿. $n=3$ 时的费马问题[J]. 数学通报,1965(2):42.

[2] 柯召,孙琦. 谈谈不定方程[M]. 上海:上海教育出版社,1980.

[3] 柯召,孙琦. 初等数论 100 例[M]. 上海:上海教育出版社,1980.

[4] 柯召,孙琦. 谈谈不定方程[M]. 上海:上海教育出版社,1980.

高斯——数学王子

第 6 章

“如果其他人也像我那样持续不断地深入钻研数学真理，他也会做出我所做出的那种发现.”

——卡尔·弗里德里克·高斯

对于大数学家而言，高斯应该是继欧拉之后又给出 $n=3$ 时费马大定理成立的一个证明的第一人. 但高斯的着眼点更高，他不是在有理数域中证明的，而是在复数域中给出的，具体地说，他是在域 $Q(\sqrt{-3})$ 中考虑问题的. 但是，他证明的本质同欧拉是一样的，而且都沿用了费马发明的无限递降法，只不过在欧拉的证明中,复数只是隐含在后面,并没有明显的出现.而高斯的工作则是革命性的,把复数由幕后移到台前,在意义上远远超过费马大定理,它将初等数论完完全全地引向了代数数论.但是,他同欧拉一样,在证明中也假定唯一素因子分解定理成立.因此,从现代严格的角度看,他的证明也是不完全的.并且据数学史家胡作玄先生推测,高斯肯定还研究过 $n=5$,特别是 $n=7$ 时的情形,不过没能成功.于是,他把自己数论研究的重点转向高次互反律这个更一般的问题,而放弃了费马大定理.

借此机会,我们来稍加介绍一下这位被誉为“数学王子”的高斯.

1　最后一个使人肃然起敬的峰巅

著名数学家克莱因曾这样恰当地评价了 18 世纪的数学家:“如果我们把 18 世纪的数学家想象为一系列的高山峻岭,那么最后一个使人肃然起敬的峰巅便是高斯——那样一个广大的、丰富的区域充满了生命的新元素.”

他是最后一位卓越的古典数学家,又是一位杰出的现代数学家.

卡尔·费里德里克·高斯(Canl Friderich Guass,1777—1855)出生于德国不伦瑞克(Branuschweig)的一个贫穷的自来水工人的家庭,幼年时就显示出非凡的数学才能,得到斐迪南(Canl Wilhelm Ferdinand)大公的赏识,在这位公爵的鼓励下,他得以在哥廷根大学受高等教育．1799年，因证明代数学基本定理而获得哈雷(Halle)大学的博士学位．从1807年到1855年逝世，他一直担任哥廷根天文台台长，兼大学教授．

高斯不仅被公认为19世纪前半叶最伟大的数学家，而且数学评论家们还一致认为高斯应该作为一切时代最伟大的数学家而列入阿基米德和牛顿的行列之中．尽管高斯自己曾说过：只有三个划时代的数学家——阿基米德、牛顿和艾森斯坦(Eisenstein)．

作为哥廷根的教授，高斯以高度的创造性连续工作了近50年，他的工作几乎都是开创性的，以致后人评论说“后来数学家的许多工作只不过是高斯所开创的工作的重复和推广”．高斯的卓越工作和贡献使他成为当时全世界的最高权威，到他1855年逝世的时候，一直受到了广泛的尊重，并称他为“数学之王”，所以我们要了解这位“数学之王”，与其热衷于分析他超然世外、淡漠无情却又聪明绝顶、智力过人的复杂而又矛盾的个性，与其津津乐道于他能记住全部对数表，站着五分钟就证明了有人说“实在是永远不能证明”的威尔逊定理等富有传奇色彩的轶事，倒不如对他在数学的各个领域所做的重大贡献有一个比较细致的了解，尽管从某种意义上说这是不可能的，因为高斯所做的工作实在是太多了，所以谁要真正了解高斯，除非他是第二个高斯．高斯的工作涉及了数论、代数、复变函数论、非欧几何、超几何级数、椭圆函数论、天文学、测地学、电磁学以及与数学应用有关的最小二乘法、曲面论、位势论等．

2　高斯的《算术研究》及高斯数问题

在高斯长达 50 年的数学研究中，其中开始和结束都是活跃在数论领域.

1801 年当高斯 24 岁时，出版了被誉为开创了数论新纪元的巨著《算术研究》(*Disquisitiones Arithmeticae*)(以下简称《研究》). 此书的出版彻底改变了数论这一学科的面貌，将数论研究提高到了一个新的水平，该书的第四章二次剩余，第五章二次型，第七章分圆方程，都是划时代的理论成果.《研究》远远超越了当时的水平，以致当时的学术界对它与其说是理解，毋宁说是抱着敬畏的态度，以致这部巨著 1800 年寄到法国科学院时遭到了拒绝. 为了使更多的数学家能够读懂《研究》，狄利克雷毕生致力于《研究》的简化工作. 他还应用解析方法计算二次型类数，艾森斯坦、闵可夫斯基(Minkowski)、西格尔(C. I. Siegel)等致力于把高斯的二次型理论扩展到多变数的情形，而后来库默尔(Kummer)、希尔伯特(Hilbert)等人关于代数数论的研究也都源于高斯关于四次剩余的研究，所以说高斯的《研究》是开近代数论研究先河的巨著.

在《研究》中，高斯给出了被他誉为算术中的宝石的二次互反律的各种证明. 所谓二次互反律，即对于奇素数 $p,q(p\neq q)$ 有

$$(\frac{p}{q})(\frac{q}{p})=(-1)^{((p-1)/2)((q-1)/2)}$$

其中

$$(\frac{n}{p})=\begin{cases}1,\text{若 } n \text{ 为二次剩余}(\bmod p)\\-1,\text{若 } n \text{ 为二次非剩余}(\bmod p)\end{cases}$$

换言之,若 $p\equiv q\equiv 3(\bmod 4)$,则二次同余式 $x^2\equiv p(\bmod q)$,$x^2\equiv q(\bmod p)$ 中一个可解,一个不可解,不然,则皆可解,或皆不可解.在《研究》中高斯分别用数学归纳法、二次型理论、高斯和整系数多项式的同余关系给出了这一定理的各种不同证明,显示出了非凡的数学才能.希尔伯特在 1897 年研究了这一 19 世纪数论的关键问题——将二次互反律推广到代数数域,并进而开创了著名的类域理论.直到 20 世纪 60 年代,还有人在证明二次互反律,其中 1963 年 Murray Gerstenhaber 发表的一篇论文的题目就叫"关于二次互反律的第 152 个证明",足见人们对其的重视与喜爱.

19 世纪数论中还有一个主课题,即型的理论.所谓二元二次型即 $ax^2+2bxy+cy^2$,它的研究源于欧拉和拉格朗日,高斯却第一个系统化并扩展了型的理论.他的《研究》一书中有一个异乎寻常的大章——第五章就是专注于这一课题的.

另外,在此书中高斯还提出了这样的一个猜想,即高斯数猜想.近代数学往往不是研究单个的数,而是按基本性质把数集合成种种数的系统,研究的是这些数系具有什么性质,现代数学研究的数系,已从整数系、有理数系、实数系、复数系扩展到高斯整数系,即 $a+b\sqrt{-1}$(a,b 是通常的整数).高斯从 19 岁开始就研究了这一数系的算术性质,并且证明了在这一系中唯一的因子分解定理也成立.他又进一步研究了一般情形,即 $a+b\sqrt{-d}$(d 是正整数)的算术性质,他发现并不

是对所有的 d 唯一因子分解定理都成立，高斯证明了当$d=1,2,3,7,11,19,43,67,163$ 这九个整数时，唯一因子分解定理成立. 可是他没能再找出其他的 d 满足这一性质，于是高斯猜想只有这九个 d 有上述性质，这一猜想直到 1966 年才被美国的哈罗德·斯塔克和英国的阿伦·贝克证明.

3　离散与连续的“不解之缘”

素数论中有许多著名定理都是从经验概括出猜想，然后再经过严格的数学推导加以证明. 然而，我们说提出猜想比证明猜想更难能可贵，而高斯则是一个“猜”的能手，一个著名的例子就是所谓“素数定理”的提出.

在数论领域中，人们始终关心的一个问题是从 0 到已知数 x 之间的素数的平均密度问题，我们可以列出一张表，这些数据之间乍看起来似乎没有丝毫联系，然而高斯却能独具慧眼地指出比 x 小的素数个数趋近于 $x/\ln x$. 这个猜想实在太奇妙了，难怪当时的数学界表示无法理解，它一端是离散的素数，而另一端却是连续的函数 $\ln x$，有人称此为离散与连续的“不解之缘”.

	$x<100$	$x<1\ 000$	$x<1\ 000\ 000$
素数个数	25	168	78.496
素数百分比	25%	16.8%	7.8%

4　高斯的“关于一般曲面的研究”

高斯有一句名言:“你,自然,是我的女神,我对你的规律的贡献是有限的.”高斯在热衷于纯数学的同时,对自然规律的研究也倾注了巨大的热情.从 1816 年开始,高斯就在大地测量和地图绘制方面做了大量的研究,并亲自参加实际的物理测量,同时发表了大量的论文,这些工作激起了高斯对微分几何的兴趣,并提出了一个全新的概念,从而在非欧几何学中开辟了新的远景.

根据数学史的有关资料,我们可以断言:是高斯第一个发现了非欧几何.他在 1824 年写的一封信中透露,他已发现如果假定三角形的内角和小于 180°就会导致一种与传统几何根本不同的独特几何,他已经能在这种新几何中解决任何问题,只除去某个常数必须预先给定.高斯在信中称,他发现的这种新几何为非欧几里得几何,就这样历史上第一次出现了“非欧几何”这个术语.

然而,高斯却没有勇气把这项重大发现理直气壮地拿出来,因为他深知这种新几何的许多结论与人们直觉经验相距太远,不易为世人理解,发表后恐怕会受到误解和攻击.但是,高斯却在 1827 年发表了他的曲面一般理论.否定第五公设不过是在众目睽睽之下带来一种非欧几何,而高斯的一般曲面论却神不知鬼不觉地暗暗带来无穷多种非欧几何.

在他的题为“关于一般曲面的研究”的经典论文

中，高斯证明了每种曲面都有它自己内在的几何学，称为曲面的内蕴几何.后来黎曼推广了高斯的工作.克莱因在评价高斯的微分几何的工作时指出："高斯在微分几何方面的工作本身就是一个里程碑，但是它的含义比他自己的评价要深刻得多，在这个工作之前，曲面一直是被作为三维欧几里得空间中的图形而进行研究的，但是高斯证明了，曲面的几何可以集中在曲面本身上进行研究."高斯的"关于一般曲面的研究"，继欧拉、蒙日(Garpard Monge)之后将微分几何大大推进了一步，并决定了这一学科的发展方向.

5　高斯与正 17 边形

在哥廷根高斯的墓碑上没有刻他的赫赫英名，也没有后人的溢美之词，而是刻了一个圆内接正 17 边形.这是因为在高斯上大学一年级的时候发现了用尺规作正 17 边形的方法，从而解决了两千年悬而未决的几何难题，高斯十分欣赏自己这个将他引向数学之路的杰作，就立下遗嘱，将其刻到自己的墓碑之上.

在解决这个遗留了两千年的难题时，高斯并没有满足于仅仅给出画法，而是给出了极其一般的结果.高斯断言：一个正 n 边形是可作图的，当且仅当 $n=2^l P_1 P_2 \cdots P_n$，这里 $P_1, P_2, \cdots, P_n$ 是形为 $2^{2^h}+1$ 的不同素数，而 l 是任意正整数或 0.在证明自己的这项工作时，高斯不无自豪地指出："虽然 3，5，15 边的正多边形以及从它们直接得出的那些——如 2^n，$2^n \cdot 3^n$，$2^n \cdot 5$，$2^n \cdot 15$(这里 n 是正整数)的正多边形的几何作图在欧几里得时期就已知道了．但在两千年的期间里，没有发现新的可作图的正多边形，而且几何学家们曾一致声称没有别的正多边形能够做得出来．”言外之意，两千年没人能做出而且被权威们宣称不能做出的东西，高斯做出来了，不但做出而且做得那样彻底．高斯之所以能在等分圆方面取得如此巨大的成就仅仅是因为他将原来的纯几何问题变成了代数问题．他是在以他的名字命名的平面上的复数表达中完成这一变换的，高斯的想法，简单说来就是考察方程 $x^p-1=0$（p 是素数），因为此方程的根

$$x_k=\cos\frac{k2\pi\theta}{p}+\mathrm{i}\cdot\sin\frac{k2\pi\theta}{p},k=1,2,\cdots,p$$

这些复根在高斯平面的图像恰是单位圆内接正 p 边形的顶点，方程 $x^p-1=0$ 也因此得名为分圆方程．

6　奇妙的高斯数列

在数学史上有一个与斐波那契数列齐名的数列，那就是高斯算术几何平均数列，即

$$\begin{cases}a_{n+1}=\frac{1}{2}(a_n+b_n)\\b_{n+1}=\sqrt{a_nb_n}\end{cases},n=0,1,2,\cdots$$

其中，$a=a_0$，$b=b_0$ 为非负的．

1791 年，年仅 14 岁的高斯在没有计算机的情况下，取 $a_0=\sqrt{2}$，$b_0=1$ 得出了惊人的结论，a_n，b_n 趋于相同的极限值，即

$$\lim_{n\to\infty}a_n=\lim_{n\to\infty}b_n=1.918\ 140\ 234\ 735\ 592\ 207\ 44$$

聪明的高斯从中看出$\lim\limits_{n\to\infty} a_n$,$\lim\limits_{n\to\infty} b_n$ 依赖于 a 和 b 的选择,可以记作

$$M(a,b)=\lim_{n\to\infty} a_n=\lim_{n\to\infty} b_n$$

于是高斯猜想,对于某一几何量,可以通过高斯算术平均数列来收敛它,换言之,某一难于解决的数学问题,可由 a_n,b_n 逐步逼近而得到数值解答.果然 8 年之后,此数列在计算椭圆积分中获得了巨大的成功.我们知道,在研究单摆运动时,不可避免地要遇到一类椭圆积分

$$A=\int_0^{\frac{\pi}{2}} \frac{\mathrm{d}\theta}{\sqrt{a^2\cos^2\theta+b^2\sin^2\theta}}$$

这个积分的原函数是不能用初等函数有限给出的,必须利用近似积分法或者展开成无穷级数来求出.但在高斯所处的时代,由于没有计算机,所以要计算这一积分几乎是不可能的,而高斯却设想用一串构造极其简单的数列来逼近这个积分值.1799 年 5 月 30 日,他在日记中写道:"严格地证明 $M(\sqrt{2},1)=\frac{\pi}{2}$,也许会打开数学的一个新领域."12 月 23 日高斯宣布他已证得了这个结果,即

$$\lim_{n\to\infty} a_n=\lim_{n\to\infty} b_n=M(a,b)=\left(\frac{2}{\pi}\int_0^{\frac{\pi}{2}} \frac{\mathrm{d}\theta}{\sqrt{a^2\cos^2\theta+b^2\sin^2\theta}}\right)^{-1}$$

换言之,不能用初等函数表达的椭圆积分$\int_0^{\frac{\pi}{2}} \frac{\mathrm{d}\theta}{\sqrt{a^2\cos^2\theta+b^2\sin^2\theta}}$能被一串构造简单的数列$\{a_n\}$或$\{b_n\}$所逼近.

在某种意义上,发现算法比论证算法更重要,所以

说高斯在计算数领域确实做出了了不起的贡献. 直到近代,高斯算法仍被人们所发展、完善.

7　多才多艺的数学家

正如克莱因所指出的那样:“由于高斯同时代人已开始局限于专门问题的研究,所以高斯研究活动的广泛性更加显得非凡了.”

高斯除了在数论、微分几何、复变函数、代数学、位势论中有许多重大贡献外,还涉足于当时数学、物理学、天文学的一切分支.

统计学中的最小二乘法的基础就是高斯建立的. 另外,高斯对概率也很有研究,1812 年 1 月 30 日在他写给拉普拉斯的信中提出了一个著名问题,即设任取一个 0 与 1 之间的数而展为寻常连分数,试求其第 n 个完全商数有 0 与 $x(0 < x < 1)$ 间的分数部分的概率. 这个问题提出后一百多年没有人能够解答,直到 1928 年才被苏联著名数学家 P. O. 库兹民解决,可见问题之深刻.

高斯生活的年代正是航海事业高度发展的时期,高斯用他那超人的学识解决了许多航海的观测理论问题,如被后人命名的高斯双方高度问题:根据已知两星球的高度以确定时间及位置,这个问题对于天文工作者、地理学者和航海人员都是十分重要的. 这个问题的解决促使了一系列航海问题的解决,比较著名的是促

使了道维斯(Douwen)导航问题的解决.[①]

在确定时间及位置的时候,由于大气折射而容易产生观测误差,为了消除误差,高斯还解决了所谓的"高斯三高度问题"(即从在已知三星球获得同高度瞬间的时间间隔,确定观察瞬间、观察点的纬度及星球的高度),而这一问题的解决又导致了许多重要问题,如李西奥里(Ricccioli)问题.[②]

作为哥廷根天文台台长,高斯曾以巨大的热情致力于天文学 20 余年. 1801 年,当皮亚吉(Giuseppe Piaggi)发现了小行星谷神星时,高斯在没有计算机的情况下用笔算出了它的轨道,并创立了行星椭圆轨道法,成功地解决了天文学中怎样根据有限的观测数据来确定新行星的轨迹这一大难题,导致了一个八次方程,后来他总结此法写成了《天体沿圆锥曲线绕日运动的理论》(*The Oria Motus Corporum Coeletium*). 正是在此书中,高斯首次叙述了前面提到的最小二乘法定理,这实际给出了一种新的统计方法,这种方法被用来判断一个几何图形是否最好地表示了一组数据.

高斯对磁学的贡献也很多,在电磁学中有以高斯命名的磁学单位. 对于高斯在理论磁学与实验磁学的研究,麦克斯韦(Maxwell,1831—1879)在他的巨著《电学与磁学》中给予了很中肯的评价,他说:"高斯的磁学研究改造了整个科学,改造了使用的仪器、观察方

① 道维斯是荷兰的海军数学家,道维斯问题:由一个赤纬及两观测点间隔均为已知的星球(太阳)的双高确定观测点的纬度.

② 李西奥里问题:从两个同时升落的已知星球的中天之间的时间,求观察点的纬度.

法以及结果的计算.高斯关于地磁的论文是物理研究的典范,并提供了地球磁场测量的最好方法.他对大文学和磁学的研究开辟了数学与物理相结合的新的光辉的时代.”

8　追求完美的人

高斯 1797 年 3 月 19 日的日记表明,高斯已经发现了一些椭圆函数的双周期性.他那时还不到 20 岁.另外一则较晚的日记表明,高斯已经看出了一般情形的双周期性.要是他发表了这个结果,它本身就足以使他名声显赫,但是他从来没有发表它.

到了 1898 年,高斯去世后 43 年,这本日记才在科学界传播,当时哥廷根皇家科学院从高斯的一个孙子手里借来这本日记,进行鉴定研究.它由 19 张小 8 开纸组成,包括 146 个发现或计算结果的极简短的说明,最后一个说明的日期是 1814 年 7 月 9 日.1917 年,复制件发表在高斯著作集的第十卷(第一部分)中,和它一起发表的有几位担任编辑的专家对它的内容所做的详尽分析.

数学史家贝尔认为:要是在这本日记中埋藏了几年或几十年的东西,当时就立刻发表的话,它们可能会给他赢来半打伟大的声誉.一些内容在高斯生前从来没有发表过,当其他人赶上他的时候,他在他自己写的任何著作中都从未说过他比他们领先,并且这些领先的东西并不是纯粹不足道的.它们中的一些成了 19 世纪数学的主要领域.

他的日记迟迟不发表的原因是他决定要以阿基米德和牛顿为榜样，在自己身后只留下完美的艺术品，要极其完美，达到增一分则多，减一分则少的地步. 他宁肯三番五次地琢磨修饰一篇杰作而不愿发表很容易就能写出来的许多杰作的概要. 他的印章是一棵只有很少几个果实的树，上面刻着座右铭："少些，但是要成熟(Paucu sed matura)."

其实这种完美主义倾向，发生在许多数学家身上，无独有偶.

魏尔斯特拉斯(Weierstrass)作为现代分析之父，也总是推迟发表自己的工作. 他并不是厌恶发表，而是力求以崭新的途径，使结论建立在牢固的基础上，他反复推敲自己的观念、理论和方法，直到他认为已达到它们理应具有的自然完美的方式为止，所以他正式发表的论文数量并不多，这多少影响了他的某些定理的优先权. 如他在 1840 年至 1842 年间写的 4 篇颇有价值的论文，直到他的全集刊印时才被人们所看到，这四篇论文分别是：(1)关于模函数展开；(2)单复变量解析复数的表示；(3)幂级数论；(4)借助代数微分方程定义单变量解析函数. 这些鲜为人知的论文已显示了他建立函数论的基本思想和结构，其中圆环内解析函数的展开早于洛朗两年(不幸的是，目前大学复变函数论中将此称为洛朗展开)，幂级数系数的估计独立于柯西(A. I. Cauchy)，而现代书中都冠以柯西的名字.

这样做对整个数学来说是有喜有忧的. 喜的是这促使数学家们的工作必须突出完整、简明和有说服力，而且要达到它的辛劳必须不留痕迹. 正如高斯所说："一座大教堂在最后的脚手架拆除和挪走之前，还算不上是一座大教堂."忧的是这些努力完善后的果实确实是成熟的,但并不总是容易消化的.达到目标的所有足迹都被抹去了.高斯的追随者要重新发现他走过的道路是不容易的.结果,他的一些著作必须等待很有天赋的解释者做出解释后,一般的数学家才能够理解它们,看出它们对尚未解决的问题的重要意义,并向前迈进.他的同时代人请求他放弃他那僵硬无情的完美,以便数学可以前进得更快些,但是高斯从没有放宽对自己的要求.直到他去世后很久,人们才知道有多少 19 世纪的数学,高斯在 1800 年以前就已经预见到并领先了.要是公布了他知道的结论,那么,很可能数学要比目前的状况前进了半个世纪或者更多.阿贝尔(Abel)和雅可比(Jacobi)就能够在高斯停下来的地方开始研究,而不必把他们的"黄金时段"的主要精力用在重新发展高斯早在他们出生之前就知道的东西上了,非欧几何的创立者们也就能够把他们的天才转到其他的事情上了.

9　不受引诱的原因

1801 年 9 月出版了高斯的第一部著作《算术研究》,有人认为这是纯数学领域高斯最伟大的杰作,因为在这之后,他就不再把数学作为唯一兴趣了.但到了后期高斯感到有些后悔,因为算术是他最喜爱的学科,而他竟一直没有抽出时间来写出他年轻时计划写的第二卷,并且十分遗憾的是这本书原定要写八节,但由于出版商为了缩减印刷费用而删去了一节,变成了七节,天知道有什么天才的想法被删去了.

在这部书中,高斯研究了许多费马曾研究过的问题.但高斯完全从他个人的观点进行讨论,添加了许多他自己的东西,并从他对有关问题的一般公式和解答推出了费马的许多孤立结果.例如,费马用他的“无限下推”的艰难方法,证明了每一个形式为 $4n+1$ 的素数是两个数的平方和,并且只有一种和的方式.但他的这个美妙的结论,不过是高斯对二元二次形式的一般论述的自然结果.

但高斯从来没有试图去解决费马大定理.巴黎科学院在 1816 年提出,以证明费马大定理作为 1816～1818 年期间的获奖问题.奥尔贝斯在 1816 年 3 月 7 日从不来梅写信给高斯,试图怂恿他参加竞争,信中写道:“亲爱的高斯,对我来说,你着手这项工作是理所当然的.”

但是从两星期后,高斯的回信来看,他并没有受到引诱,信中说:“我非常感谢你告诉我巴黎大奖赛的消息.但是,我对作为一个孤立的命题的费马大定理,实在没有什么兴趣,因为我可以很轻易地提出一大堆既不能证明其成立,又不能证明其不成立的命题.”

高斯又说,这个问题使他回想起了他对数论进一步发展的一些旧的想法,即今天所谓的代数数论.但是,高斯心目中的理论是那样一些东西中的一个,他宣称,对于只是透过黑暗模模糊糊地看到的目标,无法预见能够取得什么样的进展.为了在这样一个困难的探索中取得成功,必须吉星高照,而高斯这时的情况是这样的,由于大量工作分散了他的注意力,他不能埋头于这样的冥思苦想.但高斯说他仍然确信,如果他像他希望的那样幸运，如果他能在代数数论中迈出主要的几步，那么费马大定理就会只是最没有意思的推论中的一个.

由此可见，高斯之所以“不受引诱”是因为他对自己能否证明这个问题实在没有信心.

10　一类 l 次循环域与费马方程

四川大学数学系的黄天培教授1990年给出了一类 l 次循环域，其导子、判别式和在其中分歧的全部有理素数都由 l 次分圆多项式的值所确定. 最后，指出了一个证明费马大定理的途径.

设 l 为奇素数($\geqslant 5$)，ζ_l 为任一 l 次本原单位根，且假定 $\mathrm{Gal}(\mathbf{Q}(\zeta_l)/\mathbf{Q})=\langle\sigma\rangle$，$\sigma(\zeta_l)=\zeta_l^s$，这里 s 是模 l 的原根，满足 $s^{l-1}\equiv 1(\bmod l^2)$. 对任意 $\xi\in\mathbf{Q}(\zeta_l)^{\tau}$，令

$$\beta=\prod_{n=1}^{(l-1)/2}\sigma^{(n-1)}\left[(\xi/\sigma^{(\frac{l-1}{2})}(\xi))^{s^{\frac{l-1}{2}-n}}\right]$$

由[1]知道，若 $\beta\notin\mathbf{Q}(\zeta_l)^{xl}$，则 $\mathbf{Q}(\zeta_l,\beta^{1-l})/\mathbf{Q}$ 是 $l(l-1)$ 次循环扩张. 因而包含唯一的一个 l 次特环域 $\boldsymbol{\kappa}$；反过来，任意 l 次循环域都可如此产生.

由定义显见，任意 $C\in\mathbf{Q}^{x}$，$C\xi$ 与 ξ 定义同一扩张，故不妨设 $\xi\in\mathbf{Z}[\zeta_l]$. 然而，要判断 $\beta\notin\mathbf{Q}(\zeta_l)^{xl}$ 是否成立，通常是很困难的. 我们考虑特殊情形；即取

$$\xi=u-v\zeta_l,u,v\in\mathbf{Z},v>0,(u,v)=1$$

令

$$\phi_l(u,v)=(u^l-v^l)/(u-v)=v^{l-1}\phi_l(u/v)$$

$\phi_l(x)$ 为 l 次分圆多项式，可得到如下结果.

定理 1 $\beta \notin \mathbf{Q}(\zeta_l)^{\times l}$（从而确定一个 l 次循环域 $\boldsymbol{\kappa}$）的充分必要条件是：

(i) $v \equiv 0 \pmod{l}$；

(ii) $\phi_l(u,v) \notin \mathbf{Q}^{\times l}$.

而且 $\boldsymbol{k}/\mathbf{Q}$ 是强分歧扩张，当且仅当(i) 成立.

设 v_p 为通常的 p-adic 正规赋值，本节的另一个主要结果是定理 2.

定理 2 有理素数 $p(\neq l)$ 在 $\boldsymbol{\kappa}$ 中分歧，当且仅当 $v_p(\phi_l(u,v)) \equiv 0 \pmod{l}$.

假定 $\phi_l(u,v) = \left(l^{e_0} \prod_{i=1}^{\omega} p_i^{e}\right) \cdot A^l, 0 \leqslant e_0, 1 \leqslant e < l, 1 \leqslant i \leqslant \omega$；$p_1, \cdots, p_\omega$ 为相异素数. 令 $\varepsilon = 0$（或 1），如果 $v \equiv 0 \pmod{l}$（或者相应地，$v \not\equiv 0 \pmod{l}$）. 由定理 1 和定理 2 得出：

推论 域 $\boldsymbol{\kappa}$ 的导子 f_K 和判别式 d_K 分别是

$$f_K = l^{2\varepsilon} \prod_{i=1}^{\omega} p_i, d_K = f_K^{l-1}$$

证明 参见[2]p213.

熟知 $\pi = 1 - \zeta_l$ 生成 $\mathbf{Z}[\zeta_l]$ 中素理想，且 $(\pi^{l-1}) = (l)$. 对任意素数 $p(\neq l)$，设 $\mathfrak{B}$ 为 $\mathbf{Z}[\zeta_l]$ 中素理想，$\mathfrak{B} \mid p$. 记 $v_{\mathfrak{B}}$ 等为 p-adic 赋值的扩张. 为了证明定理 1 及定理 2，我们需要如下引理.

引理 (1) 设 $\beta \equiv 1 \pmod{\pi}$，则 l 在 $\boldsymbol{\kappa}$ 中分歧，当且仅当 $(\beta - 1)/\pi \not\equiv 0 \pmod{l}$.

(2) $P(\neq l)$ 在 $\boldsymbol{\kappa}$ 中分歧，当且仅当 $v_{\mathfrak{B}}(\beta) \not\equiv 0 \pmod{l}$.

(3) 如果 $(u - v\zeta_l) = \mathfrak{B}^e \cdot \mathfrak{A}, e > 0, (\mathfrak{A}, \mathfrak{B}) = (1)$，则必有 $(\mathfrak{A}, p) = (1)$.

证明 易见 p(或 l) 在 $\boldsymbol{\kappa}$ 中分歧,当且仅当 $\mathfrak{B}$(或 (π)) 在 $\mathbf{Q}(\zeta_l,\beta^{1/l})$ 中分歧. 由[3] 之定理 118 和定理 119,立即证得(1) 和(2).

在 $(u,v)=1,e>0$ 的条件下,易见 $p\nmid v$,于是 $p\nmid(\mathbf{Z}[v\zeta_l])=v^{l-1}$. 根据库默尔引理知道,$p$ 在 $\mathbf{Z}[\zeta_l]$ 中完全分裂,且

$$(p)=\prod_{i=1}^{l-t}(u-v\zeta_l^i,p)$$

特别地,$\mathfrak{B}=(u-v\zeta_i,p)=(\mathfrak{B}^e\cdot\mathfrak{A},\mathfrak{B}(p\mathfrak{B}^{-1}))$,故

$$(\mathfrak{A},p\mathfrak{B}^{-1})=(1)$$

但 $(\mathfrak{A},\mathfrak{B})=(1)$,立即得 $(\mathfrak{A},p)=1$.

引理之(3) 实际上是说,$(u-v\zeta_l)$ 的共轭理想两两互素. 由引理之(3) 和 β 的定义,不难得出

$$v_{\mathfrak{B}}(\beta)=e\cdot s^{(l-1)2-1}$$

利用引理之(1) 的结论,知定理 2 成立. 现在我们来证明定理 1.

证明(定理 1) 第一种情形:$u\equiv v(\mathrm{mod}\ l)$. 此时

$$\begin{aligned}\beta=&\prod_{n=1}^{(l-1)/2}[-\zeta_l^{s^{n-1}}+(u-v)(1+\zeta_l^{s^{n-1}})/\\&(u-v\zeta_l^{-s^{n-1}})]^{s^{(l-1)2-1}}\equiv\\&\prod_{n=1}^{(l-1)/2}(-\zeta_l^{s^{n-1}})^{s(l-1)2-n}\equiv\\&(-1)^{(l-1)2}\zeta_l^{(l-1)/2\cdot s(l-1)/2-1}(\mathrm{mod}\ \pi^{l-2})\end{aligned}$$

注意到 $l\geqslant 5$,故 $\beta^2\equiv 1-s^{(l-1)2-1}\pi(\mathrm{mod}\ \pi^2)$. 熟知 $\beta^2\notin\mathbf{Q}(\zeta_l)^{xl}$,从而 $\beta\notin\mathbf{Q}(\zeta_l)^{xl}$. 同时,由引理之(2) 知,$l$ 在 $\boldsymbol{\kappa}$ 中分歧,即 $\boldsymbol{\kappa}/\mathbf{Q}$ 为强分歧循环扩张.

第二种情形:$u\not\equiv v(\mathrm{mod}\ l)$,此时

$$\xi=1+\frac{v(\zeta_l^{-1}-\zeta_l)}{u-v\zeta_l^{-1}}$$

(1) 如果 $v \equiv 0 \pmod{l}$，则 $\xi \equiv 1 \pmod{\pi l}$，进而 $\beta \equiv 1 \pmod{\pi l}$，从引理之(2) 知，$l$ 在 $\boldsymbol{\kappa}$ 中不分歧；

(2) 假设 $v \equiv 0 \pmod{l}$，则有

$$\beta \equiv \prod_{n=1}^{(l-1)/2} [1 + s^{(l-1)2-n} v \cdot (\zeta_l^{-s^{n-1}} - \zeta_l^{s^{n-1}}) / (u - v\zeta_l^{-s^{n-1}})] \equiv 1 + \sum_{n=1}^{(l-1)/2} s^{(l-1)2-n} v \cdot \left(-\frac{2s^{n-1}}{u-v}\right)\pi \equiv 1 + \frac{v}{u-v} \cdot s^{(l-1)2-1} \pi \pmod{\pi^2}$$

由于 $\frac{v \cdot s^{(l-1)2-1}}{u-v} \not\equiv 0 \pmod{l}$，故 $\beta \notin \mathbf{Q}(\zeta)_l^{\times l}$，且 l 在 $\boldsymbol{\kappa}$ 中分歧.

如果 $\phi_l(u,v) \notin \mathbf{Q}(\zeta)^{\times l}$，则至少有一个素因子 p，使得 $v_p(\phi_l(u,v)) \not\equiv 0 \pmod{l}$. 如果 $p = l$，则有 $u \equiv v \pmod{l}$，归结为前面已讨论的第一种情形. 如果 $p \neq l$，则对 $\mathbf{Z}[\zeta_l]$ 中的素理想 $\mathfrak{P} = (u - v\zeta_l, p)$，从引理之(3) 知道有 $v_{\mathfrak{P}}(\beta) = s^{(l-1)2-1} v_p(\phi_l(u,v)) \equiv 0 \pmod{l}$，因而不可能有 $\beta \in \mathbf{Q}(\zeta_l)^{\times l}$. 至此，充分性得证.

如果 $\beta \notin \mathbf{Q}(\zeta_l)^{\times l}$，且(i)(ii) 都不成立，即 $v \equiv 0 \pmod{l}$，$\phi_l(u,v) \in \mathbf{Q}^{\times l}$. 由前述知道，任意有理素数在 $\boldsymbol{\kappa}$ 中都不分歧. 闵可夫斯基定理断言，$\boldsymbol{\kappa} = \mathbf{Q}$，这与 $\beta \notin \mathbf{Q}(\zeta_l)^{\times l}$，从而定义 l 次循环扩张的事实矛盾. 于是，定理 A 证毕.

最后，我们来看看所论及的 l 次循环域与费马大定理有关的一些事实. 定理 1 的一个推论是说，$\beta \in \mathbf{Q}(\zeta_l)^{\times l}$ 的充要条件是：$v \equiv 0 \pmod{l}$ 且 $\phi_l(u,v) \in \mathbf{Q}(\zeta_l)^{\times l}$. 如果对 $u = c^l + v$，$v \equiv 0 \pmod{l}$，$c \in \mathbf{Z}$，我们能证明 $\beta \notin \mathbf{Q}(\zeta_l)^{\times l}$，则由此推论知费马方程在第二种

情形时无解. 另一方面,容易验证 $\xi=-\zeta_l,1-\zeta_l,-1-\zeta_l$ 定义了同一个 l 次循环域 F_0,F_0 为 l^2 次分圆域 $\mathbf{Q}(\zeta_{l^2})$ 的 l 次子域,是唯一的只有 l 在其中分歧的 l 次循环域. 如果猜想"$\phi_l(u,v)\neq 1$,则 $F_0\subset\mathbf{Q}(\zeta_l,\beta^{1/l})$ 蕴含 $u(u-v)\equiv 0(\mathrm{mod}\ l)$"成立,则费马方程在第一种情形下无解. l 次循环域与 l 次费马方程($x^l+y^l=z^l$)的这种自然联系,正是我们研究 l 次循环域的一大兴趣之所在.

参考文献

[1] 黄天培. p 次循环扩张 **F**/**Q**[J]. 四川大学学报,1990,27(2):121-129.

[2] CONNER P E, PERLIS R. A Survey of Trade Forms of Algebraic Number Fields [M]. Singapore: World Scientific,1984.

[3] ERICH H. Lectures on the Theory of Algebraic Numbers [M]. New York: Springer-Verlag,1981.

[4] HAROLD M, EDWARDS. Fermat's Last Theorem[M]. New York: Springer-Verlag,1977.

库默尔——"理想"的创造者

第7章

1 老古董——库默尔

贝尔说:"库默尔是一个典型的老派德国人,有着最好不过地刻画了在迅速消亡的那一类人的特性的全部直率、单纯、好脾气和幽默.这些老古董,本质已经陈旧,可以在上一代的任何旧金山德国花园酒店的柜台后面找到."

首先,库默尔是一个极端的爱国主义者.这要从拿破仑说起,库默尔(Ernst Edward Kummer,1810—1893)1810 年 1 月 29 日生于德国的索劳(Suoran),当时属勃兰登堡公国,现在是波兰(Zary)

的，当时距著名的滑铁卢战役还有5年. 在库默尔3岁时，拿破仑的大军对俄战争失败，一批批满身虱子的幸存士兵通过德国准备撤到法国去，那些带着俄国人特有的斑疹伤寒的虱子，将病毒大量地传染给爱清洁的德国人，其中包括库默尔的父亲(Curl Gotthelf Kummer)，一位操劳过度的医生(想必他也对科学产生过兴趣，有人也称他为物理学家). 父亲的去世，使他的家庭完全沦落为赤贫境地. 库默尔与哥哥在母亲的照料下，在艰难困苦中长大，由于贫穷，库默尔在上大学时不能住在大学里，而是背着装食物和书本的背包，每天在索劳与哈雷之间来回奔波.

拿破仑时代法国人的傲慢和苛捐杂税，以及母亲竭力保持的对父亲的记忆，使年轻的库默尔实际上成了极端爱国者，他发誓要尽最大努力使他的祖国免遭再次打击，一读完大学就立即用他的知识去研究炮弹的弹道曲线问题. 他以极大的热忱，在后半生把他超人的科学才能用来在柏林的军事学院给德意志军官讲授弹道学. 结果是，他的许多学生在普法战争中都表现出色.

老古董库默尔的另一个表现是对学生无微不至的关怀. 库默尔记得他自己为了受教育所做的奋斗和他母亲做出的种种牺牲，因而他不仅对他的学生是一位父亲，对他们的父亲也是一位类似兄弟的朋友. 成千上万的年轻人在人生的旅途上，在柏林大学或军事学院得到过库默尔的帮助，因此对他感激不尽，他们终生铭记他，把他当作一位伟大的教师和朋友.

在柏林时，库默尔是39篇博士论文的第一鉴定者. 他的博士生中有17名后来做了大学教师，其中有几位成了著名数学家,如博伊斯·雷芒德(Paul du Bois Reymond)、戈尔丹(Paul Gordan,1837—1912)、巴赫曼(Paul Bachmann,1837—1920)、施瓦兹(H. A. Schwarz,1843—1921,同时也是他的女婿)、康托(Geory Cantor,1845—1918)和舍恩弗利斯(Arthur Schoenflies,1853—1928)等.库默尔还是 30 篇博士论文的第二鉴定人.此外,当克莱布什(Alfred Clebsch,1833—1872)、克里斯托费尔(E. B. Christoffer,1829—1900)、富克斯(I. L. Frchs,1833—1902)通过教学资格时,他是第一仲裁人,在另外 4 人的资格考试中,他是第二仲裁人.库默尔作为教授享有盛名并不仅仅是课讲得好,还因为他的魅力和幽默感,以及他对学生福利的关心,当他们在物质生活方面有困难时,他很愿意帮助他们,因此,学生们对他的崇拜有时达到狂热的地步.

一次,一个就要参加博士学位考试的贫穷的年轻数学家,因患天花,不得已回到靠近俄国边境的波森的家中去了.他走后没有来过信,但是人们知道他贫困至极.当库默尔听说这个年轻人也许没有能力支付适当的治疗费用时,他就找到这个学生的一个朋友,给了他必需的钱,派他去波森看看是否该做的事都做了.

老古董库默尔的另一特征,是他在担任公职时表现出的特别严格的客观态度,毫不留情的正直坦率以及保守性.这些品质在 1848 年革命事件中也体现出来,当时除了高斯之外几乎每个德国数学家都卷入了这次事件.当时,库默尔属于运动的右翼,而雅可比(Jacobi,1804—1851)属于激进的左翼,库默尔拥护的是君主立宪制而非共和制,但库默尔并没有由于政治观点的不同而影响学术观点的一致，所以当一贯爱夸张的雅可比宣称，科学的光荣就在于它的无用时，库默尔表示赞同，他认为数学研究的目的在于丰富知识而不考虑应用.他相信，只有数学追随它自己的结果前进时，才能得到最高的发展，与外部自然界无关.

另外，库默尔退休决定的突然性，是库默尔这位老古董刚直、执拗性格的又一例证.1882 年 2 月 23 日，他作了一个使教授会大吃一惊的声明，声明说他注意到自己记忆力衰退，已不能以合乎逻辑的、连贯的、抽象论证的方式去自由发展自己的想法，以此为理由他要求退休.虽然没有任何人觉察出他有所说的症候，他的同事力劝库默尔留任，然而不管别人如何劝说、挽留，也没有使他改变主意.他立即安排自己的继任者，1883 年他正式退休.自然，有些史学家觉得这反映库默尔性格固执，但另一方面也说明他是有自知之明，是相信年青一代的.

2　哲学的终生爱好者——库默尔

库默尔 18 岁时(1828 年)，由他的母亲把它送到哈雷大学(与康托尔同校)学习神学，并力图训练库默尔使其在其他方面适于在教会供职.这种经历许多著名数学家早年都曾发生过.例如，黎曼(Riemann)在 1846 年春考入哥廷根大学时也是遵照其父亲的愿望攻读神学和语言学，后来受哲学读物的影响，黎曼的文体有一种德文句法不通的倾向，不精通德文的人也许会觉得他的文章神秘.库默尔最后终于决定学习数学，一方面是出于对哲学的考虑,他认为数学是哲学的"预备学校",并且他终生保持着对哲学的强烈嗜好,库默尔觉得对于一个有抽象思维才能的人来说,究竟是从事哲学还是从事数学,多少是一桩由偶然因素或环境决定的事.对于库默尔来说,促使他放弃哲学主攻数学的偶然因素是海因里希・费迪南德・舍尔克(Heinrich Ferdinand Scherk,1798—1885),他在哈雷担任数学教授,舍尔克是一个相当老派的人,但是他对代数和数论很热爱,他把这种热心传给了年轻的库默尔,在舍尔克的指导下,库默尔进步飞快.1831 年 9 月 10 日,库默尔还在大学三年级的时候就解决了舍尔克提出的一个大问题,写出了题为"De cosinuum et sinuum potestatibus secuudum cosinus et sinus arcuum multiplicium evolvendis"的论文并获了奖.

数学史家贝尔对库默尔的哲学爱好有如下评论:库默尔模仿笛卡儿,说他更喜欢数学而不是哲学,因为"纯粹错误的谬误的观点不能进入数学".要是库默尔能活到今天,他可能会修改他这种说法,因为他是一个宽宏大量的人,而现在数学的那些哲学倾向,有时令人奇怪地想到中世纪的神学.

与库默尔有着惊人的相似之处,德国著名数学家黎曼对哲学也有着强烈的嗜好,为其做传的汉斯(Freudenthal Hans)曾评价说:"他可算是一位大哲学家,要是他还能活着工作一段时间的话,哲学家们一定会承认他是他们之中的一员."据说他在逝世的前一天还躺在无花果树下饱览大自然的风光,并撰写关于自然哲学的伟大论文.德国是一个哲学的国度,德意志民族是一个有哲学气质的民族,在贡献了像康德、尼采、叔本华、海德格尔、马克思等职业哲学大师的同时，也产生了像库默尔这样一大批酷爱哲学的数学大师.

库默尔的教学也同其他数学家不同，充满了富于哲理的比喻. 比如，为了充分说明在一个表示中，一个特殊因子的重要性，他这样向他的学生比喻：“如果你们忽视了这个因子，就像一个人在吃梅子时吞下核却吐出了果肉.”

3　“理想数”的引入者——库默尔

我们因此看出理想素因子揭示了复数的本质，似乎使得它们明白易懂，并揭露了它们内部透明的结构.

——库默尔

这样一个非常特殊、似乎不十分重要的问题会对科学产生怎样令人鼓舞的影响？受费马问题的启发，库默尔引进了理想数，并发现把一个分圆域的整数分解为理想素因子的唯一分解定理，这定理今天已被戴德金与克罗内克推广到任意代数数域. 在近代数论中占着中心地位，其意义已远远超出数论的范围而深入到代数与函数论的领域.

——希尔伯特

今天，库默尔的名字主要是与他三方面的成就结合在一起的，每一成就出自他的一个创作时期，第二个创作时期最长，长达 20 年. 这一时期数论占有特别重要的地位，这一时期的标志是“理想数”的引入，理想数是库默尔在数论上花的时间最多，贡献也最大的一个领域. 发展这一方法的起因是出于他试图用乘积方法解决费马大定理，在狄利克雷向他指出素数分解的唯一性在数域中并非一般成立，且库默尔本人对此也确信无疑之后，从 1845 年到 1847 年，他建立了他的理想素因子理论. 具体地说，这是一个代数数论中的基本问题：

如果从代数数域的角度讲，代数数域的整数环 A 的除子(divsor)半群 D 中的元素，半群 D 是自由交换幺半群，它的自由生成元称为素理想数(prime ideal numbers).

理想数的引进与代数数域的整数环中没有素因子分解唯一性有关，若在 A 中的素因子分解不是唯一的，则对于任一 $a\in A$，对应的除子 $\varphi(a)$ 分解成素理想数之积，可以视为 A 中的素因子唯一分解的替代.

例如，域 $Q(\sqrt{-5})$ 的整数环 A 由所有数 $a+b\sqrt{-5}$ 组成，其中 a,b 都是整数，在该环中，数 6 有两种不同的分解，即

$$6=2\times 3=(1-\sqrt{-5})(1+\sqrt{-5})$$

其中 $2,3,1-\sqrt{-5}$ 和 $1+\sqrt{-5}$ 是 A 中两两互不相伴的不可约(素)元，因而 A 中的不可约因子分解不是唯一的. 但是，在 D 中，元素 $\varphi(2),\varphi(3),\varphi(1-\sqrt{-5})$ 和 $\varphi(1+\sqrt{-5})$ 都不是不可约的，事实上，$\varphi(2)=p_1^2$，$\varphi(3)=p_2p_3$，$\varphi(1-\sqrt{-5})=p_1p_2$，$\varphi(1+\sqrt{-5})=p_1p_3$，其中，$p_1$，$p_2$ 和 p_3 都是 D 中的素理想数. 因此，6

在 A 中的两种分解，在 D 中产生同一个分解 $\varphi(6)=p_1^2p_2p_3$.

用这种理论，库默尔在几种情况下证明了费马大定理，这再一次显示出库默尔建立自己的理论仅仅是对于他感兴趣的问题——费马大定理和高斯一般互反律的证明所提出的进一步要求. 我们在本书中只关心费马大定理的情况.

为了证明费马大定理，人们将其分为两种情形考虑，情形 Ⅰ：$(xyz,p)=1$；情形 Ⅱ：$p\mid z$. 库默尔对费马大定理做出了重要贡献，他创造了一种全新的方法，此法基于他所建立的分圆域(cyclotomic field)的算术理论，它用到这样的事实：在域 $Q(\xi)(\xi=\mathrm{e}^{2\pi\mathrm{i}/p})$ 中，方程 $x^n+y^n=z^n$ 的左边分解成线性因子 $x^p+y^p=\prod\limits_{i=1}^{p-1}(x+y\xi^i)$. 在情形 Ⅰ 中，这些线性因子是 $Q(\xi)$ 中理想数(ideal number)的 p 次幂；而在情形 Ⅱ 中，当 $i>0$ 时，它们与 p 次幂相差一个因子 $1-\xi$，如果 p 整除诸伯努利数(bernoullia numbers)$B_{2n}(n=1,\cdots,(p-3)/2)$ 的分子，则由正则性判别法知 p 不整除 $Q(\xi)$ 的类数 h，且这些理想数皆为主理想. 库默尔证明了这种情形的费马定理. 不知道正则素数 P 究竟有无穷多个还是有限个，虽然根据琴生(Jensen)的定理可知非正则素数有无穷多个. 库默尔对某些非正则素数证明了费马定理，并对所有素数 $p<100$ 证明了此定理为真.

具体地说，设 h 为 $Q(\xi)$ 的类数，设 $Q(\xi)$ 中包含的实域 $Q(\xi+\xi^{-1})$ 的类数为 h_2，则 h_2 为 h 的因子，$h_1=h\mid h_2$ 称为 h 的第一因子，h_2 称为 h 的第二因子.

库默尔 1850 年证明了当 $(h,l)=1$ 时，即对于正则

素数 l，$x^l+y^l=z^l$ 没有使 $xyz\neq 0$ 的整数解. 100 以下的非正则素数只有 37，59，67 三个，而在 $3\leqslant l\leqslant 4\ 001$ 的素数 l 中则有 334 个正则素数，216 个非正则素数. 在自然数序列的起始部分，正则素数的数目要比非正则的数目多.

1850 年，库默尔证明了 $(l,h)=1$ 的条件，与伯努利数 $B_{2m}(m=1,2,\cdots,(l-3)/2)$ 的分子不能被 l 整除的条件等价，且对非正则素数 l，$l\mid h$，则一定有 $l\mid h_1$ 成立.

另外，对情形 Ⅰ，库默尔还证明了 $x^p+y^p=z^p$ 蕴含同余式

$$B_n\left[\frac{\mathrm{d}^{p-n}}{\mathrm{d}V_{p-n}}\mid n(x+\mathrm{e}^v y)\right]_{v=0}\equiv 0\ (\mathrm{mod}\ p)$$

$$n=2,4,\cdots,p-3$$

这些同余式对 $x,y,-z$ 的任何置换都正确，因此他证得：如果在情形 Ⅰ，方程 $x^p+y^p=z^p$ 有一个解，则对 $n=3,5$ 有

$$B_{p-n}\equiv 0(\mathrm{mod}\ p)$$

对于情形 Ⅱ，库默尔证明了在下列条件下成立：

(1) $p\mid h_1$，$p^2\nmid h_1$；

(2) $B_{2ap}\not\equiv 0\ (\mathrm{mod}\ p^3)$；

(3) 存在一个理想，以它为模，单位

$$E_n=\sum_{i=1}^{(p-3)/2}\mathrm{e}^{g^{-2ni}}$$

和 $Q(\xi)$ 中整数的 p 次幂皆不同余，这里 g 是模 p 的一个原根，而

$$e_i=\frac{\xi^{g^{(i+1)/2}}-\xi^{-g^{(i+1)/2}}}{\xi^{g^{i/2}}-\xi^{-g^{i/2}}}$$

在第 Ⅰ 种情形下，还有所谓的库默尔判据：如果

$x^l+y^l=z^l$ 具有 $xyz\neq0$ 的整数解，则对于所有的 $-t=x/y,y/x,y/z,z/y,x/z,z/x$，有

$$B_{2m}f_{l-2m}(t)\equiv0(\operatorname{mod} l),m=1,2,\cdots,(l-3)/2$$

这里 B_m 为第 m 个伯努利数，$f_m(t)=\sum_{r=0}^{l-1}r^{m-1}t^r$，库默尔的方法极为重要，在若干论费马大定理的文章中得到极大的发展.

库默尔不仅研究了有理整数解 x,y,z 的问题，他还考虑了在 $Q(\xi)$ 的代数整数环中，$\alpha^l+\beta^l=\gamma^l$ 没有 $\alpha\beta\gamma\neq0$ 的解 α,β,γ 的问题. 第 Ⅰ 种情形为 $\alpha^l+\beta^l+\gamma^l=0,(\alpha\beta\gamma,l)=1$，在 $Q(\xi)$ 中没有整数解.

第 Ⅱ 种情形下，等价变形为

$$\alpha^l+\beta^l=\varepsilon\lambda^{nl}\gamma^l$$

其中，n 为自然数，ε 为 $Q(\xi)$ 的单位元，$\lambda=1-\xi$. $(\alpha\beta\gamma,l)=1$ 在 $Q(\xi)$ 中没有整数解.

1850 年，库默尔证明了如果 $(h,l)=1$，则以上两种情形都无解.

正是由于这些经典的结果使库默尔在数学史上英名永存，正如数学史家贝尔所说：

“目前算术在固有的难度方面，处于比数学的其他各大领域更高的程度；数论对科学的直接应用是很少的，而且不容易被有创造力的数学家中的普通人看出来，虽然一些最伟大的数学家已经感觉到，自然的真正数学最终会在普通完全整数的性态中找到；最后，数学家们——至少是一些数学家，甚至是大数学家——通过在分析、几何和应用数学中收获惊人的成功的

比较容易的收成，企图在他们自己那一代中得到尊敬和名望，这只不过是合乎常情的.

“当年库默尔的工作远远超出了他所有的前辈曾经做过的工作，以至于他几乎不由自主地成为名人.他因那篇名为‘理想素分解理论’(theorie der idealen primfaktoren)的论文而授予他数学科学的大奖，而他并没有参加竞争.”

法兰西科学院关于他在1857年大奖赛的报告，全文如下：

“关于对数学科学大奖赛的报告.大奖赛设于1853年，结束于1856年.委员会发现提交参加竞赛的那些著作中，没有值得授予奖金的著作，故此建议科学院将奖金授予库默尔，以奖励他关于由单位元素根和整数构成之复数的卓越研究.科学院采纳了这一建议.”

库默尔关于费马大定理的最早的工作，日期为1835年10月，1844～1847年他又写了一些文章，最后一篇的题目是“关于 $x^p+y^p=z^p$ 对于无限多个素数 p 的不可能性之费马定理的证明”.

4 承上启下的库默尔

库默尔在数学上的起步有赖于狄利克雷和雅可比的推荐.库默尔得到博士学位后，当时大学没有空位子，所以，库默尔回自己读书的中学开始了教学生涯，这个时期他的工作主要是以函数为主，最重要的成果是关于超几何级数的，他将论文寄给了雅可比、狄利克雷，从此开始了与他们的学术往来.

1840年库默尔与奥廷利特·门德尔松(Ottilite Mendelssohn)结婚，她是狄利克雷妻子的表妹. 在狄利克雷和雅可比的推荐下，库默尔于1842年被任命为布劳斯雷(Breslan，现在波兰的Wroclaw)大学的正式教授. 在这个时期，他的讲课才能进一步得到发展，他负责从初等的引论开始的全部数学课程. 并开始了他第二个创作时期，这个时期持续了20多年之久，主题是数论，直到1855年，当时高斯的去世造成了欧洲数学界大范围的变动.

高斯去世的十年前，哥廷根大学数学教育相当贫乏，甚至高斯也只是教基础课，呼声较高的是柏林大学，高斯去世后，虽然狄利克雷在柏林已很满意，但他还是不能抗拒接替这位数学家之王和他本人以前的老师担任哥廷根大学教授的诱惑. 甚至在以后很长时间，作"高斯的继任者"的荣誉，对于可以轻而易举地在其他职位上挣到更多的钱的数学家们，也仍然具有不可抗拒的吸引力，可以说，哥廷根一直可以选择它愿意挑选的人. 当狄利克雷于1855年离开柏林大学到哥廷根接替高斯时，他提名库默尔为接替自己教授职位的第一人选，于是从1855年起，库默尔就成为柏林大学的教授，一直到退休，库默尔到柏林前安排了自己以前的学生约阿希姆斯塔尔(Joachimsthal)，作为他在布劳斯雷大学的继任. 当时魏尔斯特拉斯也申请了布劳斯雷大学的职务，但库默尔阻止了他，因为库默尔想把他调到身边.1 年以后,库默尔的愿望得以实现,魏尔斯特拉斯来到了柏林.波尔曼评论说:这个城市开始体验了新的数学精英的力量.

在库默尔和魏尔斯特拉斯的推动下,德国第一个纯数学讨论班于 1861 年在柏林开办.很快地,它就吸引了世界各地有才能的青年数学家,其中有不少研究生,可以认为库默尔讨论班的建立是从他自己在哈勒(Halle)大学当学生时,参加谢维克(Heinrich F Schevk,1798—1885)数学协会的体验得到启示的.在柏林大学,库默尔的讲课吸引了大量学生,最多时可达 250 人,可谓盛况空前.因为他在讲课之前总是经过认真准备,加之他明晰又生动的表述方式.

库默尔还接替了狄利克雷做了军校的数学教师,对绝大多数人来说,这是个沉重的负担,但库默尔却很乐意作,他对任何一种数学活动都很喜爱,他干这个附带的数学工作直至 1874 年才退出.由于狄利克雷的推荐,早在 1855 年他就成为柏林科学院的正式成员,至此他已全面接替了狄利克雷在柏林的位置,从 1863 年到 1878 年他一直是柏林科学院物理数学部的终身秘书,他还当过柏林大学的院长(1857～1858,1865～1866)和校长(1868～1869),库默尔从不认为这些工作占据了他的创造时间,反而是通过这些附加工作重新恢复了精力.库默尔这种承受超负荷工作的能力与早年的经历有关,他大学毕业后在家乡中学见习一年之后,1832 年在里格尼茨(今波兰赖克米卡)文法中学任教,当时授课负担极重,每周除讲课 22 到 24 小时之外,还要备课和批改作业,而且还要挤时间搞研究.

高斯和狄利克雷对库默尔有着最持久的影响.库

默尔的三个创作时期，都是从一篇与高斯直接有关的文章开始的，他对狄利克雷的尊敬则生动地表现在1860年7月5日在柏林科学院所做的纪念演说中.他说，虽然他没有听过狄利克雷的课，但是他认为狄利克雷是他真正的老师.在对纯数学和应用数学的态度上，库默尔有些像高斯，两者并不偏废，他极大地发展了高斯关于超几何级数的工作，这些发展在今天数学物理中最经常出现的微分方程理论中十分有用.

库默尔在算术上的后继者是尤利马斯·威廉·里夏德·戴德金(他成年后略去了前两个名字).数学史家贝尔说戴德金是德国——或任何其他国家曾经产生的一个最重大的数学家和最有创见的人.当戴德金在1916年去世时，他已经是远远超出一代人的数学大师了.正如埃德蒙·朗道(他本人是戴德金的一个朋友，也是他的一些工作的追随者)在1917年对哥廷根皇家学会的纪念演讲中所说:“里夏德·戴德金不只是伟大的数学家，而且是数学史上过去和现在最伟大的数学家中的一个，是一个伟大时代的最后一位英雄，高斯的最后一位学生，40年来他本人是一位经典大师，从他的著作中不仅我们，而且我们的老师，我们老师的老师，都汲取着灵感.”

库默尔的理想数就是今日理想之雏形.在库默尔理想数理论的基础上，戴德金创立了一般理想理论，库默尔的学说经戴德金和克罗内克的研究加以发展，建立了现代的代数理论.因此，可以说，库默尔是19世纪数学家中富有创造力的带头人，是现代数论的先驱者.

5　悠闲与幽默的库默尔

库默尔对于他那个时代的数学家而言是长寿的，他活到了 83 岁高龄，这大部分应归功于他良好的性格，但这似乎妨碍了他取得更大的成就.

贝尔曾评论说："虽然库默尔在高等算术方面的开拓性的进展，使他有资格与非欧几何的创造者相媲美，但我们在回顾他一生的 83 年时不知为什么得到这样一个印象，就是尽管他的成就是辉煌的，但他没有完成他能够做到的一切，也许是他的缺乏个人野心，他的悠闲和蔼，以及他豁达的幽默感，阻止他去作打破纪录的努力."

库默尔在军事学院的工作中，通过表明他自己在弹道学工作是第一流的实验者，使科学界大吃一惊.库默尔以他特有的幽默，为他在数学上的这种糟糕的堕落辩解，他对一个年轻的朋友说："当我用实验去解决一个问题时，这就证明这个问题在数学上是很难解决的."

在库默尔的性格中有某种克己性，尤其明显的是他从未出版过一本教科书，而仅仅是一些文章和讲义.想到高斯在去世后留给编辑的大量工作，库默尔决定不这样做，他说："在我的遗作中什么也找不到."

库默尔家庭观念很强，终日被他的家人包围着.1848 年库默尔的第一个妻子去世，不久他又和考尔(Bertha Cauer)结婚，当他退休时就永远放弃了数学，除了偶尔去他少年时代生活的地方旅游，他过着极严格的隐居生活.魏尔斯特拉斯曾讲过:在库默尔的数论时期和更晚些时,库默尔有点不再参与和关心数学中发生的事情.当然听这话我们要打一定的折扣,因为虽然库默尔,克罗内克(Leopdd Kronecker,1823—1891)和魏尔斯特拉斯三个曾十分友好和谐一致地在一起工作了20年之久,并保持密切的学术联系.然而在19世纪70年代,魏尔斯特拉斯和克罗内克之间出现了隔阂,几乎导致了二人绝交,而此时库默尔和克罗内克的友谊仍然继续保持,这不可能不影响到魏尔斯特拉斯对库默尔的态度.

总之,库默尔绝不是一个孜孜以求、功利色彩浓厚的名利之徒,而是一位悠闲自得、幽默豁达的谦谦君子.

库默尔在这种儿孙绕膝的环境中生活了10年之后,一次流感夺去了他的生命,1893年5月14日平静地离开了人世.

闯入理性王国的女性

第8章

在向费马大定理挑战的人群中，人们很少见到女人的名字. 据心理学家说，女人善于形象思维，而不善于抽象思维，就是说女人重情感而少理性，所以在理性王国中鲜有女人的足迹，哲学家周国平先生曾说过：“女人学哲学，对女人和对哲学都是一种伤害.”古代与近代几乎没有女哲学家出现，现代世界仅有屈指可数的几位女哲学家，如美国的阿伦特、斯皮瓦克，法国的波伏瓦，英国的玛丽·道格拉斯，澳大利亚的安娜·韦尔斯贝卡. 这句话完全适用于数学，但这些毕竟只是一种概率提法，大千世界无奇不有，小概率事件也时有发生，像发现了白乌鸦之于“天下乌鸦一般黑”,史怀泽去了非洲丛林之于“人往高处走”一样,闯入理性王国的女性也是一种反熵的小概率事件.

1　首先闯入理性王国的女性——吉尔曼的故事

在通往费马猜想的这条布满荆棘的纯理性之路上,出现的第一位可敬的女性就是费马的同乡,法国数学家索菲·吉尔曼(Sophie Germain).

我国数学史专家解延年先生饱含激愤地写道:

> “1831 年 6 月 26 日,在法国巴黎,人类历史上少数几位杰出的女数学家之一吉尔曼因患乳腺癌溘然长逝了.她带着满腔的悲愤,带着终身遗憾默默地离开了人世.谁说妇女没有才能?就是她,在数学领域里给女性争得了荣誉的一席之地,但是,社会的偏见紧紧地束缚着这位杰出的女数学家,她有翅难展,有志难伸,最后在抑郁悲伤中逝去.吉尔曼的死,是对不合理社会的无情的控诉!黑格尔说,存在的就是合理的,从这个意义上说,社会没有错,民众也没有错,因为如果把对人才的鉴别与选拔看成全社会的一种集体经济行为,那么它是需要成本的,随大流于世俗是一种成本最低的选择,就像高考一样,对某些天才来说,就是不合理的,但对全社会来说,它却又是合理的.”

吉尔曼，1776 年 4 月 1 日出生在巴黎一个富有的家庭. 她出生的年代正处在法国政治经济矛盾集中的 18 世纪末，在她的整个少年时期，法国社会一直动荡不安. 吉尔曼是她父母的独生女儿，一向被视为掌上明珠. 在这种骚乱时期，父母出于安全的考虑把她关在家里，让她过着与世隔绝的生活，这使她感到极度的孤独与苦闷，于是，便一头钻进了她父亲丰富的藏书室中. 吉尔曼发现了一本数学史书，这本数学史书深深地吸引着她. 最使她难以忘记的是“数学之神”阿基米德之死. 75 岁高龄的阿基米德在罗马士兵攻破叙拉古时，还在专心致志研究几何，不幸死在一个罗马士兵的屠刀之下. 她想，几何学竟有如此之魅力，其中必有无穷之奥秘，于是开始走进了数学王国的大门. 当然一个人从事何种职业，确立什么生活志向是由许多因素决定的，但这次偶然的阅读，是一个决定性的因素，这是情理之中的.

吉尔曼潜心钻研数学，竟到了夜以继日、废寝忘食的地步. 父母亲心疼她，强迫这位姑娘晚上早早睡觉. 为了防止她偷偷爬起来看书，拿走了她所有的外衣. 可是第二天一早才发现，桌子上点残的蜡烛，结了冰的墨水瓶，没有写完的算式，吉尔曼裹着被子在桌子前睡着了. 这种刻苦钻研的精神使双亲感动得热泪盈眶，由反对转为热心的支持. 吉尔曼利用这段时期自学了代数、几何与微积分，打下了数学的牢固基础. 这时她刚满 18 岁.

1794 年巴黎创办了多科工艺学院（伽罗瓦(Evariste Galois)曾报考过）. 吉尔曼兴冲冲地去报名，可是他们拒绝招收女生. 吉尔曼感到失望，但没有灰心. 她想方设法弄来了数学方面的所有教材. 她经过细心的钻研以后, 发现各种讲义中以拉格朗日(Lagrange)教授的讲义最为精辟. 法国大革命后, 社会风气日趋开明, 大学里允许学生向教授们提出自己的看法. 于是, 吉尔曼便化名为"布朗"这样一个男学生的名字写了一篇论文, 寄给了拉格朗日. 拉格朗日看罢论文, 大为赞赏, 决定亲自拜访这位叫"布朗"的学生. 见面之后才知道这位学生竟是一位年轻女郎, 大数学家拉格朗日感到惊异万分, 给吉尔曼以热情的鼓励, 并欣然接受指导她的请求. 得到拉格朗日教授的鼓励和指导, 吉尔曼更增添了继续攀登数学高峰的勇气.

1801 年, 德国大数学家高斯发表了一部数论的杰作《算术研究》, 这是一部经典之作, 但这部著作过于艰深以至于许多数学家都很难看懂. 吉尔曼用心钻研了这部著作, 并得出了自己的一些结果. 1804 年, 她又化名"布朗"写信给高斯, 高斯看到来信欣喜万分, 认为找到了知音. 从那以后, 两人一直保持书信来往, 研讨数论问题. 1807 年普法战争爆发, 法国军队占领了汉诺威. 这消息不禁使吉尔曼想起了古希腊"数学之神"阿基米德之死, 她深为高斯的安全担心. 恰好攻占汉诺威的法军统帅培奈提将军是吉尔曼父亲的朋友, 于是她毅然前往拜见培奈提, 要求他对高斯进行保护. 培奈提被这位姑娘的精神所感动, 派出一位密使到汉诺威执行保护高斯的命令. 高斯后来才知道这位见义勇为的朋友就是和他经常通信的"布朗", 使他更为惊异的是这位"布朗"原来是一位漂亮的小姐——吉尔曼.

吉尔曼在数论方面的成就, 是在一定条件下证明了著名的费马猜想. 吉尔曼利用高斯的某些结果证明

了在 x,y,z 互素的条件下,不定方程

$$x^n + y^n = z^n$$

在 $n < 100$ 以内没有正整数解.这在当时是对费马猜想的一个重大突破.这项成就使吉尔曼开始在数学界崭露头角.

现在让我们具体了解一下吉尔曼究竟做了些什么.

费马猜想可以归结为证明

$$x^4 + y^4 = z^4$$

和不定方程

$$x^p + y^p = z^p \qquad ①$$

(其中,p 是奇素数)均无 $xyz \neq 0$ 的整数解.

这是因为任一个大于2的整数 n,如果不是4的倍数,就一定是某个奇素数 p 的倍数.当 n 是4的倍数时,$x^{4m} + y^{4m} = z^{4m}$ 的无解又可归之于证 $x^4 + y^4 = z^4$ 的无解,这一点已由费马用无递降法解决了!同样地,当 n 是 p 的倍数时则归之于证 $x^p + y^p = z^p$ 无解.但是,这就异常困难了.

如果 $(x,y) = d$,则有 $d \mid z$,故只需研究下述不定方程,即

$$x^p + y^p = z^p = 0, (x,y) = (x,z) = (y,z) = 1 \qquad ②$$

熟知,当 $x + y \neq 0, (x,y) = 1$ 时

$$\left(x + y, \frac{x^p + y^p}{x + y}\right) = 1 \text{ 或 } p$$

同理,当 $x + z \neq 0, (x,z) = 1$ 或 $y + z \neq 0, (y,z) = 1$ 时,分别有

$$\left(x + z, \frac{x^p + z^p}{x + z}\right) = 1 \text{ 或 } p$$

和
$$\left(y+z,\frac{y^p+z^p}{y+z}\right)=1 \text{ 或 } p$$
当
$$\left(x+y,\frac{x^p+y^p}{x+y}\right)=\left(x+z,\frac{x^p+z^p}{x+z}\right)=$$
$$\left(y+z,\frac{y^p+z^p}{y+z}\right)=1$$
时，即 $p\nmid xyz$ 时，叫作费马大定理的第一情形；除此之外，即 $p\mid xyz$ 时，叫作费马大定理的第二情形.

一般来讲，初等方法往往仅能解决费马大定理的第一情形. 吉尔曼首先推出：

定理 1　如果存在一个奇素数 q，使得同余式
$$x^p+y^p=z^p\equiv 0(\bmod p) \tag{③}$$
只有 $q\mid xyz$ 的整数解 x,y,z，且对任意整数 k 有 $k^p\not\equiv p(\bmod p)$，则 ② 没有 $p\nmid xyz$ 的整数解 x,y,z，即费马大定理第一情形成立.

证明　如果 ② 有解 $x,y,z,p\nmid xyz$，则由 ② 有
$$y+z=a^p,\frac{y^p+z^p}{y+z}=\xi^p,x=-a\xi$$
$$z+x=b^p,\frac{z^p+x^p}{z+x}=\eta^p,y=-b\eta$$
$$x+y=c^p,\frac{x^p+y^p}{x+y}=\rho^p,z=-c\rho$$
由此可得
$$2x=b^p+c^p-a^p$$
$$2y=c^p+a^p-b^p$$
$$2z=a^p+b^p-c^p$$
而 ② 的解 x,y,z 显然满足同余式 ③，故有 $q\mid xyz$，可设 $q\mid x$，从而
$$x=b^p+c^p+(-a)^p\equiv 0(\bmod q)$$
再根据题设 $q\mid abc$，但 $q\nmid bc$（这是因为，若 $q\mid b$ 或

$q \mid c$,不妨设 $q \mid b$,得 $q \mid y$,与 $(x,y)=1$ 矛盾,同理可证 $q \nmid c$). 于是 $q \mid a$,得出

$$z+y \equiv a^p \equiv 0 (\bmod q)$$

或

$$z \equiv -y (\bmod q) \quad ④$$

由 $q \mid x$ 得

$$\eta^p = z^{p-1} - z^{p-2}x + \cdots + x^{p-1} \equiv z^{p-1} (\bmod q) \quad ⑤$$

再由 ④ 得

$$\xi^p = y^{p-1} - y^{p-2}z + \cdots + z^{p-1} \equiv pz^{p-1} (\bmod q)$$

由 ⑤ 得

$$\xi^p \equiv p\eta^p (\bmod q) \quad ⑥$$

由于奇素数 $q \nmid \eta$(否则 $(x,y) \neq 1$),故 $(q,\eta)=1$ 即存在 η',使得 $\eta\eta' + q'q = 1$ 或 $\eta\eta' \equiv 1 (\bmod q)$,由 ⑥ 得

$$(\xi\eta') = p\eta^p \eta'^p \equiv p (\bmod q)$$

此与所给条件"对于任意 $k^p \neq p (\bmod q)$"矛盾. 证毕.

例如,利用定理,可以轻易证出费马定理第一情形在 $p=7$ 时成立. 不定方程 ② 在 $p=7$ 时,没有 $7 \nmid xyz$ 的整数解. 这只要取 $q=29$,因为对任何整数 l 有 $(l,29)=1$,则 $l^7 \equiv \pm 1, \pm 12 (\bmod 29)$. 从这一点同时可知同余式

$$x^7 + y^7 + z^7 \equiv 0 (\bmod 29)$$

没有 $29 \nmid xyz$ 的解,以及没有整数 k 适合同余式

$$k^7 \equiv 7 (\bmod 29)$$

故上述定理的条件满足.

吉尔曼进一步又得到更具一般性的:

定理 2 设 $q=2hp+1$ 是素数,如果 $q \nmid D_{2h}$,这里

$$2h=\begin{vmatrix}\binom{2h}{1} & \binom{2h}{2} & \cdots & \binom{2h}{2h-1} & 1\\ \binom{2h}{2} & \binom{2h}{3} & \cdots & 1 & \binom{2h}{1}\\ \vdots & \vdots & & \vdots & \vdots\\ 1 & \binom{2h}{1} & \cdots & \binom{2h}{2h-2} & \binom{2h}{2h-1}\end{vmatrix}$$

且

$$p^{2h}\not\equiv 1(\bmod q) \qquad ⑦$$

则方程 ② 无 $p\nmid xyz$ 的整数解,即费马大定理第一情形成立.

证明　利用定理 1 来证.如果

$$x^p+y^p+z^p\equiv 0(\bmod q)$$

有解 x,y,z 满足 $q\nmid xyz$,则易证存在整数 u,v 适合

$$x\equiv uz(\bmod q),y\equiv -vz(\bmod q),(u,q)=(v,q)=1$$

代入式 ③,得

$$z^p(u^p+1-v^p)\equiv 0(\bmod q)$$

故 $q\nmid z$,故

$$u^p+1\equiv u^p(\bmod q) \qquad ⑧$$

因为 $q=2hp+1$,故由费马小定理有

$$u^{2hp}\equiv 1(\bmod q) \qquad ⑨$$

和

$$v^{2hp}\equiv 1(\bmod q) \qquad ⑩$$

将 ⑨⑧ 代入 ⑩ 可得

$$u^{2hp}+\binom{2h}{1}u^{(2h-1)p}+\binom{2h}{2}u^{(2h-2)p}+\cdots+\binom{2h}{2h-1}u^p+1\equiv 1(\bmod q)$$

由 ⑨ 逐步得

$$\binom{2h}{1}u^{(2h-1)p}+\binom{2h}{2}u^{(2h-2)p}+\cdots+$$

$$\binom{2h}{2h-1}u^{p}+1\equiv 1(\bmod q)$$

$$\binom{2h}{2}u^{(2h-1)p}+\binom{2h}{3}u^{(2h-2)p}+\cdots+\binom{2h}{1}1\equiv 1(\bmod q)$$

$$\vdots$$

$$u^{(2h-1)p}+\binom{2h}{1}u^{(2h-2)p}+\binom{2h}{2h-2}u^{p}+\binom{2h}{2h-1}\equiv$$

$$0(\bmod q)$$

故得 $$D_{2h}\equiv 0(\bmod q)$$

与所设条件 $q\nmid D_{2h}$ 不合. 这就证明了 ③ 没有 $q\nmid xyz$ 的整数解 x,y,z.

此外,如果有整数 k 满足

$$k^{p}\equiv p(\bmod q)$$

由于 $q=2hp+1\neq p$,显然$(k,q)=1$,故由上式得

$$p^{2h}\equiv k^{2hp}\equiv 1(\bmod q)$$

这与式 ⑦ 矛盾. 这就证明了对任意的整数 k,$k^{p}\not\equiv p(\bmod q)$,于是定理 1 的两个条件都得到了满足. 证毕.

最后,吉尔曼利用定理 2 推出了如下关键的结论:

定理 3 设 p 是一个奇素数,当:

(1) $2p+1$ 是一个素数时,费马大定理第一情形成立.

(2) $4p+1$ 是一个素数时,费马大定理第一情形成立.

证明 (1) 如果 $2p+1$ 是一个素数,则 $2p+1\geqslant$

7,而 $D_2=3$,故 $2p+1\nmid D_2$;此外

$$p^2-1=(p+1)(p-1)$$

故 $2p+1\nmid p^2-1$,故结论成立.

(2) 如果 $4p+1$ 是一个素数,则 $4p+1\geqslant 13$,而

$$D_4=\begin{vmatrix}4&6&4&1\\6&4&1&4\\4&1&4&6\\1&4&6&4\end{vmatrix}=-3\times 5^3$$

故 $(D_4,rp+1)=1$. 此外

$$p^4-1=(p-1)(p+1)(p^2+1)$$

而

$$4p+1\nmid(p-1)(p+1)$$

我们来证明 $4p+1\nmid p^2+1$,否则有

$$p^2+1=2(4p+1)(4m+1) \tag{⑪}$$

显然 $m\neq 0$,故可设 $m>0$,由 ⑪ 得

$$2(4p+1)(4m+1)>4p^2+p>p^2+1$$

故式 ⑪ 不能成立,于是证得 $4p+1\nmid p^4-1$. 证毕.

此外,法国数学家勒让德(Legendre) 利用定理 2 还证明了当 $8p+1,10p+1,14p+1,16p+1$ 之一为素数时,费马定理第一情形成立. 由此可推出 $p<100$ 时,第一情形成立.

这就是吉尔曼在数论方面的部分工作. 除此之外,吉尔曼最为卓著的成就是用微分方程解决了"关于弹性曲面振动的数学理论"的问题. 这个问题是由德国物理学家克拉尼(Frnst F. F. Chladni)最先提出来的,解决这个问题需要用到很高深的微积分知识. 一维的情形解决得较好,二维的情形却非常棘手,就连当时很多著名的科学家对此都一筹莫展. 同费马大定理一样,重赏之下,必有勇夫,拿破仑下令法国科学院用金质奖章

悬赏征求符合实验数据的弹性曲面数学理论的最好论文.1811 年,吉尔曼呈交了第一篇论文,包括拉格朗日在内的科学院评议会认为尚不够完善,未予通过.1813 年,吉尔曼呈交了第二篇论文,得到了评议会很高的评价,但他们认为还有需要改进的地方.1816 年,吉尔曼呈交了第三篇论文,题为“关于弹性板振动的研究报告”,终于获得了法国科学院的金质奖章.吉尔曼“三试状元榜”的事迹传为科坛佳话.她的这项重要成果震动了整个科学界.吉尔曼被誉为近代数学物理(建立在数学理论基础上的物理学)的奠基人,受到当时最著名的科学家,如柯西、安培、勒维、勒让德、泊松、傅里叶的赞扬和敬佩.勒维特别赞赏这位女数学家的成就,他颇为风趣地说:“这是一项只有一个女人能完成而少数几个男人能看懂的巨大成就!”

但是同后面将要介绍的几位女数学家一样,巨大的成功并没有带来相应的承认,许多科学家为了推荐她而四处奔走,但当时社会的学术大门对妇女是关闭的,她连一个合适的职业也找不到.她终生没有获得过一个学位,没有担任过任何科学职务,更不可能进大学里去当教授.她郁郁寡欢,悲愤难平,55 岁那年离开了人世.她的最知音者是高斯,两人虽然长期通信,但始终未能谋面.高斯在德国为她奔走呼吁,最后在著名的哥廷根大学替她申请到了一个荣誉博士的学位.但当高斯把这个好消息写信寄到巴黎时,吉尔曼已经抱着终身的遗憾闭上了双眼.我们似乎应该抛弃那种简单的抱怨社会不公平,或像女权主义者那样偏执激昂,因为这样丝毫没有建设性,从现代物理学“熵”的角度来看,女人搞数学是一种反熵活动,它与当时社会对妇女的要求，与流行的价值观差距甚大. 从物理的观点看，负熵的产生必须伴之以做功. 同样，人的负熵行动则是需要付出代价的. 在吉尔曼之后还有两位著名的女数学家，即柯娃列夫斯卡娅与诺特.

2　糊在墙上的微积分——俄国女数学家柯娃列夫斯卡娅的故事

读者们大概会很多次听见过一位伟大的女数学家的名字，数学史上极少的几位女大学教授之一索菲亚·化西里耶夫娜·柯娃列夫斯卡娅. 虽然，在科学的领域中，她的创作不仅和中学的数学教程离得很远，而且和高等学校的数学教程也有相当的距离，但是，柯娃列夫斯卡娅的生平和性格是非常引人注意和有教育意义的. 俄罗斯以拥有她的科学成果而感到骄傲，因此，我们有必要简单地来介绍一下她的生平以及她在科学上所取得的成就.

柯娃列夫斯卡娅于 1850 年 1 月 15 日生于莫斯科一个名叫 B. B. 果尔维一克鲁可夫斯基的军人家庭. 她的父亲不久就退职了，并且迁居到威特比斯克省自己曾管辖的领域上居住. 这位将军有两个女儿，大女儿叫安娜，小女儿叫索菲亚. 将军为了使自己的女儿们成为一个有教养的贵族小姐，因此聘请了一位家庭教师. 姊妹两人在家庭教师的监督和培养之下接受教育，并学习外国语及音乐. 因为这位将军本身原来是一位有名望的数学家 M. B. 奥斯特洛格拉德斯基(微积分中有著名的奥斯特洛格拉德斯基公式)的一位学生，于是这位将军决定使小女儿索菲亚接受比较严格的教育，因此，就聘请了一位有名望的教师——约瑟夫·依格纳契耶维契·玛列维芝.索菲亚是一位聪明而用功的学生，但是，学习开始时她对于算术不是感到特别有兴趣.只有在第五学年时，这位13岁的女学生，当她在计算圆周的长度与直径的比（数 π）时，才表现出了自己的数学天才：她给出了所求的比的独立结论.当女教师玛列维芝指出索菲亚在得出结论时走了某些弯路的时候，她就开始哭起来.

柯娃列夫斯卡娅在自己的回忆中亲自谈到过，她对数学感兴趣的最大的影响是一次与叔父的谈话，是谈到关于化圆为方问题（关于用圆规和直尺无法做出一个具备等于该圆面积的正方形图的问题）和其他一些津津有味的数学题目.这些谈话激发了她的思维活动并且在思维活动中形成了一种关于数学作为一门有很多有趣味又奥妙的疑谜的科学的表象.

柯娃列夫斯卡娅还谈到过另外巩固了她对数学的兴趣的情况.她说："当我的家庭迁居在乡村时，所有的房子都要重新装饰一新，因此要将所有的房子贴上新的壁纸.但是，因为房间多，壁纸不够，所以有一间儿童的房子没有贴上壁纸，然而，这些壁纸必须要到圣彼得堡城订购才行.这是一件大事情.为了一间房子而决定去订购壁纸，这是不值得的，全家人都在等待着解决这个问题.但是，这间受潮的房子，已经经历了若干年月，只有一边墙贴上了简单的纸.幸而从我父亲在青年时代所买到的一本奥斯特洛格拉斯基所著的关于高等数学入门的指导书中撕下一些纸，可以临时裱糊其他的墙."柯娃列夫斯卡娅就从这些散页中经过经常的观察，把一些难以理解的词句和一些奥妙的公式牢记在心中了. 这也变成了她学习高等数学的入门指导. 柯娃列夫斯卡娅 15 岁的时候就开始学习非常著名的教师 A. H. 斯达拉诺柳柏斯基所著的《高等数学》的课程，并听过某些问题的说明，这些问题是她在壁纸上看到而没有了解的问题. 教师教给她一些新的概念，这些新的概念像她的老朋友一样，她很快就领会了这些概念，这使得她的教师感到异常的惊奇.

但是，在这件事情以前，柯娃列夫斯卡娅 14 岁时，她就以自己的天才使得她父亲的朋友，物理学教授 Л. Л. 德尔托夫感到了惊奇. 这时，柯娃列夫斯卡娅还没有学完中学数学课程，但不久，她就独立地通晓了在课本中所使用的数学公式（三角学的公式）. 在此之后，这位以自己的女儿的成绩而感到骄傲的将军，就决定在冬季送柯娃列夫斯卡娅到圣彼得堡去学习数学和物理. 15 岁的柯娃列夫斯卡娅抓住了这个机会，于是她就到圣彼得堡去继续学习.

然而，这样的事情，对她说来毕竟是很小的事情. 柯娃列夫斯卡娅迫切要求受到完整的高等教育.

当时的俄罗斯的高等学校是不收女生的，而给妇女留下唯一的道路，就是当时很多女孩子所走的道路，即是请求到国外去寻找受高等教育的可能！

赴国外旅行必须要得到父亲的许可才行，而她的父亲是不愿意让自己的女儿去国外旅行的. 当柯娃列夫斯卡娅已满 18 岁时，借与当时一位闻名的自然科学研究者——弗拉基米尔·奥鲁依耶维契·卡瓦列夫斯基试婚为名，并以他的“妻子”的身份与她的姐姐一起到德国. 到达德国后，她顺利地进入了海德堡大学. 大学的教授们,其中包括一些著名的教授,都为自己有这样一位有才能的女学生而感到喜出望外.因而,柯娃列夫斯卡娅就成为这个小城市很稀奇而著名的人物,当这个城市的一些母亲们在街上一碰到她时,就告诉自己的孩子们,这是正在大学学习数学的一位惊人的俄国的姑娘.

在3年的学习中,柯娃列夫斯卡娅由于非常努力地学习而学完了大学的课程,如数学、物理学、生物学.她很想跟当时居住在柏林的一位欧洲闻名的数学家——卡尔·魏尔斯特拉斯继续深造数学.当时妇女们是不能被录取进入柏林大学的,但受到柯娃列夫斯卡娅的特殊的才能所感动的魏尔斯特拉斯教授终于同意教她一部分课程,并在4年中与她一起复习了她以前在大学所学过的课程(这里也不排除异性相吸的因素,据数学史家考证,开始魏尔斯特拉斯对此事非常冷淡,但当他第一次见到大草帽下面那张动人的脸时,不禁为之一动,于是态度大变,欣然接受单独辅导的请求,并据传后期两人的关系颇有暧昧之嫌.所以从这件事说来,数学家不是神,他首先是个人).1874年的哥廷根大学是德国数学科学研究的中心,根据魏尔斯特拉斯教授的建议,无辩论通过柯娃列夫斯卡娅三项工作而决定授予柯娃列夫斯卡娅博士学位.

其中第一项研究工作是关于偏微分方程的理论.众所周知,柯西在1842年得出了偏微分线性方程组解的存在的理论,并指出如何把非线性组化为这种情况.然而,柯娃列夫斯卡娅当时并不知道柯西这些工作.柯娃列夫斯卡娅的证明较柯西的证明要简单些,用庞加莱的话来说,柯娃列夫斯卡娅给出了这条定理的最终形式. 现在,人们称这条定理为柯西—柯娃列夫斯卡娅定理,并把它列入分析的基本教程中.

第二项研究工作是关于土星环的形状问题. 这是补充和评论有关研究拉普拉斯关于土星环形的问题. 柯娃列夫斯卡娅在这里发展了拉普拉斯认为土星环是由几个液体环所组成并且是互不影响的土星环的研究. 拉普拉斯得出,横断环面有一个椭圆形状. 柯娃列夫斯卡娅在比较一般的前提下解决了这个问题(第二次近似值),得出横断环面是卵形,这项研究在狄塞郎的天体力学中有详细的叙述. 这项工作的主要成就被蓝柏的水动力学加以引用.

第三项工作是关于把某类第三阶的阿贝尔积分化为椭圆积分的研究. 特别地,柯娃列夫斯卡娅解决了在任何情况下将包含八次多项式的超椭圆积分化为一种椭圆积分的问题. 魏尔斯特拉斯曾经在自己的谈话中指出:"我有许多从不同国家来的学生,在这么多的学生中,谁都比不上柯娃列夫斯卡娅女士."

柯娃列夫斯卡娅经过了 5 年的顽强的学习,得到了最令人称赞的博士学位. 在这些年里,她旅行过一些地方,到过伦敦,也到过巴黎. 由于她没有生活经验和不善于安排自己的事情,她的生活过得不够舒适.

24 岁的柯娃列夫斯卡娅带着令人称赞的哲学博士毕业证书同她的丈夫一起回到了俄国.

她的姐姐安娜·瓦西里也耶夫娜是一位有写作天赋的人,常被杰出的俄国作家 Φ. M. 多斯托斯基所称赞. 她已经离开海德堡去巴黎,并在巴黎与一位从事革命工作的维克托尔·查克辽尔结了婚. 1871 年,安娜与其丈夫积极地参加了巴黎公社的活动. 当巴黎公社失败时，维克托尔·查克辽尔被捕.被捕后死刑在威胁着他.柯娃列夫斯卡娅与她的丈夫潜入被包围的巴黎.她帮助受伤的公社社员，她曾在医院工作过，为了救助姐夫，柯娃列夫斯卡娅写了一封信给她的父亲请求帮助，因为她父亲曾经认识一些新兴资产阶级政府中有势力的人.

柯娃列夫斯卡娅和她的丈夫回到俄国并居于圣彼得堡.受到过卓越的数学教育的柯娃列夫斯卡娅，当时竟无法为祖国贡献自己所获得的知识.当时在国外所获得的哲学博士学位正等于帝俄时代的硕士.获得硕士学位的人是可以在俄国的大学里教书的，且有答辩硕士和博士学术论文的可能，并能以后担任大学教研室主任的职务.可是，所有这一切，柯娃列夫斯卡娅是无法获得的.她仅仅在女子中学里教初级班的算术，没有教高级班的课程.当她亲自参加了祖国的政治和文化的活动时，她有好多年抛弃了数学的钻研.后来，在切比雪夫的帮助下，她在1880年恢复了数学的研究，她在俄国提出过学位考试的请求被当时的政府拒绝了.赫里辛格福尔大学教授米特达格·莱夫勒想把柯娃列夫斯卡娅聘请到这所大学做教员的尝试也没有得到结果.

柯娃列夫斯卡娅在各方面都取得了一些成就并是一位卓越的活动家.她从事过文学评论工作，为报纸撰稿，在报上发表过一些科学短文和戏剧评论.柯娃列夫斯卡娅曾经举行过一次盛大的晚会，很多著名的学者和杰出的作家都出席了这个晚会.如化学家门捷列夫、布特烈洛夫，物理学家斯托列夫，自然学家色车诺夫，数学家切比雪夫，作家屠格涅夫、妥思陀耶夫斯基以及一些科学和文化方面的代表.

1881 年在斯德哥尔摩开办了一所新的大学，莱夫勒教授担任这所大学数学教研室的领导工作. 莱夫勒教授经过非常大的努力终于说服了斯德哥尔摩的当权者，才把柯娃列夫斯卡娅聘请到这所大学里来担任副教授的职务，当时的民主报发表了一篇文章来迎接她的抵达："今天我们报道的并不是一个平常的公主……科学的公主柯娃列夫斯卡娅女士亲自来访问我们，这说明了她尊敬我们的城市. 她并且是全瑞典的第一位女副教授."

一些保守的学者和居民带着一种轻视的眼光来迎接柯娃列夫斯卡娅. 作家斯特林德别尔格指出，女数学教授是一种骇人听闻的、有伤体面的和不合适的现象. 但是，柯娃列夫斯卡娅的学识和教育才能终于使她的反对者缄口无言. 一年以后她被提升为正教授，并且，除了教数学以外，她还被委任代教力学的课程.

柯娃列夫斯卡娅在斯德哥尔摩工作期间，即从 1884 年起她对科学和文学的事业更感到了极大的兴趣. 在文学作品中表现了她的生动活泼和渊博的知识以及广泛的兴趣. 柯娃列夫斯卡娅在当时就是一位卓越的小说作家. 在斯德哥尔摩工作时，她与瑞典的女作家米特达尔·莱夫勒共同写出一本有趣味的剧本《为幸福而奋斗》. 这是在世界文学史中以数学为题材所写出的唯一作品. 这个剧本在俄国曾被公演过好多次. 除此以外，她还写了一本自传《儿童时期的回忆》，长篇小说《虚无主义者》，散文《在瑞典农民大学里的三天》，回忆录《乔治·爱里柯》以及其他的一些作品，这些作品曾经用瑞典文、俄文以及其他国家的文字出版过.

1888 年,巴黎科学院举行了一次国际征文,题目是“关于刚体绕固定点运动的问题”.在当时,这是一件能得到最高奖金的研究工作.这个问题归根结底仅决定于两种情形.这是一个最难的数学题目,当时有许多杰出的数学家试着解过,像伟大的数学家、物理学家和天文学家,圣彼得堡科学院院士欧拉和法国的数学家拉格朗日.因为当时考虑到这项研究工作的特别重要性,所以,由法国最广泛的数学家们所组成的科学委员会决定把奖金由3 000法郎增加到 5 000 法郎.柯娃列夫斯卡娅在自己的应征著作扉页上写了这么一句格言:“说你所知道的话,做你所应做的事,成为你所想做的人.”1888 年征文结果终于公布了.柯娃列夫斯卡娅就是这项研究工作的作者.1888 年 2 月 24 日,巴黎科学院讨论决定将奖金颁发给柯娃列夫斯卡娅.正如法国当时的杂志所登载的:“柯娃列夫斯卡娅是第一个越过大学门槛而领到奖金的女士.”

柯娃列夫斯卡娅当时的高兴,我们是可以理解的.关于这件事情她这样地记载下来:“从一些杰出的数学家手中所溜跑了的题目,人们称它为长发鱼尾的裸体女鬼之妖的题目(这是古代南斯拉夫之传说),它被谁所窥破和抓住了呢?……终究被索菲亚·柯娃列夫斯卡娅解决了!”

直到现在,从前被称为数学上的长发鱼尾的裸体女鬼之妖的关于能动的问题也还不是完全地被解决了,也就是说,我们没有一般的方法来研究对于任何参数值和运动方程式内函数的任何初值的运动.但是,无论怎样,今后的研究结果仍然永远与柯娃列夫斯卡娅的名字连在一起.

柯娃列夫斯卡娅定理　重刚体绕固定点运动的方程式,在一般的情形下没有一些单值的解答,这些解答包含 5 个任意常数并在整个变量的平面上除了极点之外,没有其他的奇异点.柯娃列夫斯卡娅得出一种新的情况,当物体的重心在为了定点而作的惯性椭圆的赤道上时,这个惯性椭圆体应该是一个旋转的椭圆体,并且满足下列条件:$A=B=2C$,A,B 和 C 是主要惯性能率.

当得出这样一个结论时,柯娃列夫斯卡娅就转到刚体运动在所说情况下的问题,并且完全地解决了这个问题.

为了俄国和俄国的科学,柯娃列夫斯卡娅的朋友们尽力设法使她回到祖国,但是始终没有得到口是心非、敷衍塞责的沙皇时代的科学院的批准.它说:"柯娃列夫斯卡娅女士在俄国不能得到像她在斯德哥尔摩工作所获得的那样的荣誉和那样高的报酬和地位."一直到 1889 年末,根据以切比雪夫(Лафнутий Львович Чебышев,1821—1894)为首的俄国数学家们的建议,才推选这位卓越的妇女为彼得格勒科学院通讯院士.为了这一问题,科学院不得不预先通过一个关于推选一名女通讯院士的原则性的决议.但是,只赋予了她这一光荣的称号,而没有给予她以物质的支持,因此,柯娃列夫斯卡娅的回国工作的希望终于没有实现.

当时在俄国,柯娃列夫斯卡娅找不到能适合她工作的地方.差不多她全部的科学的活动都是在国外进行的.她所有的科学著作都登载在外国的杂志上.

1874 年到 1881 年这是她生活在俄国的时期.为了了解俄国数学家们的思想,在这一时期中她很少从事数学的研究工作.但是,后来她开始对切比雪夫的著作很感兴趣,她曾经把切比雪夫的论文译成法文,在数学杂志上发表.

柯娃列夫斯卡娅在意大利度过寒假后回到斯德哥尔摩.她于 1891 年初就患了感冒,经过短期的医治,后因肺炎于同年 2 月 10 日病逝于斯德哥尔摩并埋葬在那个地方.

在举行葬礼的时候,广大的社会阶层都参加了这个集会,其中参加葬礼的有科学院的院士、大学教授和大学生.一位杰出的法律专家格瓦列夫斯基致祭词:

> “索菲亚·柯娃列夫斯卡娅!由于您渊博的科学知识,您创作的天才,您高贵的品质,不管过去和将来,将永远是您祖国的光荣.俄国所有的科学家和文学家不是白白地为您哀悼.从辽阔的帝国的各个角落里,从赫尔新格福尔和齐夫里西地方,从哈尔科夫和萨拉托夫地方都向您的陵墓送来了花圈来悼念您.命中注定了您没有机会为您的祖国工作.然而,瑞典接纳了您,您为这个国家增加了光荣,为科学上的朋友增加了光荣!尤其是为年轻的斯德哥尔摩大学增加了光荣!但是,当您由于不得已而远离祖国出外工作的时候,您始终保持了自己的民族特性,您仍然是一个诚实可靠而忠实于俄国南方的同盟者.未来是属于爱好和平的、正义的和自由的俄国.我代替她向您致最后一次的告别!”

斯德哥尔摩大学的前任校长米特达尔·莱夫勒说:“我代表斯德哥尔摩大学,代表全国数学科学研究工作者,代表所有从远方和近处来的朋友们和学生们向您作最后一次的告别,并向您致以谢意.感谢您深厚的友情和广博的智慧,您以这些来作为青年时代的精神上的粮食,我们后代的子孙,如同今天的人一样将永远会尊敬您的名字.感谢您那些珍贵的友谊的礼物,您把这些礼物赠送给了所有亲近于您的人.”

1896 年俄国高级女子训练班委员会征集了一些钱,在斯德哥尔摩给柯娃列夫斯卡娅的陵墓上立上了一块纪念碑,这块纪念碑是根据一位建筑家 H. B. 苏尔达诺夫的设计而制成的.

柯娃列夫斯卡娅得到了瑞典科学院其中一项奖金以后,接连发表过几篇科学的文章.她的著作范围是一些还没有发表过的研究,如数学、力学、物理学和天文学(关于土星环)等方面的研究.关于力学方面的研究,她已完成了卓越的数学家欧拉和拉格朗日所研究的工作.在数学方面,她完成了柯西定理,她补充和修正了拉普拉斯关于土星环的理论问题.欧拉、拉格朗日、拉普拉斯、柯西,他们都是 18 世纪末至 19 世纪初的杰出的数学家.为了补充和修正这样一些科学泰斗的工作,必须要一位有过人智慧的人,柯娃列夫斯卡娅就是这么一位有过人智慧的人.她所得到一些科学上的新成就,大学里的很多课程中都得到了陈述.

为了阐明柯娃列夫斯卡娅在科学史中占有什么样的地位,不仅要与男子比较一下,而且需要与一些搞科学的女性学者相比较一下,这样就会清楚了.柯娃列夫斯卡娅曾经亲自谈到过她的生活和人生观:我觉得,我要献身于真理——科学，并且为女性开辟一条新的道路，这就是致力于正义的事业.

因此，除了她的一些科学上和文学上的功绩之外，在为妇女获得平等地位的斗争历史中也有过柯娃列夫斯卡娅的功绩.她经常在自己的书讯中谈道：她的成败与否，这不仅与她个人有关，而且与全体妇女们的利益是息息相关的.因此，她对自己的要求是非常严格的.

在柯娃列夫斯卡娅之前，除吉尔曼以外我们在数学史上仅仅知道几个女数学家的名字.如5世纪，一位希腊女人希帕蒂娅，她以自己的博学而驰名，她研究过哲学和数学，她对数学家阿波罗尼斯和基阿万特的数学写过一些评论.她写过几部小说，又是一位语言学家.一位侯爵之妻周莎列(1706—1749)，是一位女翻译员，她曾经把牛顿的著作《原理》从拉丁文译成法文，她向法国著名的作家和哲学家伏尔泰学过历史学并教过伏尔泰数学.巴龙斯基大学的一位教授，意大利人玛丽雅·安耶吉(1718—1799)，在高等数学里的"安耶吉定律"中有她的名字，她为了意大利青年的学习而写了一本分析课程.另一位法国妇女高尔钦西娅·列波特(1723—1788)，是一位著名的计算家，她的名字被人们称为绣球化，这是从印度引用来的.

在苏联也有很多女性是数学教授，其中我们罗列出这样一些杰出的教授，如维拉·约瑟夫娜·亚芙(卒于1918年)，娜杰施达·尼里拉也夫娜·耿尔特(1876—1943)，叶卡特利娜·阿列克塞也夫娜·娜雷西基娜(1895—1940)，柯娃列夫斯卡娅的朋友叶里查维特·费多洛夫娜·李特维诺娃(1845—1918)，以及现今很多还活着的数学家.同时不能不同意苏联科学院院士、物理数学科学博士别拉格依·雅可夫列夫诺依·博陆巴尔诺夫·可奇的意见,柯娃列夫斯卡娅以自己的天才和所得到的成就胜过了许多男性.

3 美神没有光顾她的摇篮——近世代数之母诺特

如果说吉尔曼和柯娃列夫斯卡娅的工作还属于古典数学的范畴,那么可以说第一位对近代数学有所贡献的女数学家当推德国数学家诺特(Amalie Emmy Noether,1882—1935).

在美国布林·莫尔(Bryn Mawr)女校友公告中有一段说明:"如果上文不是著名德国数学家外尔(Hermann Weyl,1885—1955)博士亲笔所写,那也是在他的鼓励下写成的.爱因斯坦(Albert Einstein)先生根本没有见过诺特女士."所谓"上文",就是爱因斯坦于1935年5月3日在《纽约时报》上发表的文章,内容如下:

> "人类的大多数正为他们的日常生计而奋斗;那些或是由于幸运,或是由于特殊的天赋而能免于这类奋斗的人,他们之中的大多数主要被吸引去进一步改善他们的物质生活.在人们积累物质财富的种种努力背后,总是隐藏着一种幻觉,以为那就是最具体、最值得追求的目标;幸好这里还有少数人,他们在年轻的时候就认清了人类所能体验到的最美的和最令人满足

的事并非来自外部世界，而是和自己的感情、思维和行为息息相关的．这些个人的生活并不为他人所注目．然而，他们奋斗得来的果实却是一代人所能给予子孙后代的最有价值的财富．

“就在前几天，一位杰出的数学家埃米·诺特教授去世了，享年 53 岁．她以前在哥廷根大学，近两年在布林莫尔学院工作．根据现在的权威数学家们判断，诺特女士是自妇女开始受到高等教育以来最富于创造性的数学天才．在最有天赋的数学家们为之忙碌了若干世纪的代数领域里，她发现了一套方法，当前一代年轻数学家的成长已证明了这套方法的巨大意义．按照这种方法，纯粹数学就是一首逻辑概念的诗篇．人们寻找最一般的运算概念，它将给尽可能大的涉及形式关系的领域以一个简单的、逻辑的和统一的形式．在努力达到这种逻辑美的过程中，你会发现精神的法则对于更深入地了解自然规律是必需的．

“埃米·诺特出生在一个以喜好钻研学问著称的犹太家庭，尽管有哥廷根伟大的数学家希尔伯特为她出力，她却始终没能在自己的国家里获得科学上的地位．但在哥廷根，仍然有一群学生和研究者跟随她开展工作，她确实已经成为著名的教师和研究者．德国的新统治者对经年累月所从事的不谋私利和意义重大的工作所给予的报答，就是将她解雇，这使她丧失了维持简朴生计的手段和从事数学研究的机会．美国科学界有远见的朋友们有幸能为她在布林莫尔学院和普林斯顿安排了工作，这不仅使她生前在美国找到了珍惜她的友谊的同事，而且有了一批令人欣慰的学生，他们的热情使她在生命的最后几年过得最为愉快，也许还使她获得了一生中最丰硕的成果．”

1809 年，德国巴登省发布的宽恕令中，提到一个名叫塞缪尔（Elias Samuel）的人．他是一个犹太家庭的户主，当局要求他和他的五个孩子更改姓名．于是，他选了诺特（Nöther）作姓，并把一个儿子赫茨（Hertz）改名为赫尔曼（Hermann）．赫尔曼 18 岁那年离开家乡，前往曼海姆（Mannheim）学习神学．然而在 1837 年，他跟他的哥哥约瑟夫（Joseph）一起开办了一所铁器批发商号．这个买卖一直经营了近一个世纪，最后被反犹太势力所逼迫而倒闭．

赫尔曼和阿玛莉亚・诺特（Amalia Nöther）一共生了五个子女．1844 年出生的老三叫马克斯．他 14 岁那年患小儿麻痹症，给他留下了终身的轻度残疾．但他后来却成了一位伟大的数学家．1875 年，他到爱尔兰根大学任教授，一直工作到 1921 年去世．1880 年，马克斯和艾达・阿玛莉亚・考夫曼（Ida Amalia Kaufmann）结婚．虽然他们在结婚证上用的姓是 Nöther，但马克斯和他所有的孩子都改用 Noether 作姓．

埃米・诺特，1882 年 3 月 23 日生于德国南部城市爱尔兰根（Erlangen）．她是马克斯和艾达・诺特（Ida Noether）的第一个孩子．不久，她就有了弟弟．阿伯特（Albert）生于 1883 年，弗瑞兹（Fritz）生于 1884 年，还有一个弟弟降生于 1889 年．这一家子租了

Nürnberger 大街 30—32 号公寓大楼第一层里的一个大套间. 公寓里另一个长年居住的房客是威德曼(Eilhard Wiedemann)教授,人们记得他是一位物理学家,还是个伊斯兰人. 诺特家在那里大约一直住了 45 年.

小时候,埃米的眼睛就高度近视,长相也极平常,没有任何出众之处. 老师和同学记得她喜欢学习语言,对所教授的犹太宗教一点也不感兴趣. 像其他女孩子一样,她修学钢琴课和舞蹈课,但也并不喜好它们.

离开她念的高中——爱尔兰根市立高级女子学校 3 年之后,埃米参加了为到中学去当法语和英语教师的考试. 这场考试于 1900 年 4 月在安斯巴希(Ansbach)举行. 不过,她刚刚通过考试而获得当语言教师的资格,却又对上大学产生了兴趣.

1900 年冬季,诺特进入爱尔兰根大学. 在近千名学生中,只有两名女性,她就是其中之一. 但按照规定,女学生不能像男学生那样在校注册,她们只有在一门课的主讲教授的同意下,才能参加该课的考试以取得学分,而她们往往得不到这份同意. 不过,不论有没有通过按常规必修的课程,女学生最后可以参加为取得大学文凭而设的考试.

在爱尔兰根大学,早期教埃米的教授中有一位历史学家,和一位罗曼斯语[①]教授. 1900 年至 1902 年间,埃米必须去攻读数学而不是语言,因为她应利用那段时间为最后的毕业考试做准备. 1903 年 7 月,她通过了大考.

---

① 罗曼斯语(Romance):拉丁系语言,包括由拉丁语演变而成的法语、意大利语、西班牙语、葡萄牙语等.

1903 年冬，埃米到哥廷根大学听讲. 她在那里听了像赫尔曼·闵可夫斯基、菲克思·克莱茵和大卫·希尔伯特那样一些杰出数学家们讲的课. 可是，她在那里只待了一学期就回到爱尔兰根，因为这时候可以准许女性像男性一样在校上学，女性也能以过去只适用于男性的方式参加考试了.

1904 年 10 月，诺特正式注册进入爱尔兰根大学学习. 作为哲学系二部的一名成员，她仅仅攻读数学. 1907 年 12 月 13 日，她通过了博士口试；1908 年 7 月，她的文凭号列进爱尔兰根大学的档案，号码是 202.

关于指导诺特完成学位论文的教授哥尔丹，大数学家外尔在他的纪念演说中是这样讲的：

> “在爱尔兰根，跟马克斯·诺特并肩工作的数学家是哥尔丹，他像诺特本人一样也是克莱伯斯(Clebsch)学派的门徒. 不久前(1874 年)，哥尔丹来到爱尔兰根，他在这所大学一直工作到 1912 年亡故. 1907 年，埃米由他指导完成了博士论文“三元双二次型不变量的完全系”，这篇论文完全体现了埃米的精神，并追随了他所研究的问题.《数学年鉴》(*Mathematische Annalen*)中有一篇追悼哥尔丹的详细讣告以及分析他的工作的文章，那是马克斯·诺特在埃米的协助下起草的. 在埃米早年的生活中，除了她的父亲，哥尔丹肯定是她最熟悉的人当中关系最密切的一位，起初是因为哥尔丹是他们家的朋友，后来当然还因为哥尔丹是一位数学家. 虽然她自己的数学志趣很快转向了完全不同的方

> 向,但她对哥尔丹一直怀着深深的敬意.我记得,她在哥廷根的书房里挂着他的肖像.她的父亲和哥尔丹这两个人对她的成长起了决定性的作用;这个父女科学家族——女儿无疑是父亲的代数方面的继承人,但跟父亲又有不同,她有自己的基本概念和问题,她干得十分出色,令人满意.这位父亲——我们从他的文章,甚至从他为《数学年鉴》写的许多篇讣告性传记中获得这样的印象——聪明、睿智、为人热心豁达,他的兴趣广泛并受过最好的教育."

哥尔丹是另一种类型的人:脾气古怪、容易冲动、兴趣偏一.他极喜好散步和谈话——散步时,他喜欢不时到一片露天啤酒店或者咖啡馆里去坐坐.要是有朋友在旁相伴,他会挥舞胳膊,打着手势在那里高谈阔论,毫不理会周围的环境;要是独自一人,他便会自言自语地在那里深思数学问题;在闲暇无聊时,他的脑子里就会作起冗长的计算.在他身上,还保留着某些1848年不朽"青年"的味道——睡衣、啤酒和烟草,加上强烈的幽默感和智慧的激发.当他不得不在课堂或会议上听别人讲话时,总是处在半睡眠状态.作为数学家,他不是诺特那一类型的,本质上说他应属于另外一类.老诺特用短短一句话概括了他的特征:"他是一个算法家."他的力量在于发明了形式化方法及其计算技巧,他写的一些文章居然接连20页全是公式,中间没有一处文字;据说他的文章中的文字都是朋友们给添上去的,他自己只写公式.诺特这样评论他:"他完全靠公式来形成他的想法、他的结论和他的表达方式……

讲课时，他小心地避开任何概念性的基本定义，甚至包括极限的定义.”

埃米·诺特居然从像哥尔丹那样的形式主义者数学家那里出师，从而走上她的数学轨道，这一点已足以让人奇怪了；但最最令人无法思议的是她的第一篇文章——博士论文和她的成熟作品之间的悬殊差异，前者是形式化演算的一个极端的例子，后者却是数学中概念公理化思维的壮观之极的例证. 她那篇博士论文以一张表格做结尾，它写出了一个给定的三元二次型的不变式完全系，其中包括 331 个用符号表示的不变式，这真是件让人望而生畏的工作；但是在今天，我想我们恐怕会把它归入那样一类成果，哥尔丹本人在别人问起不变量理论的用处时曾说出了对这类成果的评价：“呀！它确实非常有用，你可以写出许多关于它的论文.”

1916 年埃米·诺特离开爱尔兰根前往哥廷根大学. 那时，希尔伯特正在从事广义相对论的研究. 由于埃米·诺特通晓不变量理论，因此受到了特别的欢迎.

外尔把她对相对论中两个重要的方面做出的主要贡献视为一种“纯粹和普遍的数学表述. 第一，利用‘正规坐标’将微分不变式的问题划归为纯粹的代数问题；第二，就一个变分问题的各种欧拉方程而言，当(多重)积分在包含任意函数的变换群下保持不变时，这些方程的左端也保持恒同(这种恒同性相当于任意变换 4 维时空坐标时，能量和动量守恒定理所示之不变性).”

有人在调查埃米·诺特的材料时，听说“年轻的物理学家们正在使用她的理论”. 后来，人们叫外尔去请教威格纳教授——1963 年的诺贝尔物理学奖获得者.

他写道:“我们物理学家只是口头上说说埃米·诺特的伟大成就,但并没有真的去用她的工作.在物理学方面,她的最常被人引证的贡献是在克莱茵的建议下做出的.内容是有关物理学的守恒定律.她导出这条定律所用的方法,在当时的确很新颖,是应更多地引起物理学家的注意,但事实却不然.纵然我们许多对数学兼有兴趣的人,曾读过不少她的著作和有关她的材料,但对大多数物理学家而言,她几乎是个陌生人.”

西那库斯(Syracuse)大学的彼得·伯格曼(Peter G. Bergmann)教授有一段话评论诺特对物理学的影响:所谓的诺特定理,乃是相对论,以及基本粒子物理学的某些方面的基石之一.简而言之,其思想就是:对于自然规律(或人们设计出的理论)的每一种不变性或对称性,都存在相应的守恒律,反之亦然.因此,如果知道一种物理量满足一条守恒律(在量子物理学中称这样的物理量为“佳量子数”),理论家就试图去建造一个具有适当对称性质的理论;相反,如果知道一个理论具有某些对称性质,那么,单凭这一事实就限定了动力方程的某些积分的存在性.

广义相对论具有广义协变性,根据这一原理,自然法则在任意曲线坐标变换下(它满足起码的连续、可微条件)保持不变.特别地依照诺特定理(不管是否这样明确地称呼它)对各种结果进行的讨论,必将把有关可称运动定律的全部工作都包罗无遗.戈尔茨坦的教科书《经典力学》(*Classical Mechanics*)就讨论了诺特定理,但没用诺特的名字称呼它(也没用别的名字).安德森(J. L. Anderson)的《相对论物理原理》(*Principles of Relativity Physics*, Academic Press, 1967)一书,明确地提到了诺特定理.

然而,诺特也遇到了所有女数学家所遇到的不公平待遇.

想在哥廷根为诺特博士争取任何有工资的职位,那跟在爱尔兰根一样是件难事. 哥廷根哲学教授会的语言学家和历史学家反对希尔伯特为了埃米的利益所做的努力. 有一次,希尔伯特在大学评议会上公开表态:"我无法想象候选人的性别竟成了反对她升任讲师的理由. 别忘了,我们这里是大学而不是洗澡堂."最后,到了 1919 年,她终于晋升为讲师;3 年后,她成了一名"并非雇员的特殊教授"("Nichtbeamteter Ausserordentlicher Professor"),有了这种头衔,她还是领不到工资. 不久,因为她教代数课,学校才付给她一小笔薪金.

外尔描写过诺特的政治生活,他饶有兴趣地介绍了第二次世界大战前德国的状况:

> 在 1918 年革命后的混乱年代,她没有超脱于政治动乱,多少站在了社会民主党一边;她虽然没有实地参加党的活动,但是热情地参与了对当时政治和社会问题的讨论. 她的首批学生中有一个叫赫尔曼(Grete Hermann),是哥廷根的尼尔森(Nelson)哲学政治圈子里的人物. 在今天,很难想象当时的德国青年对一个新的开端怀有多么高的兴致,他们试图在理智、人道和正义的基础上去建立德国、欧洲和一般的社会. 哎! 科学界的青年的情绪真是一日三变;而在其后几年震荡德国的争斗中,内战此起彼伏,

我们发现他们中的大部分人站到了反动的国家主义势力一边,共和制德国终于感受到了胜利者打来的拳头,它的分量绝不比帝制德国可能受到的轻;特别是那些年轻人,被实施严厉的和平条约所招致的民族耻辱激怒了.这样一来,就丧失了实现欧洲和平的良机,却播下了灾难的种子——我们都亲眼看见这场灾难的进程.在以后的岁月中埃米·诺特没有参与政治事务.然而,她一直是个笃信的和平主义者,她认为持这种立场是十分重要和严肃的事.

苏联数学家亚历山大洛夫于1935年在莫斯科数学会的演说,论及了埃米·诺特从1919年至1923年的数学研究活动,以及她对数学界的影响:

1919年至1920年间,埃米·诺特开始走上她的完全独特的数学研究道路.她本人把她和史密德(V. Schmeidler)合写的著名论文(见"Mathematische Zeilschrift"Vol. 8,1920)看作这一最重要的研究时期的起点,它拉开了她的一般理想论的序幕,正戏则以1921年的经典性论文"环中的理想论"("Idealtheorie in Ringbereiche")开场.亚历山大洛夫认为,埃米·诺特在这里做出的全部工作正是一般理想论的基础,与此有关的所有研究对整个数学已经产生并将继续产生最巨大的影响…….如果说当今数学的发展无疑是在代数的庇护下进行的,那么,所有这一切只有在埃米·诺特的工作之后

> 才成为可能. 她教我们用最简单的(因此也是最一般的)专门术语去思考:同态表示,算子群或环,理想,而不是去做复杂的代数计算;由此,她开辟了发现代数规则的路径;过去,复杂的特殊条件使得这些规则隐匿不露.

只要看一看庞德里雅金在连续群理论方面的工作,柯尔莫哥洛夫在局部紧空间的组合拓扑方面刚刚完成的研究以及范·德·瓦尔登在连续表示论方面的工作,就足以感受到诺特的思想影响,更不必说范·德·瓦尔登在代数几何方面研究了. 这种影响也生动清晰地反映在外尔写的《群论和量子力学》(*Gruppentheorie and Quantenmechanik*)一书中.

尽管她在一生中的各个研究时期获得过各式各样具体的和构造性的数学成果,但无须怀疑,她的主要精力、主要才能是用在研究一般的、带有相当程序公理化色彩的数学概念上的. 更加详细地分析她在这方面的研究颇合时宜,特别是因为,涉及一般和特殊,抽象和具体,公理和构造的诸多问题,似乎成了当前数学实践中面临的最实际的问题之一. 下述事实又使整个问题的重要性更为突显:一方面,无须怀疑,数学杂志登载了数量庞大,又包罗万象的各种推广性的、公理的和大同小异的文章,它们常缺少具体的数学内容;另一方面,到处可以听到这种声明——唯有"经典"的东西才是真正的数学. 在后一口号影响下,人们对一些重要的数学问题不予受理,其理由仅仅是因为它跟传统的这一种或那一种思想相对立,或者仅仅由于它们使用了几十年前并不流行的概念……外尔也在已引述过的悼词中提出了这个带有普遍性的问题. 他就这个问题所阐明的观点深入到了事物的本质，我们必须全文加以引证：

> "1931 年，我在一次关于拓扑和抽象代数——这是认识数学的两条途径——的会议上说了这样的话：
>
> '然而，我不应该对下述事实保持沉默：今天，有一种感觉正开始在数学家中间扩散，即那些多产的抽象方法正接近其能量荡尽的地步. 事情是这样的：所有这些漂亮的一般性概念不是自己从天上掉下来的. 可以说，那些确定的具体问题首先是在未被割裂的情况下作为一个复杂事物而单用蛮力加以征服的. 只是在后来，公理学家们才走出来，并且声明：你不必花费那么大的力气破门而入，甚而还擦伤了双手. 你应该制造如此这般的一把精妙的钥匙，用它能非常顺当地打开这道门. 然而，他们之所以能造出这把钥匙，恰是由于在破门之后，他们能里里外外地研究这个锁的缘故. 在你能进行一般化、系统化和公理化工作之前，必须先有数学的实质内容. 我认为，近几十年间我们一直把自己训练来将它们形式化的那些数学的实质内容，已经逐渐耗竭了. 因此，我预言，目前成长起来的一代人将面临数学上的艰难时期.'"

外尔继续说：

“埃米·诺特坚决反对这种看法；的确，她能够清楚地表明这样的事实，她用公理方法已经开发出新的、具体的和深刻的问题，她还指明了解决它们的方法.”

这段引文有许多值得注意之处：当然，首先是如下无可置疑的观点，即攫获具体的（或更愿意用“朴素的”这个词）数学素材必须先于它的任何一种公理化研究；进而，公理化的讨论仅仅当它接触到真正的数学知识（即外尔所说的“数学的实质内容”）时才有意义，它不应该只有——粗略地说——一座风磨.所有这些看法都不容怀疑的，但这跟外尔坚决主张的观点并非水火不相容.他的的确确坚决反对那种悲观主义，即外尔本人引证他在 1931 年演说中的最后几句话：“人类的知识，包括数学知识，其中的实质性内容是取之不竭的，至少在即将来临的漫长岁月里会如此.”埃米·诺特坚信这一点.“近几十年间的那些带实质性的东西”正在自我耗尽，但这不是一般而论的数学的实质性内容，后者通过千百条复杂的渠道跟现实世界和人类联系.埃米·诺特强烈地感觉到了每一个重要的数学体系——即使是最最抽象的，都具有跟现实的这种联系.她的这种感觉即使不是来自哲学的考虑，也是来自一个博学的、活生生的，绝非被束缚在抽象框架上的人的全部气质.对埃米·诺特而言，数学永远是研究世界的一门知识而不是一种符号游戏；当直接与应用有关的那些数学领域的代表，想要为有实际应用的知识争得特殊荣誉时，她就劲头十足地表示反对.

在 1924～1925 年间，埃米·诺特学派得到了它的最卓越的成员之一：阿姆斯特丹(Amsterdam)大学的毕业生范·德·瓦尔登(B. L. van der Waerden)，他成了她的学生. 那时他 22 岁，是欧洲最年轻的数学天才之一. 范·德·瓦尔登很快掌握了埃米·诺特的理论，并以重要的新发现扩展了这些理论；没有一个人能像他那样推进她的思想. 1927 年范·德·瓦尔登在哥廷根极其成功地讲授了一般理想论的课程. 经范·德·瓦尔登精辟透彻的解释，埃米·诺特的思想先是在哥廷根，其后在欧洲其他领头的数学中心征服了公众的数学观点. 埃米·诺特要有一个人来普及她的思想，这不是偶有所需的事，因为她班上的学生人数很少，只有这些人在她自己的研究方向上工作并经常听她的课. 在局外人眼里，埃米·诺特的讲课是乏味、匆忙和不连贯的；但是，她的课确实充满着极其深刻的数学思想和非同一般的生气和热情. 她向数学会作的报告以及在会议上的演说也同属这一类型. 对于那些已经被她的思想所征服并对她的工作兴趣盎然的数学家来说，她的报告提供了丰富的内容；但那些远离她的工作的数学家却只有克服巨大的困难才能弄懂她的讲演.

从 1927 年起，诺特的思想对当时数学的影响不断增长，随之而来的是对这位新思想创造者的学术上的赞誉. 此时，她的研究方向更多地转向了非交换领域，转向了表示论和超复系的一般算术理论. 在她后期的研究中有两件带基础性的成果："超复系和表示论"("Hyperkomplexe Grossen und Darstellungstheorie"，1929)和"非交换代数"("Nichtcommutative Algebra"，1933). 它们都发表在 Mathematische Leitschrift(vols. 30 和 37)上. 这两篇文章以及与此相关的研究工作在代数数论专家中引起了相当大的反响，尤其是汉斯(Helmut Hasse).在这个研究时期，她有一整批开始成为数学家的年轻学生威特(Witt)、菲庭(Fitting)和其他人，最杰出者当属德林(M. Deuring).

诺特的思想终于得到了公认.如果说在 1923～1925 年间，她还不得不论述由她发展起来的那套理论的重要性，那么，在 1932 年的苏黎世国际数学会议上，她已荣获了胜利者的桂冠.她在这次集会上宣读的工作总结象征了以她为代表的研究方向的真正的成功.此时此刻，她不仅能怀着内心的满足，还能在感受到获得外界完全承认的心情下，回眸她走过的数学研究道路.她的国际科学声誉在苏黎世会议上达到了顶峰.可是，几个月之后，德国的文明，尤其是成了她的家的哥廷根大学突然蒙受了法西斯的浩劫.没过几个星期，耗时几十年之久而建设起来的一切都化为了乌有.文艺复兴以来人类文明经历的最大悲剧发生了.20 世纪的欧洲居然会遭此悲剧，这在几年前看来还是不可能的.大批人在这场浩劫中遭难，由埃米·诺特创建的哥廷根代数学派就在其列，它的女指导被逐出了大学校园.埃米·诺特丧失了教书的权力，不得不迁出德国.她接受了布林·莫尔女子学院的邀请，在那里度过了她的后半生.

如果说上面引述的是亚历山大洛夫演说的主线，演说的另一部分就是描写埃米·诺特对苏联数学的影响，以及她对苏维埃理想的关怀：

“埃米·诺特跟莫斯科大学有密切的联系.这种联系始于 1923 年，那时她和已故的乌利松

(Pavel Samuelovitch Urysohn)一起首次来到了哥廷根,我们立即发现自己加进了以埃米·诺特为首领的数学圈子.埃米·诺特学派的基本特征即刻打动了我们的心:学派女指导从事科学研究的热情——它传给了她所有的学生;她对自己的思想所结出的数学硕果及其重要性的深刻信念(当时,并非所有的人都抱有这种信念,即使在哥廷根,学派首领和成员之间的特别坦率和真诚的关系).在那时,这一学派几乎完全由哥廷根的年轻学生组成,由于它成员的状况,由于它得到公认的国际影响,这一学派的前途无量,它将成为国际间研究代数思想的杰出中心.

"埃米·诺特的数学兴趣(当时,她正将全力集中于一般理想论的研究)和乌利松跟亚历山大洛夫的兴趣(集中于所谓的抽象拓扑问题)有许多共同点,这很快促成了我们之间不断的(几乎是每日的)数学讨论.然而埃米·诺特不仅对我们的拓扑研究感兴趣,而且对苏维埃俄国在所有数学领域内进行的工作都感兴趣;她并不隐晦对我们的国家、社会和政治制度的同情,而不管表露这种同情在大多数西欧科学界的代表人物眼里似乎是荒谬和不适当的.事情还发展到这种地步:埃米·诺特确确实实被撵出了哥廷根的一所公寓(她在那里居住和生活),因为住在这里的学生团体不想跟一个"倾向马克思主义的犹太女人"生活在同一屋檐下.

"埃米·诺特真心为苏维埃国家的科学成

就，尤其是数学成就而高兴.她知道，这些成就最终驳倒了大意是“布尔什维克正在毁灭文化”的无稽之谈.这位数学科学中最抽象领域的代言人，在敏锐地理解我们时代的伟大历史运动方面也同样表现出惊人的特色.她一直热切地关心着政治，全身心地憎恨战争，憎恶一切形式的沙文主义，在这些方面她绝没有半点踌躇和犹豫.她的同情心永远在苏联一边，她从这里看到了人类历史新纪元的起点，看到了对一切进步事业的坚定支持，而正是由于这类事业，人类的思想才得以从古至今永世长存.

“埃米·诺特和亚历山大洛夫于 1923 年建立起来的在科学和私人方面的友谊，不曾随着她的去世而了结.外尔在悼念演说中回顾这一友谊时，提出了一种想法，埃米·诺特的总的思想体系对他的拓扑研究产生了影响.亚历山大洛夫现在乐于证实外尔的推测确是真理：埃米·诺特对我自己以及对莫斯科的其他拓扑学研究的影响非常巨大，它涉及我们工作的全部实质，特别是我的关于拓扑空间的连续倒塌理论(the theory of the continuous breakdown of topological spaces).1925 年 12 月和 1926 年 1 月，我们都在荷兰，我跟她交谈了多次，在她的影响下，终使这个理论发展到了具有重要意义的程度.

“1928～1929 年的那个冬季，埃米·诺特是在莫斯科度过的，她在莫斯科大学教抽象代数，并在共产主义者学院指导一个代数几何讨论班.她很快就和大多数莫斯科的数学家有了交往,特别是和庞德里雅金以及施密特(O. U. Schmidt)两位.我们不难循踪发现埃米·诺特对庞德里雅金的数学才能的影响,由于跟埃米·诺特的往来,使他在研究时加强了对代数的强烈注意.埃米·诺特很容易就适应了莫斯科的生活,无论在科学研究方面还是非职业生活方面都如此.她住在靠近克里米亚桥的 KSU 招待所,房间很朴素,通常步行去大学.她对苏联的生活,尤其是苏维埃青年和学生的生活十分感兴趣.

"在跨越 1928～1929 年的冬季,我像往常一样去访问斯莫伦斯克(Smolensk),给那里的师范学院讲代数.由于跟埃米·诺特频繁地交谈所受到的启示,我就按照她建立起来的系统讲课.在我的学生中间,库洛什(A. G. Kurosh)很快崭露了头角,我详细阐述的理论跟埃米·诺特的思想完全融汇在一起,使他产生了强烈的共鸣.通过我讲课的方式,埃米·诺特又获得了一名门徒.大家知道,从那时起库洛什就成长为一个有独立见解的学者;在近期的研究中,他又推进了她创建的主要思想.

"1926 年春,她离开莫斯科返回哥廷根,她决心在不久的将来再次访问莫斯科.她有好多次几乎成行,在临终那年,她更极度渴望进行这次访问.当她从德国流亡后,她曾严肃地考虑过最终要前来莫斯科旅行.亚历山大洛夫跟她就这件事互通过信件.她清楚地懂得,她找不到一个地方能有办法创立一个新的光辉的数学学派，以代替她在哥廷根建起的学派. 那时跟人民教育委员会谈过，商讨任命她到莫斯科大学任教. 然而，在人民委员会里作决定通常是很慢的，他们没有给我最后的答复. 光阴流逝，她在哥廷根担任的那处报酬很低的工作被剥夺之后，她再也不能等待了，不得不接受了女子学院的邀请……

“这就是埃米·诺特，一位最伟大的数学家，一位伟大的科学家，一位无与伦比的教师，一位使人无法忘怀的人. 的确，外尔说过“美神没有光顾她的摇篮”，如果你心里想到的是通常所指的她那粗笨的外表，那他说得不错. 但是，外尔在这里讲的不仅是位伟大的学者，而且还是位伟大的女性. 她是这样的一个人——她的女性特质表现在温柔和具有一种精妙的激情的方面，她对于人民、对于她的职业、对于全人类的利益有着广泛而又决非浅薄的关心. 她热爱人民、热爱科学、热爱生活；爱的是那样热烈、那样衷心、那样无私、那样敦厚——一个非常敏觉的，又是女性的灵魂所能具有的一切.”

格雷斯·肖夫(Grace Shover)、奎因都是埃米·诺特在布林·莫尔的合作者，现任美国大学教授. 1934年9月格雷斯·肖夫被授予从事博士后研究的埃米·诺特奖学金，从此跟埃米·诺特相熟.

奎因教授回忆说：“埃米·诺特身高大约5尺4寸，体形略显粗胖，肤色黝黑，剪得短短的黑色头发中夹着几丝灰发.她戴着一副厚厚的度数很高的近视镜.谈话中需加思索时,她会把头转向一边窥视远方.她的外表穿着与众不同,她像在故意引起人们的注意,其实这跟她的思想是风马牛不相及的.她待人真诚、坦率、和蔼可亲,又能体贴别人,乐于为他人着想.她喜爱散步.星期六下午,她常带着学生外出作短途远足.途中,她往往全神贯注地谈论着数学,全然不顾来往的行人车辆,以致她的学生必须来保护她的安全."

布林·莫尔学院数学系主任惠勒(Anna Pell Wheeler)现已故去.埃米·诺特1910年获得芝加哥大学的博士学位前,曾去哥廷根学了几年,那时惠勒教授就成了埃米·诺特非常亲密的朋友.麦基夫人描写过她们之间的友情:"她到美国之后,生活中最具特色的就是跟数学系主任的亲密友谊.在当时的德国,认为女性在日常生活中的作用是操持家务,既不期望也不鼓励她们从事科学研究.因此,能有一位受到全体国民承认的,早年曾在哥廷根学习过的,又充分了解女学者在德国所受遭遇的女性当自己的朋友,这对埃米·诺特女士来说是多么不平凡的经历……,当许多诺特女士过去的学生和同事顺道到布林·莫尔学院看望她时,她总以'好朋友'热情相待."

一位数学家说过,有史以来的女数学家比历史上的女王还少,真是如此,物以稀为贵,我们愿意再介绍几位女数学家让大家熟悉,首先介绍意大利女数学家阿格妮丝(Maria Gaetana Agnesie,1718—1794).1718年5月16日出生于米兰市.父亲是意大利北部的波伦那大学教授.在父亲的指导下,她学习了数学、古代语和东方语.1750年她在意大利北部的波伦那大学教数学. 1794 年 8 月 4 日逝世. 1748 年阿格妮丝发表了《解析的直观原理》一书，在意大利国内外赢得了声誉. 她在书中证明了任何一个三次方程都有三个根. 后人为了纪念她，把由方程式 $y(x^2+a^2)=a^3$ 所表示的平面曲线称为“阿格妮丝卷发”.

另一位早期的女数学家是萨默维尔. 在 18 至 19 世纪期间，英国的数学一直是处于低潮的. 19 世纪初，促使英国数学复兴的主要人物之一是一位妇女玛丽·萨默维尔，她生于 1780 年. 玛丽·萨默维尔并不像后来英国数学家(包括凯利、西尔维斯特、布尔)那样真正有创造性，实际上，她最著名的贡献是在天文学和地理学方面. 但是，她在促进智力活动方面(包括数学)起到一种催化剂的作用.

在那时，妇女进入正规学校的机会是受限制的，从事于科学职业的机会就更少了. 她父亲试图使她专注于家务，她的第一个丈夫也是如此. 但是，她喜欢研究自然，而且被一种流行杂志所刊登的一些代数问题所吸引. 她在麦史密斯学院通过绘画课程来介绍欧几里得几何学. 这个教师说：“研究欧几里得几何学对于理解透视法是必不可少的.”玛丽得到一本欧几里得几何学书，可是那时她父亲采取了一种戏剧性的行为，他把玛丽晚上学习几何学的那个房间里所有的蜡烛都拿走了.

没有关于她的第一个丈夫拿走她的蜡烛的任何记载，但是他肯定没有鼓励她. 他死后，玛丽就与萨默维尔博士结婚，他是一个富有同情心的第一流学者. 他们的家庭在伦敦成为英国和欧洲大陆的许多著名知识分子(包括拉普拉斯、摩奇逊和巴贝奇)集会的地方. 应知识普及学会的请求,萨默维尔夫人为很少或者几乎没有数学知识的外行写了一部拉普拉斯的《天体力学》的译述注释本.

当时对“外行”的解释与今天的说法可能有些不同,但是按照那个时代的标准,玛丽·萨默维尔的《天体的结构》一书是非常成功的,正如她在1834年出版的《物理科学的联系》一书以及后来的许多版本所取得的成功一样.剑桥大学的J.C.亚当斯说到《物理科学的联系》一书的1842年版本中的一句话时指出:天王星的摄动可能揭示出未被发现的行星的存在,而且启发他去做他推导出海王星运行轨道所根据的那种计算.

一个评论家评论《物理科学的联系》说:“它是用简单明了的语言写成的,在风格上它肯定会引起初学者的兴趣,当时大多数著名的科学家还把它当作有充分权威的著作来参考.”

玛丽·萨默维尔的《自然地理》是英国在该领域的第一本综合性著作,它使玛丽在欧洲和美国博得盛名.这种承认的某些表现形式是值得注意的.因为她的观点与当时的神学抵触,所以,她在约克大教堂被劝诫.北极探险者E.帕利爵士回到英国时告诉玛丽,他已经把一个小岛命名为“萨默维尔岛”.她被选为法国、意大利和美国一些学会的会员,可是由于她是一个女性而在自己的国家内却被排斥在学会之外.后来,她的同胞改变了态度,她获得了荣誉包括牛津的一所女子学院是以她的名字命名的.

虽说历史上的女数学家比历史上的女王还少,但不太重要的女数学家倒是有一些.著名数学家哈尔莫斯在回忆他当年在伊利诺伊读研究生时说:"当时代数是奥利芙·黑兹利特(Olive Hazlett)教的,照他们的看法,黑兹利特是一位著名的重要的女数学家,因为她发表论文,她教高等课程."

在现代女数学家中比较著名的是鲁宾逊(Julia Bowman Robinson, 1919—1985),美国女数学家.生于密苏里州的圣路易斯,卒于奥克兰.1940 年取得加州大学伯克利分校的学士学位,后在该校连获硕士和博士学位.1976 年在伯克利进行数学研究工作,并在数学系担任教授.同年成为美国科学院院士,在整个科学院中是数学方面唯一的女性,1983 年成为美国数学会的第一任女会长.鲁宾逊是当代杰出的女数学家,主要数学成就是对解决希尔伯特第 10 问题做出了重要贡献.第 10 问题是丢番图方程可解性的判定.1959 年她与戴维斯(M. Davis,1795—1851)和普特南(H. Putnam)证明了一个辅助定理,对第 10 问题做出突破性的工作.她献身于数理逻辑的研究,为支持哥德尔的《全集》的出版,捐赠了一笔款项.她还在博弈论方面做出了贡献.

在中国女数学家中,最著名的当推胡和生教授.胡和生教授是我国著名数学家谷超豪的夫人,1992 年成为中国科学院学部委员,是获此荣誉的第一位女数学家.她在射影微分几何、黎曼空间完全运动群、规范场、调和映照等方面均成效卓著.她与谷超豪均毕业于浙江大学,又同为苏步青先生的研究生.近年来她还在经典规范场理论的研究中取得重大成果,获 1982 年国家自然科学三等奖.

在华人女数学家中,我们还应该提到一位台湾的女数学家,她就是曾在1986年国际数学家大会上被邀请做大会报告的张圣容女士,她也是获此殊荣的中华妇女第一人.作为国际知名的函数论专家,她现在受聘为美国加州大学洛杉矶分校数学系教授.

当今国际上,女数学家受到了越来越多的重视.

1996年5月29日至30日在俄罗斯的Volgograd举行了国际妇女数学家大会的数学、模拟、生态学会议.

迪克森论费马大定理[①]

第 9 章

数论史专家，杨武之教授的导师迪克森(Dickson)教授曾专门对费马大定理的历史作过论述：

对于当 $n=3,4$ 时 $x^n+y^n=z^n$ 不可能成立的证明可参见前文.

希伯鲁斯(Leo Hebreus)[②]或热尔松(Leviben Gerson，1288—1344)证明了：如果 $m>2$，那么 $3^m\pm 1\neq 2^n$. 他是通过显示 $3^m\pm 1$ 有素数因数来证明的. 这一问题是由菲利普·冯·维特里(PhilippvonVitry)向他提出的，当时

① H. S. Vandiver read critically the proof—sheets of this chapter and believes that the reports are accurate. Both he and the author compared the reports with the original papers when a vailable.

② Cf. J. Carlebach, Diss. Heidelberg, Berlin, 1909, 62-4.

它的形式如下:2 和 3 的所有次幂相差大于 1,除了 1 和 2,2 和 3,3 和 4,8 和 9 这几对.

费马[①]对丢番图 Ⅱ,8(解 $x^2+y^2=a^2$)的1 637 作出了评论,指出:"将一个 3 次幂分解成两个 3 次幂,或者将一个 4 次幂分解成两个 4 次幂,或者总的说来将任意大于 2 的幂分解成两个同样指数的幂是不可能的;我已经发现了一个值得注意的证明,由于篇幅问题此处不包含这个证明."这个定理就是我们熟知的费马大定理.

克劳德·杰克梅特[②](Claude Jaquemet, 1651—1729)在巴黎国家资料馆收藏的手稿第一次指出尼古拉斯·马勒伯朗士[③](Nicolas Malebranche, 1638—1715)试图证明费马大定理.我们假设 $a^x=x^z+y^z$ 中的 x,y 是互素的. x^z+y^z 除 $x+y$ 的商为

$$Q=x^{z-1}-yx^{z-2}+y^2x^{z-3}-\cdots\pm y^{z-1}$$

那么 $x+y$ 和 Q 除了 z 以外没有其他的公因式,因为它整除

$$Q-(x^{z-1}+yx^{z-2})=-2yx^{z-2}+y^2x^{z-3}-\cdots\pm y^{z-1}$$

加上 $2yx^{z-2}+2y^2x^{z-3}$ 后,我们得到 $3y^2x^{z-3}-\cdots$. 最后,我们得到 zy^{z-1}. 但是 y 不能被 d 整除,因为 x,y 互素;所以 z 可被 d 整除. 同样地,$x-y$ 和 $(x^z-y^z)/(x-y)$ 没有不是 z 的因数以外的公因数.

---

① Oeuvres,I,291;French transl.,III,241. Diophanti Alexandrini Arith. libri sex,ed.,S. Fermat,Tolosae,1670,61. Précis des Oeuvres math. de P. Fermat,par E. Brassinne,Mém. Acad. Sc. Toulouse,(4),3,1853,53.

② Cf. A. Marre,Bull. Bibl. Storia Sc. Mat. Fis.,12,1879,886-894.

③ Cf. C. Henry,ibid.,565-8.

假设 a,x,y 是满足 $a^z=x^z+y^z$ 的互素的整数，其中 z 是奇数. 如同以上所证明的，所有幂中至多有一个可被 z 整除. 首先设 x^z 和 y^z 不能被 z 整除. 设 $x^z=p^zq^z$，$y^z=r^zs^z$，其中 r 和 s，p 和 q 是互素的. 那么 $a-pq=r^z$，$a-rs=p^z$. 因此 p^z-r^z 的因式 $p-r$ 整除 $pq-rs$. 用后者除以 $p-r$，我们得到余式 $pq-ps$ 或 $rq-rs$，但不为 0，并且"通过无穷次重复过程，我们并没有得到新的余式，进而 $p-r$ 并不是 $pq-rs$ 的因式." 如同卢卡斯(E. Lucas)① 指出的那样，最后一个推论是错误的；取任意整数 k 并设 $p(q-s)=k(p-r)$. 那么 $pq-rs=(p-r)(s+k)$. 第二种情况中的 a^z 和 x^z 不能被 z 整除，这种情况与之前的情况只是符号不同.

欧拉②关于 a^m+b^z 的因式的线性形式的定理被引用在《数论史》第 Ⅰ 卷的第 26 章中的欧拉③.

拉格朗日④的对于 $r^n\text{-}As^n=q^m$ 的方法在《数论史(Ⅱ)》的第 8 章中给出.

莱克塞尔(A. J. Lexell)⑤ 考虑了 $a^5+b^5=c^5$. 设 $x+y=a^5$，$x-y=b^5$. 那么

$$\frac{x^2-y^2}{4x^2}=\left(\frac{z}{x}\right)^5\equiv\frac{a^5b^5}{c^{10}},x^6-4xz^5=x^4y^2=\square$$

因为因式是互素的，所以 $x=p^2$，$x^5-4z^5=q^2$. 因此

---

① Ibid. ,568. Since he omitted the factor p before q-s, take k to be a multiple of p.

② Comm. Arith. ,I,50-6,269;II,533-5.

③ Comm. Arith. ,I,50-6,269;II,533-5. Euler's Opera postuma,1,1862,231-2(about 1768).

④ Zeitschr. Math. Naturw. Unterricht,24,1893,272-3.

⑤ Euler's Opera postuma,1,1862,231-2(about 1768).

$$p^{10}-q^2=4r^5s^5$$
$$p^5+q=2r^5$$
$$p^5-q=2s^5$$
$$p^5=r^5+s^5$$

菲斯(N. Fuss I)① 指出:如果 $1\pm 4x^n=\square$ 可能是有理数,那么 $r^n+p^n+q^n$ 就可能是整数.为了化简之前的整数,设 $x=pq/r^2$;那么有 $r^{2n}\pm 4p^nq^n=\square$,并且为 r^n+2v 的平方,其中 v 与 r 互素.那么 $\pm p^nq^n=v(r^n+v)$,由此 $v=p^n+r^n+v+q^n$.

欧拉②对 $a^n+b^n=c^n$ 乘 $4a^n$ 并加上 b^{2n}.因此

$$(2a^n+b^n)^2=4a^nc^n+b^{2n}=\square$$

欧拉③指出:当 $n>2$ 时,他试图证明 $x^n+y^n=z^n$ 是不可能的,但是没有成功.

考斯勒(C. F. Kausler)④ 证明了:$x^6+y^6=z^6$ 不可能是整数.因为如果成立,那么设 $x=mn$,其中 m 是素数.40 种情况中,除了以下两种外可被立即排除

$$z^4+z^2y^2+y^4=m^6n^6 \text{ 或 } mn^6,\quad z^2-y^2=1 \text{ 或 } m^5$$

对于第 2 个变换,去掉 z^2.那么

$$3y^4+3y^2m^5+m^{10}=mn^6$$

且 m 是 $3y^4$ 的一个因式.如果 y 可被 m 整除,那么 z 可

① Ibid.,241(about 1778). Cf. Euler.[8]

② Ibid.,242(about 1782).

③ Ibid.,587;letter to Lagrange,March 23,1775. Corresp. Math. Phys. (ed.,P. H. Fuss),1,1843,618,623,letters to Goldbach, Aug. 4,1753,May 17,1755. Novi Comm. Acad. Petrop.,8,1760-1, 105;Comm. Arith. Coll.,I,296.

④ Nova Acta Acad. Sc. Petrop.,15,1806,ad annos 1799-1802, 146-155.

被 m 整除，并且 x,y,z 有公因式. 当 $m=3$ 时，那么 $z+y$，$z-y$ 是 3^5，1 或 3^4，3 或 3^3，3^2，其他情况立即排除. 第一个变量被排除，是由于引理：不存在整数 y,z 满足

$$z^4+z^2y^2+y^4\equiv(z^2-y^2)^2+3z^2y^2=\square$$

吉尔曼[①](1776—1831) 在她给高斯的第一封信(1804 年 11 月 21 日) 指出：如果 $n=p-1$，那么她可以证明 $x^n+y^n=z^n$ 是不可能的，其中 p 是素数 $8k+7$. 在她的第 4 封信中(1807 年 2 月 20 日)，她指出：如果任意两个数的 n 次幂的和具有 h^2+nf^2 的形式，那么这两个数的和也具有以上形式. 高斯[②]在回复(1807 年 4 月 30 日) 她时，指出：这是错误的，并通过以下两个式子显示说明：$15^{11}+8^{11}=h^2+11f^2$，而

$$15+8\neq x^2+11y^2$$

高斯[③]对于 $a^5+b^5+c^5=0$ 是不可能的证明给出了一个轮廓，并指出此方法对 7 次幂并不适用.

---

① The first and third letters were published in Oeuvres philosophiques de S. Germain, Paris, 1879, 298. Cinq lettres de Sophie Germain à C. F. Gauss, publiées par B. Boncompagni, Berlin, 1880, 24 pp. Reproduced in Archiv Math. Phys., 65, 1880, Litt. Bericht 259, pp. 27-31; 66, 1881, Litt. Bericht 261, pp. 3-10. Reviewed, with Gauss,[12] by S. Günther, Zeitschr. Math. Phys., 26, 1881, Hint.-Lit. Abt., pp. 19-26; Italian transl., Bull. Bibl. Storia Sc. Mat. e Fis., 15, 1882, 174-9.

② Lettera inedita di C. F. Gauss a Sofia Germain, publicata da B. Boncompagni, Firenze, 1879. Reproduced in Archiv Math. Phys., 65, 1880, Litt. Bericht 257, pp. 5-9.

③ Werke, II, 1863, 390-1, posth. paper.

巴洛(P. Barlow)[①] 证明了:如果 n 是素数且 $x^n - y^n = z^n$ 有成对的整数素数解,那么条件

$x-y=r^n$	$n^{n-1}r^n$	r^n	r^n
$x-z=s^n$	s^n	$n^{n-1}s^n$	s^n
$y+z=t^n$	t^n	t^n	$n^{n-1}t^n$

的 4 个集合中的一个必然成立. 因为$(x^n-y^n)/(x-y)$不能被 $x-y$ 的不为 n 的因式整除,并且如果$(x^n-y^n)/(x-y)$可被 n 整除,那么尚与 $x-y$ 和 n 互素. 因此 z^n 可被 $x-y$ 整除,并且如果 n 是 $x-y$ 的一个因式,那么 z^n 可被 $n(x-y)$ 整除,而商与 n 和 $x-y$ 互素. 在第一种情况中,$x-y=r^n$. 在第二种情况中,$n(x-y)=r^n=n^n r_1^n$,$x-y=n^{n-1}r_1^n$.

如果 $n>2$ 时涉及了错误,如果每一个分数的分母有不被其他分母整除的因数,那么最小项中的分数和不是整数.

阿贝尔[②]指出:如果 n 是大于 2 的素数,那么当 a,b,c,$a+b$,$a+c$,$b-c$,$a^{1/m}$,$b^{1/m}$,$c^{1/m}$ 中的一个或更多的数是素数时,$a^n=b^n+c^n$ 在整数中不可能成立(见塔尔博特(Talbot)[③]、容凯尔(de Jonquières)[④]). 如果方程

---

① Appendix to English transl. of Euler's Algebra. Proof "completed" by Barlow in Jour. Nat. Phil. Chem. and Arts (ed., Nicholson), 27, 1810, 193, and reproduced in Barlow's Theory of Numbers, London, 1811, 160-9.

② Oeuvres, 1839, 264-5; nouv. éd., 2, 1881, 254-5; letter to Holmboe, Aug. 3, 1823.

③ Trans. Roy. Soc. Edinburgh, 21, 1857, 403-6.

④ Atti Accad. Pont. Nuovi Lincei, 37, 1883-4, 146-9. Reprinted in Sphinx-Oedipe, 5, 1910, 29-32. Proof by S. Roberts, Math. Quest. Educ. Times, 47, 1887, 56-58; H. W. Curjel, 71, 1899, 100.

成立,那么 a,b,c 分别有因数 x,y,z,使得

$$2a=x^n+y^n+z^n,2b=x^n+y^n-z^n,2c=x^n+z^n-y^n$$

$$2a=n^{n-1}x^n+y^n+z^n,2b=n^{n-1}x^n+y^n-z^n,$$
$$2c=n^{n-1}x^n+z^n-y^n$$

$$2a=n^{n-1}(x^n+y^n)+z^n,2b=n^{n-1}(x^n+y^n)-z^n,$$
$$2c=n^{n-1}(x^n-y^n)+z^n$$

以及通过置换 a,b 与 x,y 由第二个集合和改变 c,z 的符号得到的值;以及通过将 a 代换为 b,b 代换为 $-c$,c 代换为 a,x 代换为 y,y 代换为 $-z$ 和 z 代换为 x,由第三个集合得到的值. 因此 $2a$ 必定有所列的三种形式中的一种,其中 x,y 没有公因数. 最后,$2a\geqslant 9^n+5^n+4^n$;a,b,c 中的最小项不会小于 $(9^n-5^n+4^n)/2$.

勒让德[①]指出:法兰西科学院已经为费马大定理的证明提供了一笔奖金,但并没有给予这笔奖金. 他在素数 n 大于 2 时,考虑 $x^n+y^n+z^n=0$ 和全不为 0 的互素整数 x,y,z. 他通过一个有争议的,但是由卡塔兰(Catalan)[②]补充完成的证明,指出:$x+y+z$ 可被 n 整除,并且通过 $(x+y)(y+z)(z+x)$ 给出了它是 n 次幂的. 设

$$\phi(y,z)=y^{n-1}-y^{n-2}z+y^{n-3}z^2-\cdots+z^{n-1}$$

---

① Sur quelques objets d'analyse indéterminée et particulièrement sur le théorème de Fermat Mém. Acad. R. Sc. de l'Institut de France, 6, année 1823, Paris, 1827, 1-60. Same except as to paging, Théorie des nombres, ed. 2, 1808, second supplément, Sept., 1825 1-40 (reproduced in Sphinx-Oedipe, 4, 1909, 97-128; errata, 5, 1910, 112).

② Mélanges Math., ed. 1, 1868, No. 47, 196-202; Mém. Soc. Sc. Liège, (2), 12, 1885, 179-185, 403. (Cited in Bull. des sc. math. astr., (2), 6, I, 1882, 224.)

是 y^n+z^n 除 $y+z$ 的商. 那么根据 x 可被或不可被 n 整除 $y+z$ 和 ϕ 有最大公约数 n 或是互素的.

首先,设 x 可被 n 整除,那么

$$y+z=\frac{1}{n}a^n, \phi(y,z)=n\alpha^n, x=-a\alpha$$

$$z+x=b^n, \phi(z,x)=\beta^n, y=-b\beta \qquad ①$$

$$x+y=c^n, \phi(x,y)=\gamma^n, z=-c\gamma$$

其中 a 是可被 n 整除的整数,并且 α,β 或 γ 的每一个素因数都有形式 $2kn+1$. α 的每一个素因数具有形式 $2tn^2+1$,并且假设 x 可被 n 整除,那么 x 可被 n^2 整除,这两个结论在吉尔曼的脚标中被引用.

其次,设 x,y,z 均不可被 n 整除. 他给出了当 $n=3,5,7,11$ 时可适用的方法,但是并不适用 $n=13$,等. 如果 n 是小于 100 的奇素数,那么

$$x^n+y^n+z^n=0 \qquad ②$$

没有与 n 互素的整数解. 吉尔曼引用了这个结论的证明. 这个证明被称为"非常巧妙、简洁的,并且具有绝对的普遍性". 正如上面指出的, $y+z$ 与 $\phi(y,z)$ 互素,且它们的积等于 $(-x)^n$;因此,我们可以设

$$y+z=a^n, \phi(y,z)=\alpha^n, x=-a\alpha$$

$$z+x=b^n, \phi(z,x)=\beta^n, y=-b\beta \qquad ③$$

$$x+y=c^n, \phi(x,y)=\gamma^n, z=-c\gamma$$

由此

$$2x=b^n+c^n-a^n, 2y=a^n+c^n-b^n, 2z=a^n+b^n-c^n \qquad ④$$

定理 如果存在奇素数 p 使得

$$\xi^n+\eta^n+\zeta^n\equiv 0 \pmod p \qquad ⑤$$

没有不可被 p 整除的整数解 ξ,η,ζ 的集合,并且使得 n

并非任意整数的 n 次幂模 p 的剩余，那么式 ② 没有与 n 互素的整数解.

因为，如果 x,y,z 是满足式 ② 的整数，那么它们满足同余式 ⑤，从而它们中之一满足，就说 x 可被 p 整除. 那么，通过式 ④，有

$$b^n+c^n+(-a)^n\equiv 0(\bmod p)$$

因此 a,b 或 c 可被 p 整除. 但是如果 b 可被 p 整除，那么通过式 ③ 可得出 $y=-b\beta$ 可被 p 整除，因此通过式 ② 可得出 z 可被 p 整除，反之可得 x,y,z 无公因数. 同样地，c 不可被 p 整除. 因此

$$a\equiv 0,x\equiv 0,z\equiv -y,\phi(x,y)\equiv y^{n-1},$$
$$\phi(y,z)\equiv ny^{n-1}(\bmod p)$$

于是，通过式 ③ 可得 $r^n\equiv y^{n-1},\alpha^n\equiv ny^{n-1}$. 所以有 $nr^n\equiv\alpha^n(\bmod p)$. 通过最后的一个方程 ③ 可知 γ 与 p 互素. 因此，我们能确定整数 γ_1 使得 $r\gamma_1\equiv 1(\bmod p)$. 因此 $n\equiv(\alpha\gamma_1)^n(\bmod p)$，与假设矛盾.

如果 $n=7,p=29$，那么定理成立. 因为 7 次幂模 29 的剩余是 $\pm 1,\pm 12$，它们中没有两个相差 1，并且没有 1 个与 7 同余. 同样地，对于小于 100 的奇素数，吉尔曼给出了满足定理的 p.

n 不是 n 次幂的剩余的条件是 p 具有 $mn+1$ 的形式，其中 m 显然是偶数. 勒让德证明了：m 一定与 3 互素且如果 $p=mn+1$ 是一个素数，$m=2,4,8,10,14,16$（但是忽略当 $m=14,16$ 时，$n=3$ 的性质；见迪克森[①]）. 他推出在 n 为小于 197 的奇素数时，式 ① 没有与 n 互素的解.

---

① Messenger of Math.,(2),38,1908,14-32.

他证明①了：$x^5+y^5+z^5=0$ 没有整数解，如果当 $n=7,11,13$ 或 17 时，式②的解存在，那么他们具有很多的位数.

索匹斯(Schopis)② 认为：如果 $x^5-y^5=w^5$，那么

$$x-y=u^5$$

并且

$$x^4+x^3y+\cdots+y^4=$$
$$u^{20}+5u^{15}y+10u^{10}y^2+10u^5y^3+5y^4$$

是 5 次幂，即 $(w^4+z)^5$，其中 xyw 与 5 互素.

因此

$$5yA=z(5u^{16}+10u^{12}z+10u^8z^2+5u^4z^3+z^4)$$
$$A=u^{15}+2u^{10}y+2u^5y^2+y^3$$

从而 z 可被 5 整除且第二个数可被 25 整除. 所以 A 可被 5 整除，这看起来是不可能的.

狄利克雷③证明了：不存在互素的整数 x,y 使得 $x^5\pm y^5=2^m5^nAz^5$，m 和 n 均为正整数，$n\neq 2$，以及 A 不能被 2，5 或素数 $10k+1$ 整除. 如果 $n=0$，$m\geqslant 0$，且 $2^mA\equiv 3,4,9,12,13,16,21$ 或 $22(\bmod 25)$，那么在同样的对 A 的条件下，定理也成立. 如果 $n>2$，$n\neq 2$，且

① This proof was reproduced in Legendre's Théorie des nombres, ed. 3, II, 1830, arts. 654-663, pp. 361-8; German transl. by H. Maser, 1893, 2, pp. 352-9. If z is the unknown divisible by 5, the proof for the case z even is like Dirichlet's,[20] while that for z odd is by a special analysis.

② Einige Sätze Unbest. Analytik, Progr. Gumbinnen, 1825, 12-15.

③ Jour. für Math., 3, 1828, 354-375; Werke I, 21-46. Read at the Paris Acad. Sc., July 11 and Nov. 14, 1825 and printed privately, Werke, I, 1-20. Cf. Lebesgue.[37]

A不可被2,5或素数$10k+1$整除,那么存在互素的整数x,y使得$x^5\pm y^5=5^nAz^5$.最后的结论显示$x^5+y^5=z^5$是不可能有整数解的(因为其中的一个未知量,如z,一定可被5整除);z为偶数和奇数时的两种情况的证明类似,然而勒让德①却用了两种方法.

勒让德②指出:至少对于指数n的情况,式②的讨论可以是简便的,通过考虑三次方程,它的根为x,y,z;对于整数根,判别式一定是一个完全平方.他不能推出$x+y+z$和xyz可被n^2整除,如他证明,其中一个未知量可被n整除.

V. Bouniakowsky③认为:如果$x^m+y^m+z^m=0$,其中m是素数,x,y,z是没有公因数的整数,并且选择N使得$m=\phi(N)-1$(对于小于31的素数m,除了$m=13$),那么$xyz(xy+xz+yz)$可被N整除.但是,他运用了欧拉定理$x^{\phi(N)}\equiv 1(\bmod N)$.当$x$与$N$互素时,此定理才有效.

狄利克雷④逐步证明了$n=14$时,式②是不可能有整数解的,并且还证明了

$$t^{14}-u^{14}=2^m\cdot 7^{1+n}w^{14}$$

① This proof was reproduced in Legendre's Théorie des nombres, ed. 3, II, 1830, arts. 654-663, pp. 361-8; German transl. by H. Maser, 1893, 2, pp. 352-9. If z is the unknown divisible by 5, the proof for the case z even is like Dirichlet's,[20] while that for z odd is by a special analysis.

② Théorie des nombres, ed. 3, II, 1830, art. 451, pp. 120-2; German transl., Maser, II, pp. 118-120.

③ Mém. Acad. Sc. St. Pétersbourg (Math.), (6), 1, 1831, 150-2.

④ Jour. für Math., 9, 1832, 390-3; Werke, I, 189-194. Reproduced by Gambioli,[171] pp. 164-7.

是不可能的.

G. Libri[①] 对于素数 $n=3p+1$,考虑 $x^3+y^3+1\equiv 0 \pmod n$ 的小于 n 的正整数的解集的个数 N_2,对于 n 次单位根的三个周期的方程具有以下形式

$$z^3+z^2-\frac{1}{3}(n-1)z-$$

$$\frac{1}{27}[nN_2+3-(n+2)^2+9n]=0$$

通过将上式与已知的三次式进行对比,我们得出 $N_2=n\pm a-2$,其中

$$4n=a^2+27b^2$$

(PePin[②]). 因为 a 包含 0 和 $r=(4n-27)^{1/2}$,我们有 $N_2\leqslant n-r-2$. 所以 N_2 确实增加了 n,从一个确定的极限起,$x^3+y^3+1\equiv 0 \pmod n$ 在 x,y 均不可被 n 整除时,总有解. 我们可以找到 $x^3+y^3+u^3+1\equiv 0 \pmod n$ 的小于 n 的正整数解的个数.

如果 n 是一素数 $8m+1$,从而有唯一形式 $n=a^2+16b^2$ 同样的证明方法显示 $x^4+y^4+1\equiv 0 \pmod n$ 的解的个数为 $n\pm 6a-3$,这个数增加了 n. 需要指出的是:能够证明(佩列特(Pellet)[③]、迪克森[④]、科尔纳基亚

---

① Jour. für Math. ,9,1832,270-5.

② Ibid. ,91,1880,366-8. Reprinted,Sphinx-Oedipe,4,1909,30-32.

③ Bull. Soc. Math. de France,15,1886-7,80-93. ,L'intermédiaire des math. ,18,1911,81-2.

④ Ibid. ,135,1909,181-8. Cf. Pellet,[128,244] Hurwitz,[213] Cornacchia,[217] and Schur.[203]

(Cornacchia)①、曼特尔(Mantel)②) 素数 p 的极限可使得 $x^n+y^n+1\equiv 0(\bmod p)$ 的解的个数会一直增加.因此,试图通过显示一个未知量可被无穷多个素数整除来证明 $u^n+v^n=z^n$ 不成立是无效的.

库默尔③考虑 $x^{2\lambda}+y^{2\lambda}=z^{2\lambda}$,其中 λ 是素数,x,y,z 两两互素.我可以取 y 为偶数.4 个可能的情况中的第 3 个是

$$z+y=u^{2\lambda},z-y=w^{2\lambda}$$

$$z\pm x=2p^{2\lambda},z\mp x=2^{2\lambda_{\nu-1}}\lambda^{2\lambda_{\mu-1}}q^{2\lambda}$$

如果 $\lambda=8n+1$,或 $2\lambda+1$ 是素数,那么这种情况是唯一可能的.如果初始方程有整数解,那么 $r^{2\lambda}+s^{2\lambda}=2q^{2\lambda}$ 也有整数解.作为证明的辅助,文献④显示出:如果

$$\frac{a^n\pm b^n}{c\pm b}=(a\pm b)^{n-1}\mp n(a\pm b)^{n-3}ab+\frac{n(n-3)}{2}(a\pm b)^{n-5}a^2b^2\mp\cdots$$

且 $a\pm b$ 有公因数,那么它整除最后一项 $\pm n(ab)^{(n-1)/2}$,从而如果 a 与 b 互素,那么它整除 n.因为系数 $n,n(n-3)/2,\cdots$ 可被 n 整除,那么可整除 $a^n\pm b^n$ 的 n 的最高次幂的指数比整除 $a\pm b$ 的 n 的最高次幂的指数大 1.

保莉特(F. Paulet)⑤ 试图证明费马大定理,但是在没有证明的情况下使 $\alpha cr=\beta s$ 中的 α,β 满足 $\alpha=\beta$,其中

---

① Giornale di mat.,47,1909,219-268. See Cornacchia[185] and the references under Libri.[24]

② Wiskundige Opgaven,12,1916,213-4.

③ Jour. für Math.,17,1837,203-9.

④ Also in Nouv. Ann. Math.,7,1848,239,307-8.

⑤ Corresp. Math. (ed.,A. Quetelet),11,1839,307-313.

$$\alpha = bmx^2 - (p-q)a,\quad \beta = ar + (p-q)c + s$$

在他的第 2 个证明中,他使相等加和的相应的被加项相等.

拉梅(G. Lamé)① 证明了 $x^7 + y^7 + z^7 = 0$ 不可能有互素的整数解. 其中一个未知量,如 x,可被 7 整除(勒让德②). 它表明 $x + y + z = 7AP$, $P = \mu\upsilon\rho$,其中 μ, υ, ρ, 7 是互素的整数,且满足

$$z + y = 7^6\mu^7 = a, z + x = \upsilon^7 = b, x + y = \rho^7 = c$$

他利用引理(Bouniakowsky③)

$$(x+y+z)/\sqrt[7]{7(x+y)(z+x)(z+y)} = A = \square$$

因此 A 必是一个平方数 B^2. 那么

$$\sum a = 27B^2P, \sum a^2 + \sum ab = BD, abc = 7^6P^7$$

$$3\sum a^4 + 10\sum a^2b^2 = 2^4B^{14}$$

消去 a, b, c,我们得到一个方程,它的解依赖于无解方程

$$U^8 - 3\cdot 7^4U^4V^4 + 2^4 7^5V^8 = W^4$$

---

① Comptes Rendus Paris, 9, 1839, 45-6; Jour. de Math., 5, 1840, 195-211. Mém. présentés divers savants Acad. Sc. de l'Institut de France, 8, 1843, 421-437.

② Sur quelques objets d'analyse indéterminée et particulièrement sur le théorème de Fermat Mém. Acad. R. Sc. de l'Institut de France, 6, année 1823, Paris, 1827, 1-60. Same except as to paging, Théorie des nombres, ed. 2, 1808, second supplément, Sept., 1825 1-40 (reproduced in Sphinx-Oedipe, 4, 1909, 97-128; errata, 5, 1910, 112).

③ Mém. Acad. Sc. St. Pétersbourg (Math.), (6), 2, 1841, 471-492. Extract in Bull. St. Péters., VIII, 1-2.

这一证明的具体细节可参见勒贝格(Lebesgue)[①]和吉诺奇(Genocchi)[②].

柯西[③]在拉梅之前的一篇论文中指出,这个引理可在取 $n=7$ 时通过以下推得出:$(x+y)^n-x^n-y^n$ 不仅可被 $nxy(x+y)$ 代数整除,而且还可以被 $q=x^2+xy+y^2$ 代数整除)(如果 $n>3$),以及如果 $n=6k+1$ 时可被 q^2 代数整除.

勒贝格[④]通过以下引理简化了拉梅[⑤]证明:如果 a 是正整数,那么

$$p^2=q^4-2^{2a}3\cdot 7^4q^2r^2+2^{4a+4}7^7r^4$$

不可能有两两互素的奇整数解 $p,q,r,r\neq 0$.

勒贝格[⑥]证明了:如果 $X^n+Y^n=Z^n$ 无整数解,那么 $x^{2n}+y^{2n}=z^2$ 无解.

刘维尔(J. Liouville)[⑦]指出:如果 $u^n+v^n=w^n$ 没有不为 0 的整数解,那么 $z^{2n}-y^{2n}=2x^n$ 无解.

柯西[⑧]在 n 为小于或等于 13 的奇数时,将 $(x+$

---

① Jour. de Math., 5, 1840, 276-9, 348-9(removal of obscurity in proof of lemma).

② Annali di Mat., 6, 1864, 287-8.

③ Comptes Rendus Paris, 9, 1839, 359-363; Jour. de Math., 5, 1840, 211-5. Oeuvres de Cauchy, (1), IV, 499-504.

④ Jour. de Math., 5, 1840, 276-9, 348-9(removal of obscurity in proof of lemma).

⑤ Comptes Rendus Paris, 9, 1839, 45-6; Jour. de Math., 5, 1840, 195-211. Mém. présentés divers savants Acad. Sc. de l'Institut de France, 8, 1843, 421-437.

⑥ Ibid., 184－5.

⑦ Jour. de Math., 5, 1840, 360.

⑧ Exercices d'analyse et de phys. math., 2, 1841, 137-144; Oeuvres, (2), XII, 157-166.

$y)^n - x^n - y^n$ 用 $x^2 + xy + y^2$ 和 $xy(x+y)$ 表示出来.

V. Bouniakowsky① 在 $m = 2,3,4,5,6,7$ 时证明了:如果 k 是有理数且它的根式为无理数,那么

$$\sqrt[m]{A} + \sqrt[m]{B} = R$$

不可能成立. 当 $m = 7$ 时,设 $C = (AB)^{1/7}$. 我们得到 $R^7 - A - B = 7RC(R^2 - C)^2$,它可得出拉梅②(柯西③)的引理. 因为,设 $A = a^7, B = b^7, R = a + b, C = ab$,那么我们可得到

$$(a+b)^7 - a^7 - b^7 = 7ab(a+b)(a^2 + ab + b^2)^2$$

库默尔④认同狄利克雷在1843年的手稿中给出了费马大定理的完整的证明. 狄利克雷宣称:如果证明不仅显示了每一个数 $a_0 + a_1\alpha + \cdots + a_{\lambda-1}\alpha^{\lambda-1}$(其中 α 为 λ 次单位原根且 $a_i(i=0,\cdots,\lambda-1)$ 为通常整数) 总是这一形式的不可分解的数的乘积,而且还显示了(通过库默尔) 这是唯一可能的方式,(不幸的是显示不是这种情况) 那么这个证明就是正确的.

Frizon⑤ 给出了一个可对小于或等于31的所有素

---

① Mém. Acad. Sc. St. Pétersbourg(Math.), (6),2,1841, 471-492. Extract in Bull. St. Péters., VIII,1-2.

② Comptes Rendus Paris,9,1839,45-6;Jour. de Math.,5,1840, 195-211. Mém. présentés divers savants Acad. Sc. de l'Institut de France,8,1843,421-437.

③ Comptes Rendus Paris,9,1839,359-363;Jour. de Math.,5, 1840,211-5. Oeuvres de Cauchy,(1),IV,499-504.

④ K. Hensel, Gedächtnisrede auf E. E. Kummer, Abh. Gesch. Math. Wiss.,29,1910,22. [Cf. the less technical address by Hensel, E. E. Kummer und der grosse Fermatsche Satz, Marburger Akademische Reden,1910,No. 23.]

⑤ Comptes Rendus Paris,16,1843,501-2.

指数均适用的统一的方法.

勒贝格①对狄利克雷②的结果作了如下补充:他证明了,如果 A 没有素因数 $10m+1$,也没有5次幂的因数,那么 $x^5 \pm y^5 = AB^5u^5$ 无整数解,如果 A 是5的倍数,或 $A \equiv \pm 2, \pm 3, \pm 4, \pm 6, \pm 8, \pm 9, \pm 11$ 或 $\pm 12 \pmod{25}$ 时. 对于余下的部分 $A \equiv \pm 1, \pm 7 \pmod{25}$,同样的处理方法明显不再适用了. 如果 A 没有素因数 $10m+1$,那么方程 $x^{10} \pm y^{10} = Az^5$ 无解. 作为辅助性质,$a^2 = b^4 + 50b^2c^2 + 125c^4$ 是不可能的,而

$$a^2 = b^4 + 10b^2c^2 + 5c^4$$

如果 $c = 5 \cdot 2^i \cdot h^2$,那么上式可在 b 和 c 为奇数的情况时得到简化,进而得出这是不可能的.

卡塔兰③表现出他认为 $x^m - y^n = 1$ 仅有 $3^2 - 2^3 = 1$ 时成立.

S. M. Drach④ 认为 $x^n + y^n = z^n$ 不可能有整数解,如果 $n = 2m+1 > 1$. 因为通过欧拉代数可得

$$Y = c^m q^n + \sum A_i q^{n-2i} p^{2i} c^{m-i} a^i$$

$$Z = a^m p^n + \sum A_i p^{n-2i} q^{2i} a^{m-i} c^i$$

---

① Jour. de Math., 8, 1843, 49-70.

② Jour. für Math., 3, 1828, 354-375; Werke I, 21-46. Read at the Paris Acad. Sc., July 11 and Nov. 14, 1825 and printed privately, Werke, I, 1-20. Cf. Lebesgue.[37]

③ Jour. für Math., 27, 1844, 192. Nouv. Ann. Math., 1, 1842, 520; (2), 7, 1868, 240 (repeatêd by E. Lionnet). For $n = 2$, Lebesgue[68] of Ch. VI.

④ London, Edinburgh, Dublin Phil. Mag., 27, 1845, 286-9.

在 $A_i=\binom{n}{2i}$ 时满足 $aZ^2-cY^2=(ap^2-cq^2)$ 成立. 取 $a=z,Z=z^m,c=y,Y=y^n$, 那么

$$z^n-y^n=x^n=(zp^2-yq^2)^n,x=zp^2-yq^2$$

然后 Z/z^m 和 Y/y^n 给出了

$$1=p^n\left[1+\sum A_i\left(\frac{q^2y}{p^2z}\right)^i\right]=q^n\left[1+\sum A_i\left(\frac{p^2z}{q^2y}\right)^i\right]$$

$$2z^{n/2},2y^{n/2}=(p\sqrt{z}+q\sqrt{y})^n\pm(p\sqrt{z}-q\sqrt{y})^n$$

由 $p\sqrt{z}\pm q\sqrt{y}$ 导出的值的和与差,可得

$$\frac{p\sqrt{z}}{q\sqrt{y}}\{(z^{n/2}+y^{n/2})^{1/n}-(z^{n/2}-y^{n/2})^{1/n}\}=\{()+()\}$$

通过二项式定理,研究两数的差,我们得到关于 y/z 的每个系数为负的级数,如果 $n>1$. 接下来,$n=2m$ 的情况最终得到了解决.

雅可比[①]针对满足 $1+g^m\equiv g^{m'}(\mathrm{mod}\ p)$ 的 m' 的值给出了一个数表,其中 p 是小于或等于 103 的素数,$0\leqslant m\leqslant 102$,且 q 是 p 的原根.

O. Terquem[②] 证明了勒贝格[③]的定理和刘维尔[④]的推论.

A. Vachette[⑤] 指出:$x^m-y^n=(xy)^p$ 无整数解. 因为 $p=mn$,设 $z=(xy)^n$,并取 $n=m$. 如果 z 是 xy 的幂,那么 $x^m-y^m=z^m$ 无解.

---

① Jour. für Math. ,30,1846,181-2;Werke,VI,272-4.

② Nouv. Ann. Math. ,5,1846,70-73.

③ Ibid. ,184-5.

④ Jour. de Math. ,5,1840,360.

⑤ Ibid. ,68-70.

J. Mention[①] 证明了公式(见库默尔[②])

$$a^n+b^n=(a+b)^n-nab(a+b)^{n-2}+\frac{n(n-3)}{2}a^2b^2(a+b)^{n-4}-\cdots \qquad ⑥$$

勒贝格[③]通过对根为 a,b 的二次方程的华林公式得到式⑥;再将它运用到根为 α,β,γ 的三次方程,我们得到 $(\alpha+\beta+\gamma)^n$. 当 $n=7$ 时,后一结论可用来证明 $x^7+y^7=z^7$ 不可能成立,这一方法比指数 3 和 5 的方法更简单.

拉梅[④]称:已经证明了,如要 n 是奇数,那么 $x^n+y^n=z^n$ 在复整数

$$a_0+a_1r+\cdots+a_{n-1}r^{n-1} \qquad ⑦$$

中不成立,其中 r 是虚部的 n 次单位根且 $a_i(i=0,\cdots,n-1)$ 为整数.

刘维尔[⑤]指出了拉梅的证明中的缺的项,他并没有将这一复整数项以单一形式分解为复素数.

拉梅认同所缺的项并认为(基于分解的扩展数表)它是失败的;他确认当 $n=5$ 时,整数的普通法则对复整数也成立. 拉梅指出费马的方程对包括 $n=5,11,13$ 的指数级数是不可能成立的. 拉梅[⑥]在两个很长的研究报告中给出了他的论据.

---

① Nouv. Ann. Math. ,6,1847,399(proposed,2,1843,327;18,1859,172,249).

② Jour. für Math. ,17,1837,203-9.

③ Ibid. ,427-431.

④ Comptes Rendus Paris,24,1847,310-5.

⑤ Ibid. ,315-6.

⑥ Jour. de Math. ,12,1847,137-171,172-184.

O. Terquem[①] 将他的[②]证明手稿展示给了拉梅，并称它为“本世纪数学界最伟大的发现”.

库默尔[③]指出了拉梅[④]中的假设(即每一个复整数可唯一地分解为素数的积)是错误的.

L. Wantzel[⑤] 对复整数 $a+b\sqrt{-1}$ 证明了欧几里得的最大公约数方法成立(之前已被高斯[⑥]证明过)，并且指出：当 n 为任意数时，对复整数 ⑦ 有同样的结果成立. 因为式 ⑦ 的范数(或模)小于 1，当 $a_0,\cdots,a_{n-1}$ 均在 0，1 之间时，(柯西[⑦]指出这是错误的).

柯西[⑧]表明 Wantzel[⑨] 中最后对 $n=7$ 时和素数 $n=4m+1\geqslant 17$ 时的论述是错误的. 他指出了由拉梅给出的费马大定理的证明的缺陷. 他定义了式 ⑦ 的阶乘为：通过将 r 代换为其他 n 次单位原根由式 ⑦ 得到的复数的乘积. 并且得到了此阶乘(范数)的上限. 他[⑩]证明了：如果 A 和 B 是互素的，那么 $M_h=Ar^h+B$ 和 M_k

---

① Nouv. Ann. Math.，6，1847，132-4.

② Comptes Rendus Paris，24，1847，310-5.

③ Comptes Rendus Paris，24，1847，899-900；Jour. de Math.，12，1847，136.

④ Comptes Rendus Paris，24，1847，310-5.

⑤ Comptes Rendus Paris，24，1847，430-4.

⑥ Comm. Soc. Sc. Gotting. Recentiores，7，1832，§46；Werke，II，1863，117. German transl. by H. Maser，Gauss' Untersuchungen über höhere Arith.，1889，556.

⑦ Comptes Rendus Paris，24，1847，469-481；Oeuvres，(1)，X，240-254.

⑧ Comptes Rendus Paris，24，1847，469-481；Oeuvres，(1)，X，240-254.

⑨ Comptes Rendus Paris，24，1847，430-4.

⑩ Ibid.，347-8；Oeuvres，(1)，X，224-6.

的公因数整除 M_0.

柯西[1]想要证明一个错误的定理. 即式 ⑦ 的一个复数除以另一个复数所得的余数的范数总比除数的范数小. 他推导出(错误地)复整数 ⑦ 的乘积可以被唯一地分解为复素数的乘积,并且对这些复整数,整数的其他整除性质也成立.

柯西[2]在假设他之前的定理对一个给定的数 n 均成立的条件下给出了(错误地)一些推论:尤其是有关 A^n+B^n 的因数 $A+r^iB$. 他提到要在以后讨论他之前文章证明中的问题.

柯西[3]进一步研究上述问题,并在他的最后一篇论文的结尾承认他[4]的基本定理对 $n=23$ 时不成立,因此是错误的.

柯西[5]得到的大部分结论都包含在库默尔的一般理论中. 在第 5 篇论文的 181 页(Oeuvres,364 页),他指出:如果

n 是奇素数,假如

$$1+2^{n-4}+3^{n-4}+\cdots+\left(\frac{n-1}{2}\right)^{n-4}$$

不被 n 整除(例如伯努利数 $B_{(n-3)/2}$ 不能被 n 整除),或一个确定的数 w 与 n 互素,那么 $a^n+b^n+c^n=0$ 在不

① Ibid. ,516-528;Oeuvres,(1),X,254-268.

② Ibid. ,578-584;Oeuvres,(1),X,268-275.

③ Ibid. ,633-6,661-6,996-9,1022-30;Oeuvres, (1),X,276-285,296-308.

④ Ibid. ,516-528;Oeuvres,(1),X,254-268.

⑤ Ibid. ,25,1847,37,46,93,132,177,242,285;Oeuvres, (1),X,324-351,354-371.

被奇素数 n 整除的互素的整数中是不可能成立的. 可参阅吉诺奇[①]、库默尔[②].

库默尔[③]证明了:若实素数 λ 满足(A) 不等于由 λ 次虚数单位根 α 构成的理想复数的个数不能被 λ 整除;(B) 每一个模 λ 与一个有理整数同余的复单位 $E(\alpha)$ 等于另一个复单位的 λ 次幂. 那么对于实素数 λ 的级数, $x^\lambda - y^\lambda = z^\lambda$ 是不可能的. 如果 $\lambda = 3, 5, 7$, 那么这两个条件满足, 但对 $\lambda = 37$ 可能不满足.

狄利克雷[④]指出库默尔的条件(A) 与一个理论有关. 这个理论近似于结论:对于 D 为二次剩余的一个数 m 不总能表示为 $x^2 - Dy^2$, 但可表示为几种二次式之一, 并且对于由以 α 基础的复整数的范数所定义的 $\lambda - 1$ 个变量构成的形式有类似的结论成立.

库默尔[⑤]证明了:对于由 λ 次单位虚根 α 所定义的范围内, 理想的类数为两个整数的乘积 $H = h_1 h_2$, 其中

$$h_1 = \frac{P}{(2\lambda)^{\mu-1}}, h_2 = \frac{D}{\Delta}$$

λ 为奇素数, $\mu = (\lambda - 1)/2$, P, D, Δ 的定义如下:设 β 为 $\beta^{\lambda-1} = 1$ 的原根, g 为 λ 的原根. 那么

① Annali di Sc. Mat. e Fis., 3, 1852, 400-1. Summary in Jour. für Math., 99, 1886, 316. This congruence is a special case of one proved by Cauchy, Mém. Acad. Sc. Paris, 17, 1840; 265; Oeuvres, (1), III, p. 17.

② Letter to L. Kronecker, Jan. 2, 1852, Kummer,[35] p. 91.

③ Berichte Akad. Wiss. Berlin, 1847, 132-9.

④ Berichte Akad. Wiss. Berlin, 1847, 139-141; Werke, II, 254-5.

⑤ Berichte Akad. Wiss. Berlin, 1847, 305-319. Same in Jour. für Math., 40, 1850, 93-138; Jour. de Math., 16, 1851, 454-498.

$$P=\prod_{j=1}^{\mu}\phi(\beta^{2j-1})$$

$$\phi(\beta)=1+g_1\beta+g_2\beta^2+\cdots+g_{\lambda-2}\beta^{\lambda-2}$$

其中 g_i 为 g^i 模 λ 的最小正剩余. 进而

$$e(\alpha)=\sqrt{\frac{(1-\alpha^g)(1-\alpha^{-g})}{(1-\alpha)(1-\alpha^{-1})}}$$

为复数单位(1的一个因数). 那么, 如果 lx 表示 $\log x$ 的实部, 那么

$$D=\begin{vmatrix} \mathrm{le}(\alpha) & \mathrm{le}(\alpha^g) & \cdots & \mathrm{le}(\alpha^{g^{\mu-2}}) \\ \mathrm{le}(\alpha^g) & \mathrm{le}(\alpha^{g^2}) & \cdots & \mathrm{le}(\alpha^{g^{\mu-1}}) \\ \cdots & \cdots & & \cdots \\ \mathrm{le}(\alpha^{g^{\mu-2}}) & \mathrm{le}(\alpha^{g^{\mu-1}}) & \cdots & \mathrm{le}(\alpha^{g^{2\mu-4}}) \end{vmatrix}$$

“我证明了对无穷大的素数是不可能的, 但是并不确定这一对 λ 的假设是成立的.”这些 λ 被库默尔认为是无穷的, 但是并未给出证明. 他称这些余下的素数为例外的. 在1847年他给克罗内克的信中也给出了同样的结论(库默尔①, pp. 75, 84). 在他的 Vorlesungenüber Zablentheorie 中, 克罗内克指出: 库默尔证明了对于无穷大素数 λ, $x^\lambda+y^\lambda=z^\lambda$ 是不可能成立的, 并且认为他的证明可应用于所有 λ, 但是后来

① K. Hensel, Gedächtnisrede auf E. E. Kummer, Abh. Gesch. Math. Wiss., 29, 1910, 22. [Cf. the less technical address by Hensel, E. E. Kummer und der grosse Fermatsche Satz, Marburger Akademische Reden, 1910, No. 23.]

得到这是错误的. 库默尔[①]也认为正则素数与非正则(例外的)素数可能同样多. A. Wieferich, (Taschenbuch für Mathematiker u. Physiker, Leipzig, 2, 1911, 108-111) 指出:库默尔对指数的无穷级数证明了费马大定理.

设 $\varepsilon_1(\alpha), \cdots, \varepsilon_{\mu-1}(\alpha)$ 为单位,并满足它们的幂与 $\pm\alpha^m$ 的乘积可以给出全部单位. 那么

$$\Delta = \begin{vmatrix} l \in_1(\alpha) & \cdots & l \in_{\mu-1}(\alpha) \\ \vdots & & \vdots \\ l \in_1(\alpha^{g^{\mu-2}}) & \cdots & l \in_{\mu-1}(\alpha^{g^{\mu-2}}) \end{vmatrix}$$

由此可得 h_1 可被 λ 整除当且仅当 λ 整除前 $(\lambda-3)/2$ 个伯努利数 $B_1=1/6, B_2=1/30, \cdots$ 中的一个的分母;而且如果 h_2 可被 λ 整除,那么 h_1 也可被 λ 整除,但是反之不成立. 他证明了:如果 λ 不是 H 的一个因数,那么库默尔[②]的条件(B)可被满足. 因此,如果 λ 是奇素数并且不整除前 $(\lambda-3)/2$ 个伯努利数中的任何一个的分母,那么 $x^\lambda+y^\lambda=z^\lambda$ 不可能有整数解.

法国科学院[③]为费马大定理的证明设立了一个奖金为3 000 法郎的金奖. 在几度推迟奖项的最后期限

---

① K. Hensel, Gedächtnisrede auf E. E. Kummer, Abh. Gesch. Math. Wiss., 29, 1910, 22. [Cf. the less technical address by Hensel, E. E. Kummer und der grosse Fermatsche Satz, Marburger Akademische Reden, 1910, No. 23.]

② Berichte Akad. Wiss. Berlin, 1847, 132-9.

③ Comptes Rendus Paris, 29, 1849, 23; 30, 1850, 263-4; 35, 1852, 919-20. There were five competing memoirs for the prize proposed for 1850 and eleven for the postponed prize for 1853; but none were deemed worthy of the prize. Cf. Nouv. Ann. Math., 8, 1849, 362-3 and, for bibliography, 363-4; 9, 1850, 386-7.

后，最终(C. R.，44，1857，158)此奖项颁发给了库默尔以表彰他对复数的研究，尽管他当初并未列为候选人.

库默尔①利用素数理想证明了：如果λ是奇素数且不整除前$(\lambda-3)/2$个伯努利数中任何一个的分母，那么$u^\lambda+v^\lambda+w^\lambda=0$没有整数解，也没有复数解.

$$a_0+a_1\alpha+a_2\alpha^2+\cdots+a_{\lambda-2}\alpha^{\lambda-2}$$

其中α是λ次单位虚根. 因此对于小于100的λ，除了$\lambda=37,59,67$以外没有解. 希尔伯特②利用戴德金的理想给出了现代形式的证明.

吉诺奇③证明了：如果n是奇素数，那么

$$-2B_{(n-3)/2}\equiv 1+2^{n-4}+\cdots+\left(\frac{n-1}{2}\right)^{n-4}\pmod n$$

值得注意的是与柯西④的结论联系后，上式表明$x^n+y^n+z^n=0$不可能有不被奇素数n整除的整数解，当n不是伯努利数$B_{(n-3)/2}$(即库默尔的条件中的最后一个伯努利数)的分母的因数时.

库默尔⑤指出对于$n=(\lambda-3)/2$(也包括小于$(\lambda-$

---

① Jour. für Math.，40，1850，130-8(93)；Jour. de Math.，16，1851，488-98. Reproduced by Gambioli，[171] pp. 169-176.

② Jahresbericht d. Deutschen Math.-Vereinigung，4，1894-5，517-25. French transl.，Annales Fac. Sc. Toulouse，[(3)，1，1909；](3)，2，1910，448；(3)，3，1911，for errata，table of contents，and notes by Th. Got on the literature concerning Fermat's last theorem.

③ Annali di Sc. Mat. e Fis.，3，1852，400-1. Summary in Jour. für Math.，99，1886，316. This congruence is a special case of one proved by Cauchy，Mém. Acad. Sc. Paris，17，1840；265；Oeuvres，(1)，III，p. 17.

④ Ibid.，25，1847，37，46，93，132，177，242，285；Oeuvres，(1)，X，324-351，354-371.

⑤ Letter to L. Kronecker，Jan. 2，1852，Kummer，[35] p. 91.

3)/2 的数,他的假设 B_n 不能被 λ 整除,相当于柯西[①]的条件

$$1^{\lambda-4}+2^{\lambda-4}+\cdots+\left(\frac{\lambda-1}{2}\right)^{\lambda-4}\not\equiv 0(\bmod \lambda)$$

如果 $B_{(\lambda-3)/2}$ 和 $B_{(\lambda-5)/2}$ 不全被 λ 整除,那么 $x^\lambda+y^\lambda=z^\lambda$ 的解 x,y,z 一定可被 λ 整除. 库默尔[②]给出了证明.

朗斯基(H. Wronski)[③] 假设他[④]关于 $z^n-Nv^n=Mu^n$ 的结果可推出 $x^n+y^n=z^n, n>2$ 是不可能成立的.

兰德里(F. Landry)[⑤] 证明了勒让德[⑥]的结论即:当 $p=mn+1, m=10$ 或 $14, n>3$ 时,$(14^7\pm1)/(14\pm1)$ 是素数.

兰德里[⑦]运用了两个素数 ϕ 和 $\theta=2t\phi+1$,以及属

---

① Ibid.,25,1847,37,46,93,132,177,242,285;Oeuvres, (1),X,324-351,354-371.

② Abh. Akad. Wiss. Berlin(Math.),for 1857,1858,41-74. Extract in Monatsb. Akad. Wiss. Berlin,1857,275-82.

③ Véritable science nautique des marées,Paris,1853,23. Quoted in l'intermédiaire des math.,23,1916,231-4,and by Guimaräes.[272]

④ Réforme du savoir humain,1847,242. See p. 210 of Vol. 1 of this History.

⑤ Premier mémoire sur la théorie des nombres. Demonstration d'un principe de Legendre relatif au théorème de Fermat,Paris,Feb. 1853,10 pp.

⑥ Sur quelques objets d'analyse indéterminée et particulièrement sur le théorème de Fermat Mém. Acad. R. Sc. de l'Institut de France,6,année 1823,Paris,1827,1-60. Same except as to paging,Théorie des nombres,ed. 2,1808,second supplément,Sept.,1825 1-40 (reproduced in Sphinx-Oedipe,4,1909,97-128;errata,5,1910,112).

⑦ Deuxième mémorie sur la théorie des nombres. Théorème de Fermat,Paris,July,1853,16 pp.

于模 θ 指数 ϕ 的整 ε. 同余式 $1+\varepsilon^x\pm\varepsilon^y\equiv 0(\bmod \theta)$ 可被简化为 $1+\varepsilon\pm\varepsilon^x\equiv 0$, 除非 $x=\phi$ 或 $x=0$. 因此 $2\phi\equiv\pm 1$. 通过运用替换 $\varepsilon=\varepsilon_1^{-1}$, $\varepsilon=\varepsilon_1^{1/5}$ 等, 我们可将 $1+\varepsilon+\varepsilon^z\equiv 0$ 化简为一个更简单的同余式, 其中 z 可被

$$z,1-z,\frac{1}{z},\frac{z-1}{z},\frac{1}{1-z},\frac{z}{z-1}$$

模 ϕ 的整数剩余所代替. 除了 $z=1$ 和 2, 以上 6 个表达式模 ϕ 同余. 除非 ϕ 具有 $6l+1$ 的形式, 那么它们将化简为两个表达式, 或两个 z 的特殊值. 如果所有三个同余关系 $1+\varepsilon+\varepsilon^z\equiv 0$, $1-\varepsilon+\varepsilon^z\equiv 0$, $1-\varepsilon-\varepsilon^z\equiv 0$ 对以上 6 个表达式中的任意一个不成立, 那么 $1+\varepsilon-\varepsilon^z\equiv 0$ 对全部 6 个表达式均不成立.

对于兰德里的第 3 个注(关于原根) 见《数论史》的第一卷; 对于他的第 5 个注(关于连续分数).

如果 $2^\phi\equiv\pm 1(\bmod \theta)$, 那么兰德里①也得到了上述的例外. 其中 θ 为一个素数 $2k\phi n+1$, n 为大于 2 的素数. 对于 $\phi=5,7,11,13,17,19$ 时, 他找到了所有 $2^\phi\mp 1$ 有因数 θ 的所有情况. 例如, 如果 $\phi=11$, 那么仅当 $n=31$, $\theta=683$ 时. 除了以上这些例外, $1+\varepsilon\pm\varepsilon^z\equiv 0$, 对 $z=\phi$ 或 $z=0$ 在 $\phi\leqslant 19$ 时不成立; 对 $z=2,\frac{1}{2},-1$, 或 $z=3,1-3,\frac{1}{3}$, 等也不成立(除了一些 θ 的特殊值).

兰德里②证明了: 如果 θ 是一个素数 $2k\phi n+1(n>$

① Quatrième mémorie sur la théorie des nombres. Théorème de Fermat, Paris, Feb. 1855, 27 pp.

② Sixième mémorie sur la théorie des nombres. Théorème de Fermat, 3e livre, Paris, Nov. 1856, 24 pp.

3),那么 $1+\varepsilon+\varepsilon^{z}\equiv 0 \pmod{\theta}$ 对于 $\phi=5,7,11,13,17,19$ 都不可能成立,除了由兰德里①指出的那些对 $\phi=11,13,17$ 的例外,以及当 $\phi=19$;$\theta=761,n=5,k=4$;$\theta=647,n=17,k=1$;$\theta=419,n=11,k=1$ 时得到的新的例外.

海涅(H. E. Heine)② 考虑了 $P^{m}-DQ^{m}=1$,其中 P,Q,D 为关于 x 的多项式.

L. Calzolari③ 指出:任意给定的数 x,y,z 可被表示为 $x=v+w,y=u+w,z=u+v+w$ 的形式(因为我们可以取 $u=z-x,v=z-y,w=x+y-z$). 设 $x=z-u,y=z-v$,那么

$$z^{n}-n(u+v)z^{n-1}+\binom{n}{2}(u^{2}+v^{2})z^{n-2}-\cdots+(-1)^{n}(u^{n}+v^{n})=0$$

因此 $u^{n}+v^{n}$ 可被 z 整除. 同样地,$\alpha=u^{n}+(v-u)^{n}$ 可被 x 整除,并且 $\beta=v^{n}+(u-v)^{n}$ 可被 y 整除. 他的论断为:如果 n 为大于 3 的奇数,那么费马方程不可能成立. 这是不可能成立的. 通过柯特斯(Cotes) 的定理

$$u^{n}+v^{n}=(u+v)\prod(u^{2}-2uv\cos\lambda\pi/n+v^{2})$$

其中 $\lambda=1,3,5,\cdots,n-2$. 第 λ 个二次函数有因式

$$u+v\pm 2\sqrt{uv}\cos\lambda\pi/(2n)$$

但是 $u^{n}+v^{n}$ 有因式 $z=u+v+w$,因此

---

① Quatrième mémorie sur la théorie des nombres. Théorème de Fermat, Paris, Feb. 1855, 27 pp.

② Jour. für Math., 48, 1854, 256-9.

③ Tentativo per dimostrare il teorema di Fermat... $x^{n}+y^{n}=z^{n}$, Ferrara, 1855. Extract by D. Gambioli,[171] 158-161.

$$w=2\sqrt{uv}\cos\lambda\pi/(2n)$$

同样地，因为 α 可被 $x=u(v-u)+w$，和 β 可被 $y=v+(u-v)+w$ 整除，所以

$$w=2\sqrt{u(v-u)}\cos\frac{\lambda'\pi}{2n},w=2\sqrt{v(u-v)}\cos\frac{\lambda''\pi}{2n}$$

而且其中一个为实数，另一个为虚数．他也指出：第一个 w 中的 u，v 是对称的，而第 3 个 w 则不是．他也犯了一个错误，那就是假设一个奇数与一个偶数的乘积的一个偶因数一定整除后者．

J. A. Grunert① 证明了：如果 $n>1$，那么不存在正整数满足 $x^n+y^n=z^n$，除非 $x>n$，$y>n$．设 $z=x+u$ 并应用二项式定理；因此 $y^n>nx^{n-1}u$．

L. Calzolari② 考虑了一个三角形，这个三角形的三边为 $x^n+y^n=z^n$（n 为大于 1 的奇数）．因此 $z^2=x^2-axy+y^2\equiv P_2$ 对于 a 的某个值成立．我们可得多项式 $P_n\equiv x^n+y^n$ 可被 P_2 整除，多项式系数 P_{n-2} 可被 P_2 整除，等．最后得出对称系数 $P_1=x+y$ 等于 z，这是不可能的．如果 $n=2m$，那么 $P_2^m\equiv P'_n$，$a=0$，$m=1$．

G. C. Gerono③ 考虑了满足 $a^x-b^y=1$ 的整数 x，y，其中 a，b 为素数．如果 $a>2$，那么 $b=2$，$a=2^n+1$，并且当 $n>1$ 时，$x=1$，$y=n$；同样，当 $n=1$ 时，$x=2$，$y=3$．如果 $a=2$，那么 $b=2^n-1$，$x=n$，$y=1$．

---

① Archiv Math. Phys.，26，1856，119－120. Wrong reference by Lind，[241] p. 54.

② Annali di SC. Mat. e Fis.，8，1857，339-345.

③ Nouv. Ann. Math.，16，1857，394-8.

库默尔[①]证明了：对于 $x^\lambda+y^\lambda=z^\lambda$（其中 λ 为奇素数，xyz 与 λ 互素）的任意互素的整数解

$$B_{(\lambda-i)/2}P_i(x,y)\equiv 0(\bmod\lambda),i=3,5,\cdots,\lambda-2 \quad ⑧$$

其中 B_j 为第 j 个伯努利数，且 $P_i(x,y)$ 为次数是 i 的齐次多项式并满足

$$\left(\frac{\mathrm{d}^i\log(x+\mathrm{e}^v y)}{\mathrm{d}v^i}\right)_{v=0}=\frac{P_i(x,y)}{(x+y)^i}$$

他证明了：对于满足以下三个条件的奇素数指数，费马方程不可能有整数解. 这三个条件为：

(i) 类数 H 的因数 h_1 可被 λ 整除，但是不能被 λ^2 整除.

(ii) 对于由库默尔[②]所定义的 $\mu,g,e(\alpha)$ 以及小于 $(\lambda-1)/2$ 且被 $B_v\equiv 0(\bmod\lambda)$ 的整数 v 存在一个理想满足模单位

$$E_v(\alpha)=\prod_{k=0}^{\mu-1}\mathrm{e}(\alpha^{g^k})^{g-2kv}$$

与 λ 次幂不同余，因此 H 的第 2 个因数 h_2 不能被 λ 整除.

(iii) 伯努利数 $B_{v\lambda}$ 不能被 λ^3 整除.

当 $\lambda=37,59,67$ 时，对于满足所有三个条件的小于 100 的值，他之前并未证明费马定理. 但是库默尔重复运用了之前[③]的涉及指数的同余式，F. Mertens[④] 指

---

① Abh. Akad. Wiss. Berlin(Math.), for 1857, 1858, 41-74. Extract in Monatsb. Akad. Wiss. Berlin, 1857, 275-82.

② Berichte Akad. Wiss. Berlin, 1847, 305-319. Same in Jour. für Math., 40, 1850, 93-138; Jour. de Math., 16, 1851, 454-498.

③ Kummer, Jour. für Math., 44, 1852, 134(error, p. 133).

④ Sitzungsber. Akad. Wiss. Wien(Math.), 126, 1917, Ⅱa, 1337-43.

出，这个同余式在所有情况下不成立. H. S. Vandiver[①]给出了一个注释和两个进一步的评论. 注释中指出这一错误也影响到了本篇文章. 首先，库默尔依赖于他在 Jour. de Math. ,16,1851,473 上的一篇文章. 在这篇文章中，他化简了 h_1 modulo λ，但是没有化简 modulo λ^n，$n>1$，而这是现在需要的. 其次，库默尔运用了 $\Psi_r(\alpha)$ 的分解，这个分解仅当它包含一次数的理想. 尽管 61 页的定理满足这一限制，但是可将它运用在已被证明为一次数的理想 $\theta_r(\alpha)$. 当没取到所有的一次数时，库默尔[②]给出了不同的分解式.

H. F. Talbot[③]证明了：(Ⅰ)如果 n 是大于 1 的奇数，那么如果 a 是素数则 $a^n=b^n+c^n$ 没有整数解(Abel[④])；(Ⅱ)如果 n 是大于 1 的整数，且 $a^n=b^n-c^n$ 在 a 为素数时不成立，那么 $b-c=1$. 对于(Ⅰ)有，$(b+c)^n>b^n+c^n=a^n$，$b+c>a$；$b<a$，$c<a$，$b+c<2a$. 因此 $b+c$ 不能被素数 a 整除，与所给的方程矛盾. 同样地，对于(Ⅱ)有类似结论. 如果 a 是素数且 $m<n$，那么如果 n 是奇数则 $a^m=b^n+c^n$ 不可能成立. 而如果 $b-c>1$，那么 $a^n=b^n-c^n$ 可能成立.

K. Thomas[⑤]试图证明费马大定理.

---

① Proc. National Acad. Sc. ,April,1920.

② Kummer,Jour. für Math. ,44,1852,134(error,p. 133).

③ Trans. Roy. Soc. Edinburgh,21,1857,403-6.

④ Oeuvres,1839,264-5;nouv. éd. ,2,1881,254-5;letter to Holmboe,Aug. 3,1823.

⑤ Das Pythagoräische Dreieck und die Ungerade Zahl,Berlin,1859,Ch. 10.

H. J. Smith[①] 给出了许多关于费马大定理的文献,并指出 Barlow[②] 的证明是错误的. 而库默尔[③]又对于正则素整数重新给出了证明.

A. Vachette[④] 证明了式 ⑥,并且给出了推论:如果 a,b 是整数且 n 是大于 2 的素数. 那么 $(a+b)^n - a^n - b^n$ 可被 $nab(a+b)$ 整除,并且给出了几个关于系数的表达式. 设

$$A_k = (x+1/x)^k - x^k - 1/x^k, a = x + 1/x$$

那么 A_{6n+7} 被证明为可被 $(a^2-1)^2$ 整除(柯西[⑤]). 通过对 n 的演绎和华林公式,可得出式 ⑥ 的证明.

保莉特[⑥]对费马大定理给出了一个错误的证明.

L. Calzolari[⑦] 想要在之前[⑧]的基础上给出一个证明.

P. G. Tait[⑨] 指出:如果 $x^m = y^m + z^m$,当 m 是奇素

---

① Report British Assoc. for 1860,148-152;Coll. Math. Papers, I,131-7.

② Appendix to English transl. of Euler's Algebra. Proof"completed" by Barlow in Jour. Nat. Phil. Chem. and Arts (ed., Nicholson),27,1810,193,and reproduced in Barlow's Theory of Numbers,London,1811,160-9.

③ Jour. für Math.,40,1850,130-8(93);Jour. de Math.,16, 1851,488-98. Reproduced by Gambioli,[171] pp. 169-176.

④ Jour. für Math.,3,1828,354-375;Werke I,21-46. Read at the Paris Acad. Sc.,July 11 and Nov. 14,1825 and printed privately, Werke,I,1-20. Cf. Lebesgue.[37]

⑤ Comptes Rendus Paris,9,1839,359-363;Jour. de Math.,5, 1840,211-5. Oeuvres de Cauchy,(1),IV,499-504.

⑥ Cosmos,22,1863,385-9. Correction,p. 407,by R. Radau.

⑦ Annali di Mat.,6,1864,280-6.

⑧ Annali di Sc. Mat. e Fis.,8,1857,339-345.

⑨ Proc. Roy. Soc. Edinburgh,5,1863-4,181.

数时有整数解,那么 $x\equiv y\equiv 1,z\equiv 0(\bmod m)$.

塔尔博特[①]指出:巴洛[②]在他对 $n=3$ 时 $x^n-y^n=z^n$ 无解的证明中犯了相同的错误.在他的证明中,他指出:如果 r,s,t 是两两互素的,那么

$$\frac{t^2}{sr}-\frac{s^2}{tr}-\frac{9r^2}{st}\neq 6$$

因为每一个分式都是次数最低的项,并且每一个分母都有一个与其他分母不同的因式.因此这些分式的代数和不是整数(由于 Cor. 2, Art. 13 的错误).相反,我们有

$$\frac{7}{2\times 3}+\frac{8}{3\times 5}+\frac{3}{2\times 5}=2$$

吉诺奇[③]对 $n=7$ 时拉梅的证明作了简化.设 x,y,z 为 $v^3-pv^2+qv-pq+r=0$ 的根.那么 $x^7+y^7+z^7=0$ 等价于

$$p^7-7r(p^4-p^2q+q^2)+7pr^2=0$$

除了当 $p=0$ 时的情况以外,我们可以将 q 换为 p^2q,将 r 换为 p^2r,然后得到 $7r^2-7r(1-q+q^2)=-1$.根 r 的表达式中的根式一定是有理的.因此 $(1-q+q^2)^2/4-1/7$ 是一个平方数.设 $2q-1=s/t$,那么

$$7^2(s^4+6s^2t^2)-7t^4=(7u)^2$$

对后者的不可能的证明并未给出.

---

① Trans. Roy. Soc. Edinburgh, 23, 1864, 45-52.

② Appendix to English transl. of Euler's Algebra. Proof "completed" by Barlow in Jour. Nat. Phil. Chem. and Arts (ed., Nicholson), 27, 1810, 193, and reproduced in Barlow's Theory of Numbers, London, 1811, 160-9.

③ Annali di Mat., 6, 1864, 287-8.

Gaudin① 试图证明结论：如果 n 是奇素数，那么 $(x+h)^n - x^n = z^n$ 有可能有有理根. 为了避免作者给出的复杂的公式，我们取 $n=5$，则

$$(x+1)^5 - x^5 = 5x(x+1)\{x(x+1)+1\}+1$$

可表示为 $10t+1$ 的形式. 因为 z^5 具有此种形式，$z=10s+1$ 并且

$$z^5 = 5\cdot 10s\{10s[10s(10s\cdot\overline{2s+1}+2)+2]+1\}+1$$

据说不可能等于第一个表达式. 他的另外两个结论是烦琐的.

I. Todhunter② 证明了柯西③的定理以及结论：如果 $q=x^2+xy+y^2$，$b=xy(x+y)$，那么

$$\frac{(x+y)^{2m}+x^{2m}+y^{2m}}{2m}=\frac{q^m}{m}+$$

$$\sum\frac{(m-r-1)(m-r-2)\cdots(m-3r+1)}{(2r)!}q^{m-3r}b^{2r}$$

$$\frac{(x+y)^{2m+1}-x^{2m+1}-y^{2m+1}}{2m+1}=q^{m-1}b+$$

$$\sum\frac{(m-r-1)(m-r-2)\cdots(m-3r)}{(2r+1)!}q^{m-3r-1}b^{2r+1}$$

对 $r=1,2,\cdots$ 求和. 第一个公式在较早的时候就已经给出了④.

---

① Comptes Rendus Paris, 59, 1864, 1036-8.

② Theory of Equations, 1861, 173-6; ed. 2, 1867, 189; 1888, 185, 188-9.

③ Comptes Rendus Paris, 9, 1839, 359-363; Jour. de Math., 5, 1840, 211-5. Oeuvres de Cauchy, (1), IV, 499-504.

④ N. M. Ferrers and J. S. Jackson, Solutions of the Cambridge Senate-House Problems for 1848-1851, pp. 83-85.

Housel① 证明了卡塔兰②的经验定理. 即:除了8和9以外的两个连续整数,不能准确表为幂(指数大于1).

卡塔兰③指出在卡塔兰④的前提下,给出了这些定理.

卡塔兰⑤设 $p=x+y+z, P=p^n-x^n-y^n-z^n$ 并通过 $(x+y)(y+z)(z+x)$ 证明了 P 的系数 Q 为(对于大于3的奇数 n)

$$p^{n-3}+H_1p^{n-4}+H_2p^{n-5}+\cdots+H_{n-3}+y^{n-3}+$$
$$H_1(x^2,z^2)y^{n-5}+H_2(x^2,z^2)y^{n-7}+\cdots+$$
$$H_{(n-3)/2}(x^2,z^2)+x^{n-3}+$$
$$H_1(y^2,z^2)x^{n-5}+H_2(y^2,z^2)x^{n-7}+\cdots+$$
$$H_{(n-3)/2}(y^2,z^2)$$

其中

$$H_1=p$$
$$H_2=\sum x^2+\sum xy$$
$$H_3=\sum x^3+\sum x^2y+xyz$$
$$\vdots$$

---

① Catalan's Mélanges Math., Liège, ed. 1, 1868, 42-48, 348-9.

② Jour. für Math., 27, 1844, 192. Nouv. Ann. Math., 1, 1842, 520; (2), 7, 1868, 240(repeated by E. Lionnet). For $n=2$, Lebesgue[68] of Ch. VI.

③ Ibid., 40-1; Revue de l'instruction publique en Belgique, 17, 1870, 137; Nouv. Corresp. Math., 3, 1877, 434. Proofs by Soons.[172]

④ Mém. Soc. R. Sc. Liège, (2), 12, 1885, 42-3(eaarlier in Catalan[90]).

⑤ Mélanges Math., ed. 1, 1868, No. 47, 196-202; Mém. Soc. Sc. Liège, (2), 12, 1885, 179-185, 403. (Cited in Bull. des sc. math. astr., (2), 6, I, 1882, 224.)

$$H_q(x,z)=x^q+zx^{q-1}+z^2x^{q-2}+\cdots+z^q$$

如果 n 是一个素数，那么 P 和 Q 的系数是可被 n 整除的. 并且

$$Q-\frac{n(x^{n-1}-z^{n-1})}{x^2-z^2}\equiv n(y+z)(x+y)\phi$$

其中 ϕ 是关于 x,y,z 的整系数多项式.

G. C. Gerono[1] 证明了：如要 x 或 y 是一个素数，那么 $x^m=y^n+1$ 仅当 $x=n=3,y=m=2$ 时有大于1的正整数解.

吉诺奇[2]指出 $x^4+6x^2y^2-y^4/7=z^2$ 不可能有整数解. 因此当 x,y,z 是一个三次有理系数方程的根时，$x^7+y^7+z^7=0$ 不成立. 这是拉梅[3]定理的一个推论.

E. Laporte[4] 演译了费马大定理，根据结论：大于两个的幂级数可表示为等差数列中各项的和大于额外的项.

Moret-Blanc[5] 证明了 $x^y=y^x+1$ 的唯一的正整数解为 $y=0$；$y=1,x=2$；$y=2,x=3$. A. J. F. Meyl[6] 指出：$(x+1)^y=x^{y+1}+1$ 的唯一正整数解为 $x=0,x=y=1,x=y=2$.

① Nouv. Ann. Math.,(2),9,1870,469-471;10,1871,204-6.

② Comptes Rendus Paris,78,1874,435. Proof,82,1876,910-3.

③ Comptes Rendus Paris,9,1839,45-6;Jour. de Math.,5,1840,195-211. Mém. présentés divers savants Acad. Sc. de l'Institut de France,8,1843,421-437.

④ Petit essai sur quelques méthodes probables de Fermat, Bordeaux,1874. Reprinted in Sphinx-Oedipe,4,1909,49-70.

⑤ Nouv. Ann. Math.,(2),15,1876,44-6.

⑥ Ibid.,545-7.

卢卡斯[①]设 $y=x-a, z=x-b, a<b$；且满足 $y^n+z^n-x^n, n>2$. 那么

$$x^n-\binom{n}{1}(a+b)x^{n-1}+\binom{n}{2}(a^2+b^2)x^{n-2}-\cdots+$$

$$(-1)^n(a^n+b^n)=0$$

设 $w_1,\cdots,w_n$ 为上式的根，且全为正数. 那么

$$\sum w_1=n(a+b)$$

$$\frac{1}{n}\sum w_1^2=a^2+b^2+2nab=\text{整数}$$

如果 $n>2$，那么上式不可能成立. 这一错误的结论被引用在 Jahrbuch Fortschritte der Math.,7,1875,100.

T. Pepin[②] 证明了 $x^7+y^7+z^7=0$ 没有不被 7 整除的整数解. 他是通过结论 $u^2=x^4+7^3y^4$ 在 $y\neq 0$ 时没有整数解（下面会给出证明）而得出的. 他证明了第一个方程中若未知量中有一个可被 7 整除，那么此方程无解.

J. W. L. Glaisher[③] 用一个新的形式表达了柯西[④]的定理. 设 n 为奇数，且 $x=c-b, y=a-c$. 那么

$$(x+y)^n-x^n-y^n=$$

$$(b-c)^n+(c-a)^n+(a-b)^n\equiv E_n$$

那么 E_n 可被 $E_3=3xy(x+y)$ 代数地整除. 如果 $n=6m\pm 1$，那么 E_n 可被$E_2=2(x^2+xy+y^2)$ 整除. 如果

① Archiv Math. Phys.,58,1876,109-112.

② Comptes Rendus Paris,82,1876,676-9.

③ Quar. Jour. Math.,15,1878,365-6.

④ Comptes Rendus Paris,9,1839,359-363;Jour. de Math.,5,1840,211-5. Oeuvres de Csuchy,(1),IV,499-504.

$n=6m+1$,那么 E_n 可被 $E_4=\frac{1}{2}E_2^2$ 整除.

Glaisher① 在 n 为小于或等于 13 的奇数时,用 $\beta=x^2+xy+y^2$ 和 $\gamma=xy(x+y)$ 表示了 $(x+y)^n-x^n-y^n$.(柯西②在较早时已经得出了这个结果)

T. Muir③ 指出:$x,y,-x-y$ 均是 $w^3-\beta w+\gamma=0$ 的根.因此根据华林公式,对于根的齐次幂的和有

$$\frac{(x+y)^{2m+1}-x^{2m+1}-y^{2m+1}}{2m+1}=$$

$$\beta^{m-1}\gamma+\frac{(m-2)(m-3)}{1\times 2\times 3}\beta^{m-4}\gamma^3+$$

$$\frac{(m-3)\cdots(m-6)}{1\times 2\times 3\times 4\times 5}\beta^{m-7}\gamma^5+\cdots$$

他对 $(x+y)^{2m}+x^{2m}+y^{2m}$ 给出了一个类似的公式.对于三个变量,设

$$\beta=\sum x^2+\sum xy$$

$$\gamma=\sum x^2y+2xyz,$$

$$\delta=xyz(x+y+z)$$

那么 $x,y,z,-x-y-z$ 是 $w^4-\beta w^2+\gamma w-\delta=0$ 的根.因此

$$(x+y+z)^{2m+1}-x^{2m+1}-y^{2m+1}-z^{2m+1}=$$

$$\sum(-1)^{r+s+t-1}\frac{(2m+1)\cdot(r+s+t-1)!}{r!\ s!}(-\beta)^r\gamma^s\delta^t$$

对于 $2r+3s+4t=2m+1$ 的所有非负整数解求和.因

① Messenger Math.,8,1878—9,47,53.

② Exercices d'analyse et de phys. math.,2,1841,137-144;Oeuvres,(2),XII,157-166.

③ Quar. Jour. Math.,16,1879,9-14.

为 $s>0$，所以这个和式有因式 $\gamma=\frac{1}{3}\{(x+y+z)^3-x^3-y^3-z^3\}$.

Glarisher[①] 指出：牛顿的恒等式对于 $x_1^n+\cdots+x_m^n$，给出了一个递归公式. 并且将柯西定理推广至负指数. 另外对所有满足 r 个符号为负的 $\pm a_1\pm\cdots\pm a_n$ 的 p 次幂的和的以及它们的因式给出了递归公式.

A. Desboves[②] 指出：$aX^m+bY^m=cZ^n$ 有整数解当且仅当 c 具有 ax^m+by^m 的形式；我们能找到一个关于 a,b 的函数 c 以及足够多的参量使得整数解存在. 接下来，设 $n=m$. 那么我们可以找到 a,b,c 使得存在两个解集并且它们确定了 $a:b:c$. 存在有三个解集的这样的方程当且仅当

$$P^m+Q^m+R^m=U^m+V^m+T^m, PQR=UVT$$

有不等于 0 的整数解，如果

$$a=\frac{(x+y\mathrm{i})^{4m}-(x-y\mathrm{i})^{4m}}{2\mathrm{i}}$$

那么我们能通过 $X=x^2+y^2, Y=1$，解出 $X^{4m}-a^2Y^{4m}=Z^2$.

佩列特[③]对于一个素数 p，考虑. 同余式

$$At^m+Bu^n+C\equiv 0(\bmod p), ABC\not\equiv 0(\bmod p)$$

设 d 为 m_0 和 $p-1$ 的最大公约数；d_1 为 n_0 和 $p-1$ 的最大公约数. 并设 $x\equiv t^m$. 那么 x 一定满足以下两个同余式

$$x(x^{(p-1)/d}-1)\equiv 0$$

---

① Ibid.，89-98.

② Nouv. Ann. Math.，(2)，18，1879，481-9.

③ Comptes Rendus Paris，88，1879，417-8.

$$(Ax+C)\left[\left(\frac{-Ax-C}{B}\right)^{(p-1)/d_1}-1\right]\equiv 0(\bmod p)$$

相反地,对应于有 μdd_1 个解集,后两个同余式有 μ 个公共根的 dd_1 个解集的同余式成立. 当 $m=n=2$ 时,这两个同余式至少有 1 个公共根. 因为第 2 个同余式不是 $x^{(p-1)/2}+1\equiv 0$,而是次数更高的. 因此 $At^2+Bu^2+C\equiv 0(\bmod p)$ 可解(拉格朗日等).

刘维尔[①]指出:如果 $n>1$ 且 X,Y,Z 是关于变量 t 的多项式,那么 $X^n+Y^n=Z^n$ 无解. 设 $\alpha=X/Z$,那么

$$U=\int\frac{\alpha^{n-1}\mathrm{d}\alpha}{\sqrt[n]{1-\alpha^n}}=\int^Z_Y\left(\frac{X}{Z}\right)^{n-1}\mathrm{d}\left(\frac{X}{Z}\right)$$

是关于 $\sqrt[n]{1-\alpha^n}=Y/Z$ 的多项式. 因为 $\mathrm{d}U/\mathrm{d}t$ 是第二个整式的变量,所以

$$Z^2\frac{\mathrm{d}}{\mathrm{d}t}\left(\frac{X}{Z}\right)=-Z^2\left(\frac{Y}{X}\right)^{n-1}\frac{\mathrm{d}}{\mathrm{d}t}\left(\frac{Y}{X}\right)$$

一定是多项式 A 与 Y 的乘积. 因此

$$A+\frac{Z^2Y^{n-2}}{X^{n-1}}\frac{\mathrm{d}}{\mathrm{d}t}\left(\frac{Y}{Z}\right)=0$$

那么 X^{n-1} 整除 $Z^2\mathrm{d}(Y/Z)$,设商为 B 并且 $P=Y/Z$,那么

$$\frac{\mathrm{d}P}{\mathrm{d}t}=\frac{B}{Z^2}X^{n-1},\frac{\mathrm{d}P}{\mathrm{d}t}\div(1-P^n)^{(n-1)/n}=BZ^{n-3}$$

但是在后一个等式中,对于 $P^n=1$ 的一个根,左边的式子是无限的;而对右边的式子是有限的. 在 E. Netto[②]中,指出这一论证是不充分的.

① Comptes Rendus Paris,89,1879,1108-10.

② Jabrbuch Fortschritte Math.,11,1879,138.

A. Korkine[1] 调整了最后的证明. 设 Z 为关于 t 的多项式,并且次数 m 不少于 X 和 Y 的次数. 那么后者中的一个多项式次数为 m 称为 Y. 设 $m-\lambda(\lambda\geqslant 0)$ 为 X 的次数. 对 $(Y/X)^n+(Z/X)^n+1=0$ 求关于 t 的导数. 那么由于 Y,Z 无公因式则

$$\frac{XY'-YX'}{Z^{n-1}}=\frac{ZX'-XZ'}{Y^{n-1}}$$

是整函数,当分子的次数小于等于 $2m-\lambda-1$,且分母的次数是 $m(n-1)$ 时,我们有

$$2m-\lambda-1-m(n-1)\geqslant 0,m(3-n)\geqslant\lambda+1,n<3$$

A. Lefébure[2] 将所有形如 $p=2k_n+1$ 素数分为两类. 第一类为 n 次幂模 p 的任意三个剩余的代数和不是 p 的倍数. 第二类为模 p 的任意三个剩余的代数和是 p 的倍数. 应当指出的是:第一类中的所有 p 是满足 $x^n+y^n=z^n$ 的一个整数的因数,进而每一个 p 要么是 x,y 或 z 的因数,要么在第二类中. 因此如果第一类是无限的,那么 $x^n+y^n=z^n$ 不可能成立. 但是当第二类是无限的时,第一类不是有限的.(由 Pepin[3] 改正)

T. Pepin[4] 指出 Libri[5] 很久之前就给出了一个类似 Lefébure[6] 的证明. 为了证明 Libri 关于

$$x^3+y^3+1\equiv 0(\bmod p=3h+1)$$

的判断,Pepin 指出(通过高斯,Disq,Arith,art,338,关

---

① Comptes Rendus Paris,90,1880,303-4(Math. Soc. ,Moscow,10,1882,54-6.

② Ibid. ,90,1880,1406-7.

③ Ibid. ,91,1880,366-8. Reprinted,Sphinx-Oedipe,4,1909,30-32.

④ Ibid. ,91,1880,366-8. Reprinted,Sphinx-Oedipe,4,1909,30-32.

⑤ Jour. für Math. ,9,1832,270-5.

⑥ Ibid. ,90,1880,1406-7.

于单位根的三个周期的方程）这个同余式的正整数解集的个数是小于 p 的 $p+L-8$，其中 L 由 $L^2+27M^2=4p$ 以及 $L\equiv 1(\bmod 3)$ 确定. 因此 7 和 13 是仅有的 $3h+1$ 形式的素数中满足不整除三个立方和，也不整除它们中的任何一个.

O. Schier① 指出：如果 n 是一个奇素数，那么为了证明 $x^n+y^n=z^n$ 不可能有互素的整数解，我们有 $x+y\equiv z(\bmod n)$. 通过二项式定理展开

$$(x+y)^n=(z+nk)^n$$

消去 x^n+y^n 和 z^n，并除以因子 n，可得

$$xy(x^{n-2}+y^{n-2})+\frac{n-1}{2}x^2y^2(x^{n-4}+y^{n-4})+\cdots=$$

$$z^{n-1}nk+\cdots+n^{n-1}k^n$$

因此同样可得左边的数必被 n 整除. 应当注意的是：这个整除性依赖于每一项中出现的因式 xy 和 $x+y$. 因此 n 整除 x 或 y. 因为如果 $x+y$ 和 z 可被 n 整除，那么设 $x=z+nk-y$ 为初始方程. 此结果仅在 y 是 n 的倍数时成立.

F. Fabre② 提出，M. Dupuy 证明了：$(x+y)^n-x^n-y^n$ 被 x^2+xy+y^2 整除，如果 n 具有 $6a\pm 1$ 的形式.

如果③$(\sum a)^{2n+1}=\sum a^{2n+1}$ 在 $n=1$ 时成立，那么它对任意 n 均成立. 因为

$$(a+b)(a+c)(b+c)=0$$

① Nova Acta Acad. Sc. Petrop., 15, 1806, ad annos 1799-1802, 146-155.

② Jour. de math. élémentaire de Longchamps et de Bourget, 1880, No. 273, p. 528.

③ Math. Quest. Educ. Times, 36, 1881, 105.

佩列特提出，由 Moret-Blanc[①] 证明了：$At^3+Bu^2+C\equiv 0\pmod 7$ 有解，如果 ABC 与 7 互素.

E. Cesàro[②] 证明了：如果 $\psi(n)$ 是 $Ax^\alpha+By^\beta=n$ 的正整数解集的个数，那么

$$\psi(1)+\cdots+\psi(n)=\frac{n^{1/\alpha+1/\beta}}{A^{1/\alpha}B^{1/\beta}}\int_0^1\sqrt[\alpha]{1-x^\beta}\,\mathrm{d}x$$

其中 A,B 为正整数. $\psi(n)$ 与 $x^\alpha+y^\beta=n$ 的解集的个数的平均比为 $A^{-1/\alpha}B^{-1/\beta}$. 因此当 $\alpha=\beta=1$ 时，有平均值 $\psi(n)=n/(AB)$. 当 $\alpha=\beta=2$ 时，有平均值 $\phi(n)=\pi/(4\sqrt{AB})$. 所有满足 $x^k+y^k=n$ 的正整数值 x 的 p 次幂的和的平均值是可求的.

C. M. Piuma[③] 指出：如果系数 A,B,C 中没有一个可被素数 $m=pq+1$ 整除，那么 $Ax^p+By^q+C\equiv 0\pmod m$ 有整数解，当且仅当 $Az+Bz_1+C\equiv 0\pmod m$ 有解. 并且 $z\equiv x^p,z_1=y^q$ 对 x,y 有解. 例如，如果

$$z(z^q-1)\equiv 0,z_1(z_1^p-1)\equiv 0\pmod m$$

有解. 因此初始同余式有解当且仅当 $P\equiv 0\pmod m$，其中 P 可由相应于后两个同余式的方程以及 $Az+Bz_1+C=0$ 求出，进而有 P 为 $(p+1)(q+1)$ 的线性因式的乘积.

当 $q=2$ 时，如果 $C+A$ 或 $C-A$ 可被 m 整除，或乘积 $-BC,-B(C+A),-B(C-A)$ 中的任意一个是 m 的二次剩余，那么以上同余式有解. 特别地，$Ax^3+By^2+C\equiv 0\pmod 7$ 可解，如果系数均不能被 7

---

① Nouv. Ann. Math.，(3)，1，1882，335，475-6.

② Mém. Soc. R. Sc. de Liège，(2)，10，1883，No. 6，195-7，224.

③ Annali di Mat.，(2)，11，1882－3，237-245.

整除.(见佩列特①).

卡塔兰、P. Mansion 和 de Tilly② 对两份入选 1883 年 Belgian 学院奖的手稿,给出了相反的报告. 此奖是为了证明费马大定理而设立的.

E. de Jonquières③ 证明了:当 $n>1, a^n+b^n=c^n$ 时,a,b 中的较大者是一个合数. 设 $c=a+k, b>a$. 那么通过二项式定理有 $b^n=(a+k)^n-a^n$ 可被 k 整除. 但是如果 $k\geqslant b, c^n\geqslant(a+b)^n>a^n+b^n$. 那么 b^n 可被整数 k 整除,其中 $l<k<b$. 类似地,如果 a 是一个小于 b 的素数,那么 $c-b=1$. 他④指出:如果 $a^n+b^n=c^n$ 且 a 或 b 是素数. 那么两者中较小者是一个素数,并且较大者是一个单位上与 c 不同的合数.

G. Heppel⑤ 证明了:如果 n 是一个大于 3 的素数,那么 $(x+y)^n-x^n-y^n$ 可被 $nxy(x+y)(x^2+xy+y^2)$ 整除,并且可得出商的一般项的系数.

P. A. MacMahon⑥ 运用了 Pro. Lond. Math. Soc. 15, 1883-1884, p. 20 中的华林公式证明了对 $2a+3b=n$ 的所有整数解求和的恒等式

① Nouv. Ann. Math. ,(3),1,1882,335,475-6.

② Bull. Acad. R. Belgique, (3),6,année 52,1883,814-9,820-3,823-32.

③ Atti Accad. Pont. Nuovi Lincei,37,1883-4,146-9. Reprinted in Sphinx-Oedipe,5,1910,29-32. Proof by S. Roberts,Math. Quest. Educ. Times,47,1887,56-58;H. W. Curjel,71,1899,100.

④ Comptes Rendus Paris,98,1884,863-4. Extract in Oeuvres de Fermat,IV. 154-5.

⑤ Math. Quest. Educ. Times,40,1884,124.

⑥ Messenger Math. ,14,1884-5,8-11.

$$S(x,y)+S(y,x)=$$
$$\sum(-1)^{b+1}\frac{(a+b-1)!\ (a+3b)}{a!\ b!}$$
$$(x^2+xy+y^2)^a\{xy(x+y)\}^b$$

其中

$$S(x,y)=\frac{(x+2y)x^n+(-1)^{n+1}(x-y)(x+y)^n}{(x-y)(x+2y)(2x+y)}$$
$$\{2y(x+y)-x^2\}$$

他对三个变量也给出了一个类似的恒等式. 如果 $n=7$,那么此恒等式的右边就成为 $5xy(x+y)(x^2+xy+y^2)^2$(见柯西①).

卡塔兰②指出:如果 p 是一个奇素数,那么

$$(x+y)^p-x^p-y^p\equiv pxy(x+y)P^2$$

仅当 $p=7$ 并且 $P=x^2+xy+y^2$ 时成立. 其中 P 整系数多项式. 他③通过取 $x=y=1$,证明了此结果. 因此 $2^{p-1}-1=pN^2$. 其中 N 为整数. 设 $t=(p-1)/2$. 因为 2^t-1 与 2^t+1 是互素的,并且相差2,所以它们中的一个是平方数. 第一个具有形式 $4n+3$ 的数不是平方数. 因此 $2^t+1=M^2$. 进而 2^t 的因式 $M+1$, $M-1$ 是2的方幂并且它们的差是2. 所以 $M-1=2$,从而 $p=7$, $N=3$ 或 $p=3$, $N=1$.

卡塔兰④给出了经验定理:(Ⅰ)除了 $x=0$ 或1外, $(x+1)^x-x^x=1$ 无整数解.(Ⅱ) $x^y-y^x=1$ 除了 $x=$

---

① Comptes Rendus Paris,9,1839,359-363;Jour. de Math.,5,1840,211-5. Oeuvres de Cauchy,(1),IV,499-504.

② Nouv. Ann. Math.,(3),3,1884,351(Jour. de math.,spéc.,1883,240).

③ Ibid.,(3),4,1885,520-4.

④ Mém. Soc. R. Sc. Liège, (2),12,1885,42-3(earlier in Catalan[90]).

$1, y=0$ 或 $x=3, y=2$ 以外，无其他整数解.（Ⅲ）$x^{p-1}=P$ 仅当 $x=2, p=3, P=7$ 时成立，其中 p 和 P 是素数.（Ⅳ）如果 P 是素数，那么 $x^{n}-1=P^{2}$ 无解.（Ⅴ）当 p 是一素数时，仅当 $x=3, p=2, m=3$；$x=2, p=3, m=1$ 时 $x^{2}-1=p^{m}$ 成立.（Ⅵ）除了 $x=y=3, p=q=2$ 时以外 $x^{p}-q^{y}=1$ 不成立. 其中 p, q 是素数.（Ⅶ）除了当 $x=2, y=1, p=3$ 时以外，$x^{3}+y^{3}=p^{2}$ 不成立. 其中 p 是素数.（Ⅷ）$x^{n}=\{(2^{n-2}-1)^{n}+1\}/2^{n-2}$ 除了 $n=3$，$x=1$ 时以外不成立. 见 Gegenbauer[①].

G. B. Mathews[②] 证明了：如果 x, y, z 均不是 p 的倍数，那么对于素数 p，$x^{p}+y^{p}=z^{p}$ 不成立. 高斯对 $p=3$ 的注释(Worke,2,1863,387-391) 引出了此方法. 因为 $z\equiv(x+y)(\bmod p)$，所以

$$D=(x+y)^{p}-x^{p}-y^{p}\equiv 0(\bmod p^{2})$$

$$D=pxy(x+y)\phi(x, y)$$

其等价同余式 $xyz\phi(x, y)\equiv 0(\bmod p)$ 被证明有当 $p=3,5,11,17$ 时不成立，除非三个未知量中至少有一个可被 p 整除. 此方法遗留了当 $p=3n+1$ 时的情况，因为 ϕ 的因式 $x^{2}+xy+y^{2}$ 有实根.

卡塔兰[③]给出了 16 个关于 $a^{n}+b^{n}=c^{n}$ 的定理，其中 n 为大于 3 的素数. 如果 a 是一个素数，那么 $a\equiv 1(\bmod n)$；$a^{n}\equiv 1(\bmod nb)$；$c-a$ 的每一个素因数整除 $a-1$；$a+b$ 与 $c-a$ 互素；$2a-1$ 与 $2b+1$ 互素

$$nb^{n-1}\leqslant a^{n}\leqslant n(b+1)^{n-1}$$

a 比 b 大 n；$a^{n}-1$ 可被 $nb(b+1)(b^{2}+b+1)$ 整除. 进

① Sitzungsber. Akad. Wiss. Wien(Math.),97,IIa,1888,271-6.

② Messenger Math.,15,1885-6,68-74.

③ Bull. Acad. Roy. Sc. Belgique, (3),12,1886,498 — 500. Reproduced in Oeuvres de Fermat,IV. 156 — 7.

而 $a+b, c-a, c-b$ 均不是素数. 如果 $a+b=c_1^n, c-a=b_1^n, c-b=a_1^n$,那么 c 可被 n 整除. Mathews[①] 中的 ϕ 为

$$H_1 x^{p-3}+H_2 x^{p-4} y+\cdots+H_1 y^{p-3}$$

$$H_k=\frac{1}{p}\left[\binom{p-1}{k} \pm 1\right]$$

如果 k 为偶数,则取正号.

卡塔兰[②]给出了同样的定理. 如果 $a^n+b^n=c^n$, $a+b$ 可被 n 整除,那么 $a+b$ 可被 n^{n-1} 整除,其中 a, b, c 两两互素;如果 $a+b$ 可被不等于 n 的素数 p 整除,那么 $a+b$ 可被 p^n 整除;如果 $a+b$ 可被大于 n^{n-1} 的 n 的方幂整除,那么 $a+b$ 可被 n^{2n-1} 整除;如果 $a+b$ 可被大于 p^n 的不等于 n 的素数 p 的方幂整除,那么它可被 p^{2n} 整除.

L. Gegenbauer[③] 证明了:17,29 和 41 是具有形式 $p=4\mu+1$ 的素数中仅有的不整除三个与 p 互素的四次幂的和的素数.(第 8 章的欧拉[④]).

C. de Polignac[⑤] 证明了除非 $a=3, n=1$ 或 2,否则 $a^n-2^k=\pm 1$ 不成立.

佩列特[⑥]通过单位根定理中的不等式发现了 $x^q+y^q \equiv z^q \pmod{p}$ 有均不被 p 整除的解 x, y, z,其中系

---

① Messenger Math. ,15,1885-6,68-74.

② Mém. Soc. R. Sc. Liège, (2),13,1886,387-397(= Mélanges Math. ,2,1887,387-397). Proofs of some of these theorems by Lind,[241] pp. 30-31,41-43,and by S. Roberts,Math. Quest. Educ. Times,47,1887,56-8.

③ Sitzungsber. Akad. Wiss. Wien(Math.),95,II,1887,842.

④ Tôhoku Math. Jour. ,10,1916,211.

⑤ Math. Quest. Educ. Times,46,1887,109-110.

⑥ Bull. Soc. Math. de France,15,1886-7,80-93.

数 p 可写为 $q_w + 1$，并且 w 大于一个确定的界限并满足 $qw + 1$ 为素数(Libri[①]).

P. Mansion[②] 研究了 $x^n + y^n = z^n$，其中 x, y, z 互素，$x < y < z$，n 为奇素数. 通过 de Jonquières[③] 得到 y 是合数. 并且还证明了此时的 z 是合数. x 是合数的证明是错误的，这一点他后来也承认了.

M. Martone[④] 作了证明费马大定理的尝试.

F. Borletti[⑤] 证明了：如果 n 是大于 2 的素数，那么若 z 为素数则 $x^n + y^n = z^n$ 无正整数解，并且若未知量之一为素数，则 $x^{2n} - y^{2n} = z^{2n}$ 无整数解；如果 $n > 1$，且 x, y 是互素的奇数，则 $x^n \pm y^n = 2^{an}$ 不成立.

卢卡斯[⑥]证明了柯西[⑦]的结论. 设

$$q = a^2 + ab + b^2$$

$$r = ab(a + b), S_n = (a + b)^n + (-a)^n + (-b)^n$$

那么 $S_{n=3} = qS_{n+1} + rS_n$. 因此通过华林公式可得，如果 $n = 6m + 1$，则 S_n 可被 $q^2 r$ 整除；如果 $n = 6m + 2$，则 S_n 可被 q 整除但不可能被 r 整除；如果 $n = 6m + 5$，则 S_n

① Jour. für Math. ,9,1832,270-5.

② Bull. Acad. Roy. Sc. Belgique; (3),13,1887,16-17(correction, p. 225).

③ Atti Accad. Pont. Nuovi Lincei,37,1883-4,146-9. Reprinted in Sphinx-Oedipe,5,1910,29-32. Proof by S. Roberts,Math. Quest. Educ. Times,47,1887,56-58;H. W. Curjel,71,1899,100.

④ Dimostrazione di un celebre teorema del Fermat,Catanzaro, 1887,21 pp. Napoli,1888. Nota ad una dimostr. . . ,Napoli, 1888(attempt to complete the proof in the former paper).

⑤ Reale Ist. Lombardo,Rendiconti,(2),20,1887,222-4.

⑥ Assoc. franç. av. sc. ,1888,II,29-31;Théorie des nombres, 1891,276.

⑦ Comptes Rendus Paris,9,1839,359-363;Jour. de Math. ,5, 1840,211-5. Oeuvres de Cauchy,(1),IV,499-504.

可被 qr 整除；如果 $n=6m$，则 S_n 既不能被 q 整除也不能被 r 整除．它的一个推论为：如果 p 是一素数那么如果 n 是与 p 互素的奇数则 $(1+x+x^2+\cdots+x^{p-2})^n-1-x^n-x^{2n}-\cdots-x^{(p-2)n}$ 可被 $Q=1+x+\cdots+x^{p-1}$ 整除．如果 $n=2p+1$，则上式可被 Q^2 整除．对于任意 p，设 $\phi(x)=0$ 为方程的 p 次单位原根．那么对于与 p 互素的奇数 n 有

$$\{\phi(x)-x^{\lambda}\}^n-\phi(x^n)$$

可被 n 整除．（明显地，应将项 $x^{\lambda n}$ 加入，并记 λ 为 $\phi(x)$ 的次数，$\phi(x)$ 满足次数与 p 互素且小于 p 的整数．）

L. Gegenbauer① 证明了：如果 α 是一个整数且至少有一个大于1的奇因数，q 是一个素数．那么仅当 $q=2$，$n=a\alpha+1$，$x=y=2^a$，或 $\alpha=q=3$，$n=2+3a$，$x=2\cdot 3^a$，$y=3^a$ 时，$x^\alpha+y^\alpha=q^n$ 有正整数解．因此 3^2 是唯一可以用奇素数的幂表示两个互素整数的 α 次幂的和的数．卡塔兰②中的第7个经验定理给出了一个特殊情形．可以证明：如果 q 是一个素数，那么仅当 $x=2$，$n=1$，$a+1$ 是一个素数，或 $x=3$，$a=1$，$q=2$，$n=3$ 时 $x^{a+1}+q^n=1$ 可解．因此除了 2^n-1 以外的素数不能用来表示方幂，而 3^2 是唯一用素数的幂表示的数．这些结论可推出卡塔兰的第3，4，5，6个经验定理．

A. Rieke③ 在假设 p 是大于3的奇素数时，试图证明 $x^p+y^p=z^p$ 无解．他证明并运用了式⑥．当 m 为无理数时，他从一个次数为 $t=(p-1)/2$ 的方程得到了

---

① Sitzungsber. Akad. Wiss. Wien(Math.)，97，IIa，1888，271-6.

② Mém. Soc. R. Sc. Liège, (2)，12，1885，42-3(earlier in Catalan[90]).

③ Zeitschrift Math. Phys.，34，1889，238-248. Errors noted by a "reader，"37，1892，57，and Rothholz.[140]

一个没有意义的推论“对于 m 的任意值，m^t 有因式 p 且 m 有因式 $p^{1/t}$.”

D. Varisco[①] 没能证明费马大定理. 因为他推出了

$$\lambda_1-\sigma_1=2ud,\lambda_1 d_1-\sigma d=\eta$$
$$\sigma-\lambda=2ud_1,\sigma_1 d_1-\lambda d=\eta$$

存在唯一的解集 $\sigma_1=0,\cdots$. 然而 4 个方程是线性相关的并有其他解集. O. Landsberg[②] 中表示这个错误是不可修复的.

A. Rieke[③] 也试图证明 $x^p+y^p=z^p$ 无解. 但是又一次在代数和算数的多样性上遇到了困难，甚至在 $p=3$ 时.

卢卡斯[④]证明了柯西[⑤]中的定理以及勒让德[⑥]中的公式 ①③④. 其目的是为了显示：当 x,y,z 两两互素时，它们中没有一个可表示为一个素数或一个素数的

① Giornale di Mat.,27,1889,371-380.

② Ibid.,28,1890,52.

③ Zeitschr. Math. Phys.,36,1891,249-254. Error indicated in 37,1892,57,64.

④ Théorie des nombres,1891. References in Introduction,p. xxix,where it is stated falsely that Kummer proved Fermat's theorem for all even exponents.

⑤ Comptes Rendus Paris,9,1839,359-363;Jour. de Math.,5,1840,211-5. Oeuvres de Cauchy,(1),IV,499-504.

⑥ Sur quelques objets d'analyse indéterminée et particulièrement sur le théorème de Fermat Mém. Acad. R. Sc. de l'Institut de France,6,année 1823,Paris,1827,1-60. Same except as to paging,Théorie des nombres,ed. 2,1808,second supplément,Sept.,1825 1-40 (reproduced in Sphinx-Oedipe,4,1909,97-128;errata,5,1910,112).

幂(Markoff[①]).他由 Jaquemet[②] 证明了第一个结果.

D. Mirimanoff[③] 发现单位项的充分必要条件是此类数的第 2 个因数(库默尔[④])可被 λ 整除.他详细地给出了 $\lambda=37$ 时的情况.

J. Rothholz[⑤] 运用库默尔[⑥]关于 $a^n \pm b^n$ 的因式的定理给出了结论:如果 n 是形如 $4k+3$ 的素数,或 x,y,z 是有一个是素数且 n 是一个奇素数.那么 $x^{2n} \pm y^{2n}=z^{2n}$ 无整数解;如果 x,y 或 z 是一个素数的幂,且此素数模 n 与 1 不同余,而 n 是一个奇素数,那么 $x^n+y^n=z^n$ 无解;如果 n 和 p 是奇素数,那么 $x^n+y^n=(2p)^n$ 无解;如果 x,y 或 z 中之一的值为 $1,\cdots,202$ 中的数,那么 $x^n \pm y^n=z^n$ 无解.关于此定理的历史在最后讨论.在前面我们指出了由 Rieke[⑦] 给出的证明中的两处错误.

* W. L. A. Tafelmacher[⑧] 证明了阿贝尔的公式以及由这些公式得出的同余推论.在第 2 篇论文中,他证明了当 $n=3,5,11,17,23,29$ 时,费马方程无解.以及当 $n=7,13,19,31$ 且 $x+y-z \equiv 0 \pmod{n^4}$ 时费马

---

① L'intermédiaire des math.,2,1895,23;repeated,8,1901,305-6.

② Cf. A. Marre,Bull. Bibl. Storia Sc. Mat. Fis.,12,1879,886-894.

③ Jour. für Math.,109,1892,82-88.

④ Berichte Akad. Wiss. Berlin,1847,305-319. Same in Jour. für Math.,40,1850,93-138;Jour. de Math.,16,1851,454-498.

⑤ Beiträge zum Fermatschen Lehrsatz. Diss. (Giessen),Berlin,1892.

⑥ Jour. für Math.,17,1837,203-9.

⑦ Zeitschrift Math. Phys.,34,1889,238-248. Errors noted by a "reader,"37,1892,57,and Rothholz.[140]

⑧ Anales de la. Universidad de Chile,Santiago,82,1892,271-300,415-37. Report from Lind,[241] p. 50.

方程无解.(但是此证明仅当 x,y,z 中没有一个可被 n 整除时成立,因为之前的论据并不是排除这些数之一可被 n 整除的充分条件).

H. Teege① 通过设 $x+y=p/q, x/y=t, t+1/t=z, (q/p)^5=s$,证明了$x^5+y^5=1$ 无有理解.从而

$$x^4-x^3y+\cdots+y^4=s(x+y)^4$$

$$(s-1)z^2+(4s+1)z+4s+1=0$$

由于 z 是有理数,故有$(4s+1)^2-4(s-1)(4s+1)=m^2$.设 $m=5\mu$,那么$4s+1=5\mu^2$. 令 $\mu=b/a$,其中 a 和 b 互素,从而有

$$4q^5+p^5=5p^5b^2/a^2$$

因此 a^2 整除 $5p^2$.通过研究与整除或不整除 a 的两种情况证明得出此方程无解.

H. W. Curjel② 证明了:如果 $x^z-y^t=1$,且 x,y 是素数,那么 z 是一个素数,t 是 2 的幂并且 x 或 y 等于 2.

通过运用单位立方根,一些学者已证明了已有的结论:如果 n 是奇数且不是 3 的倍数,那么$(x+y)^n-x^n-y^n$ 可被 x^2+xy+y^2 整除.

S. Levänen③ 讨论了当 x,y,z 无公因数,且 m 不可被 5 整除时,$x^5+y^5=2^mz^5$ 的解(基于勒让德④得出了

---

① Zeitschr. Math. Naturw. Unterricht, 24, 1893, 272-3.

② Math. Quest. Educ. Times, 58, 1893, 25(quest. by J. J. Sylvester).

③ Öfversigt af Finska Vetenskaps-Soc. Förhandlingar, Helsingfors, 35, 1892-3, 69-78.

④ This proof was reproduced in Legendre's Théorie des nombres, ed. 3, II, 1830, arts. 654-663, pp. 361-8; German transl. by H. Maser, 1893, 2, pp. 352-9. If z is the unknown divisible by 5, the proof for the case z even is like Dirichlet's,[20] while that for z odd is by a special analysis.

$x^5+y^5=z^5$ 无解),通过 z^5,x^5+y^5 模 25 的剩余,我们看到 m 不在集合 $2,4,7,9,12,\cdots,2n+[(n-1)/2]$ 中.当 z 可被 5 整除时,我们有 $z=5tr$,$x+y=2^m5^4t^5$.通过与勒让德类似的方法,我们可以得出此方程无解.

D. Mirimanoff[①] 通过理想证明了 $x^{37}+y^{37}+z^{37}=0$ 无整数解.

H. Dutordoir[②] 写出了他的想法:如果 n 是除了 1 和 2 以外的有理数,那么 $a^n+b^n=c^n$ 无解.事实上,当 $n=1/2$ 且 a,b,c 中没有一个是平方数时,上式无解.因为当 c 与 a 和 b 不同,且 $a,\cdots,d$,4 个数中没有一个是平方数时

$$\sqrt{a}+\sqrt{b}=\sqrt{c}+\sqrt{d}$$

无解.而前者是后者的一种特例(欧几里得,Elements,X,42).

A. S. Bang[③] 指出了对费马大定理特例的各种初始证明的错误.

G. Korneck[④] 称运用以下引理证明了费马大定理即:如果 n 和 k 是互素的(n 为奇数)且 n 和 k 均不能被大于 1 的平方数整除,那么 $nx^2+ky^2=z^n$ 的所有整数解中,x 可被 n 整除.皮卡(E. Picard)和庞加莱(H. Poincaré)[⑤] 指出了此引理中的错误.他们给出了两个反例:$n=3,k=1,x=y=z=4$ 和 $n=5,k=3,x=1$,

---

① Jour. für Math.,111,1893,26-30.

② Ann. Soc. Sc. Bruxelles,17,I,1893,81. Cf. Maillet.[285]

③ Nyt Tidsskrift for Math.,4,1893,105-7.

④ Archiv Math. Phys.,(2),13,1894(1895);1-9. He noted,pp. 263-7,that the Lemma fails for $n=3$, $k=1$, and so gave a separate proof of the impossibility of $x^3+y^3=z^3$.

⑤ Comptes Rendus Paris,118,1894,841.

$y=3, z=2$. Jahrbuch Fortschitte der Math., 25, 1893, 296 中指出: Korneck 的论文的 §3 中几乎没有给出代数性质的结论.

Malvy[①] 指出:如果 a 是 $p=2^n+1$ 的一个原根(p 为素数),给 $a^{2\mu+1}+1\equiv a^h \pmod p$ 中的 μ 分别赋值 $1, 2, \cdots, 2^{n-1}$,那么我们能够得到 h 的偶数值与奇数值同样多. 如果我们给 $a^{4\mu+2}+1\equiv a^h$ 中的 μ 分别赋值 $1, \cdots, 2^{n-2}$,我们能得到 h 的偶数值 α 和奇数值 β,而如果 $p=17, a=3$ 或 $p=257, a=5$ 时,我们有 $\alpha=\beta$.

E. Wendt[②] 证明了:如果 n 和 $p=mn+1$ 是奇素数,那么

$$r^n+s^n+t^n\equiv 0 \pmod p$$

有唯一解且 r, s 或 t 可被 p 整除的充分必要条件是,p 不是

$$D_m=\begin{vmatrix} 1 & \binom{m}{1} & \binom{m}{2} & \cdots & \binom{m}{m-1} \\ \binom{m}{m-1} & 1 & \binom{m}{1} & \cdots & \binom{m}{m-2} \\ \vdots & \vdots & \vdots & & \vdots \\ \binom{m}{1} & \binom{m}{2} & \binom{m}{3} & \cdots & 1 \end{vmatrix}$$

的因式. 从而可导出 $x^m=1, (x+1)^m=1$. 因为,如果我们将同余式乘以 w^n,其中 $wt\equiv 1$,我们可从 $x+1\equiv y \pmod p$ 得到一个同余式,其中 x 和 y 是 n 次幂,进而它们的 m 次幂与单位 1 同余.

他证明了勒让德在 $m=2,4,8,16$ 时的结论. 如果

---

① L'intermédiaire des math., 1, 1894, 152; 7, 1900, 193 (repeated).

② Jour. für Math., 113, 1894, 335-347.

选择 $m=2^v n^k$ 使 $mn+1$ 是一个不整除 D_m 的素数，其中 v 不能被素数 n 整除，那么 $a^n=b^n+c^n$ $(n>2)$ 没有与 n 互素的整数解. 如果 $mn+1$ 既不整除 D_m 也不整除 n^m-1，那么有同样的结论成立.（此结论与吉尔曼中的结果仅在形式上不同）.

希尔伯特[1]对库默尔[2]关于正则素指数的费马定理的证明作了简化，并且对 $\alpha^4+\beta^4=\gamma^2$ 无复整数解 $a+bi$ 给出了证明.

G. B. Mathews[3] 指出：如果 p 是一个奇素数，且 x,y,z 是 $x^p+y^p+z^p=0$ 的解，那么可能存在无穷多种方式使 $kp+1=q$ 是一个素数且不是 x,y,z 或 y^p-z^p 等的因数，且满足 k 不能被3整除. 那么由于 x^p,y^p,z^p 是 $t^k=1 \pmod q$ 的不同的根，所以它们的和可被 q 整除. 设 $r=e^{2\pi i/k}$ 且 $P_k=\prod(r^\alpha+r^\beta+r^\gamma)$，其中乘积 P_k 大于 $x^k=1$ 的三元根，$r^\alpha,r^\beta,r^\gamma$. 那么 $P_k=\pm u_k^k$，其中 u_k 为正整数. 因此 $u_k\equiv 0 \pmod q$ 当且仅当 $x^k\equiv 1 \pmod q$ 的三个根的和可被 q 整除. 因此如果可以证明对于一个给定的 p；存在无穷多个素数 $kp+1$ 满足 $\mu_k=0 \pmod q$ 不成立，那么费马定理可由（Libri[4]）得出.

---

① Jahresbericht d. Deutschen Math.-Vereinigung, 4, 1894-5, 517-25. French transl., Annales Fac. Sc. Toulouse, [(3), 1, 1909;](3), 2, 1910, 448; (3), 3, 1911, for errata, table of contents, and notes by Th. Got on the literature concerning Fermat's last theorem.

② Jour. für Math., 40, 1850, 130-8(93); Jour. de Math., 16, 1851, 488-98. Reproduced by Gambioli,[171] pp. 169-176.

③ Messenger Math., 24, 1894-5, 97-99. Reprinted, Oeuvres de Fermat, IV, 159-61.

④ Jour. für Math., 9, 1832, 270-5.

E. de Jonquières[①] 指出：如果 $n>2$，那么将 c 和 b 表示成 p,q 的代数函数从而使得 c^n-b^n 与 $(pq)^n$ 恒等是不可能的. 但是它指出这并不能得出方程没有整数解的结论.

G. Speckmann[②] 讨论了方程 $T^x-DU^x=m^x$.

V. Markoff[③] 指出对于 Abel[④] 的定理：当 a,b 或 c 是素数时 $a^n=b^n+c^n$（n 是奇素数）无解. 卢卡斯[⑤]的证明并不完整，因为没有讨论 $a=b+1$ 时的情况. 他提出疑问：$(x+1)^n=x^n+y^n$ 是否无解？

P. Worms de Romilly[⑥] 指出由 $a^p+b^p=c^p$，P 为大于 2 的素数，可得

$$c=x+y+z,b=x+z,a=x+y$$

$$x=\frac{1}{2}M(P+Q)p^{v+1}q^{u+1}$$

$$y=P=p^{p(v+1)-1}$$

$$z=Q=q^{p(u+1)}$$

$$Mp^{v+1}q^{u+1}=2^{p\theta}a^{\theta}-1,2^{\mu a}a^{a}=P+Q$$

其中 p 和 q 是互素的整数，且 $q>1$，u,v,θ,μ,α 为大于或等于 0 的整数.（因为 $c-b=y$ 是 p 的幂，所以由阿贝

---

① Comptes Rendus Paris, 120, 1895, 1139-43 (minor error, 1236).

② Ueber unbestimmte Gleichungen, 1895.

③ L'intermédiaire des math., 2, 1895, 23; repeated, 8, 1901, 305-6.

④ Oeuvres, 1839, 264-5; nouv. éd., 2, 1881, 254-5; letter to Holmboe, Aug. 3, 1823.

⑤ Théorie des nombres, 1891. References in Introduction, p. xxix, where it is stated falsely that Kummer proved Fermat's theorem for all even exponents.

⑥ Ibid., 2, 1895, 281-2; repeated, 11, 1904, 185-6.

尔[①]的结论可知费马方程无解).

如果 m 是一形如 $6k+1$ 的素数,那么 $(\alpha+1)^{m-1}\equiv 1$, $\alpha^{m-1}\equiv 1 \pmod{m^2}$ 不可能同时成立.如果 m 是一素数,那么整数 u 不能被 m 整除,且满足

$$(u^m+1)^m-u^{m^2}\equiv 1 \pmod{m^2}$$

具有 $u=a_m-1$ 的形式.

P. T. Teilhet[②] 通过取 $x=y^n+1$;或当 n 为偶数时取 $x=y^n-1$,找到了满足 $x^n-Ay^n=1$ 的 A. H. Brocard(pp. 116-117) 在 $n=3$, $n=5$ 时找到了特解. T. Pepin(pp. 281-283) 指出我们可以对 x^n-Ay^n 运用拉格朗日的方法.此方法纪录在为了找到关于 x, y 的齐次多项式中的最小值的欧拉代数的复录中.

W. L. A. Tafelmacher[③] 讨论了 $x^3+y^3=z^2$ 并证明了 $x^6+y^6=z^6$ 无解.

H. Tarry[④] 提出了一个双列表的机器设备用来解不确定方程,特别是 $x^m+y^m=z^n$.

卢卡斯[⑤]运用柯西[⑥]的定理证明了:如果 x, y 互素且 m 是一个奇素数,那么当 $x+y$ 与 m 互素时 $x+y$ 与

$$Q=(x^m+y^m)/(x+y)$$

互素,但是当 $x+y$ 可被 m 整除, $m(x+y)$ 与 Q/m 互素.由此他得出了勒让德的公式(1) 和(3).

---

① Oeuvres, 1839, 264-5; nouv. éd., 2, 1881, 254-5; letter to Holmboe, Aug. 3, 1823.

② L'intermédiaire des math., 3, 1896, 116.

③ Anales de la Universidad de Chile, 97, 1897, 63-80.

④ Assoc. franç. av. sc., 26, 1897, I, 177(five lines).

⑤ Bull. Soc. Math. France, 25, 1897, 33-35. Extract in Sphinx-Oedipe, 4, 1909, 190.

⑥ Comptes Rendus Paris, 9, 1839, 359-363; Jour. de Math., 5, 1840, 211-5. Oeuvres de Cauchy, (1), IV, 499-504.

Axel Thue[①] 指出：如果 L,M,N 是关于 x 的函数，使得 $L^n-M^n=N^n$ 对于所有 x 的值均成立，其中 $n>2$，那么 $aL=bM=cN$，其中 a,b,c 是常数. 如果 $A^n-B^n=C^n$，那么

$$(A^n+\alpha B^n)^3-(\alpha A^n+B^n)^3=(\alpha-1)^3(ABC)^n,\alpha^3=1$$

如果 $p^n-q^n=r^n$，那么 $x^3-y^3=z^3(pqr)$ 其中

$$x=p^{3n}+3p^{2n}q^n-6p^nq^{2n}+q^{3n}$$

$$y=p^{3n}-6p^{2n}q^n+3p^nq^{2n}+q^{3n}$$

$$z=3(p^{2n}-p^nq^n+q^{2n})$$

E. Maillet[②] 考虑对于不被奇素数 λ 整除的整数 a,b,c,x,y,z 有方程

$$ax^{\lambda^t}+by^{\lambda^t}=cz^{\lambda^t}$$

有解的必要条件是同余式

$$a+b\eta^{\lambda^t}\equiv c(\alpha+\beta\eta)^{\lambda^t}\pmod{\lambda^{t+1}}$$

有解 η 使得 $0<\eta<\lambda,\alpha+\beta\eta\not\equiv 0\pmod{\lambda}$ 其中 $\alpha c\equiv a,\beta c\equiv b\pmod{\lambda}$. 运用它可以得出 $x^\lambda+y^\lambda=z^\lambda$，在 $\lambda=197$ 时无解，因此大于勒让德的极限 $\lambda<223$. 通过库默尔的方法，可以得出：如果 λ 是大于 3 的素数，那么

$$x^{\lambda^t+}y^{\lambda^t}+z^{\lambda^t}=0$$

没有复整数解. 并且由两个与 λ 互素的数构成一个 λ 次单位根，如果 λ^{t-1} 是 λ 的最高次幂，其中 λ 整除这些复整数类的个数，因此大于某一个确定的依赖于 λ 的极限. 他[③]随后提出了问题：最后的定理没有考虑限制条件 x,y,z 是 λ 互素的数.

---

① Archiv for Math. og Natur., Kristiania, 19, 1897, No. 4, pp. 9-15.

② Assoc. franç. av. sc., 26, 1897, II, 156－168.

③ Congrès internat. des math., 1900, Paris, 1902, 426-7.

I. P. Gram's[1] 的论文没有做成报告.

E. Maillet[2] $x^\lambda+y^\lambda=cz^\lambda$ 运用了库默尔的方法,其中 λ 是正则素数. 如果 $c=\lambda$,那么方程无整数解. 当 $A=1$ 或 $r_1^{b_1}\cdots r_i^{b_i}$ 时,如果 $c=A\lambda^s$,$s=k\lambda+\beta\geqslant 1$,$\beta=0$ 或 1,那么实互素的整数中没有可被 λ 整除的,其中 $r_1,\cdots,r_i$ 是不等于 λ 的素数,属于指数 $f_1,\cdots,f_i$ 模 λ 使得

$$\frac{1}{f_1}+\cdots+\frac{1}{f_i}\leqslant\frac{\lambda-3}{\lambda-1}$$

特别地,如果 $A=r_1^{b_1}$,那么 $r_1\not\equiv 1(\bmod \lambda)$. 如果 $r^b\equiv -1+t\lambda(\bmod \lambda^2)$,那么满足 $c=r^b$ 的方程无整数解,其中 t 至少取值于 $1,\cdots,\lambda-1$ 中之一;或者如果 $\lambda=5,7,17$,那么 $r^b\equiv 4(\bmod \lambda^2)$;或者如果 $\lambda=11$,那么 $r^b\equiv 5$ 或 $47(\bmod 11^2)$ 或者如果 $\lambda=13$,那么 $r^b\equiv 17(\bmod 13^2)$. 最后,$x^7+y^7=cz^7$ 对于一个形如 $49k\pm3,\pm4,\pm5,6,-8,\pm9,\pm10,-15,\pm16,-22,\pm23$ 或 ±24 的素数 c,$x^7+y^7=cz^7$ 无实数解.

H. J. Woodall[3] 指出:如果 $y=x^m-1$(m 为偶数)或 $x=2,y=2^m-1$(m 为奇数),那么 x^m+y^m-1 可被 xy 整除.

T. R. Bendz[4] 指出:$x^n+y^n=z^n$ 有整数解当且仅当 $\alpha^2=4\beta^n+1$ 有有理解(欧拉[5])如下

$$\left(\frac{2y^n+x^n}{x^n}\right)^2=4\left(\frac{yz}{x^2}\right)^n+1$$

---

① Förhandlingar Skandinaviska. Naturforskare, Götheborg, 1898, 182.

② Comptes Rendus Paris, 129, 1899, 198-9. Proofs in Acta Math., 24, 1901, 247-256.

③ Math. Quest. Educ. Times, 73, 1900, 67.

④ Öfver diophantiska ekvationen $x^n+y^n=z^n$, Diss. Upsala, 1901, 34 pp.

⑤ Cf. A. Marre, Bull. Bibl. Storia Sc. Mat. Fis., 12, 1879, 886-894.

他证明了阿贝尔的公式，以及 $x+y\equiv z(\bmod 3)$ 且

$$(x+y)^n-x^n-y^n\equiv 0(\bmod n^3)$$

当 x,y,z 中没有一个可被 n 整除.

F. Lindemann① 试图证明 $x^n=y^n+z^n$ 无解如果 n 是一个奇素数. 他随后认识到了计算中的错误，但是指出他的工作对阿贝尔②的结论给出了第一个证明. 此结论为：如果 x,y,z 是不为 0 且互素数

$$2x=p^n+q^n+r^n$$
$$2y=p^n+q^n-r^n$$
$$2z=p^n-q^n+r^n$$

如果 x,y,z 中没有一个可被 n 整除，而如果 z 可被 n 整除，那么

$$2x,2y=p^n+q^n\pm n^{n-1}r^n,2z=p^n-q^n+n^{n-1}r^n$$

如果 $x+y+z$ 可被 n^λ 整除，那么式(2) 中有 $\alpha\equiv\beta\equiv r\equiv 1(\bmod n^{\lambda-1})$.

D. Gambioli③ 证明了 de Jonquières④ 的定理，以及结论：$x^n+y^n=z^n(n>1)$，z 是复数如果 n 有奇因数，或 x 和 y 是复数；但是在他的证明中最小的未知量是

① Sitzungsber. Akad. Wiss. München (Math.), 31, 1901, 185-202.

② Oeuvres, 1839, 264-5; nouv. éd., 2, 1881, 254-5; letter to Holmboe, Aug. 3, 1823.

③ Periodico di Mat., 16, 1901, 145-192.

④ Atti Accad. Pont. Nuovi Lincei, 37, 1883-4, 146-9. Reprinted in Sphinx-Oedipe, 5, 1910, 29-32. Proof by S. Roberts, Math. Quest. Educ. Times, 47, 1887, 56-58; H. W. Curjel, 71, 1899, 100.

复数.他通过 Calzolari①,狄利克雷②、库默尔③和勒让德④给出了他的论文的摘要,关于伯努利数和理想复数的参考文献的列表(191-192)还有 $x^5+y^5=z^5$ 无解的简短证明(189-191).在附录中(17,1902,48-50),他引用了库默尔⑤和刘维尔⑥关于拉梅⑦和柯西⑧的证明

① Tentativo per dimostrare il teorema di Termat… $x^n+y^n=z^n$, Ferrara, 1855. Extract by D. Gambioll,[171] 158-161.

② Jour. für Math. ,9,1832,390-3;Werke,I,189-194. Reproduced by Gambioli,[171] pp. 164-7.

③ Jour. für Math. ,40,1850,130-8(93);Jour. de Math. ,16,1851,488-98. Reproduced by Gambioli,[171] pp. 169-176.

④ Sur quelques objets d'analyse indéterminée et particulièrement sur le théorème de Fermat Mém. Acad. R. Sc. de l'Institut de France,6,année 1823,Paris,1827,1-60. Same except as to paging,Théorie des nombres,ed. 2,1808,second supplément,Sept. ,1825 1-40 (reproduced in Sphinx-Oedipe,4,1909,97-128;errata,5,1910,112).

⑤ Comptes Rendus Paris,24,1847,899-900;Jour. de Math. ,12,1847,136.

⑥ Ibid. ,315-6.

⑦ Comptes Rendus Paris,24,1847,310-5

⑧ Comm. Soc. Sc. Gotting. Recentiores,7,1832,§46;Werke,II,1863,117. German transl. by H. Maser,Gauss' Untersuchungen über höhere Arith. ,1889,556.

Comptes Rendus Paris,24,1847,469-481;Oeuvres, (1),X,240-254.

Ibid. ,347-8;Oeuvres,(1),X,224-6.

Ibid. ,516-528;Oeuvres,(1),X,254-268.

Ibid. ,578-584;Oeuvres,(1),X,268-275.

Ibid. ,633-6,661-6,996-9,1022-30;Oeuvres, (1),X,276-285,296-308.

Ibid. ,25,1847,37,46,93,132,177,242,285;Oeuvres, (1),X,324-351,354-371.

Berichte Akad. Wiss. Berlin,1847,132-9.

中的非充分性.

Soons① 证明了卡塔兰②的定理.

P. Stäckel③ 证明了阿贝尔的定理，此理在 Lindemann④ 中给出.

G. Candido⑤ 证明了卡塔兰⑥的一个定理.

* D. Gambioli⑦ 的论文没有做成报告.

P. Whitworth⑧ 指出：如果 $\sum 1/x=0$，$\sum x=1$，那么 $\sum x^n=x^n+y^n+z^n$ 等于关于 xyz 的数列.

P. V. Velmine⑨(W. P. Welmin) 证明了：如果 m，n，k 是大于 1 的整数，那么存在一元有理整函数 u，v，w 满足 $u^m+v^n=w^k$ 仅当 $u^m\pm v^2=w^2$，$u^3+v^3=w^2$，$\pm u^4+v^3=w^2$(解很简单)，且 $u^5+v^3=w^2$，复公式的解被证明为是所有的解.(Korselt⑩)

---

① Mathesis，(3)，2，1902，109.

② Ibid.，40-1；Revue de l'instruction publique en Belgique，17，1870，137；Nouv. Corresp. Math.，3，1877，434. Proofs by Soons.[172]

③ Acta Math.，27，1903，125-8.

④ Sitzungsber. Akad. Wiss. München (Math.)，31，1901，185-202.

⑤ La formula di Waring e sue notevoli applicazioni，Lecce，1903，20.

⑥ Nouv. Ann. Math.，(3)，3，1884，351(Jour. de math.，spéc.，1883，240).

⑦ Il Pitagora，10，1903-4，11-13，41-43.

⑧ Math. Quest. Educ. Times，(2)，4，1903，43.

⑨ Mat. Sbornik (Math. Soc. Moscow)，24，1903-4，633-61，in answer to problem proposed by V. P. Ermakov，20，1898，293-8. Cf. Jahrbuch Fortschritte Math.，29，1898，139；35，1904，217.

⑩ Ibid.，89-93.

D. Mirimanoff[①]研究了 $P(x)=(x+1)^l-x^l-1$，其中 l 是大于 3 的素数. 因为当 x 被 $-1-x$ 替换时，$P(x)=0$ 的一个根 α 得出根

$$\alpha, 1/\alpha, -1-\alpha, -1/(1+\alpha), -1-1/\alpha, -\alpha/(1+\alpha) \quad ⑨$$

所有这些根是不同的. 除非 $\alpha=0$ 或 -1 或 $\alpha^2+\alpha+1=0$. 现在 P 有因式 $x(x+1)$ 以及 x^2+x+1. 设

$$E(x)=\frac{P(x)}{lx(x+1)(x^2+x+1)^{\varepsilon}}$$

其中如果 $l\not\equiv 1(\bmod 3)$，$\varepsilon=1$；如果 $l\equiv 1(\bmod 3)$，$\varepsilon=2$. 那么 $E(x)=0$ 仅有不同的虚根，它们属于 6 个不同的集合. 因此 $E(x)=\prod e_j(x)$，其中 $e_j(x)$ 形如 $x^6+1+3(x^5+x)+t(x^4+x^2)+(2t-5)x^3$，其中 t 是实数. 如果 $E(x)$ 在有理数域中，有不可约因数，那么因数是 $e_j(x)$ 的乘积.

A. S. Werebrusow[②] 记 u^2+uv-v^2 为 (u,v). 那么 $x^5+y^5=Az^5$ 即为

$$(x+y)(x^2-xy+y^2, x^2-2xy+y^2)=Az^5$$

上式可分解为两个方程，第一个方程的第 2 个因数等于 $A_1z_1^5$，另一个方程为 $x+y=A_0z_0^5$，其中 $A_0A_1=A$，$z_0z_1=z$，且 z_1 是素数 $5n+1$ 的乘积. 用 $1=9^2=5\times 4^2$ 及它的幂乘 (u,v)，我们可以推出：对任一幂，我们可以通过 (u,v) 得一个素数的 6 种表达式；但是仅有 5 的 3 种表达式. 如果 p 是素因数 $5n\pm 1$ 的个数，那么一个

---

① Nouv. Ann. Math.,(4),3,1903,385-97.

② L'intermédiaire des math.,11,1904,95-96;Math. Soc. Moscow(Mat. Sbornik),25,1905,466-473(Russian). Cf. Jahrbuch Fortschritte Math.,36,1905,277-8.

复数有 2^p 个表达式.

取 $z_1=(a,b)$. 我们通过

$$(a,b)(\sigma,\tau)=(a\sigma+b\tau,b\sigma+a\tau+b\tau)$$

得到 u,v 使得 $z_1^5=(u,v)$ 那么

$$(x-y)^2=vs+(u+v)t$$

$$(x+y)^2=(4u-v)s+(v-3u)t \tag{⑩}$$

通过(s,t),和的平方根的乘积得出了 Az_0^5,从而我们得到了 A 的一般式. 取 $x+y$ 为任意值,我们得到 $x-y$ 从而通过式 ⑩ 得到 s,t.

Mirimanoff① 研究了

$$x^\lambda+y^\lambda+z^\lambda=0 \tag{⑪}$$

在整数解 x,y,z 中没有一个可被奇素数 λ 整除的情形. 通过利用库默尔的同余式(8),他证明了:如果至少一个伯努利数② $B_{v-1},B_{v-2},B_{v-3},B_{v-4}$,不能被 λ 整除,那么式 ⑪ 没有与 λ 互素的整数解,其中

$$v=(\lambda-1)/2$$

此结论对每一个小于 257 的 λ 均成立. 库默尔的项 $P_i(t)=P_i(1,t)$,他定义了多项式

$$\phi_i(t)=(1+t)^{\lambda-i}P_i(t)\equiv\sum_{k=1}^{\lambda-1}(-1)^{k-1}k^{i-1}t^k$$

$$i=2,3,\cdots,\lambda-1 \tag{⑫}$$

模 λ. 因此库默尔的标准式 ⑧ 与下面结论等价. 如果式 ⑪ 有与 λ 互素的解,那么 6 个比值均满足同余式

$$\phi_{\lambda-1}(t)\equiv 0,B_{(\lambda-i)/2}\phi_i(t)\equiv 0(\bmod \lambda)$$

---

① Jour. für Math. ,128,1905,45-68.

② If B_{v-1} or B_{v-2} is not dirisible by λ, the condusion was drawm by kummer.[76]

$$i=3,5,\cdots,\lambda-2 \tag{13}$$

另一个不涉及伯努利数的标准是以上 6 个比值均满足同余式

$$\phi_{\lambda-1}(t)\equiv 0,\phi_{\lambda-i}(t)\phi_i(t)\equiv 0(\bmod \lambda),i=2,3,\cdots,v \tag{14}$$

E. Maillet[①]通过库默尔的方法证明了如果 a 可被 4 整除，$x^a+y^a=az^a$ $(a>2)$ 没有不等于 0 的实整数解，或者如果 a 是可被形如 $4n+3$ 的素数整除的偶数；或者如果 $2<a\leqslant 100$，$a\neq 37,59,67,74$；或者如果 a 没有大于17 的素因数. 同样地，对于 $x^a+y^a=baz^a$，如果 a 可被 4 整除且 b 不能被 4 整除；或者如果 a 具有形式 $4n+2$ 且有素因数 $\lambda=4h+3$ 使得 b 不能被 $\lambda^{\lambda-1}$ 整除；或者如果 $a=p^i$，$b<p$，p 为与库默尔所运用的数相同的大于等于 5 的素数；或者如果 $a=3^i$，$b=2$ 或 4，$i\geqslant 2$. 如果 $b=1$ 或 2，$a>2$ 或 $a>3$. 那么第二个方程无不等于 0 的整数解.

R. Sauer[②]证明了：如果 x 或 y 或 z 是一个素数的幂，那么 $x^n=y^n+z^n$，$n>2$ 不成立.

U. Bini[③]指出：如果 $x+y+z=0$ 且 $k=2m+1$，$s=x^k+y^k+z^k$ 可被 xyz 整除. 如果 $1/x+1/y+1/z=0$ 且 $k=3h+2$，那么 s 可被 $x+y+z$ 整除，

---

① Annali di mat.,(3),12,1906,145—178. Abstracts in Comptes Rendus Paris,140,1905,1229;Mém. Acad. Sc. Inscr. Toulouse,(10),5,1905,132-3.

② Eine polynomische Verallgemeinerung des Fermatschen Satzes,Diss.,Giessen,1905.

③ Periodico di Mat.,22,1906-7,180-3.

$x^n y^n + x^n z^n + y^n z^n$ 可被 $(xyz)^3$ 整除，如果 $n \geqslant 5$. 证明①已经给出了第一个结论以及下面的结论：如果 $x + y + z = 0$，那么 s 是 xyz 和 $xy + xz + yz$ 的函数.

②G. Cornacchia③ 研究了同余式 $x^n + y^n \equiv z^n \pmod{p}$.

P. A. MacMahon④ 指出：$x^n - ay^n = z$ 的整数解可能通过将 $a^{1/n}$ 转化为连续分数得到.

F. Lindemann⑤ 又一次⑥证明了 Abel 公式，随后讨论了三种情况，从而得出了费马方程无整数解. A. Fleck⑦ 指出了一系列错误. I. I. Iwanov⑧ 指出了同样在 Lindemann⑨ 的第一结论中出现的错误，在(67) 中的模 n^6 应该为 n^5.

---

① Annali di mat.,(3),12,1906,145-178. Abstracts in Comptes Rendus Paris,140,1905,1229;Mém. Acad. Sc. Inscr. Toulouse,(10),5,1905,132-3.

② If B_{v-1} or B_{v-2} is not divisible by λ, the conclusion was drawn by Kummer.[76]

③ Sulla Congruenza $x^n + y^n = z^n \pmod{p}$, Tempio (Tortu), 1907, 18 pp.

④ Proc. London Math. Soc.,(2),5,1907,45-58. For $z = \pm 1$, G. Cornacchia, Rivista di fisica, mat. sc. nat., Pavia, 8, II, 1907, 221-230.

⑤ Sitzungsber. Akad. Wiss. München (Math.),37,1907,287-352.

⑥ Sitzungsber. Akad. Wiss. München (Math.),31,1901,185-202.

⑦ Archiv Math. Phys.,(3),15,1909,108-111.

⑧ Kagans Bote,1910,No. 507,69-70.

⑨ Sitzungsber. Akad. Wiss. München (Math.),31,1901,185-202.

A. Bottari[①] 证明了:如果 x,y,z 是等差数列中的正整数且满足 $x^n+y^n=z^n$,那么有 $n=1$ 和 $x=y/2=z/3$ 或 $n=2$ 和 $x/3=y/4=z/5$. 如果 x,y,z,t 是等差数列中的正整数且满足 $x^n+y^n+z^n=t^n$,那么有 $n=3$, $x/3=y/4=z/5=t/6$. (Cattaneo[②]).

库默尔证明了当 $n>2$ 时 $x^n+y^n=z^n$ 无基于 n 次单位根的复整数解. J. Sommer[③] 省略了其中 n 为正则素数的这一限制. 他对 $n=3$ 和 $n=4$ 给出了证明.

P. Cattaneo[④] 给出了一个 Bottari[⑤] 中结论的简短证明,但是包括错误的解 $n=1, x=y/2=z/3=t/4$.

A. S. Werebrusow[⑥] 没能证明费马大定理,他的错误由迪克森等人指出(pp. 174-177).

Werebrusow[⑦] 指出 $(x+y+z)^n-x^n-y^n-z^n$ 在 n 为奇数时有因式 $n(x+y)(x+z)(y+z)$. 而当 n 为奇素数时,此结论成立. 当 $n=9, x=y=z=1$ 时,此结论不成立(16,1909,79-80).

迪克森[⑧]指出:如果 α 是 Wendt[⑨] 中同余式

$$z^m\equiv 1,\quad (z+1)^m\equiv 1 \pmod p \tag{15}$$

的公共根. 那么如果 z^m-1 不能被 p 整除,则 ⑨ 中的数

---

① Periodico di Mat., 22, 1907, 156-168.

② Periodico di Mat., 23, 1908, 219-20.

③ Vorlesungen über Zahlentheorie, 1907, 184. Revised French ed. by A. Lévy, 1911, 192.

④ Periodico di Mat., 23, 1908, 219-20.

⑤ Periodico di Mat., 22, 1907, 156-168.

⑥ L'intermédiaire des math., 15, 1908, 79-81.

⑦ Ibid., p. 125. Case $n=3$, in l'éducation math., 1889, p. 16.

⑧ Messenger of Math., (2), 38, 1908, 14-32.

⑨ Jour. für Math., 113, 1894, 335-347.

为不同的公共根.它们是 z 的 6 次根且满足当 z 被替换为 $1/z$ 或 $-1-z$ 时,保持不变.这个 6 次式模 p 整除 z^m-1. 设 $x=z+1/z,m=2\mu$. 此 6 次式成为

$$C(x)=x^3+3x^2+\beta x+2\beta-5$$

由 $z^\mu-1/z^\mu=0$,我们得到 $f(x^2)=0$,其中 $f(w)$ 的次数为$\frac{1}{2}\mu-1$ 或$(\mu-1)/2$,当 μ 为偶数或奇数时.因此 $f(x^2)$ 一定可被

$$S(x)=C(x)C(-x)=x^6+(2\beta-9)x^4+(\beta^2-12\beta+30)x^2-(2\beta-5)^2$$

整除.因此 $\mu\geqslant 7$. 对 $\mu=7,f(x^2)=x^6-5x^4+6x^2+1$ 在 $p=2$ 时与 $S(x)$ 同余. 当 $\mu=8,f(x^2)=x^6-6x^4+10x^2-4$ 时,$p=17$.反之 $n>1$. 当 $\mu=10,11,13$ 时的情况也类似,得到一个推论:如果 n 和 $p=mn+1$ 是奇素数,那么 m 与 3 互素且 $m\leqslant 26$,同余式 $\xi^n+\eta^n+\zeta^n\equiv 0(\bmod p)$ 无与 p 互素的整数解.除了 $n=3,m=10,14,20,22,26;n=5,m=26;n=31,m=22$. 在 $m=28,32,40,56,64$ 时做了一个对式(15)的直接检验.通过吉尔曼[①]的结论及定理,可以得出:对于每一个小于 1 700 的奇素指数 n,费马方程无与 n 互素的整数解.

迪克森[②]通过扩大 m 的范围(包括小于 74 的全部

① Sur quelques objets d'analyse indéterminée et particulièrement sur le théorème de Fermat Mém. Acad. R. Sc. de l'Institut de France, 6, année 1823, Paris, 1827, 1-60. Same except as to paging, Théorie des nombres, ed. 2, 1808, second supplément, Sept., 1825 1-40 (reproduced in Sphinx-Oedipe, 4, 1909, 97-128; errata, 5, 1910, 112).

② Quar. Jour. Math., 40, 1908, 27-45. The omitted value $n=6857$ was later shown in MS. to be excluded.

值以及 76 和 128) 证明了当 $n<7\ 000$ 时的最后定理.

迪克森①将某些数 m^m-1 分解,以便在最后的论文中运用.

迪克森②讨论了下面的问题:对于一个给定的奇素数 n,找到奇素数 p 使得 $x^n+y^n+z^n\equiv 0 \pmod p$ 没有与 p 互素的解. 我们可取 $p=mn+1$,其中 m 可被 3 整除,因为否则这些解显然成立. 一般结论被运用在 $n=3,5,7$ 时的情形. 当 $n=3$ 时,p 可能值仅为 7 和 13(Pepin③). 当 $n=5$ 时,$p=11,41,71,101$(勒让德④增至1 000). 当 $n=7$ 时,$p=29,71,113,491$.

迪克森⑤通过单位根的 Jacob 函数证明了:如果 e 和 p 是满足

$$p\geqslant (e-1)^2(e-2)^2+6e-2$$

的奇素数,那么 $x^6+y^6+z^6\equiv 0 \pmod p$ 有与 p 互素的整数解 x,y,z. 需要特别指出的是 Libri⑥ 由此建立

---

① Amer. Math. Monthly, 15, 1908, 217-222. See p. 370 of Vol. I of this History; also, A. Cunningham, Messenger of Math., 45, 1915, 49-75.

② Jour. für Math., 135, 1909, 134-141.

③ Ibid., 91, 1880, 366-8. Reprinted, Sphinx-Oedipe, 4, 1909, 30-32.

④ Sur quelques objets d'analyse indéterminée et particulièrement sur le théorème de Fermat Mém. Acad. R. Sc. de l'Institut de France, 6, année 1823, Paris, 1827, 1-60. Same except as to paging, Théorie des nombres, ed. 2, 1808, second supplément, Sept., 1825 1-40 (reproduced in Sphinx-Oedipe, 4, 1909, 97-128; errata, 5, 1910, 112).

⑤ Ibid., 135, 1909, 181-8. Cf. Pellet,[128,244] Hurwitz,[213] Cornacchia,[217] and Schur.[203]

⑥ Jour. für Math., 9, 1832, 270-5.

了一个新的猜想. 另外, $x^4+y^4=z^4 \pmod p$ 对每一个大于 17 的素数 $p=4f+1$, 有与 p 互素的解. (与 41 不同[①]).

P. Wolfskehl[②] 遗留给 K. Gesellschaft der Wissenschaften 2u Göttingen 十万作为给出费马大定理完整证明的奖励. 值得注意的是, Wdfskehl[③] 就是关于 11 次或 13 次单位根构成的复数类文章的作者.

费马大定理的许多[④]错误证明[⑤]此处并未提及, 它们大多作为小册子发表. A. Fleck[⑥], B. Lind[⑦], J.

---

① On p. 188, line 11, it is stated that for f even and < 14, $p=4f+1$ is a prime only when $f=4$, $p=17$, thus overlooking $f=10$, $p=41$. The fact that $x^4+y^4\equiv 1 \pmod{41}$ has no solutions each prime to 41 was communicated to the author by A. L. Dixon.

② Göttingen Nachrichten, 1908, Geschäftliche Mitt., 103. Cf. Jahresbericht d. Deutschen Math.-Vereinigung, 17, 1908, Mitteilungen u. Nachrichten, 111-3. Fermat's Oeuvres, IV, 166. Math. Annalen, 66, 1909, 143.

③ Jour. für Math., 99, 1886, 173-8.

④ According to W. Lietzmann, Der Pythagoreische Lehrsatz, mit einem Ausblick auf das Fermatsche Problem, Leipzig, 1912, 63, more thatn a thousand false proofs were published during the first three years after the announcement of the large prize.

⑤ Titles in Jahrbuch Fortschritte Math., 39, 1908, 261-2; 40, 1909, 258-261; 41, 1910, 248-250; 42, 1911, 237-9; 43, 1912, 254, 274-7; 44, 1913, 248-50.

⑥ Archiv. Math. Phys., (3), 14, 1909, 284-6, 370-3; 15, 1909, 108-111; 16, 1910, 105-9, 372-5; 17, 1911, 108-9, 370-4; 18, 1911, 105-9, 204-6; 25, 1916-7, 267-8.

⑦ Abh. Geschichte Math. Wiss., 26, II, 1910, 23-65. Reviewed adversely by A. Fleck, Archiv Math. Phys., (3), 16, 1910, 107-9; 18, 1911, 107-8.

Neuberg[①] 和 D. Mirimanoff[②] 指出了它们中的许多错误.

E. Schönbaum[③] 给出了一个发展介绍并且对代数理论的基础做出了详细表述;对于正则素数,费马大定理的简化形式中的库默尔的证明也被给出.

* A. Turtschaninov[④] 证明并简要归纳了阿贝尔[⑤]的定理.

* F. Ferrari[⑥] 讨论了

$$x^n \pm y^n = z^{n+1}, x^{2n+1} \pm y^{2n+1} = z^{2n}$$

的无穷解.

A. Thue[⑦] 指出:不存在(不是无限数)以上方程的整数解,当 $n > 2$,h 和 k 为给定的正整数有

$$x^n + (x+k)^n = y^n, x^2 - h^2 = ky^n$$

$$(x+h)^3 + x^3 = ky^n, (x+h)^4 - x^4 = ky^n$$

这些结果为此定理的推论(pp. 27—30):如果 $r > 2$,且 a,b,c 为正整数,$c \neq 0$,不存在 $bp^r - aq^r = c$ 的无限对正整数解 p,q.

赫维茨(A. Hurwitz)[⑧] 证明了:如果 m 和 n 是正整

---

① Mathcsis,(3),8,1908,243.

② Comptes Rendus Paris,157,1913,491;error of E. Fabry,156,1913,1814-6. L'enseignement math.,11,1909,126-9.

③ Casopis,Prag,37,1908,384-506(Bohemian).

④ Spaczinski Bote,1908,No. 454,194-200(Russian).

⑤ Oeuvres,1839,264-5;nouv. éd.,2,1881,254-5;letter to Holmboe,Aug. 3,1823.

⑥ Suppl. al Periodico di Mat.,11,1908,40-2.

⑦ Skrifter Videnskabs-Selskabet Christiania (Math.),1908,No. 3,p. 33.

⑧ Math. Annalen,65,1908,428-30. Case $m = 2, n = 1$ by Euler[9] and Vandiver,[335] Ch. XXI.

数且均不是偶数,那么 $x^m y^n + y^m z^n + z^m x^n = 0$ 有不等于 0 的整数解当且仅当 $u^t + v^t + w^t = 0$ 有解,其中 $t = m^2 - mn + n^2$.(Bouniakowsky①,第 8 章)

赫维茨②之后引用了迪克森③的证明,并给出了基本但很长的证明,如果 a,b,c 是不等于 0 整数且 e 是奇素数,那么

$$ax^e + by^e + cz^e \equiv 0 (\bmod p)$$

有 A 个解集,解集中的 x,y,z 不能被素数 p 整除,其中

$$\frac{A}{p-1} > p + 1 - (e-1)(e-2)\sqrt{p} - \eta e$$

$$\eta = 0, 1 \text{ 或 } 3$$

因此 $A > 0$ 当 p 大于一个依赖于 e 的极限.

A. Wieferich④ 证明了:如果 $x^p + y^p + z^p = 0$ 有与 p 互素的整数解,其中 p 是奇素数,那么 $2^{p-1} - 1$ 可被 p^2 整除.他以库默尔的标准通过 Mirimanoff⑤ 从条件(13)得到了新的标准. Mirimanoff⑥ 和 Frobenius⑦ 给出了一个较简短的证明.

P. Mulder⑧ 指出:如果 n 是奇素数且 $a^n + b^n$ 可被

① Bull. Acad. Sc. St. Pétersbourg, 6, 1848, 200-2. Cf. Hurwitz[212] of Ch. XXVI.

② Jour. für Math., 136, 1909, 272-292.

③ Ibid., 135, 1909, 181-8. Cf. Pellet,[128,244] Hurwitz,[213] Comacchia,[217] and Schar.[283]

④ Ibid., 293-302. For outline of proof, see Dickson,[288] 182-3.

⑤ Jour. für Math., 128, 1905, 45-68.

⑥ Le dernier théorème de Fermat, Paris, 1910, 19 pp.

⑦ Sitzungsber. Akad. Wiss. Berlin, 1909, 1222-4. Reprinted in Jour. für Math., 137, 1910. 314-6.

⑧ Wiskundige Opgaven, Amsterdam, 10, 1909, 273-4.

n 整除,那么 a^n+b^n 可被 n^2 整除. 证明由库默尔①给出.

Chr. Ries② 指出:$a^{2n}+b^{2n}=c^{2n}(n>1)$ 无整数解通过考虑 a^{2n} 的两个因数,它们的差是 $2b^n$,但是假设 $2b^n$ 的每一个素因数整除 b.

G. Cornacchia③ 运用了单位根定理研究了 $x^n+y^n\equiv 1(\bmod p)$ 的解集的个数,其中 p 是一个形如 $nk+1$ 的素数. 如果 $p\neq 7,13$,那么对 $n=3$ 存在解;如果 $p\neq 5,13,17,41$,那么 $n=4$ 存在解;如果 $p\neq 7,13,19,43,61,97,157,277$,那么 $n=6$ 存在解;如果 $p\neq 17,41,113$,那么 $n=8$ 存在解;如果 $p>(n-2)^2n(n-1)+2(n+3)$,那么 n 为任意素数均存在解. 如果 $p\neq 5,17,29,41$(Gegenbauer④),那么对于形如 $nk+1$ 的素数 p,$x^n+y^n+z^n\equiv 0(\bmod p)$ 在 $n=4$ 时有解;如果 $p\neq 13,61,97,157,277,31,223,7,67,79,139$,那么 $n=6$ 时有解;如果 $p\neq 17,41,113,89,233,137,761$,那么 $n=8$ 时有解. 他证明了一个与迪克森⑤类似的定理,但是满足

$$p>(e-2)^2e(e-1)+2(e+3)$$

如果 $e>3$,那么上式大于迪克森的结果.

A. Flechsenhaar⑥ 对于一个大于 3 的素数考虑对

① Jour. für Math.,17,1837,203-9.

② Math. Naturw. Blätter,6,1909,61-3.

③ Giornale di mat.,47,1909,219-268. See Cornacchia[185] and the references under Libri.[24]

④ Sitzungsber. Akad. Wiss. Wien(Math.),95,II,1887,842.

⑤ Ibid.,135,1909,181-8. Cf. Pellet,[128,244] Hurwitz,[213] Cornacchia,[217] and Schur.[203]

⑥ Zeitschr. Math. Naturw. Unterricht,40,1909,265-275.

于与 n 互素的 x,y,z 有

$$x^n+y^n-z^n\equiv 0(\bmod n^2)$$

我们可以设 $x<n,y<n,x+y=z$. 反过来,对于式 ⑯ 乘 ρ_1^n 和 ρ_2^n,其中 $\rho_1 x\equiv 1(\bmod n)$. 因式 ⑯ 的解推出

$$1+b^n-(b+1)^n\equiv 0$$

$$c^n+1-(c+1)^n\equiv 0(\bmod n^2) \tag{17}$$

其中 $b\equiv\rho_2 x,c\equiv\rho_1 y$,由此 $bc\equiv 1(\bmod n)$. 在 b 被 $b-n$ 替换和 c 被 $c-n$ 替换后,这两个条件仍然成立. 我们得到

$$1+(n-t-1)^n-(n-t)^n\equiv 0,t=b\text{ 或 }c$$

因为这些有式(n) 的形式,值得指出的是$(n-b-1)(n-c-1)\equiv 1$由此$b+c+1\equiv 0(\bmod n)$,对于式 ⑰ 的每一对解 b,c,我们有 $bc\equiv 1$,但由于错误的分析,证明并没有给出.

若 $b+c+1\equiv 0,bc\equiv 1,b\not\equiv c$,我们有 $n=6m+1$. 对于小于或等于 307 的素数 n,解 b,c 存在且可列表. 但是对于形如$6m-1$的素数n,式 ⑯ 无与n互素的解.

J. Németh① 指出 $x^k+y^k=z^k,x^l+y^l=z^l$ 没有公共的正解集,如果 k,l 为不同的正整数.

J. Kleiber② 指出:如果 n 是一个奇素数,那么 x,y,z 互素且 y,z 不能被 n 整除,$x^n+y^n=z^n$ 推出

$$x+\varepsilon^i y=(p+\varepsilon^i q)^n,i=0,1,\cdots,n-1;\varepsilon^n=1$$

并给出了 $y=0$. 但是他假设整数的分解法则对涉及 ε

① Math. és Phys. Lapok, Budapest, 18, 1909, 229—230(Hungarian).

② Zeitwsch. Math. Naturw. Unterricht, 40, 1909, 45-47.

的数成立，他并没有指出它的 n 次幂为 $x+\varepsilon y$，并且给出记号 $p+\varepsilon y$ 没有 p 和 q 的性质.

Welsch[①] 重复了卡塔兰[②]的证明.

D. Mirimanoff[③] 考虑了 $F=x^l+y^l+z^l=0$ 与三次同余式的关系. 设 x,y,z 为 $t^3-s_1t^2+s_2t-s_3=0$ 的根. 因此 $F=\phi(s_1,s_2,s_3)$，其中 ϕ 是次数为 l 的整系数多项式. 我们有 $s_1\equiv 0 \pmod l$. 设 x,y,z 与 l 互素. 通过勒让德[④]，可得 s_1^l-F 可被 $l(x+y)(x+z)(y+z)=l(s_1s_2-s_3)$ 整除；记商为 $P(s_1,s_2,s_3)$. 因为 $s_1s_2-s_3$ 与 l 互素，s_1^l 可被 l^l 整除，所以 $F=0$ 得到了 $P(0,s_2,s_3)\equiv 0 \pmod l$. 因此如果 $F=0$ 有与 l 互素的解，那么满足 $P\equiv 0$ 的

$$t^3+s_2t-s_3\equiv 0 \pmod l$$

有三个根. 当 $l=3$ 时，$P=1$ 且 $F=0$ 没有与 $l=3$ 互素的整数解. 当 $l=5$ 时，$P=-s_2$；但是如果 $s_2\equiv 0$，那么三次同余式的判别式是 $-27s_3^2$. l 的一个二次非剩余使得它没有三个根. 同样的理论也适用于 $l=11$. 当 $l=17$ 时，判别式是一个剩余且存在三个根或者没有根；Caillor 的第 4 个标准排除了第 1 种情况(10，1908，

---

① L'intermédiaire des math.，16，1909，14-15.

② Nouv. Ann. Math.，(3)，3，1884，351(Jour. de math.，spéc.，1883，240).

③ L'enseignement math.，11，1909，49-51.

④ Sur quelques objets d'analyse indéterminée et particulièrement sur le théorème de Fermat Mém. Acad. R. Sc. de l'Institut de France，6，année 1823，Paris，1827，1-60. Same except as to paging，Théorie des nombres，ed. 2，1808，second supplément，Sept.，1825 1-40 (reproduced in Sphinx-Oedipe，4，1909，97-128；errata，5，1910，112).

486;见本书第Ⅰ卷)对于三次同余式.因为当 $l=3m+1$ 时,此方法并不适用,所以我们现在有 $s_2\equiv 0$.

Mirimanoff[①] 运用欧拉将 $1-2^{p-2}+3^{p-2}-\cdots\pm y^{p-2}$ 表示为一个关于 y 的多项式从而得到了 Wieferich 在试图证明他的结论 $2^{p-1}\equiv 1(\mathrm{mod}\ p^2)$ 时所用的最后的同余式的一个简短的证明.

B. Lind[②] 证明了 $x^2+y^3=z^6$ 没有整数解.如果 $x^n+y^n=z^n$ 无解,那么 $Z^{2n}-X^2=4Y^2$ 和 $s(2s+1)=t^{2n}$ 也没有解.最后的方程可得出 $s=t_1^{2n}$,$2s+1=t_2^{2n}$,$t_1t_2=t$,由此 $t_2^{2n}-1=2(t_1^2)^n$,这是刘维尔[③]的方程的一种情况.Kempner[④] 中给出了一个简洁的证明.

J. Westlund[⑤] 指出:如果 n 是奇素数,那么

$$x^n+y^n=(x+y-y)^n+y^n=$$
$$(x+y)^n-n(x+y)^{n-1}y+\cdots$$

如果可被 n 整除则可被 n^2 整除.因此如果 z 与 n 互素,那么 $x^n+y^n=nz^n$ 无解.仅当 $m=1$ 时,$q=2$,$p=2^n+1$;$m=q=2$,$n=p=3$;$n=1$,$p=2$,$q=2^m-1$.

A. Fleck[⑥] 根据没有或有一个 $x^p+y^p+z^p=0$ 的不等于0的整数解可被奇素数 p 整除区分情况A和B.设 $s=x+y+z$.那么

---

① Ibid.,11,1909,455-9. Summary by Dickson,[288] p. 183.

② Archiv Math. Phys.,(3),15,1909,368-9.

③ Jour. de Math.,5,1840,360.

④ Archiv Math. Phys.,(3),25,1916-7,242-3.

⑤ Amer. Math. Monthly,16,1909,3-4.

⑥ Sitzungsber. Berlin Math. Gesell.,8,1909,133-148,with Archiv Math. hys.,15,1909.

$$y+z=a^p, z+x=b^p, x+y=c^p, s=-abcp^3GM \tag{A}$$

$$y+z=p^{2p-1}a^p, z+x=b^p, x+y=c^p$$
$$s=-abcp^2GM \tag{B}$$

他考虑以下 6 个式子

$$y^2+yz+z^2=GJ, x^2-yz=GJ_1$$
$$z^2+zx+x^2=GK, y^2-zx=GK_1$$
$$x^2+xy+y^2=GL, z^2-xy=GL_1$$

并证明了(i)s 除了 G 与这 6 个表达式中的一个的公因式外，没有其他因式；(ii) 除了 G 的一个因式外，6 个式中的任意 2 个没有公因式，进而 $J,\cdots,L_1$ 两两互素；(iii)$J,\cdots,L_1$ 为形如 $6\mu p+1$ 的素数的积；(iv)$x^{3p}\equiv y^{3p}\equiv z^{3p}(\bmod GJKLJ_1K_1L_1)$.

G. Frobenius① 对 Wieferich② 的结论给出了一个简单的证明. 他用库默尔的结论中 Mirimanoff③ 的公式得出

$$\sum_{r,s=0}^{\lambda-1}(-1)^{r-s}(r-s)^{\lambda-2}t^s$$

对于 $t\neq 0,\pm 1$ 与

$$c=\phi_{p-1}(1) \text{ 和 } \frac{1+t}{1-t}c$$

模 λ 同余，由此 $c\equiv 0(\bmod \lambda)$，进而 $2^{\lambda-1}\equiv 1(\bmod \lambda^2)$.

---

① Sitzungsber. Akad. Wiss. Berlin, 1909, 1222-4. Reprinted in Jour. für Math., 137, 1910, 314-6.

② Ibid., 293-302. For outline of proof, see Dickson,[288] 182-3.

③ Jour. für Math., 128, 1905, 45-68.

A. Gérardin① 对这一课题给出了一简短的历史简介以及其他的文献. 他猜想费马大定理可以通过2个 n 次幂($n>2$)的差或和总介于两个相继 n 次幂这一结论证明.

P. Bachmann② 通过基础方法得到了许多结果,这些主要由阿贝尔③、勒让德④,Wendt⑤ 和迪克森⑥得出. 一个注是:所有小于 100 的素数正则的;此结论在后面得到了更正.

① Historique du dernier théorème de Fermat, Toulouse, 1910, 12 pp. Extract in Assoc. franç. av. sc., 39, I, 1910, 55-6. All of his references are found in the present chapter.

② Niedere Zahlentheorie, 2, 1910, 458-476.

③ Oeuvres, 1839, 264-5; nouv. éd., 2, 1881, 254-5; letter to Holmboe, Aug. 3, 1823.

④ Sur quelques objets d'analyse indéterminée et particulièrement sur le théorème de Fermat Mém. Acad. R. Sc. de l'Institut de France, 6, année 1823, Paris, 1827, 1-60. Same except as to paging, Théorie des nombres, ed. 2, 1808, second supplément, Sept., 1825 1-40 (reproduced in Sphinx-Oedipe, 4, 1909, 97-128; errata, 5, 1910, 112).

⑤ Jour. für Math., 113, 1894, 335-347.

⑥ Messenger of Math., (2), 38, 1908, 14-32.

Quar. Jour. Math., 40, 1908, 27-45. The omitted value $n=6857$ was later shown in MS. to be excluded.

Amer. Math. Monthly, 15, 1908, 217-222. See p. 370 of Vol. I of this History; also, A. Cunningham, Messenger of Math., 45, 1915, 49-75.

Jour. für Math., 135, 1909, 134-141.

Ibid., 135, 1909, 181-8. Cf. Pellet,[128,244] Hurwitz,[213] Cornacchia,[217] and Schur.[203]

H. Stockhaus① 关于一般情况，对于指数3，5，7的已知方法给出了一个较长的陈述.

K. Rychlik② 对指数3，4，5给出了一个证明.

Ed. Barbette③ 证明了一些不等式.

伯恩斯坦(F. Bernstein)④ 证明了费马定理，并且他的假设比库默尔⑤的假设更宽松. 第二种情况(其中3个数中的一个可被素指数l整除). 通过假设l^2次单位根的域$k(Z)$的类数可被l整除，但不被l^2整除这一结论而得到证明；并且假设$k(Z)$不包含属于指数l^2的类，而$k(\zeta+\zeta^{-1})$的类数与l互素，其中$s^l=1$. 第一种情况(三个与l互素的数)通过假设(i)$k(\zeta)$的类数的第二个因数h_2可被l整除；(ii)如果l^μ是能整除h_2的最高次幂，那么$k(\zeta)$的l^μ次理想的"Teilklassenkörper"中是它自己的一个基本的理想，其中$k(\zeta)$的l次幂是基本理想.(见Vandiver⑥ 的结论)

Ph. Furtwängler⑦ 证明了：如果$\alpha^l+\beta^l+\gamma^l=0$，其中$\alpha,\beta,\gamma$是域$k(\zeta)$中与$L=(\zeta-1)$互素的数；如果

---

① Beitrag zum Beweis des Fermatschen Satzes, Leipzig, 1910, 90 pp.

An ideal Q, prime to $L=(\zeta-1)$, is said to belong to the exponent n modulo L if Q^l is a principal ideal (κ) such that $\kappa\equiv\tau_1 \pmod{L^n}$, While there exists no unit η in the field $k(\zeta)$ such that $\eta\kappa=r_2 \pmod{L^{n+1}}$, where r_1 and r_2 are rational numbers.

② Casopis, Prag, 39, 1910, 65-86, 185-195, 305-317 (Bohemian).

③ Le dernier théorème de Fermat, Paris, 1910, 19 pp.

④ Göttingen Nachrichten, 1910, 482-488, 507-516.

⑤ Abh. Akad. Wiss. Berlin (Math.), for 1857, 1858, 41-74. Extract in Monatsb. Akad. Wiss. Berlin, 1857, 275-82.

⑥ Proc. National Acad. Sc., May, 1920.

⑦ Göttingen Nachrichten, 1910, 554-562.

$\alpha \equiv a, \beta \equiv b, \gamma \equiv c(\bmod L)$，其中 a,b,c 为有理数；如果 $k(\zeta)$ 不包含属于指数 z_j+1 模 L 的理想，那么如果 x,y 为 a,b,c 的任意两个，那么

$$\left[\frac{\mathrm{d}^{2j+1}\log(x+\mathrm{e}^v y)}{\mathrm{d}v^{2j+1}}\right]_{v=0} \equiv 0(\bmod l)$$

通过 Mirimanoff[①]，当 $j=1,2,3$ 或 4 时，此同余式不成立. 因此如果 $k(\zeta)$ 不包含属于指数 3,5,7,11 的理想，那么费马方程在 $k(\zeta)$ 中没有与 l 互素的解. 如果类数 H 至多可被 l^3 整除，那么同样的推论成立.

E. Hecke[②] 证明了：如果通过 l 次单位根来定义的域的类数 H 的第 1 个因式 h_1 可被 l 整除但不能被 l^2 整除，那么 $x^l+y^l+z^l=0$ 没有不能被奇素数 l 整除的解 x,y,z.

D. Mirimanoff[③] 利用他的结论[④]，证明了：如果 $x^p+y^p+z^p=0$ 有与 p 互素的解，6 个比值 $x/y,\cdots$ 中的每一个均是

$$\prod_{i=1}^{m-1}(t+\alpha_i)\sum_{i=1}^{m-1}\frac{R_i}{t+\alpha_i} \equiv 0(\bmod p), R_i=\frac{\phi_{p-1}(-\alpha_i)}{(1-\alpha_i)^{p-1}}$$

的根 t，其中 $\alpha_1,\cdots,\alpha_{m-1}$ 是 $z^m=1$ 的不等于 1 的根. 对于 $m=2$ 或 3，6 个比值中至少有两个是不同余的，进而我们的同余式是次数小于 2 的恒等式；取 $t=-1$ 并且运用

$$q(m)=\frac{m^{p-1}-1}{p} \equiv \sum_{i=1}^{m-1}\frac{R_i}{1-\alpha_i}(\bmod p)$$

---

① Jour. für Math.，128，1905，45-68.

② Ibid.，420-4.

③ Comptes Rendus Paris, 150, 1910, 204-6. Reproduced.[246]

④ Jour. für Math.，128，1905，45-68.

我们得到 $q(m)\equiv 0$. 另外 Wieferich 的 $q(2)\equiv 0$,我们有 $q(3)\equiv 0$. 因此对于所有使得 $q(2)$ 或 $q(3)$ 不能被 p 整除的素指数,初始方程没有与 p 互素的整数解;特别地,对于所有具有形式 $2^a 3^b \pm 1$ 或 $\pm 2^a \pm 3^b$ 的素指数,此结论成立.

G. Frobenius[①] 证明了最后的两个结论并且由 ⑧ 推导出 ⑬,此方法比 Mirimanoff[②] 中的方法更简单. 设 $b^{2n}=(-1)^{n-1}B_n, b^{2n+1}=0, b^1=-\frac{1}{2}$, 是通过 $(b+1)^n-b^n=0(n>1)$ 给出的伯努利数. 设

$$F(x,y)=\sum_{r=0}^{p-1}\binom{y}{r}(x-1)^r$$

$$F(x,y)x^m=\sum_{r}\binom{y+m}{r}(x-1)^r+(x-1)^pG(x,y)$$

$$mxG_m(x)=G(x,mb)-G(0,mb)\frac{x_m-1}{x-1}$$

$$mF(x)=F(x,mb)-\{F(0,mb)-mpq\}(x-1)^{p-1}$$

那么

$$F(x)(x^m-1)+\sum_{n=1}^{p-1}\frac{1-x^n}{n}=(x-1)^pxG_m(x)$$

由此式可得到论文中的结果. 费马方程的与 p 互素的三个解中的 6 个比值满足次数为 2 的同余式 $G_m(x)\equiv 0(\mathrm{mod}\ p)$. 因此,如果 $m=2$ 或 3,那么 G_m 可消掉. 但是有 $G_m(1)\equiv(1-m^{p-1})p$.

---

① Sitzungsber. Akad. Wiss. Berlin, 1909, 1222-4. Reprinted in Jour. für Math., 137, 1910, 314-6.

② Jour. für Math., 128, 1905, 45-68.

A. Fleck① 证明了 J_1, K_1, L_1 的素因数具有形式 $6vp^2+1$. 此结论作为他的②定理(iii) 的推论. 因此 $J, \cdots, L_1$ 均有 $6\mu p^2+1$ 的形式. 对于形如 $6\mu p+1$ 的任一素因式 j，有 $(ty)^{6\mu}\equiv(tz)^{6\mu}\equiv 1(\mathrm{mod}\ j)$，其中情况 A 中 $t=1$，情况 B 中 $t=p$. 对于 k 或 L 的素因式也有同样的结论成立.

E. Dubouis③ 为了纪念吉尔曼而将 Sophien 定义为与素数 θ 互素的素数 n，对于 $x^n\equiv y^n+1(\mathrm{mod}\ \theta)$ 没有与 θ 互素的整数解的必要条件是具有 $kn+1$ 的形式. 他指出 Pepin④ 证明了 n 的 sophien 是有限数，而 Pepin 仅对 $n=3$ 时证明了此结论. 如果 $a^k=1$，$(a+1)^k=1$ 的结式不能被 θ 整除，那么 θ 是 n 的 sophien(Wendt⑤).

B. Lind⑥ 对没有利用复整数或理想处理费马大定理的各种论文给出了一个论述，但是在他自己的注中插值有误，Lind 得出的结果是新颖的，方程 ⑲ ～ ㉖ 是正确的，但是早已得知，而 ㉗ 并未得到证明. 如果 $x^n+y^n=z^n$ 对模 3 证明了 $x+y-z\equiv 0(\mathrm{mod}\ 9)$. 此处错误

① Sitzungsber. Berlin Math. Gesell., 9, 1910, 50-3(with Archiv Math. Phys., 16, 1910).

② Sitzungsber. Berlin Math. Gesell., 8, 1909, 133-148, with Archiv Math. phys., 15, 1909.

③ L'intermédiaire des math., 17, 1910, 103-4.

④ Ibid., 91, 1880, 366-8. Reprinted, Sphinx-Oedipe, 4, 1909, 30-32.

⑤ Jour. für Math., 113, 1894, 335-347.

⑥ Abh. Geschichte Math. Wiss., 26, II, 1910, 23-65. Reviewed adversely by A. Fleck, Archiv Math. Phys., (3), 16, 1910, 107-9; 18, 1911, 107-8.

引起了他的不等式(p. 32)和他的方程(95)(106b). 他试图利用同余试证明(pp. 61～65)费马大定理包含几处严重的错误并且依赖式㉗. 关于此有众多参考书目.

J. Joffroy[①] 指出:如果对于 $x<y<z$ 的整数有 $F=x^{37}+y^{37}-z^{37}=0$,那么 $x>P+1=1\ 919\ 191$. 当 $x^{37}-x=P_m$,$P=2\times3\times5\times7\times13\times19\times37$ 时,有

$$F+Pm_1=x+y-z,m_1>0$$

T. Hayashi[②] 证明了:如果 n 为奇素数,$x^n+y^n=nz^n$. 或 $x^n+y^n=z^n$ 且 z 可被 n 整除,那么 $b_0+b_1+\cdots+b_s\equiv0(\bmod n^2)$,其中 $s=(n-1)/2,b_0,\cdots,b_s$ 是多项式 Y 的系数,且 Y 满足恒等式

$$4\frac{\xi^n-1}{\xi-1}=Y^2-(-1)^snZ^2$$

其中

$$Y=b_0\xi^s+b_1\xi^{s-1}+\cdots+b_s,Z=c_0\xi^{s-1}+\cdots+c_{s-1}$$

然而

$$\eta=b_0y^s-b_1y^{s-1}x+\cdots+(-1)^sb_sx^s$$

$$x\zeta=c_0xy^{s-1}-c_1x^2y^{s-2}+\cdots+(-1)^{s-1}c_{s-1}x^s$$

满足 $\eta^2-(-1)^sn(x\zeta)^2$ 仅有因数 2 以及形如 $r^2-(-1)^snt^2$ 的数. 如果 $n=5$ 或 13,那么初始方程无解.

佩列特[③]考虑对于一个素数 $p=hn+1$,下式

$$g^{in}+g^{jn}+g^{kn}\equiv0(\bmod p),i,j,k=0,1,\cdots,h-1$$

---

① Nouv. Ann. Math., (4), 11, 1911, 282-3. Reproduced, Oeuvres de Fermat, IV, 165-6.

② Jour. Indian Math. Soc., Madras, 3, 1911, 16-22; 111-4. Same in Science Reports of Tôhoku University, 1, 1913, 43-50, 51-54.

③ L'intermédiaire des math., 18, 1911, 81-2.

对 hN_3 有原根 g. 通过对 p 次单位根的 n 个周期运用此方程,可得 pN_3 有极限 $h^2 \pm \sqrt{(p-h)^3}$,所以如果 $h > n\sqrt{n}$,那么此下极限是正的(错误①). 因此在这种情况中,$x^n + y^n + 1 \equiv 0 \pmod{p}$ 有与 p 互素的解. 参见 Libri②.

D. Mirimanoff③ 重新得了他④论文,且运用他第一个公式得到了关于 $q(5)$ 和 $q(7)$ 的结果. 他还证明了不仅在 t 是 6 个比值 $\tau = x/y, \cdots$ 中的一个而且还在 $t = -\tau$ 和 $t = -\tau^2$ 时,$\phi_{p-1}(t)$ 可被 p 整除. 最后,他证明了 Sylvester 对 $q(m)$ 的公式(本书第 Ⅰ 卷第 4 章).

A. Thue⑤ 证明了:如果 n 是一个大于 3 的素数,ε 是 n 次单位虚根,所有 B_i 均是小于或等于 k(大于 0)的整数,且 B_i 不全为 0,那么

$$|B_0 + B_1\varepsilon + \cdots + B_{n-2}\varepsilon^{n-2}| \geqslant \frac{\tan \pi/(2n)}{\{(2n-3)/K\}^{(n-3)/2}}$$

接下来,对于整数 R,设 $PQ = R^n$,其中

$$P = \sum_{i=0}^{n-2} A_i\varepsilon^i, Q = \sum B_i\varepsilon^i, |A_i| \leqslant S, |B_i| \leqslant T$$

那么对于一个适当选择的 k 和整数 f_i, g_i 满足

$$|f_i| < 2\{k[(2n-3)T]^{1/n} + 1\}$$
$$|g_i| < 2\{k[(2n-3)S]^{1/n} + 1\}$$

那么我们有 $P/R = -B/A$,其中 $A = \sum f_i\varepsilon^i, B =$

---

① This deduction fails if $n = 5, h = 20$.

② Jour. für Math., 9, 1832, 270-5.

③ Jour. für Math., 139, 1911, 309-324.

④ Comptes Rendus Paris, 150, 1910, 204-6. Reproduced. 246

⑤ Skrifter Videnskapsselskapet I Kristiania (Math.), 1, 1911, No. 4.

$\sum g_i\varepsilon^i$.值得注意的是:对费马方程

$$a^n=c^n-b^n=\prod(c-\varepsilon^i b)$$

亦可作此运用.如果对互素的整数(p.15)有 $a^n+b^n=c^n$,那么我们能找到均大于 $\sqrt{3c}$ 的正整数 p,q,r 满足 $pa+qb=rc$.因此

$$(ar)^n+(br)^n=(pa+qb)^n$$

所以 q^n-r^n 可被 a 整除.

Thue① 证明了:如果 $y^n=x^n+1,n>3$,那么

$$A^n+B^n=(c_0+c_1y+\cdots+c_{n-1}y^{n-1})^n$$

的最大的通解为

$$f^n+(fx)^n=(fy)^n$$

其中,A,B 和 c_i 为 x 的整函数,f 的 x 的任意整函数.

D. N. Ranucci 写了一本小册子,Risoluzione dell 方程

$$x^n-Ay^n=\pm 1$$

con una nuova dimostrazione dell' ultimo teorema di Fermat, Roma, 1911, 23 pp.

F. Mercier② 指出:如果 $n>1$,那么我们可以取 $x<y<z$,从而

$$x^n=z^n-y^n=(z-y)(z^{n-1}+yz^{n-2}+\cdots)>$$
$$(z-y)ny^{n-1}>ny^{n-1}$$

$n/x<(x/y)^{n-1}<1,n<x$.这个引理并没有帮助他证

① Ibid.,2,1911,No.12,13 pp. For his paper, ibid.,No.20, see[178] Ch. XXIII.

② Mém. Soc. Nat. Sc. Nat. et Math. de Cherbourg,38,1911-12,729-44. Cf. Grunert.[73]

明费马大定理，反而导致他犯了一个错误. 即由 $3^n + y^n = z^n$ 在 $n=2$ 时可解，可推出 n 为任意大于 1 的整数时均可解.

Ph. Furtwängler[①] 利用艾森斯坦对 l(l 为素数) 次幂剩余的互反法则证明了：如果 x_1, x_2, x_3 是 $x_1^l + x_2^l + x_3^l = 0$ 的互素的解且 x_i 与 l 互素，那么 x_i 的任意整因数 r 满足

$$r^{l-1} \equiv 1 \pmod{l^2} \tag{18}$$

由于 x_i 中的一个可被 2 整除，那么我们可得到 Wieferich 的结论. 接下来，如果 $x_i + x_k$ 与 $x_i - x_k$ 均与 l 互素，那么 $x_i \pm x_k$ 的因子 r 满足式 ⑱. 因为 x_i 中的一个可被 3 整除(除非 3 个均模 3 同余)，那么由上述两个定理可得到：如果 x_i 均与 l 互素，则式 ⑱ 在 $r=3$ 时成立. 此结论由 Mirimanoff 得出.

S. Bohniček[②] 证明了：$2n$ 次单位根域的整数不满足指数为 $2^{n-1}(n>2)$ 的费马方程.

H. Berliner[③] 研究了当 x, y, z 不能被大于 2 的素数 p 整除时，$x^p = y^p + z^p$ 的情况. 在 Abel 的方程 $2x = a^p + b^p + c^p, \cdots$，中我们可以取 $a > b > c$. 那么 $a = b + c \pm 2^k ep$，其中 2^k 是整除 abc 的 2 的最高次幂，而 ep 是 3 的奇数倍. 对于所有 p，有 $a < 3(b+c)$；对于大于等于 5 的 p，有 $a < 3b$；对于大于等于 31 的 p，有 $a < 3^{1/5}(b+c)$；对于大于等于 37 的 p，有 $a < 3^{2/a}b$. 如果 $p \geqslant 5$，那么 $b > 3p$；如果 $p \geqslant 37$，那么 $b > 6p+1$.

---

① Sitzungs. Akad. Wiss. Wien(Math.), 121, II*a*, 1912, 589-592.

② Ibid., 727-742.

③ Archiv Math. Phys., (3), 19, 1912, 60-3.

L. Carlini①证明了 $x^n+y^n=z^n(n>2)$ 对3个关于变量 u,v 的二次式不成立. 因此对关于1个或更多变量的多项式有类似的结论成立.

J. Plemelj②证明了 $x^5+y^5+z^5=0$ 在 $R(\sqrt{5})$ 中不成立. 其方法比狄利克雷③中的方法简单.

伯恩斯坦④给出了满足 $x^n+y^n=z^n$ 的数的一些性质. 但是随后被证明出在关于 x,y,z 的某些假定条件下不成立.

R. D. Carmichael⑤证明了:如果 $x^p+y^p+z^p=0$ 有不被奇素数 p 整除的整数解,那么存在正整数 $s<(p-1)/2$ 使得

$$(s+1)^{p^2}\equiv s^{p^2}+1(\bmod p^3)$$

我们可以(pp. 402-403)将此条件替换为一个⑥更简单的条件

$$(s+1)^p\equiv s^p+1(\bmod p^3)$$

这一结论由G. D. Birkhoff得出. 对 $p=6n+1$,此条件不成功,因为同余式有解. 他⑦指出: $x^6\pm y^6\neq\square$.

N. Alliston⑧指出:如果 r,m 是互素的正整数解,

---

① Periodico di Mat., 27, 1912, 83-8.

② Monatshefte Math. Phys., 23, 1912, 305-8.

③ Jour. für Math., 3, 1828, 354-375; Werke I, 21-46. Read at the Paris Acad. Sc., July 11 and Nov. 14, 1825 and printed privately, Werke, I, 1-20. Cf. Lebesgue.[37]

④ Math. Unterr., 1912, No. 3, 111-5; No. 4, 150-1(Russian).

⑤ Bull. Amer. Math. Soc., 19, 1912-3, 233-6.

⑥ Sitzungsber. Berlin Math. Gesell., 13, 1914, 101-104. See Vol. I, Ch. IV,[39] of this History.

⑦ Bull. Amer. Math. Soc., 20, 1913, 80.

⑧ Math. Quest. Educ. Times, new series, 23, 1913, 17-18.

那么 $x^r \pm y^r = z^m$ 有整数解. R. Norrie(pp. 34 ~ 34) 解决了同样的问题.

R. Niewiadomski① 研究了 $d_n = z^n - x^n - y^n$，如果 $d_n = 0$ 且 n 为奇素数，那么 d_{2n+1} 可被 $(x+y)(z-x)(z-y)$ 整除. 他给出了 d_{n+1}, d_n, d_{n-1} 与 d_n 在 $d_1 \equiv 0 \pmod{n^k}$ 和 $d_2 = 0$ 时的表达式之间的线性关系. G. Métrod(pp. 215 - 216) 研究了后一种情况.

E. Landau② 指出：设

$$x^{p-1} \equiv y^{p-1} \pmod{p^2}, x + y = mp$$

其中 p 是大于 1 的奇素数且不整除 m，从而导致矛盾. 事实上

$$1 \equiv x^{p-1} \equiv (mp - y)^{p-1} \equiv$$
$$-(p-1)mpy^{p-2} + 1 \pmod{p^2}$$

要求 p 整除 $(p-1)^m y^{p-2}$ 从而 m 类似.

E. Mirot③ 给出了 $2^x - 1, 3^x - 1$ 的最大公约数的一个错误的表达式.

H. Kapferer④ 通过指出 $t^2 = (z^2 \pm y^2)^2 - (yz)^2$ 证明了费马定理在指数为 6 和 10 的情况.

H. C. Pocklington⑤ 指出 $x^{2n} + y^{2n} = z^2$ 对任意不满足 $x^n + y^n = z^n$ 的 n 也不成立. 因为如果前者有解，则解满足 x 与 y 互素且 y 为偶数. 因此 $x^n = u^2 - v^2, y^n = 2uv$. 从而 $u + v = \alpha^n, u - v = \beta^n$ 且 u, v 等于 $2^{n-1}\gamma^n, \delta^n$ (以一定顺序). 因此 $\alpha^n \pm \beta^n - (2r)^n$.

---

① L'intermédiaire des math., 20, 1913, 76, 98-100.

② Ibid., 206.

③ Ibid., 112. Error noted pp. 183-4, 228.

④ Archiv Math. Phys., (3), 21, 1913, 143-6.

⑤ Proc. Cambridge Phil. Soc., 17, 1913, 119-120.

J. E. Rowe① 证明了：如果 $x^n+y^n=z^n$，其中 x,y,n 为奇数，那么 $x+y$ 可被 2^n 整除.（显然，因为 x^n+y^n 被 $x+y$ 除的商由 n 项组成且 n 为奇数）. 从这个主要定理 Ⅱ′，我们通过改变 y 的符号得到了他的定理 Ⅰ′.

Ph. Maennchen② 对此定理的历史发展做了报告. 其中一些证明了 2^n+1 仅当 $2^3+1=3^2$ 时是幂.

W. Meissner③ 证明了：如果不存在整数 $v<p$ 使得

$$(v+1)^p-v^p\equiv 1(\bmod p^3), v^3\not\equiv 1(\bmod p)$$

（Carmichael④）：如果 $p=3^k2^m\pm 1$ 或 $3^k\pm 2^m$ 时，结论亦成立；如果 p 是这 4 个表达式中的一个因式但 p^2 不是时，结论亦成立；如果 p^2 整除 4 个表达式中的一个且 k 和 m 可被 p 整除时，结论亦成立.

几位学者⑤ 得出了同余式 $5^x+7^y+11^z\equiv 0(\bmod 13)$ 可解.

L. Aubry⑥ 指出：如果 m 与 n 互素，那么 $x^m+y^m=z^n$ 有解 $x=A^ua, y=A^ub, z=A^v$，其中 $nv-mu=1, a^m+b^m=A$. 当 $m=3, n=2$ 时，他给出了一个涉及 2 个变量的解.

---

① Johns Hopkins University Circular, July, 1913, No. 7, 35-40; abstract in Bull. Amer. Math. Soc., 20, 1913, 68-69.

② Zeitschr. Math. Naturw. Unterricht, 45, 1914, 81-93.

③ Sitzungsber. Berlin Math. Gesell., 13, 1914, 101-104. See Vol. I, Ch. IV, [39] of this History.

④ Bull. Amer. Math. Soc., 19, 1912-3, 233-6.

⑤ Math. Quest. Educ. Times, new series, 26, 1914, 101-3.

⑥ L'intermédiaire des math., 21, 1914, 19-20.

A. Gérardin[①] 给出了 $x^3-y^2=z^n$ 在 $2\leqslant n\leqslant 8$ 时的整数解.

H. S. Vandiver[②] 对 $(r^{p-1}-1)/p$ 写出了 $q(r)$ 并证明了:如果

$$x^p+y^p+z^p=0$$

有不被素数 p 整除的整数,那么

$$q(5)(t-1)(t+2)\left(t+\frac{1}{2}\right)\equiv 0(\bmod p)$$

对 6 个比值 $t=x/y,\cdots,z/y$,和 $q(2)\equiv 0(\bmod p^3)$,$q(3)\equiv 0(\bmod p)$. 或 $q(2)\equiv q(3)\equiv q(5)\equiv 0(\bmod p)$ 和如果 $p\equiv 2(\bmod 3)$,则 $q(7)\equiv 0(\bmod p)$ 均成立.

E. Swift[③] 证明了:$x^6\pm y^6$ 均不是平方数.

H. S. Vandiver[④] 证明了:如果 $x^p+y^p+z^p=0$ 有与 p 互素的整数解,那么 $q(5)\equiv 0(\bmod p)$ 且 $1+\frac{1}{2}+\frac{1}{3}+\cdots+\frac{1}{\left[\frac{p}{5}\right]}\equiv 0(\bmod p)$.

G. Frobenius[⑤] 证明了:如果费马方程有与素指数 p 互素的整数,那么 $q(m)$ 在 $m=11$ 和 $m=17$ 或 $p\equiv 5(\bmod 6)$ 或 $m=7,13,19$ 时均可被 p 整除. 此外

$$\sum_{l=1}^{m-1}\left\{\frac{(l/m+h)^{p-1}-h^{p-1}}{p-1}\right\}x^l$$

① Sphinx-Oedipe, 9, 1914, 136-9. For $7^3-10^2=3^5$, ibid., 6, 1911, 91.

② Trans. Amer. Math. Soc., 15, 1914, 202-4.

③ Amer. Math. Monthly, 21, 1914, 238-9; 23, 1916, 261.

④ Jour. für Math., 144, 1914, 314-8.

⑤ Sitzungsber. Akad. Wiss. Berlin, 1914, 653-81.

在 $m=22$ 和 $m=24,26$ 时恒整除 p. 此处记号 h^{λ} 被替换为伯努利数 b_{λ}.

J. G. van der Corput① 证明了：当 $A=1$ 或其他值时，$x^5+y^5=Az^5$ 无解.

R. Guimarães② 给出了一个书目并讨论了费马大定理的历史. 其中包括 Wronski③ 的结果.

N. Alliston④ 证明了：费马定理在奇指数时可得出如果 $n>2$，$b^{4n+2}+c^{4n+2}=\square$ 无解.

P. Montel⑤ 证明了：如果 m,n,p 是满足 $1/m+1/n+1/p<1$ 的整数，那么找到了个关于一个变量的整函数使得 $x^m+y^n+z^p=0$ 是不可能的；特别地，如果 $m>3$，那么 $x^m+y^m+z^m\neq 0$.

P. Kokott⑥ 证明了：$x^{11}+y^{11}+z^{11}=0$ 没有与 11 互素的整数解.

W. Mantel⑦ 证明了：如果 $n>3$ 且 p 为素数，那么 $x^n+y^n+z^n\equiv 0 \pmod p$ 不可能有与 p 互素的整数解除非 $p=(6kn-n-3)/(n-3)$.

---

① Nieuw Archief voor Wiskunde, 11, 1915, 68-75.

② Revista de la Sociedad Mat. Española, 5, 1915, No. 42, pp. 33-45. There is a great number of confusing misprints. Both Crelle's Journal and Comptes Rendus Paris are cited as C. r., the second being once cited as Cr., Berlin!

③ Annali di Sc. Mat. Fis., 2, 1851, 287; cf. Nouv. Ann. Math., 2, 1843, 454. Cf. Boutin.[37]

④ Math. Quest. Educ. Times, new series, 29, 1916, 21.

⑤ Annales sc. l'école norm. sup., (3), 33, 1916, 298-9.

⑥ Archiv Math. Phys., (3), 24, 1916, 90-1.

⑦ Wiskundige Opgaven, 12, 1916, 213-4.

E. T. Bell 提出，F. Irwin① 证明了结论：如果对于大于 2 的素数 r 和 $n>2$，x^n-y^n 是一个素数 2^ar+1，那么 $n=3,x=2,y=1$.

A. Gérardin② 证明了：如果 $n>1$，那么 $10^k+1=z^n$ 无解.

H. H. Mitchell③ 研究了在伽罗瓦域中 $cx^\lambda+1=dy^\lambda$ 的解.

A. J. Kempner④ 对结论 $a^{2n}-1=2b^n$ 整解仅有 $a=\pm1,b=0$（刘维尔⑤，Lind⑥）给出了简要证明.

A. Korselt⑦ 证明了：如果每一个指数都大于 2 或一个指数是 2 其他的指数均大于 3，那么 $x^m+y^n+z^r=0$ 不可能有关于一个变量 t 的互素的整有理函数. 但是一个特例⑧ $x^3+y^5+z^2=0$ 的情况还未得到解决. 在所有遗留的情况中，初始方程有解. Velmine⑨，Montel⑩.

---

① Amer. Math. Monthly，23，1916，394.

② L'intermédiaire des math.，23，1916，214-5；Sphinx-Oedipe，1917.

③ Trans. Amer. Math. Soc.，17，1916，164 — 177；Annals of Math.，18，1917，120-131.

④ Archiv Math. Phys.，(3)，25，1916-7，242-3.

⑤ Jour. de Math.，5，1840，360.

⑥ Archiv Math. Phys.，(3)，15，1909，368-9.

⑦ Ibid.，89-93.

⑧ This equation is satisfied by the fundamental invariants of the icosaeder group，ibid.，27，1918，181-3.

⑨ Mat. Sbornik (Math. Soc. Moscow)，24，1903-4，633-61，in answer to problem proposed by V. P. Ermakov，20，1898，293-8. Cf. Jahrbuch Fortschritte Math.，29，1898，139；35，1904，217.

⑩ Annales sc. l'école norm. sup.，(3)，33，1916，298-9.

J. Schur① 对迪克森②的定理给出了一个简单的证明.

L. Aubry③ 证明了:如果 $0 < a < 10, k > 1, n$ 为大于 1 的素数,那么 $a \cdot 10^k + 1 \neq z^n$.

E. Maillet④ 研究了 $a^m + b^m = c^m$ 在 $m = n/p$ 时的情况,其中 n, p 为互素的正整数且 $p > 1$. $a^m + b^m = c^m$ 有不等于 0 的整数解,当且仅当

$$a_2^m a_1^n + b_2^m b_1^n = c_2^m c_1^n$$

有不等于0的整数解使 a_1, b_1, c_1 与 p 互素且两两互素,而 a_2, b_2, c_2 两两互素并满足除了 p 外没有其他素因子. 最后一个方程可以写为一个关于 $a_1^1, b_1^1, c_2^1, a_2^1, b_2^1, c_2^1$ 的更简单的形式,并满足两两互素,a_2^1, b_2^1 或 c_2^1 的任一素因子 λ 是 p 的因子使得 $m \leqslant 1/(\lambda - 1)$. 特别地,如果 $m > 1/(\mu - 1)$,其中 μ 是 p 的最小素因子,指数为 m 的费马方程等价于指数为 n 的费马方程. 此情况亦即 $a_2, b_2, c_2, a_2^1, b_2^1, c_2^1$ 中的一个是 p 次幂和 p 至多有 2 个不同的素因子. 对于任意分数指数 a, b, c 两两互素的 $a^{m_1} + b^{m_2} = c^{m_3}$ 也有相应的结论成立.

关于 $q_u = (u^{p-1} - 1)/p$ 的报告参见本书第 I 卷第 4 章. 关于 $2^{p-1} \equiv 1 (\mathrm{mod}\ p^2), p = 1\,093$, 还有由 E. Haentzschel⑤ 给出的论述以及 H. E. Hensen⑥ 关于 q_u

---

① Jahresber. d. Deutschen Math. — Vereinigung, 25, 1916, 114-7.

② Ibid., 135, 1909, 181 — 8. Cf. Pellet,[128,244] Hurwitz,[213] Cornacchia,[217] and Schur.[203]

③ L'intermédiaire des math., 24, 1917, 16-17.

④ Bull. Soc. Math. France, 45, 1917, 26-36.

⑤ Jahresber. d. Deutschen Math.-Vereinigung, 25, 1916, 284.

⑥ L'enseignement math., 19, 1917, 295-301.

的计算.

迪克森[①]对费马大定理的历史以及代数定理的起源和性质做出了解释.

F. Pollaczek[②] 证明了:如果 $x^p+y^p+z^p=0$ 有与 p 互素的整数解,并且对于所有素数 p 除了一个有限数,有 $u\leqslant 31$,那么 q_u 可被 p 整除;并且 $x^2+xy+y^2\equiv 0(\mathrm{mod}\ p)$ 无解.

W. Richter[③] 对于特例 $m=n=r$,证明了 Korselt[④] 的结果.存在关于 t 的有理整函数 x,y,z 满足 $f\equiv x^n+y^n+z^n=0$ 当且仅当曲面的方格 $\frac{1}{2}(n-1)(n-2)-d-r$ 为 0,其中 d 是重点和尖点的个数.但是 $d=r=0$ 因为 $\partial f/\partial x=0$,等.仅当 $x=y=z=0$ 成立.因此 $n=1$ 或 2.

H. S. Vandiver[⑤] 在由 λ 次单位根定义的域中,对理想的类的个数的第一个因子 h_1(库默尔[⑥])模 λ^n 的剩余给出了一个表达式.由于伯努利数,我们可得到必要充分条件 h_1 可被 λ 的任意给定的幂整除.他[⑦]指出:如果 $x^p+y^p+z^p=0$ 对不能整除素数 p 的整数成立,那么对于 $p\not\equiv 1(\mathrm{mod}\ 11)$ 有 $23^{p-1}\equiv 1(\mathrm{mod}\ p^2)$,并且对于 $s=(tp+1)/2,t=p-4,p-6,p-8,p-10$,伯努

① Annals of Math.,(2),18,1917,161-87.

② Sitzungsber. Akad. Wiss. Wien(Math.)126,II*a*,1917,45-59.

③ Archiv Math. Phys.,(3),26,1917,206-7.

④ Ibid.,89-93.

⑤ Bull. Amer. Math. Soc.,25,1919,458-61.

⑥ Berichte Akad. Wiss. Berlin,1847,305-319. Same in Jour. für Math.,40,1850,93-138;Jour. de Math.,16,1851,454-498.

⑦ Ibid.,24,1918,472.

利数 B_s 可被 p^2 整除.

A. Arwin① 给了一个解 $(x+1)^p - x^p \equiv 1 \pmod{p^2}$（$p$ 为素数）的方法.

Vandiver② 对于 $x^p + y^p = z^p$ 的与 p 互素的解得出了 Furtwängler③ 的定理和库默尔④的结论.

P. Bachmann⑤ 给出了以下文章中的几乎所有完整的结论：阿贝尔⑥、勒让德⑦、狄利克雷⑧、库默尔⑨、

---

① Acta Math.，42，1919，173-190.

② Annals of Math.，21，1919，73-80.

③ Sitzungs. Akad. Wiss. Wien(Math.)，121，IIa，1912，589-592.

④ Abh. Akad. Wiss. Berlin(Math.)，for 1857，1858，41-74. Extract in Monatsb. Akad. Wiss. Berlin，1857，275-82.

⑤ Das Fermat Problem，Verein Wiss. Verleger，W. de Gruyter & Co.，Berlin and Leipzig，1919，160 pp.

⑥ Oeuvres，1839，264-5；nouv. éd.，2，1881，254-5；letter to Holmboe，Aug. 3，1823.

⑦ Sur quelques objets d'analyse indéterminée et particulièrement sur le théorème de Fermat Mém. Acad. R. Sc. de l'Institut de France，6，année 1823，Paris，1827，1—60. Same except as to paging，Théorie des nombres，ed. 2，1808，second supplément，Sept.，1825 1-40 (reproduced in Sphinx—Oedipe，4，1909，97-128；errata，5，1910，112).

⑧ Jour. für Math.，3，1828，354-375；Werke I，21-46. Read at the Paris Acad. Sc.，July 11 and Nov. 14，1825 and printed privately，Werke，I，1-20. Cf. Lebesgue.[37]

⑨ Berichte Akad. Wiss. Berlin，1847，305-319. Same in Jour. für Math.，40，1850，93-138；Jour. de Math.，16，1851，454-498.

Wendt[①],Mirimanoff[②],　　迪　克　森[③],Wieferich[④],Frobeniws[⑤] 和 Furtwängler[⑥].

Vandiver[⑦] 分别运用了 p^n 和 p^{n-1} 次单位根的域的类数的第一个因子 h_1 和 k 与由 J. Westlund[⑧] 给出的 $k_1=h_1/k$ 的值并证明了:k_1 可被 p 整除当且仅当前 $(p-3)/2$ 个伯努利数中至少有一个可被 p 整除,在他的第二种情况中,伯恩斯坦[⑨]的第一个假设推出了 $p=l$ 是一个正则素数(使得他的结论没有推广为库默尔[⑩]),而在他的第一种情况中假设并不包括库默尔[⑪]中的那些情况. 可以得到 101,103,131,149,157 是 100 和 167 之间仅有的非正则素数.

Encyclopédie des sc. math. ,I,3,p. 473,引用了结论 $q(2)\equiv 0,q(3)\equiv 0(\bmod p)$,但没有给出未知量

① Jour. für Math. ,113,1894,335-347.

② Jour. für Math. ,128,1905,45-68.

Jour. für Math. ,139,1911,309-324.

③ Messenger of Math. ,(2),38,1908,14-32.

Quar. Jour. Math. ,40,1908,27-45. The omitted value $n=6857$ was later shown in MS. to be excluded.

④ Ibid. ,293-302. For outline of proof, see Dickson,[288] 182-3.

⑤ Sitzungsber. Akad. Wiss. Berlin,1909,1222-4. Reprinted in Jour. für Math. ,137,1910,314-6.

Sitzungsber. Akad. Wiss. Berlin,1910,200-8.

⑥ Sitzungs. Akad. Wiss. Wien(Math.),121,IIa,1912,589-592.

⑦ Proc. National Acad. Sc. ,May,1920.

⑧ Trans. Amer. Math. Soc. ,4,1903,201-212.

⑨ Göttingen Nachrichten,1910,482-488,507-516.

⑩ Berichte Akad. Wiss. Berlin,1847,305-319. Same in Jour. für Math. ,40,1850,93-138;Jour. de Math. ,16,1851,454-498.

⑪ Abh. Akad. Wiss. Berlin(Math.),for 1857,1858,41-74. Extract in Monatsb. Akad. Wiss. Berlin,1857,275-82.

与 p 互素.

关于费马大定理的参考文献(包括现在可统计的全部)可在以下几个地方找到:

References (all included in the present account) on Fermat's last theorem occur in the following places: (Nouv. Corresp. Math., 5, 1879, 90; Zeitschrift Math.-naturw. Unterricht, 23, 1892, 417-8; Ball's Math. Recreations and Essays, 1892, 27-30; ed. 4, 1905, 37-40; l'intermédiairedes math., 2, 1895, 26, 117-8, 359, 427; 12, 1905, 11-12; 13, 1906, 99; 14, 1907, 258; 15, 1908, 217; 17, 1910, 34, 278; 18, 1911, 255.)

法尔廷斯——年轻的菲尔兹奖得主

第 10 章

德意志足以向世人骄傲的不是她曾经拥有腓特烈大帝或俾斯麦，而是德意志曾经产生了伟大的文化英雄：歌德、贝多芬、康德和海涅……

——一篇著名的演讲词

1 曲线上的有理点——莫德尔猜想

莫德尔(Louis Joel Mordell，1888—1972)，英国数学家，他生于美国费城(Philadelphia)，后定居英国.先任曼彻斯特大学教授，后来到剑桥任数学教授.曾在80多所大学、研究院及许多国际会议上讲学和主持讲座.许多大学授予他荣誉教授和荣誉博士的称号.他是奥斯陆科学院院士.莫德尔对不定方程的有理解进行了深入的研究,给出了关于代数族的有理点的重要结果(莫德尔一韦尔定理).提出了所谓的莫德尔猜想:"在有理数域 $\mathbf{Q}$ 上定义的代数曲线 C 的有理点,当 C 的亏格大于 1 时,只有有限个."莫德尔还研究数论函数中的分析方法,其著作有《丢番图方程》(*Diophantine Equations*,1969)等.

莫德尔猜想与费马大定理有关.因为可将 $x^n+y^n=z^n$ 变形为 $(\frac{x}{z})^n+(\frac{y}{z})^n=1$.这时变为在有理数域考虑问题,而左边可以看成是一个代数曲线,且亏格为 2,所以莫德尔猜想一旦获证,将意味着费马方程即使有解也仅有有限多个解.

对于一般的代数曲线,其上的有理点可能有无穷多个,比如在单位圆周 $x^2+y^2=1$ 上.在某一年的中国大学生冬令营上,还以此为试题.

试题　(1) 证明有理点(即 x,y 坐标都是有理数的点)在 $\mathbf{R}^2$ 的圆周 $x^2+y^2=1$ 上处处稠密;

(2) 上述结论能否推广到单位球面 $S^{n-1}(n\geqslant 3)$ 上?能否推广到代数曲线 $P(x,y)=0$ 上?其中 P 是有理系数的多项式.

证法 1　(1) 先证有理点在单位半圆周上处处稠密.那么,由于对称性,有理点在单位圆周上处处稠密.

事实上,半圆周上点可表示为

$$x=\cos\theta, y=\sin\theta, 0\leqslant\theta<\pi$$

记

$$t=\tan\frac{\theta}{2}$$

于是(由万能置换公式)

$$\cos\theta=\frac{1-t^2}{1+t^2},\sin\theta=\frac{2t}{1+t^2},\forall t\in\mathbf{R}$$

而且$(\cos\theta,\sin\theta)$为有理点当且仅当t为有理数. 这是因为

$$(1+t^2)\cos\theta=1-t^2,(1+t^2)\sin\theta=2t$$

前式保证了当$\sin\theta,\cos\theta\in\mathbf{Q}$时,有

$$t^2=\frac{1-\cos\theta}{1+\cos\theta}\in\mathbf{Q}$$

后式保证了

$$t=\frac{1}{2}\sin\theta(1+t^2)\in\mathbf{Q}$$

今对半圆周上任一点$(\cos\theta_0,\sin\theta_0)$,$0\leqslant\theta_0<\pi$,有实数$t_0=\tan\dfrac{\theta_0}{2}$与其对应. 熟知存在有理数序列$\{t_n\}$,$t_n\to t_0$. 记

$$\cos\theta_n=\frac{1-t_n^2}{1+t_n^2},\sin\theta_n=\frac{2t_n}{1+t_n^2}$$

于是$(\cos\theta_n,\sin\theta_n)$为有理点. 当$n\to\infty$时,极限为

$$\frac{1-t_0^2}{1+t_0^2}=\cos\theta_0,\frac{2t_0}{1+t_0^2}=\sin\theta_0$$

这证明了

$$\lim_{n\to\infty}\sin\theta_n=\sin\theta_0,\lim_{n\to\infty}\cos\theta_n=\cos\theta_0$$

因此单位圆周上有理点处处稠密.

(2) 为了讨论问题(2),我们来分析问题(1)的证明. 实际上,在$\mathbf{R}^n$中任给曲面. 设此曲面有如下参数表示,即

$$x_i=f_i(u_1,\cdots,u_{n-1}),1\leqslant i\leqslant n$$

其中,$u_1,\cdots,u_{n-1}\in\mathbf{R}$. 如果$f_i(u_1,\cdots,u_{n-1})$为$u_1,\cdots,u_{n-1}$的具有有理系数的有理函数,即为两个有理系数

多项式之商，且分母在 $\mathbf{R}^{n-1}$ 中无零点，于是在曲面上任意给一点 $(x_1^{(0)},\cdots,x_n^{(0)})$，便存在 $n-1$ 个实数 $u_1^{(0)},\cdots,u_{n-1}^{(0)}$，使得

$$x_i^{(0)}=f_i(u_1^{(0)},\cdots,u_{n-1}^{(0)}),1\leqslant i\leqslant n$$

由于实数可用有理数逼近，故存在 $n-1$ 个有理数序列

$$\{u_j^{(k)}\}_{k=1}^{\infty},j=1,2,\cdots,n-1$$

使得

$$\lim_{k\to\infty}u_j^{(k)}=u_j^{(0)},1\leqslant j\leqslant n-1$$

而

$$x_i^{(k)}=f_i(u_1^{(k)},\cdots,u_{n-1}^{(k)}),1\leqslant i\leqslant n$$

仍为有理数，有 $(x_1^{(k)},\cdots,x_{n-1}^{(k)})$ 在此曲面上，所以是此曲面之有理点，它们极限就是给定之任一点 $(x_1^{(0)},\cdots,x_n^{(0)})$. 这证明了此曲面上有理点处处稠密.

已知对球面 S^{n-1} 有如下参数表示，即

$$\begin{cases}x_1=\cos\theta_1\\x_2=\sin\theta_1\cdot\cos\theta_2\\\vdots\\x_{n-1}=\sin\theta_1\cdot\sin\theta_2\cdot\cdots\cdot\sin\theta_{n-1}\cdot\cos\theta_{n-1}\\x_n=\sin\theta_1\cdot\sin\theta_2\cdot\cdots\cdot\sin\theta_{n-2}\cdot\sin\theta_{n-1}\end{cases}$$

注意到 $\sin\theta,\cos\theta$ 可用有理函数参数化，且分母无零点. 所以证明了 S^{n-1} 上有理点处处稠密.

对代数曲线，则情况不同. 我们可以举出很多反例说明它. 例如，取

$$P(x,y)=x^3+y^3-1$$

由于 $x^3+y^3=z^3$ 的整数解只有 $(n,0,n),(0,n,n),n\in\mathbf{Z}$，所以此代数曲线 $P(x,y)=0$ 的有理点只有 $(1,0)$ 和 $(0,1)$，显然无处稠密.

下面,给出第二种证明方法.

分析 要证明有理点在圆周 $S^1=\{(x,y)\in\mathbf{R}^2 \mid x^2+y^2=1\}$ 上处处稠密,只需证明对任意给定的点 $(x,y)\in S^1$ 和任意给定的数 $\varepsilon>0$,可以找到有理点 $(x_0,y_0)\in S^1\cap(\mathbf{Q}\times\mathbf{Q})$,这里 $\mathbf{Q}$ 为有理数集,使得 $|x-x_0|<\varepsilon$, $|y-y_0|<\varepsilon$.

另一方面,由于 $x_0\in\mathbf{Q}$, $y_0\in\mathbf{Q}$,所以 $x_0=\frac{p}{u}$, $y_0=\frac{q}{v}$, $u,v,p,q\in\mathbf{Z}$, $uv\neq 0$, $(p,u)=(q,v)=1$(这里 (p,u) 表示 p 与 u 的最大公约数).记 u,v 的最小公倍数为 $w=[u,v]$,并令 $u_1=\frac{w}{u}$, $v_1=\frac{w}{v}$,则由 $x_0^2+y_0^2=1$ 得 $(pu_1)^2+(qv_1)^2=w^2$.由勾股数的表达公式,不妨设 $pu_1=2mn$, $qv_1=m^2-n^2$, $w=m^2+n^2$,其中,$m,n\in\mathbf{Z}$, m,n 不全为 0.因此

$$\begin{cases}x_0=\dfrac{p}{u}=\dfrac{pu_1}{w}=\dfrac{2mn}{m^2+n^2}\\ y_0=\dfrac{q}{v}=\dfrac{qv_1}{w}=\dfrac{m^2-n^2}{m^2+n^2}\end{cases}$$

不妨设 $m\neq 0$,令 $r=\frac{n}{m}$,则 $r\in\mathbf{Q}$,可得

$$\begin{cases}x_0=\dfrac{2r}{1+r^2}\\ y_0=\dfrac{1-r^2}{1+r^2}\end{cases}$$

因此,只要找到 $r\in\mathbf{Q}$,使得

$$\left|\frac{2r}{1+r^2}-x\right|<\varepsilon,\left|\frac{1-r^2}{1+r^2}-y\right|<\varepsilon$$

则由于

$$\left(\frac{2r}{1+r^2}\right)^2+\left(\frac{1-r^2}{1+r^2}\right)^2=1$$

所以令 $(x_0,y_0)\in S^2\cap(\mathbf{Q}\times\mathbf{Q})$ 由 $x_0=\dfrac{2r}{1+r^2}$，$y_0=\dfrac{1-r^2}{1+r^2}$，(1) 即被证明.

至于(2)，即推广到 $S^{n-1}(n\geqslant 3)$ 的问题，只需注意对任意的 $(x_1,\cdots,x_{n-1},x_n)\in S^{n-1}$，有 $x_1^2+\cdots+x_{n-1}^2+x_n^2=1$. 显然可设 $x_n\neq\pm 1$（否则 $x_1=\cdots=x_{n-1}=0$，此时 $(x_1,\cdots,x_{n-1},x_n)$ 本身就是一个有理点）. 因此

$$X_1^2+\cdots+X_{n-1}^2=1$$

其中

$$X_i=\frac{x_i}{\sqrt{1-x_n^2}},i=1,\cdots,n-1$$

这样，$(X_1,\cdots,X_{n-1})\in S^{n-2}$. 利用归纳法可知，可以用 S^{n-2} 上的有理点来逼近 $(X_1,\cdots,X_{n-1})$.

而对于 x_n 和 $\sqrt{1-x_n^2}$，由于 $x_n^2+(\sqrt{1-x_n^2})^2=1$，由(1)，亦可用 S^1 上的有理点来逼近 $(x_n,\sqrt{1-x_n^2})\in S^1$. 这样，最终 $x_i=X_i\sqrt{1-x_n^2}$ 亦能用有理数来逼近，$i=1,2,\cdots,n-1$.

对于代数曲线 $P(x,y)=0$，P 为有理系数多项式，显然可举出例子，使得 $P(x,y)=0$ 上没有有理点，当然更谈不上有理点在其上稠密了. 反例

$$P(x,y)=x^2-2$$

则

$$\{(x,y)\in\mathbf{R}^2\mid P(x,y)=0\}=\{(\pm\sqrt{2}y)\mid y\in\mathbf{R}\}$$

证法 2 (1) 给定 $(x,y)\in S^1$. 由于 $(0,\pm 1)$，$(\pm 1,0)$ 为 S^1 上的有理点，因此不妨设 $x,y\neq 0,\pm 1$.

由于 S^1 的对称性,不妨设 $x>0,y>0$.

现证对于任意的 $\varepsilon>0$,存在有理数 $r\in(0,1)$,使得

$$\left|\frac{2r}{1+r^2}-x\right|<\varepsilon,\left|\frac{1-r^2}{1+r^2}-y\right|<\varepsilon$$

这样,即证明了有理点在 S^1 上稠密.

不妨设 $\varepsilon>0$ 充分小,使得

$$0<\min(x-\varepsilon,y-\varepsilon)<\max(x+\varepsilon,y+\varepsilon)<1$$

并且存在 $\delta\in(0,\varepsilon)$,使得当 $(\tilde{x},\tilde{y})\in S^1,\tilde{y}>0,|\tilde{x}-x|<\delta$ 时,有 $|\tilde{y}-y|<\varepsilon$(由于 $y=\sqrt{1-x^2}$ 及函数 $\sqrt{1-x^2}$ 在 $(0,1)$ 中的连续性,这是可以做到的). 令

$$f(z)=\frac{2z}{1+z^2},z\in[0,1]$$

则易知 $f(0)=0,f(1)=1,f$ 在 $[0,1]$ 中严格单调递增. 因此存在 $z_\pm\in(0,1),z_-<z_+$,使得 $f(z_\pm)=x\pm\delta$. 任取有理数 $r\in(z_-,z_+)$,则 $f(z_-)<f(r)<f(z_+)$,即

$$\left|\frac{2r}{1+r^2}-x\right|<\delta$$

又

$$\frac{1-r^2}{1+r^2}>0,\left(\frac{2r}{1+r^2}\right)^2+\left(\frac{1-r^2}{1+r^2}\right)^2=1$$

所以

$$\left(\frac{2r}{1+r^2},\frac{1-r^2}{1+r^2}\right)\in S^1\cap(\mathbf{Q}\times\mathbf{Q})$$

由 δ 的选取法可知 $\left|\frac{1-r^2}{1+r^2}-y\right|<\varepsilon$. (1) 得证.

(2) 给定 $(x_1,\cdots,x_{n-1},x_n)\in S^{n-1},n\geqslant 2$. 要证对于任意的 $\varepsilon>0$,存在有理点 $(x_1^{(0)},\cdots,x_{n-1}^{(0)},x_n^{(0)})\in$

S^{n-1},使得

$$|x_i^{(0)}-x_i|<\varepsilon, i=1,2,\cdots,n$$

对于 $n=2$,上述结论已在(1)中证明了.

现设对于任意给定的 $(y_1,y_2,\cdots,y_{n-1})\in S^{n-1}$, $n\geqslant 3$,对于任意的 $\varepsilon>0$,存在有理点,$(y_1^{(0)},y_2^{(0)},\cdots,y_{n-1}^{(0)})\in S^{n-2}$,使得

$$|y_i^{(0)}-y_i|<\varepsilon, i=1,2,\cdots,n-1$$

现设给定 $(x_1,\cdots,x_{n-1},x_n)\in S^{n-1}$,则有

$$x_1^2+\cdots+x_{n-1}^2+x_n^2=1$$

若 $x_n^2=1$,则 $x_1=x_2=\cdots=x_{n-1}=0$.此时取 $x_i^{(0)}=x_i$, $i=1,2,\cdots,n$,则 $(x_1^{(0)},\cdots,x_{n-1}^{(0)},x_n^{(0)})$ 为 S^{n-1} 上的有理点,且显然

$$|x_i^{(0)}-x_i|=0<\varepsilon, i=1,2,\cdots,n$$

若 $x_n=0$,则 $x_1^2+x_2^2+\cdots+x_{n-1}^2=1$,即 $(x_1,x_2,\cdots,x_{n-1})\in S^{n-2}$.由归纳假设,对于任意的 $\varepsilon>0$,存在有理点

$$(x_1^{(0)},x_2^{(0)},\cdots,x_{n-1}^{(0)})\in S^{n-2}$$

使得

$$|x_i^{(0)}-x_i|<\varepsilon, i=1,2,\cdots,n-1$$

令 $x_n^{(0)}=0$,则 $(x_1^{(0)},\cdots,x_{n-1}^{(0)},x_n^{(0)})$ 为 S^{n-1} 上的有理点,且显然有

$$|x_i^{(0)}-x_i|<\varepsilon, i=1,2,\cdots,n$$

现不妨设 $x_i^2\neq 0,1, i=1,2,\cdots,n$.因此,若令

$$X_i=\frac{x_i}{\sqrt{1-x_n^2}}, i=1,2,\cdots,n-1$$

则有

$$X_1^2+X_2^2+\cdots+X_{n-1}^2=$$
$$\frac{1}{1-x_n^2}(x_1^2+x_2^2+\cdots+x_{n-1}^2)=1$$

即

$$(X_1, X_2, \cdots, X_{n-1}) \in S^{n-2}$$

由 S^{n-1} 的对称性，不妨设 $0 < x_i < 1, i=1,2,\cdots,n$. 因而 $0 < X_i < 1, i=1,2,\cdots,n-1$. 由归纳假设，存在有理点 $(R_1, R_2, \cdots, R_{n-1}) \in S^{n-2}$，使得

$$| R_i - X_i | < \frac{\varepsilon}{2}, i=1,2,\cdots,n-1$$

由于 $x_n^2 + (\sqrt{1-x_n^2})^2 = 1$，所以 $(x_n, \sqrt{1-x_n^2}) \in S^1$. 由(1)，存在有理数 $r_n, r \in (0,1)$，使得 $r_n^2 + r^2 = 1$，并且

$$| r_n - x_n | < \frac{\varepsilon}{2}\sqrt{1-x_n^2}$$

$$\left| r - \sqrt{1-x_n^2} \right| < \frac{\varepsilon}{2}\sqrt{1-x_n^2}$$

现令 $r_i = rR_i, i=1,2,\cdots,n-1$，则 $(r_1, \cdots, r_{n-1}, r_n)$ 为有理点，且

$$r_1^2 + \cdots + r_{n-1}^2 + r_n^2 = r^2(R_1^2 + R_2^2 + \cdots + R_{n-1}^2) + r_n^2 = r^2 + r_n^2 = 1$$

即

$$(r_1, \cdots, r_{n-1}, r_n) \in S^{n-1}$$

现在只需证 $| r_i - x_i | < \varepsilon (i=1,2,\cdots,n)$ 即可. 事实上，$| r_n - x_n | < \frac{\varepsilon}{2}, \sqrt{1-x_n^2} < \varepsilon$. 对于 $i=1,2,\cdots,n-1$，有

$$\begin{aligned} | r_i - x_i | = | rR_i - x_i | = \left| R_i - \frac{x_i}{r} \right| = \\ r\left| R_i - X_i + X_i - \frac{x_i}{r} \right| \leqslant \\ r | R_i - X_i | + r\left| \frac{x_i}{\sqrt{1-x_n^2}} - \frac{x_i}{r} \right| < \end{aligned}$$

$$\frac{\varepsilon}{2}r+\left|\frac{r-\sqrt{1-x_n^2}}{\sqrt{1-x_n^2}}\right|x_i<$$

$$\frac{\varepsilon}{2}r+\frac{\varepsilon}{2}x_i<\frac{\varepsilon}{2}+\frac{\varepsilon}{2}=\varepsilon$$

这样，对于 $n\geqslant 2$，S^{n-1} 上的有理点在其上稠密.

对于代数曲线 $P(x,y)=0$ 的反例：这一结论不能推广到代数曲线上.

令 $P(x,y)=x^2-2$，则点集 $\{(\pm\sqrt{2},y)\mid y\in\mathbf{R}\}$ 没有有理点，因此，上面所证明的关于 $S^{n-1}(n\geqslant 2)$ 的结论不能推广到代数曲线上. 这正是莫德尔猜想的一个特例.

2　最年轻的菲尔兹奖得主——法尔廷斯

为了介绍法尔廷斯(G. Faltings，1954—　)需要先了解他获得的菲尔兹奖.

众所周知，在科学大奖中，诺贝尔奖是最引人瞩目的大奖，科学家的成就似乎可由获得了诺贝尔奖而盖棺定论. 但遗憾的是，在诺贝尔奖中唯独缺少数学奖. 对此人们有两种猜测，一是说诺贝尔与同时代的瑞典数学家莱夫勒交恶(并有人说，这是诺贝尔独身的主要原因，因为诺贝尔的女友嫁给了风流倜傥的莱夫勒. 莱夫勒也确实容易获得女人青睐. 俄国美丽的女数学家柯娃列夫斯卡娅与其相交甚厚). 如果设立数学奖，那么以莱夫勒当年的成就，第一位获奖者极有可能就是莱夫勒，而诺贝尔不愿意将自己的钱送给自己的仇人. 当然，此种说法未免将诺贝尔说得过于狭隘，但又有哪一个男人能在这个问题上大度呢！另一种说法是诺贝尔本人有重实用轻理论的倾向，而数学恰恰是纯理论的东西.总之，不论什么原因，这对数学家来说都是一种缺憾，极需弥补，于是被称为数学界的诺贝尔奖——菲尔兹奖诞生了.

菲尔兹奖(Fields Prize)是由已故加拿大数学家菲尔兹提议设立的国际性数学奖项，是国际数学界最有影响的奖项之一.菲尔兹本人捐献的部分资金和1924年国际数学家大会的结余经费建立了菲尔兹奖的基金.1932年国际数学家大会上通过并决定从1936年起开始评定，在每届大会上颁发(奖金1 500美元和金质奖章一枚，奖金额虽少，但意义重大).由规则规定菲尔兹奖只颁赠给在纯粹数学领域中做出贡献的年轻的数学家，至今尚未有超过40岁以上的数学家获奖.获奖者一般是在当届数学家大会之前的几年内做出突出成就并以确定形式发表出来的数学家，他们的获奖工作一般能够反映当时数学的重大成就.1952年国际数学联合会成立之后，每届执行委员会都指定一个评奖委员会，在国际数学家大会之前通过广泛征求意见，从候选人中评定获奖者名单.一般每届评出两名获奖者，1966年以后获奖人数有所增加.菲尔兹奖设立初期，并没有在世界上引起广泛重视，但随着国际数学家大会的不断扩大，特别是获奖者的杰出数学成就，使菲尔兹奖的荣誉日益提高，现已成为当今数学家可望得到的最高奖项之一.菲尔兹奖获得者及其主要工作成就见下表：

年度	获奖者	主要工作领域
1936	L. V. 阿尔福斯(芬兰—美国) J. 道格拉斯(美国)	复分析 极小曲面
1950	L. 施瓦尔茨(法国) A. 赛尔伯格(挪威—美国)	广义函数论,泛函分析,偏微分方程,概率论 解析数论,抽象调和分析,李群的离散子群
1954	小平邦彦(日本) J. P. 塞尔(法国)	分析学,代数几何,复解析几何 代数拓扑,代数几何,数论,多复变函数
1958	K. F. 罗特(德国—英国) R. 托姆(法国)	解析数论 代数拓扑与微分拓扑,奇点理论
1962	L. 赫尔曼德尔(瑞典) J. W. 米尔诺(美国)	偏微分方程一般理论 代数拓扑与微分拓扑
1966	M. F. 阿蒂亚(英国) P. J. 科恩(美国) A. 格罗登迪克(法国) S. 斯梅尔(美国)	代数拓扑,代数几何 公理集合论,抽象调和分析 代数几何,泛函分析,同调代数 微分拓扑,微分动力系统

续表

年度	获奖者	主要工作领域
1936	L. V. 阿尔福斯(芬兰—美国) J. 道格拉斯(美国)	复分析 极小曲面
1970	A. 贝克(英国) 广中平佑(日本) C. П. 诺维科夫(苏联) J. G. 汤普森(美国)	解析数论 代数几何,奇点理论 代数拓扑与微分拓扑,代数 K 理论,动力系统 有限群论
1974	E. 邦别里(意大利) D. B. 曼福德(美国)	解析数论,偏微分方程,代数几何,复分析,有限群论 代数几何
1978	P. 德利涅(比利时) C. 费弗曼(美国) Г. A. 马尔库利斯(苏联) D. G. 奎伦(美国)	代数几何,代数数论,调和分析,多复变函数 调和分析,多复变函数 李群的离散子群 代数拓扑,代数 K 理论,同调代数
1982	A. 孔涅(法国) W. P. 瑟斯顿(美国) 丘成桐(中国—美国)	算子代数 几何拓扑,叶状结构 微分几何,偏微分方程,相对论

续表

年度	获奖者	主要工作领域
1936	L. V. 阿尔福斯(芬兰—美国) J. 道格拉斯(美国)	复分析 极小曲面
1986	M. 弗里德曼(美国) S. 唐纳森(英国) G. 法尔廷斯(德国—美国)	拓扑学 拓扑学 莫德尔猜想
1990	B. Г. 德林菲尔德(苏联) V. F. R. 琼斯(新西兰) 森重文(日本) E. 威顿(美国)	数论、代数几何、动力系统等 统计力学、拓扑学、量子群、李代数 代数几何 数学物理
1994	J. 布儒盖恩(比利时—法国) P. L. 莱昂斯(法国) J. C. 约科兹(法国) E. 泽尔马诺弗(俄罗斯)	现代分析各领域(Banach 空间几何复分析和实分析) 非线性偏微分方程(黏性解) 动力系统学 群理论

续表

年度	获奖者	主要工作领域
1936	L. V. 阿尔福斯（芬兰一美国） J. 道格拉斯（美国）	复分析 极小曲面
1998	R. E. 博切尔兹（英国） W. T. 高尔斯（英国） M. 康采维奇（俄罗斯一法国） C. T. 麦克马兰（美国） 安德鲁・怀尔斯（英国）	魔群月光猜想、李代数、量子场论 Banach 空间 数学和物理大统一理论 复动力系统理论 费马猜想
2002	劳伦・拉福格（法国） 符拉基米尔・弗沃特斯基（俄罗斯）	数论、分析 新的代数簇上同调理论
2006	安德烈・欧克恩科夫 格里高利・佩雷尔曼 陶哲轩 温德林・沃纳	联系概率论、代数表示论和代数几何学 几何学、对瑞奇流中的分析和几何结构 偏微分方程、组合数学、谐波分析和堆垒数论 随机共形映射、布朗运动二维空间的几何学以及共形场理论

续表

年度	获奖者	主要工作领域
1936	L. V. 阿尔福斯(芬兰—美国) J. 道格拉斯(美国)	复分析 极小曲面
2010	埃伦·林登施特劳斯 吴宝珠 斯坦尼斯拉夫·斯米尔诺夫 塞德里克·维拉尼	遍历理论、加性数论 代数几何、自守形式 复动力系统、概率论 分析、统计物理学

现在让我们把目光投到 1986 年,第 20 届菲尔兹奖颁奖大会.

地址:美国伯克利. 参加人数:3 500 多人.

此届大会主席:格利森(A. Gleason)(美国数学家). L. V. 阿尔福斯担任名誉主席.

受邀请在大会上做报告的数学家共有 16 位,他们是:S. 斯格尔,德布兰格斯(L. de Branges),唐纳森(S. Donaldson,1957—　),法尔廷斯,费罗利奇(J. M. Fröhlich,1916—　),格林(F. W. Gehling),格罗莫夫(M. Gromov,1943—　),伦斯特拉(H. W. Lenstra),舍恩(R. M. Schoen),舍恩黑格(A. Schönhaga),希拉(S. Shelah),斯科罗霍德(A. V. Skorohod),斯坦(E. M. Stein,1931—　),萨斯林(A. A. Suslin),沃甘(D. A. Jr. Vogan),威滕(E. Witten,1951—　).

这次兹菲尔兹奖得主是:弗里德曼,唐纳森,法尔廷斯.由 J. X. 米尔诺,M. F. 阿蒂雅,B. 梅热分别对 3 位获奖者的主要成就作了评介.我们的主角法尔廷斯于 1954 年 7 月 28 日生于联邦德国的格尔森基尔欣—布舍(Gelsenkirchen-Buer),并在那里度过了学生时代,而后就学于明斯特(Münsfer)的纳斯托德(H. J. Nastold)教授的门下学习数学.1978 年获得博士学位.

以后在哈佛(Harvard)作过研究员(1978～1979),当过助教(1979～1982),现在是乌珀塔尔(Wuppertal)的教授.他在数学上的兴趣开始于交换代数尔后转至代数几何.

由本次大会名誉主席、首届菲尔兹奖得主阿尔福斯亲自将菲尔兹奖章和奈望林纳奖授予上述 3 人.

这次大会充分体现了数学的统一倾向.

现在,数学的进展速度并没有放慢.近些年来,全世界研究人员的数目显著增加.每年都有年轻数学家极为富有创见,解决前辈无能为力的问题.人们总要问:这种进展会不会由于今后发展受到抑制而停顿下来?这是因为人们实质上不可能掌握这么多的富有成果的理论而导致极端的专业化,以及理论彼此之间逐步孤立,最后由于缺少来自外界的生动活泼的新思想而衰退.幸运的是,数学中还存在强有力的统一化的趋势使得这种危险大大地缩减并集中在少数地方.这是来自对基本概念更加深入的分析或者对于过时的技术长期和反复的发展而导致新方法的发现.因此,数学家没有理由怀疑他们的科学一定会繁荣昌盛,以及文明的真正形态源远流长.

如此年轻的法尔廷斯能获得被誉为“数学界的诺贝尔奖”的菲尔兹奖，是令人惊奇的．对此曾游学美国的日本著名数学家广中平佑先生曾有一番高论．1987年6月广中平佑应中国台湾科学会邀请赴中国台湾地区讲学，27日，广中平佑与中国台湾大学数学系施拱星教授、赖东升教授与康明昌教授等进行了会谈．

问：广中先生熟知东西方的数学界，依您看，两者有何不同呢？

广中：我也不知道为什么西方国家，例如美国和欧洲的许多国家，有许多优秀的数学家在少年时就一鸣惊人；但是在日本及亚洲其他国家，数学家需要长时间来孕育、培养．

问：这是令人奇怪的现象，您能不能多说一点呢？

广中：嗯！我由数学得到的印象，美国极其鼓舞年轻人，给他们许多的奖励，例如升职，很年轻的人，可以升为正教授．我获得哥伦比亚大学的正教授时，日本的大学只肯给我助理教授的职位呢！我当然不干(众笑)．你看美国的学生，他们年纪轻轻的，就想做出一些出众的事．在日本及一些亚洲国家吧！你必须先有点办法，取得地位后，然后才能研究大问题．这不仅是制度的问题，或许也是传统吧！

问：文化背景吗？

广中：嗯！可能每个人都希求光彩夺目吧！从我的美国学生中观察，这种希求有时对学生好．有时学生在还没有打好基础前，就想一步登天！但有时却很成功，那真是太好了，他们年轻，精力充沛，即使局面太窄，但确是很有深度，如果他们愿意扩大范围，不难得到广博的知识．

美国资助了许多年轻人，特别是在 20 世纪 60 年代和 70 年代，美国花费了许多经费支持年轻学者、研究生、讲师、助理教授，政府给钱，让他们闲着做研究（笑），现在，美国不同了，我想别的国家也应该做此事，替外国学生服务，这只是时间问题.

3　厚积薄发——法尔廷斯的证明[①]

对数学中“猜想”这个词的使用，韦尔常常有所批评：数学家常常自言自语道：要是某某东西成立的话，“这就太棒了”（或者“这就太顺利了”）. 有时，不用费多少事就能够证实他的推测，有时则很快就否定了它. 但是，如果经过一段时间的努力还是不能证实他的推测，那么他就要说到“猜想”这个词了，即便这个东西对他来说毫无重要性可言. 绝大多数情形都是没有经过深思熟虑的. 因此，对莫德尔猜想，他指出：“我们稍许来看一下“莫德尔猜想”. 它所涉及的是一个几乎每一个算术家都会提出的问题，因而人们得不到对这个问题应该去押对还是押错的任何严肃的启示.”

或许大多数数学家都会同意韦尔的观点. 然而，情况不同了，1993 年年轻的德国数学家法尔廷斯证明了莫德尔猜想，从而翻开了数论的新篇章. 事实上，他的文章还同时解决了另外两个重要的猜想，即塔特

① 编译自 Spencer Bloch 的一篇文章，原题“The Proof of the Mordell Conjecturre”. 译自：The Mathmatical Intelligencer，6：2 (1984)，41-47.

(Tate)和沙法列维奇(Shafarevich)的猜想,这些具有同等重大意义的成就,这一点不久将被证实.我们来简要地描述一下这三个猜想说了些什么,以及法尔廷斯的证明有哪些要素.

按其最初形式,这个猜想说,任一个不可约、有理系数的二元多项式,当它的"亏数"大于或等于 2 时,最多只有有限个解.记这个多项式为 $f(x,y)$,有理数域为 $\mathbf{Q}$,这个猜想便表示:最多存在有限对数偶 $x_i,y_i \in \mathbf{Q}$ 使得 $f(x_i,y_i)=0$.如果 f 的次数为 d,它的亏数是个小于或等于 $(d-1)(d-2)/2$ 的数(下面,我们要给出更为准确的表示).比如,在法尔廷斯之前,人们不知道,对任意非零整数 a,方程式 $y^2=x^5+a$ 在 $\mathbf{Q}$ 中只有有限个解.

后来,人们把这个猜想扩充到了定义在任意数域(实为"全局域")上的多项式,并且,随着抽象代数几何的出现又重新用代数曲线来叙述这个猜想了.因此,法尔廷斯实际证明的是:任意定义在数域 K 上,亏数大于或等于 2 的代数曲线最多只有有限个 K－点.

所谓代数曲线,粗略地说,就是在包含 K 的任意域中,$f(x,y)=0$ 的全部解的集合.然而,这种陈述还必须在不少方面作点修订.其一,这个解集合丢掉了"无穷远点".为了不至在我们不能掌握的无穷远地方,会有什么恶魔留下了不祥之物,我们引进了射影空间(参见《搭车旅行者游览银河系的指南》①) 域 K 上的 n 维射影空间是 $n+1$ 维向量空间中,通过原点的直线的集合.在选定向量空间的一组基之后,可以用一直线上

① 原文:*The Hitchhiker's Guide to the Galaxy*.

的一个非零点的坐标$(x_0,\cdots,x_n)$来确定这条直线，也就是定出射影空间中的一个点. 如果 F 是 $x_0,x_1,\cdots,x_n$ 的一个齐次多项式，那么 F 在一个射影点为零就表明 F 在相应的直线上为零.

比如，令 $F(X,Y,Z)$ 为 d 次齐次多项式，其中 d 为 $f(x,y)$ 的次数，并使得 $F(x,y,1)=f(x,y)$. 这样的 F 是唯一的. 这时，F 在二维射影空间中的零点集包含了 $f(x,y)=0$ 的解，但是还有其他的，对应于 $Z=0$ 平面上直线的点，使得 $F=0$. 例如 $f(x,y)=y^2-x^3-1$，则 $F(X,Y,Z)=Y^2Z-X^3-Z$ 有一个无穷远零点 $X=Z=0,Y=1$.

可以给出 f 的亏数的更精确的公式，即亏数等于

$$(d-1)(d-2)/2-\sum_p v_p$$

其中，和号是对于满足

$$\frac{\partial F}{\partial X}(p)=\frac{\partial F}{\partial Y}(p)=\frac{\partial F}{\partial Z}(p)=0$$

的射影点 p 取的，并且 $v_p\geqslant 1$. 这样一些点称为零点轨迹的奇点，比如，费马多项式 x^n+y^n-1 没有奇点，其亏数为$(n-1)(n-2)/2$.

相反地，$y^2=x^2(x+1)$ 在原点是一个二重点，其相应射影曲线 $F=Y^2Z-X^2(X+Z)=0$ 的偏导数

$$\frac{\partial F}{\partial X}=-3X^2-2XZ,\frac{\partial F}{\partial Y}=2YZ,\frac{\partial F}{\partial Z}=Y^2-Z^2$$

在$[0,0,1]$全为零. 因为这条曲线的亏数是 0 而不是 1，像 $y^2=x^2(x+1)$ 一样，奇异曲线的亏数比其次数所表示的亏数要小一些. 因为莫德尔猜想是用了亏数表示出的，从而有必要时时留意所给曲线的奇异性.

为什么猜想中除去了 f 的次数小于或等于 3 的情

形呢？当 $d=1$，$f=ax+by+c$ 显然有无穷多个解．当 $d=2$，f 可能没有解（比如当 $\mathrm{K}=\mathbf{Q}$ 时的 x^2+y^2+1），但是如果它有一个解就必定有无穷多个解．我们从几何上来论证这点．设 P 是 f 的解集合中的一点，让 L 表示一条不经过点 P 的直线．对 L 上坐标在域 K 中的点 Q，直线 PQ 通常总与解集合交于另一个点 R．当 Q 在 L 上取遍无穷多个 K－点时，点 R 的集合就是 f 的 K－解的无穷集合．例如，把这种方法用于 x^2+y^2-1，给出了熟知的参数化，即

$$x=\frac{t^2-1}{t^2+1},y=\frac{2t}{t^2+1}$$

当 F 为三次非奇异曲线时，其解集合是一个群，即一条所谓的椭圆曲线．这个群的规则是：经过点 P，Q 的直线交零点集于第三个点 R，这个 R 就是 $-P-Q$．选定一个适当的原点 P_0，假定这个起始点 R 对群来说不是有限阶，则上述的迭代产生了一个解的无穷集．法尔廷斯的工作的一个结果是，对于次数大于或等于 4 的非奇异 F，这种产生点的几何方法是不存在的．虽然如此，却存在称为阿贝尔簇的高维代数簇，其上有类似的群结构，研究这些阿贝尔簇构成了法尔廷斯证明的核心．

证明中一个关键步骤是由帕希恩（A. N. Parshin）得到的，他证明了莫德尔猜想可以由沙法列维奇关于曲线的良约化的猜想推导出来．比如，假设齐次多项式 F 为非异（即无奇点）且 $\mathrm{K}=\mathbf{Q}$．消去 F 的系数的分母后，可设 F 的系数为无公因子的整数；那么，我们可以对某个素数 p，考虑其 $\bmod p$ 的方程．如果其偏导数 $\bmod p$ 没有公因子，则方程 $F(X,Y,Z)=0(\bmod p)$ 给

出域 $\mathbf{Z}/p\mathbf{Z}$ 上的非异曲线，这就称原来的曲线在 p 具有良约化. 例如，费马曲线 $X^3+Y^3+Z^3$ 在素数 3 没有良约化. 更说明问题的例子是曲线 $Y^2Z=Z^3-17Z^3$. 它在 $\mathbf{Q}$ 上为非异，然而 mod 2,3 或 17 它却是奇异的.

沙法列维奇作了如下猜测：对给定的亏数 g，及给定的数域 K 中的有限素数集合 S，最多只存在 K 上的亏数为 g 的曲线的有限个同构类，它们在 S 之外具有良约化. 例如，对于椭圆曲线集 $y^2=X(X-1)(X-\lambda)(\lambda\in\mathbf{Z})$，由使 $\lambda,\lambda-1$ 仅被 S 中的素数除尽的 λ 的集合的有限性，可推出这个猜想.

假定 C 是一条亏数 $g\geqslant 2$ 的曲线，P 是 C 上一个 K 一点. 帕希恩曾证明，作 K 的有限扩张 K$'$ 后，可以找到另一条曲线 C' 及映射 $C'\to C$，使得 C' 具亏数 g'，且在 S' 外具有良约化，同时这个映射只在点 P 有分歧(所谓曲线间映射在一点 P 有分歧是指 P 的逆象点的个数严格地小于映射的度数). 更进一步，我们还知道 K$'$，g'，S' 仅仅依赖于 g 与 S，而与 P 的选取无关. 那么，沙法列维奇猜想表明只有有限个这样的 C'. 现设 C 上有无穷多个 K－点 P_r，$r=1,2,3,\cdots$. 这样，相应的 C'_r 中的无穷多条就必须同构于一条公共的曲线 C''，而它就会有无穷多个不同的映射映到 C. 然而由经典的黎曼曲面论，一个亏数大于或等于 2 的曲面到另一个曲面的映射集合必为有限，故 C 的 K－点集合为有限.

用“过渡到雅可比簇”方法去处理曲线的难以捉摸的问题常常有所裨益；从数论的观点看这就是由椭圆曲线到阿贝尔簇的推广，就目前情况而言，由沙法列维奇提出而被法尔廷斯证明的，实则是对于阿贝尔簇的更强形式的沙法列维奇猜想.

为了说明清楚，需要追述更多一些关于黎曼曲面的知识(即维数为 1 的紧致复流形). 当选定系数域 K 到复数域的一个嵌入并考虑它的所有复点时，我们一直在讨论的曲线便产生出了黎曼曲面. 曲面的亏数 g 等于曲面上“洞”的个数. 复平面的一个开集 u 上的一个全纯微分 1－形式，即表达式 $f(z)\mathrm{d}z$，其中 z 是复参量，f 是全纯函数. 如果 P 是 u 中的一条路径，我们则可计算积分 $\int_p f(z)\mathrm{d}z$. 黎曼曲面被这样一些开集 u_i 所覆盖，在曲面上可以定义一个全纯微分形式，它是 u_i 上全纯微分形式的集合，而在 $u_i \cap u_j$ 上相等. 曲面上全纯 1－形式构成了空间 V，它的维数等于曲面的亏数.

通过积分，曲面上的路径 p 定义了 V 的对偶空间 V^* 中的一个元 $\int_p$. 当 p 遍历所有闭路径时，这些泛函的集合构成的 V^* 中一个具极大秩的格 L. 商空间 $J = V^*/L$ 是个复环，称为这个曲面的雅可比簇. 在 J 上有一个自然的除子 θ，之所以用这个符号，是因为它在 V^* 的逆象是由黎曼－西塔函数的零点定义的. 其结果在于 θ 确定了一个极化，即存在一个 J 到射影空间 P^n 的嵌入及一个超平面射影 H，使得 $H \cap J$ 等于 θ 的某个倍数. 托尔林(Torelli) 定理说明这一对 J, θ 实际上确定了曲线.

雅可比簇的构造也可以代数地进行，从而产生了定义在域 K 上的一个阿贝尔簇，其中 K 即原曲线的定义域. 阿贝尔簇是一个具有群结构的、射影空间的闭连通子簇，它定义在 K 即表明它是系数在 K 的一组多项式的零点集. 定义在复数域上的这个簇必为复环，然而并非所有复环均可作为多项式零点集而嵌入到射影空间中.

最简单的阿贝尔簇是那些一维的,即前面提到的椭圆曲线.对于阿贝尔簇的沙法列维奇猜想是说,定义在K上的、维数为g的主极化阿贝尔簇,且在一给定的位S的有限集合外具有良约化,必为有限个.这就是法尔廷斯实际证明的结果.由托尔林定理,这蕴含了对曲线的沙法列维奇猜想,再由帕希恩的论证,它又蕴含了莫德尔猜想.

对于证明某些数值问题无解,有一个属于费马的经典方法.法尔廷斯的工作部分地来说,是这个方法的推广.费马在证明方程$x^4+y^4=z^4$没有非零整数解时,对每个(p,q,r)给出一个高,例如$|r|$,其中(p,q,r)满足这个方程.无限递降的方法使他能够证明,当(p,q,r)在曲线上并具有正的高时,则有一组新的$(\tilde{p},\tilde{q},\tilde{r})$也在曲线上,而它具有较小的高,$0<|\tilde{r}|<|r|$,从而得到在$x^4+y^4=z^4$上不存在$(0,0,0)$以外的整点.

法尔廷斯怎样推广呢?如前,设V是射影曲线上全纯1-形式的向量空间.如果$v_1,v_2,\cdots,v_g$是坐标函数在V^*上的一组基,则微分$dv_1\wedge dv_2\wedge\cdots\wedge dv_g$在平移下不变,所以可降到$J$上的一个$g$-形式$w$.实际上,对任意$g$维阿贝尔簇,$w$可以代数地定义,并且除去K的一个因子外被典型地确定.法尔廷斯对每个K上阿贝尔簇给了一个数值不变量$h(A)$,称为高.对于K的每个素理想(非阿基米德域)和每个实或复的完备化(阿基米德域)都给定了局部定义,而后再作和,就给出了$h(A)$.当p是K的一个素理想,由尼罗恩

(Neron) 的模型理论给出了一种约化簇 $A(\bmod p)$ 的适当办法，当被 mod p 约化时，如果微分为零（或相应于一个极点），这个局部项为 $-\lg N_p$（相应地，$+\lg N_p$）的某个倍数，其中 N_p 是 p 的有限域的元素个数（当 $K=\mathbf{Q}, N_p=p$ 时），至于每个 K 到 $\mathbf{R}$ 或 $\mathbf{C}$ 的嵌入，法尔廷斯取了 A 的对数体积 $\frac{1}{2}\lg\int_A w \wedge \overline{w}$ 的某个倍数. 把这些局部不变量加起来，就得到了高. 由数论中的乘积公式，$h(A)$ 与 w 的选取无关.

在丢番图几何中通常总是把高的概念用于射影空间的点上. 假设 x 是有理数域上射影空间 P^n 中一个点，因而它对应于 O^{n+1} 中一条直线. 让 $x_0, x_1, \cdots, x_n$ 为直线上的点坐标，使它们为无公因子的整数，定义 $h(x)=\max\{\ln|x_r|\}$. 若以 K 代替 $\mathbf{Q}$，仍有一个类似的构造. 当数域 K 及常量 c 固定后，最多只有有限个点，其高小于或等于 c.

利用塞格模空间 $\mathcal{N}_g$，即 g 维主级化阿贝尔簇的参量化空间，法尔廷斯把这两个高的概念结合起来了. 他注意到 $\mathcal{N}_g$ 可作为局部闭子簇嵌入到射影空间中，使得当 x 对应于阿贝尔簇 A 时，$h(x)$ 与 $h(A)$ 仅差一个固定的非零倍数再加上一个误差项，这个误差项在 $\mathcal{N}_g$ 的无穷远处最多为对数增长速度（这里，无穷远处是有意义的，因为 $\mathcal{N}_g$ 不完备，阿贝尔簇可以是退化的）. 因而，最多只存在有限个 g 维主极化半稳定阿贝尔簇，其高小于或等于 c. 我们称这个事实为有界高度原理. 这是证明中的主要思想.

下一步是研究在同源下高的行为. 由定义，阿贝尔簇的一个同源是代数群之间的一个具有有限核的满同态.椭圆曲线间的映射 $f:A\to B$ 是其经典的情形,把这个映射提升到它们的覆盖空间之间的映射 $f:C\to C$,它满足$f(z+\lambda)=f(z)$,其中λ在A的周期格A中.因而 f 的导函数为周期且全纯,由刘维尔定理它必为常数a.故A被映入B的周期格A'中,并为其具有有限指数的子群,从而这个映射具有有限核.

在许多情形下,同源是阿贝尔簇的等价性的“正确”概念.例如,在给出由 A 到 B 的同源 P 之后,并设其象为 A',则由庞加莱的完全可约定理,把 A,B 分别换成同源的簇 $A'\times A,A'\times B$ 时,使得 f 变为 $A'\times A\to A'\to A'\times B$,即一个投射映射与内射映射的复合.因而,许多涉及阿贝尔簇的问题用簇与它的同源象的等价性去处理颇有益处.法尔廷斯的文章正是依此而行.那么,我们必须要看一看高在同源下是怎样变化的.

一个同源在 mod p 约化时可能出现的分歧是个有趣的现象.作为例子,考虑由 $X^3+Y^3-1=0$ 定义的一维阿贝尔簇.如果取(1,0)为群结构的原点,于是乘以-2可几何地描述为过P的曲线的切线与曲线交出的第三个点,曲线在点(x,y)的切线由 $x^2X+y^2Y-1=0$ 定义,所以乘以 -2 可由坐标交换:$(x,y)\to\left(\frac{x^4-2x}{1-2x^3},\frac{y^4-2y}{1-2y^3}\right)$推出,这个映射的 mod 2 约化(即在公式中置 2 为 0)在点(1,0)上有垂直切线.同源的映射度的对数的一半再减去某个修正项给出了在同源下高的改变值,这个修正项度量出这一类分歧.

应用这个公式将要引向塔特猜想.为了说明清楚,我们必须谈一点阿贝尔簇的算术.定义在域 K 上的阿

贝尔簇 A 上，作乘以整数 n 的运算；考虑它的核$_nA$. 想到 A 的复点集好似一个 C^g/L，其中 L 为格，我们可以看出作为抽象群的$_nA$ 象便是$(\mathbf{Z}/{}_n\mathbf{Z})^{2g}$. 但是$_nA$ 还有更多的结构. 有限点集$_nA$ 的坐标是代数于 K 的但不一定属于 K，从而 K 的代数包的伽罗瓦群 G 作用于$_nA$ 时给出了 G 到 $GL_{2g}(\mathbf{Z}/{}_n\mathbf{Z})$ 的一个表示. 为方便计，固定一素数 l，并同时考虑所有的$_nA$，其中 n 取 l 的所有幂次，乘以 l 来连接它们，$_nA\rightarrow{}_nA$，从而取其反向极限得到了塔特模，记为 $T_l(A)$，作出抽象群它同构于 $\mathbf{Z}_l^{2g}$，其中 $\mathbf{Z}_l$ 表示整数的 l — adic 完备化. 但 G 也作用于 $T_l(A)$，给出了 $G\rightarrow GL_{2g}(\mathbf{Z}_l)$ 的一个表示. 为进一步了解 $T_l(A)$ 的情况，仍然把 A 的复点集看作 C^g/L. 于是，$_nA$ 同构于 $L/{}_nL$，$T_l(A)$ 同构于 $L\otimes\mathbf{Z}_l$. 因为 L 自然地对应于 C^g/L 的 1 维同调群，我们可以把 $T_l(A)$ 看作为 A 的以 $\mathbf{Z}_l$ 为系数群的 1 维同调群.

如果 B 是另一个阿贝尔簇，则可以去比较 K 上阿贝尔簇间的映射群 $\mathrm{Hom}(A,B)$ 和相应的 G — 映射群 $\mathrm{Hom}_G(T_l(A),T_l(B))$，其中后者表示与 G 的作用可交换的同态构成的群. 塔特的一个重要猜想（他证明了 K 为有限域的情形）是 $T_l(A)$ 上的伽罗瓦表示为半单纯的，且当 K 在其素域上为有限生成时，$\mathrm{Hom}(A,B)\otimes\mathbf{Z}_l\cong\mathrm{Hom}_G(T_l(A),T_l(B))$（作为群的同构）. 这个重要结果与下面情形下的描述特征的一般框架相顺应，即由真正的几何映射诱导出的两个对象间同调群的一个同态的情形.

设 $W\subset T_l(A)$ 是一个子模，它在伽罗瓦群 G 下为稳定. 可以把 W 表示为有限子群 $W_n\subset A$ 的逆向极限，并定义 A_n 为商 A/W_n. 塔特的论证中的一个关键步骤是:在某个关于极化的技巧性条件下,A_n 中有无限多个为同构. 那么,比如当 A_n 与 A_{mn} 为同构,他取键映射 $A \to A_{mn} \cong A_n \to A$,并由此构造了 A 到自身的一个几何映射. 这样做的结果,使得把法尔廷斯的同源下高的变化公式以及塔特的关于 $p-$ 可除群的一个定理,应用于上述 A_n(不过此时是定义在数域上的),便给出了 $h(A_n)$ 的一个一致界. 有界高原理使他能推出 A_n 中有无限个为同构,现在,应归功于扎惠恩(Zarhin)的塔特方法与论断导致了塔特猜想的证明.

现在,法尔廷斯必须要去证明这样的沙法列维奇猜想,即最多只存在有限个 g 维主级化阿贝尔猜想,它们定义在数域 K 上且在给定素数集 S 之外具有良约化. 首先去考虑证明最多只存在有限个在 S 外具良约化的 g 维阿贝尔簇的同源类的问题(即当存在一个簇到另一个的同源时,把这两个阿贝尔簇看作一样). 因为有塔特猜想,这就相当于去证明在 $T_l(A) \otimes \mathbf{Q}$ 间最多只有有限个同构类;但因其表示为半单,也就只需证明它在伽罗瓦群上仅生成有限个不同的迹函数就可以了.

为此,法尔廷斯证明存在 G 的一个由弗罗比尼乌斯元组成的有限子集,使得它的象在 $T_l(A)$ 的自同态环中生成的子环与 G 在其中生成的子环一样. 并进一步证明,这个有限集权依赖于素数 l、集合 S 及 A 的维数. 除此以外,与 A 无关. 这就归结为去证明对每个给定的弗罗比尼乌斯元,其在 $T_l(A)$ 的作用的迹只能取有限个值. 现在则可用有名的韦尔猜想了,它说这个迹应是有有界绝对值的整数(即在 $\mathbf{Z}$ 中).

沙法列维奇猜想的证明再一次要求助于有界高原

理. 给定了 K 上具 S 外良约化的 g 维主极化阿贝尔簇的集合后，只要去证明高为有界就够了. 由前节的结果，我们可以假定这些簇都是同源的. 最后，应用高的变差公式以及雷劳特(Raynaud) 的一个定理，它是关于在群概型的点上的伽罗瓦作用，还有韦尔猜想对阿贝尔簇的其他应用，就完成了论证.

4　激发数学——莫德尔猜想[1]与阿贝尔簇理论

(1) 基本结果

1983 年 7 月 19 日，《纽约时代杂志》刊登了一篇文章，报道了法尔廷斯解决了“本世纪一个杰出的数学问题”(这是塞吉 · 兰(Serge Lang) 的观点). 芝加哥大学的布洛克(Spencer Bloch) 说，德国人的这项成就“回答了过去似乎绝对不能回答的一些问题”. 法尔廷斯文章的最醒目部分是证明不定方程理论中的一个基本问题，即莫德尔猜想.

直到这前不久，多数专家都相信，莫德尔猜想不会很快得到解决. 法尔廷斯的文章是代数几何中一个困难的练习，他使用了参模(moduli) 理论，半阿贝尔簇理论，阿贝尔簇的高度理论以及其他这种深奥的理论. 在这种背景下我们现在做一些评述，希望这些评述能阐明关于莫德尔猜想的法尔廷斯工作的意义和它与解

① 原题：*The Mordell Conjecture*，译自：Notices of the Amer. Math. Soc. ,33(1986),443-449.

决阿贝尔簇理论中许多重要猜想的关系，以及历史上的来龙去脉.

首先我们列举出五个基本结果，这些结果已全被证明. 在整节中我们将用它们的名称来表示这些结果，在下一小节我们对于解不定方程问题作一般性的介绍，基本结果都涉及如下的丢番图问题：在一条曲线上有多少整坐标点或有理坐标点. 正如下面所讨论的，解方程的通常绘图方法将解不定方程这样一个代数问题变成求方程解的轨迹点这样一个几何问题. 本节的其余部分则探讨曲线上的整点和有理点问题. 第(3)小节描述莫德尔、韦尔和塞格关于这一课题的开创性工作. 在第(4)小节，我们描述研究莫德尔猜想的早期尝试，一直讲到苏联学派的工作. 第(5)小节对法尔廷斯的工作做一个概要介绍. 在第(6)小节，我们讨论使用法尔廷斯的工作有效地解具体的不定方程这样一个问题.

· 塞格定理

如果 C 是定义于环 R 上的一条仿射曲线，而环 R 在 $\mathbf{Z}$ 上是有限生成的，并且 C 的亏格大于等于 1，则 C 在 R 中只有有限个解.

更确切地说，设 c 是一个固定的自然数，则不可约方程 $f(x,y)=0$ 有无穷多解 (x,y) 使得 cx 和 cy 均是某数域中整数的充要条件是该方程的解可写成两个有理函数 $x=P(t)$，$y=Q(t)$，其中

$$P(t)=a_nt^n+a_{n-1}t^{n-1}+\cdots+a_{-n}t^{-n}$$

$$Q(t)=b_nt^n+b_{n-1}t^{n-1}+\cdots+b_{-n}t^{-n}$$

不全为常数. 而这条件成立当且仅当对应射影曲线的亏格为 0，并且函数 $|x|+|y|$ 至多有两个极点.（事

实上,塞格将此结果推广到由 n 个未知数 $n-1$ 个方程给出的曲线)

因此,只有类型很特殊的仿射曲线才能有无限多个整点,于是零点轨迹是一条曲线的那些不定方程,只有很特殊的一类才能有无限多个整数解.

· 莫德尔-韦尔定理

设K是域并且在它的素域上是有限生成的. A 是定义在K上的阿贝尔簇(即 A 是定义于K上的完备(Complete)簇,可以嵌到K-射影空间中,并且具有定义于K上的群结构). 设 A_k 是K-有理点群,则 A_k 是有限生成阿贝尔群.

作为一个特殊情形,定义在K上的椭圆曲线具有K-有理点,这些点形成一个有限生成阿贝尔群. 在有理数域上,这个群的扭(torsion)部分只能是十五个有限阿贝尔群当中的一个,但是有理点可以具有自由无限阿贝尔群部分,从而,椭圆曲线可以具有无限多个有理点,但是只能有有限多个整点(对于仿射坐标).

一个亏格为0的射影曲线如果有有理点,则采用初等方法可以证明它的有理点全体一一对应于 $P^1(\mathbf{Q})$. 所以,亏格0曲线或者没有有理点,或者有无限多个有理点. 于是,一个圆锥曲线或者没有有理点,或者有无限多个有理点,而这些有理点可以从一点采取扫描线方法得到. 对于一个椭圆曲线,它可以没有有理点,但是如果具有有理点,那么根据有理点的群结构,我们从有限个点出发采用群作用,即所谓弦切法,在理论上可以构造出所有有理点. 法尔廷斯的工作表明,对于亏格大于或等于2的曲线,不存在构造有理点的这种方法.

· **数域上的莫德尔猜想**

设 K 是 **Q** 的有限扩域，X/K 是亏格大于或等于 2 的光滑曲线，则 X 上的K－有理点集合 $X(K)$ 是有限的.

只有类型很特殊的曲线才可以具有无限多个有理点，对于零点轨迹是一条曲线的不定方程组，只有其中类型很特殊的才可以具有无限多个有理解.

· **函数域上的莫德尔猜想**

设 K 是特征 0 域 K 上的正规(regular) 扩张，C 是定义于 K 上的亏格大于或等于 2 的光滑曲线，则或者有理点集 $C(K)$ 是有限的，或者 C 可定义在 K 上并且 $C(K)$ 中除有限个点之外其余均在 $C(K)$ 的象之中.

这个定理是数域上莫德尔猜想在函数域上的模拟，是兰重述莫德尔猜想的工作的副产品. 它由曼宁和格劳尔特(Grauert) 首先证明. 苏联数学家们关于这一定理所做的工作引出法尔廷斯证明中最根本性的思想，这是由于莫德尔猜想可以由下一个猜想推出：

· **关于曲线的沙法列维奇猜想**

设 K 是 **Q** 的有限扩张，S 是 K 的一个有限的位集合，则亏格 $g \geq 2$ 并且在 S 外具有好的约化(reduction) 的光滑曲线 X/K 只有有限多个同构类.

对于定义在 **Z** 上的非奇异代数簇，通过对方程组的系数作模 p 约化可得到有限域上的代数簇. 好的约化是指用这种方法给出有限域上的非奇异代数簇. 一个代数簇在素数 p 处有好的约化，是指该代数簇存在某个嵌入，而此嵌入在 p 处有好的约化. 与此相联系的是如下的思想：为了试验某不定方程是否有整数解，我们可以试验该方程模每个素数 p 是否有解，因为模每

个素数 p 均有解是有整数解的必要条件.

法尔廷斯的工作还与阿贝尔簇的沙法列维奇猜想有关.这个猜想的内容是:对于具有给定维数 g,极化次数 $d>0$ 并且在位的有限集 S 之外有好的约化的极化(Polarized)阿贝尔簇,共K-同构类集合是有限的.阿贝尔簇的极化与它嵌在射影空间中的方式有关.利用托尔林定理的一个精细化命题可以证明:如果关于阿贝尔簇的沙法列维奇猜想成立,则关于曲线的沙法列维奇猜想成立.法尔廷斯在解决莫德尔猜想过程中证明了上述两个猜想均是成立的.

(2) 解不定方程的一般性问题

设 $f(x_1,x_2,\cdots,x_n)$ 是 n 个变量的整系数多项式.有时我们考虑它的系数是某数域中整数的情形.如果我们求方程 $f(x)=0$ 的整数解或者有理数解(或者在某数域中的解),这个方程便叫作不定方程,从而可以谈该不定方程的整数解或有理数解,值在域 K 中的解叫作 K-有理解或 K-有理点.

不定方程叫作是齐次的,是指它的诸项具有相同次数.这时,如果向量 $\boldsymbol{x}$ 是解,则对于每个常数 c,$c\boldsymbol{x}$ 也是解,所以对于齐次方程,我们将彼此相差一个非零常数因子的两个解等同起来,只求彼此不等同的解.由一个非齐次 d 次方程总可以得到一个相关联的齐次方程,办法是:将 n 个变量集合增加一个新变量,然后将原方程的每项乘以新变量适当方幂使每项次数均为 d.于是,原来非齐次方程的解对应于齐次方程新变量等于 1 时的解.在实际中,我们对于非齐次方程情形求整数解而对齐次方程情形求有理数解.$n+1$ 个变量的齐次方程与 n 个变量的非齐次方程的关系会使读者联想起射影几何与仿射几何的关系.

从古希腊时代起,数学家就在寻找特殊不定方程的解,并且总是企图找出一般解.希尔伯特问:是否存在解不定方程的一般算法?这就是所谓希尔伯特第10问题,在1900年国际数学家大会上,希尔伯特曾提出了堪称“现代数学发展的路标”的23个数学问题.这个问题由马蒂贾西维(Matijasevi)于1970年最终加以解决.他证明了不存在这样的算法能判定方程是否有有理整数解.但是,至今仍然不知道是否有算法能判定不定方程是否有有理数解.

研究不定方程的另一途径是采用几何的方法,每个不定方程的复数解的轨迹定义出一个复代数簇;如果方程是非齐次的,它的全部解形成一个仿射代数簇;如果方程是齐次的,它的解形成一个射影代数簇.上面描述的非齐次方程和相应齐次方程的关系恰好对应于仿射代数簇和它在适当的射影空间取射影闭包(即添加一些“无穷远”点)所得到的射影代数簇.

于是,研究不定方程的解变成了求由系数属于某数域的方程组定义的复代数簇上的整数点或有理点.例如,费马所研究的方程是射影平面中亏格为$\frac{1}{2}(n-1)(n-2)$的非奇异曲线的方程.一般地,三个变量的n次不可约齐次方程对应于射影平面中一条曲线,其亏格为$\frac{1}{2}(n-1)(n-2)$减去由该曲线的奇异点给出的校正项.人们希望几何学会使某些不定方程问题更容易处理.第一步显然是把注意力局限于对应于曲线的那些不定方程(或者更一般地,对应于其解形成某高维空间中一条曲线的那些不定方程组).利用这种方法，可以把不定方程的求解问题重新叙述成寻求曲线上有理点和整点问题，我们主要考虑问题的后一种形式.

另一个相关问题是定义在有限域上的光滑射影代数簇，这个问题的解在法尔廷斯工作中被用到，这样一个代数簇在各个不同有限扩域中的有理点数可以表示成一个母函数，叫作此代数簇的 zeta 函数. 关于这个 zeta 函数的性质，韦尔有一系列猜想，这些猜想使我们在理论上可以计算这个 zeta 函数. 这些韦尔猜想的最后一条由德利涅(Deligne) 于 1973 年最终加以证明. 关于阿贝尔簇的韦尔猜想的证明则较为简单，而在法尔廷斯的证明中本质性地使用了关于阿贝尔簇的韦尔猜想.

(3) 莫德尔、韦尔和塞格的工作

让我们考虑非齐次方程 $x^2+y^2=1$ 和它对应的齐次方程 $x^2+y^2=z^2$. 仿射方程显然只有有限多个整数解. 其射影代数簇则有无穷多个不同的整数解(如上所说，彼此相差非零常数倍的整数解看作是相同的). 换言之，所有毕达哥拉斯三数组给出其全部整数点. 仿射方程的解作为特殊情形包含在射影平面上的解之中. 但是，后者给出了仿射方程无穷多个有理数解，所以我们需要考虑相互联系但是不等价的两个问题. 关于仿射曲线上整点个数是否有限的问题我们可以称之为塞格问题，因为塞格解决了这个问题. 而关于射影曲线上有理点数是否有限的问题(相差非零常数因子的两个解看作是等同的) 叫作莫德尔问题. 当然，这些理论问题可能不会对求解的个数的上界有所帮助(即使证明了解数是有限的)，肯定也不会帮助我们找出哪怕是一个解来，后者叫作是有效求解问题.

历史上，这些问题是由莫德尔的工作所引出的. 莫德尔在 1922 年用直接方法研究椭圆曲线（即亏格 1 的非奇异曲线）上的有理点. 次年他写了关于这一研究对象的奠基性文章. 他证明了一个椭圆曲线上的有理点形成有限生成交换群，而其仿射曲线只有有限多个整点，他猜想亏格更大的超椭圆的平面仿射曲面上均只有有限多个整点，并且亏格大于或等于 2 的光滑射影曲线均只有有限多个有理点.

这些猜想激发出一系列的研究工作，这些工作一直延续至今日，超椭圆曲线的猜想由塞格于 1926 年证明，而关于亏格大于或等于 2 的射影曲线的猜想变成了莫德尔猜想，现今在法尔廷斯工作中最终得以证明. 关于椭圆曲线上有理点形成限生成群的证明促使韦尔写成第一篇重要论文，即莫德尔－韦尔定理的证明，而从此论文于 1928 年发表之后，这个定理引导出代数几何和数论的许多成果. 韦尔的工作产生了阿贝尔簇理论，将群论与代数几何结合在一起，对于 19 世纪的椭圆积分理论作了极大的推广.

莫德尔工作的核心是他看出了高度理论的益处，就像后来瑟厄－西格尔－罗斯(Thue-Siegel-Roth)定理所展示的那样，这是一个使全世界的数学家都感到吃惊的定理，这是一个被剑桥大学达文波特逼出来的定理. 1954 年阿姆斯特丹国际数学家大会上，德裔英国数学家罗斯作了一个 20 分钟的报告. 会后达文泡特举办了一个讨论班专讲瑟厄－西格尔定理. 并把主要的任务交给了罗斯. 正是这样，罗斯将它推广成了瑟厄－西格尔－罗斯定理. 这个问题源于用有理数

$\frac{y}{x}$(其中 y 是整数,x 是自然数)去逼近一个无理数 θ. 人们把能有无数多个 $\frac{y}{x}$ 满足 $\left|\theta-\frac{y}{x}\right|<\frac{1}{x^{\mu}}$ 的那些 μ 的上界记作 $\mu(\theta)$. 于是产生了一个重大问题,即 $\mu(\theta)$ 是什么? 对这个问题的回答整整持续了一个世纪. 1844 年,刘维尔证明了 $\mu(\theta)\leqslant n$. 1908 年塞格证明了 $\mu(\theta)\leqslant 2\sqrt{n}$. 1955 年罗斯证明了 $\mu(\theta)=2$. 西格尔在他的大作中看出如何将高度的存在性理论和莫德尔－韦尔定理以及阿贝尔簇理论的原始形式结合在一起,解决了现在我们称之为塞格的问题,他的结果就是前面所述的塞格定理. 这篇文章还包括了许多其他有价值的东西,其中包括对于超越理论很重要的著名塞格引理. 阿贝尔簇的高度理论是法尔廷斯工作的核心. 这样一个高度理论可以看成是费马引进的著名的无穷下降法的现代形式.

(4) 解决莫德尔猜想早期尝试

随着阿贝尔簇理论的发展,下面的事实逐渐变得清楚了:莫德尔猜想应当理解成关于包含亏格大于或等于 2 的曲线的某种阿贝尔簇的一个命题. 在这种称为雅可比簇的阿贝尔簇上,人们希望利用莫德尔－韦尔理论给出嵌入曲线的有理点的信息. 这种方法可以追溯到沙鲍蒂(Chabauty) 在 20 世纪 30 年代和 40 年代的工作,后来由兰相当具体地做了这一工作. 莫德尔猜想的一种重述形式的兰猜想,即阿贝尔簇上的一条曲线与此阿贝尔簇的每个有限生成子群只有有限多个公共点. 他还证明了,莫德尔猜想也可以看成是关于曲线代数族的一个猜想.

另一些数学家研究莫德尔猜想则是通过分片地分析特殊的曲线族,或者是仔细运用高度理论.

第一个重要的突破是在 20 世纪 60 年代,即证明了莫德尔猜想在函数域上的等价命题.代数数论中的一个标准的工作程序是问:对于数域上的某个定理或猜想,它在函数域上的类似命题是否正确?或者反过来,这种类比是由如下的一般理论所促使的:如何证明关于素域的有限生成扩域的某些问题.尼罗恩证明了由两个莫德尔猜想能够建立起**Q**的任何有限生成扩域上的相应猜想.曼宁和格劳尔特都致力于证明前面所述的莫德尔猜想在函数域的类似命题,但是除在兰的书中已经显示的之外,对于如何转到数域上来看不出进一步的线索.

曼宁的工作是苏联人对于莫德尔猜想值得尼罗恩注意的研究工作的组成部分.苏联学派的中心人物是曼宁、沙法列维奇,尼罗恩和帕希恩的工作回过头来集中于前述的沙法列维奇猜想和它与莫德尔猜想在函数域上类比的联系.15 年后,法尔廷斯的工作受到这些工作的本质上的启发.帕希恩证明了若沙法列维奇猜想成立,则可以证得莫德尔猜想.

在帕希恩的思想能够用于数域上的莫德尔猜想之前,根据需要发展了更多的数学工具.这些工具包括阿贝尔簇和曲线的参模理论,采用表示论建立的阿贝尔簇的一个复杂理论.

(5) 法尔廷斯工作的概要介绍

设 K 是有理数域 **Q** 的有限扩张,K^* 是 K 的代数闭包,A 是定义于 K 上的阿贝尔簇.$\pi=\mathrm{Gal}(K^*/K)$ 为 K 的绝对伽罗瓦群,l 是素数,则 π 作用在塔特模

$$T_l(A)=\varprojlim A[l^n](\mathrm{K}^*)$$

之上.更确切地说,$T_l(A)=\{(a_1,a_2,\cdots,a_n,\cdots)\mid a_n$ 是 A 上阶为 l 的幂的 K^* 一点,且对每个 $n\geqslant 1$,$la_{n+1}=a_n$,而 $la_1=0\}$,其中无限长的向量相加是按逐分量相加,于是 $T_l(A)$ 是 l-adic 整数环 $\mathbf{Z}_l$ 上的模.

这个塔特群是有限生成无扭 $\mathbf{Z}_l$ 一 模,维数是 $2\dim A$.塔特模可以扩张成 l-adic 数域 $\mathbf{Q}_l$ 上的向量空间 $E_l(A)=T_l(A)\otimes\mathbf{Z}_l\mathbf{Q}_l$,它叫作扩大的塔特群,而 π 作用于其上.法尔廷斯的基本结果如下:

(i) π 在 $E_l(A)$ 上的表示是半单的.

(ii) 映射 $\mathrm{End}_K(A)\otimes_z\mathbf{Z}_l\to\mathrm{End}_\pi(T_l(A))$ 是同构.

(iii) 设 S 是 K 一位的有限集,$d>0$,则对于 K 上在 S 外有好的约化的 d 重极化阿贝尔簇,其同构类数有限.

结果(ii) 是说:$T_l(A)$ 的某类性状良好的自同态对应于 A 的自同态,这解决了塔特的一个猜想,使用塔特模研究阿贝尔簇之间映射的一些类似结果可见兰关于阿贝尔簇的书.(iii) 即是关于阿贝尔簇沙法列维奇猜想,然后由曲线的雅可比簇理论就得到关于曲线的沙法列维奇猜想.

在得到沙法列维奇猜想之后,法尔廷斯现在便可应用莫德尔的早年推导来证明猜想.现在简要地描述这个推导.设 X 是 K 上亏格大于或等于 2 的光滑曲线,S 是 K 一位的有限集,对于每个 K 一有理点 x,可以构作 X 的一个亏格为 g' 的覆盖,它定义在 K 的某个有限扩域上,恰好只在 x 处分歧,从而 $Y(x)$ 在某集合 T 之外具有好的约化.这里 g',T 和扩域只依赖于 X 和 S 而

不依赖于点 x. 根据沙法列维奇猜想，这样的 $Y(x)$ 只有有限多个同构类，如果有理点 x 的集合是无限的，则从某个 $Y(x)$ 到 X 便有无限多个不同的映射，而这与亏格大于或等于 2 的黎曼面上的一个古典结果相矛盾.

(iii) 的证明是基于这种极化阿贝尔簇的同种的类数是有限的(同种(isogeny) 是核有限的满同态). 后一点和(i)(ii) 都是用类似的推理得到，推理要利用高度理论、曲线和阿贝尔簇的参模理论以及关于阿贝尔簇的韦尔猜想.

法尔廷斯从半阿贝尔簇理论开始，这是域上阿贝尔簇概念到概型上代数簇的推广，他讨论了关于稳定曲线和主极化阿贝尔簇的参模空间的一些结果. 然后，他发展了可利用于半阿贝尔簇的高度理论. 基本定理是说，对于给定的常数 c，高度小于或等于 c 并具有某些性质的半阿贝尔簇的同构类数是有限的. 这个有界高度原理成为法尔廷斯工作中的最有用的结果，它是他得到的所有结果的基础.

法尔廷斯还讨论了高度在同种之下的性状，这里需要韦尔猜想. 然后法尔廷斯证明了(i) 和(ii)，这些随后又用来证明两个阿贝尔簇是同种的，当且仅当它们的扩大塔特模作为 π — 模是同构的. 这解决了所谓同种猜想，它本身也是一个重要结果. 从上述这些结果再一次应用韦尔猜想，法尔廷斯便证明了(iii). 最后，得到关于曲线的沙法列维奇猜想，于是像前面所解释的，证明了莫德尔猜想.

(6) 某些评注

莫德尔猜想已被证明，一个明显的问题是：对于解集合不是曲线的不定方程组情形如何呢？关于高维代数簇上的整点和有理点会怎样？早些时候人们对这样的问题作了尝试.查特利特(Chatelet)研究了三次曲面,关于这一方向有一系列猜想,它们是关于曲线的一些已知结果在各种方向上的推广.但是,对于高维情形的实在的理解,还仍旧是遥远的目标.

更重要的是,各种存在性结果的有效性问题.在这里不仅意味着它们对于解不定方程问题的理论上的可应用性,而且也意味着实际上的可利用性,一个问题如果用极大的工作量才能解决,则它的理论解法可能没有任何价值.不幸的是,西格尔问题、莫德尔问题,以及采用莫德尔－韦尔定理去发现阿贝尔簇有理点的群结构,似乎均属于上述情况(存在着关于有效利用莫德尔－韦尔定理的一个未经证明的算法,它的正确性等价于韦尔于1929年的一个猜想,而这个猜想至今仍未解决).定理结果是很难得到的.莫德尔－韦尔定理和莫德尔猜想的证明在极大程度上均是非构造性的,很难计算有理点或整点的个数,也很难得到莫德尔－韦尔群的生成元集合.

西格尔在一篇文章中说到,即使整点的大小不能估计,也应当有有效的办法来计算整点的个数.因此,关于整点的个数我们可能会有某种想法,但却不知要在多么大的空间中寻找,才能保证毫无遗漏地得到全部解.实际上,是否存在着实际方法计算曲线上整点个数这一点也是不清楚的.成熟的数论学者当中比较一致的意见是:我们距离寻求亏格大于或等于2的曲线的全部整(有理)解的确实有效方法还有很长的一段路.

目前，法尔廷斯的工作在很大程度上还不是有效性的．例如，还没有算法来决定一条曲线上究竟是否有有理点（对于整点情形，马蒂贾西雅已经给出否定的答案，所以对于有理点情形这种算法的存在性很难持乐观态度）．费马大定理正是一个例子表明这个问题是多么难．假定在某曲线上存在有理点，还仍然不知道有理点数的可计算的上界．事实上，在法尔廷斯的工作之前，我们还不知道一条亏格大于或等于 2 的曲线 X，它在所有数域 K 上的点集 X(K) 都是有限的．这一切使我们对于法尔廷斯的工作直接用于数论的实际益处产生了悲观情绪，尽管它的理论价值是显著的．只有时间才能告诉我们这种悲观情绪是否对头．

未来或许会表明，法尔廷斯工作的重要性本质上不在于解决了莫德尔猜想．对于一个代数几何学家，法尔廷斯关于沙法列维奇猜想和塔特猜想的结果可能开辟了通往重要进展之路．法尔廷斯关于阿贝尔簇的高度理论的工作也可能是更重要的，还可能间接地给不定方程问题带来进步，这一切也只有时间才能告诉我们．

5　众星捧月——灿若群星的代数几何大师

代数几何是解析几何的自然推广，研究的对象是由多项式方程组的零点定义的代数簇，如代数曲线是一维代数簇．近代代数几何主要在两个方面有所发展：一是由实数推广到复数（顺便说一句，至今实代数几何进展不大，问题成堆)，二是考虑的主要问题是在双有理等价下对代数簇进行分类.第二次世界大战之后，代数几何有了巨大发展，成为当前数学的核心之一，但是留给21世纪的问题恐怕一个世纪也解决不完.

代数曲线我们了解得最清楚，复光滑代数曲线，其实就是紧黎曼曲面.按照双有理不变量——亏格g，可以分成三大类：

(1) $g=0$，有理曲线；

(2) $g=1$，椭圆曲线；

(3) $g\geqslant 2$，一般型代数曲线.

亏格为$g\geqslant 2$的代数曲线的双有理等价类构成复维$3g-3$的空间，称为参模空间.近半个世纪，对各种参模空间的结构已有了相当多的了解，但尚未完全搞清楚.另有一个重要问题是肖特基(F. Schottky)问题.黎曼以前已经知道，每条代数曲线都对应一个g维的雅可比簇，这是一种极化阿贝尔簇，但任一极化阿贝尔簇未必是一代数曲线的雅可比簇.肖特基的问题是：如何从极化阿贝尔簇的集合(参模空间)中把雅可比簇挑出来？这问题尚未完全解决.苏联数学家诺维科夫(S. P. Novikov，1938—　)提出一个猜想，即是雅可比簇上θ函数满足非线性方程(KP方程).KP方程是一系列方程中的一个，其中最简单的即是有孤立子解的KdV方程.1986年日本数学家盐田隆比吕证明了诺维科夫猜想，向肖特基问题迈进了一大步.

椭圆曲线不是椭圆，只是比椭圆稍复杂的三次曲线，方程为

$$y^2=x^3+ax+b$$

其中，a，b是常数，$4a^3+27b^2\neq 0$.由于它能被椭圆函

数参数化，故得名. 19 世纪椭圆函数可以说无处不在，从数学物理到数论都有应用，一种现在常用的因式分解方法是伦斯特兰(Hendrik Lenstra)研究出的椭圆曲线法(ECM)，此法可以把大得多的数分解开，只要该数至少有一个素因子足够小，例如，澳大利亚国立大学的布伦特(Richard P. Brent)最近用 ECM 算法分解了 F_{10}. 他首先找出了该数的一个“仅有”40 位的素因子. 到如今，这个看似简单的椭圆曲线用处也不小. 从费马大定理的解决到类数问题、大数素因子分解及素数判定都显示了其威力. 即使如此简单的曲线也仍有许多基本问题未解决. 下面考虑有理系数椭圆曲线的有理点，即满足上述方程的坐标为有理数的点问题. 前面提到了法尔廷斯解决莫德尔猜想时涉及了椭圆曲线上有理点群. 它既然是有限生成阿贝尔群，其中有一个由有限阶元构成的挠子群 T，其他部分可以由 r 个母元生成，r 称为椭圆曲线的秩. 因此了解椭圆曲线只要了解 T 与 r 就行了. 耗费了半个多世纪，1977 年美国数学家梅热最终对 T 给出结论，它只有 15 种类型，不用说，证明极难. 而秩有多大，是否可以任意大，现在还很难说，我们看看进度：

1948 年首先找到 $r=4$ 的椭圆曲线；

1974 年首先找到 $r=6$ 的椭圆曲线；

1984 年首先找到 $r=14$ 的椭圆曲线.

要知道，在计算机的帮助下，这也不是一件简单的事，我们只要看一下 $r=14$ 的曲线

$$a=-3\ 597\ 173\ 708\ 112$$

$$b=85\ 086\ 213\ 848\ 298\ 394\ 000$$

看来 r 越大，a 与 b 也小不了. 反过来，已知椭圆曲线，

求 r 也不易. 关于这点有一个重要猜想：伯奇－斯温内顿－代尔(Birch-Swinnerton-Dyer)猜想，简记为 BSD 猜想. 猜想很复杂，一个简单的形式把椭圆曲线的秩 r 与其同余式解数联系在一起，它可写为

$$\prod_{p<x}\frac{N(p)+1}{p}\sim C(\lg x)^r, x\to\infty$$

如果说法尔廷斯是一个天才的武器使用者，那么那些代数几何学家就是武器的制造者. 所以其中 $\sim$ 表示当 $x\to\infty$ 时渐进等于，C 为常数，$N(p)$ 表示同余式

$$y^2\equiv x^3+ax+b(\bmod p)$$

的解数. 1993 年哈塞(H. Hasse) 证明了这种情形的代数几何基本定理，即黎曼－洛赫定理从而得出下面的估计，即

$$p-2\sqrt{p}<N(p)<p+2\sqrt{p}$$

1940 年韦尔把这个结果推广到 $g\geqslant 2$ 的代数曲线，1949 年韦尔提出著名的韦尔猜想，1974 年德利涅运用所有先进武器(各种上同调) 证明了它.

椭圆曲线中有一类比较好的曲线称为模曲线，模曲线中有一类更好的 CM 曲线，这是具有复数乘法的椭圆曲线的缩写. 最近 BSD 猜想只证到 CM 曲线，而一般问题则极难. 对此韦尔提出另一个猜想：所有椭圆曲线均为模曲线. 考虑到只用这个韦尔猜想的一部分就能证明费马大定理，可见这个猜想威力有多大，同时也可看出它多么难，代数几何乃至整个数学留给下个世纪的问题可想而知.

从代数几何的整个发展来看，年轻的法尔廷斯有些像一个极富想象力的编花篮能手，将代数几何中的许多最漂亮的花朵如格罗登迪克、塞尔、曼福德、尼罗

恩、塔特、曼宁、沙法列维奇、帕希恩、诺维科夫、札惠恩、雷劳特(Grothendieck, Serre, Mumfovd, Néron, Tate, Manin, Shafavevied, Parsin, Arakelov, Zarhin, Raynaud)等人的工作,编织在两个骨架上,这两个骨架被数学家称为高度理论和 P 可除群理论.

梅热将法尔廷斯证明了莫德尔猜想称为"最近数学的一个伟大时刻".他说:"法尔廷斯的这些贡献,使我们对这极为富有创造力的头脑的工作留下非常深刻的印象.我们可以同样期待它将来会产生出更令人惊奇的事物来."

与此同时,我们也对那些发展了如此庞大的"武器系统"的代数几何大师们表示深深的敬意,我们下面很不完全的列出这些大师的"明星榜".

· **沙法列维奇** (1923—) Шафаревич, Ияорь Ростиславович

沙法列维奇,苏联人.1923 年 6 月 3 日生于托米尔.17 岁时以校外考生资格通过莫斯科大学毕业考试,19 岁获副博士学位,1943 年后一直在苏联科学院数学研究所工作.1953 年获数学物理学博士学位,同年成为教授.1958 年成为苏联科学院通讯院士.

沙法列维奇主要研究代数学、代数几何学、代数数论.1954 年,他证明了在任何代数数域上都存在具有预先给定的伽罗瓦可解群的无穷多个扩张(伽罗瓦理论的逆问题).1950 年至 1954 年间发表了几篇有关代数数论的论文(发现了一般互反律和可解群的伽罗瓦逆问题的解法).

· **塔特** (1925—)Tate,John Torrence

塔特,美国人.主要研究代数几何学及整数论、类域论等.他发现了以他的名字命名的塔特定理.他论著很多,主要有《类域论》(1951,与阿廷合作)、《代数上同调类》(1964)、《局部域的形式复积》(1965)、《有限域上阿贝尔变量的自同态》(1966)等.

· **朗**　(1927—　)Lang, Serge

朗,美国人.1927 年 5 月 19 日生于巴黎.现任哥伦比亚大学教授.他是为数不多的布尔巴基学派的非法国成员之一.他的学术成就主要在代数学、整数论、代数几何学、微分几何学等方面.他有多种著作闻名于世,诸如《微分流形引论》(1967)、《代数学》(1970)、《丢番图逼近论导引》(1970)、《代数数论》(1976)、《代数函数和阿贝尔函数引论》(1976)等都有很大的影响.

· **格罗登迪克**　(1928—　)Grothendieck, Alexandre

格罗登迪克,法国人.1928 年 3 月 24 日生于德国柏林.没有受过系统的教育,只是第二次世界大战后在法国高等师范学校和法兰西学院听过课.20 世纪 60 年代起任法国高等研究院的终身教授.

格罗登迪克在数学上做出的主要贡献:

首先,他在系统地研究了拓扑向量空间理论的基础上,引进了核空间(最接近有限维空间的抽象空间),利用核空间理论解释了广义函数论的许多问题.他还引进了张量积的概念,这也是重要的数学工具.

其次,他建立了一套抽象的代数几何学的庞大体系,而且用这套理论作工具解决了许多著名的猜想问题.例如,1973 年德林用这种理论证明了韦尔猜想.格罗登迪克实际上把代数几何学变成了交换代数的一个分支.

格罗登迪克和他的学生们将系统的数学体系写成

了十几部专著,命名为《概型论》.

格罗登迪克还热衷于无政府主义运动及和平运动,并劝说向他求教的人积极参加社会活动.他富有正义感,当他知道法国高等研究院得到了北大西洋公约组织的资助后,就辞去了教授职位,并回乡务农.1970年后,他完全离开了数学研究和教学.

格罗登迪克获1966年的菲尔兹奖.

· **曼福德** (1937—)Mumford,David Bryant

曼福德,美籍英国人.1937年6月11日生于撒塞克斯郡.16岁上哈佛大学.1961年获博士学位.1967年起任哈佛大学教授.

曼福德在数学上做出了重大贡献.

首先,他对参模理论进行了深入的研究.他发现了"环式嵌入法",并将它用于研究代数簇(即参模)的整体结构.他构造性地应用不变式理论,建立了几何不变式理论,这是数学的一个新的分支.1965年他发表了专著《几何不变式论》.

其次,曼福德对代数曲面理论也进行了独创性的研究.他于1961年证明了代数曲面与代数曲线和高维代数簇有一个不同之处:代数曲面如有一点具有一个邻域,它在一个连续映射之下是实现4维空间的一个邻域的象,则这点也具有一个邻域是复2维空间一个邻域的一一解析映射下的象.这一结论对于其他维数不成立.他对代数曲面的分类问题也做出了重要贡献.

曼福德对费马大定理也进行了系统研究.他证明了 $x^n+y^n=z^n$ 的最大整数解满足

$$z_m>10^{10^{am+b}}$$

其中,$a>0$,a,b 均为常数.

曼福德获1974年的菲尔兹奖.

· **曼宁** (1937—)Манин，Юрий Иванович

曼宁，苏联人. 1937年2月16日生于辛菲罗波尔. 1958年毕业于莫斯科大学. 1961年起在苏联科学院斯捷克洛夫数学研究所工作. 1963年获数学物理学博士学位. 1965年起回到莫斯科大学工作. 1967年成为教授.

曼宁的主要工作在代数几何、群论与代数数论等方面. 他用自己给出的新的微分算子证明了数论中的定理，据此足以使一般二元不定方程有有限的有理数解. 另外，他在数学的许多分支中所取得的成果都得到了有价值的应用. 他也提出了许多尚待解决的问题.

曼宁于1967年获列宁奖金.

6 如何在椭圆、双曲线上快速找到有理点

北京师范大学出版集团的岳昌庆老师曾撰文介绍过：横坐标、纵坐标均为有理数的点叫作有理点. 椭圆及双曲线方程中的a，b均为互素的正整数；(m,n,q)表示满足$m^2+n^2=q^2$的互素的自然数，并称为一组勾股数；坐标$(\pm x_0, \pm y_0)$表示4个点：(x_0,y_0)，$(x_0,-y_0)$，$(-x_0,y_0)$，$(-x_0,-y_0)$.

在椭圆、双曲线学习中，常给出的方程类似为

$$\frac{x^2}{25}+\frac{y^2}{16}=1 \quad ①$$

$$\frac{x^2}{9}-\frac{y^2}{16}=1 \quad ②$$

这样的 a,b 值我们都看腻了，并且产生疑问，为了得到横坐标或纵坐标为有理数的焦点坐标，似乎只有 $(3,4,5),(5,12,13)$ 了.其实不然，勾股数有很多，例如 $(7,24,25),(8,15,17),(19,40,41),(2n,n^2-1,n^2+1)$ 等均可.本节不做讨论.

类似地，读者们很难在 ①② 上找到有理点，有时偶尔碰巧找到，如 ① 上的点 $M(3,16/5),N(4,12/5)$，② 上的点 $P(15/4,3),Q(5,16/3)$，不难发现这些点的横坐标或纵坐标中有一个值是 a,b 或 c.

能否寻找一种方法，直接在 ①② 上找到有理点，且横坐标或纵坐标均不是 a,b 或 c 中的一个值?

探究　不妨设 $M_0(x_0,y_0)$ 是 ① 上一点，则

$$y_0^2=(\frac{4}{5})^2(25-x_0^2)$$

设 $x_0=p/q$（p,q 为既约正整数），则

$$y_0^2=(\frac{4}{5})^2[25-(\frac{p}{q})^2]=[4/(5q)]^2[(5q)^2-p^2]$$

再设 $(5q)^2-p^2=\alpha^2$（α 为正整数），则

$$(5q)^2=p^2+\alpha^2,y_0^2=(\frac{4\alpha}{5q})^2$$

所以可设 $\begin{cases}p=5m\\ \alpha=5n\end{cases}$（$m,n$ 为正整数），则 $q^2=m^2+n^2$，任取一组勾股数，例如

$$q=13,m=5,n=12$$

则

$$\begin{cases}p=5\times 5\\ \alpha=5\times 12\end{cases}$$

所以

$$\begin{cases} x_0 = 5 \times \dfrac{5}{13} \\ y_0 = 4 \times \dfrac{5 \times 12}{5 \times 13} = 4 \times \dfrac{12}{13} \end{cases}$$

即

$$M_0(5 \times \frac{5}{13}, 4 \times \frac{12}{13})$$

交换 m,n 得 $M'_0(5 \times \frac{12}{13}, 4 \times \frac{5}{13})$ 也符合要求.

验证　将 $M_0(5 \times \frac{5}{13}, 4 \times \frac{12}{13})$ 的横、纵坐标 $x_0 = 5 \times \frac{5}{13}, y_0 = 4 \times \frac{12}{13}$，代入 $\frac{x^2}{25} + \frac{y^2}{16}$ 中得 $\frac{x^2}{25} + \frac{y^2}{16} = \frac{1}{25} \times 5^2 \times (\frac{5}{13})^2 + \frac{1}{16} \times 4^2 \times (\frac{12}{13})^2 = (\frac{5}{13})^2 + (\frac{12}{13})^2 = 1$，所以点 M_0 在 ① 上.

同理，可验证 $M'_0(5 \times \frac{12}{13}, 4 \times \frac{5}{13})$ 也在 ① 上.

即每一组勾股数能找到 2 个不同的有理点，再利用椭圆的对称性，共可得到 8 个不同的有理点. 还可再取其他勾股数，得到相应的更多的有理点.

推广到一般　对于椭圆

$$\frac{x^2}{a^2} + \frac{y^2}{b^2} = 1, a > b > 0 \qquad ③$$

寻找其上有理点，且横坐标或纵坐标均不是 a,b 或 c 中的一个值.

探究　不妨设 $M_0(x_0, y_0)$ 是 ③ 上一点，则 $y_0^2 = (\frac{b}{a})^2(a^2 - x_0^2)$. 设 $x_0 = \frac{p}{q}$（p,q 为既约正整数），则

$$y_0^2 = (\frac{b}{a})^2[a^2 - (\frac{p}{q})^2] = (\frac{b}{aq})^2[(aq)^2 - p^2]$$

再设$(aq)^2-p^2=\alpha^2$（α 为正整数），则$(aq)^2=\alpha^2+p^2$，$y_0^2=(\frac{b\alpha}{aq})^2$，设$\begin{cases}p=am\\ \alpha=an\end{cases}$（$m,n$ 为正整数），则 $q^2=n^2+m^2$，即(m,n,q)，则$\begin{cases}x_0=a\dfrac{m}{q}\\ y_0=b\dfrac{n}{q}\end{cases}$，$M_0(a\frac{m}{q},b\frac{n}{q})$.

交换 m,n 得 $M'_0(a\frac{n}{q},b\frac{m}{q})$，即每组勾股数能找到 2 个不同的有理点，再利用椭圆对称性，共可得到 8 个不同的有理点：$M_0(\pm a\frac{m}{q},\pm b\frac{n}{q})$ 或 $M_0(\pm a\frac{n}{q},\pm b\frac{m}{q})$. 还可再取其他勾股数，得更多的有理点.

点评 (1) 验证略；(2) 椭圆$\frac{x^2}{a^2}+\frac{y^2}{b^2}=1(a>b>0)$ 上的有理点(x_0,y_0) 可以直接由如下方法得到：

(a) 任取(m,n,q)，分别计算$\frac{m}{q},\frac{n}{q}$.

(b) 横坐标 $x_0=\pm a\frac{m}{q}$，纵坐标 $y_0=\pm b\frac{n}{q}$，得

$$M_0(\pm a\frac{m}{q},\pm b\frac{n}{q})$$

(c) 交换 m,n 得 $M_0(\pm a\frac{m}{q},\pm b\frac{n}{q})$.

(3) 对于 ①，还可任取一组勾股数(8,15,17)，得$\frac{8}{17},\frac{15}{17}$，则 $M(\pm 5\times\frac{8}{17},\pm 4\times\frac{15}{17})$ 或 $M(\pm 5\times\frac{15}{17},\pm 4\times\frac{8}{17})$.

由上述分析论证可得到如下定理.

定理1　对于椭圆$\frac{x^2}{a^2}+\frac{y^2}{b^2}=1(a>b>0)$,任设$(m,n,q)$,其上的有理点为$M_0(\pm a\frac{m}{q},\pm b\frac{n}{q})$或$M_0(\pm a\frac{n}{q},\pm b\frac{m}{q})$,其中$a,b,m,n,q$均为正整数,对于一组$(m,n,q)$的值,可以找到8个有理点.

定理2　对于双曲线$\frac{x^2}{a^2}-\frac{y^2}{b^2}=1(a,b>0)$,任设$(m,n,q)$,其上的有理点为$M_0(\pm a\frac{q}{n},\pm b\frac{m}{n})$或$M_0(\pm a\frac{q}{m},\pm b\frac{n}{m})$,其中$a,b,m,n,q$均为正整数,对于一组$(m,n,q)$的值,可以找到8个有理点.

备注　(1)对于②,任取一组勾股数(5,12,13),得$\frac{13}{12},\frac{5}{12}$或$\frac{13}{5},\frac{12}{5}$,则

$$M(\pm 3\times\frac{13}{12},\pm 4\times\frac{5}{12})\text{或}M(\pm 3\times\frac{13}{5},\pm 4\times\frac{12}{5})$$

(2)令椭圆方程中的$a=b=r$,得圆$x^2+y^2=r^2$,任设(m,n,q),其上的有理点为$M_0(\pm r\frac{m}{q},\pm r\frac{n}{q})$或$M_0(\pm r\frac{n}{q},\pm r\frac{m}{q})$,其中$m,n,q$均为正整数,对于一组$(m,n,q)$的值,可以找到8个有理点.

上述研究方法的其他背景可以理解为椭圆或双曲线或圆的参数方程,分别为

$$\begin{cases}x=a\cos\theta\\y=b\sin\theta\end{cases},\begin{cases}x=a\sec\theta\\y=b\tan\theta\end{cases},\begin{cases}x=r\cos\theta\\y=r\sin\theta\end{cases},\theta\text{ 为参数}$$

$$\sin\theta=\frac{m}{q},\cos\theta=\frac{n}{q},\tan\theta=\frac{m}{n},\sec\theta=\frac{q}{n}\text{(图 1)}.$$

交换 m,n 得

$$\sin\theta=\frac{n}{q},\cos\theta=\frac{m}{q},\tan\theta=\frac{n}{m},\sec\theta=\frac{q}{m}$$

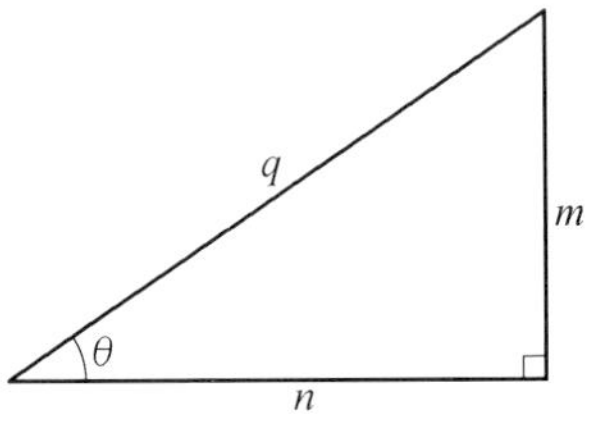

图 1

当勾股数不再要求为自然数,而只要求具有实数意义的勾股关系时,仍可用定理1、定理2快速在椭圆、双曲线、圆上找到一个点的坐标.

按上述方法命制的题目,既可照顾到焦点坐标为整数,又可在椭圆或双曲线上快速找到有理点.无理数基本上不会出现在直线方程中,至少初始几步不会出现.如果再稍加设计,计算量就不会太大,答案也更加漂亮.

7　椭圆曲线 $y^2=px(x^2+2)$ 有正整数点的判别条件

7.1　引言

长期以来,椭圆曲线上的整数点一直是数论和算术代数几何领域的一个引人关注的研究课题.设 N 是全体正整数的集合,又设 p 是奇素数,对于椭圆曲线

$$E: y^2 = px(x^2+2) \quad ④$$

J. W. S. Cassels[1] 证明了该曲线在 $p=3$ 时仅有 3 组正整数点 $(x,y)=(1,3),(2,6)$ 和 $(24,204)$. 此后,F. Luca 和 P. G. Walsh[2] 证明了:对于一般的 p,椭圆曲线 ④ 至多有 3 组正整数点 (x,y). 最近,陈历敏[3] 进一步证明了:当 $p\equiv 5$ 或 $7 \pmod 8$ 时,④ 没有正整数点;当 $p\equiv 1 \pmod 8$ 时,④ 至多有一组正整数点;当 $p\equiv 3 \pmod 8$ 且 $p>3$ 时,④ 至多有 2 组正整数点.

西安文理学院数学与计算机工程学院的张瑾教授 2015 年对于 $p\equiv 1 \pmod 8$ 时的情况讨论椭圆曲线 ④ 的正整数点的存在性. 对此,管训贵在文[4] 中证明了:当 $p=2\ 593$ 时 ④ 有正整数点 $(x,y)=(72,31\ 116)$;在文[5] 中证明了:当 $p=16r^4+1$,其中 r 是正奇数时,④ 没有正整数点,由此可知椭圆曲线 ④ 在 $p=17,1\ 297$ 时都没有正整数点.

对于给定的正整数 n,n 可唯一的表示为 n,$f=fm^2$,其中 f,m 均为正整数,f 无平方因子. f 称为 n 的无平方因子部分(quadratfei),记作 $f(n)$. 根据文[3] 的分析可得以下结果:

定理 3　当 $p\equiv 1 \pmod 8$ 时,椭圆曲线 ④ 有正整数点的充要条件是 p 满足

$$p=f(32c^4+1), c\in N \quad ⑤$$

当条件 ⑤ 成立时,④ 仅有正整数点 $(x,y)=(8c^2, 4pbc)$,其中 b 是适合

$$32c^4+1=pb^2 \quad ⑥$$

的正整数.

运用四次剩余和 Pell 方程的性质,从定理 1 可得下列结果:

定理 4　当 $p\equiv 1 \pmod 8$ 时，椭圆曲线 ④ 有正整数点的必要条件是 p 同时满足：

(1) $(2/p)_4=1$；

(2) 方程

$$u^2-2pv^2=-1,u,v\in N \qquad ⑦$$

无解.

(3) 方程

$$2u^2-pv^2=1,u,v\in N \qquad ⑧$$

无解.

推论 1　当 $p\equiv 1 \pmod 8$ 时，如果 p 满足下列条件之一，则椭圆曲线 ④ 没有正整数点：

(a) $p=16r^2+s^2$，其中 r,s 是正奇数.

(b) 当 $p\equiv 1 \pmod{16}$ 时，$p\neq 32r^2+s^2$；当 $p\equiv 9 \pmod{16}$ 时，$p=32r^2+s^2$，其中 r 是正整数，s 是正奇数.

(c) $p=2t^2+2t+1$，其中 t 是适合 $t\equiv 0$ 或 $3 \pmod 4$ 的正整数.

(d) $2p=f(r^2+1)$，其中 r 是正奇数.

(e) $p=f(2r^2-1)$，其中 r 是正奇数.

推论 2　当 $p\equiv 1 \pmod 8$ 且 $p<200$ 时，椭圆曲线 ④ 没有正整数点.

显然，本节推论 1 中的条件(a) 包含了文[5] 中的结论. 另外，根据推论 2，本节提出以下猜想：

猜想　存在无穷多个适合 $p\equiv 1 \pmod 8$ 的奇素数 p，可使椭圆曲线 ④ 没有正整数点.

7.2　若干引理

设 p 是适合 $p\equiv 1 \pmod 4$ 的奇素数，a 是适合

$p \nmid a$ 的整数；又设 $(a/p)_4$ 是 $a^{(P-1)/4}$ 对模 p 的最小非负剩余. 当 $(a/p)_4 = 1$ 时，a 称为模 p 的四次剩余.

引理1　(a) $(-1/p)_4 = (-1)^{(p-1)}/4$.

(b) 当 $p \equiv 1 \pmod 8$，$p = a^2 + b^2$，其中 a 和 b 是适合 $4 \mid a$ 的正整数，$(2/p)_4 = (-1)^{a/4}$.

证明　参见文[6].

引理2　当 $p \equiv 1$ 或 $9 \pmod{16}$ 时，$(2/p)_4 = 1$ 成立的充要条件分别是 $p = 32r^2 + s^2$ 和 $p \neq 32r^2 + s^2$，其中 r 是正整数，s 是正奇数.

证明　参见文[7].

引理3　对于给定的奇素数 p，如果 $p \equiv 1 \pmod 4$，则方程⑦⑧和

$$pu^2 - 2v^2 = 1, u, v \in N \quad ⑨$$

中仅有一个方程有解 (u, v).

证明　参见文[8].

引理4　设 D_1, D_2 是大于1的正整数. 方程

$$D_1x^2 - D_2y^4 = 1, x, y \in N \quad ⑩$$

有解 (x, y) 的充要条件是方程

$$D_1u^2 - D_2v^2 = 1, u, v \in N \quad ⑪$$

有解 (u, v)，它的最小解 (u_1, v_1) 可使 $f(v_1)$ 是奇数，且

$$x\sqrt{D_1} + y^2\sqrt{D_2} = (u_1\sqrt{D_1} + v_1\sqrt{D_2})^{f(v_1)} \quad ⑫$$

证明　参见文[9].

7.3　定理和推论的证明

定理3的证明　从文[3]可知：当 $p \equiv 1 \pmod 8$ 时，椭圆曲线④有正整数点的充要条件是存在正整数 a 和 b 适合

$$2a^4 + 1 = pb^2 \quad ⑬$$

当条件 ⑬ 成立时,④ 仅有正整数点 $(x,y)=(2a^2, 2pab)$. 由于当 $p\equiv 1(\bmod 8)$ 时,⑬ 中 b 是奇数,且 $2a^4\equiv pb^2-1\equiv 0(\bmod 8)$,所以 a 必为偶数,故有 $a=2c$,其中 c 是正整数. 将此代入 ⑬ 即得 ⑥. 于是,根据正整数的无平方因子部分的定义即得本定理. 证毕.

定理 4 的证明 因为 $p\equiv 1(\bmod 8)$,所以根据引理 2 之(a),从 ⑥ 可知

$$1=\left(\frac{-2}{p}\right)_4=\left(\frac{-1}{p}\right)_4\left(\frac{2}{p}\right)_4=\left(\frac{2}{p}\right)_4 \tag{⑭}$$

即得本定理条件(a).

当 ⑥ 成立时,方程 ⑨ 有解 $(u,v)=(b,4c^2)$. 因此,根据引理 3 可知此时方程 ⑦ 和 ⑧ 都无解,故得本定理条件(b) 和(c). 证毕.

推论 1 的证明 当 p 满足本推论的条件(a) 时,从引理 1(b) 可得 $(2/p)_4=(-1)^r=-1\neq 1$,与定理 4 的条件(a) 矛盾,所以此时 ④ 无正整数点.

同样,当 p 满足条件(b) 时,从引理 2 可知 $(2/p)_4\neq 1$,所以此时 ④ 也没有正整数点.

当 p 满足条件(d) 时,存在正整数 s 可使

$$r^2+1=2ps^2 \tag{⑮}$$

从 ⑮ 可知方程 ⑦ 有解 $(u,v)=(r,s)$,与定理 4 的条件(b) 矛盾,所以此时 ④ 没有正整数点. 另外,当 p 满足条件(c) 时,因为 $2p=(2t+1)^2+1$ 适合条件(d),所以 ④ 也没有正整数点.

当 p 满足条件(e) 时,存在正整数 s 可使

$$2r^2-1=ps^2 \tag{⑯}$$

从 ⑯ 可知方程 ⑧ 有解 $(u,v)=(r,s)$,所以从定理 4 的条件(c) 可知此时 ⑭ 没有正整数点. 证毕.

推论2的证明　已知满足条件 $p\equiv 1(\bmod 8)$ 且 $P<200$ 的奇素数仅有 $p=17,41,73,89,97,113,137,193$. 由于 $17=16\times 1^2+1^2$, $41=16\times 1^2+5^2$, $97=16\times 1^2+9^2$, $137=16\times 1^2+11^2$, $193=16\times 3^2+7^2$ 所以根据推论1的条件(a)可知:④ 在 $P=17,41,97,137,193$ 时没有正整数点. 因为 $113=2\times 7^2+2\times 7+1$, 所以从推论1的条件(c)可知:④ 在 $p=113$ 时没有正整数点.

当 $p=73$ 时,方程

$$73u^2-2v^2=1, u,v\in N \tag{17}$$

有解 u,v, 它的最小解是 $(u_1,v_1)=(1,6)$. 由于 $f(6)=6$ 是偶数,所以从引理4可知方程

$$73x^2-2y^4=1, x,y\in N$$

无解 (x,y). 由此可知等式⑥不成立,故从定理1可知④在 $p=73$ 时没有正整数点.

当 $p=89$ 时,方程

$$89u^2-2v^2=1, u,v\in N$$

有解 (u,v), 它的最小解是 $(u_1,v_1)=(3,20)$. 由于

$$f(20)=5$$

$$(3\sqrt{89}+20\sqrt{2})^5=30\ 748\ 803\sqrt{89}+205\ 120\ 100\sqrt{2}$$

其中 205 120 100 不是平方数,所以从引理4可知方程

$$89x^2-2y^4=1, x,y\in N$$

无解. 因此,从定理1可知④在 $p=89$ 时没有正整数点. 证毕.

参考文献

[1] CASSELS J W S. A diophantine equation[J].

Glasgow Math J，1985，27(1)：11-18.

[2] LUCA F，WALSH P G. On a diophantine equation of Cassels [J]. Glasgow Math J，2005，47(2)：303-307.

[3] 陈历敏. Diophantine 方程 $y^2=px(x^2+2)$[J]. 数学学报，2010，53(1)：83-86.

[4] 管训贵. 关于 Diophantine 方程 $y^2=px(x^2+2)$[J]. 北京教育学院学报(自然科学版)，2011，6(1)：1-2.

[5] 管训贵. 关于 Diophantine 方程 $y^2=px(x^2+2)$ 的一点注记[J]. 阜阳师范学院学报(自然科学版)，2011，28(1)：45-46.

[6] MANN H B. Introduction to algebraic number theory[M]. Columbus：Ohio State Univ. Press，1955.

[7] BARRUCAND P A，COHN H. A note on quartic residues modulo P[J]. J Reine Angew Math，1973，262/263：400-414.

[8] PERRON O. Die lehre von den kettenbruchen[M]. New York：Chelsea，1929.

[9] LJUNGGREN W. Ein satz uber die Diphantische gleichung $Ax^2-By^4=C(C=1,2,4)$[J]. Tolfte Skand Mat Lund，1953：188-194.

8 关于亏格 g 的超椭圆曲线同构等价类数目的估计

成都师范学院数学系的李滨教授 2015 年研究了

对应于椭圆曲线同构的变换类，并利用计数统计法获得了没有重根且第二项系数为常数的首一多项式的数目计算公式，在此基础上给出了奇数特征的有限域上亏格 g 的超椭圆曲线同构等价类的数目的估计.

8.1　引言

对于一般的椭圆曲线同构等价类的数目问题，人们已经有一段较长的研究历史. 早在 1969 年，E. Waterhouse 给出了椭圆曲线 $y^2+a_1xy+a_3y=x^3+a_2x^2+a_4x+a_6$ 同构等价类的数目. 设 F_q 是有限域，定义在 F_q 上同构等价类的数目为：$N(F_q)=2q+2+(\frac{-4}{q})+2(\frac{-3}{q})$，其中$(-)$ 是勒让德符号.

特别地有：当 $\mathrm{char}(F_q)>3$ 时

$$N(F_q)=\begin{cases}2q+6, \text{当 } q\equiv 1 \pmod{12}\\ 2q+2, \text{当 } q\equiv 5 \pmod{12}\\ 2q+4, \text{当 } q\equiv 7 \pmod{12}\\ 2q, \text{当 } q\equiv 11 \pmod{12}\end{cases}$$

由于各椭圆曲线同构，则其群也同构[1]. 因此研究椭圆曲线同构等价类问题有利于计算出定义在 F_q 上的所有椭圆曲线点群的阶，进而发起对密码体制的攻击[2-3].

然而人们对亏格 g 的超椭圆曲线的同构等价类的数目 $N_g(F_q)$ 的研究却很少，因为它一致是一个难于处理的问题[4-5]，为了更有效地分析对有限域 F_q 上亏格 g 的超椭圆曲线密码体制的攻击，有必要了解 F_q 上亏格 g 的超椭圆曲线的同构等价类的数目计算. R. Hartshorne[6] 研究了在一个代数闭域 K 上亏格 g 的超椭圆曲线的同构类是一一对应于 K 上的一个参模空间 M_g 的 $2g-1$ 维不可约子簇 H_g 的元素,E. Nart[7] 给出了 $N_g(F_q)$ 的一个闭公式,本节在此基础上得出了一个计算 $N_g(F_q)$ 的结果.

8.2 预备知识

定义 1 设 E_1 和 E_2 是定义在域 K 上的两个椭圆曲线,当 E_1 和 E_2 视为两个射影簇时,如果存在态射 $f:E_1\to E_2$,$g:E_1\to E_2$,满足

$$g(f(p))=id_{E_1},f(g(s))=id_{E_2}$$

其中:id_{E_1},id_{E_2} 是 E_1,E_2 上的恒等映射.

则称 E_1,E_2 同构.

对于一般的椭圆曲线 $E_1:y^2+a_1xy+a_3y=x^3+a_2x^2+a_4x+a_6$ 和 $E_2:y^2+\overline{a}_1xy+\overline{a}_3y=x^3+\overline{a}_2x^2+\overline{a}_4x+\overline{a}_6$ 同构的充要条件是:存在变量代换

$$\pi:(x,y)\to(u^2x+r,u^3y+u^2sx+tu)$$

$$r,s,t\in k,u\neq 0$$

将 E_1 映到 E_2,π 称为 E_1 到 E_2 的允许变量代换.其逆变换为

$$\pi^{-1}:(x,y)\to(u^{-2}(x-r),u^{-3}(y-sx-t+rs))$$

设 F_q 是一个元素为 q 的有限域,$q=p^r$,p 是一个素数,$\overline{F}_q$ 表示 F_q 的代数闭包,即 $\overline{F}_q=\bigcup\limits_{r\geqslant 1}F_{q^r}$,$F_q^*=F_q\backslash\{0\}$.

定义 2[8] 定义在 F_q 上亏格 g 的一个超椭圆曲线是由下列形式的方程所定义的曲线

$$C:y^2+h(x)y=f(x)$$

其中 $f,h\in F_q[x]$,且 $y^2+h(x)y-f(x)$ 是绝对不可

约的(即在 $\overline{F}_q$ 上不可约)和非奇异的(即如果 $b^2+h(a)b=f(a)$ 对 $(a,b)\in\overline{F}_q\times\overline{F}_q$ 成立,那么 $2b+h(a)\neq 0$ 或 $h'(a)b-f'(a)\neq 0$).

假设 $\mathrm{Char}(F_q)\neq 2$,则 $h(x)=0$,取 f 为首一的且 $\deg f=2g+1$.即

$$f(x)=x^{2g+1}+a_{2g}x^{2g}+\cdots+a_0=x^{2g+1}+\sum_{i=0}^{2g}a_ix^i$$

如果特征 $\mathrm{Char}(F_q)\notin\{2,2g+1\}$,那么同样的曲线 C 能由下面方程给出

$$C:y^2=f(x)=x^{2g+1}+\sum_{i=0}^{2g-1}a_ix^i \tag{18}$$

在 C 的方程上的非奇异性要求意味着 f 没有任何重根,在这种情况下,称 C 是一条非奇异曲线,如果 f 至少有一个重根 x_0,称 C 是一条奇异曲线,且 (x_0,y_0)(这里 $y_0^2=f(x_0)$)是 C 上的一个奇异点.

用 $[x^i]$ 表示 x 是一个未定元时系数的提取算子.即对于不确定的 x 和多项式 $f(x)$,约定 $[x^i]f(x)=a_i$.

在一个有限域 F_q 上次数为 d 的首一多项式的集合记为 H^d,具有至少一个重根的多项式的子集记为 $\overset{\cdots}{H}_d$.取 $\overset{\cdots}{a}=\overset{\cdots}{a}_{d-1},\overset{\cdots}{a}_{d-2},\cdots,\overset{\cdots}{a}_{d-i}$ 是一个序列,其中每一个 $\overset{\cdots}{a}_j\in F_q$.那么

$$H^d_{\overset{\cdots}{a}}=\{x^d+\overset{\cdots}{a}_{d-1}x^{d-1}+\cdots+\overset{\cdots}{a}_{d-i}x^{d-i}+a_{d-i-1}x^{d-i-1}+\cdots+a_0\mid a_{d-i-1},\cdots,a_0\in Fq\}$$

例如:H^2_4 表示形如 $x^2+4x+a_0(a_0\in F_q)$ 的多项式的集合.

引理 5[9] 如果 C_1 和 C_2 是两个定义在 F_q 上的亏

格为 g 的超椭圆曲线，那么 C_1 和 C_2 在 F_q 上同构的充要条件是存在 $\alpha \in F_q^*$，$\beta \in F_q$ 和满足 $\deg(t) \leqslant g$ 的 $t \in F_q[x]$，通过：$(x, y) \to (\alpha^2 x + \beta, \alpha^{2g+1} y + t(x))$ 的重标变换，将 C_1 的方程变为 C_2 的方程.

8.3 主要结果及证明

对于没有重根的首一和第二项系数固定的多项式的数目问题，引出下面的公式.

定理 5 $g \geqslant 1$ 是一个整数，F_q 是一个有限域，$a_{2g} \in F_q$.

则

$$|H_{a_{2g}}^{2g+1} \backslash \dddot{H}_{a_{2g}}^{2g+1}| = q^{2g} - q^{2g-1}$$

证明 对 g 采用归纳法证明：

(1) 当 $g = 1$ 时，$f(x) = x^3 + a_2 x^2 + a_1 x + a_0 \in H_{a_2}^3$.

由于 $\deg(f) = 3$，所以 $f(x)$ 至多有一对重根，不妨设为 α，如果 $\alpha \in \overline{F}_q \backslash F_q$，则 α 的共轭也是 $f(x)$ 的重根，这与 α 至多有一对重根矛盾.

所以 $\alpha \in F_q$.

因式分解 $f(x) = (x - \alpha)^2 (x - \beta)$.

由根与系数关系 $\beta = -a_2 - 2\alpha$.

由于 a_2 固定，因此有唯一的自由度 α.

由此可知 $|\dddot{H}_{a_2}^3| = q$.

由于 $|H_{a_2}^3| = q^2$，所以 $|H_{a_2}^3 \backslash \dddot{H}_{a_2}^3| = q^2 - q$.

(2) 假设对所有整数 $1, 2, \cdots, (g-1)$ 结论成立.

取

$$f(x)=x^{2g+1}+\sum_{h=0}^{2g}f_h x^h\in H_{a_{2g}}^{2g+1}$$

对 $f(x)$ 的每一个重数 $k\geqslant 2$ 的重根 α,采用相伴 (α,α) 成 $\left[\frac{k}{2}\right]$ 对,称每一个对为 $f(x)$ 对应 α 成对的重根.显然 $f(x)$ 至多有 g 个成对的重根.由于 $f(x)\in F_q[x]$,因此若 $f(x)$ 刚好有 i 个成对的重根,那么它可以写成

$$f(x)=u(x)^2\nu(x)$$

其中

$$u(x)=x^i+u_{i-1}x^{i-1}+\cdots+u_0$$

$$v(x)=x^{2(g-i)+1}+\beta x^{2(g-i)}+b_{2(g-i)-1}x^{2(g-i)-1}+\cdots+b_0$$

$$u(x),v(x)\in F_q[x]$$

且 $v(x)$ 在 $\overline{F}_q$ 中没有任何重根.

由根与系数的关系可知

$$\beta+[x^{2i-1}]u(x)^2=a_{2g}$$

即

$$\beta=a_{2g}-[x^{2i-1}]u(x)^2$$

当给定的 $i\in[1,g-1]$,多项式 $u(x)$ 的数量为 q^i.

由假设,有固定 β 而无任何重根的次数 $2(g-i)+1$ 的多项式 $v(x)$ 的数目是 $q^{2(g-i)}-q^{2(g-i)-1}$.

因此,恰好有 i 个成对重根的多项式 $f(x)$ 的数目是

$$q^i\cdot(q^{2(g-i)}-q^{2(g-i)-1})=q^{2g-i}-q^{2g-i-1}$$

当 $i=g$ 时,$f(x)=u(x)^2(x+\beta)$.

由于 β 由 $u(x)$ 和 a_{2g} 决定,那么恰好有 g 个成对的重根的多项式的数目等于 $u(x)$ 的选择数,即为 q^g.

综上所述，至少有一个成对重根的多项式 $f(x)$ 的数目是

$$
\begin{aligned}
|\dddot{H}_{a_{2g}}^{2g+1}| &= \sum_{i=1}^{g-1}(q^{2g-i}-q^{2g-i-1})+q^{g}= \\
& q^{2g-1}+\sum_{i=2}^{g-1}q^{2g-i}-\sum_{i=1}^{g-2}q^{2g-i-1}- \\
& q^{g}+q^{g}=q^{2g-1}
\end{aligned}
$$

由于

$$
|H_{a_{2g}}^{2g+1}|=q^{2g}
$$

所以

$$
|H_{a_{2g}}^{2g+1}\backslash\dddot{H}_{a_{2g}}^{2g+1}|=|H_{a_{2g}}^{2g+1}|-|\dddot{H}_{a_{2g}}^{2g+1}|=q^{2g}-q^{2g-1}
$$

证毕.

引理 6　设 $\mathrm{Char}(F_q)$ 是奇数且 $\mathrm{Char}(F_q)+(2g+1)$. 如果 C_1 和 C_2 是两个定义在 F_q 上亏格 g 的形如式⑱的超椭圆曲线，那么 C_1 和 C_2 在 F_q 上同构的充要条件是存在 $\alpha\in F_q^*$，通过 $\phi:(x,y)\rightarrow(\alpha^2x,\alpha^{2g+1}y)$ 的坐标变换，将 C_1 的方程变为 C_2 的方程.

证明　由引理 5，C_1 与 C_2 在 F_q 上同构，则

$$
\phi:(x,y)\rightarrow(\alpha^2x+\beta,\alpha^{2g+1}y+t(x))
$$

其中

$$
\alpha\in F_q^*,\beta\in F_q,t(x)\in F_q[x]
$$

下面证明 ϕ 保持方程⑱的形式，则 $\beta=0$，且 $t(x)=0$.

假若 $t(x)=0$，那么应用 ϕ 到 C_1 中将导致一个在 C_2 中不出现的 y 的线性项，不可能将 C_1 的方程变为 C_2 的方程，因此，$t(x)=0$.

将变换 $\phi:(x,y)\rightarrow(\alpha^2x+\beta,\alpha^{2g+1}y)$ 应用到 C_1 中，得到 x^{2g} 的系数为 $(2g+1)\beta\alpha^{4g}$，在 C_2 中此项为 0，

由于 $\alpha \neq 0$，且 Char $F_q \nmid (2g+1)$，因此 $\beta=0$，从而保持 C_1 与 C_2 在 F_q 上同构的变换具有下列形式：$\phi:(x, y) \rightarrow (\alpha^2 x, \alpha^{2g+1} y)$，其中 $\alpha \in F_q^*$.

证毕.

下面我们估计满足 $\mathrm{Char}(F_q)$ 是奇数且 $\mathrm{Char}(F_q) \nmid (2g+1)$ 的有限域 F_q 上亏格 g 的超椭圆曲线的同构等价类的数目.

定理 6　设 g 是给定的，F_q 是一个有限域，满足 $\mathrm{Char}(F_q)$ 是奇数，$\mathrm{Char}(F_q) \nmid (2g+1)$ 且 $q > 4g+2$，则在 F_q 上亏格 g 的超椭圆曲线同构等价类的数目满足

$$N_g(F_q) \leqslant 2q^{2g-2}(4g+q)$$

证明　令

$$f(x)=x^{2g+1}+\sum_{i=0}^{2g-1} a_i x^i \in H_0^{2g+1} \backslash \dddot{H}_0^{2g+1}$$

定义

$$m_i=m_i(f)=\begin{cases}0, 若\ a_i=0 \\ 1, 若\ a_i \neq 0\end{cases}$$

称序列 $m=m(f)=(m_0, m_1, \cdots, m_{2g-1})$ 为 $f(x)$ 特征序列. 用 $rs\overline{m}$ 表示序列 m，其中 $r=m_0$，$s=m_1$，且其余元由 $\overline{m}$ 给出. 用 C_{rs}^m 表示具有特征序列 m 的多项式 $f(x)$ 的集合，用 $|m|$ 表示序列 m 中非零元的数目. 则有

$$|C_{10}^m| \leqslant (q-1)^{|m|},\ |C_{01}^m| \leqslant (q-1)^{|m|}$$

将同构变换 $\phi:(x, y) \rightarrow (\alpha^2 x, \alpha^{2g+1} y)$ 应用到式⑱有

$$\alpha^{4g+2} y^2=$$
$$\alpha^{4g+2} x^{2g+1}+\alpha^{4g-2} a_{2g-1} x^{2g-1}+\cdots+\alpha^2 a_1 x+a_0$$

由于 $\alpha \neq 0$,所以上式可写成

$$y^2 = x^{2g+1} + \alpha^{-4} a_{2g-1} x^{2g-1} + \cdots + \alpha^{-4g} a_1 x + \alpha^{-4g-2} a_0$$

从上式可看出,作用在曲线 $y^2 = f(x)$ 上的一个同构 ϕ 保持了特征序列 m 不变.因此,对于 $f(x) \in C_{rs}^m$,曲线 $y^2 = f(x)$ 有同样的自同构群,记为 $\mathrm{Aut}\, C_{rs}^m$.如果映射 ϕ 是一个自同构,则在 F_q 中 α 的阶一定能整除 $4g+2$.由于 $q > 4g+2$,所以 $|\mathrm{Aut}\, C_{rs}^m| \leqslant 4g+2$.

从而

$$\begin{aligned}\sum_m |C_{01}^m| (\mathrm{Aut}\, C_{01}^m| - 2) &\leqslant 4g \sum_m |C_{01}^m| \leqslant \\ &4g \sum_m (q-1)^{|m|} = \\ &4g \sum_{|m|=1}^{2g-1} \binom{2g-2}{|m|-1} (q-1)^{|m|} = \\ &4g(q-1) \sum_{i=1}^{2g-1} \binom{2g-2}{i-1} (q-1)^{i-1} = \\ &4g(q-1) \sum_{i=0}^{2g-2} \binom{2g-2}{i} (q-1)^{i} = \\ &4g(q-1) q^{2g-2}\end{aligned}$$

同理

$$\sum_m |C_{10}^m| (|\mathrm{Aut}\, C_{10}^m| - 2) \leqslant 4g(q-1) q^{2g-1}$$

如果 r 和 s 都为 0,那么 0 是 $f(x)$ 的重根,所以如果 $f(x)$ 没有任何重根,那么 r 和 s 至少有一个不等于 0.

由定理 5 得:$\sum_m (|C_{11}^m| + |C_{01}^m| + |C_{10}^m|) = q^{2g} - q^{2g-1}$.

当 a_1 和 a_0 同时非零时,保持 $f(x)$ 不变的自同构 α 必须满足 $\alpha^2 = 1$,因此有两个自同构,即 $|\mathrm{Aut}\, C_{11}^m| =$

2，所以

$$N_g(F_q)=\sum_m \frac{|C_{rs}^m|}{[F_q^*:\mathrm{Aut}\,C_{rs}^m]}=$$

$$\sum_m \frac{|C_{rs}^m||\mathrm{Aut}\,C_{rs}^m|}{[F_q^*]}=$$

$$\sum_m \frac{|C_{rs}^m||\mathrm{Aut}\,C_{rs}^m|}{q-1}=$$

$$\sum_{01\overline{m}} \frac{|C_{01}^m||\mathrm{Aut}\,C_{01}^m|}{q-1}+$$

$$\sum_{10\overline{m}} \frac{|C_{10}^m||\mathrm{Aut}\,C_{10}^m|}{q-1}+$$

$$\sum_{11\overline{m}} \frac{|C_{11}^m||\mathrm{Aut}\,C_{11}^m|}{q-1}=$$

$$[\frac{1}{q-1}(\sum_{01\overline{m}}|C_{01}^m||\mathrm{Aut}\,C_{01}^m|+$$

$$\sum_{10\overline{m}}|C_{10}^m||\mathrm{Aut}\,C_{10}^m|+\sum_{11\overline{m}}2|C_{11}^m|)=$$

$$[\frac{1}{q-1}(\sum_{01\overline{m}}|C_{01}^m||\mathrm{Aut}\,C_{01}^m|+$$

$$\sum_{10\overline{m}}|C_{10}^m||\mathrm{Aut}\,C_{10}^m|+$$

$$2(q^{2g}-q^{2g-1}-\sum_{01\overline{m}}|C_{01}^m|-$$

$$\sum_{10\overline{m}}|C_{10}^m|)]=$$

$$\frac{1}{q-1}[\sum_{01\overline{m}}|C_{01}^m|(|\mathrm{Aut}\,C_{01}^m-2|)+$$

$$\sum_{10\overline{m}}|C_{10}^m|(|\mathrm{Aut}\,C_{10}^m|-2)+$$

$$2(q^{2g}-q^{2g-1})]\leqslant$$

$$\frac{1}{q-1}[4g(q-1)q^{2g-2}+$$

$$4g(q-1)q^{2g-2}+2(q^{2g}-q^{2g-1})]=$$
$$8gq^{2g-2}+2q^{2g-1}=2q^{2g-2}(4g+q)$$

证毕.

参考文献

[1] HUSERNÖLLER D. Elliptic Curves[M]. New york:Springer-Verlag,1987.

[2] BIEHL I, MEYER B, MULLER V. Differential fault analysis on elliptic curve cryptosystems [C]// Advances in Cryptology-CRYPTO 2000, IEEE, Berlin, Springer, 2000(1):131-146.

[3] LIM C H, LEE P J. A key recovery attack on discrete Log-based schemes using a prime order subgroup[C]//Advances in Cryptology—CRYPTO 97, IEEE, Berlin, Springer,1997(1):249-263.

[4] GUYOT C, KAVEH K, PATANKAR M. Explicit algorithm for the arithmetic on the hyperelliptic Jacobians of genus 3[J]. J Ramanujian Math soc, 2004,19(1):75-115.

[5] LANGE T. Formulae for arithmetic on genus 2 hyperelliptic curves[J]. Appl Algebra Engrg comm Comput, 2005, 15(2): 295-328.

[6] HARTSHORNE R. Algebraic geometry[M]. New York: Springer-Verlag,1977.

[7] NART E. Counting hyperelliptic curves[J]. Adv

Math, 2009,221(5):774-787.

[8] JACOBSON M J, MENEZES A J, STEIN A. Hyperelliptic curves and cryptography [C]// High Primes and Misdemeanours: Lectures in Honour of the 60th Birthday of Hugh Cowie Williams, American Mathematical Society, Providence, AIMS Press, 2004(1):255-282.

[9] LOCKHART P. On the discriminant of a hyperelliptic curve [J]. Trans Amer Math Soc, 1994,342(4):729-752.

9 超椭圆曲线 $y^k = x(x+1) \cdot (x+3)(x+4)$ 上的有理点

浙江外国语学院科学技术学院的任霄、沈忠燕两位教授 2015 年针对超椭圆曲线 $y^k = x(x+1)(x+3)(x+4)$ 上是否存在有理点这一问题，运用了分类讨论的方法求解出当 $k \geqslant 3$ 且 $k \neq 4$ 时，该超椭圆曲线上的有理点只有(0,0);(−1,0);(−3,0);(−4,0).

9.1 引言

关于超椭圆曲线上的有理点的研究是数论中十分重要的课题，许多学者也求解出了相应的超椭圆曲线上的有理点的解. 1975 年，Erdös 与 Selfridge[1] 证明了超椭圆曲线

$$y^k = (x+1)\cdots(x+l), x \geqslant 0, l \geqslant 2, k \geqslant 2 \quad ⑲$$

没有整数解. 1999 年，Sander[2] 提出猜想：对于 $k \geqslant 2$,

$l \geqslant 2$,除了 $k=l=2$ 时 ⑲ 上有有理点(x,y)

$$x=\frac{2c_1^2-c_2^2}{c_2^2-c_1^2}, y=\frac{c_1c_2}{c_2^2-c_1^2}$$

其中 $c_1 \neq \pm c_2$,$(c_1,c_2)=1$ 之外,只有满足 $x=-j(j=1,\cdots,l)$ 和 $y=0$ 的平凡的有理点.同时也证明了当 $k \geqslant 2$ 和 $2 \leqslant l \leqslant 4$ 时,猜想是正确的.后来,Lahkal 和 Sander[3] 证明了当 $k \geqslant 2$ 和 $l=5$ 时,猜想也是正确的.

同时,Erdos 和 Selfridge[1] 猜测当 $l \geqslant 4$ 时,超椭圆曲线

$$y^k=(x+d_1)\cdots(x+d_{l-1}) \tag{⑳}$$

仅有解

$$\frac{6!}{5}=12^2, \frac{10!}{7}=720^2, \frac{4!}{3}=2^3$$

其中 $x \geqslant 1$,$l \geqslant 3$,$k \geqslant 2$,$0 \leqslant d_1 < d_2 < \cdots < d_{l-1} < l$ 都是整数.

2003 年,Saradha 与 Shorey[4-5] 证明了这个猜想.一年后,Bennett[6] 求解出当 $l=3$,$k \geqslant 3$;$l \in \{4,5\}$,$k \geqslant 2$ 且 $P(b) \leqslant l$ 时,$by^k=(x+d_1)\cdots(x+d_{l-1})$ 的所有 30 个解,其中 $P(b)$ 是 b 的最大素因子.

2011 年,沈忠燕与蔡天新[7] 证明了当 $k \geqslant 3$ 时,超椭圆曲线

$$y^k=x(x+2) \tag{㉑}$$

上仅有平凡的有理点(x,y),即 $x=0$ 或 -2,$y=0$(对所有的 $k \geqslant 3$)和 $x=-1$,$y=-1$(对所有的奇数 $k \geqslant 3$)和 $x=-4$ 或 2,$y=2$(对 $k=3$).当 $k=2$ 时,对于互素的整数 c_1,c_2,$c_1 \neq \pm c_2$,㉑ 上所有的有理点(x,y)满足

$$x=\frac{2c_1^2}{c_2^2-c_1^2}, y=\frac{2c_1c_2}{c_2^2-c_1^2}$$

当 $k \geqslant 2$ 且 $k \neq 3$ 时，超椭圆曲线

$$y^k = x(x+2)(x+3)$$

$$y^k = x(x+1)(x+3)$$

上仅有平凡的有理点，其中 $y=0$.

本节求解了当 $k \geqslant 3$ 且 $k \neq 4$ 时，⑳ 中的有理数的解.

定理 7　$k \geqslant 3$ 且 $k \neq 4$ 时，超椭圆曲线

$$y^k = x(x+1)(x+3)(x+4) \quad ㉒$$

上仅有平凡的有理点，其中 $y=0$.

9.2　引理

为证明本节的主要结果，我们需要如下的一些引理.

引理 7[8,9]　若设 $p \geqslant 3$ 是素数，则

$$X^p + Y^p = 2Z^p$$

仅有平凡解.

引理 8[10]　如果 X, Y 是整数，并且 $XY \neq 0$，那么 $X^2 + 2Y^2$，$X^2 + 3Y^2$ 和 $X^2 - Y^2$，$X^2 - 4Y^2$ 不可能同时为平方数.

引理 9[6]　如果 s, t 是互素的正整数并且 $st = 2^\alpha 3^\beta$，其中 α, β 是非负整数，$\alpha = 0$ 或 $\beta = 0$ 或 $\alpha \geqslant 4$，当 n 是大于等于 5 的素数时，方程

$$sX^n + tY^n = Z^n$$

没有非零互素的整数解 (X, Y, Z)，满足 $|XY| > 1$.

引理 10[11]　丢番图方程

$$X^3 + Y^3 = 3Z^3$$

$$X^3 + Y^3 = 18Z^3$$

$$2X^3 + 9Y^3 = Z^3$$

$$4X^3+9Y^3=Z^3$$

仅有平凡解.

引理 11[9]　设 $p\geqslant 3$ 是素数,$2\leqslant \alpha<p$,则 $X^p+Y^p=2^{\alpha}Z^p$ 仅有平凡解.

引理 12[10]　当 $XYZ\neq 0$ 时,$X^2+Y^2=mZ^2$ 有整数解的充分必要条件是 m 是两个平方数的和.

9.3　定理的证明

令 $x=\frac{a}{b}$,$y=\frac{c}{d}$,整数 a,c 和 b,d 满足 $(a,b)=(c,d)=1$. 易得 ㉒ 等价于

$$c^k=a(a+b)(a+3b)(a+4b),d^k=b^4$$

对于正整数 k,令

$$k^*=\begin{cases}k,(k,4)=1\\ \frac{k}{2},(k,4)=2\\ \frac{k}{4},(k,4)=4\end{cases}$$

显然 $(a,a+b)=1$,$(a,a+3b)=1$ 或 3,$(a,a+4b)=1$ 或 2 或 4,$(a+b,a+3b)=1$ 或 2,$(a+b,a+4b)=1$ 或 3,$(a+3b,a+4b)=1$. 由于 $(a,b)=1$,经简单分析可知 $(a,a+3b)=3$ 和 $(a+b,a+4b)=3$ 以及 $(a,a+4b)=2$ 或 4 和 $(a+b,a+3b)=2$ 不可能同时成立,因此只需要依次讨论以下 12 种情况.

情况 1　$(a,a+3b)=1$,$(a,a+4b)=1$,$(a+b,a+3b)=1$,$(a+b,a+4b)=1$,此时 a 为奇数,b 为偶数.

若 $k\geqslant 3$ 是奇数,令

$$a=c_1^k,a+b=c_2^k,a+3b=c_3^k,a+4b=c_4^k \tag{23}$$

其中 c_1, c_2, c_3, c_4 两两互素，并且满足 $c_1c_2c_3c_4 = c$. 又令 $b = b_1^{k^*}$，其中 b_1 为一整数. 根据 ㉓ 中的 2，3 两个方程，可以得到

$$c_2^k + 2b_1^{k^*} = c_3^k \quad ㉔$$

由于 $k \geqslant 3$ 是奇数，因此至少含有素因数 $p \geqslant 3$，由引理 7 可知 ㉔ 中仅有平凡解，因此 $c = 0$.

如果 k 为偶数，我们可以得到 ㉓ 或者

$$a = -c_1^k, a + b = -c_2^k, a + 3b = c_3^k, a + 4b = c_4^k \quad ㉕$$

或

$$a = -c_1^k, a + b = -c_2^k, a + 3b = -c_3^k, a + 4b = -c_4^k \quad ㉖$$

其中 c_1, c_2, c_3, c_4 两两互素，并且满足 $\pm c_1c_2c_3c_4 = c$. 又令 $b = b_1^{k^*}$，其中 b_1 为一整数. 若 k 中至少含有素因数 $p \geqslant 3$，则 k^* 中也至少含有素因数 $p \geqslant 3$，其中令 $k = k'p, k^* = k''p$. 根据 ㉓ 与 ㉕㉖ 中的 2，3 两个方程可以分别得到

$$(c_2^{k'})^p + 2(b_1^{k''})^p = (c_3^{k'})^p$$

$$(-c_2^{k'})^p + 2(b_1^{k''})^p = (c_3^{k'})^p$$

$$(-c_2^{k'})^p + 2(b_1^{k''})^p = (-c_3^{k'})^p$$

由引理 7 可知仅有平凡解，因此 $c = 0$.

若 $k = 2^t$，其中 $t \geqslant 3$，则 k^* 为偶数. 在 ㉓ 中，根据 $a + b + 2b = a + 3b$ 与 $a + b + 3b = a + 4b$，可以分别得到

$$c_2^k + 2b_1^{k^*} = c_3^k$$

$$c_2^k + 3b_1^{k^*} = c_4^k$$

由引理 8 可知 $c = 0$.

在 ㉕ 中，根据 1，4 两个方程，可以得到

$$c_1^k + c_4^k = 4b_1^{k^*} \tag{27}$$

㉗ 形如 $X^2 + Y^2 = 4Z^2$，即形如 $X^2 + Y^2 = Z'^2$，其中 $Z' = 2Z$. 因为 Z'^2 为偶数，则 X,Y 都为奇数(X,Y 互素). 故方程两边模 4 的余数不可能相同，即 $c = 0$.

在 ㉖ 中，根据 $a + b = a + b$ 与 $a + 4b = a + 4b$，可以分别得到

$$c_1^k - b_1^{k^*} = c_2^k, c_1^k - 4b_1^{k^*} = c_4^k$$

因此由引理 8 可知 $c = 0$.

情况 2　$(a, a + 3b) = 1, (a, a + 4b) = 1, (a + b, a + 3b) = 1, (a + b, a + 4b) = 3$，此时 a 为奇数，b 为偶数.

若 $k \geqslant 3$ 是奇数，令

$$a = c_1^k, a + b = 3c_2^k, a + 3b = c_3^k, a + 4b = 3^{k-1}c_4^k \tag{28}$$

或

$$a = c_1^k, a + b = 3^{k-1}c_2^k, a + 3b = c_3^k, a + 4b = 3c_4^k \tag{29}$$

其中 c_1, c_2, c_3, c_4 两两互素，并且满足 $3c_1c_2c_3c_4 = c$. 又令 $b = b_1^{k^*}$，其中 b_1 为一整数，根据 ㉘ 与 ㉙ 中的 2,4 两个方程，可以得到

$$c_2^k + b_1^{k^*} = 3^{k-2}c_4^k, 3^{k-2}c_2^k + b_1^{k^*} = c_4^k$$

由于 $k \geqslant 3$ 是奇数，因此至少含有素因数 $p \geqslant 3$，故由引理 9 和引理 10，可知 ㉘ 与 ㉙ 中含有平凡解，因此 $c = 0$.

如果 k 为偶数，我们可以得到 ㉘ 与 ㉙ 或者

$$a = -c_1^k, a + b = -3c_2^k$$
$$a + 3b = c_3^k, a + 4b = 3^{k-1}c_4^k \tag{30}$$

或

$$a = -c_1^k, a + b = -3c_2^k$$
$$a + 3b = -c_3^k, a + 4b = -3^{k-1}c_4^k \tag{31}$$

或

$$a=-c_1^k, a+b=-3^{k-1}c_2^k$$
$$a+3b=c_3^k, a+4b=3c_4^k \quad ㉜$$

或

$$a=-c_1^k, a+b=-3^{k-1}c_2^k$$
$$a+3b=-c_3^k, a+4b=-3c_4^k \quad ㉝$$

其中 c_1, c_2, c_3, c_4 两两互素，并且满足 $\pm 3c_1c_2c_3c_4=c$. 又令 $b=b_1^{k^*}$，其中 b_1 为一整数. 若 k 中至少含有素因数 $p\geqslant 3$，则 k^* 中也至少含有素因数 $p\geqslant 3$，其中令 $k=k'p, k^*=k''p$. 根据 ㉘ ~ ㉝ 中的 2,4 两个方程可以分别得到

$$(c_2^{k'})^p+(b_1^{k''})^p=3^{k-2}(c_4^{k'})^p$$
$$3^{k-2}(c_2^{k'})^p+(b_1^{k''})^p=(c_4^{k'})^p$$
$$(-c_2^{k'})^p+(b_1^{k''})^p=3^{k-2}(c_4^{k'})^p$$
$$(-c_2^{k'})^p+(b_1^{k''})^p=3^{k-2}(-c_4^{k'})^p$$
$$3^{k-2}(-c_2^{k'})^p+(b_1^{k''})^p=(c_4^{k'})^p$$
$$3^{k-2}(-c_2^{k'})^p+(b_1^{k''})^p=(-c_4^{k'})^p$$

由引理 9 和引理 10 可知仅有平凡解，因此 $c=0$.

若 $k=2^t$，其中 $t\geqslant 3$，则 k^* 为偶数. 在 ㉘(㉚) 与 ㉙(㉜) 中，根据 3,4 两个方程，可以分别得到

$$c_3^k+b_1^{k^*}=3^{k-1}c_4^k, c_3^k+b_1^{k^*}=3c_4^k \quad ㉞$$

㉞ 形如 $X^2+Y^2=3Z^2$，由引理 12 可知 $c=0$.

在 ㉛ 与 ㉝ 中，根据 $a+b+2b=a+3b$，可以分别得到

$$-3c_2^k+2b_1^{k^*}=-c_3^k, -3^{k-1}c_2^k+2b_1^{k^*}=-c_3^k$$

因为 k, k^* 和 b_1 都是偶数，所以方程两边模 4 的余数不可能相同，因此 $c=0$.

情况 3　$(a, a+3b)=1, (a, a+4b)=1, (a+b,$

$a+3b)=2,(a+b,a+4b)=1$,此时 a,b 均为奇数.

若 $k\geqslant 3$ 是奇数,令

$$a=c_1^k,a+b=2c_2^k,a+3b=2^{k-1}c_3^k,a+4b=c_4^k \quad ㉟$$

或

$$a=c_1^k,a+b=2^{k-1}c_2^k,a+3b=2c_3^k,a+4b=c_4^k \quad ㊱$$

其中 c_1,c_2,c_3,c_4 两两互素,并且满足 $2c_1c_2c_3c_4=c$.又令 $b=b_1^{k^*}$,其中 b_1 为一整数.根据㉟与㊱中的2,3两个方程,可以得到

$$c_2^k+b_1^{k^*}=2^{k-2}c_3^k,2^{k-2}c_2^k+b_1^{k^*}=c_3^k$$

由引理7和引理11,可知㉟与㊱中含有平凡解,因此 $c=0$.

如果 k 为偶数,我们可以得到㉟与㊱或者

$$a=-c_1^k,a+b=-2c_2^k$$
$$a+3b=2^{k-1}c_3^k,a+4b=c_4^k \quad ㊲$$

或

$$a=-c_1^k,a+b=-2c_2^k$$
$$a+3b=-2^{k-1}c_3^k,a+4b=-c_4^k \quad ㊳$$

或

$$a=-c_1^k,a+b=-2^{k-1}c_2^k$$
$$a+3b=2c_3^k,a+4b=c_4^k \quad ㊴$$

或

$$a=-c_1^k,a+b=-2^{k-1}c_2^k$$
$$a+3b=-2c_3^k,a+4b=-c_4^k \quad ㊵$$

其中 c_1,c_2,c_3,c_4 两两互素,并且满足 $\pm 2c_1c_2c_3c_4=c$.又令 $b=b_1^{k^*}$,其中 b_1 为一整数.若 k 中至少含有素因数 $p\geqslant 3$,则 k^* 中也至少含有素因数 $p\geqslant 3$,其中令 $k=k'p,k^*=k''p$.根据㉟～㊵中的2,3两个方程可以分别得到

$$(c_2^{k'})^p+(b_1^{k''})^p=2^{k-2}(c_3^{k'})^p$$

$$2^{k-2}(c_2^{k'})^p+(b_1^{k''})^p=(c_3^{k'})^p$$

$$(-c_2^{k'})^p+(b_1^{k''})^p=2^{k-2}(c_4^{k'})^p$$

$$(-c_2^{k'})^p+(b_1^{k''})^p=2^{k-2}(-c_3^{k'})^p$$

$$2^{k-2}(-c_2^{k'})^p+(b_1^{k''})^p=(c_3^{k'})^p$$

$$2^{k-2}(-c_2^{k'})^p+(b_1^{k''})^p=(-c_3^{k'})^p$$

由引理 7 和引理 11 可知仅有平凡解，因此 $c=0$.

若 $k=2^t$，其中 $t\geqslant 3$，则 k^* 为偶数. 在 ㉟(㊳) 与 ㊱(㊵) 中，根据 $a+b+2(a+4b)=3(a+3b)$，可以分别得到

$$c_2^k+c_4^k=3\cdot 2^{k-2}c_3^k,2^{k-2}c_2^k+c_4^k=3c_3^k \quad ㊶$$

㊶ 形如 $X^2+Y^2=3Z^2$，由引理 12 可知 $c=0$.

在 ㊲ 与 ㊴ 中，根据 1,4 两个方程，均可以得到

$$c_4^k+c_1^k=4b_1^{k^*} \quad ㊷$$

㊷ 形如 $X^2+Y^2=4Z^2$，即形如 $X^2+Y^2=Z'^2$，其中 $Z'=2Z$. 因为 Z'^2 为偶数，则 X,Y 都为奇数(X,Y 互素). 故方程两边模 4 的余数不可能相同，即 $c=0$.

情况 4　$(a,a+3b)=1,(a,a+4b)=1,(a+b,a+3b)=2,(a+b,a+4b)=3$，此时 a,b 均为奇数.

若 k 是奇数，且 k 中含有大于等于 5 的素因数，令

$$a=c_1^k,a+b=6^{k-1}c_2^k$$

$$a+3b=2c_3^k,a+4b=3c_4^k \quad ㊸$$

或

$$a=c_1^k,a+b=3\cdot 2^{k-1}c_2^k$$

$$a+3b=2c_3^k,a+4b=3^{k-1}c_4^k \quad ㊹$$

或

$$a=c_1^k,a+b=2\cdot 3^{k-1}c_2^k$$

$$a+3b=2^{k-1}c_3^k,a+4b=3c_4^k \quad ㊺$$

或

$$a=c_1^k, a+b=6c_2^k$$

$$a+3b=2^{k-1}c_3^k, a+4b=3^{k-1}c_4^k \quad ㊻$$

其中 c_1, c_2, c_3, c_4 是成对出现的互素整数，并且满足 $6c_1c_2c_3c_4=c$. 在㊸与㊹中，$(2, c_1c_3c_4)=1$；在㊺与㊻中，$(2, c_1c_2c_4)=1$. 又令 $b=b_1^{k^*}$，其中 b_1 为一整数. 在㊸与㊹中，根据 $a+b+3b=a+4b$；在㊺与㊻中，根据 $a+3b+b=a+4b$，可以分别得到

$$2^{k-1}\cdot 3^{k-2}c_2^k+b_1^{k^*}=c_4^k, 2^{k-1}c_2^k+b_1^{k^*}=3^{k-2}c_4^k$$

$$2^{k-1}c_3^k+b_1^{k^*}=3c_4^k, 2^{k-1}c_3^k+b_1^{k^*}=3^{k-1}c_4^k$$

这四个式子均形如 $sX^p+tY^p=Z^p$ 的一种，其中 $\alpha\geqslant 4$，$\beta\geqslant 0$. 因此由引理 9 可知 $c=0$.

若 k 是奇数且 $3\mid k$ 时，在㊸中，根据 $(a+b)+2b=a+3b$，可以得到

$$2^{k-2}3^{k-1}c_2^k+b_1^{k^*}=c_3^k \quad ㊼$$

㊼形如 $X^3+Y^3=18Z^3$，由引理 10 可知 $c=0$. 在㊹中，根据 $(a+3b)+b=a+4b$，可以得到

$$2c_3^k+b_1^{k^*}=3^{k-1}c_4^k \quad ㊽$$

㊽形如 $2X^3+9Y^3=Z^3$，由引理 10 可知 $c=0$. 在㊺中，根据 $(a+b)+2b=a+3b$，可以得到

$$3^{k-1}c_2^k+b_1^{k^*}=2^{k-2}c_3^k \quad ㊾$$

㊾形如 $2X^3+9Y^3=Z^3$，由引理 10 可知 $c=0$. 在㊻中，根据 $(a+3b)+b=a+4b$，可以得到

$$2^{k-1}c_3^k+b_1^{k^*}=3^{k-1}c_4^k \quad ㊿$$

㊿形如 $4X^3+9Y^3=Z^3$，由引理 10 可知 $c=0$.

如果 k 为偶数，我们可以得到㊸～㊻或者

$$a=-c_1^k, a+b=-6^{k-1}c_2^k$$

$$a+3b=2c_3^k, a+4b=3c_4^k \quad (51)$$

或

$$a=-c_1^k, a+b=-6^{k-1}c_2^k$$
$$a+3b=-2c_3^k, a+4b=-3c_4^k \quad ⑫$$

或

$$a=-c_1^k, a+b=-3\cdot 2^{k-1}c_2^k$$
$$a+3b=2c_3^k, a+4b=3^{k-1}c_4^k \quad ⑬$$

或

$$a=-c_1^k, a+b=-3\cdot 2^{k-1}c_2^k$$
$$a+3b=-2c_3^k, a+4b=-3^{k-1}c_4^k \quad ⑭$$

或

$$a=-c_1^k, a+b=-2\cdot 3^{k-1}c_2^k$$
$$a+3b=2^{k-1}c_3^k, a+4b=3c_4^k \quad ⑮$$

或

$$a=-c_1^k, a+b=-2\cdot 3^{k-1}c_2^k$$
$$a+3b=-2^{k-1}c_3^k, a+4b=-3c_4^k \quad ⑯$$

或

$$a=-c_1^k, a+b=-6c_2^k$$
$$a+3b=2^{k-1}c_3^k, a+4b=3^{k-1}c_4^k \quad ⑰$$

或

$$a=-c_1^k, a+b=-6c_2^k, a+3b=-2^{k-1}c_3^k$$
$$a+4b=-3^{k-1}c_4^k \quad ⑱$$

其中 c_1, c_2, c_3, c_4 是成对出现的互素整数，并且满足 $\pm 6c_1c_2c_3c_4=c$. 在 ⑪ ～ ⑭ 中，$(2, c_1c_3c_4)=1$；在 ⑮ ～ ⑱ 中，$(2, c_1c_2c_4)=1$. 又令 $b=b_1^{k^*}$，其中 b_1 为一整数. 若 k 中至少含有素因数 $p\geqslant 5$，则 k^* 中也至少含有素因数 $p\geqslant 5$，其中令 $k=k'p, k^*=k''p$. 在 ㊸㊹⑪⑫⑬⑭ 中，根据 $a+b+3b=a+4b$，可以分别得到

$$2^{k-1}\cdot 3^{k-2}(c_2^{k'})^p+(b_1^{k''})^p=(c_4^{k'})^p$$

$$2^{k-1}(c_2^{k'})^p+(b_1^{k''})^p=3^{k-2}(c_4^{k'})^p$$
$$2^{k-1}\cdot 3^{k-2}(-c_2^{k'})^p+(b_1^{k''})^p=(c_4^{k'})^p$$
$$2^{k-1}\cdot 3^{k-2}(-c_2^{k'})^p+(b_1^{k''})^p=(-c_4^{k'})^p$$
$$2^{k-1}(-c_2^{k'})^p+(b_1^{k''})^p=3^{k-2}(c_4^{k'})^p$$
$$2^{k-1}(-c_2^{k'})^p+(b_1^{k''})^p=3^{k-2}(-c_3^{k'})^p$$

在 ㊺㊻㊿51525354 中,根据 $a+3b+b=a+4b$,依次可以分别得到

$$2^{k-1}(c_3^{k'})^p+(b_1^{k''})^p=3(c_4^{k'})^p$$
$$2^{k-1}(c_3^{k'})^p+(b_1^{k''})^p=3^{k-1}(c_4^{k'})^p$$
$$2^{k-1}(c_3^{k'})^p+(b_1^{k''})^p=3(c_4^{k'})^p$$
$$2^{k-1}(-c_3^{k'})^p+(b_1^{k''})^p=3(-c_4^{k'})^p$$
$$2^{k-1}(c_3^{k'})^p+(b_1^{k''})^p=3^{k-1}(c_4^{k'})^p$$
$$2^{k-1}(-c_3^{k'})^p+(b_1^{k''})^p=3^{k-1}(-c_4^{k'})^p$$

以上这 12 个式子均形如 $sX^p+tY^p=Z^p$ 的一种,其中 $\alpha\geqslant 4,\beta\geqslant 0$. 因此由引理 9 可知 $c=0$.

若 k 中至少含有素因数 $p=3$,则 k^* 中也至少含有素因数 $p=3$,由引理 10 可得 $c=0$.

若 $k=2^t$,其中 $t\geqslant 3$,则 k^* 为偶数. 在 ㊸ ~ ㊻ 中,根据 1,2 两个方程,可以分别得到

$$c_1^k+b_1^{k^*}=6^{k-1}c_2^k,c_1^k+b_1^{k^*}=3\cdot 2^{k-1}c_2^k$$
$$c_1^k+b_1^{k^*}=2\cdot 3^{k-1}c_2^k,c_1^k+b_1^{k^*}=6c_2^k$$

以上四式形如 $X^2+Y^2=6Z^2$,因此由引理 12 可知 $c=0$.

在 51 53 中,根据 $a+2(a+4b)=3(a+3b)$;在 52 54 ~ 58 中,根据 2,3 两个方程,我们可以分别得到

$$-c_1^k+6c_4^k=6c_3^k,(2,c_1c_3c_4)=1$$
$$-2^{k-2}3^{k-1}c_2^k+b_1^{k^*}=-c_3^k,(2,c_1c_3c_4)=1$$
$$-c_1^k+2\cdot 3^{k-1}c_4^k=6c_3^k,(2,c_1c_3c_4)=1$$

$$-2^{k-2}\cdot 3c_2^k+b_1^{k^*}=-c_3^k,(2,c_1c_3c_4)=1$$

$$-3^{k-1}c_2^k+b_1^{k^*}=2^{k-2}c_3^k,(2,c_1c_2c_4)=1$$

$$-3^{k-1}c_2^k+b_1^{k^*}=-2^{k-2}c_3^k,(2,c_1c_2c_4)=1$$

$$-3c_2^k+b_1^{k^*}=2^{k-2}c_3^k,(2,c_1c_2c_4)=1$$

$$-3c_2^k+b_1^{k^*}=-2^{k-2}c_3^k,(2,c_1c_2c_4)=1$$

因为 k 和 k^* 都是偶数，所以方程两边模 4 的余数不可能相同，即 $c=0$.

情况 5　$(a,a+3b)=1,(a,a+4b)=2,(a+b,a+3b)=1,(a+b,a+4b)=1$，此时 a 为偶数，b 为奇数.

情况 6　$(a,a+3b)=1,(a,a+4b)=2,(a+b,a+3b)=1,(a+b,a+4b)=3$，此时 a 为偶数，b 为奇数.

情况 7　$(a,a+3b)=1,(a,a+4b)=4,(a+b,a+3b)=1,(a+b,a+4b)=1$，此时 a 为偶数，b 为奇数.

情况 8　$(a,a+3b)=1,(a,a+4b)=4,(a+b,a+3b)=1,(a+b,a+4b)=3$，此时 a 为偶数，b 为奇数.

情况 9　$(a,a+3b)=3,(a,a+4b)=1,(a+b,a+3b)=1,(a+b,a+4b)=1$，此时 a 为奇数，b 为偶数.

情况 10　$(a,a+3b)=3,(a,a+4b)=1,(a+b,a+3b)=2,(a+b,a+4b)=1$，此时 a,b 均为奇数.

情况 11　$(a,a+3b)=3,(a,a+4b)=2,(a+b,a+3b)=1,(a+b,a+4b)=1$，此时 a 为偶数，b 为奇数.

情况 12 $(a,a+3b)=3,(a,a+4b)=4,(a+b,a+3b)=1,(a+b,a+4b)=1$,此时 a 为偶数,b 为奇数.

情况 5 ~ 情况 12 均可同理可得,当 $k\geqslant 3$ 且 $k\neq 4$ 时,㉒ 中仅含有平凡解,即 $c=0$.

参考文献

[1] ERÖDS P, SELFRIDGE J L. The product of consecutive integers is never a power [J]. Illinois J Math, 1975,19:292-301.

[2] SANDER J W. Rational points on a class of superelliptic curves [J]. J London Math Soc, 1999, 59:422-434.

[3] LAKHAL M, SANDER J W. Rational points on the superelliptic Erdös-Selfridge curve of fifth degree [J]. Mathematika, 2003,50:113-124.

[4] SARADHA N, SHOREY T N. Almost perfect powers in arithmetic progression [J]. Acta Arith, 2001,99:363-388.

[5] SARADHA N, SHOREY T N. Almost squares and factorisations in consecutive integers [J]. Compositio Math, 2003,138:113-124.

[6] BENNETT M A. Products of consecutive integers[J]. Bull Lond Math Soc, 2004, 36: 683-694.

[7] SHEN Z Y, CAI T X. Rational points on three

superelliptic curves[J]. Bull Aust Math Soc, 2012,85:105-113.
[8] DARON H, MCREL L. Winding quotients and some variants of Fermat′s last theorem[J]. J R eine Angew Math, 1997,490:81-100.
[9] RIBET K A. On the equation $a^p+2^a b^p+c^p=0$ [J]. Acta Arith, 1997,79:7-16.
[10] DICKSON L E. History of the Theory of Numbers: Diophantine Analysis, Vol. 2[M]. New York: G. E. Stechert,1934.
[11] SELMER E. The Diophantine equation $ax^3+by^3+cz^3=0$[J]. Acta Math, 1951,85:203-362.

布朗——用真心换无穷

第 11 章

在试图攻克费马大定理的路途上，一直都只有量的积累（即对越来越大的指数，证明了它的成立），但一直都没有质的突破（即证明有多少个指数使得费马大定理成立），在这方面布朗走到了前面. 首先，素数分布理论起了决定性作用. 我们将会看到 FLT 与素数分布理论是怎样联系起来的，以及看到一些引入素数理论的必要.

然而首先，让我们回顾费马问题的一些其他的结论. 现在，FLT 对于所有指数 $n \leqslant 12\ 500$（瓦格斯塔夫（Wagstaff））是成立的. 然而，关于 FLT 最深刻的结果，也许是下述定理，即法尔廷斯最近研究的特殊情形. 为了简明地表达这个结果，我们将说 x,y,z 是 $x^n+y^n=z^n$ 的原始解，如果 $xyz\neq 0$ 以及 $(x,y,z)=1$（因此，任何一个非平凡解可以简化为一个原始解）. 那么，我们有：

· 法尔廷斯定理

对于 $n\geqslant 3$ 的每一个指数，方程 $x^n+y^n=z^n$ 至多有有限个原始解.

众所周知，由于方程对于 $n=4$ 没有解，人们可以限定考虑素数指数 p 的情形. 那么，我们有将问题分为第一种情形和第二种情形的习惯. FLT 的第一种情形是指对于指数 p，在 x,y,z 关于 p 是互素整数时，如果方程 $x^n+y^n=z^n$ 没有原始解. 类似地，第二种情形是指对于指数 p，在 x,y,z 满足 $p\mid xyz$ 时，如果方程 $x^n+y^n=z^n$ 没有原始解. 在此我们论及的第一种情形，通常是最容易计算出结果的. 事实上，对于所有的 $p<6\times 10^9$（莱默（Lehmer））是成立的，这一事实早为人们所知. 第一种情形最早的结果，以及被分成几种情形来考虑的，有下述定理.

· 吉尔曼定理

FLT 的第一种情形成立，对于 $p,2p+1$ 同是素数.

这个定理圆满地处理了例如 $p=3,5,11$ 的情况，然而却不能处理 $p=7$ 或 $p=13$ 的情况. 对于第一种情形给出的许多准则中最为人知晓的一个也许是威弗里奇定理.

· 威弗里奇(Wieferich, Mirimanoff) 定理

FLT 的第一种情形成立，对于 p 除非满足

$$m^{p-1}\equiv 1(\bmod p^2) \tag{①}$$

既对于 $m=2$ 又对于 $m=3$，即同时满足

$$2^{p-1} \equiv 1 (\bmod p^2)$$
$$3^{p-1} \equiv 1 (\bmod p^2)$$

事实上,第一种情形对于 p 除非 ① 是满足的,对于每一个 $m=2,3,\cdots,36$,实质上是这样的,由森岛太郎(Morishima)证明的.没有一个素数既对 $m=2$ 又对 $m=3$ 满足 ① 同余,并且看起来对任何这样的素数都未必可能存在.事实上,仅对于 $2^{p-1} \equiv 1(\bmod p^2)$ 的素数 $p, p \leqslant 6 \times 10^9$,是 $p=1\ 093$ 和 $p=3\ 511$.

借助于费马小定理,可知存在 $2^{p-1}=1+ap, 3^{p-1}=1+bp$. a 与 b 的模 p 剩余数似乎是随机分布的.这样,人们期望有 $p \mid a$ 和 $p \mid b$ 的概率是 $1/p^2$,以及这种素数的"期望数"既对 $m=2$ 又对 $m=3$ 满足 ① 的是 $\sum p^{-2} < \infty$.

尽管上述准则显现得长了些,但仍是人们想得到的,上述准则从前面的观点看它们对所有素数是失败的.事实上,由阿蒂曼(Adleman)、福弗瑞(Fouvry)和布朗(R. Heath. Brown)证明了 FLT 的第一种情况对无穷多个素数是成立的.第二种情况对无穷多个素数是否成立仍是一个未解决的问题.这一困难在于例如准则 ① 很难进行涉及更多的素数 p 的讨论.

这个问题,即要求无穷多个具有某一性质的素数,显然是解析数论专家的研究范围.例如,我们考虑索菲·吉尔曼准则希望得知对于无穷多个素数 p, $2p+1$ 仍是素数.解析数论专家们很久前就熟悉这个问题,并且对该问题有了相当多的了解.然而,他们还没有解决它.布朗试图研究与吉尔曼准则的推广相联系的一些素数理论,以及用它们证明下述的结果:费马大定理的第一种情形对于无穷多个素数是成立的.

事实上，如果我们定义 $s=\{p \mid$ 第一种情形成立的 $p\}$，那么这一方法事实上将显示

$$\#\{p \in s \mid p \leqslant x\} \gg x^{\frac{2}{3}}$$

这个记号意思是，左边对于某常数 $c>0$ 至少是 $cx^{\frac{2}{3}}$. 这样，对于第一种情形成立的素数，存在一个“适当的素数”(记住，素数定理指出，一直到 x 的素数总数是渐近趋向 $x/\lg x$).

· 索菲 · 吉尔曼准则的推广

让我们从考虑第一种情形的准则开始. 假设 k 是一个不能被 p 整除的正整数，以及令 $2kp+1=q$ 是素数(我们将全节用 p 与 q 表示素数). 设 $x^p+y^p=z^p$，满足 $(x,y,z)=1$ 及 $p \mid xyz$. 我们将需要一个应归于弗厄特万格勒研究的结果，即如果 x,y,z 满足上述条件，那么对于 xyz 乘积的任何除数 d，$d^{p-1} \equiv 1 \pmod{p^2}$(例如，这样就推导出式 ① 的 $m=2$ 的情况，因为 x,y,z 不能都是奇数). 让我们看一看是否有 q 能除尽 xyz 的可能. 利用弗厄特万格勒定理，可以推得 $q^{p-1} \equiv 1 \pmod{p^2}$. 然而，利用二项式定理，我们有

$$q^{p-1}=(2kp+1)^{p-1}=1+2kp(p-1) \not\equiv 1 \pmod{p^2}$$

因为 $p \geqslant 3$ 和 $p \mid k$. 因此，x,y,z 中任何一个都不能被 q 整除.

其次，我们选择 y' 使得 $y'y \equiv 1 \pmod q$，这是可能的，因为现在我们有 $q \nmid y$，那么

$$(xy')^p+1 \equiv (xy')^p+(yy')^p=(zy')^p \pmod q$$

设 $X=(xy')^p$，$V=(zy')^p$，所以 $X+1 \equiv V \pmod q$. 注意到 $q \mid xy'$，我们利用费马小定理得

$$X^{2k}=(xy')^{2kp}=(xy')^{q-1} \equiv 1 \pmod q$$

而且类似地我们得到 $V^{2k} \equiv 1 \pmod q$，由此 $q \mid X^{2k}-$

1 和 $q\mid(X+1)^{2k}-1$. 由此可得 $q\mid R_k$，其中 R_k 是多项式 $X^{2k}-1$ 和 $(X+1)^{2k}-1$ 的结式. 我们需要知道，对于什么样的 k 有 $R_k=0$. 这种情况成立当且仅当两个多项式有一个共同的复根，记为 a. 那么 $|a|=|a+1|=1$，所以 $a=\exp(\pm 2\pi i/3)$. 由此可得，由于我们有 $a^{2k}=1$，$3\mid k$. 这样 R_k 将是非零的，无论 k 是与 3 怎样相联系的素数. 我们还需要一个对 R_k 大小的估计. 我们注意到 R_k 是由 $4k$ 阶行列式来定义的，其值全部是零或者是多项式 $X^{2k}-1$ 和 $(X+1)^{2k}-1$ 的系数. 因此，这些值以 $\binom{2k}{k}$ 为界，以及由此可得

$$|R_k|\leqslant(4k)!\binom{2k}{k}^{4k}\leqslant(4k)^{4k}(2^{2k})^{4k}=2^{24k^2} \quad ②$$

现在我们定义

$$T_k=\{p\mid 2kp+1\text{ 是素数,但 }p\notin s\}$$
$$U_k=\{p\mid 2kp+1=q\text{ 是素数,且或者 }p\mid k\text{ 或者 }q\mid R_k\}$$

那么，从我们所得到的上述结果看，我们有 $T_k\subseteq U_k$. 此外，如果 $3\nmid k$，那么 U_k 是一个原则上能够确定的有限集. 事实上，U_k 经常是空集. 达内斯(Dénes) 利用此方法来推广了索菲·吉尔曼准则，即满足对于任何具有 $3\nmid k$ 的 $k\leqslant 52$，$2kp+1$ 是素数的情况. 如果我们知道 T_k 对于 $3\nmid k$ 总是空集，我们能证明费马大定理的第一种情形对所有的素数是成立的. 这仅仅取 $k=3j-p$(由此 $3\nmid k$) 以及利用狄利克雷定理于算术级数里的素数，来找 $j>\frac{p}{3}$ 的值使得 $6pj+1-2p^2=2pk+1$ 是素数(注意 $(6p,1-2p^2)=1$). 那么 p 将位于 s 内，当

$T_{3j-p}=\Phi$.

不幸的是需要数值的研究，对于每一个 k 要证明 T_k 是空集. 然而，仅仅估计 U_k 的大小是容易的. 显然，k 至多能有 k 个素数因子 p. 此外，由于 $2kp+1\geqslant 2$，从式 ② 得到 R_k 至多有 $24k^2$ 个素数因子 q，如果 $3\nmid k$，因此

$$\# T_k \leqslant \# U_k \leqslant 24k^2+k, 3\nmid k \qquad ③$$

为了将此表述成更有用的形式，我们引入计数函数

$$\pi(x;u,v)=\#\{q\leqslant x \mid q\equiv v(\bmod u)\}$$

以及对于 $3\nmid u$

$$\pi^*(x;u)=\#\{q\leqslant x \mid q\equiv 1(\bmod u), 3\mid q-1\mid\}$$

因此，如果 $3\nmid u$ 我们有

$$\pi^*(x;u)=\pi(x;u,1)-\pi(x;3u,1) \qquad ④$$

函数 $\pi(x;u,v)$ 是一个在素数理论中研究的基本对象之一. 按照素数理论关于算术级数的定理，如果 u 和 v 是固定的，并且 $x\to\infty$，有

$$\pi(x;u,v)\sim\frac{\mathrm{Li}(x)}{\varphi(x)},(u,v)=1 \qquad ⑤$$

这里的 $\varphi(u)$ 是欧拉函数以及 $\mathrm{Li}(x)=\int_2^x(\log t)^{-1}\mathrm{d}t$. 由于对于 $p\neq 3$，$\varphi(p)=p-1$ 和 $\varphi(3p)=2p-2$，从式 ④ 得到

$$\pi^*(x;p)\sim\frac{\mathrm{Li}(x)}{2p-2} \qquad ⑥$$

我们着手证明关于 T_k 大小的式 ③ 的界是如何导致一个和式的估计

$$\sum\nolimits_1=\sum_{\substack{y<p\leqslant x\\ p\notin s}}\pi^*(x;p)$$

这里我们将取 $y=x^{\theta}$，具有在 $0<\theta<1$ 范围内选择合适的常数 θ. 根据 $\pi^{*}(x;p)$ 的定义，我们看到 $\sum_{1}$ 是素数对 (p,q) 的一个素数，满足 $y<p\leqslant x,p\notin s,q\leqslant x$, $p\mid q-1$ 和 $3\nmid q-1$. 如果我们写 $q-1=2kp$ 这是可能的，由于 p 与 q 都是奇数，我们看出 $k<x/(2p)<x/(2y)$ 和 $3\mid k$. 现在如果 p,q,k 是满足上述条件的，我们将有 $p\in T_{k}$. 以及由于 q 是被 p 与 k 所确定的，我们在应用式 ③ 的基础上推导得

$$\sum_{1}\leqslant\sum_{\substack{k<x/2y\\3\nmid k}}\# T_{k}\leqslant\sum_{k<x/2y}8k^{2}+k\ll(x/y)^{3}\qquad ⑦$$

结果是，借助于完全不同的方法，能证明对应于 $\sum_{1}$ 的和是 $O(x/\lg x)$. 除非条件 $p\notin s$ 省略. 因此，式 ⑦ 不能告诉我们集 s 的情况，除非 $y=x^{\theta}$ 满足 $\theta>\frac{2}{3}$. 然而，对于 θ 的值接近于 1 时，式 ⑦ 的界表述成严格约束于素数 $p\notin s$ 上. 为了使这更精确，我们将进一步考虑刚刚提及的和

$$\sum_{2}=\sum_{y<p\leqslant x}\pi^{*}(x;p)$$

为了阐述的目的，让我们假设式 ⑥ 能够在范围 $y<p\leqslant 2y$ 内对所有的 p 是一致的 —— 这个假设事实上我们不能论证. 那么，如果 $2y\leqslant x$，我们有

$$\sum_{2}\geqslant\sum_{y<p\leqslant 2y}\pi^{*}(x;p)\sim$$

$$\sum_{y<p\leqslant 2y}\frac{\mathrm{Li}(x)}{2p-2}\geqslant\sum_{y<p\leqslant 2y}\frac{\mathrm{Li}(x)}{4y-2}$$

然而，在 y 与 $2y$ 之间的素数 p 是渐近趋于 $y/\lg y=y/(\theta\lg x)$ 以及 $\mathrm{Li}(x)\sim x/\lg x$. 由此

$$\sum_{2}\gg\frac{y}{\theta\lg x}\cdot\frac{x}{\lg x}\cdot\frac{1}{4y-2}\gg\frac{x}{(\lg x)^{2}}\qquad ⑧$$

因为 θ 是常数.

我们现在比较式 ⑦ 和式 ⑧ 的估计. 根据取 $y = x^{\theta}$,满足 $\theta > \frac{2}{3}$,我们看出

$$\sum_1 = O(x^{3-3\theta}) = O(x(\lg x)^{-2})$$

从而,只要 x 充分大就有 $\sum_1 < \sum_2$,而且在 $y < p \leqslant 2y$ 范围内必存在一个素数 $p \in s$. 用增加 x 值序列的方法,可得 s 是无限的. 尤其注意到,这里有 $\theta > \frac{2}{3}$ 是必要的. 人们甚至没有做满足 $\theta = \frac{2}{3}$ 的情况.

· 邦别里－维诺格拉朵夫(Bombieri-Vinogradov, 1891—1983)**素数定理**

现在我们必须考虑能够应用式 ⑤ 的 u 值的范围,并且从而考虑式 ⑥ 成立的 p 值的范围. 这个问题借助于检验下面的估计可以说明

$$\pi(x;u,v) = \frac{\mathrm{Li}(x)}{\Phi(u)}\{1 + O(\frac{u}{\lg x})\},(u,v) = 1$$

即误差项 u 的依赖性被明确表示的式 ⑤ 形式. 对于固定的 u,这实际上蕴含渐近的公式 ⑤. 不过,只要 $u \gg \lg x$,甚至就不能推导出 $\pi(x;u,v)$ 是非零的. 可以证明,最佳估计是可以得到的,但是,至此能满足的最明显结果证明为 $\pi(x;u,v)$ 是对于 $u \ll x^{\frac{1}{17}}$ 为正的(当然,还有 $(u,v) = 1$),当我们对 $u \gg x^{\frac{2}{3}}$ 的范围感兴趣时(这里我们所具有的是林尼克定理的形式:如果 $(u,v) = 1$,那么存在一个满足 $p \ll u^{17}$ 的素数 $p \equiv v(\mathrm{mod}\ u)$. 这是狄利克雷关于素数定理在算术级数里的数量形式. 指数 17 归功于陈景润的研究). 人们猜测:对任何正的

常数 ε 而言，估计式 ⑤ 对于 $u \ll x^{1-\varepsilon}$ 是一致成立的，可是，我们至今远远没有证明这个猜测.

进行推导的一种方法是用邦别里 — 维诺格拉朵夫定理. 这叙述成

$$\sum_{u \leqslant x^{\Phi}} \max_{z \leqslant x} \max_{(u,v)=1} \left| \pi(z;u,v) - \frac{\mathrm{Li}(z)}{\Phi(u)} \right| \ll \frac{x}{(\lg x)^{10}} \quad ⑨$$

对于 $\Phi \leqslant \frac{1}{2} - \varepsilon$，其中 ε 是固定的正常数. 随即，我们立刻看到，该定理实质上说式 ⑤ 在 $u \leqslant x^{\Phi}$ 范围内对“几乎所有”的 u 值一致地成立. 为了我们的目的，我们取 $z = x, v = 1$ 以及仅用 $u = p, 3p$ 的项. 那么

$$\sum_{p \leqslant x^{\Phi}} \left| \pi(x;p,1) - \frac{\mathrm{Li}(x)}{p-1} \right| \ll \frac{x}{(\lg x)^{10}}$$

并且类似地用 $3p$ 来代替 p. 这样式 ④ 导致

$$\sum_{3 < p \leqslant x^{\Phi}} \left| \pi^{*}(x;p) - \frac{\mathrm{Li}(x)}{2p-2} \right| \ll \frac{x}{(\lg x)^{10}} \quad ⑩$$

事实上，我们在一种估计中有 $p \leqslant x^{\Phi}$ 以及在另一种估计中有 $3p \leqslant x^{\Phi}$，因此，小的“整理”是必要的.

现在，我们取 $y = x^{\theta}$ 以及用 $2y = x^{\Phi}$ 来定义 Φ. 对于一个合适的 $\varepsilon = \varepsilon(\theta) > 0$，如果 x 是充分的大，那么 $\theta < \frac{1}{2}$ 蕴含着 $\Phi \leqslant \frac{1}{2} - \varepsilon$，我们将用式 ⑩ 来证明式 ⑥ 对在 $y < p \leqslant 2y$ 范围内的“几乎所有”的 p 都成立. 特别地令 $\delta > 0$ 是已知的，以及假设存在 $N\delta$ 这样的素数，对于

$$\left| \pi^{*}(x;p) - \frac{\mathrm{Li}(x)}{2p-2} \right| > \delta \frac{\mathrm{Li}(x)}{2p-2} \quad ⑪$$

此处我们有

$$\delta \frac{\mathrm{Li}(x)}{2p-2} \gg \delta \frac{\frac{x}{\lg x}}{y} \gg \frac{x}{y(\lg x)}$$

因为 δ 是常数. 因此,式 ⑩ 得

$$N_\delta \frac{x}{y\lg x} \ll x(\lg x)^{-10}$$

从而

$$N_\delta = O(y(\lg x)^{-9})$$

由于 $y < p \leqslant 2y$ 的素数总和是渐近趋于$\frac{y}{\lg y}$,我们看到式 ⑪ 仅对所要求的这些素数的一小部分成立. 特别地,如果 x 是充分大的,我们必有

$$\left| \pi^*(x;p) - \frac{\mathrm{Li}(x)}{2p-2} \right| \leqslant \delta \frac{\mathrm{Li}(x)}{2p-2} \qquad ⑫$$

至少对于$\frac{1}{2}\cdot\frac{y}{\lg y}$ 的素数是成立的. 当选择 $\delta=\frac{1}{2}$,我们从式 ⑫ 中看出:$\pi^*(x;p) \geqslant \frac{1}{2}\cdot\frac{\mathrm{Li}(x)}{2p-2}$ 至少对于$\frac{1}{2}\cdot\frac{y}{\lg y}$ 的素数是成立的,所以估计式 ⑧ 是如上的结果.

现在,我们存在一个使得式 ⑧ 成立的严格证明. 遗憾的是,可容许的范围是 $\theta<\frac{1}{2}$,而我们喜欢取 $\theta>\frac{2}{3}$,问题就会自然出现:关于邦别里 - 维诺格拉朵夫定理为正确的可否推广到 Φ 值集上呢? 人们猜测对于任何的 $\Phi<1$ 是可能的. 最近,在某种特殊的情况下,由伊瓦涅科(Iwaniec) 和其他人得到一些小的但是重要的进展. 可是,这不直接与我们感兴趣的 $\sum_2$ 和相涉及,尽管随后我们也会发现,它们之间存在着较少的明显的联系.

· 切比雪夫论证和布朗 · 梯奇马什(Brun-Titchmarsh)

定理

存在一个归功于切比雪夫的方法,我们从这个事实开始,即

$$\sum_{p^m \mid n} \lg p = \lg u \tag{13}$$

此处对于每一个 p 的幂除以 n 左边的和计算 $\lg p$,所以,如果 p' 是表示的最大的幂,相对应的分布是 $r(\lg p)$,正是所要求的.现在我们注意到

$$\sum_{\substack{p^m \leqslant x \\ p \neq 3}} \pi^*(x;p^m)\lg p =$$

$$\sum_{\substack{p^m \leqslant x \\ p \neq 3}} \# \{q \leqslant x; p^m \mid q-1, 3 \nmid q-1\} \lg p =$$

$$\sum_{\substack{q \leqslant x \\ 3 \nmid q-1}} \sum_{\substack{p^m \leqslant x, p \neq 3 \\ p^m \mid q-1}} \lg p$$

关于变化求和次序.在里面的求和条件 $p^m \leqslant x$ 与 $p \neq 3$ 是多余的,由于 $q \leqslant x$ 与 $3 \nmid q-1$,从而我们利用 ⑬ 推得

$$\sum_{\substack{p^m \leqslant x \\ p \neq 3}} \pi^*(x;p^m)\lg p = \sum_{\substack{q \leqslant x \\ 3 \nmid q-1}} \lg(q-1)$$

对于右边求和,我们将需要一个渐近公式.现在我们就来达到这点,在这个讨论中不再是适当地给出需要的全部估计的所有细节.对于考虑中的这个和式,构造一个完备的论证有点冗长,但是一点也不困难.粗略地讲,此处有一个 $1+\pi(x;3,2)$ 项的和式(由于 $q=3$ 或 $q \equiv 2 \pmod 3$).借助于式 ⑤,这个数渐近地是 $\frac{1}{2} \cdot \frac{x}{\lg x}$,注意到我们是恰当地使用了具有固定值 $u=3$ 的式 ⑤).而且,这些项中相当多的部分有 $x/\lg x \leqslant q \leqslant$

x,所以 $\lg(q-1) \sim \lg x$. 这样得到了

$$\sum_{\substack{p^m \leqslant x \\ p \neq 3}} \pi^*(x;p^m) \lg p = \sum_{\substack{q \leqslant x \\ 3 \mid q-1}} \lg(q-1) \sim \frac{1}{2}x \qquad ⑭$$

我们也将计算 $\sum \pi^*(x;p^m)\lg p$ 的和式,对于比较短的范围 $p^m \leqslant x^{\Phi}$,其中 Φ 是小于 $\frac{1}{2}$ 的常数. 我们的出发点是估计

$$\sum_{\substack{p^m \leqslant x^{\Phi} \\ p \neq 3}} \left| \pi^*(x;p^m) - \frac{\mathrm{Li}(x)}{2\Phi(p^m)} \right| \ll \frac{x}{(\lg x)^{10}}$$

它是式 ⑩ 的直接推广. 由于 $\lg p \leqslant \lg x$,对于 $p^m \leqslant x^{\Phi}$,我们发现

$$\sum_{\substack{p^m \leqslant x^{\Phi} \\ p \neq 3}} \left| \pi^*(x;p^m)\lg p - \frac{\mathrm{Li}(x)\lg p}{2\Phi(p^m)} \right| \ll \frac{x}{(\lg x)^{9}}$$

由此

$$\sum \pi^*(x;p^m)\lg p = \frac{\mathrm{Li}(x)}{2} \sum_{\substack{p^m \leqslant x^{\Phi} \\ p \neq 3}} \frac{\lg p}{\Phi(p^m)} + O\left(\frac{x}{(\lg x)^{9}}\right)$$

现在我们估计右边的和式,并不给出所有的细节. 具有 $m \geqslant 2$ 的许多项对和式 $O(1)$ 做了贡献——事实上对应于所有的 p 与所有的 $m \geqslant 2$ 双无限求和收敛. 而且

$$\lg p/\Phi(p) \sim (\lg p)/p, \sum_{p \leqslant x}^{\lg p} p \sim \lg z$$

这样有

$$\sum_{\substack{p^m \leqslant x^{\Phi} \\ p \neq e}} \frac{\lg p}{\Phi(p^m)} \sim \lg x^{\Phi}$$

因此

$$\sum_{\substack{p^m \leqslant x^{\Phi} \\ p \neq e}} \pi^*(x;p^m)\lg p \sim \frac{1}{2}\mathrm{Li}(x)(\lg x^{\Phi}) \sim \frac{\Phi}{2}x$$

现在我们从式 ⑭ 中减去此式,得

$$\sum_{\substack{x^{\Phi}<p^m\leqslant x\\ p\neq 3}} \pi^*(x;p^m)\lg p \sim \frac{1-\Phi}{2}x$$

我们必须考虑此处具有 $m\geqslant 2$ 的一些项 p^m. 我们不给出所有的细节,基本想法是在任何 $X\leqslant p^m\leqslant 2X$ 范围内这样项的总数是 $O(X^{\frac{1}{2}})$,其对比于区间上的个数而言是可忽略不计的. 因此,我们可忽略具有 $m\geqslant 2$ 的一些项 p^m,没有改变这个渐近公式. 由此可见

$$\sum_{x^{\Phi}<p^m\leqslant x} \pi^*(x;p^m)\lg p \sim \frac{1-\Phi}{2}x \tag{15}$$

因此有

$$\sum\nolimits_2 = \sum_{x^{\Phi}<p^m\leqslant x} \pi^*(x;p^m) \gg \frac{x}{\lg x} \tag{16}$$

对于 $\theta=\Phi<\frac{1}{2}$.

估计式 ⑯ 可以用相同的方法与 ⑦ 相比较,当我们使用以前的式 ⑧. 迄今,在这方面没有收获,因为允许的范围 $\theta<\frac{1}{2}$ 与前节分析的结果是相同的. 现在,进一步的进展是可能的,然而,由于在式 ⑮ 中存在明显的常数 $\frac{1-\Phi}{2}$. 我们将给出由一些素数 $x^{\Phi}<p\leqslant x^{\theta}$ 而产生的对式 ⑮ 有贡献的一个上界,假若这个上界估计值小于 $\frac{1}{2}x(1-\Phi)$,我们仍将能够推导出式 ⑯. 对于 $\pi^*(x;p)$ 的仅仅一个上界的这一点是需要的,而不需要渐近公式.

我们将用到 $\pi^*(x;p)$ 的一些界,这是布朗－梯奇马什定理的形式,这是对于 $u\leqslant x^{1-\delta}$(其中 δ 是任意正

常数），$\pi(x;u,v) \ll \dfrac{\mathrm{Li}(x)}{\Phi(u)}$ 一致成立的叙述. 特别地，对于 $p \leqslant x^{1-\delta}$ 有 $\pi^*(x;p) \ll x/(p\lg x)$. 由记号 $\ll$ 推出的这个常数当然可能依赖于 δ，而且实际上这些界中人们证明有

$$\pi^*(x;p) \leqslant \frac{C(r)x}{p\lg x}, r=\frac{\lg p}{\lg x}, r<1 \qquad ⑰$$

这个估计与渐近公式 ⑤ 做比较是有趣的. 这两个估计式有相同的数量级. 然而，大家都知道的式 ⑰，常数 $C(r)$ 随着 $r \to 1$ 而趋于无穷大. 此外，最有名的 $C(\frac{1}{2})$ 的值，例如，$C(\frac{1}{2})=1.6$，而如果式 ⑤ 对 $x^{\frac{1}{2}}$ 阶的一些素数是可用的，那么基本上能得到 $C(\frac{1}{2})=0.5$. 这样，在这个意义上布朗－梯奇马什定理是更弱于式 ⑤ 的. 然而式 ⑤ 完全是非一致成立的，而式 ⑰ 对于所有的 $p<x$ 是能应用的.

让我们看一看式 ⑰ 是如何运用的. 我们有

$$\sum_{x^{\Phi}<p\leqslant x^{\theta}} \pi^*(x;p)\lg p \leqslant \frac{x}{\lg x}\sum_{x^{\Phi}<p\leqslant x^{\theta}} C\left(\frac{\lg p}{\lg x}\right)\frac{\lg p}{p}$$

右边的和能够运用素数定理，利用部分求和的技术估计出来. 这里不给出细节，让我们仅仅考虑在数 t 附近的素数密度大致在 $\lg t$ 处是 1，用到了素数定理. 这样，用对应的积分 $\int f(t)\mathrm{d}t/\lg t$ 代替和式 $\sum f(p)$ 看起来似乎有道理 —— 这确实是部分求和允许做的内容. 这导致了

$$\sum_{x^{\Phi}<p\leqslant x^{\theta}} \pi^*(x;p)\lg p \leqslant \frac{x}{\lg x}\int_{x^{\Phi}}^{x^{\theta}} C\left(\frac{\lg t}{\lg x}\right)\frac{\lg t}{t}\cdot\frac{\mathrm{d}t}{\lg t}=$$

$$x\int_{\Phi}^{\theta} C(r)\,\mathrm{d}r$$

这里,我们用到 $A(x) \lessdot B(x)$ 记号意指当 $x \to \infty$ 时,$A(x) \leqslant (1+O(1))B(x)$.

许多不同形式的具有各种常数 $C(r)$ 的布朗－梯奇马什定理被建立起来. 这些定理中最简单的形是对于任何的 $\varepsilon > 0$ 和 $x \geqslant x(\varepsilon)$,给出了

$$C(r) = (1-r)^{-1} + \varepsilon$$

从这一点可得

$$\sum \pi^{*}(x;p)\lg p \lessdot x\lg \frac{1-\Phi}{1-\theta}$$

这与式 ⑮ 相比较,人们发现

$$\sum_{x^{\theta}<p\leqslant x} \pi^{*}(x;p)\lg p \gtrdot \left(\frac{1-\Phi}{2} - \lg \frac{1-\Phi}{1-\theta}\right)x$$

由于 Φ 当需要时,可以取值为接近于 $\frac{1}{2}$,假若 $\lg\left(\frac{1}{2-2\theta}\right) < \frac{1}{4}$,我们断定 $\sum_{2} \gg \frac{x}{\lg x}$. 对于式 ⑯ 这个结果在容许的范围内,由 $\theta < 1-\frac{1}{2}\mathrm{e}^{-\frac{1}{4}} = 0.611\cdots$ 给出. 因此,我们还没有取到 $\theta > \frac{2}{3}$,但是我们已经接近了它.

· **筛法**

现在我们必须简要地考察筛法及其应用于布朗－梯奇马什定理. 一般的筛问题如下所述. 我们给定一个有限的正整数集 A,和一个参数 $z > 1$. 然后我们希望得出 $S(A,z) = \#\{n \in A \mid (n,P) = 1\}$,其中

$$P = \prod_{p\leqslant Z} p$$

显然，在集 A 中的素数数目至多是 $A(A,z)+z$，对于任何 $z>1$.

筛法的基本思想是挑选出条件 $(n,P)=1$，详细地用选择系数 λ_d 使得 $\lambda_1=1$ 和对所有的 $n\geqslant 1$. 这样

$$\sum_{d\mid(n,P)}\lambda_d\geqslant\begin{cases}1,(n,P)=1\\0,(n,P)>1\end{cases}$$

由此

$$S(A,z)\leqslant\sum_{d\mid P}\lambda_d\leqslant\#\{n\in A\mid n\equiv 0(\bmod d)\} \quad ⑱$$

一种可能是取 $\lambda_d=\mu(d)$，即弗罗比尼乌斯函数. 然后，我们有式 ⑱ 中的等式，对于 $n\geqslant 2$ 时. 然而，随后我们将看到，对于 λ_d，S 能够更好地进行选择.

现在，我们将假设这种形式的近似公式存在，即

$$\#\{n\in A\mid n\equiv 0(\bmod d)\}=e(d)X+R_d$$

其中，X 是对 $\#A$ 的近似，函数 $e(d)$ 是乘法的(即 $e(mn)=e(m)e(n)$，每当 $(m,n)=1$) 以及 R_d 是在近似意义下取值“小”的余项. 这样，例如，对于素数 $p\leqslant x$ 可以取 A 是 $p-1$ 数集. 然后，根据式 ⑤，应该取 $X=\mathrm{Li}(x)$ 和 $e(d)=\Phi(d)^{-1}$. 现在有

$$S(A,z)\leqslant X\sum_{d\mid P}\lambda_d e(d)+\sum_{d\mid P}\lambda_d R_d \quad ⑲$$

将证明，这个上界的第一项产生了主项，而第二项——“剩余项和”相对是小的. 然而，这依赖于 λ_d，S 的明智选择，随后我们将看到这一点.

为减少解释，我们将阐述不带有 $\pi^*(x;p)$ 而带有最简单函数 $\pi(x;p,1)$ 的估计量. 因此，我们将取 $A=\{n\leqslant x\mid n\equiv 1(\bmod p)\}$. 我们选 $X=\dfrac{x}{p}$，那么 $\#A=X+O(1)$. 如果 $p\mid d$ 那么

$$\{n \in A \mid n \equiv 0(\bmod d) = \Phi\}$$

从而在这种情况下我们取 $e(d)=0$，$R_d=0$. 当 $p \nmid d$，条件 $n \equiv 1(\bmod p)$，$n \equiv 0(\bmod p)$ 定义了一个单剩余类 pd，借助于中国剩余定理. 在这种情况下我们有

$$\# \{n \in A \mid n \equiv 0(\bmod d)\} =$$

$$\frac{x}{pd} + O(1) = \frac{X}{d} + O(1)$$

这样，我们对于 $p \nmid d$ 定义了 $e(d)=d^{-1}$，否则 $e(d)=0$，而且在这两种情形下，我们有 $R_d = O(1)$. 现在让我们深刻研究选择 $\lambda_d = \mu(d)$ 的结果. 借助于 P 的余数，余项和 $\sum \lambda_d R_d$ 将是有界的，其上界是 $2^{\pi(z)}$（其中 $\pi(z)$ 是不超过 z 的素数）. 如果我们想进一步得到估计 $\pi(x;p,1) \ll \frac{x}{p}$，我们将需要有 $Z^{\pi(z)} \ll X$. 然而，由于 $\pi(z) \sim \frac{z}{\lg z}$，这导致了 $z \ll (\lg X)(\lg \lg X)$. 不幸的是，结果是（在这里我们将不证明它）主项 $X \sum \lambda_d e(d)$ 的阶是 $X(\lg z)^{-1}$. 这样，随着选择 $\lambda_d = \mu(d)$，估计式 ⑲ 最好也不过是 $O(X(\lg X)^{-1})$. 然而，对于 $S(A,z)$ 布朗－梯奇马什定理需要一个界 $O((X \lg X)^{-1})$，从而一个更好的系数集 $\lambda_d \cdot S$ 是合乎需要的.

这里我们先看一个筛法的基本例子：选择 λ_d，以便使得主项尽可能地小，而使余项和得以控制. 对于集 A 广泛的类，包括上面描述的，存在一个归功于罗瑟（Rosser）的本质上指出了一个最优结果的构造. 选择一个参数 D 以及以一个更复杂的方式来定义 S_D，除非使得对每一个 $d \in S_D$ 有 $d \leqslant D$. 然后罗瑟对 $d \in S_D$ 取 $\lambda_d = \mu(d)$，否则 $\lambda_d = 0$. S_D 的构造是使得对于每一个

$n \geqslant 1$ 式 ⑱ 成立. 现在,如果 $R_d = O(1)$,对于所有的 d,λ_d 的这个选取将产生一个余项和 $O(D)$. 此外,关于 $\pi(x;p,1)$ 引入一个特殊函数 $e(d)$,结果是

$$X\sum \lambda_d p(d) \sim zX\frac{p}{p-1}(\lg D)^{-1}, \text{当 } D \to \infty \quad ⑳$$

对于 $D^{\frac{1}{3}} \leqslant z \leqslant D$ 一致地成立.

迄今,我们省略细节的地方都是些次要的事. 然而,上述关于罗瑟筛的断言是完全不同的. 它们代表着相当多的技术困难的数学问题,幸运的是,结果即对余项和的估计 $O(D)$,连同对主项的渐近公式 ⑳ 是容易运用的. 如果我们选取 $Z=D=X(\lg X)^{-2}$,我们立刻有

$$\begin{aligned}\pi(x;p,1) &\leqslant S(A,z)+z \leqslant \\ &zX\frac{p}{p-1}(\lg D)^{-1}+O(D)+z \leqslant \\ &\frac{zX_p}{p-1}(\lg X)^{-1}, \text{当 } x/p = X \to \infty\end{aligned}$$

事实上,如果我们让 x/p 和 p 趋于无穷,我们有 $\pi(x;p,1) \leqslant 2X(\lg X)^{-1}$. 对函数 $\pi^*(x;p)$ 进行类似的分析,可以得到相同的界,而没有因子 z. 因此,人们发现满足 $C(r)=(1-r)^{-1}+\varepsilon$ 的式 ⑰ 成立,像前面讲述过的至少当 $\varepsilon < r < 1-\varepsilon$ 时成立.

· 平均的布朗 - 梯奇马什定理

存在许多种对布朗 - 梯奇马什定理改进的方法. 在式 ⑰ 中的常数 $C(r)$ 是筛界式 ⑲ 中主项的结果. 由于这个主项是利用式 ⑳ 的方法计算出的,我们能够简化 $C(r)$ 的方法是通过增大 D. 这样,只好对式 ⑲ 中的余项和使用非平凡的界,来证明它仍小于主项,即使 D 可能大于先前的值. 这样做的一种主要方法归功于胡利(Hooley),是对集

$$A=\{n\leqslant x \mid n\equiv 1(\bmod p)\}$$

利用式 ⑲,并且从区间 $Q<p\leqslant 2Q$ 上求所有的素数和. 这样,它的界为

$$\sum_{Q<p\leqslant 2Q}\pi(x;p,1)$$

而不是单个项 $\pi(x;p,1)$. 然而, 这对于我们处理 $\sum_2$(当然,除了要用 $\pi^*(x;p)$ 代替 $\pi(x;p,1)$) 来说是十分充足的. 我们关于集 $A=A_{p'}$ 的描述中参数 X,函数 $p(d)$ 和余项 R_d 依赖于素数 p;我们将记它们分别为 X_p,$P(d;p)$ 和 $R_{d,p}$. 另一方面,我们将取 z 和 D 依赖于Q,而不是依赖于单个 p 值. 特别地,λ_d 将是与 p 无关的. 那么,有

$$\sum_{Q<p\leqslant 2Q}S(A_p,z)\leqslant \sum_{Q<p\leqslant 2Q}X_P\sum_{d\mid p}\lambda_d P(d;p)+\sum_{Q<p\leqslant 2Q}\sum_{d\mid p}\lambda_d R_{d,p}$$

现在我们像以前一样用式 ⑳ 来计算右边的第一个双和式. 由于我们运用了$\lg Q$和 $\lg x$ 的阶,因此结果将有 $x(\lg x)^{-2}$ 数量阶. 这里我们用到了 $X_P=O(x/Q)$ 的事实以及素数 p 的数目是 $O(Q/\lg Q)$. 这样对于尽可能大的 D 值来说, 要求双余项和 $\sum\sum\lambda_d R_{d,p}$ 是 $O((x\lg x)^{-2})$.

如果仅用到估计 $R_{d,p}=O(1)$,那么由于对于 $d>D$,有 $\lambda_d=0$,双余项和是 $O(Q/\lg Q\cdot D)$. 这允许使用 $D=x/Q(\lg x)^{-2}$,其本质上是先前相同的值. 然而,较好的余项和处理可以借助于用非平凡的变量 p 来给出. 回想 X_P,$P(d;p)$ 和 $R_{d,p}$ 的定义,我们有

$$\sum_{Q<p\leqslant 2Q}R_{d,p}=\sum_{Q<p\leqslant 2Q}\#\{n\in A_p \mid n\equiv 0(\bmod d)\}-$$

$$P(d;p)X_p = \sum_{n\leqslant x, d\mid n} \#\{P \mid Q < p \leqslant 2Q, n \equiv 1(\bmod p)\} - xd^{-1}\sum_{\substack{Q<p\leqslant 2Q\\ p\nmid d}} p^{-1} = N(x+1;d,-1) - \omega(d)x$$

其中

$$N(y \mid d,a) = \sum_{\substack{m\leqslant y\\ m\equiv a(\bmod p)}} C_m \qquad ㉑$$

$$C_m = \#\{p \mid Q < p \leqslant 2Q, m = 0(\bmod p)\} \qquad ㉒$$

和

$$\omega(d) = d^{-1}\sum_{\substack{Q<p\leqslant 2Q\\ p\nmid d}} p^{-1} \qquad ㉓$$

由此我们有

$$\left|\sum_{Q<p\leqslant 2Q}\sum_{d\mid p}\lambda_d R_{d,p}\right| \leqslant \sum_{d\leqslant D}\left| N(x+1;d,-1) - \omega(d)x\right|$$

右边和与邦别里－维诺格拉朵夫定理 ⑨ 中的形式有相似性.我们用 C_m 代替素数特征函数,$N(y;d,a)$ 与 $\pi(y;d,a)$ 是相似的 ,而 $\omega(d)$ 对应于 $1/\Phi(d)$. 结果是,对某一确定的系数 C_m 的类,以及特别地对于由式 ㉒ 定义的 C_m,对应于 ⑨ 的估计事实上是成立的,还具有相同的范围 $\Phi < \frac{1}{2}$. 这样的估计证明了双余项和式 ㉓ 是 $O(x(\lg x)^{-10}) = O(x(\lg x)^{-2})$ 对于 $D = x^{\frac{1}{2}-\varepsilon}$,是有任何固定的 $\varepsilon > 0$. 以前我们使用满足 $X = x/p$ 的 $D = X(\lg X)^{-2}$,这样的新方法允许对无论何时的 $p \geqslant x^{\frac{1}{2}+\varepsilon}$,$D$ 的值很大. 事实上,我们利用本质上是

$(\lg x/p)/(\lg x^{\frac{1}{2}})=2(1-r)$ 对于 $p=x^{r}$ 的因子来改进了结果. 这样,对于任何的 $\varepsilon<0$ 满足 $C(r)=2+\varepsilon$ 的式 ⑰ 在平均意义上是成立的. 这导致了对式 ⑯ 的一个允许范围 $\theta<\frac{5}{8}=0.625$,用到了与以前同样的讨论方法. 我们慢慢地接近了 $\theta=\frac{2}{3}$.

· 更进一步的改进

对于 $\theta>\frac{2}{3}$,为了建立式 ⑯ 存在几种不得不被并入到筛法中的成分. 它们都是极其复杂的技术,因此在此详细地描述它们是不合时宜的. 主要的思想是用到邦别里 - 维诺格拉朵夫定理的推广形式,涉及例如由式 ㉑ 给出的函数 $N(y;d,a)$. 我们前面注意到,关于式 ⑨ 与式 ⑩ 的估计是很容易拓广到允许的范围 $\theta<\frac{1}{2}$. 这还没有证明邦别里 - 维诺格拉朵夫定理 ⑨ 的可行性. 然而,对于由式 ㉑ 和式 ⑳ 给出的特殊函数 $N(y;d,a)$,事实上可以建立一个对某个 $D>x^{\frac{1}{2}}$ 关于和式 ㉓ 满意的估计,至少是对合适的 Q 值. 为考察这一点,仅观察在 $Q=1$ 的极端情形. 那么按照 m 是奇或偶,$C_m=0$ 或 1,由于 $p=2$ 是一个仅有的偶素数. 这样 $N(x+1;d,-1)$ 对于偶数 d 是 0,而对于奇数 d 是 $x/2d+O(1)$. 然而 $\omega(d)$ 在这两种情形下是 0 或 $\frac{1}{2d}$,并得出结论

$$\sum_{d\leqslant D}|N(x+1;d,-1)-\omega(d)x|\ll D\ll x(\lg x)^{-10}$$

对于 $D\leqslant x^{1-\varepsilon}$. 对于 Q 的更多相关值,即那些在 $x^{\frac{1}{2}}$ 和

$x^{\frac{1}{3}}$ 之间的相应地需要一个更加复杂的论证,而且对于 D 来说结果范围不是很好.

结果是指数和理论能被用于该问题的研究,而且特别的是需要关于克洛斯特曼(Kloosterman)和的知识,克洛斯特曼和被定义为

$$S(m,n;c)=\sum_{\substack{K=1\\(K,C)=1}}^{c}\exp(2\pi\mathrm{i}(m\mathrm{K}+n\overline{\mathrm{K}})/c)$$

其中,$\overline{\mathrm{K}}$ 是 $\mathrm{K}\overline{\mathrm{K}}\equiv 1(\bmod c)$ 的解. 这个和被韦尔考虑过,由于他在有限域上对曲线的"黎曼假设"(Riemann Hypothesis)的证明,他证明了假若 $(m,n;c)=1$ 有 $S(m,n;c)\ll C^{\frac{1}{2}+\varepsilon}$. 这样大致有一个 C 项的和,所有的单位模,其相约在和是 $O(C^{\frac{1}{2}+\varepsilon})$ 范围内. 这个相约的影响反馈到在筛问题中给出的双余项和上的估计. 因此伊瓦涅科能够建立许多的平均布朗－梯奇马什定理的改进形式. 对式 ⑯ 导致了可行范围 $\theta<0.638$. 事实上,对于指数和韦尔的估计有许多应用于解析数论中的反问题里,该状况更多应归功于胡利的工作. 到目前为止,通过比较,仅有少数关于多重指数和的德利涅界的应用.

在邦别里－维诺格拉朵夫定理的推广内容中,克洛斯特曼和 $S(m,n;c)$ 存在,或者它作为对 m,n 和 c 的某一平均而能够被构造出来. 自然有人会问,任何保留在这些平均中的能否从相约中得到? 例如,韦尔估计仅产生

$$\sum_{c\leqslant C}S(1,1;c)\ll C^{\frac{3}{2}+\varepsilon}$$

但是,人们对在左边的和希望得正好的估计,由于许多项 $S(1,1;c)$ 有变化着的符号. 事实上,结果是上面的

和是 $O(C^{\frac{7}{6}+\varepsilon})$，如同库兹涅佐夫(Kuznietsor)所证明的那样.这个结果由德尚勒斯(Deshouillers)和伊瓦涅科以许多方法进行了推广，以便包括对参数 m 和 n，c 平均的各种形式.如果存在许多对平均的布朗－梯奇马什定理改进的结果，其结果足够得到 ⑯，对于 $\theta<0.6563$ 而言.

正像对克洛斯特曼和韦尔的估计导致了在解析数论中许多结果的改进，这些对克洛斯特曼和的平均的许多界也同样产生了重要的影响.这个领域中，由绰号为“克洛斯特曼”的方法迅速地应用于如此大范围的许多问题，也许是最近在解析数论中最激动人心的发展.然而，必须说明的是除了少数的先驱者外，涉及证明的技术对其余人来说太严峻了.

就涉及克洛斯特曼和的这些估计和中的技术而言，认为有两点评论就足够了.第一，$S(m,n;c)$ 随着在某一模函数 $f(x+\mathrm{i}y)$ 中的系数而产生.这些函数是定义在上半平面 $\{z\in c \mid Zm(z)>0\}$，也是在 $PSL_2(z)$ 意义上的不变量；第二，能够借助于研究它们关于非欧几里得的拉普拉斯算子 $y^2(\frac{\partial^2}{\partial x^2}+\frac{\partial^2}{\partial y^2})$ 的特征函数展开式，这个算子也是在 $PSL_2(z)$ 意义上的不变量，来得到这样的函数的关于系数的信息.

· **结论**

现在，我们看一看索菲·吉尔曼准则的推广形式怎样导致了关于 $\sum_1$ 的上界式 ⑦，当筛法提供了一个关于 $\sum_2$ 的对比估计式 ⑯ 时.我们遇见了对式 ⑯ 改进有效性范围的种种技术.然而，为找到素数 $P\in S$，我们需要证明$\sum_1 < \sum_2$,以及这需要的值$\theta > \frac{2}{3}$.事实上几乎上述关于布朗－梯奇马什定理应用于$\sum_2$的研究,在对 FLT 可能的有关问题显露出现之前就被完成了.当这个新的刺激出现时,这个问题由福重新展开,他发现了对布朗－梯奇马什定理应用"克洛斯特曼"的进一步方法,而且在他做了许多努力之后的可行范围$\theta < 0.6687$.这样该问题被解决了:集S是无限的.

在过去一些年里,对布朗－梯奇马什定理的成功改进导致了估计式⑯的许多不同形式,我们提及的仅仅是一部分.特别地,0.58,0.611,0.619,0.625,0.638,0.656 3,0.657 8,0.658 7 和 0.668 7 许多值已经出现在文献中或私人通信中.由福引进的最后的值,对于r的不同范围并入了 5 个新的对$C(r)$的估计值.在解析数论中的某一领域中,许多努力花费在改进某些指数或别的内容是十分常见的事,因此上面的数据证明了这点.对于局外人来说,这能够表现出对脆弱的研究者是一个避难所,好像这种改进仅仅由多加留心,多增加研究文章的页数以及过多重复某些确定的技术.然而,事实上每一个这样的改进,不管怎样小都是个新想法.福的改进从 0.658 7 到 0.668 7 需要 5 个新想法,以此来达到增加 1.5%.然而,必须指出的是,现在的例子是迄今唯一的例证,它由许多小步骤改进的进展促使我们跨过了将产生新结果的临界阈值(也就是,在这种情形中$\theta = \frac{2}{3}$).

· 用什么来证明费马大定理? 格罗登迪克与数论的逻

辑

Colin McLarty 2010 年探究了现已发表的费马大定理证明中所使用到的集合论假设，这些假设怎样出现在怀尔斯使用的方法中，以及目前所知道的使用更弱假设的证明的前景.

费马大定理（简记为 FLT）的证明是否超出了策梅洛－弗伦克尔（Zermelo-Fraenkel）集合论（简记为 ZFC）？或者，它是否仅仅使用了佩亚诺（Peano）算术（简记为 PA）或其某个较弱的部分？这些问题的答案依赖于什么叫“证明”和“使用”，而答案目前还不完全清楚. 本章对这些问题的现状进行评述，并概述目前证明中使用的上同调数论（cohomological number theory）方法.

FLT 的现有证明为文献[1]以及一些不改变其特征的改进. 这些文献远不是自我包含的，其中大量所需背景知识只是在文献[2]这本厚达 500 页的书中才得以引进. 我们把 Wiles 在其证明中作为步骤明确引用的这些假设称为“事实上在已发表的证明中使用到的”. 现在不知道哪些假设是“原理上使用到的”，即对于 FLT 的证明从理论上说是必不可少的. 当然，在原理上使用到的比 ZFC 要少得多，大概没有超出 PA，也许比 PA 少得多.

容易引起莫名争议的问题是全域（universe），也经常被称为格罗登迪克全域. 在 ZFC 的基础上，全域是一个不可数的传递集合 U，使得 $\langle U, \in\rangle$ 以最好的方式满足 ZFC 公理：它包含每个元素的幂集（powerset），且对于任何从 U 的一个元素到 U 的函数，其值域仍是 U 的一个元素. 这就比仅仅说 $\langle U, \in\rangle$ 满足 ZFC 公理强得多. 我们不是仅说当所有量词(quantifier) 为相对 U 时幂集公理"每个集合有幂集"为真. 而是要求"对每个集合 $x \in U$,x 的幂集仍在 U 中",在这里 x 的幂集的定义中没有一个量词是相对于 U 的. 看起来像 x 在 U 内部的幂集的东西必须是在更大的集合环境中看起来是 x 的幂集. 类似地,关于函数的像集的条件也比 $\langle U, \in \rangle$ 满足相对于 U 的替代公理范式(replacement axiom scheme) 更强. 这一条件说任何从 U 的一个元素到 U 的函数,如果在更大的集合环境领域中存在,则它本身是 U 的一个元素. 这个附加的强度保证了应用于 U 中的集合的任何集合论构造,无论它是在 U 的内部还是在更大的集合论域中,都将给出同样的结果. 全域的使用常常依赖于此.

格罗登迪克证明了一个集合论学家已经知道的结果:在 ZFC 中全域的定义和以下说法是一样的:对某个不可数的强不可达(strongly inaccessible) 基数 α,U 是所有秩低于 α 的集合的集合 V_α[3]. 因为每个全域是 ZFC 的一个模型,全域或不可数强不可达基数的存在性在 ZFC 中是不可证明的. 格罗登迪克自己的全域公理设想每个集合包含在某个全域中,根据替代公理,这蕴含了真类多个(proper-class many) 与逐次增大的不可达基数相对应的逐次增大的(successively larger) 全域. 我们记 ZFC+U 为下面这个稍弱一些的理论. 即 ZFC+U 由 ZFC 加上存在一个全域的假设(或等价地,存在一个不可数的强不可达基数的假设) 组成.

所以,ZFC+U 肯定蕴含比单独的 ZFC 更多的算术命题.[①]以下事实由哥德尔(Gödel)观察得到:任何蕴含ZFC相容性的公理必定蕴含ZFC不能推出的算术命题,这是因为ZFC的相容性可以表示为一个不能由ZFC推出的算术命题.这就使得一个全域的假设与连续统假设,或其他不需要增加相容性强度或蕴含任何新算术的扩张ZFC的公理,相当地不同.但是我们将看到这个哥德尔现象对FLT不会产生影响.

本章的目的是解释以下3个事实怎样共存以及为什么共存:

1.全域对那些用于证明FLT或其他数论问题的相当明确的算术计算提供了一个环境.

2.尽管从未这样做过,通过已知手段,全域可用ZFC代替(这仍比PA强得多).

3.上同调数论中一些杰出的证明,如文献[1]或文献[4],或文献[5],事实上使用了全域.

格罗登迪克对这类大基数既不感兴趣也不认为其成问题.本章也采用了他的观点.对他来说这些基数只不过是得到其他结论的合理手段.他想将明确的可以计算的算术以一个对几何概念的排序来进行排列.他发现了在上同调中进行上述构造的方法并使用它们来进行计算,从而逃离了所有顶尖数学家们研究韦依(Weil)猜想的年代[6].他因而提供了大部分当前代数几何的基础而不仅仅是承担算术的那些部分.他在上同调虽基于全域,但在不考虑某些所需的对概念的排序时,稍弱的基础也足以应付.

---

① 在本章,"算术"始终是指1阶算术,即用PA的语言表述或在ZFC说明的PA上的命题.——原注

11.1 给出怀尔斯关于 FLT 证明中全域的一个主要使用的具体例子. 11.2 介绍在 PA 或较弱算术中证明 FLT 的可能性. 11.3 ～ 11.4 概述上同调数论和格罗登迪克的策略. 大结构问题占据了 11.5 ～ 11.7,包括 11.5 末对 ZFC 3 种逐次增强的扩张的比较. 我们引用文献[7,8] 来证明寻找原理上非必须的全域和实际上有用的全域没有矛盾. 二者均为真. 否认其中一个会引起认知上的缺失. 在 11.7 末,我们描述目前所知的关于在没有全域的 ZFC 中表达上同调的证明的情况. 这一表达肯定能在失去理论上某些系统性的情况下做到,而我们给出一种猜想中的损失不大的方式. 11.8 重新审视如何使怀尔斯的证明更接近 PA 的问题. 认真看过怀尔斯证明的人,没有谁会怀疑完全按照例行的做法,这个证明能在 PA 一个相当高阶(例如 8 阶)非保守的(non-conservative) 扩张中展开,尽管这会对理论的系统性产生巨大损失. 另有证据表明,算术中大量非常规的进展能够在 PA 一个保守的高阶扩张中(因而在 PA 中是能行的) 提供一个证明. 对于算术中目前还不可预见的进展能使证明简化到怎样的程度,我们还看不到任何限制. 11.9 提出关于数学基础的结论.

本章中将会提到两种十分不同的尺度. 我们称一个集合或结构是“大” 的,意味着它至少像某个全域那么大. 我们称之为“很小” 的结构则是最多像连续统那样的尺度. 几乎每个我们所谈论的特定结构在这个意义下,或者是大的,或者是很小的.

11.1 全域的运用

弗里德曼(Harvey Friedman)提出了一个清晰而简单的断言:“我听说在怀尔斯论文的正文中用到的文献中绝对不能回溯到全域.”但我们很快将看到,怀尔斯证明中的一篇关键文献直接回溯到了格罗登迪克和全域.

同样是 Friedman 或另一个未提及名字的专家排除了任何全域的实际作用:“任何理解这些证明的人都自始至终考虑很小的结构.”在大多数情形,这是正确的,而且对上同调数论是重要的.格罗登迪克创造了十分灵活的大的上同调结构,人们可以十分顺利地通过它们来得到算术而同时几乎不考虑这些结构.

当一个数论学家开始进行活跃研究时,他也许被好意地劝告,首先从 SGA 4 及相关文献去熟悉研究大结构的定理,特别是算术和几何,而不是长时间徘徊在这些定理的证明中 —— 直到他需要证明其中一个定理的修正形式.马祖尔(Barry Mazur)向我指出了这种策略,他强调,任何一个实际带有这些想法工作的人,随着时间的推移,将修改许多一般性的结果,从而需要熟练掌握大结构定理和大量小结构的算术.事实上,能够理解证明的人只是常规地引用已发表的大结构定理,而很少有人修改证明使之包含新的情形.

怀尔斯解释,他对证明的探索曾经怎样被一个特殊的算术问题所打断.他说,当这种探索把他引向两种上同调不变量时,“此处的转折点,实际上也是整个证明的转折点来到了”“我意识到,由泰特(Tate)关于格罗登迪克对完全交的对偶理论的说明,这两种不变量

是相等的"[1]. 证明的主要部分(p. 468—487)引述了来源:

"当前用到的对偶性叙述的概要,参阅文献[9]. 要详细证明这种约简,见文献[9]中的论证."

Mazur 并没有提供完全的证明,但是引用了文献[10],我们将它简记为 EGA III,以及文献[11],后者引用了 EGA III 的同样部分. 格罗登迪克和 Dieudonné 用了局部小范畴之间的函子范畴(p. 349). 从 ZFC 的观点来看,这些局部小范畴是真类. 真类之间的一个函数是一个真类,所以两个真类之间的函数的任何"集合"是一族真类. 我们称这样的一个族(collection)为一个超类(superclass).

如果我们考虑使得秩的增加尽可能小,则选取适当的细节,我们可以说,在 ZFC + U 中,局部小范畴有和全域 U 有相同的秩,而它们之间的函子范畴是秩高出 1 的超类. ①在 ZFC + U 中以这种方式尽量限制秩的提升实际上是没有意义的,这是由于 ZFC + U 中对每个序数 β 都有比 U 的秩高出 β 的集合;但如果我们想考虑 ZFC 较弱扩张的话(只增加真类和其上高出一个限定数量下的秩),这将是非常关键的. 无论如何,这不是我们增加秩的终点,因为这些超类范畴的范畴运算意味着将它们置于更高秩的范畴中. 格罗登迪克的基本原理,正如他在以书的形式出版的 EGA[12] 第 0 章 p. 1 所说,就是全域.

---

① 定义范畴为一个箭头的类上的合成算子. 如果把范畴定义为一类箭头和它上面的合成算子的库拉托夫斯基(Kuratowski)有序对,则局部小范畴的秩比 U 高出 2. —— 原注

文献[1]和文献[9]把注意力集中在很小的结构上. 这些结构是有限的,可数的,或最多是连续统尺度的. 但他们用了文献[10]把那些很小的结构置于大结构内部而证明的一般定理. 这些定理至今仍被广泛征引,而且还被文献[13]利用全域证明.

德利涅和 Rapoport 在表达和证明他们的结果时解释说,“这些技巧提供了系统性的手段”. 包括格罗登迪克和 Dieudonné 在内的所有作者都知道,可以使用与具体应用相关的技术性细节和累赘论述,来替代系统性证明,从而使得这些定理中对算术中任何给定的应用都已足够的那些部分可以在 ZFC 内部叙述. 作者们更喜欢系统性的手段,因为现在材料已经够长了.

11.2 较弱证明的前景

Angus Macintyre 设计了一个程序来将对于文献[1]极为重要的模块性论点(MT)表示为算术的一个 $\prod_1^0$ 命题,并论证它在 PA 中是可证明的. 这个程序可以导出 MT 的一个 PA 证明,而且还有可能导出一个不用 MT 的 FLT 证明. 它需要算术中大量的新工作. 虽然它紧密地依赖于文献[1],但不是能仅靠例行的改写原证明得出.

Macintyre 指出,怀尔斯的证明中引入的如 p 进数,实数,以及复数这样的分析或拓扑结构,是经由对整数环或有理数域这类结构进行完备化得到的. 这一过程可在 PA 中说明. Macintyre 概述了怎样用 PA 中的有限逼近来代替证明中许多完备化的运用. 他证明了怎样应用算术和模型论中的大量已知结果产生来得到适用于特定情形的逼近. 他还明确提出了另外一些需要目前尚未知的数值界的情形. 这种类型的定理可能极难. 他注意到,甚至连常规情形也可能需要大量工作以至于"持有某些元定理(metatheorem)是有用的". 这个规划的工作量极大. 如果用元定理能够达成目标,则沿同一方向的进一步发展也许能但也许不能使我们最终用 PA 中的一个清晰证明来替代这些元定理.

我们熟知这样的情形:更初等的证明通常需要更精妙的计算. 这些计算常常揭示出更多信息. 这个证明往往也更长. 即使在得到显式证明是一种无效劳动的情形下,通过证明它的存在,我们也能获得很多. 对于 FLT 来说,困难在于目前已知证明的规模. 文献[1] 给出 84 篇参考文献. 其中许多是怀尔斯必需的步骤. 它们自身大多数都不短. 而且它们也依赖于其他相当高级的文献.

Harvey Friedman 猜测 FLT 在指数函数算术(简记为 EFA)中是可证明的. 参阅文献[14]①目前还没有独立的证明策略. 也许最有希望的是从 Macintyre 的程序开始,只要在一定程度上它是成功的,就试着将其也应用于 EFA.

比起 PA,对于 EFA 来说,我们的上述论点更加成立,这是因为从证明论的角度来说,EFA 要弱得多. 我们可以将其用 Avigad 的话来说[14]. 某人某日可能在还不能给出任何独立的"在 EFA 中定理证明的非形式化描述"时,却能"非形式化地证明在 EFA 的某保守

① EFA 是只允许没有量词的归纳法,取后继运算,加法,乘法,以及求幂作为二元算子的 1 阶算术. ——原注

扩张中存在形式化的定理证明的."用我们自己的话来描述这一情形:保守扩张是事实上用到的,而 EFA 是原则上用到的.我们可能终将知道 FLT 的 EFA 证明存在,尽管这一理解依赖于实际上在保守扩张中描述的证明.

有些人把我看成是格罗登迪克方法的"支持者",并得出结论说我反对从较弱的原理来寻找证明.这个前提大体上是对的,结论却是荒谬的.我不反对寻求任何证明.但下列事实是改变不了的:怀尔斯给出了 FLT 的第 1 个且是 15 年唯一知道的证明,而这一证明引用并依赖已发表的明确使用全域的论证. Macintyre 也没有以任何方式反对这个证明!在 Macintyre 的程序和格罗登迪克的方法之间存在共鸣,而不是对抗.文献[15]反复鼓励模型论专家多去注意那些方法.①

寻找最弱的足以用之证明 FLT 的分离和归纳原理是非常美妙的,但数论研究生的讨论班上甚至不会教到这些原理.以数学史为鉴,我们可以肯定,随着时间的推移,FLT 的证明会被大大简化,但这不等于寻求所需的最弱的逻辑原理.在可预见的将来,对任何 FLT 的使用较弱算术理论的证明,最可能发生的情况是,首先我们发现了一个新证明,之后通过对这一使用较强逻辑的较短证明应用元定理并加以修改,我们将这一新证明变为所求的使用较弱理论的证明.可以说在这个意义下,文献[1]中是一个短的证明.

① 例如,topos theory on p. 197 及 Grothendieck's Standard Conjectures on p. 211. ——原注

11.3　上同调数论的思想

在过去的 50 年间，利用某些称为概型(scheme)的空间，数论以算术代数几何的形式取得了巨大的进步. 这要追溯到黎曼、戴德金和克罗内克把代数数理解为黎曼曲面上的函数，但它依赖于塞尔(Serre)和格罗登迪克在 1950 年代创建的上同调工具. 从集合论角度来说，定义概型并不比定义诸如微分流形或黎曼曲面的其他类型的空间更难，但我们这里将跳过所有细节. ①

任何一组有限个多变量的丢番图方程定义一个概型，实际上是称为谱(spectrum)的一种特殊情形，而一般概型是把相容的谱放在一起修补而得到，正如一个微分流形把 n 维实坐标空间 $\mathbf{R}^n$ 的一些部分修补而成一样. 当一个概型 X 由一个拓扑空间加上某个代数结构表示时，它的点对应于特定形式的 X 的方程. 显然，如果给出整系数多项式方程，则概型在有理数上建立相应的方程，以及对每个素数 p，相应的模 p 的方程. X 的代数和拓扑表达了这些方程包括它们的解的全部信息 —— 用上同调完美显示的一种形式. ②

对概型最简单有用的上同调依赖于概型 X 上模的凝聚层 F 的概念. 将一个层 F 考虑为一个整个 X 上的算术问题. 最简单的问题是“选择一个数”，我们这样理解，在 X 的某些点上，“数”可以是指一个有理数，但

① 文献[16]作了简单介绍. 文献[17]比较了概型的两个分别利用函子或拓扑空间给出的集合论定义. —原注

② 概型创造出来是为了与上同调一起工作[18]. —— 原注

在其他点上，它可以指的是一个模 p 的整数，对某个依赖于这个点的素数 p.

我们在这个简单粗略的例子停留片刻，令 $x \in X$ 为一个点，其中“数”是一个有理数，$y \in X$ 是附近的一个点，其中“数”是模 7 的一个整数. 注意有理数 n/m 有一个合理定义的模 7 整数值，只要表为既约形式的分母 m 不被 7 整除. 我们问题的一个局部解是在某个区域 $U \subseteq X$ 中每个点有一个“数”的相容选择，其中相容性的一个典型要求是：如果在点 x 选取有理数 n/m，则这个有理数 n/m 模 7 的值必须是在点 y 的选择. 在这个意义下，我们必须在点 x 和 y 选择“同样的”解，尽管一个是有理数而另一个是模 7 的整数.

如果把任何层 F 考虑为放在整个 X 上的一个问题，则 F 的一个局部瓣就是在某个区域 $U \subseteq X$ 每个点相容的解的一个选择，而 F 的一个整体瓣是在整个 X 上变化着相容性的一个解. 换句话说，整体瓣是 $U = X$ 为整个概型的特殊情形的一个局部瓣. 相对地说，在小区域中做某个问题比较容易，而重要的是在整体上做.

上同调起初是描述拓扑空间（例如黎曼曲面）的洞[19]. 一个黎曼曲面 S 的 1 阶上同调群 $H^1(S)$ 就是用度量 S 上一个形式沿着不同路径的积分有多大差别的方法，来计算 S 中洞的个数. 如果一个全纯 1－形式 α 沿 S 中一条路径的积分与同一个形式沿同样端点的另一条路径的积分不同，这两条路径必定包围至少一个洞. 知道了单个全纯 1－形式 α 在 S 上沿不同路径积分可以得到多少个不同结果，就告诉我们有多少个洞. 曲面 S 的这个特征通过深刻的定理，如黎曼－罗赫(Riemann-Roch) 定理，控制着 S 上大量复分析问题.

一个概型 X 的上同调可以度量从局部解过渡到整体解的障碍. 依赖于以 X 上的层 F 的形式提出的"问题"的选择,可以有不同方法把 F 在 X 的两个重叠小区域上的局部解修补在一起,它们在任何 3 个互相重叠的小区域上相容,但它们以不同路径围绕 X 游走时却给出不同的累积结果 —— 所以它们并非在整个 X 上同时相容 —— 就像把一个型 α 在黎曼曲面 S 上两个端点之间沿不同路径积分方法的不同可以给出不同的结果. 这样的修补给出局部解,而不是整体解. 1 阶上同调群 $H^1(X,F)$ 就是度量在空间 X 上解问题 F 时这种情形有多少不同的方式发生,从而以表示出 X 上大量算术的方式,对 X 的"形态"给出某种度量. 更高阶的上同调群把这更加精细化.

这听起来可能有点奇怪,但它的确给出了通往具体情形下的算术信息的一条条理清楚的途径. 怀尔斯通过凝聚上同调以及其他下面要涉及的更复杂的上同调,得到了他的通道. 使人感兴趣的层和上同调群通常很小. 它们最多是连续统尺度的,但却包含了相当复杂的信息. 甚至在转向曲线或高级空间之前,0 维单个点的算术概型的上同调就已经包括了所有代数数域的伽罗瓦理论.

11.4　格罗登迪克的策略

"我们将不理会任何集合论的困难. 通过使用全域的标准论证,这些困难总是能被克服. "[20]

逻辑学家抱怨人们草率地诉诸集合论的威力,例如援引选择公理来说明有理数域有代数闭包. 它需要用选择来证明所有域都有代数闭包. 好,严格地说,相对于 ZF,它想要的是比选择公理弱的布尔(Boole)素理想定理.代数教科书很少说得那么精细.无论如何,对于可数的域如有理数域,整件事没有必要这样复杂.

对逻辑学家,自然要质疑:代数几何需要多大的集合.也许,这些理论被构建为包括任意大但实际并不感兴趣的概型?① 但不,那不是理由.甚至小概型和层也引入大的集合,这是因为下面这个逻辑学家应当感兴趣的观点:格罗登迪克对处理极其复杂的算术数据的策略是在之前从未见过的尺度下创造精确的梳理工具——或,更准确地,除了梳理集合整体全域的集合论和范畴论中,甚至对非常小的概型,格罗登迪克也用我们将要描述的方式把它放进巧妙选择的大环境中,并不是所有数论学家都喜欢这种观点,或是愿意思考这个问题.那些数论学家只是使用他和他的学派的定理.

格罗登迪克定义概型 X 上任何模的层 F 的上同调使用的并不是 F 内部细节,而是 F 对 X 上所有其他层的关系.只有当被特定的运算需要时才会用到细节.用格罗登迪克自己的话来说,他处理了 X 上的层的"巨大的兵器库",即"它那'就在你眼前'那样显而易见的结构,也就是'范畴'的结构"[21].他在文献[22]中就已这样做了,那是数学中被引用最广的文章之一.给定了一个空间 X,他选取相关空间和空间上层的一系列范畴,作为他的简单而清晰地组织起来的用以引导

① 有些人想弄清这是不是 Hartshorne 用"极度一般性"[23]的意思,事实上,他指的是放弃对诺特环的限制,这一限制与尺度没有太多关系.诺特环可以是任何尺度的,而非诺特环可以是任何无限尺度的.——原注

关于 X 证明的工作区域.

他将"从一个'单纯的'(naive)观点来接近这些范畴,如同处理集合那样"[12].他的目标不是探寻强的集合论公理.相反,格罗登迪克的目的是使他的几何保持如他所说"幼稚的……无法矫正的纯真(naivete)"[21].但在布尔巴基(Bourbaki)的集合论上初步工作后,Dieudonné 和格罗登迪克两人都知道这些范畴在朴素的 ZFC 基本原理下是真类,而且他们也都知道塔斯基(Tarski)的不可达基数.所以格罗登迪克决定:"为了避免某些逻辑困难,我们将接受大全域(Universe,首字母大写)的概念,它是一个'足够大的'集合,使得其中的惯常集合论的运算不能超出它"[24].

11.5 超出 ZFC 的第一步

没有人会在不精通标准的研究生教科书[23]的情况下,去尝试理解文献[1].作为 Hartshorne 书的中心,第Ⅲ章在上同调上花了 80 页,这些将用来证明该书其余部分的所有几何结果.他假设通常同调代数的基本定理在研究生教材中没有被证明,并且适于他的目的,他同样也不加以证明.唯一一个他列出的证明的来源是 Freyd 的书《阿贝尔范畴(*Abelian Categories*)》,该书含糊地描述了其基础为"一种集合论的语言,例如"莫尔斯—凯利(Morse-Kelley)集合论(MK),但该书也在至少一种情形超出这个范围[25].下面的 11.5.1 会对理论 NGB,MK 和 ZFC+U 进行比较.

根据格罗登迪克的策略,Hartshorne 利用整体瓣函子的导出函子,定义了 X 上模的层 F 的上同调群无限序列

$$H^0(X,F),H^1(X,F),\cdots,H^n(X,F),\cdots$$

整体瓣函子 Γ 从 X 上模的层范畴 $\mathfrak{m}_{\mathfrak{ob}}(X)$ 映到阿贝尔群的范畴

$$\mathfrak{m}_{\mathfrak{ob}}(X)\xrightarrow{\Gamma}\mathfrak{Ab}$$

它把 X 上模的层 F 映为其整体瓣群 $\Gamma(F)$.

导出函子有几个等价的定义，Hartshorne 在联系到特殊问题以及为理论目的时将它们结合起来使用. 最简明的定义是说导出函子是一个通用 δ—函子(universai δ-functor)[23]. 对我们不太重要的特殊情况有以下形式：

1. $\mathfrak{m}_{\mathfrak{ob}}(X)$上一个 δ—函子 T^* 是一个无限通常函子序列 $T^i:\mathfrak{m}_{\mathfrak{ob}}(X)\to\mathfrak{Ab}$ 的，$i\in N$，加上与 $\mathfrak{m}_{\mathfrak{ob}}(X)$中正合序列有某种关系的自然变换 δ^i.

2. 一个态射 $\eta^*:T^*\to S^*$，其中 S^* 是 $\mathfrak{m}_{\mathfrak{ob}}(X)$上另一个 δ—函子，是一个适当的自然变换的无限序列 $\eta^i:T^i\to S^i$.

3. 称 $\mathfrak{m}_{\mathfrak{ob}}(X)$上一个 δ—函子 U^* 是通用的，当对任意 δ—函子 T^*，每个通常函子的自然变换 $\eta^0:U^0\to T^0$ 恰能扩张到一个 δ—函子的态射 $\eta^*:U^*\to T^*$.

在 ZFC 中，范畴 $\mathfrak{m}_{\mathfrak{ob}}(X)$和 $\mathfrak{Ab}$ 以及它们之间的函子都是真类. 上面的这些定义需要量词取遍所有函子. 也许，在文献[23]中的每件事情都能在 NGB 中被形式化，尽管像将在下面的小节 11.5.1 中指出的那样，NGB 对诸如数学归纳法等熟悉的思想设置了限制. 除了那些限制，在 NGB 中把这些数学形式化还需要围绕某些关于自然的真类族的赘述.

通用 δ—函子的这个刻画显然定义了一个范畴，其对象是 $\mathfrak{m}_{\mathfrak{ob}}(X)$上的 δ—函子，而态射是它们之间的箭头. 事实上，通用 δ一函子被称为通用的，因为它们是以 δ一函子为定义域的范畴的某个函子的通用对象. 也就是说，这个函子把每个 δ一函子 T^* 映为它的零部分 T^0. 这是这一学科中考虑问题的通常方式. 但 δ一函子和态射的范畴是一个超类，它的每个对象和箭头都是真类. 这样的超类范畴在教科书中通常是隐藏在文字中而从不明确提出的. 这就是我说赘述的意思.

超类范畴在更高级的文献[26]中被明确提出. 该书用导出范畴定义了 δ一函子性，其中导出范畴的每一单个的态射是一个真类. ①Hartshorne 对这些超类使用量词，而同时理所当然地完全隐藏了集合论.

关于 δ一函子范畴的思想是那么明显，毫无疑问，它能安全地被隐含保留. 每个 δ一函子范畴仍是真类的一个超类. Hartshorne 的教科书合理地省略了这样一些议题. 该书明确使用的语言只是超出 ZFC 一些，即 ZFC 的保守扩张 NGB. 如果一旦全域变得不那么令人担心，也许在研究中用到的组织得更有条理的函子工具将更容易被学生们接受.

11.5.1　ZFC 扩张之比较

由于假设一个包含所有集合的类 U 的存在，NGB 和 MK 都扩张了 ZFC. 于是，U 自身不是一个集合；设想 U 有许多子类，这些子类作为集合也“太大”，因而被称为真类(proper class). 真类的元素是集合，而且没有一个真类是 NGB 或 MK 中任何一个族的元素. 重要区别是 NGB 在定义一个类时只允许对集合使用

① 文献[27]中对她的工作给出一个哲学说明，其使用了同一个分式范畴的技巧处理一个从集合论来说较小的几何问题. ——原注

量词,而 MK 还可以对类使用量词来定义一个类.

ZFC 的任何模型 M 有一个到 NGB 的极小扩张模型 M'. 在模型 M 外工作,我们可以构造一个族 $|M'|$,其由所有 $|M|$ 的在 ZFC 语言中用 M 中参数可定义的子集组成. 当然,$|M|$ 中的每个集合 α 由公式 $x_1 \in \alpha$ 定义了它自身,所以 $|M| \not\subset |M'|$. 以这个较大的域和自然的成员关系,建立一个模型 $|M'|$. 所有那些在 M 中不存在的可定义子集成为 M' 中的真类. 由于真类不能用于指定 NGB 中任何集合或类,因此 M' 已是 NGB 的一个模型,而不需要再重复扩张. 集合之间的关系在此过程中未作改变,所以任何在 ZFC 的模型 M 中关于集合的为真的叙述,在 NGB 相应的模型 M' 仍为真.

于是,NGB 是 ZFC 一个保守扩张,故不能证明 ZFC 的相容性. 文献[28]中精确地描述了关键的事实:NGB 可以用所有集合构成的类 U 来表达对 ZFC 公示的哥德尔编码的真值谓词,但这一谓词使用了一个对类的(存在)量词. 所以在 NGB 中,这个谓词不能定义一个由"真实"公式的哥德尔编码构成的集合或类. 由于利用这个谓词的公式不能在 NGB 中定义集合或类,数学归纳法也不能应用于它们,所以 NGB 用这个谓词几乎做不了什么,而且它显然不能用来证明 ZFC 的相容性. 而 MK 公理允许类的非直谓定义,因而能用这个真值谓词来证明 ZFC 的相容性.

ZFC+U 这个扩张则要强得多,因为它使全域 U 成为一个集合,其有幂集 $P(U)$,这个幂集又有相应的幂集 $P^2(U)$,等等,对每个序数 β,可以得到更高秩的 $P^\beta(U)$,通常写为 $V_\beta(U)$. 根据定义,U 是 ZFC 的模型，而且可以直接验证幂集 $P(U)$ 是 MK 的一个模型. U 中秩低于 U 的子集事实上是 U 的所有元素，且在 MK 的这个模型中作为集合出现，而与 U 有相同秩的子集则作为真类出现.

11.6　格罗登迪克全域

我们已经看到一本标准的教科书利用了 NGB 并暗示了真类构成的超类. 在应用中引用的高级结果利用了类的非真谓定义，这意味着 MK，而不是 NGB. 其他标准文献利用了超类的一种非直谓理论. 这还是比 ZFC+U 弱得多，但是能弱多少则没有可确定的限制，而且也确实没有理由去记录它. 任何试图把数论的逻辑假设极小化的人，原则上都可以用比 ZFC 少得多的东西. 走到 ZFC 之外的理由是，对已发表的证明提供一个安全简单的基础.

和格罗登迪克一起，我们将全域作为把所有感兴趣的范畴当作集合来处理的一种单纯的方法. ①我们避开作为 NGB 和 MK 核心的关于集合和真类的区别，更不用说只差 1 阶的超类和真类的区别. 我们避免讨论可定义性，它们被援引来说明什么时候超类变量可用真类上的明确构造来代替. 可定义性问题对某些问题可能是极有价值的，但我们可以只看那些有价值的情况，而不是把可定义性放进基本原理中. 我们的基本原理 ZFC+U 只是说有一个集合 U，带有一些自然

① 关于采用全域的最近一次数学讨论，参阅文献[29]，并注意许多全域是作为强不可达基数而存在. Lurie 遵循通常的做法，只假设“足够多的”逐次大的全域，而不去跟踪想要多少. ——原注

的闭性.

格罗登迪克最喜欢宣称的使用全域的理由是函子范畴.①对范畴 $\boldsymbol{A}A$ 和 $\boldsymbol{B}$,他构建所有从 $\boldsymbol{A}$ 到 $\boldsymbol{B}$ 的函子的范畴 $\boldsymbol{B}^{A}$. 我们已经看到它们在 EGAⅢ中的使用隐藏于文献[1]一个关键步骤之后. 依赖于我们怎样用集合来定义范畴,在集合论的意义下,其任何使用都是在比 $\boldsymbol{A}$ 和 $\boldsymbol{B}$ 高 1 或几个秩. 不过,当接下来我们对另一个函子范畴 $\boldsymbol{C}^{(\boldsymbol{B}^{\boldsymbol{A}})}$ 时,可能还需要更高的秩. 格罗登迪克倾向于把所有这些都作为集合来处理. 而全域 U 使他能够这样做. 只要初始范畴不比 U 大(从 ZFC 的观点,它们不比真类大),则所有有限次迭加的函子范畴都将是 ZFC+U 中的集合.

集合论意义下大的场所(site)处于在原始的算术应用和一般理论的交接点上. 拓扑空间的上同调利用 T 的所有开子集的集合 Ouv(T)处理任何拓扑空间 T,这些构成那个上同调的场所. 它们构成一个不大于 T 的点集的幂集的集合. 如同上述 11.3～11.5 描述文献[23]中所做的那样,文献[1]在这个框架内工作. 但芒福德(Mumford)和文献[30]给出一个优美的简要说明,即原始的算术应用怎样运用一个概型 X 的艾达尔(etale)上同调,它用艾达尔映射 $X' \to X$ 代替 X 的开子集. 它们共同构成对 X 微小的(petit)艾达尔场所. 这里的单词"petit"是针对重大的(gors)和微小的

① Grothendieck[12]机敏地承诺 Claude Chevalley 和 Pierre Gabriel 将在 2000 年给出一个最终处理. 在那之前,他提供了自己的文献[22]作为替代,他也注意到即使对于他的目的,这也是非常不完全的. ——原注

艾达尔场所之间的代数－几何区别. 它不是基于集合论的尺度来考虑的. 从 ZFC 的观点，一个概型的微小艾达尔场所不是一个集合，而是一个真类. 格罗登迪克提到几个技术性的诀窍来避免这些真类，也提到这些诀窍在实践中的不方便，并断言这个集合论的大场所是适合于艾达尔上同调的(SGA 4，p. 307).

集合论的大场所的运用以真类代替了 11. 3～11. 5描述的许多集合，因此以超类代替了这几节中的大多数真类. 它以 ZFC 上的你可以任意命名的高于 ZFC 3 秩的超类族代替了我们谈到的所有超类. 像之前一样，如果目的是寻找在原理上足以给出算术证明的最弱逻辑，则这些都是不必要的. 在此我们有不同的目的，即把证明形式化为它们发表时的那样. 当你已经越过 ZFC 时，就没有理由因不使用全域而止步.

11. 7　德利涅和 SGA $4\frac{1}{2}$

德利涅[7]对艾达尔上同调提供了一种专家级的介绍，从而鲜少提到高级技巧. 奇怪的是，有些人认为这本书使德利涅关于 Weil 最后猜想的证明独立于全域，也独立于别的 SGA.

该书明显地用了集合论大场所[7]，也以其他方式隐含地用到了全域. 其目的是“比 SGA 4 更清楚…但并不断言给出一个完全的证明”(p. 2). 对诸如庞加莱对偶性和迹公式这样的必要步骤的证明，德利涅引用了他自己在 SGA 4 中的论文，其中明显地用到了全域. 该书意在对德利涅关于 Weil 最后猜想的证明给出一个充分的工作背景，其仅仅包含基于拓扑空间的某种上同调加上“一些信念”(un peu de foi)(p. 1). 但德利涅从未暗示过信念最终会代替证明.

虽然德利涅经常使用全域,他在交谈时强调它们只是便利的工具,在技术上是可以用 ZFC 代替而消除的.在实践中用到一般定理总是可用小场所上的独特的层给出(其中"小"是指在 ZFC 中证明性地存在),甚至不用去看整个层的范畴,更不用说它们的范畴的范畴,等等.这是一种从数论或其他任何地方中的格罗登迪克上同调把全域的使用消除的诀窍.尽管在实践中很明显可以做到这一点,在文献中却没有这样做过,而且这些从来没有被陈述为一个精细的元定理.任何对此感兴趣的人应该尝试一下给出这个元定理.

利用这样的手段,杰出的上同调证明如文献[4],或文献[5],或文献[1]都不需要走出 ZFC.但事实上已经完成并发表的这三者都用了格罗登迪克的工具.他们或者引用了 EGA 和 SGA 中利用全域的证明,或者引用了采用这些证明的原始资料.

关键在于数学不仅仅是技巧性的.文献[8]解释了格罗登迪克高水平系统性的实际价值,特别是拓扑斯(toposes)的价值.他解释说,格罗登迪克不会去描述单个的结构,而是去描述一个范畴,它构成围绕所有单一结构的工作场所.格罗登迪克不仅对每个非常小的在几何或算术上合理定义的交换环定义了概型,而且对所有交换环定义了概型:

"如果让每个交换环定义一个概型的决定会引起各种怪诞的概型,那么允许这样做就会提供了具有良好性质的一个概型的范畴."[8]

这一范畴是一个容易且自然的研究概型的手段.而格罗登迪克不仅仅在一个给定概型上非常小的在几

何或算术上合理的层上工作，而且在这个概型上所有层的拓扑斯上工作，因为这导向上同调作为一个 δ—函子的正确而自然的定义：

“格罗登迪克已经证明，给定层的一个范畴，就产生了上同调群的概念.”[8]

在最近一次谈话中，德利涅对母题(motives)给出了同样的观点：格罗登迪克并不寻求用内部细节来定义母题，而是用它们在母题的范畴中的内在关系来定义. 参阅文献[31].

就是这一策略造就了当代的上同调数论. 目的根本不是定位大范畴. 而是定位适当的范畴，从而可以像处理集合那样来处理它们. 目前已知的唯一简单的概念上的方法就是利用全域——从原理上这是可以消除的，要付出的代价是使工作复杂化.

11.7.1　一个对元定理的可能策略

也许，用“小全域”代替全域，格罗登迪克上同调理论的总体性质可以在 ZFC 内部保留. 小全域是指集合 V_β，其中 β 是在 ZFC 中可证明存在的极限序数. 它们可以作为除去替代公理范式外的 ZFC 的模型. 但为了可以开展工作，这个极限序数 β 必须大到足以包括所有超限归纳法所需要的范围，尤其在证明中某些范畴有“足够多的内射模”时[22]. 如果能在 ZFC 中证明，对于任意给定的场所，某个极限序数 β 足以界定对那个场所的上同调所需要的所有归纳法，则利用替代公理，存在适当的 β，对任何场所集合都适用. 而上同调数论中每一单个的证明最多只用到一个场所集合. 所以，如果这个困难能被克服，则这些证明中的每一个都可在 ZFC 内部给出，而不会对证明在理论上的系统性造成任何感觉得到的损害.

11.8 函子性和弱证明

任何人都愿意尽其所能地来精简数论(或任何数学)中的任何证明.对许多数论学家来说,这包括了弃用函子工具.所有数论学家都参与了 Lenstra 解方程的目标,但许多人并没有分享他的乐趣:

"Hendrik Lenstra 在会议演讲中再次说明,他在 20 年前坚定地认为他确实想解丢番图方程,但他确实不想表示函子 —— 而现在他为发现自己为了解丢番图方程而表示函子感到很开心!"[32]①

有趣的东西是真实的.函子使算术变得容易就是证据.事实上,从现在来看,是函子使得怀尔斯的证明变得可能.

在怀尔斯的证明以及大量其他数论问题中的主要函子工具是群的上同调.②它对每个群 G 以及带 G 作用的阿贝尔群 A,指定了上同调群的一个无限序列

$$H^0(G,A),H^1(G,A),H^2(G,A),\cdots$$

Washington[1997,p.103] 解释了怀尔斯的证明怎样主要用了前 3 项 $H^0 \sim H^2$,描述了它们具体的算术意义.同时,他解释了这些群怎样作为一个无限函子序列 H^n 中函子 H^0,H^1,H^2 的值而出现,与拓扑上同调极其相似.

① 引文有误,原文为"…,and that he DID NOT wish to represent functors…"— 校注

② 关于这个上同调的起源,参阅文献[33]以及更多历史细节见文献[34].—— 原注

看过证明的人都不怀疑这个上同调，和文献[1]的其余部分，当在比自然数秩大出 7 或 8 的集合上工作时，可以常规地展开. 虽然同时它会对理论系统性产生目前未知的损害. 这一过程不需要解决任何新的算术问题，而只需消除上同调中目前还未知的大量的一般定义（当然，它们互相嵌套而出现），并替代为适用于算术中特定应用的形式. 这种常规的消除比 Macintyre 的规划弱得多，因为它用了强得多的逻辑. 它对每个秩都假设完全分离，并对归纳法中使用的公式不加限制.

Macintyre 给出下列强得多的关于上同调的论断"根本没有证据显示基的改变或迹公式有任何本质上高阶的内容"时[35]. 这些定理每一次的使用都代表了算术中一次相当明确的计算. 这些使用很可能要么在 PA 自身中展开，要么能在 PA 的一个高阶的保守扩张中被证明，此时这一扩张中对归纳法和分离公理确有类似文献[30]的限制. 这就解决了 Macintyre 的关于 FLT 和哥德尔现象无关的断言——即其与任何需要比 PA 更强公理才能得出的算术事实无关.

Macintyre 提出了证据，而且说明他的断言如何需要用算术中大量进一步的工作来验证. 这个工作可以是非常有启发性的，而且很可能是不容易的. 除了对使用全域的一般定理以外，最具体的对群上同调的需求出现在当它们面对高于自然数集几个秩的集合时. H^1 的一个具体版本是从一个伽罗瓦群到它的数域的交叉同态的等价类的群. 在 PA 或到 PA 的一个高阶保守扩张中得到关于这个群的必要事实将不是常规的练习. 它将要求严肃的新算术.

11.9 基本原理

“基于原理的意义不是为了任意地限制探究，而是要提供一个框架，从而我们可在其中合理地执行那些从数学上说是有趣和有用的构造和运算.”

——Herrlich and Strecker[36]

“真正有趣的基本问题是在整数中寻找大全域的真不可移除性(genuine unremovability). 事实上，目前我们还未能找到关于有限秩集合的任何陈述，使得其导出大全域的真不可移除性！这是因为，例如关于实数投影集合的正规性质要么能在 ZFC 中证明，要么需要远在大全域之外的大基数.”

——Friedman post Apr 8, 1999 on FOM①

文献[1]中的大量注释和索引在某一天可能不再受重视，而以 PA 更直接的使用来代替. 这将极不容易，而且我们不可能知道离这一天还有多远. 同时，将有关函子的内容变得更灵活和更容易被接受——用格罗登迪克的术语，更“单纯”——的进程将会继续. 这也一样极不容易，而且我们同样不可能知道离这些还有多远. 不论逻辑学家怎样考虑它们，这两个计划将继续进行，就如它们正在进行的那样. 它们都将推动算术的发展.

虽然如此，目前来说，我们还是必须求助于高水平的系统性，就像怀尔斯所做的那样，因为他需要用之完成证明. 我们被引向 EGA III，SGA 1 和 SGA 4，因为

① 引自 FOM 电子邮件列表，Friedman 题为“利用全域？专家再次评述”的邮件，1999 年 4 月 8 日. ——原注

它们是怀尔斯证明的源头.我们抵达了全域.

我们想就基本原理再多说一点.我们研究了什么逻辑在数学中是合理的.我们试图证明或驳倒关于有限秩集合的陈述的各种强集合论公理的真不可移除性.我没有打算为 Friedman 关于这一点的笼统断言辩护,但我完全同意上同调数论并没有提供全域的这种不可移除性.我怀疑任何对这个学科有兴趣的人会认为这可能发生.然而这一数论利用全域提供了大量合理的,有趣的和有用的构造和运算——如果我们同意文献[1]事实上所用的一切都是使用的,有趣的和有用的.

参考文献

[1] WILES A. Modular elliptic curves and Fermat's Last Theorem [J]. Annals of Mathematics, 1995,141:443-551.

[2] CORNELL G. SILVERMAN J, STEVENS G. Modular forms and Fermat's Last Theorem[M]. Springer-Verlag, 1997.

[3] ARTIN M, GROTHENDIECK A, VERDIER J L. Theorie des topos et cohomologie etale des schemas [M]. Seminaire de Geometrie Algebrique du Bois-Marie, 4, Springer-Verlag, 1972, three volumes, generally cited as SGA 4.

[4] DELIGNE P. La conjecture de Weil I[J]. Publications Mathematiques. Institut de Hautes

Etudes Scientifiques,1974(43):273-307.

[5] FALTINGS G. Endlichkeitssatze fur abelsche Varietaten uber Zahlkorpern[J]. Inventiones Mathematicae, 1983,73:349-366.

[6] OSSERMAN B. The Weil conjectures[M]. Princeton companion to mathematics (T. Gowers, J. Barrow-Green, and I. Leader, editors), Princeton University Press, 2008.

[7] DELIGNE P. Cohomologie etale, 1977, Seminaire de Geometrie Algebrique du Bois-Marie; SGA 4 1/2, Springer-Verlag. Generally cited as SGA 4 1/2, this is not strictly a report on Grothendieck's Seminar.

[8] DELIGNE P. Quelques idees maitresses de l'oeuvre de A. Grothendieck[M]. Materiaux pour l'histoire des mathematiques au XXe siecle (Nice, 1996), Societe Mathematique de France, 1998, 11-19.

[9] MAZUR B. Modular curves and the Eisenstein ideal[J]. Publications Mathematiques. Institut des Hautes Etudes Scientifiques, 1977,47:133-186.

[10] GROTHENDIECK A, DIEUDONNE J. Elements de geometrie algebrique III: Etude cohomologique des faisceaux coherents[M]. Publications Mathematiques. Institut des Hautes Etudes Scientifiques, Paris,1961.

[11] DELIGNE P, RAPOPORT M. Les schemas de

modules de courbes elliptiques[C]. Modular functions of one variable, II, Lecture Notes in Mathematics, vol. 349, Springer-Verlag, New York, 1973, 143-316.

[12] GROTHENDIECK A. Elements de geometrie algebrique I[M]. Springer-Verlag, 1971.

[13] LIPMAN J, HASHIMOTO M. Foundations of Grothendieck duality for diagrams of schemes [M]. Springer-Verlag, 2009.

[14] AVIGAD J. Number theory and elementary arithmetic[J]. Philosophia Mathematica, 2003, 11:257-284.

[15] MACINTYRE A. Model theory: Geometrical and set-theoretic aspects and prospects[J]. this Bulletin, 2003, 9(2):197-212.

[16] ELLENBERG J. Arithmetic geometry, Princeton companion to mathematics(T. Gowers, J. Barrow-Green, and I. Leader, editors)[M]. Princeton University Press, 2008, 372-383.

[17] MCLARTY C. "There is no ontology here": visual and structural geometry in arihmetic [M]. The philosophy of mathematical practice (P. Mancose, editor), Oxford University Press, 2008.

[18] MCLARTY C. The rising sea: Grothendieck on simplicity and generality I[M]. Episodes in the history of recent algebra(J. Gray and K. Parshall, editors), American Mathematical Soc-

itety, 2007.

[19] TOTARO B. Algebraic topology[M]. Princeton companion to mathematics(T. Gowers, J. Barrow-Green, and I. Leader, editors), Princeton University press,2008.

[20] FANTECHI B, VISTOLI A, GOTTSCHE L, etc. Fundamental algebraic geometry: Grothendieck′s FGA explained, Mathematical Surveys and Monographs, vol. 123, American Mathematical Society, Providence,2005.

[21] GROTHENDIECK A. Recoltes et semailles. Universite des Sciences et Techniques du Languedoc[M]. Montpellier,1985.

[22] GROTHENDIECK A. Sur quelques points d'algebre homologique[J]. Tohoku Mathematical Journal, 1957,9:119-221.

[23] GROTHENDIECK A. Algebraic geometry [M]. Springer-Verlag,1977.

[24] GROTHENDIECK A. Revetements etales et groupe fondamental, Seminaire de Geometrie Algebrique du Bois-Marie, 1, Springer-Verlag, 1971,generally cited as SGA1.

[25] FREYD P. Abelian categories: An introduction to the theory of functors, Harper and Row, 1964, reprinted with author commentary in: Reprints in Theory and Applications of Categories,(2003), no. 3,pp. 25-164, available on-line at www. emis. de/journals/TAC/reprints/arti-

cles/3/tr3abs. html.
[26] HARTSHORNE R, RESIDUES, DUALITY. lecture notes of a seminar on the work of A. Grothendieck given at Harvard 1963-64[C]. Lecture Notes in Mathematics, no. 20, Springer-Verlag, New York,1966.
[27] CARTER J. Categories for the working mathematician: Making the impossible possible[J]. Synthese, 2008,162:1-13.
[28] MOSTOWSKI A. Some impredicative definitions in the axiomatic set theory[J]. Fundamenta Mathematicae, 1950,37:111-124.
[29] LURIE J. Higher topos theory[M]. Annals of Mathematics Studies. princeton University Press, Princeton, 2009.
[30] TAKEUTI G. Aconservative extension of Peano Arithmetic[M]. Two applications of logic to mathematics, Princeton University Press, 1978.
[31] DELIGNE P. Colloque Grothendieck[M]. Pierre Deligne, video by IHES Science, on-line at www. dailymotion. com/us,2009.
[32] MAZUR B. Introduction to the deformation theory of Galois representations[M]. Modular forms and Fermat's Last Theorem(G. Cornell, J. Silverman, and S. Stevens, editors), Springer-Verlag,1997.
[33] MAC LANE S. Group extensions for 45 years

[J]. Mathematical Intelligencer, 1988, 10(2): 29-35.

[34] BASBOIS N. La naissance de la cohomologie des groupes[D]. Universite de Nice Sophia-Antipolis, 2009.

[35] MACINTYRE A. The impact of Godel's incompleteness theorems on mathematics[M]. Kurt Godel and the foundations of mathematics, 3-25, Cambridge Univ. Press, Cambridge, 2011.

[36] HERRLICH H, STRECKER G. Category theory[M]. Allyn and Bacon, Boston, 1973.

谷山和志村——天桥飞架

第 12 章

1　双星巧遇——谷山与志村戏剧性的相识

志村五郎(Goro Shimura)是当时日本东京大学的一位出色的数论专家,他一直在代数数论领域进行创造性的研究. 1954 年1月的一天,志村在研究时遇到了一个极其复杂使他难以应付的计算,他经过查阅文献发现,德林(Deuring)曾写过一篇关于复数乘法的代数理论的论文,这篇论文或许对他要进行的计算会有些帮助,这篇论文发表在《数学年刊》(*Mathematische Annalen*)

第 24 卷上. 于是他赶到系资料室去查找,然而,结果使他大吃一惊. 原来恰好这一卷已被人借走了,从借书卡上志村得知这位与他同借一卷的校友叫谷山(Yutaka Taniyama). 虽然是校友可是志村与他并不熟,由于校园很大,谷山与他又是分住两头,于是志村给谷山写了一封信,信中十分客气地询问了什么时候可以归还杂志,并解释说他在一个什么样难以计算的问题上需要这本杂志.

回信更令志村惊奇,这是一张明信片,谷山说巧得很,他也正在进行同一个计算,并且在逻辑上也是在同一处卡住了. 于是谷山提出应该见上一面,互相交流一下,或许还可以在这个问题上合作. 从而,由一本资料室的书引出一段二人合作的佳话,同时也改变了费马大定理解决的历程.

这种由书引起的巧遇在科学史上是常有的事. 例如,诺贝尔物理学奖得主、天才的物理学家费曼(Richard Feynman)在麻省理工学院上学时与当时另一位神童韦尔顿(Ted Welton)就是这样相识的,当时费曼发现韦尔顿手里拿着一本微积分的书,这正是他想从图书馆里借的那本,而韦尔顿发现,他在图书馆里四处找的一本书已被费曼借出来了.

2　战时的日本科学

为了理解谷山与志村当时的研究环境,我们有必要介绍一下与他们同时代即在日本历史上最艰难的岁月里活跃着的两个卓越的理论物理学派.

日本有着不算长久的科学传统. 1854 年马修期·佩里(Matthew Perry)将军的战舰迫使日本对国际贸易开放门户,从而结束了持续两个世纪的封闭状态. 日本人由此意识到,没有现代技术,军事上就处于弱小地位. 1868 年一批受过教育的武士迫使幕府将军下台,重新恢复了天皇的地位,那之前天皇仅仅是傀儡,新政权派遣青年人去德国、法国、英国和美国学习语言、科学、工程和医学,并在东京、京都和其他地方建立了西式大学.

日本最早产生的一位物理学家是长冈丰太郎,他的父亲是一位军官,对家庭教育极为重视,在家里教他学习书法和汉语. 在大学时丰太郎对是否选择科学作为自己的终身事业感到犹豫不决,因为他无法断定亚洲人在学习自然科学时是否有天赋. 后来他研究了一年中国古代科技史,从中受到启发,觉得日本也会有机会.

从后来的日中战争(1895)、日俄战争以及在第一次世界大战中的胜利表明,日本追求技术进步的政策取得了成功. 于是,第一个进行基础研究的研究所 Riken(理论学研究所)在东京成立. 1919 年,仁科芳雄被 Riken 研究所派往国外进修,他在尼尔斯—玻尔研究所学习了 6 年后带着"哥本哈根精神"回到日本,以前日本的大学中学霸横行,知识陈旧,而仁科芳雄带回的恰好是人人都可以发表自己的见解这样一种研究的民主风格和有关现代问题和方法的知识.

当时的日本与西方在物理学方面差距甚大. 在海森伯和狄拉克来日本演讲时,只有朝永振一郎(Tomonaga Shinichiro)等少数几位大学生能听懂,以至于在讲演的最后一天,长冈丰太郎批评道,海森伯和狄拉克 20 多岁时就发现了新理论,而日本学生依然还在可怜地抄讲演笔记.就在这种情况下,朝永振一郎决心与他中学和大学的同学汤川秀树(Yukawa Hideki)一起振兴日本物理学(与谷山与志村颇为相似).他们两人的父亲都曾在国外留学,又都是专家,朝永的父亲是西方哲学教授,汤川的父亲是地质学教授.1929 年他们俩同时获得了京都大学学士学位,这一年正赶上西方世界经济大萧条开始,他俩都无法找到工作,于是他们就留在大学做没有薪水的助教,他们互相讲授新物理学,同时继续进行各自的理论研究,汤川秀树后来戏言:"经济衰退使我们成了学者."

和谷山与志村一样,在日本投降后的饥饿的和平年代,日本的理论物理学家们做出了令全世界惊奇的成绩.当时的生活极为艰苦,因为极糟糕的经济状况不能提供豪华的实验研究环境,朝永一家住在一间被炸烂了一半的实验室里,南部阳一郎作为研究助理也来到东京大学,他没有多余的衣服,总是穿着一身军装,没有地方睡觉,他就在书桌上铺上草垫,一住就是 3 年.

"民以食为天",当时每个人的头等大事就是设法获得食物.南部阳一郎的办法是去东京的鱼市场弄些沙丁鱼,但他没有冰箱贮藏,所以弄到的鱼很快就腐烂了,所以有时他也会到乡下去,向农夫们随便讨一点能吃的东西,但就是在这样艰苦的条件下,他们为日本带来了三个诺贝尔物理学奖.

对于这个特别的时期,南部阳一郎解释说:"人们会奇怪为什么本世纪日本最糟糕的数十年却是其理论物理学家最富创造性的时代.也许烦恼的大脑要通过对理论的抽象思索而从战争的恐怖中解脱出来.也许战争强化和刺激了创造性所需要的那种孤独状态,当然对教授和政府官员的封建式孝忠的传统也得以暂时打破.也许物理学家就这样得以自由探索自己的设想."

或许这个时期太特别了,根木就不能给予解释,但是有两点是可以肯定的,即自然科学的重大突破大多是在青年时代完成的,以物理学为例,当年爱因斯坦创立相对论时才 25 岁,1912 年玻尔创立量子论时才 27 岁,到 1925 年,量子力学建立时薛定谔、海森伯和泡利分别是 37 岁、24 岁、25 岁.狄拉克建立了狄拉克方程时才 25 岁,在迎接原子核物理的新挑战时,解决问题的是 28 岁的汤川秀树,在量子电动力学基础完成时,朝永振一郎 36 岁、施温格(J. S. Schwinger)和费曼都是 29 岁.

谷山与志村的学校教育都恰逢战争期间,谷山本来就因为疾病经常中断学业,特别是高中阶段又因为结核病休学两年,再加上战争的冲击,使他的教育支离破碎,志村虽身体远较谷山健康,但战争使他的教育完全中断,他的学校被关闭,他非但不能去上学,而且还要为战争效力,去一家兵工厂装配飞机部件.尽管条件如此艰苦,他俩都没改变对数学研究的向往,直到战争结束后几年,他俩都进入到东京大学,才走上了受正规数学教育的道路.

3 过时的研究内容——模形式

俗话说“塞翁失马,焉知非福”,有时福祸真是无法判断,按理道说对于一个刚刚进入研究领域的年轻人来讲,名师指点和充足的资料应该说是必需的,但对谷山和志村来说这又恰恰是缺乏的.

1954 年,谷山和志村相遇,两个人刚开始从事数学研究时,恰逢战争刚结束,由于战争使数学研究中断,战争造成的巨大灾难使教授们意志消退,激情不再,用志村的话说教授们已经“精疲力竭,不再具有理想”,恰恰相反,战争的磨炼,却使学生们对学习显得更为着迷和迫切,和法国布尔巴基学派的年轻数学家们一样,他们选择了自己教育自己这条路,他们自发组织起来成立了研讨班,定期在一起讨论和交流各自新学到的数学知识.

谷山是属于那种只为数学而存在的人物,他在其他方面永远是漠然处之、无精打采,但一到研讨班立即精神焕发,成为研讨班的灵魂和精神领袖,他同时扮演着两种角色.一方面他对高年级学生探索未知领域起着一种激励作用,另一方面他又充当了低年级学生父辈的角色.

由于第二次世界大战的原因,当时日本科技方面资料奇缺,当时一些年轻的物理学家(如木庭二郎、小谷、久保、亮五等)只有经常去麦克阿瑟将军在日本帮助建立的实验室,只有那里有最新的物理学期刊,他们仔细阅读能找到的每一本杂志,并相互传授各自掌握的知识，谷山和志村也一样，由于他们近似于与外界隔离，所以在研讨班上所讨论的内容难免会相对“陈旧”一点，或是相对脱离当时数学研究的主流，其中他们讨论的比较多的是所谓的模形式论（theory of modular form），严格地讲，这是一种特殊的自守形式的理论.它是由法国数学家庞加莱所发展的一般的富克斯群上的自守形式，是属于单复变函数论的一个课题.由 E·赫克所创的模形式是对于模群 $SL_2(\mathbf{Z})$ 或其他算术群的自守形式，就其内容和方法而言，则应为数论的一部分.它在以后的发展中与椭圆曲线理论、代数几何、表示论等有十分深刻的联系而成为数学中的一个综合性学科.

其实，很早就有了对模形式的研究，例如雅可比对 theta 级数的讨论，尽管高斯从没发表过有关模形式的文章，但是数学史料表明他已有一些这方面的概念.历史上，人们关注模形式的一个重要原因是对二次型的研究，特别是对计算整数的平方和表示的表示法个数问题的讨论，对自然数 m 和 n 记

$$r_{m(n)}=\#\{x_1,\cdots,x_m\in\mathbf{Z}\mid x_1^2+\cdots+x_n^2=n\}$$

其中 # 表示集合的势，人们一直寻求求 $r_{m(n)}$ 的方法，雅可比首先注意到 $r_m(n)$ 与 theta 级数

$$\theta^m(q)=\sum_{n\geqslant 0}r_{m(n)}q^n=\sum_{x_1,\cdots,x_m\in\mathbf{Z}}q^{x_1^2+\cdots+x_m^2}=$$

$$(\sum_n q^{n^2})^m=\theta(q)^m$$

的联系.

他发现求 $r_{m(n)}$ 就是求模形式 θ^{8k} 的傅里叶系数.

谷山与志村长期在模形式这块领地中耕耘，终于将这种在某种变换群下具有某种不变性质的解析函数

与数论建立起了联系，实现了经典数论向现代数论的演变，终于在怀尔斯的证明中起到了不可替代的作用，并且它在其他数学分支以及实际应用中显示了越来越大的用途.

志村后来的许多工作都成为模形式理论中的开创性工作. 如1973年志村建立了一个从权$\frac{k}{2}$模形式到权$k-1$的模形式之间的一个对应，现称为志村提升，半整权模形式成为一个系统的理论同志村的工作是分不开的，志村的论文发表后，有许多学者如丹羽(Niwa)和新谷(Shintani)、科恩(Kohnen)、沃尔斯西格(Waldspurger)、扎格(Zagier)等立即响应，又得出许多重要结果，其中滕内尔(Tunnell)用志村提升证明了一个关于同系数的问题.

4　以自己的方式行事

在模形式和椭圆曲线的联系这一方向的研究中，谷山和志村是唯一一对志趣相投的合作者，他们互相欣赏对方、相信对方深邃有力的思想，他们在日光会议结束后，又一起研究了两年，到1957年由于志村应邀去普林斯顿高等研究院工作而停止. 两年后，当志村结束了在美国的客座教授生活回到东京准备恢复研究时，斯人已去，谷山已于1958年11月17日自杀身亡，年仅31岁，仅留下了若干篇文章和两部著作《现代自然数论》(1957)、《数域的L—函数和ξ—函数》(1957).

他的遗书是这样写的：

“直到昨天为止，我都没有下决心自杀，但是想必你们许多人都感觉到了我在体力和心智方面都十分疲乏. 说到我自杀的原因，我自己都不清楚，但可以肯定，它绝不是由某件小事所引起，也没有什么特别的原因，我只能说，我似乎陷入了对我的未来失去信心的境地. 我的自杀可能会使某个人苦恼，甚至对其是某种程度的打击. 我衷心地希望这种小事不会使那个人的将来蒙上任何阴影. 无论如何，我不能否认这是一种背叛的行为，但是请原谅我这最后一次按自己的方式采取行动，因为我在整个一生中一直是以自己的方式行事的.”

据志村五郎在《伦敦数学学会通讯》(*Bulletion of the London Mathematical Society*)上发表的对谷山悼念的文章中我们知道，谷山像沃尔夫斯凯尔一样对死后的一切安排得井井有条.

(1)他交代了他的哪些书和唱片是从图书馆或朋友那里借来的，应及时归还.

(2)如果他的未婚妻铃木美佐子不生气的话，将唱片和玩具留给她.

(3)向他的同事表示歉意，因为他的死给他们带来了麻烦，并向他们交代了他正在教的两门课微积分和线性代数已经教到了哪里.

在文章的最后，志村五郎无限感慨地写道：“就这样，一位那个时候最杰出和最具开拓性的学者按照自己的意愿结束了他的生命，就在 5 天前他刚满 31 岁.”

多年以后，志村仍清晰地记着谷山对他的影响，他深情地说:“他总是善待他的同事们,特别是比他年轻的人,他真诚地关心他们的幸福.对于许多和他进行数学探讨的人,当然包括我自己在内,他是精神上的支柱.也许他从未意识到他一直在起着这个作用.但是我在此刻甚至比他活着的时候更强烈地感受到他在这方面的高尚的慷慨大度.然而,他在绝望之中极需支持的时候,却没有人能给他以任何支持.一想到这一点,我心中就充满了最辛酸的悲哀.”

从今天医学的角度看,谷山一定是受到了抑郁症的袭击,这种世纪绝症似乎偏爱那些心志超高的人,数学家被击倒的不在少数,这是一个人类共同的悲哀.

5 怀尔斯证明的方向——谷山—志村猜想

谷山在 1955 年 9 月召开的东京日光会议上,与志村联手研究了椭圆曲线的参数化问题,一是曲线的参数化对于曲线表示和研究曲线性质有很重要的关系,比如在中学平面几何中单位圆

$$x^2+y^2=1$$

的参数表示为

$$\begin{cases}x=\cos\theta\\ y=\sin\theta\end{cases},\theta\text{ 为参数}$$

椭圆曲线是三次曲线,它也可以用一些函数进行参数表示.但是,如果参数表示所用的函数能用模形式,则我们称之为模椭圆曲线,简称模曲线.模曲线有许多好的性质,如久攻不下的黎曼猜想对于模曲线成

立,谷山和志村猜想任一椭圆曲线都是模曲线.1986年里贝特由塞尔猜想证明了谷山一志村猜想,这样要证费马大定理,只需证对半稳定椭圆谷山一志村猜想成立.

这样一个很少有人能意识到,而又是千载难逢的好机会,被怀尔斯抓住了,据后来怀尔斯回忆:

> "那是1986年夏末的一个傍晚,当时我正在一个朋友的家中啜饮着冰茶,谈话间他随意地告诉我,肯·里贝特已经证明了谷山一志村猜想与费马大定理之间的联系.我感到极大的震动.我记得那个时刻——那个改变我的生命历程的时候,因为这意味着为了证明费马大定理,我必须做的一切就是证明谷山一志村猜想.它意味着我童年的梦想现在成了体面的值得去做的事.我懂得我绝不能让它溜走.我十分清楚我应该回家去研究谷山一志村猜想."

怀尔斯在剑桥时的导师约翰·科茨教授评价这一猜想时说:"我自己对于这个存在于费马大定理与谷山一志村猜想之间的美妙链环能否实际产生有用的东西持悲观态度,因为我必须承认我不认为谷山一志村猜想是容易证明的.虽然问题很美妙,但真正地证明它似乎是不可能的.我必须承认我认为在我有生之年大概是不可能看到它被证明的."

但作为约翰·科茨的学生,怀尔斯却不这样看,他说:"当然,已经很多年了,谷山一志村猜想一直没有被解决.没有人对怎样处理它有任何想法,但是至少它属于数学中的主流. 我可以试一下并证明一些结果,即使它们并未解决整个问题,它们也会是有价值的数学. 我不认为我在浪费自己的时间. 这样,吸引了我一生的费马的传奇故事现在和一个专业上有用的问题结合起来了!”

在回忆起他对谷山一志村猜想看法的改变时,怀尔斯说:“我记得有一个数学家曾写过一本关于谷山一志村猜想的书,并且厚着脸皮地建议有兴趣的读者把它当作一个习题. 好,我想,我现在真的有兴趣了!”

哈佛大学的巴里 · 梅热(Barry Mazur)教授这样评价说:“这是一个神奇的猜想——推测每个椭圆方程相伴着一个模形式——但是一开始它就被忽视了,因为它太超前于它的时代. 当它第一次被提出时,它没有被着手处理,因为它太使人震惊. 一方面是椭圆世界,另一方面是模世界,这两个数学分支都已被集中地但单独地研究过. 研究椭圆方程的数学家可能并不精通模世界中的知识,反过来,也是一样. 于是,谷山一志村猜想出现了,这个重大的推测说,在这两个完全不同的世界之间存在着一座桥. 数学家们喜欢建造桥梁.”怀尔斯在谈到这一猜想时说:“我在 1966 年开始从事研究工作,当时谷山一志村猜想正席卷全世界. 每个人都感到它很有意思,并开始认真地看待关于所有的椭圆方程是否可以模形式化的问题. 这是一段非常令人兴奋的时期. 当然,唯一的问题是它很难取得进展. 我认为,公正地说,虽然这个想法是漂亮的,但它似乎非常难以真正地被证明,而这正是我们数学家主要感兴趣的一点.”

20 世纪整个 70 年代谷山一志村猜想在数学家中

引起了惊惶,因为它的蔓延之势不可阻挡,怀尔斯后来回忆说:“我们构造了越来越多的猜想,它们不断地向前方延伸,但如果谷山一志村猜想不是真的,那么它们全都会显得滑稽可笑.因此我们必须证明谷山一志村猜想,才能证明我们满怀希望地勾勒出来的对未来的整个设计是正确的.”

宫冈洋一——百科全书式的学者

第13章

1 费马狂骚曲——因特网传遍世界,UPI电讯冲击日本

费马定理像一块试金石,它检验着世界各国的数学水平,在亚洲诸国中,唯独日本出现了一位对此颇有贡献的数学家,他就是日本数学界的骄傲——宫冈洋一先生.宫冈先生是东京都立大学数学教授,曾在德国波恩访问进修.1988年整个数学界被闹得沸沸扬扬,有关宫冈证明了费马大定理的新闻传遍了世界各个角落,那么宫冈洋一真的成

功了吗？现在我们已经从 1988 年 4 月 8 日 *The Independent* 发表的一篇评论中知道："不幸，宫冈博士试图在一个相关的领域——代数数论中，得到一种基变换，但这一点似乎是行不通的."我们对整个事件的经过非常感兴趣.

日本数论专家浪川幸彦以《波恩来信》的形式讲述了这一事件的经过.他的讲述既通俗又有趣，他写道：

"收到贺年信一直想要回信，转眼之间过了一个月，而且到了月底.不过托您的福我可以报告一个本世纪的大新闻.

"历史上最古老而著名的问题之一费马猜想很可能已被在德国波恩逗留的宫冈洋一（从理论上）证明了.目前正处在细节的完成阶段，还要花些时间来确定正确与否，依我所见有足够的成功希望.众所周知，费马猜想是说对于自然数 $n>2$，不存在满足

$$x^n+y^n=z^n \quad *$$

的自然数 x,y,z，上面所说的'理论上'，意思是指对于充分大的（自然）数 $n>N$ 可以证明，而且这个 N 在理论上是可以计算的.该 N 可以用某个自守函数与数论不变量表示，但实际的数值计算似乎相当麻烦，并且还不知道是否对一切 n 确实都已解决.不过如果他的结果被确认是正确的，人们就会同时集中，改善 N 的估计，有必要就动用计算机，那么最终解决也就为期不远了.但是，姑且不论宣传报道，对于我们纯数学工作者来说，本质是理论上的解决.

"宫冈先生从去年下半年起对这个问题感兴趣并一直持续地进行研究，特别是今年在巴黎与梅热等讨论以后，他的研究工作迅速取得进展. 偶尔在饭桌上听到他研究工作的进展情况，就是作为旁观者也感到心情激动，能成为这一历史事件的见证人我深感荣幸，何况宫冈先生还是我最亲密而尊敬的朋友之一，其喜悦之情又添一分."

在其证明方法中，阿兰基洛夫一法尔廷斯(Arake-Faltings)的算术曲面理论起着中心的作用.

要说明什么是算术曲面是很难的，这就是在代数整数环(例如有理整数环 Z)上的代数曲线中，进一步考虑了曲线上的"距离". 代数整数环在代数几何中说是一维的(曼宁称数论维数)，整体当然是二维(曲面). 从图上看，整数环成星状结构，例如在 Z 上就是只是该(数论)曲线在"0"处开着"孔"，不具有紧流形那种好的性质. 通过引入"距离"将其"紧化"后就是算术曲面. 这一理论受韦尔批判的影响，本质上超越了格罗登迪克的概型理论. 这回的结果如果正确，那么就是继法尔廷斯证明了莫德尔猜想之后，表明了这一理论在本质上的重要性.

实际上，宫冈的理论给出了比莫德尔猜想本身，包括估计解的个数更强的形式，以及更自然的证明，他的结果的最大重要性正在于此. 费马定理不过是一个应用例子(的确是个漂亮的应用). 法尔廷斯在莫德尔猜想的证明之处展开了算术曲面理论，我们推测他恐怕是指望用后者证明莫德尔猜想. 宫冈的结果正是实现了法尔廷斯的这一目标.

他的理论包含了重要的新概念,今后必须详细加以研究.这一理论若能确立,将会给不定方程理论领域带来革命性的变化.它把黎曼曲面上的函数论与数论联系了起来,遗憾的是我们代数几何工作者看来似乎很难登台表演.

要对证明作详细介绍实在是无能为力,就按进展的情况来说说大概.首先由莫德尔猜想知道方程 * (当 n 确定时)的解的个数(除整数倍外)是有限多个.帕希恩利用巧妙的手法表明,类似于由宫冈自己在 10 年前证明的一般复曲面的 Chern 数的不等式(Bogomolov—宫冈—Yau 不等式)若在算术曲面成立,那么就可以证明较强形式的莫德尔猜想,进而利用弗雷的椭圆曲线这种特殊的算术曲面,就可以证明费马猜想(对于充分大的 n).

但是,在帕希恩的笔记中成问题的是,若按算术曲面中 Chern 数的定义类似地去做,就很容易作出不等式不成立的反例,一时间就怀疑帕希思的思想是否成立.但是梅热却想出摆脱这点的好方法,宫冈进一步推进了这条路线.就是主张引入只依赖于特征 0 上纤维(本质上是有限个黎曼面)的别的不变量,使得利用它不等式就能成立.证明则是重新寻找复曲面的不等式(令人吃惊的是不只定理,甚至连证明方法都非常类似),此刻最大的障碍是没有关于向量丛的阿兰基洛夫—法尔廷斯理论,他援引了德利涅—比斯莫特(Bismut)—基列斯莱等关于奎伦距离(解析挠理论)这种高度的解析手法的最新成果克服了这一困难(还应注意这一理论与物理的弦模型理论有着深刻的联系).

这一宏大理论的全貌涉及整个数论、几何、分析,它综合了许多人得到的深刻结果,宛如一座 Köln 大教堂.恐怕可以这样说,宫冈作为这一建筑的明星,他把圆顶中央的最后一块石子镶嵌到了顶棚之上.

但宫冈的推论交叉着如此壮大的一般理论与包含相当技巧的精细讨论,就连要验证都很不容易,对他始终不渝的探索、最终找到这复杂迷宫出口的才能,浪川幸彦钦佩至极.他出类拔萃的记忆为人称道,有人曾赠他"活百科全书"(Walkingencyclopedia)的雅号,并对他灵活运用他那个丰富数据库似的才能惊讶万分.

在 3 月 29 日浪川幸彦的信中又说,此信虽是准备作为发往日本的特讯,但到底还是宣传报道机构的嗅觉灵敏,在此信到达以前日本早已轰动,就像在全世界捅了马蜂窝似的.而且仅这方面的奇妙报道就不少,为此浪川幸彦想对事情经过作一简短报告,以正视听.

事情的发端是,2 月 26 日在研究所举行的讨论班上宫冈发表了算术曲面中类似的宫冈不等式看来可以证明的想法.这时的笔记复印件由扎格(D. Zagier)(报纸上有各种读法)送给欧美的一部分专家,引起了振动.

因特网是 IBM 计算机的国际通信线路,可以很方便地与全世界通信联络,这回就是通过它把宫冈的消息迅速传遍数学界的.因此其震源扎格那里从 3 月上旬起电话就多得吓人,铃声不断.

但是,具有讽刺意味的是 IBM 计算机在日本还没有普及,因特网在日本几乎没有使用,因此宫冈的消息除少数人知晓外,在日本还鲜为人知.

正当其时，3 月 9 日 UPI 通讯(合众国际社)以“宫冈解决了费马猜想吗?”为题作了报道，日本包括数学界在内不啻晴天霹雳，上下大为轰动.

但感到震惊的不仅日本，而且波及整个世界，此后宫冈处的电话铃声不绝，他不得不切断电话，暂时中止一切活动.

从效果上看，这一报道是过早了. UPI 电讯稿发出之时，正当宫冈将其想法写成(手写)的第一稿刚刚完成之际. 在数学界，将这种论文草稿(预印本)复印送给若干名专家，得到他们的评论后再确定在专业杂志发表的最终稿，这种做法司空见惯(不少还要按审稿者的要求再作修改). 像费马问题这样的大问题，出现错误的可能性相应的也要大些，因此必须慎之又慎. 在目前阶段还不能说绝对没有最终毫无结果的可能性. 宫冈先生面临着巨大的不利条件，在一片吵闹声中送走了很重要的修改时期.

正如人们所预料的，实际上第一稿中确实包含了若干不充分之处.

宫冈预定 3 月 22 日在波恩召开的代数几何研究集会上详细公布其结果. 但经过与前一天刚刚从巴黎赶来的梅热反复讨论，到半夜时分就明白了还存在相当深刻的问题. 为此次日的讲演就改为仅止于解说性的.

与此前后，还收到了法尔廷斯、德利涅等指出的问题(前者提的本质上与马祖尔相同).

后来才清楚，他的主要思想，即具有奎伦距离的讨论是好的(仅此就是独立的优秀成果). 但紧接着的算术代数几何部分的讨论有问题，依照那样推导不出莫德尔型的定理.

这段时间大概是宫冈最苦恼的时期了.事情已经闹大,退路也没有了. 不过这一周的研究集会中,欧洲各位同行老朋友来此聚会本身就大大搭救了他.大家都充分体会研究的甘苦,所以并不把费马作为直接话题,在无拘束的交谈之中使他重新振奋起了精神.

尽管如此,对于在如此状况下继续进行研究的宫冈的顽强精神,浪川幸彦说他只能表示敬服.在大约一周之内,他改变了主要定理的一部分说法,修正了证明的过程,由此出现了克服最大问题点的前景.在浪川写这篇稿时,他已开始订正其他不齐备与错误之处,进行修改稿的完成工作.

因此,虽然一切还都处于未确定的阶段,但很难设想如此漂亮的理论最终会化为乌有,也许还可能修正一部分过程,但即使是宫冈先生这种修正过程的技巧也是有定论的.

2　从衰微走向辉煌——日本数学的历史与现状

谷山、志村与宫冈洋一的出现并非偶然,有着深刻的历史背景与现实原因,我们有必要探究一番.日本的数学发展较晚,与中国古代的数学成就相比稍显逊色,但交流是存在的.伴随律令制度的建立,中国的实用数学也很早就在日本传播开来.除了天文和历法的需要之外,班田制的实施、复杂的征税活动以及大规模的城市建设,都必须掌握实用的计算、测量技巧.早在 7 世纪初，来自百济的僧人观勒已经在日本致力于普及中国的算术知识. 在大化革新(645)之后，日本仿照中国的学制设立了大学(671). 当时算术是大学中的必修科目之一. 在大宝元年(701)制定的大宝律令中，明确地把经、音、书、算作为大学的四门学科，在算学科中设有算博士 1 人、算生 30 人. 在奈良时代(710—793)，《周髀》《九章》《孙子》等著名算经已经成为在大学中培养官吏的标准教材.

我们从日本最古老的歌集《万叶集》(759)中可以见到九九口诀的一些习惯用法. 例如把 81 称作“九和”，把 16 称作“四四”，这说明九九口诀在奈良时代已相当流行. ①

古代日本和中国一样，也是用算筹进行记数和运算. 中国元朝末期发明的珠算，大约在 15～16 世纪的室町时代传入日本. 在日本称算盘为“十露盘”(そッぼッ，Soroban). 这个词的语源至今不明，但在 1559 年出版的一部日语辞典(天草版)中，已经收入了“そろぼ”这个词. 除了从中国引进的“十露盘”之外，在日本的和算中还有一种称作“算盘”(さんぼん，Sanban)的计算器具，是在布、厚纸或木盘上画出棋盘状的方格，借助于大约 6 厘米长的算筹在格中进行运算. 这两种不同的计算器具其汉字都可写作“算盘”，但是发音不同，含义也不一样.

17 世纪，日本人在中国传统数学的基础上创造了

① 从 20 世纪敦煌等地出土的木简可知，中国在很古老的时候已经形成了九九口诀.《战国策》中称，有人曾以九九之术赴齐桓公门下请求为士.

具有民族特色的数学体系——和算.和算的创始人是关孝和(1642—1708).

在关孝和以前,日本的数学和天文、历算一样,在很长一个时期(大约 9～16 世纪)处于裹足不前的状态.16 世纪下半叶,织田信长和丰臣秀吉致力于统一全国,当时出于中央集权政治的需要,数学重新受到重视.以此为历史背景,明万历年间程大位所著《算法统宗》(1592)一书,出版不久即传入日本.江户早期的著名数学家毛利重能著《割算书》[①](1622)一书,推广了《算法统宗》中采用的珠算法,而他的学生吉田光由(1598—1672)则以《算法统宗》为蓝本著《尘劫记》(1627)一书,用适合于日本人口味的体裁,把中国的实用算术普及到广大民间.

在日本影响较大的另一部算书是元朝朱世杰的《算学启蒙》(1299).此书出版不久即传至朝鲜,而在中国却一度失传,后由朝鲜返传回中国.日本流行的《算学启蒙》一书,据说是根据丰臣秀吉出征朝鲜之际带回的版本复刻而成(1658).

通过《算法统宗》和《算学启蒙》,日本人掌握了中国的算术和代数(即“天元术”).关孝和就是在中国传统数学的影响下,青出于蓝而胜于蓝,在代数学中创造性地发展了有文字系数的笔算方法.他的《发微算法》(1674)为和算的发展奠定了基础.

这期间稍后的一位比较著名的数学家是会田安明(Aida Ammei,1747—1817).会田安明生于山形(Yamagata),卒于江户(现在的东京).15 岁开始从师

① 日文中的“割算”即除法.

学习数学，22 岁到江户谋生，曾管理过河道改造和水利工程. 业余时间刻苦自学数学，经常参加当时的学术争论. 1788 年，他弃去公职，专门从事数学研究和讲学，逐渐扩大了在日本数学界的影响，他所建立的学派称为宅间派. 会田安明的工作包括几何、代数、数论等几个方面. 他总结了日本传统数学中的各种几何问题，深入研究了椭圆理论，指出怎样决定椭圆、球面、圆、正多边形的有关公式. 探讨了代数表达式和方程的构造理论，提出用展开 $x_1^2+x_2^2+\cdots+x_n^2=y^2$ 的方法，求 $k_1x_1^2+k_2x_2^2+\cdots+k_nx_n^2=y^2$ 的整数解. 利用连分数来讨论近似分数. 还编制出以 2 为底的对数表. 在他的著作中，大量地使用了新的简化的数学符号. 会田安明非常勤奋，一年撰写的论文有五六十篇，一生的著作不少于 2 000 种.

日本数学的复兴是与对数学教育的重视分不开的.

日本从明治时代就非常重视各类学校的数学教育. 数学界的元老菊池大麓、藤泽利喜太郎等人曾亲自编写各种数学教科书，在全国推广使用. 因此，日本的数学教育在 20 世纪初就已经达到了国际水平. 从大正时代开始，著名数学家层出不穷. 特别是在纯数学领域，藤泽利喜太郎(东京大学)和他门下的三杰(高木贞治、林鹤一、吉江琢儿)发表了一系列有国际水平的研究成果. 其中最著名的是高木贞治(1875—1960)关于群论的研究. 在高木门下又出现了末纲恕一、弥永昌吉、正田健二郎三位新秀，他们以东京大学为基地，推动了数学基础理论的研究.

大约与此同时，在新建的东北大学形成了以林鹤一为中心的另一个重要的研究集团，其成员主要有藤原松二郎、洼田忠彦、挂谷宗一等人.日本著名数学教育家、数学史家小仓金之助也是这个集团的重要成员之一.林鹤一在1911年创办了日本最早的一个国际性专业数学刊物《东北数学杂志》，使日本的数学成就在世界上享有盛名.

进入20世纪30年代之后，沿着《东北数学杂志》的传统，在东北大学涌现了淡中忠郎、河田龙夫、角谷静夫、佐佐木重夫、深宫政范、远山启等著名数学家.此外，在大阪大学清水辰次郎（东京大学毕业）周围又形成了一个新兴的研究中心，其主要成员有正田健次郎（抽象代数）、三村征雄（近代解析）、吉田耕作（马尔可夫过程）等人.在东京大学，除了末恕纲一、弥永昌吉在整数论方面的卓越成就之外，更值得注意的是，在弥永昌吉门下出现了许多有才华的数学家，其中有小平邦彦（调和积分论）、河田敬义（整数论）、伊藤清（概率论）、古屋茂（函数方程）、安部亮（位相解析）、岩泽健吉（整数论）等人.到战后，以弥永的学生清水达雄为中心，展开了类似法国布尔巴基学派的新数学运动.

战时京都大学的数学研究似乎比较沉默，但也还是出现了一位引人注目的数学家冈洁.他在1942年发表了关于多复变函数论的研究，于1951年获日本学士院奖.到战后，围绕代数几何学的研究，形成了以秋月良夫为中心的京都学派.

可以看出，日本的纯数学研究从明治时代开始，到20世纪三四十年代，已经形成了一支实力相当雄厚的理论队伍.在战时动员时期，数学作为“象牙塔中的科学”仍然保持其稳步前进的势头，并取得了不少创造性成就.

3　废止和算、专用洋算——中日数学比较

日本数学与中国数学相比,虽然开始中国数学居于前列,并且从某种意义上充当了老师的角色,但随后日本数学后来居上.两国渐有差距,是什么原因促使这一变化的呢?关键在于对洋算的态度,及对和算的废止.

据华东师大张奠宙教授比较研究指出:

> “1859 年,当李善兰翻译《代微积拾级》之时,日本数学还停留在和算时期.日本的和算,源于中国古算,后经关孝和(1642—1708)等大家的发展,和算有许多独到之处.行列式的雏形,可在和算著作中找到.19 世纪以来,日本学术界,当然也尊崇本国的和算,对欧美的洋算,采取观望态度.1857 年,柳河春三著《洋算用法》,1863 年,神田孝平最初在开城所讲授西洋数学,翻译和传播西算的时间均较中国稍晚.”

但是明治维新(1868)之后,日本数学发展极快.经过 30 年,中国竟向日本派遣留学生研习数学,是什么原因导致这一逆转?

日本的数学教育政策起了关键的作用.

这一差距显示了中日两国在科学文化方面的政策

有很大不同.抚今追昔,恐怕会有许多经验值得我们吸取.

中国从 1872 年起,由陈兰彬、容闳等人带领儿童赴美留学,但至今不知有何人学习数学,也不知有何人回国后传播先进的西方算学.数学水平一直停留在李善兰时期的水平上.可是,日本的菊池大麓留学英国,从 1877 年起任东京大学理学部数学教授,推广西算.特别是 1898 年,日本的高木贞治远渡重洋,到德国的哥廷根大学(当时的世界数学中心)跟随希尔伯特(当时最负盛名的大数学家)学习代数数论(一门正在兴起的新数学学科),显示了日本向西方数学进军的强烈愿望.高木贞治潜心学习,独立钻研,终于创立了类域论,成为国际上的一流数学家,这是 1920 年的事.可是中国留学生专习数学的竟无一人.熊庆来先生曾提到一件轶事.1916 年,法国著名数学家波莱尔(E. Borel)来华,曾提及他在巴黎求学时有一位中国同学,名叫康宁,数学学得很好,经查,康宁返国后在京汉铁路上任职,一次喝酒时与某比利时人发生冲突,竟遭枪杀.除此之外,中国到西洋学数学而有所成就者,至今未知一人.

1894 年,甲午战争失败后,中国向日本派遣留学生.1898 年,中日政府签订派遣留学生的决定.中国青年赴日本学数学的渐增,冯祖荀就是其中一位,他生于 1880 年,浙江杭县人,先在日本第一高等学校(高中)就读,然后进入京都帝国大学学习数学,返国后任北京大学(1912)数学教授.1918 年成立数学系时为系主任.

当然,尽管日本数学发展迅速超过中国,但 20 世纪初的日本数学毕竟离欧洲诸国的水平很远，中国向日本学习数学，水平自然更为低下. 第二次世界大战之后，随着日本经济实力的膨胀，日本的数学水平也在迅速提升. 当今的世界数学发展格局是“俄美继续领先，西欧紧随其后，日本正迎头赶上，中国则还是未知数.” 中、日两国的数学水平，在 20 世纪 50 年代，曾经相差甚远，但目前又有继续扩大的趋势.

比较一下中日中小学数学教育的发展过程也是有益的.

1868 年，日本开始了“明治维新”的历史时期. 明治 5 年，即 1872 年 8 月 3 日，日本颁布学制令. 其中第 27 章是关于小学教科书的，在“算术”这一栏中明确规定“九九数位加减乘除唯用洋法”. 1873 年 4 月，文部省公布第 37 号文，指出“小学教则中算术规定使用洋算，但可兼用日本珠算”，同年 5 月的 76 号文则称“算术以洋法为主”.

一百多年后的今天，返观这项数学教育决策，确实称得上是明智之举，它对日本数学的发展、教育的振兴，起到了不可估量的作用.

最初在日本造此舆论的当推柳河春三. 他在 1857 年出版的《洋算用法》序中说“唯我神州，俗美性慧，冠于万邦，而我技巧让西人者，算术其最也. ……故今之时务，以习其术发其蒙，为急之尤急者.”

明治以后，1871 年建立文部省. 当时的文部大臣是大木乔任. 他属改革派中的保守派，本人并不崇尚洋学，可是他愿意推行教育改革，相信“专家”的决策. 当时，全国有一个“学制调查委员会”，其中的多数人是著名的洋学家. 例如，启蒙主义者箕作麟祥(曾在神田孝平处学过洋算),瓜生寅是专门研究美国的(曾写过《测地略》,用过洋算),内田正雄是荷兰学家(曾学过微积分),研究法国法律和教育的河津佑之是著名数学教授之弟,其余的委员全是西医学、西洋法学等学家.在这个班子里,尽管没有一个洋算家,却也没有一个和算家,其偏于洋算的倾向,当然也就可以理解了.

在日本的数学发展过程中,国家的干预起了决定性作用,江户时代发展起来的和算,随着幕末西方近代数学的传入而日趋没落.从和算本身的演变来看,自18世纪松永良弼确立了"关派数学"传统之后,曾涌现出许多有造诣的和算家,使和算的学术水平遥遥领先于天文、历法、博物等传统科学部门.但另一方面,和算脱离科学技术的倾向也日益严重.这是因为和算有两个明显的弱点:第一,和算虽有卓越的归纳推理和机智的直观颖悟能力,却缺乏严密的逻辑证明精神,因而逐渐背离理论思维,陷于趣味性的智能游戏;第二,江户时代的封建制度使和算家们的活动带有基尔特(guild)式的秘传特征,不同的流派各自垄断数学的传授,因而使和算陷于保守、僵化,没有能力应付近代数学的挑战.

由于存在上述弱点,和算注定是要走向衰落的.然而这些弱点并不妨碍和算能够在相当长一个时期独善其身地向前发展.事实上,直到明治初期,统治着日本数学的仍然是和算,而不是朝气蓬勃的西方近代数学①.如果没有国家的干预,和算是不会轻易让出自己

① 明治六年时,东京的和算塾102所,洋算塾40所,前者仍居于优势.

的领地的.

明治五年(1872),新政府采纳洋学家的意见公布了新学制,其中明令宣布,在一切学校教育中均废止和算,改用洋算,这对和算是个致命的打击.在这之后,再也没有出现新的年轻和算家,老的和算家则意气消沉,不再有所作为.自从荻原信芳写成《圆理算要》(1878)之后,再也没有见到和算的著作问世.1877 年创立东京数学会社时,在会员人数中虽然仍是和算家居多,但领导权却把持在中川将行、柳楢悦等海军系统的洋算家手中.这些洋算家抛弃了和算时代数学的秘传性,通过《东京数学会社杂志》把数学研究成果公之于世.1882 年,一位海军教授在《东京数学会社杂志》第 52 号上发表论文,严厉谴责了和算的迂腐,强调要把数学和当代科学技术结合起来.这是鞭挞和算的一篇檄文,小仓金之助称它为“和算的葬词”.

此后不久,以大学出身的菊池大麓为首,在 1884 年发动了一次“数学政变”,把一大批和算家驱逐出东京数学会社,吸收了一批新型的物理学家(如村冈范为驰、山川健次郎等)、天文学家(如寺尾寿等)入会,并把东京数学会社改称为东京数学物理学会.这次大改组,彻底破坏了和算家的阵容,至此结束了和算在日本的历史.

4　“克罗内克青春之梦”的终结者——数论大师高木贞治

但凡一门艰深的学问要在一国扎根,生长点是至关重要的，高木贞治对于日本数论来说是一个高峰也是一个关键人物，是值得大书特书的.

高木贞治先生于1875年（明治八年）4月21日出生在日本岐阜县巢郡的一色村. 他还不满5岁就在汉学的私塾里学着朗读《论语》等书籍. 童年时期，他还经常跟着母亲去寺庙参拜，时间一长，不知不觉地就能跟随着僧徒们背诵相当长的经文.

1880年（明治十三年）6月，高木开始进入公立的一色小学读书. 因为他的学习成绩优异，不久就开始学习高等小学的科目. 1886年6月，年仅11岁的高木就考入了岐阜县的寻常中学. 在这所中学里，他的英语老师是斋藤秀三郎先生，数学老师是桦正董先生. 1891年4月，高木以全校第一名的优异成绩毕业. 经过学校的推荐，高木于同年9月进入了第三高级中学预科一类班学习. 在那里，教他数学的是河合十太郎先生，河合先生对高木以后的发展有着重大的影响. 在高中时期，高木的学友有同年级的吉江琢儿和上一年级的林鹤一等. 1894年7月，高木在第三高级中学毕业后就考入了东京帝国大学的理科大学数学系. 在那里受到了著名数学家菊池大麓和藤泽利喜太郎等人的教导. 在三年的讨论班中，高木在藤泽先生的直接指导下做了题为"关于阿贝尔方程"的报告. 这篇报告已被收入《藤泽教授讨论班演习录》第二册中（1897）.

1897年7月，高木大学毕业后就直接考入了研究生院. 当时也许是根据藤泽先生的建议，高木在读研究生时一边学习代数学和整数论，一边撰写《新编算术》（1898）和《新编代数学》（1898）.

1898年8月，高木作为日本文部省派出的留学生去德国留学 3 年. 当时柏林大学数学系的教授有许瓦兹、费舍、弗罗比尼乌斯等人. 但许瓦兹、费舍二人因年迈,教学方面缺乏精彩性,而弗罗比尼乌斯当年 49 岁,并且在自己的研究领域(群指标理论)中有较大的突破,在教学方面也充满活力,另外他对学生们的指导也非常热情. 当高木遇到某些问题向他请教时,他总是说:"你提出的问题很有趣,请你自己认真思考一下." 并借给他和问题有关的各种资料. 每当高木回想起这句"请你自己认真思考一下",总觉得是有生以来最重要的教导.

从第三高级中学到东京大学一直和高木要好的学友吉江比高木晚一年到德国留学. 他于 1899 年夏季到了柏林之后就立即前往哥廷根. 高木也于第二年春去了哥廷根. 在高木的回忆录文章中记载着:"我于 1900 年到了哥廷根大学. 当时在哥廷根大学有克莱茵、希尔伯特二人的讲座. 后来又聘请了闵可夫斯基,共有三个专题讲座. 使我感到惊奇的是,这里和柏林的情况不大一样,当时在哥廷根大学每周都有一次'谈话会',参加会议的人不仅是从德国,而且是从世界各国的大学选拔出的少壮派数学名家,可以说那里是当时的世界数学的中心. 在那里我痛感到,尽管我已经 25 岁了,但所学的知识要比数学现状落后 50 年. 当时,在学校除了数学系的定编人员之外,还有副教授辛弗利斯(Sinflies)、费希尔(Fischer)、西林格(Sylinger)、我以及讲师策梅罗(Zermelo)、亚伯拉罕(A'braham)等人."

高木从克莱茵那里学到了许多知识,特别是学会了用统一的观点来观察处理数学的各个分支的方法. 而作为自己的专业研究方向,高木选择了代数学的整数论.这大概是希尔伯特的《整数论报告》对他有很强的吸引力吧!特别是他对于被称之为"克罗内克的青春之梦"的椭圆函数的虚数乘法理论具有很浓的兴趣.在哥廷根时期,高木成功地解决了基础域在高斯数域情况下的一些问题(他回国后作为论文发表,也就是他的学位论文).

1901年9月底,高木离开了哥廷根,并在巴黎、伦敦等地作了短暂的停留之后,于12月初回到了日本.当时年仅26岁零7个月.由于1900年6月,高木还在留学期间就被东京大学聘为副教授,所以他回国后马上就组织了数学第三(科目)讲座,并和藤泽及坂井英太郎等人共同构成了数学系的班底.1903年,高木的学位论文发表后就获得了理学博士学位,并于第二年晋升为教授.

1914年夏季,第一次世界大战爆发后,德国的一些书刊、杂志等无法再进入日本.在此期间,高木只能潜心研究,"高木的类域理论"就是在这一时期诞生的.关于"相对阿贝尔域的类域"这一结果对于高木来说是个意外的研究成果.他曾反复验证这一结果的正确性,并以它为基础去构筑类域理论的壮丽建筑.而且关于"克罗内克的青春之梦"的猜想问题他也作为类域理论的一个应用作出了一般性的解决.并把这一结果整理成133页的长篇德语论文发表在1920年度(大正九年)的《东京帝国大学理科大学纪要》杂志上.同年9月,在斯特拉斯堡(Strasbourg)召开了第6届国际数学家大会.高木参加了这次会议并于9月25日在斯特拉斯堡大学宣读了这结果的摘要.然而,遗憾的是在会场上没有什么反响.这主要是因为第一次世界大战刚刚结束不久，德国的数学家没有被邀请参加这次会议，而当时数论的研究中心又在德国，因此，在参加会议的其他国家的数学家之中，能听懂的甚少.

1922 年，高木发表了关于互反律的第二篇论文(前面所述的论文为第一篇论文). 他运用自己的类域理论巧妙而又简单地推导出弗厄特万格勒(Futwängler)的互反律，并且对于后来的阿丁一般互反律的产生给出了富有启发性的定式化方法.

1922 年，德国的西格尔把高木送来的第一篇论文拿给青年数学家阿丁阅读，阿丁以很大的兴趣读了这篇论文，并且又以更大的兴趣读完了高木的第二篇论文. 在此基础上，阿丁于 1923 年提出了“一般互反律”的猜想，并把高木的论文介绍给汉斯(Hasse). 汉斯对这篇论文也产生了强烈的兴趣，并在 1925 年举行的德国数学家协会年会上介绍了高木的研究成果. 汉斯在第二年经过自己的整理后，把附有详细证明的报告发表在德国数学家协会的年刊上，从而向全世界的数学界人士介绍了高木的类域理论. 另一方面，阿丁也于 1927 年完成了一般互反律的证明. 这是对高木理论的最重要的补充. 至此，高木一阿丁的类域理论完成了.

从此以后，高木的业绩开始在国际上享有盛誉. 1929 年(昭和四年)，挪威的奥斯陆大学授予高木名誉博士称号. 1932 年在瑞士北部的苏黎世举行的国际数学家大会上，高木当选为副会长，并当选为由这次会议确定的菲尔兹奖评选委员会委员.

在国内，高木于 1923 年(大正十一年)6 月当选为学术委员会委员. 1925 年 6 月，又当选为帝国学士院委员等职. 1936 年(昭和十一年)3 月，他在东京大学离职退休.1940 年秋季,在日本第二次授勋大会上荣获文化勋章.1951 年获全日本"文化劳动者"称号.1955 年在东京和日光举行的国际代数整数论研讨会上,高木当选为名誉会长.1960 年 2 月 28 日,84 岁零 10 个月的高木贞治先生因患脑出血和脑软化的合并症不幸逝世.

高木贞治先生用外文写的论文共有 26 篇,全部收集在 *The Collected Papers of Teiji Takagi*(岩波书店,1973)中.他的著作除了前面提到的《新编算术》《新编代数学》以及《新式算术讲义》之外,还有《代数学讲义》(1920)、《初等整数论讲义》(1931)、《数学杂谈》(1935)、《过渡时期的数学》(1935)、《解析概论》(1938)、《近代数学史谈》(1942)、《数学小景》(1943)、《代数整数论》(1948)、《数学的自由性》(1949)、《数的概念》(1949)等.另外,高木先生还撰写了数册有关学校教育方面的教科书.

高木与菊池、藤泽等著名数学家完全不同,他从来不参加社会活动或政治活动,就连大学的校长、系主任或什么评议委员之类的工作也一次没有做过,而是作为一名纯粹的学者渡过了自己的一生.从高木的第一部著作《新编算术》到他的后期作品《数的概念》可以看出他对数学基础教育的关心.他的《解析概论》一书被长期、广泛地使用,使得日本的一般数学的素养得到了显著的提高.许多青年读了他的《近代数学史谈》之后都决心潜心研究数学,作出成果.在日本的数学家中,有许多人不仅受到了他独自开创整数论精神的鼓舞,而且还受到了他的这些著作的恩惠.在日本,得到高木先生直接指导的数学家有末纲恕一、正田建次郎、管原正夫、荒又秀夫、黑田成腾、三村征雄、弥永昌吉、守屋美贺雄、中山正等人.

可以说在日本数学界的最近一百年的时间里，首先做出世界性业绩的是菊池先生，其次就是藤泽先生，第三位就是高木先生①.

5　日本代数几何三巨头——小平邦彦、广中平佑、森重文

宫冈洋一关于费马定理的证明尽管有漏洞，但他的证明的整体规模宏大、旁征博引，具有非凡的知识广度及娴熟的代数几何技巧. 这一切给人留下了深刻印象. 有人说："一夜可以挣出一个暴发户，但培养一个贵族至少需要几十年."宫冈洋一的轰动绝非偶然，它与日本数学的深厚积淀与悠久的代数几何传统息息相关. 提到日本的代数几何人们自然会想到三巨头——小平邦彦、广中平佑、森重文. 而日本的代数几何又直接得益于美国的扎里斯基，所以必须先讲讲他们的老师扎里斯基. 伯克霍夫说："今天任何一位在代数几何方面想作严肃研究的人，将会把扎里斯基和塞缪尔(P. Samuel)写的交换代数的两卷专著当做标准的预备知识."

扎里斯基是俄裔美籍数学家. 1899 年 4 月 24 日生于俄国的科布林. 由于他在代数几何上的突出成就，

---

① 《理科数学》(日本科学史会编)第一法规(1969)第 7 章"高本の类体论".

1981 年荣获沃尔夫数学奖,时年 82 岁.

扎里斯基 1913～1920 年就读于基辅大学. 1921 年赴罗马大学深造. 1924 年获罗马大学博士学位. 1925～1927 年接受国际教育委员会资助作为研究生继续在意大利研究数学. 1927 年到美国霍普金斯大学任教,1932 年被升为教授. 1936 年加入美国国籍. 1945 年访问巴西圣保罗. 1946～1947 年他是伊利诺易大学的研究教授. 1947～1969 年他是哈佛大学教授. 1969 年成为哈佛大学的名誉教授. 扎里斯基 1943 年当选为美国国家科学院院士. 1951 年被选为美国哲学学会会员. 1965 年荣获由美国总统亲自颁发的美国国家科学奖章.

扎里斯基对代数几何做出了重大贡献. 代数几何是现代数学的一个重要分支学科,与数学的许多分支学科有着广泛的联系,它研究关于高维空间中由若干个代数方程的公共零点所确定的点集,以及这些点集通过一定的构造方式导出的对象即代数簇. 从观点上说,它是多变量代数函数域的几何理论,也与从一般复流形来刻画代数簇有关. 进而它通过自守函数、不定方程等和数论紧密地结合起来. 从方法上说,则和交换环论及同调代数有着密切的联系.

扎里斯基早年在基辅大学学习时,对代数和数论很感兴趣,在意大利深造期间,他深受意大利代数几何学派的三位数学家卡斯泰尔诺沃(G. Castelnuovo, 1865—1952)、恩里克斯(F. Enriques, 1871—1946)、塞维里(Severi, 1879—1961)在古典代数几何领域的深刻影响. 意大利几何学者们的研究方法本质上很富有"综合性",他们几乎只是根据几何直观和论据,因而他们的证明中往往缺少数学上的严密性. 扎里斯基的研究明显带有代数的倾向,他的博士论文就与纯代数学有密切联系,精确地说是与伽罗瓦理论有密切联系. 他的博士论文主要是把所有形如 $f(x)+t\cdot g(x)=0$ 的方程分类,这里 f 和 g 是多项式,x 可以解为线性参数 t 的根式表达式. 扎里斯基说明这种方程可分为 5 类,它们是三角或椭圆方程. 取得博士学位后,他在罗马的研究工作仍然主要是与伽罗瓦理论有密切联系的代数几何问题. 到美国后,他受莱夫谢茨(S. Lefschetz)的影响,致力于研究代数几何的拓扑问题. 1927～1937年间,扎里斯基给出了关于曲线 C 的经典的黎曼一罗赫定理的拓扑证明,在这个证明中他引进了曲线 C 的 n 重对称积 $C(n)$ 来研究 C 上度数为 n 的除子的线性系统.

1937 年,扎里斯基的研究发生了重要的变化,其特点是变得更代数化了. 他所使用的研究方法和他所研究的问题都更具有代数的味道(这些问题当然仍带有代数几何的根源和背景). 扎里斯基对意大利几何学者的证明感到不满意,他确信几何学的全部结构可以用纯代数的方法重新建立. 在 1935 年左右,现代化数学已经开始兴盛起来,最典型的例子是诺特与范·德·瓦尔登有关论著的发表. 实际上代数几何的问题也就是交换环的理想的问题. 范·德·瓦尔登从这个观点出发把代数几何抽象化,但是只取得了一部分成就,而扎里斯基却获得了巨大成功. 在 20 世纪 30 年代,扎里斯基把克鲁尔(W. Krull)的广义赋值论应用到代数几何,特别是双有理变换上,他从这方面来奠定代数几何的基础,并且做出了实质性的贡献. 扎里斯基和其他的数学家在这方面的工作，大大扩展了代数几何的领域.

扎里斯基对极小模型理论也做出了贡献. 他在古典代数几何的曲面理论方面的重要成果之一，是曲面的极小模型的存在定理(1958). 它给出了曲面的情况下代数－几何间的等价性. 这就是说，代数函数域一经给定，就存在非奇异曲面(极小模型)作为其对应的“好的模型”，而且射影直线如果不带有参数就是唯一正确的. 因此要进行曲面分类，可考虑极小模型，这成了曲面分类理论的基础.

扎里斯基的工作为代数几何学打下了坚实的基础. 他不但对于现代代数几何的贡献极大，而且在美国哈佛大学培养起了一代新人，哈佛大学以他为中心形成了一个代数几何学的研究集体. 1970 年度的菲尔兹奖获得者广中平佑(Hironaka Heisuke，1931—　)和 1974 年度的菲尔兹奖获得者曼福德都出自他的这个研究集体. 从某种意义上讲，广中平佑的工作可以说是直接继承和发展了扎里斯基的成果.

扎里斯基的主要论文有 90 多篇，收集在《扎里斯基文集》中，共四卷. 扎里斯基的代表作有《交换代数》(共两卷，与 P. 塞缪尔合著，1958～1960)、《代数曲面》(1971)、《拓扑学》等.

扎里斯基的关于代数簇的四篇论文于 1944 年荣获由美国数学会颁发的科尔代数奖. 由于他在代数几何方面的成就，特别是在这个领域的代数基础方面的奠基性贡献，使他荣获美国数学会 1981 年颁发的斯蒂尔奖. 他对日本代数几何的贡献是培养了几位大师，第一位贡献突出者是日本的小平邦彦.

小平邦彦(Kunihiko Kodaira,1915—1997)是第一个获菲尔兹奖的日本数学家,也是日本代数几何的推动者.

小平邦彦,1915 年 3 月 16 日出生于东京.他小时候对数就显示出特别的兴趣,总爱反复数豆子玩.中学二年级以后,他对平面几何非常感兴趣,特别对那些需要添加辅助线来解答的问题十分着迷,以致老师说他是“辅助线的爱好者”.从中学三年级起,他就和一位同班同学一起,花了半年时间,把中学的数学课全部自修完毕,并把习题从头到尾演算了一遍.学完中学数学,他心里还是痒痒的,进行更深层次地学习.看见图书馆的《高等微积分学》厚厚一大本,想必很难,没敢问津,于是从书店买了两本《代数学》,因为代数在中学还是听说过的,虽然这两本 1300 页的大书里还包含现在大学才讲的伽罗瓦理论,可是他啃起来却津津有味.

虽然他把主要精力放在数学上,却不知道世界上还有专门搞数学这一行的人,他只想将来当个工程师.于是他考相当于专科的高等学校时,就选了理科,为升大学做准备.理科的学校重视数学和外文,更促使他努力学习数学.他连当时刚出版的抽象代数学第一本著作范·德·瓦尔登的《近世代数学》都买来看.从小接受当时最新的思想对他以后的成长很有好处,在老师的指引下,他走上了数学的道路.

他于 1932 年考入第一高等学校理科学习.1935 年考入东京大学理学院数学系学习.1938 年在数学系毕业后,又到该校物理系学习三年,1941 年毕业.1941 年任东京文理科大学副教授.1949 年获理学博士学位,同年赴美国在普林斯顿高等研究所工作.1955 年任普林斯顿大学教授.此后,历任约翰大学、霍普金斯大学、哈佛大学、斯坦福大学的教授.1967 年回到日本任东京大学教授.1954 年荣获菲尔兹奖.1965 年当选为日本学士会员.1975 年任学习院大学教授.他还被选为美国国家科学院和哥廷根科学院国外院士.

小平邦彦在大学二年级时,就写了一篇关于抽象代数学方面的论文,大学三年级时他醉心于拓扑学,不久写出了拓扑学方面的论文.1938 年他从数学系毕业后,又到物理系学习,物理系的数学色彩很浓,他主要是搞数学物理学,这对他真是如鱼得水.他读了冯·诺依曼(von Neumann)的《量子力学的数学基础》,范·德·瓦尔登的《群论和量子力学》以及外尔的《空间、时间与物质》等书后,深刻认识到数学和物理学之间的密切联系.当时日本正出现研究泛函分析的热潮,他积极参加到这一门学科的研究中去,于 1937~1940 年大学学习期间共撰写了 8 篇数学论文.

正当小平邦彦踌躇满志,准备在数学上大展宏图的时候,战争爆发了.日本偷袭珍珠港,揭开了太平洋战争的序幕.日本与美国成了敌对国,大批日本在美人员被遣返.这当中有著名数学家角谷静夫.角谷在普林斯顿高等研究院工作时曾提出一些问题,这时小平邦彦马上想到可以用自己以前的结果来加以解决,他们一道进行研究,最终解决了一些问题.

随着日本在军事上的逐步失利,美军对日本的轰炸越来越猛烈,东京开始疏散.小平邦彦在 1944 年撤到乡间,可是乡下的粮食供应比东京还困难,他经历的那几年缺吃挨饿的凄惨生活,使他长期难以忘怀.但是,在这种艰苦环境下,他的研究工作不但没有松懈,反而有了新的起色.这时,他开始研究外尔战前的工作,并且有所创新.在战争环境中,他在一没有交流,二没有国外杂志的情况下,独立地完成了有关调和积分的三篇文章,这是他去美国之前最重要的工作,也是使他获得东京大学博士的论文的基础.但是直到 1949 年去美国之前,他在国际数学界还是默默无闻的.

战后的日本处在美国军队的占领之下,学术方面的交流仍然很少.角谷静夫在美国占领军当中有个老相识,于是托他把小平邦彦的关于调和积分的论文带到美国.1948 年 3 月,这篇文章到了《数学纪事》的编辑部,并被编辑们送到外尔的桌子上.

在这篇文章中小平对多变量正则函数的调和性质的关系给出极好的结果.著名数学家外尔看到后大加赞赏,称之为"伟大的工作".于是,外尔正式邀请小平邦彦到普林斯顿高等研究院来.

从 1933 年普林斯顿高等研究院成立之日起,聘请过许多著名数学家、物理学家.第二次世界大战之后,几乎每位重要的数学家都在普林斯顿待过一段.对于小平邦彦来讲,这不能不说是一种特殊的荣誉与极好的机会,他正是在这个优越的环境中迅速取得非凡成就的.

在外尔等人鼓励下,他以只争朝夕的精神,刻苦努力地研究,5 年之间发表了 20 多篇高水平的论文,获得了许多重要结果.其中引人注目的结果之一是他将古典的单变量代数函数论的中心结果,代数几何的一条中心定理:黎曼一罗赫定理,由曲线推广到曲面.黎曼一罗赫定理是黎曼曲面理论的基本定理,概括地说,它是研究在闭黎曼曲面上有多少线性无关的亚纯函数

(在给定的零点和极点上,其重数满足一定条件).所谓闭黎曼曲面,就是紧的一维复流形.在拓扑上,它相当于球面上连接了若干个柄.柄的个数 g 是曲面的拓扑不变量,称为亏格.黎曼-罗赫定理可以表述为,对任意给定的除子 D,在闭黎曼曲面 M 上存在多少个线性无关的亚纯函数 f,使 f 的除子 (f) 满足 $(f)\geqslant D$.如果把这样的线性无关的亚纯函数的个数记作 $l(D)$,同时记 $i(D)$ 为 M 上线性无关的亚纯微分 ω 的个数,它们满足 $(\omega)-D\leqslant 0$.那么,黎曼-罗赫定理就可表述为:$l(D)-i(D)=d(D)-g+1$. $d(D)=\sum n_i$ 称为除子的阶数.由于这个定理将复结构与拓扑结构沟通起来的深刻性,如何推广这一定理到高维的紧复流形自然成为数学家们长期追求的目标.小平邦彦经过潜心研究,用调和积分理论将黎曼-罗赫定理由曲线推广到曲面.不久德国数学家希策布鲁赫(F. E. P. Hirzebruch)又用层的语言和拓扑成果把它成功地推广到高维复流形上.

小平邦彦对复流形进行了卓有成效的研究.复流形是这样的拓扑空间,其每点的局部可看作和 C^n 中的开集相同.几何上最常见而简单的复流形是被称为紧凯勒流形的一类.紧凯勒流形的几何和拓扑性质一直是数学家们关注的一个重要问题,特别是利用它的几何性质(由曲率表征)来获取其拓扑信息(由同调群表征).小平邦彦经过深入的研究得到了这方面的基本结果,即所谓小平消灭定理.例如,其中一个典型结果是,对紧凯勒流形 M,如果其凯勒度量下的里奇曲率为正,则对任何正整数 q,都有 $H^{(0,q)}(M,C)=0$,这里 $H^{(0,q)}(M,C)$是 M 上取值于$(0,q)$形式芽层的上同调群. 小平邦彦还得到所谓小平嵌入定理: 紧复流形如果具有一正的线丛, 那么它就可以嵌入复射影空间而成为代数流形, 即由有限个多项式零点所组成. 小平嵌入定理是关于紧复流形的一个重要结果.

由于小平邦彦的上述出色成就, 1954 年他荣获了菲尔兹奖. 在颁奖大会上, 著名数学家外尔对小平邦彦和另一位获奖者 J. P. 塞尔给予了高度评价, 他说: "所达到的高度是自己未曾梦想到的." "自己从未见过这样的明星在数学天空中灿烂地升起." "数学界为你们所做的工作感到骄傲, 它表明数学这棵长满节瘤的老树仍然充满着勃勃生机. 你们是怎样开始的, 就怎样继续吧!"

小平邦彦获得菲尔兹奖之后, 各种荣誉接踵而来. 1957 年他获得日本学士院的奖赏, 同年获得文化勋章, 这是日本表彰科学技术、文化艺术等方面的最高荣誉. 小平邦彦是继高木贞治之后第二位获文化勋章的数学家.

有的数学家在获得荣誉之后, 往往开始走下坡路, 再也作不出出色的工作了. 对于小平邦彦这样年过 40 的人, 似乎也难再有数学创造的黄金时代了. 可是, 小平邦彦并非如此, 40 岁后十几年间, 他又写出 30 多篇论文, 篇幅占他三卷集的一半以上, 而且开拓了两个重要的新领域. 1956 年起, 小平邦彦同斯宾塞研究复结构的变形理论, 建立起一套系统理论, 在代数几何学、复解析几何学乃至理论物理学方面都有重要应用. 60 年代他转向另一个大领域: 紧致复解析曲面的结构和分类. 自从黎曼对代数曲线进行分类以后, 意大利数学家对于代数曲面进行过研究, 但是证明不完全严格. 小平邦彦利用新的拓扑、代数工具,对曲面进行分类,他先用某个不变量把曲面分为有理曲面、椭圆曲面、$K3$曲面等,然后再加以细致分类.这个不变量后来被日本新一代的代数几何学家称为小平维数.对于每种曲面,他都建立一个所谓极小模型,而同类曲面都能由极小曲面经过重复应用二次变换而得到.于是,他把分类归结为极小曲面的分类.

他彻底弄清了椭圆曲面的分类和性质.1960 年,他得出每个一维贝蒂数为偶数的曲面都是一个代数曲面的变形.1968 年,他得到当且仅当 S 不是直纹曲面时,S 具有极小模型.可以说,在代数曲面的现代化过程中,小平邦彦是最有贡献的数学家之一.对于解析纤维丛的分类只能对于某些限定的空间,也是由小平邦彦等人得出的.小平邦彦这些成就,有力地推动了20 世纪60 年代以来代数几何学和复流形等分支的发展.从 1966 年起,几乎每一届菲尔兹奖获得者都有因代数几何学的工作而获奖的.

在微分算子理论中,由小平邦彦和梯奇马什(Titchmarsh)给出了密度矩阵的具体公式而完成了外尔—斯通—小平—梯奇马什理论.

小平邦彦对数学有不少精辟的见解.他认为:“数学乃是按照严密的逻辑而构成的清晰明确的学问.”他说:“数学被广泛应用于物理学、天文学等自然科学,简直起了难以想象的作用,而且有许多情况说明,自然科学理论中需要的数学远在发现该理论以前就由数学家预先准备好了,这是难以想象的现象.”“看到数学在自然科学中起着如此难以想象的作用,自然想到在自然界的背后确确实实存在着数学现象的世界.物理学是研究自然现象的学问. 同样,数学则是研究数学现象的学问."“数学就是研究自然现象中数学现象的科学. 因此,理解数学就要‘观察’数学现象. 这里说的‘观察’,不是用眼睛去看,而是根据某种感觉去体会. 这种感觉虽然有些难以言传,但显然是不同于逻辑推理能力之类的纯粹感觉,我认为更接近于视觉,也可称之为直觉. 为了强调纯粹是感觉,不妨称此感觉为‘数觉’……要理解数学,不靠数觉便一事无成. 没有数觉的人不懂数学就像五音不全的人不懂音乐一样. 数学家自己并不觉得例如在证明定理时主要是具备了数觉,所以就认为是逻辑上作了严密的证明,实际并非如此,如果把证明全部形式逻辑记号写下看看就明白了……谈及数学的感受,而作为数学感受基础的感觉,可以说就是数觉. 数学家因为有敏锐的数觉,自己反倒不觉得了."对于数学定理,他说:“数学现象与物理现象同样是无可争辩实际存在的,这明确表现在当数学家证明新定理时,不是说‘发明了’定理,而是说‘发现了’定理. 我也证明过一些新定理,但绝不是觉得是自己想出来的. 只不过感到偶尔被我发现了早就存在的定理."“数学的证明不只是论证,还有思考实验的意思. 所谓理解证明,也不是确认论证中没有错误,而是自己尝试重新修改思考实验. 理解也可以说是自身的体验."对于公理系统他认为:“现代数学的理论体系,一般是从公理系出发,依次证明定理. 公理系仅仅是假定,只要不包含矛盾,怎么都行. 数学家当然具有选取任何公理系的自由. 但在实际上,公理系如果不能以丰富的理论体系为出发点,便毫无用处. 公理系不仅是无矛盾的,而且必须是丰富的. 考虑到这点,公理系的选择自由是非常有限的……发现丰富的公理系是极其困难的.”

关于数学的本质,他说:“数学虽说是人类精神的自由创造物,但绝不是人们随意杜撰出来的,数学乃是研究和描述实际存在的数学现象……数学是自然科学的背景.”“为了研究数学现象,从开始起唯一明显的困难就是,首先必须对数学的主要领域有个全面的、大概的了解……为此就得花费大量的时间.没有能够写出数学的现代史我想也是由于同样的理由.”

日本代数几何的第二位代表人物是广中平佑.

广中平佑是继小平邦彦之后日本的第二位菲尔兹奖获得者.他的工作主要是1963年发表的218页的长篇论文“Resolution of singu－larities of an algebraic variety over a field of characteristic zero”,在这篇论文中他圆满地解决了复代数簇的奇点解消问题.

1931年广中平佑出生于日本山口县.当时正是日本对我国开始进行大规模侵略之际.他在小学受了6年军国主义教育,上中学时就赶上日本逐步走向失败的时候.当时,国民生活十分艰苦,又要经常躲空袭,因此他得不到正规学习的机会.中学二年级就进了工厂,幸好他还没到服役的年龄,否则就要被派到前线充当炮灰.战争结束以后,他才上高中.他在1950年考入京都大学时,日本开始恢复同欧、美数学家的接触,大量新知识涌进日本.许多学者传抄1946年出版的韦尔名著《代数几何学基础》,组织讨论班进行学习,为日本后来代数几何学的兴旺发达打下了基础.1953年,布尔巴基学派著名人物薛华荔到达日本,对日本数学界有直接影响.薛华荔介绍了1950年出版的施瓦兹的著作《广义函数论》.还没有毕业的广中立即学习了他的讲义，并写论文加以介绍. 当时京都大学的老师学生都以非凡的热情来学习，这对广中有极大的鼓舞. 他对数学如饥似渴的追求，使他早在 1954 年就开始自学代数几何学这门艰深的学科了. 1954 年，他从京都大学毕业之后进入研究院，当时秋月康夫教授正组织年轻人攻克代数几何学. 在这个集体中，后来培养出了井草准一、松阪辉久、永田雅宜、中野茂男、中井喜和等有国际声望的代数几何学专家，他们都是从那时开始他们的创造性活动的. 在这种环境之中，早就以理解力和独创性出类拔萃的广中平佑更是如鱼得水，很迅速地成长起来. 1955 年，在东京召开了第一次国际会议，代数几何学权威韦尔以及塞尔等人都顺便访问了京都. 1956 年，前面提到的代数几何学权威查里斯基到日本，做了 14 次报告. 这些大数学家的光临对于年轻的广中平佑来说真是难得的学习机会. 他开始接触当时代数几何学最尖端的课题(比如双有理变换的理论)，这对他的一生有决定性的影响，因为广中的工作可以说是直接继承和发展查里斯基的成果的.

广中平佑在家里是老大，下面弟妹不少，他在念研究生时，还不得不花费许多时间当家庭教师，干些零活挣钱养家糊口. 尽管如此，他学习得仍旧很出色.

1957 年夏天在赤仓召开的日本代数几何学会议上，他表现十分活跃，他的演讲也得到大会一致好评. 由于他的成绩突出，不久，他得以到美国哈佛大学学习，从此他同哈佛大学结下了不解之缘. 当时代数几何学正进入一个突飞猛进的时期. 第二次世界大战之后，查里斯基和韦尔已经给代数几何学打下了坚实的基础. 10 年之后，塞尔又进一步发展了代数几何学. 1964

年,格罗登迪克大大地推广了代数簇的概念,建立了一个庞大的体系,在代数几何学中引入了一场新革命.哈佛大学以查里斯基为中心形成了一个代数几何学的研究集体,几乎每年都请格罗登迪克来讲演,而听课的人当中就有后来代数几何学的新一代的代表人物——广中平佑、曼福德、小阿廷等人.在这样一个富有激励性的优越环境中,新的一代茁壮成长.1959 年,广中平佑取得博士学位,同年与一位日本留学生结婚.

这时,广中平佑处在世界代数几何学的中心,并没有被五光十色的新概念所压倒,他掌握新东西,但是不忘解决根本的问题.他要解决的是奇点解消问题,这已经是非常古老的问题了.

所谓代数簇是一个或一组代数方程的零点.一维代数簇就是代数曲线,二维代数簇就是代数曲面.拿代数曲线来讲,它上面的点一般来说大多数是常点,个别的是奇点.比如有的曲线(如双纽线)自己与自己相交,那么在这一交点处,曲线就有两条不相同的切线,这样的点就是普通的奇点;有时,这两条(甚至多条)切线重合在一起(比如尖点),表面上看起来好像同常点一样也只有一条切线,而实际上是两条切线(或多条切线)重合而成(好像代数方程的重根),这样的点称为二重点(或多重点).对于代数曲面来说,奇点就更为复杂了.奇点解消问题,顾名思义就是把奇点分解或消去,也就是说通过坐标变换的方法把奇点消去或者变成只有最简单的奇点.这个问题的研究已有上百年的历史了.而坐标变换当然是我们比较熟悉的尽可能简单的变换,如多项式变换或有理式变换.而行之有效最简单的变换是二次变换和双有理变换.这一变换最早是由一位法国数学家提出的，他名叫戎基埃尔（Jonguiéres，Ernest Jean Philippe Fauque de，1820—1901），他生于法国卡庞特拉（Carpentras），卒于格拉斯（Grasse）附近. 1835 年进入布雷斯特（Brest）海军学院学习，毕业后，在海军中服役达 36 年之久，军衔至海军中将. 戎基埃尔在几何、代数、数论等几方面均有贡献，而以几何学的成就最大. 他运用射影几何的方法研究初等几何，探讨了当时流行的平面曲线、曲线束、代数曲线、代数曲面问题，推广了曲线的射影生成理论，发现了所谓双有理变换. 这种变换在非齐次坐标下有形式 $x'=x$，$y'=\frac{\alpha y+\beta}{\gamma y+\delta}$，其中，$\alpha,\beta,\gamma$ 是 x 的函数，且 $\alpha\delta-\beta\gamma\neq 0$. 1862 年，戎基埃尔关于 4 阶平面曲线的工作获得巴黎科学院奖金的三分之二. 1884 年，他被选为法兰西研究院成员. 很早就已经证明，代数曲线的奇点可以通过双有理变换予以解消. 从 19 世纪末起，许多数学家就研究代数曲面的奇点解消问题，但是论述都不能算很严格. 问题是通过变换以后，某个奇点消去了，是否还会有新奇点又生出来呢？一直到 20 世纪 30 年代，沃克和查里斯基才完全解决这个问题. 不久之后，查里斯基于 1944 年用严格的代数方法解决了三维代数簇问题. 高维的情况就更加复杂了. 广中平佑运用许多新工具，细致地分析了各种情况，最后用多步归纳法才最终完全解决这个问题. 这简直是一项巨大的工程. 它不仅意味着一个问题圆满解决，而且有着多方面的应用. 他在解决这个问题之后，进一步把结果向一般的复流形推广，对于一般奇点理论也做出了很重要的贡献.

广中平佑是一位精力非常充沛的人，他的讲话充满了活力，控制着整个讲堂.他和学生的关系也很好，每年总有几个博士出自他的门下.在哈佛大学，查里斯基退休之后，他和曼福德仍然保持着哈佛大学代数几何学的光荣传统，并推动其他数学学科向前迅速发展.

广中平佑1975年由日本政府颁授文化勋章(360万日币终身年俸).

继广中平佑之后，将日本代数几何传统发扬光大的是森重文(Mori，shigefumi，1951—).森重文是日本名古屋大学理学部教授，他先是在1988年与东京大学理学部的川又雄二郎一起以“代数簇的极小模型理论”的出色工作获当年日本数学学会秋季奖.他们的工作属于3维以上代数几何.

代数簇是由多项式方程所定义的空间.它们的维数是标记一个点(的复数)的参数数目.曲线(在复数集合上的维数为1，因而在实数上的维数为2)的一个分类由亏格“g”给出，即由“孔穴”的数目来决定，这从19世纪以来已为人们所知.对一簇已知亏格的曲线的详细研究，是曼福德的主要工作，这使他于1974年获菲尔兹奖，同样的工作，使德利涅于1978年，法尔廷斯于1986年荣膺桂冠.他们把所开创并由格罗登迪克加以发展了的经典语言作了履行.一个曲面(复数上为2维，或者实数上为4维，因此很难描绘)的分类在20世纪初为意大利学派所尝试，他们的一些论证，被认为不太严格(这再次与上文所论情况相同)，后被扎里斯基及再后的小平邦彦重作并完成其结果.森重文的理论是非常广泛的，然而目前只限于3维范围.古典的工具是微分形式的纤维和流形上的曲线.森重文发现了另外一些变换，它们正好只存在于至少3维的情形，被称为“filp”，更新了广中平佑对奇点的研究.

日本数学会理事长伊藤清三对上述获奖工作做了很通俗的评论：

“森重文、川又雄二郎两位最近在 3 维以上的高维代数几何学中，取得了世界领先的卓越成果，为高维代数几何今后的发展打下了基础.

“这就是决定代数簇上正的 1 循环(one-cycle)构成的锥(cone)的形状的锥体定理；表示在一定的条件下在完备线性系中没有基点的无基点定理(base point free theorem)；完全决定 3 维时关于收缩映射的基本形状的收缩定理；递变换的公式化与存在证明——根据森、川又两位关于上述的各项基本研究，在 1987 年终于由森氏证明了，不是单有理的 3 维代数簇的极小模型存在.

“这样，利用高维极小模型具有的漂亮性质与存在定理，一般高维代数簇的几何构造的基础也正在逐渐明了，可以期待对今后高维几何的世界性发展将做出显著的贡献.

“森、川又两位的研究尽管互相独立，但在结果方面两者互相补充，从而取得了如此显著的成果，我认为授予日本数学会奖秋季奖是再合适不过的.”

为了更多地了解森重文的工作. 我们节选日本数学家饭高茂的通俗介绍. 于此森重文工作可略见一斑. 首先饭高茂指出：极小模型理论被选为日本数学会奖

的对象,对于最近仍然发展显著的代数几何来说,是很光荣的,实在欣喜至极.

他先从双有理变换谈起:

代数几何学的起源是关于平面代数曲线的讨论,因此经常出现

$$x_1=P(x,y),y_1=Q(x,y)$$

型的变换.P,Q 是两变量的有理式.反过来若按两个有理式来解就成了二变量双有理变换的一个例子,特别地称为克雷莫纳(Cremona)变换.这是平面曲线论中最基本的变换.在双有理变换中,值不确定的点很多,这时可认为多个点对应于一个点.克雷莫纳变换若将线性情形除外,则在射影平面上一定存在没有定义的点,而以适当的有理曲线与该点对应.但是,当取平面曲线 C,按克雷莫纳变换 T 进行变换得到曲线 B 时,若取 C 与 B 的完备非奇异模型,则它们之间诱导的双有理变换就为处处都有定义的变换,即双正则变换.于是就成为作为代数簇的同构对应.

这样,由于1维时完备非奇异模型上双有理变换为同构,一切就简单了.但是即使在处理曲线时,只说非奇异的也不行.像有理函数、有理变换及双有理变换等都不是集合论中说的映射.因此里德(M. Reid)说道:"奉劝那些对于考虑值不唯一确定的对象感到难以接受的人立即放弃代数几何."

但1到2维,即使是完备非奇异模型,也会出现双有理变换却不是正则的情形.这就需要极小模型.查里斯基教授向日本年轻数学家说明极小模型的重要性时是1956年.查里斯基这一年在东京与京都举行了极小模型讲座,讲义已由日本数学会出版,讲义中对意大利

学派的代数曲面极小模型理论被推广到特征为正的情形进行了说明.

查里斯基在远东讲授极小模型时,是否就已经预感到高维极小模型理论将在日本昌盛,并建立起巨大的理论呢?

适逢其时,他与年轻的广中平佑相遇,并促成广中到哈佛大学留学.以广中在该校的博士论文为基础,诞生了关于代数簇的正代数1循环构成的锥体的理论.广中建立的奇异点分解理论显然极为重要,是高维代数几何获得惊人发展的基础.

那么森重文的工作又该如何评价呢?

哈茨霍恩(Hartshorne)的一个猜想说,具有丰富切丛的代数簇只有射影空间,森重文在肯定地解决该猜想上取得了成功,他在证明的过程中证明 K 若不是nef,则它与曲线的交恒为非负.若 K 是nef,则 S 为极小模型.

已证明了一定存在有理曲线,并且存在特殊的有理曲线.而且重新对偶地抓住曲面时第一种例外曲线的本质,推广到高维,确立端射线的概念.从而明确把握了代数簇的正的1循环构成的锥体的构造,在非奇异的场合得到了锥体定理.以此为基础对3维时的收缩映射(contraction)进行分类,所谓的森理论即由此诞生.它有效地给出了具体研究双有理变换的手段,确实成果卓著.

极小模型的存在一经确立,马上得到如下有趣的结果.

(1)小平维数为负的3维簇是单直纹的

其逆显然,得到相当简明的结论,即3维单直纹性

可用小平维数等于 $-\infty$ 来刻画，可以说这是 2 维时恩里克斯单直纹曲面判定法的 3 维版本，该判定法说，若 12 亏格是 0，则为直纹曲面. 若按恩里克斯判定法，就立即得出下面耐人寻味的结果：直纹曲面经有理变换得到的曲面还是直纹曲面. 但遗憾的是在 3 维版本中这样的应用不能进行. 若不进一步进行单直纹簇的研究，恐怕就不能得到相当于代数曲面分类理论的深刻结果.

(2)3 维一般型簇的标准环是有限生成的分次环

这只要结合川又的无基点定理的结果便立即可得. 与此相关，川又一松木确立的结果也令人回味无穷，即在一般型的场合极小模型只有有限个.

2 维时的双有理映射只要有限次合成收缩及其逆便可得到，这是该事实的推广. 2 维时的证明用第一种例外曲线的数值判定便可立即明白，而 3 维时则远为困难. 看看(1)所完成的证明，似乎就明白了那些想要将 2 维时双有理映射的分解定理推广的众多朴素尝试终究归于失败的必然理由.

森在与科拉尔(Kollár)的共同研究中，证明了即使在相对的情形下，也存在 3 维簇构成的簇极的小模型. 利用此结果证明了 3 维时小平维数的形变不变性. 多重亏格的形变不变性无法证明，是由于不能证明上述极小模型的典范除子是半丰富的. 根据川又、宫冈的基本贡献，当 $K^3=0$，K^2 在数值上不为 0 时，知道只要小平维数为正即可.

如以上所见，极小模型理论是研究代数簇构造的关键，在高维代数簇中进行如此精密而深刻的研究，前不久连做梦都不敢想象. 我们期待着更大的梦在可能范围内得以实现,就此结束.

6　好事成双

1990 年 8 月 21 日至 29 日在日本东京举行了 1990 年国际(ICM－90)会议,在此次会上,森重文又喜获菲尔兹奖,并在大会上做了一小时报告.为了解森重文自己对其工作的评价,我们节选了其中一部分.

我们只讨论复数域 C 上的代数簇.主要课题是 C 上函数域的分类.

设 X 与 Y 为 C 上的光滑射影簇.我们称 X 双有理等价于 Y(记为 $X \sim Y$),若它们的有理函数域 $C(X)$ 与 $C(Y)$ 是 C 的同构的扩域.在我们的研究中,典范线丛 K_x,或全纯 n 形式的层 $\theta(K_X)$,$n = \dim X$,起着关键作用.换言之,若 $X \sim Y$,则有自然同构

$$H^0(X, \theta(vK_X)) \cong H^0(Y, \theta(vK_Y)), \forall v \geqslant 0$$

于是多亏格(plurigenera)

$$P_v(X) = \dim_C H^0(X, \theta(vK_X)), v > 0$$

是 X 的双有理不变量,又小平维数 $k(X)$ 也是,后者可用下式计算,即

$$k(X) = \overline{\lim_{v \to \infty}} \frac{\lg P_v(X)}{\lg v}$$

这个由饭高(S. Iitaka)与 Moishezon 引进的 $k(X)$ 是代数簇双有理分类中最基本的双有理不变量.它取 $\dim X + 2$ 个值:$-\infty, 0, \cdots, \dim X$,而 $k(X) = \dim X, 0, -\infty$,是对应于亏格大于等于 2,1,0 的曲线的主要情况.若 $k(X) = \dim X$,X 被称为是一般型的.

从本维尼斯特(Benveniste)、川又(Y. kawamata)、科拉尔、森、里德与 Shokurov 在极小模型理论方面的最新结果,可以得到关于 3 维簇的两个重要定理.

定理 1(本维尼斯特与川又的工作) 若 X 是一般型的 3 维簇,则典范环

$$R(X)=\bigoplus_{p\geqslant 0}H^0(X,\theta(vK_X))$$

是有限生成的.

当 X 是具有 $k(X)<3$ 的 3 维簇时,藤田(Fujita)不用极小模型理论早就证明了 $R(X)$ 是有限生成的.

定理 2(宫冈的工作) 3 维簇 X 有 $k(X)=-\infty$(即 $P,(X)=0,\forall v>0$)当且仅当 X 是单直纹的,即存在曲面 Y 及从 $P^1\times Y$ 到 X 的支配有理映射.

虽然在上列陈述中,并未提到在与 X 双有理等价的簇中,找一个"好"的模型 Y(极小模型)是至关重要的;但选取正确的"好"模型的定义,证明是个重要的起点.

定义(里德) 设(P,X)是正规簇芽. 我们称(P,X)是终端奇点,若:

(i) 存在整数 $r>0$ 使 rK_X 是个卡蒂埃(Cartier)除子(具有此性质的最小的 r 称为指标),及

(ii) 设 $f:Y\to(P,X)$ 为任一消解,并设 $E_1,\cdots,E_n$ 为全部例外除子,则有

$$rK_Y=f^*(rK_X)+\sum a_iE_i,a_i>0,\forall i$$

我们称代数簇 X 是个极小模型若 X 只有终端奇点且 K_X 为 nef(即对任一不可约曲线 C,相交数$(K_X\cdot C)\geqslant 0$),我们称 X 只有Q－分解奇点若每个(整体积)韦尔除子是 Q－卡蒂埃的.

此处的要点是尝试用双有理映射把 K_X 变为nef(在维数大于 3 时仍是猜想),X 可能获得一些终端奇点,它们是可以具体分类的. 下面是一个一般的例子.

设 a,m 是互素的整数,令 $\mu_m=\{z\in C\mid z^m=1\}$ 作用于 C^3 上,有

$$\zeta(x,y,z)=(\zeta x,\zeta^{-1}y,\zeta^a z),\zeta\in\mu_m$$

则 $(P,X)=(0,C^3)/\mu_m$ 是个指标 m 的终端奇点.

极小模型理论认为:

定理 3　设 X 为任一光滑射影 3 维簇. 通过复合两种双有理映射(分别称为 flip 及除子式收缩)若干次,X 变得双有理等价于一个只有 $Q-$ 分解终端奇点的射影三维簇 Y 使:

(i) K_X 为 nef(极小模型情况),或

(ii) Y 有到一个正规簇 Z 的映射,$\dim Z<\dim Y$ 而 $-K_Y$ 是在 Z 上相对丰富的.

暂时放开 flip 与除子式收缩的问题,让我们看一下几个重要的推论.

在情况(ii) 中,$k(X)=-\infty$,而宫冈与森证明 X 是单直纹的. 在情况(i) 中,若继一般型,则本维尼斯特与川又证明(vK_X),对某些 $v>0$,由整体截面所生成,于是完成了定理 1. 宫冈证明情况(i) 中时 $k(X)\geqslant 0$,于是完成了定理 2.

总结在一起,我们有

定理 4　对光滑射影 3 维簇 X,下列条件等价:

(i) $k(X)\geqslant 0$.

(ii) X 双有理等价于一个极小模型.

(iii) X 不是单直纹的.

用相对理论的框架,3 维簇的双有理映射的粗略分解便得到了.

定理 5　设 $f:X \to Y$ 是在只有 Q－分解奇点 3 维簇之间的映射,则 f 可表达为 flip 与除子式收缩的复合.

在定理 3 与 5 中,我们只从端射线(extremal rays)所提供的信息去选 flip 与除子式收缩.

除子式收缩可视为曲面在一点吹开(blow up)的 3 维类似. flip 是 3 维时的新现象,它在原象与象的 1 维集以外为同构.

7　对日本数学教育的反思——几位大师对数学教育的评论

数学研究靠人才,而人才的培养靠教育. 日本的教育一向竞争残酷. 日本的几位代数几何大师对日本的数学教育与人才培养非常关心,并有许多高见.

小平邦彦晚年致力于教育事业,曾决定将自己的余生用来普及数学知识,培养青少年一代. 他编写了许多大学和中学的数学教材,这些教材对日本数学教学产生了极大的影响,其中一套由他主编的中学数学教材,已译成中文由吉林人民出版社于 1979 年出版.

日本文艺春秋杂志曾刊登了日本索尼(SONY)公司董事长井深访问数学家小平邦彦与广中平佑的谈话记录.

谈话间讨论当时世界上流行的新数学对日本中学数学教育的种种影响,风趣而引人深思. 摘录如下.

井深：广中先生此次获得文化勋章，恭喜．我向来对儿童的教育非常关心．回想过去，各位决定要走向成为数学家这一条路，有什么动机？

广中：不管怎样说，我不是脑筋好的人．（笑）

井深：譬如说，高斯发现等差级数的原理，据说是因为童年时代常看他父亲砌砖的缘故．

广中：那是天才的故事．想起来有一件我认为好的事．战时我是（初）中学生，当时的教育可说极为混乱．初一的时候，我到农家去帮忙；初二的时候被抓去兵工厂工作．老师也换了好几位，后来的老师不知道前任的老师教到那里，因为战时老师之间的联系也不够紧密．所以，每位老师只好讲述他认为重要的部分．（笑）可以说，重复又重复，连续又连续的重复．基础部分连续教三次，学生自然就明白了．

小平：我在童年时代没有学到什么．小学只学到计算．中学只有代数和平面几何．代数只是二次方程式和因式分解．微积分到了高等学校二年级才学到．就年龄说，已经是现在的大学一年级学生．这样也能成为数学家，（笑）所以从童年时代就学高深的课程，实在不必要．

井深：基础可以提早教，至于抽象、应用以后慢慢来，这样的做法实在有必要．九九乘法表可以像念经那样背念，提早引入．

小平：那样最好．可是现今的教育，从小就让学生使用计算器．用计算器，即使不懂计算方法，也能得出答案．我很担心，这样做下去可能使人都变成傻瓜．

广中：计算机好像很畅销．对索尼公司来说，不是很好吗？

井深：我们从三四年前就停止销售了. 我们自觉这是非常明智的措施.（笑）

广中：常打算盘的人，心算也很好. 这是由于使用算盘可促使计算进步. 用计算器实在有导致计算退步的危险性.

井深：但有一种异论——普通人对于数学常有枯燥无味、使人扫兴的感觉. 这样的话对二位也许很失礼，……（笑）像这样，如果让我们从小使用计算器，也许可以引起他们对于数学的兴趣.

小平：最近美国也开始使用算盘了，不过还在小学阶段. 已经有人重新认识算盘的这一特色了.

井深：的确，计算难免有"黑箱"（black box，要魔术用）的一面.

小平：还有，现在的数学教育让人觉得可笑之处，就是集合论. 就我所知的范围，现"役"的数学家都反对教儿童集合论.

广中：不错. 集合不但在日本，即使法国也教. 以前我带家眷去法国教书时，发现他们在小学课本中也编入集合. 我的孩子常来问我习题，我自己也不会做. 虽然我是认真想过了，（笑）可是不会解. 小孩不高兴地说："爸爸不是数学家吗？"

集合论是我进大学以后才由严密逻辑过程学到的，可是小学的课本不能照高度的逻辑方式编写. 纵然如此，但是有些人还坚持要教集合论，问题就在此产生了. 譬如说有这样的题目——分出同类的东西，找出他的共同部分. 比方说狗是共同部分的答案，但由课本上的插图看来，却绘有头向上、向下、向左、向右的狗. 是否把头向上或向下的都看作同一种狗？如果这样的地方分不清楚，就有好几种答案了. 我就被这个题意不清楚的题目问垮了.

小平：我看现在教给小孩的集合论是集合论的玩具，而不是真正的集合论.

广中：如果怎样说都对，就没有答案了. 在刚才的题目中，如果在开始就有“不管头向上、向下、向左、向右，所有的狗都视为同样的狗”这样的约定，那就有答案了，没有这样的说明，那一定会混淆不清. 如果小孩是在准备考试，要把“这样时候这样答”如此强记下来，后果将如何？究竟，学习集合论有什么意义？

井深：是不是要拿集合论来澄清数学的意义？

小平：那是在极度高等的数学中才需要的. 除非你要做数学家，否则，集合论可以不用.

广中：同感. 如果由一些认为强调集合论是无聊的做法的人来教数学，那还可以；如果由不明事理而却认为“教集合论很不错”这样的教师来教，那小孩就很可怜了.

小平：初等教育的集合论最无聊.

广中：无聊极了. 为某种原因绊倒的地方绊倒，(笑)这是矛盾. 原来集合论从数学的历史来看，就是因为绊倒才搞出来的.

小平：不错，是 19 世纪末吧. 谈到它的出现，没有追究那时候数学的发展，就不能明了引入集合论的必要.

广中：如果就公理化的立场而言，一定会遇到非把集合论搞好不可的阶段. 但这是纯粹数学家的问题，对于非纯粹数学家是不必要的.

小平：就是物理学家、机械工程师也不必要.

广中:为了集合论,父母苦恼,老师苦恼,小孩迷惑.

井深:问题在哪里? 在教育部吗?

小平:有所谓教科书检验.我也正在编写教科书,如果不把“集合”放进去,就不能通过检验.

井深:不只教育界这样,在日本已有凡是一经决定的事就不能反对的态势.环境不容许你就事论事,我想这是很危险的事.

广中:我认为训练学生学习基础的计算技术或是培养学生对“数”的感觉才是儿童数学教学的当务之急.我们数学家同事之间,有从年轻时代就完成只有天才才能做到的业绩的人,也有上了年纪以后才开花结果的人,这样两种典型.如果就“创造性”的观点而言,就在“留余裕于将来”的意味上,我想在小学不必着急.

井深:二位都有日、美两国的大学教书的经验.日、美两国的学生有很大的差别吗?

小平:东京大学是特殊的大学,也许不能作为比较的对象.东大的学生实在不错,真是意想不到的好.不论哪一方面都很熟悉,听说连莫扎特的作品号码都记得……

广中:这也许是东大的特征.京都的学生就不懂这些.

小平:美国的学生不行的就是不行.

广中:更有趣的是,完全不行的人有一天突然好起来了.

小平:那是很有趣的现象.

广中:在研究院成绩不佳,好不容易才拿到博士学位的人,后来却成为很卓越的人物.

井深：日本的学生进大学以后就不用功了？

小平：在美国正好相反．他们到高中毕业为止，都是悠然自得的态度，一般的数学程度也低．微积分是大学后才学．研究院最初的水准也低……

广中：水准是低的．但是美国有“跳级”．在哈佛，也有叫作 advance studying，可以直升大学二年级．更好的人，从大三直升研究院．这一类型的人，非常优秀，可是，有趣的是，虽然在这一阶段表现出色的人，也不能断言他将来有更大的发展．有时候好不容易才进入研究院的那些人中，也会出现有很好创意的人．

井深：实际上并不是脑筋的优劣分别集中在年龄的某一阶段．通常都说最能发挥创造力是在 20 岁前后，但就现在的日本教育体系来说，到了那个时候真的能否发挥全部能力，实无把握可言．沿着教育部规定的课程进行教育，像具有百科全书式头脑的人，也许倒可以培养出来．

广中：搞数学的人，应该多知道些事物．同时，不培养创见也不行，这两样都需要．但是先灌输知识，然后再来培育创见，也不是那么简单（即可造就人才）．

井深：现在根本没有培育创见的时间，也没有这种过程．

广中：任何环境都能造就天才的人物．问题在于那些没有出类拔萃才能的人，如果多花时间培育，他们就能发挥他们的能力，往往因为操之过急反而把他们的能力扼杀了．日本人在贡献他们的特殊知觉力上面，应该是很拿手的，可惜因为填鸭教育，自己把这种能力扼杀掉了．

汤川秀树先生说过“评分，先（将各科分数）平方再取其平均”. 意思是，人虽然有短处，但是如果在某一方面有了长处，就应该设法把它发扬光大.

井深：美国人对于平等的想法根本和我们不同.

小平：按照自己的能力，你想怎么做就怎么做，我觉得这是美国的平等主义.

井深：普通人以为，数学家或理科较强的人就是脑筋好的人. 数学家即是脑筋好的人的代名词.

广中：这一点我不敢同意.（笑）我所尊敬的京都大学的前辈曾说：“广中的脑筋并不好.”我回应他说：“我的脑筋虽然不是特别的好，但也不是特别的坏.”他会更进一步地说：“数学是有趣的学问，因为脑筋不是特别好的人也有相当的成就.”说得不错.

我不说“脑筋坏”是数学家的条件，（笑）可是我总想，所谓脑筋好的人有一种危险：如果是脑筋特别好的天才，那是另当别论，但普通程度脑筋好的人，总是要抢先走在前头，因为知道得太多，总有从事物上滑过去的危险.

井深：领悟快，不深入.

广中：有时候会觉得自己还有不明白的事，这种人反而更能深入事物的本质.

小平：听说爱因斯坦这样说过：“自己发育较慢，成年以后对时间、空间的概念还不清楚，因此深入思考这个问题，终于发现相对论.”他是个有趣的人，可以说是悠然自得吧，他始终不能了解自己是很有名气的人.

井深：那真是出人意料.

小平：爱因斯坦有一次去了普林斯顿的电影院，忽然想出去吃冰淇淋，他向电影院的查票人说了好几次：“我出去一趟，请记住我的长相.”他始终不了解他是人人皆知的有名人物.

井深:这一段话很好.(笑)这样一来,我们必须重新考虑"怎样才是脑筋好"这一个定义.如果把能考入东京大学这一种平均分数好的人说成脑筋好,一定使人发生误解.那就等于说只有当今政府的一些官员才是脑筋好的人.尤其是数学,不但需要"理科的"想法,更需要有"文科的"悟性.

广中:的确不错.说是"文科的"吗?也可以说近于艺术.

井深:广中先生对于音乐很在行,(笑)桑原武夫先生说过:"数学是用记号排成的诗."

小平:我担任东京大学理学部部长的时候,和我意见最一致的是文学部长林健太郎先生,意见完全不合的是学法学出身的大学校长.(笑)想法根本不同.

广中:把"数学近乎艺术"的观点用稍微不同的方式来表现,就是"为造就好的数学家,与其让他来解试题不如让他去听音乐."这种想法有一点古怪,可是我觉得应是这样.我想"听音乐"和"培育觉察模型或构造的感觉"有关联.在数学里,分辨何事重要,何事不重要,选择是很重要的.脑筋太好但缺乏选择能力的人,什么都做,结果做的都是没什么价值的事.也有走上这一条路的人.

井深:信州有一所小提琴训练所,已有 20 万毕业生散布于全国.追踪调查显示他们的数学成绩显著良好.音乐与数学大有关系.

广中:脑筋稍差,只要有创造性,还能成为数学家,而脑筋虽然好,但无创造性的人就没法子了.

井深:听了上面的话,我明白日本的教育现状并没有朝“发展学童具有的才能”这一方向进行，这与二位以头脑外流的形式去美国有关吗？

广中：我的情形是当时没有职业.我就读东京大学研究院的时候正好查里斯基来京都讲学.我在读代数几何学，正好教授遇到一个解不出的问题，我对那个问题开始有兴趣，想把它解出来.

井深：那是几年前的事？

广中：20年前.当时的大学，教授的位置都已占满，比我大4岁的人都升教授.我得等到他们退休才能轮到.就是认真去等，轮到我升教授时，4年后也要退休了.（笑）

井深：为什么那么年轻的人占满了教授的位置？

小平：这种现象说也奇怪，每隔10年就有一次.我们那一年代各方面已趋安定，以后10年很少变动.

井深：学数学除任教师外，有没有其他的“销路”？还有像保险公司这样的特殊市场吧.

广中：我到哈佛的时候，在美国大学的职位很多.也许在其他方面也有很多空缺.

井深：日本学者难以居住的地方.日本人对于“头脑外流”稍有过分渲染之处.只要是人，谁不期望待遇好的地方？待遇好，就是说在那里可以充分发挥，大胆地工作.在我们公司，也有江崎玲于奈先生到IBM去，我受到很多非难.可是我想：“送他到那里，是很对的.”能力高强的人有种种类别，要把他们安置在能充分发挥能力的岗位上，非常不容易.尤其是那个人越伟大，安排他做事越困难.

小平：在日本情况全部一律相同.就是不用功，只要蹲在一个地方，后来也能升教授.

在与中国台湾教授的一次谈话中，广中又对数学教育发表了很多见解，台湾的三位教授以下简称教授甲、教授乙、教授丙.

教授甲：有人曾建议我们与日本数学家合开学术会议.但首先，我们必须找到适当的日本人选.例如，李国伟所长曾询问宫西正谊教授，但他自认资望不够.

教授乙：眼前正有一位人选.

广中：日本学术界的程度高了，但是他们的心态不及世界水准.他们是日本人，看到外国，就想到能学到什么，而不是想想看自己能贡献什么，这种心态与美国人的心态不同.美国教育外国学生，形成国际通信网，这是泱泱大国的国际作风.从国际观点来看，一心想学的心态是低层次的，我相信出国留学，再回来，来来去去，可以改变这种心态.

我很惊奇地发现，当我成了京都大学的正教授时，西班牙及民主德国邀请我去讲学，我向大学申请出国，填申请表格时，我必须写上“进修项目”以及“学成归国”时，如何发挥所学(众笑).这真是荒谬绝伦.我以为，去了可以贡献些，从贡献中就可互相学习，一心只想学习别人之长而不贡献，真是低层次的.

教授丙：中日文化背景相似，我们可从日本比从美国学到更多的东西，但是一般政府领导却有“恐日症”.

广中：“恐日症”与日本人的“日恐症”正好相反！

教授乙：日本的科学成就低于经济成就，很少有真正出众的概念来自日本.

广中：对.

教授乙：如果日本处于第二的地位就可以永远向第一的美国学，当日本超前时，日本必须创新概念.

广中:那么,日本应该花钱培养文化.例如,可以省钱省事地在一个发展很好的数学领域中,作出色的工作.但发展一门全新的数学就不同了,你可能虚掷金钱与人力而一无所得.当然,你也可能获得全新的概念.你不能预知.这必须从文化上着眼.到目前为止,日本精于选取别人找出的新方向,而且学得很快.

教授丙:这儿的学生不愿学基础科学.

广中:日本也一样,但是在改变中,当生活水平提高后,对许多人来说,比别人赚更多的钱,不是一件有趣味的事.自然,有些人会永远只想赚钱,但是,那是一件乏味的事,更有趣味的是做一些原创性的工作.对一颗年轻的心,原创性的事更有激情.这只是时间的问题,不必担心,我想台湾已经快要非常有钱了,10 年、20 年后,应该会有很大的变化.年轻人想法不一样,糟糕的是,一个有才气但不适合当医生的年轻人,他仅仅为了医科的声望去读医学院,那在他生命的某一个时期,不知道什么时期,也许得医学学位,或是在 60 岁时就会后悔,他对自己说:“老天,在生命中,我错过了什么,生命中很重要的什么.”

教授丙:你觉得你选对了行业吗?

广中:我自认为是学数学的料子,虽然我不知道我算不算一个好数学家.当我在京都大学当学生的时候,我想读物理,因为汤川秀树得了诺贝尔奖等等.年轻的我工作得很努力,我参加了一些非常高级的讨论会,但是,在读物理时,我觉得对物理的数学部分更有兴趣,过了一阵子,我自觉应该成为一个数学家,虽然,数学中没有诺贝尔奖,这也无所谓.发现自己特长的最好办法是献身.如果有些学生想读医科,那也好.让他们朝着医生的目标努力，然后看看什么事会发生，他们会发现自己的.如果他们不努力，就不能发现.即使入错行，只要你肯努力工作，你还是会发现自己的.在学生时代，我确实非常努力用功，我以为，年轻人，例如高中生，应该好好想想，什么对他们本身最好，而不是一脑子哪一个科系能赚钱.当他们成长以后，生活水准已经大幅度提高了.生命的问题在于如何使工作更有意义.

教授乙：生命比生活更重要.在这样一个世界大体系里，应该怎样学习呢？

广中：重要的是在努力贡献中学习，这样你可以学到更多，不仅仅是些科技成果，而且是学会了别人的心态或态度.

教授乙：50年前，日本还是个数学小国，现在日本是数学大国了，台湾正面临发展数学的瓶颈，能否有所教言？

广中：(笑)出国啊！你知道，大量的日本数学家去欧洲、美国，工作了很多年，当然时代不同了.有人提到，台湾留学生不回国.15年前，许多日本数学家去了美国，也是不想回来，现在，很多人想回来了，因为第一，日本的生活水平不太坏，事实上，有时日本的薪水还高出美国的薪水呢！这是很重要的；其次，日本可以邀请外国数学家，留在日本也不坏，他们可以与外国学者接触；最后，他们可以出国，现在旅费不成为负担了，与20年前大大地不同.

教授乙：文化立国的意义越来越清楚了.

广中：文化无声无色地影响着人民的心态，这是文化重要的地方.如果文化贫乏，经济繁荣，总有一天会出大问题的.文化包含工作的态度、幸福及快乐的定义等.总之一句话,在日本,理论科学对我而言,特别是数学,越来越重要.而理论科学与工业应用的时间差距越来越短,工业技术越来越需要理论科学的基础.日本应花更多的人力与金钱来从事基础科学的研究,数学是文化的一部分,也许是较小的部分.当一个国家有优良的数学教育、充沛的数学新概念,则所有国民都普受滋润,不论他们从事哪一行业,都会从一些新的数学观点来看问题,这就是说文化提升了,大家都早有准备,不必回学校重新读数学,于是文化内化了,在你我心中.

怀尔斯——毕其功于一役

第 14 章

1　世纪末的大结局——怀尔斯的剑桥演讲

这是数学界发生的最激动人心的事情.

——伦纳德・阿德尔曼(Leonard Adelman)

光阴似白驹过隙,世界的脚步似乎在加快,时间以前所未有的速度奔向 20 世纪末,又一场百年大戏即将落幕,到了该压轴戏上场的时候了.数学界突然热闹非凡,精彩纷呈,使人颇有目不暇接之感.其中最引人注目的一场上演在英国的剑桥大学.

剑桥大学是英国最古老的大学之一. 1984 年,剑桥大学中最古老的彼得豪斯学院已建校 700 周年. 现代的剑桥大学是一所多学科综合性大学,采取院系两级体制,有 31 所学院,62 个系所,其中 29 个属理工科,33 个属文科.

剑桥大学以其杰出的科研队伍和丰硕的科研成果闻名于世. 讲到剑桥人文会想到密尔顿、徐志摩;讲到自然科学,就自然会想到哈代、李特伍德、罗素以及卡文迪许实验室. 特别是,最近几年来风靡中国的被人誉为继爱因斯坦之后的最伟大的物理学家霍金,他以仅能动弹的三根手指,敲打出通俗的语言,向人们讲述了最艰深的理论物理、天文学的问题. 有人说,从这里培养出来的和在这里工作过的诺贝尔奖获得者,比法国全国的获奖者还多. 20 世纪初,卡文迪许实验室在原子模型、晶体构造的研究中,有许多重大突破. 第二次世界大战中,这里的科学家们在雷达、电子学、电讯等方面的研究中,发挥了主导作用. 战后,卡文迪许实验室又在分子生物学和射电天文学等领域取得了举世瞩目的成就. 一登龙门,身价百倍,在英国和全世界,不少青年以能获得剑桥大学的文凭而感到骄傲. 就连在剑桥大学工作过一段时间,也成了学者学术生涯中的一段光荣史. 多少年来,不少人前往剑桥大学参观游览,以一睹这所古老的高等学府为快. 仅 1983 年,去剑桥旅游的人使这座大学城获得 31 亿英镑以上的收入.

1993 年 6 月 23 日星期三是一个永载数学史册的日子. 在位于英格兰剑桥市(在加拿大安大略省和美国马里兰州、马萨诸塞州、俄亥俄州也都有剑桥市)卡姆河畔的剑桥大学,举行了一次自该校 1209 年建校以来最著名的一次数学演讲. 熟悉数学史的人都会记得 1669 年艾萨克·牛顿曾来此讲授数学使剑桥大学成为当时世界数学中心,18 世纪剑桥大学学生坐三条腿板凳进行首次荣誉学位考试时,其主科就是数学. 而此次讲演从某种意义上说则更令人瞩目. 主讲人是一位拔顶、消瘦的中年人,他就是当年 40 岁的英国数学家安德鲁·怀尔斯. 他是美国新泽西州普林斯顿大学的教授,此刻他站在写满数论公式的硕大黑板前意气风发,因为他刚刚作完题为“椭圆曲线,模形式和伽罗瓦表示”的报告. 在讲演的最后,怀尔斯宣布了一个震惊世界的结论:他征服了困扰国际数学界长达 350 年之久,悬赏 100 000 金马克之巨的世界最著名猜想——费马大定理.

就在怀尔斯的讲演结束几分钟之后,这一消息就立即通过各种现代化通信设备传播到世界各大学及研究中心,其速度不亚于里根被刺、苏联解体等重大事件传播的速度,因为它表明了一个时代的结束.

2　风云乍起——怀尔斯剑桥语出惊人

怀尔斯的结果使数学的面貌发生了变化,看来是完全不可能的事情却有更多的真实性.

——肯尼思·里布特(Kenneth Ribet)

一块硕大的黑板上,书写着密密的数学公式. 其中有一行是

假定 p,u,v 和 w 都是整数，而 $p>z$. 如果 $u^p+v^p+w^p=0$，那么 $uvw=0$.

1993 年 6 月，英国剑桥牛顿(Issac Newton)数学科学研究所举行了关于岩坡(Iwasawa)理论、自守形式，和 p-adic 表示的一个讨论会. 会上美国普林斯顿(Princeton)大学的安德鲁·怀尔斯教授作了一系列演讲，整个由三个演讲组成. 作为一系列演讲的结论，他推出了上述形式的费马大定理. 他给他的这一系列演讲起了一个启发性的而且雄心勃勃的题目——"椭圆曲线，模形式和伽罗瓦表示"，以致没有给听众任何迹象，谁也无法猜到这些演讲会怎样结束，这颇有些像一部煽情的电视剧. 人们焦急地等待着结果. 连日来持续的传闻在与会数论专家中流传着，随着这一系列演讲的进行，形势越发明朗. 随之紧张的情绪也在不断增长. 第三个演讲共有 60 多位数学家出席，他们之中有相当多的人带了照相机去记载这一事件.

终于，在最后一个演讲里，怀尔斯既出乎意料而又在情理之中地宣布，他对于 $\mathbf{Q}$ 上一大类椭圆曲线证明了谷山猜想——算术代数几何中一个极为重要的猜想. 这类椭圆曲线就是所谓的"半稳定"("semistable")椭圆曲线，即没有平方导子(square-free conductor)的椭圆曲线. 在场的听众中大多数人都知道，费马大定理是这一结果的推论. 虽然许许多多业余爱好者和职业数学家都深深地迷上了费马大定理，可是在近代数论中谷山猜想却有更为重大的意义. 这如同在一场足球赛上，业余的人爱看临门一脚，而球迷们却着眼于过程.

谷山猜想，它的大意是 $\mathbf{Q}$ 上的每条椭圆曲线都是模曲线，这是在 20 世纪 50 年代中期首先在 Tokyo-Nikko 会议上以某种不太明确的形式提出来的．通过志村和韦尔的努力，使它的陈述变得精练了，所以它也被称为韦尔猜想，或谷山－志村猜想，等等．在这个猜想通常的陈述中，它把表示论的对象（模形式）和代数几何的对象（椭圆曲线）联系了起来．它是说，$\mathbf{Q}$ 上一条椭圆曲线的 L－级数（它测量对所有素数 p 曲线 mod p的性质）可以和从一个模形式导出的傅里叶级数的积分变换等同．谷山猜想是“朗兰兹（Langlands）纲领”的一个特例，后者是由朗兰兹和他的同事们提出来的互相关联的一个猜想网．

虽然要想陈述朗兰兹的那些猜想，必须要有自守函数的基础，但是却还另有一种方式来陈述谷山猜想，其中只有复解析映射这一概念出现．我们来考察 $\mathbf{Q}$ 上的椭圆曲线，但对 $\overline{\mathbf{Q}}$－同构的椭圆曲线不加区别：他们是亏格（Genus）1 的可以用有理系数多项式方程定义的那些紧黎曼曲面．谷山猜想说，对于每个这种曲面 S，都有 $SL(2,\mathbf{Z})$ 的一个同余子群 Γ 和一个不等于常数映射的解析映射 $\Gamma/H\rightarrow S$，这里 H 是复上半平面．

1985 年，弗雷（G. Frey）在 Oberwolfach 所做的一个演讲中首先指出了费马大定理和谷山猜想的联系．他指出，利用 $a^p+b^p=c^p$（p 是奇素数）的一组非平凡解可以写出一条不适合谷山猜想的半稳定椭圆曲线．弗雷的曲线是由特别简单的三次方程 $y^2=x(x-a^p)(x+b^p)$所定义的椭圆曲线 E（在写下这个曲线之前可能需要对(a,b,c)作初步调整），他在 Oberwolfach 散发了一份打字稿，在其中他给出了他的曲线不是模曲线(即“谷山猜想⇒费马猜想”这一蕴含关系)的一个不完整证明的大纲.他期望他的证明能被模曲线理论方面的专家来完整化.

弗雷开始观察到,一旦 E 是模曲线,那它的 p—除法点(p-division points)的群 $E[p]$ 也是,这就是说,把 $E[p]$ 看作 $\mathbf{Q}$ 上的代数群,可以把它嵌入与一个适当的商 Γ/H 典范相伴的 $\mathbf{Q}$ 上的代数曲线的雅可比之中.塞尔在知道了弗雷的构造以后,陈述了两个猜想,它们蕴含 $E[p]$ 与 $SL(2, \mathbf{Z})$ 的一个特定的同余子群 $\Gamma_0(2)$ 相伴.因为 $\Gamma_0(2)/H$ 的雅可比等于零,所以这是荒谬的.

从塞尔的两个猜想里,瑞贝特认识到,在他读梅热的论文时所提出的一个问题可以推广.1986 年 7 月,大约在塞尔的两个猜想提出一年之后,瑞贝特证明了它们,他宣布,他证明了“谷山猜想⇒费马猜想”,这使数学界相信费马大定理一定成立:几乎所有的数论专家们都期待着有一天谷山猜想会成为一个定理.然而这毕竟是一个美好的愿望.对于真正了解其难度的人来说一般都接受这一看法,即现在距谷山猜想证明的出现还很遥远.

但是怀尔斯对谷山猜想的证明还不可能出现的看法并不以为然,在他了解到费马大定理是这一猜想的推论后,立即开始了他的庞大谷山猜想的证明.这个证明用到了他以前工作中(包括他和梅热合作的工作中)以及法尔廷斯、格林伯格、哈蒂、柯罗亚金等人(这里仅引几个名字)工作中的结果和技巧.在怀尔斯收到菲舍的一篇预印本之后,一块主要的绊脚石被搬掉了.

在下面几段里我们转引西瑞贝特所介绍的怀尔斯

的证明概述.

为了证明一条半稳定椭圆曲线 $E/\mathbf{Q}$ 是模曲线，怀尔斯固定一个奇素数 l，实际上取作 3 或 5. 考察 $\mathrm{Gal}(\overline{\mathbf{Q}}/\mathbf{Q})$ 在 E 的 l 一幂可除点（l-power division points）上的作用，就得到与 E 相伴的 l-adic 表示 ρ_l：$\mathrm{Gal}(\overline{\mathbf{Q}}/\mathbf{Q})\rightarrow GL(2,\mathbf{Z}_l)$. 椭圆曲线 E 适合谷山猜想，当且仅当 ρ_l 在如下意义下是“模的”（modular），即它在通常方式下与一个权一2 的尖（cuspidal）本征形式相伴. 表示 ρ_l，“看上去并且感觉是”模的是指它有右行列式并且在 l 和其他分歧素数处适合某些必要的局部条件.

粗略地说，怀尔斯证明了像 ρ_l 这样的一个表示是模的. 如果它“看上去并感觉是”模的，并且它 mod l 约化成一个表示 $\overline{\rho_l}$；$GL(\overline{\mathbf{Q}}/\mathbf{Q})\rightarrow GL(2,F_l)$，而 $\overline{\rho_l}$ 是：(1) 映上的；(2)本身是模的. 条件(2)的意思是，$\overline{\rho_l}$ 可以提升成某个模表示；换言之，我们希望 $\overline{\rho_l}$ 和某个模表示同余.（在许多情况下，在研究 $\overline{\rho_l}$ 时，我们可以用“不可约”来代替“映上”）

怀尔斯的证明是用梅热的形变理论（deformation theory）的语言来表达的. 怀尔斯考察了适合(1)和(2)的表示 $\overline{\rho_l}$ 的形变，并局限他的注意力于那些似乎能够与权 2 尖形式相伴的形变（他要求形变的行列式是分圆特征标，并且在素数 l 处加了一个局部条件. 例如，如果 $\overline{\rho}$ 超奇异（supersingular)，他要求形变与贝巴斯特一塔特（Barsotti-Tate）群局部地在 l 处相伴）. 怀尔斯证明了凡有的这种形变是模的，由此验证了梅热的一个猜想. 为了证明这一点，他必须证明，局部环的某个结构映射(structural map)φ,若是映上的,则事实上就是同构. 在这里怀尔斯用了梅热等许多人的思想. 这证明 φ 是满射,怀尔斯研究了对于 ρ 的一个模提升 $\bar{\rho}$ 的对称平方(symmetric square of a modular lift)的经典塞尔默(Selmer)群的一个类比,并且柯罗亚金和菲舍的那些技巧导出的技巧给出它的界(在许多情形下,怀尔斯确切地计算了这个塞尔默群的阶).

怀尔斯证明了这个关键定理之后,接着就去证明 E 是模曲线. 他先研究 $l=3$ 的情形. 利用滕内尔(J. Tunnell)的一条定理,再加上 H. Saito-T. Shintani 和朗兰兹的一些结果,他证明 $\bar{\rho}_3$ 适合(2)当且仅当它适合(1). 由此推出,当 $\bar{\rho}_3$ 是满射时,E 是模曲线.

怀尔斯在他的第二讲结束的时候,提出了一个诱人的问题,即当 $\bar{\rho}_3$ 不是满射时,情况怎样? 例如,假定 $\bar{\rho}_3$ 可约,我们是否仍能达到目的? 怀尔斯在第三讲中解释了他对这个问题的惊奇解答. 他利用希尔伯特不可约定理和格布塔叶夫(Gebotarev)密度定理,造了一个辅助性的半稳定椭圆曲线 E',它的 mod 3 表示适合(1)而它的 mod 5 表示和 $\bar{\rho}_5$ 同构. 因为模曲线 $X(5)$ 的亏格等于 0,所以这个构造成功了. 运用一次他的关键定理,怀尔斯就证明了 E' 是模曲线. 因为 $\bar{\rho}_5$ 可以看作从 E' 来的,所以它是模的. 怀尔斯再一次运用它的关键定理,这次是用到 $\bar{\rho}_5$ 上,他就推出 E 是模曲线.

谷山猜想的怀尔斯证明是近代数学的巨大里程碑. 一方面,它戏剧性地说明了在我们处理具体的丢番图方程时积累起来的抽象"工具"的威力. 另一方面,它使我们大大接近了把自守表示和代数簇联成一体的目标.

3　天堑通途——弗雷曲线架桥梁

费马大定理将数学特有的魅力展现给每个人,使他们能欣赏它.

——阿林 · 杰克逊(Allyn Jackson)

为了理解怀尔斯的证明思路,我们先介绍一个描述数学家思维的比喻.英国数学家、哲学家诺莎曾形象地打了一个比喻,使我们可以窥见数学家独特的思维方式之一斑.她说:“现在有一位数学家和一位物理学家利用煤气和水壶去烧开水,当水壶是空的时候数学家和物理学家行动方式一样,都是先将水壶灌满水,然后放到煤气灶上,打开火.如果再去烧开已经灌满水的一壶水时,物理学家会直接将水壶放到煤气灶上,然后打开;而数学家的做法也许有些出人意料,他会将已经灌满水的壶倒空,然后他说:‘空壶的情况我已经处理过了.’”

这种思维的实质是化归原则,即将要证明的未知的猜想通过一定的方法巧妙地归结到一个已经证明的定理上.这样,此定理的真实性便建立在彼定理的真实性基础之上.

我们故事的最有趣部分是从 1982～1986 年弗雷的工作开始的.弗雷是一位椭圆曲线方面的专家,他证明了由费马方程的非平凡解会得到很特殊的一类椭圆曲线,即所谓的弗雷曲线.这种曲线的重要性在于椭圆曲线理论是现代数论一个很大而且重要的分支,更为重要的是关于椭圆曲线的一系列标准猜想均可推出弗雷曲线不可能存在.

如果 $a^p+b^p=c^p$ 为费马方程的一组解,则

$$y^2=x(x+b^p)(x+c^p)$$

便是一条弗雷曲线.像通常那样,我们假定 a,b,c 是互素的非零整数,而 p 为奇素数,和费马所考虑的 $y^2=x^3-2$ 一样,这是一条有理数域 $\mathbf{Q}$ 上的椭圆曲线.一般地,$\mathbf{Q}$ 上的椭圆曲线由形如

$$y^2=ax^3+bx^2+cx+d$$

的方程给出,其中 a,b,c,d 为有理数,并且方程右边关于 x 的三次多项式没有重根.

实际上,在构造弗雷曲线时还需要小心一些.由于 p 为奇数,由解 $a^p+b^p=c^p$ 还可给出解 $b^p+a^p=c^p$ 和 $a^p+(-c)^p=(-b)^p$.所以我们总可使 b 为奇数而 $c\equiv 1 \pmod 4$.这些条件是为了使弗雷曲线为半稳定的,然后我们再假定 $p>3$.

在 20 世纪 80 年代末期,国际数论界一共流行有三种方法由弗雷曲线加上一些标准的猜想可以证明费马大定理,这些方法所用的标准猜想分别如下.

(1)关于算术曲面的 Bogomolov－宫冈洋一－Miyaoka－丘成桐(BMY)不等式,它给出与定义在整数上的曲线的各种不变量的联系.这个不等式是复曲面上一个熟知不等式的算术模拟.根据帕希恩的一个定理可知,这个不等式可推出斯皮罗(Szpiro)猜想(它叙述椭圆曲线的最小判别式和导子的关系.判别式和导子是椭圆曲线两个不变量,我们将在后面给出定义).最后,由斯皮罗猜想可以推出费马大定理对于充分大的 p 均成立.

(2)关于整数上定义的曲线上诸点(对于正则类)的高度的沃伊塔(Vojta)猜想,这个猜想可推出莫德尔猜想,它也可推出费马大定理对充分大的指数 n 成立.

(3)谷山－志村猜想(是说所有椭圆曲线均是模曲线.我们今后再给出更精细的叙述),由它再加上塞尔关于伽罗瓦模表示的水平约化的一个猜想,可以推出费马大定理对所有 p 均成立.

1988 年,宫冈洋一(BMY 中的 M)在波恩的一次演讲中宣布他证明了算术 BMY 不等式,从而延用上述方法对充分大 p 证明了费马大定理.演讲后的几天之内,报纸上大肆宣扬,遗憾的是在一周之后他要回了他的证明,因为在推理中发现错误.

沃伊塔猜想至今未能被证明,它是一大类猜想和问题的代表.这些猜想和问题主要研究具有整数解的某些方程的有理解的大小和位置.(Number Theory Ⅲ: Diophantine Geometry(Springer,1991)).特别在该书第 63～64 页讨论沃伊塔猜想和费马大定理.这方面的进一步结果可见朗(S. Lang)的书《数论Ⅲ》.

我们现在要讲的是通往费马大定理的第 3 条路上发生的故事.1985 年,弗雷试图证明由谷山－志村猜想可推出费马大定理,但是他的证明有许多漏洞,不少人试图修补弗雷的推理,但只有塞尔看出,利用某些伽罗瓦模表示关于水平约化的一个猜想可以修补弗雷的漏洞.所以,弗雷和塞尔一起证明了:将谷山－志村猜想和塞尔的水平约化猜想加在一起可以推出费马大定理.

到了 1986 年,里伯特在通往费马大定理的这条路上迈出了重要的一步,他证明了塞尔猜想.于是,费马大定理成了谷山一志村猜想的推论. 在这一进展的激励之下,怀尔斯开始研究谷山一志村猜想. 7 年后,他宣布证明了谷山一志村猜想对于半稳定的椭圆曲线是正确的. 我们在下面将会看到,这对于证明费马大定理已经足够了. 当时,据说在怀尔斯证明的初稿还没有拿出来以前,他的证明加起来有 200 多页,但是数学界许多人士相信证明是经得起仔细审查的.

有趣的是,弗雷不是看出费马大定理与椭圆曲线有联系的第一位. 过去的联系多为用关于费马大定理的已知结果来证明椭圆曲线的定理. 但是,1975 年赫勒高戈(Hellegouareh)于文章"椭圆曲线的 $2p^h$ 阶点"(Acta Arith. 20(1975),253-263)的第 262 页给出了对于 $n=2p^h$ 的费马方程解的弗雷曲线. 不容置疑,弗雷第一个猜出由谷山一志村猜想可推出弗雷曲线是不存在的.

为了解释清楚谷山一志村猜想,我们首先需要知道什么是模函数.

定义 1　上半平面 $\{x+\mathrm{i}y \mid y>0\}$ 上的函数 $f(z)$ 叫作水平 N 的模函数,是指:

(1) $f(z)$(包括在尖点处)是亚纯的(这是复变函数可微性的模拟).

(2) 对每个方阵 $\begin{pmatrix} a & b \\ c & d \end{pmatrix}$,其中,$ad-bc=1$,$a$,$b$,$c$,$d \in \mathbf{Z}$ 并且 $N \mid c$,有

$$f\left(\frac{az+b}{cz+d}\right)=f(z)$$

猜想(谷山一志村)　给了 $\mathbf{Q}$ 上一条椭圆曲线 $y^2=ax^3+bx^2+cx+d$,必存在水平均为 N 的两个不为常

数的模函数 $f(z)$ 和 $g(z)$，使得

$$f(z)^2 = ag(z)^3 + bg(z)^2 + cg(z) + d$$

所以谷山－志村猜想是说：$\mathbf{Q}$ 上的椭圆曲线均可由模函数来参数化. 即 $\begin{cases} x = g(z) \\ y = f(z) \end{cases}$ 这样的椭圆曲线叫作模曲线. 怀尔斯对一半稳定的椭圆曲线证明了这个猜想. 值得指出的是，我们对这一猜想的叙述是非常狭义的，而且也是不完全的，还必须要求这类参数化在某种意义下"定义于 $\mathbf{Q}$ 上". 实际上，数学家们工作时是采用模曲线的其他一些定义方式.

除了模函数之外，我们还需要知道什么是权 2 的模形式. 给出这种模形式的最容易的办法是利用椭圆积分. 所谓椭圆积分是形如

$$\int \frac{\mathrm{d}x}{\sqrt{ax^3 + bx^2 + cx + d}}$$

的积分（严格说来，这只是第一类椭圆积分，还有许多其他类型的椭圆积分）. 如果 $y^2 = ax^3 + bx^2 + cx + d$，则积分为 $\int \frac{\mathrm{d}x}{y}$. 如果这是一条模曲线，则 $x = f(z)$，$y = g(z)$，而

$$\frac{\mathrm{d}x}{y} = \frac{\mathrm{d}f}{g} = \frac{f'(z)\mathrm{d}z}{g(z)} = F(z)\mathrm{d}z$$

由于 $F(z)$ 在定义中矩阵作用的变换方式，我们称 $F(z)$ 为水平 N 和权 2 的模形式. 函数 $F(z)$ 有一些很值得注意的性质：它是全纯的并且在尖点处取值为零，所以叫作尖点形式. 此外，$F(z)$ 是尖点形式向量空间对于某个赫克（Hecke）代数作用的本征形式. 所以 $F(z)$ 是多种性质混于一身的数学对象.

奇迹出现于 $F(z)$ 和曲线 $y^2 = ax^3 + bx^2 + cx + d$

有密切的联系,粗糙地说,只要对所有素数 p 知道了同余式 $y^2 \equiv ax^3 + bx^2 + cx + d \pmod p$ 的解数,便可由此构造出 $F(z)$. 然后由于 $F(z)$ 是水平 N 和权 2 的模形式,可以告诉我们关于上述椭圆曲线的一些深刻的性质. 这是使谷山 — 志村猜想吸引人的一个原因. 即使它没有和费马大定理的联系,它的证明也会使数论专家们兴奋不已.

现在我们可以粗略地讲一下弗雷和塞尔的推理,即说明为什么费马大定理是谷山 — 志村猜想和塞尔的水平约化猜想的推论. 设费马方程有解 $a^p + b^p = c^p$. 我们仍像前面一样假定 p 为大于3的素数,而 a,b,c 为互素的整数,b 是偶数而 $c \equiv 1 \pmod 4$. 第一步需要计算弗雷曲线 $y^2 = x(x + b^p)(x + c^p)$ 的一些不变量.

三次多项式 $x(x+b^p)(x+c^p)$ 的判别式为根差平方之乘积

$$(-b^p - 0)^2(-c^p - 0)^2(c^p + b^p)^2$$

由于 a,b,c 为费马方程的解,可知它等于 $a^{2p}b^{2p}c^{2p}$.

除了上面定义的判别式之外,椭圆曲线还有一个更精细的不变量叫作最小判别式. 可以证明,上述弗雷曲线的最小判别式为 $2^{-8}a^{2p}b^{2p}c^{2p}$. 由于 b 为偶数及 $p \geqslant 5$,这个最小判别式仍旧是整数.(区别在于:判别式和定义曲线的具体方程有关,而最小判别式是曲线本身的内蕴性质)

上述弗雷曲线的导子为 $N = \prod_{p \mid abc} p$. 谷山 — 志村猜想得更精细形式认为这个导子等于将曲线参数化的模函数的水平 N.

上述弗雷曲线的 j 不变量为 $j = 2^8(b^{2p} + c^{2p} - b^pc^p)/(abc)^{2p}$.

然后可得到关于弗雷曲线的如下结果.

定理 1　弗雷曲线是半稳定的.

证明　我们首先要说明半稳定的含义.如果某个素数 1 除尽判别式,则三个根当中至少有两个根是模 l 同余的.粗糙地说,一条椭圆曲线叫作半稳定的,是指对每个可除尽判别式的素数 l,恰好只有两个根模 l 同余(在 $l=2$ 和 3 的情形还应复杂一些).于是在除尽判别式的 l 大于 3 时,上述条件是满足的,因为判别式为 $(abc)^{2p}$,而三个根为 0,$-b^p$ 和 $-c^p$,其中 b^p 和 c^p 互素.对于 $l=2$ 和 $l=3$ 的情形,验证半稳定性还需再花点力气.对于 $l=2$ 需要用条件 $2\mid b$ 和$c\equiv 1(\mathrm{mod}\ 4)$.

推论(怀尔斯)　弗雷曲线是模曲线.

引理　对每个奇素数 $l\mid N$,弗雷曲线的 j 不变量可写成 $l^{-mp}\cdot q$,其中 m 为正整数,而 q 是分数,并且 q 的分子分母均不包含因子 l.(这时,我们称 j 不变量恰好被 l^{-mp} 除尽)

证明　若 l^t 恰好除尽 j 不变量的分母,则 t 显然为 p 的倍数,而 j 不变量的分子为

$$\begin{aligned}2^8(b^{2p}+c^{2p}-b^pc^p)&=2^8(b^{2p}+c^{2p}-b^p(a^p+b^p))=\\&2^8(bc^{2p}-a^pb^p)=\\&2^8((a^p+b^p)^2-a^pb^p)=\\&2^8(a^{2p}+b^{2p}+a^pb^p)=\\&2^8(a^{2p}+b^p(a^p+b^p))=\\&2^8(a^{2p}+b^pc^p)\end{aligned}$$

由 $l\mid N$ 可知 l 除尽 a,b,c 当中的至少一个.由于 a,b,c 互素而且 l 为奇数,可知 l 不能除尽分子.这就证明了引理 2.注意此引理在 $l=2$ 时不成立,因为分子有因子 2^8.

由于上述三个结果(曲线是半稳定的模曲线,并且对每个奇素数 $l \mid N$,恰好除尽了不变量的 l 的幂指数为 p 的倍数),下面要讨论的塞尔水平约化猜想可用于所有奇素数 $l \mid N$. 现在我们可以证明费马大定理.

定理 2　对每个奇素数 p,方程 $x^p + y^p = z^p$ 没有整数解 a,b,c 使 $abc = 0$.

证明　假设有解 $a^p + b^p = c^p$ 并且 p,a,b,c 满足前面的假定,则我们有一条弗雷曲线,由推论它给出水平 N 和权 2 的一个尖点形式 F. 这条曲线还有一个伽罗瓦表示 ρ,作用于曲线的 p 阶点上(我们不能说明它的确切含义了). F 和表示 ρ 之间以非常好的方式联系在一起.

如上所述,塞尔水平约化猜想的假设对于 N 的每个奇素因子 l 均成立. 这时,由里伯特所证的塞尔猜想可推出:存在水平 N/l 和权 2 的尖点形式 F',使得

$$F' \equiv F(\bmod p)$$

4　集之大成——十八般武艺样样精通

他完成了一个思想链.

——尼克拉斯·卡茨(Nicholas Katz)

1993 年 6 月在关于"$p-adic$ 伽罗瓦表示,岩坡理论和玉川(Tamagawa) 的动机数"的为期一周的讨论班上,怀尔斯宣布他可以证明有"许多"条椭圆曲线是模曲线,这种椭圆曲线 的数量有足够多,从而蕴含费马大定理. 那么怀尔斯关于椭圆曲线的工作,究竟是怎

样和费马大定理联系起来的. 这是所有数论爱好者和数学家都极感兴趣的.

怀尔斯在剑桥讲演中提出的思想对数论的研究将有重大的影响. 鉴于人们对此问题有极大的兴趣，同时又缺乏可以公开获得的手稿，瑞宾与塞尔韦伯格根据怀尔斯的报告详尽地介绍了证明的主要思路. 以下便是报告内容. 这份报告不仅对数学界是有用的，而且对那些数学爱好者也有一定用处. 这种用途并非是指望他们能从中学到多少定理及方法. 客观地说，这些对专业数学家来说也是很艰深的. 钱钟书先生的《管锥篇》和《谈艺录》对几乎所有人来说都是属于那种壁立千仞的仰止之作，但却发行量极大. 这说明看懂并不是想看的唯一动机，还有一个重要原因是敬仰. 对于热衷于费马大定理猜想的爱好者来说，这种稍微详细的介绍或许可以起到高山仰止和“知难而退”的作用. 一是让他们通过这套精深工具的运用看到现代数学距离他的知识水平有多远. 另外，使他们产生临渊羡鱼不如退而结网的念头，并大概知道渊有多深，鱼有多大，反省出他现在的数学水平之于费马大定理无异于用捉虾的网去捕鲸鱼，用自行车去登月球. 从这个意义上说，看不明白要比看明白似乎更好，而以前大多数通俗过劲了的科普文章对一些具体过程过于省略给一些急功近利的读者造成自己离费马大定理没多远，翘翘脚、伸伸手就能够着的感觉. 这也是造成目前假证明稿子满天飞的原因之一，要根治这种狂热症，把证明的细节展示给他似乎是一剂良方. 几乎没什么业余数学家企图证明黎曼猜想、比勃巴赫猜想、范·德·瓦尔登猜想，因为他们从记号上就品出这类问题并不是给他预备的，另外这种介绍对科普界以玄对玄的学风也有帮助.

本文整数、有理数、复数和 $p-adic$ 整数分别用 $\mathbf{Z}$, $\mathbf{Q}$, $\mathbf{C}$ 和 $\mathbf{Z}_p$ 表示,若 F 是一个域,则 $\overline{F}$ 表示 F 的代数闭包.

一、费马大定理和椭圆曲线之间的联系

1. 从椭圆曲线的模性导出费马大定理

假设费马大定理不真,则存在非零整数 a,b,c 及 $n>2$ 使 $a^n+b^n=c^n$. 易见,不失一般性,可以假设 n 是大于 3 的素数也可假设 $n>4\times10^6$;对 $n=3$ 及 4,且 a 与 b 互素. 写出三次曲线

$$y^2=x(x+a^n)(x-b^n) \qquad ①$$

在下面的"椭圆曲线"中我们将看到,这种曲线是椭圆曲线,在下面的"模性"中我们要说明"椭圆曲线是模曲线"的含义. 瑞宾证明了如果 n 是大于 3 的素数,a,b,c 为非零整数,且 $a^n+b^n=c^n$,那么椭圆曲线①不是模曲线. 但是怀尔斯宣布的结果蕴含下面的定理.

定理 3(怀尔斯) 若 A 与 B 是不同的非零互素整数,且 $AB(A-B)$ 可被 16 整除,那么椭圆曲线

$$y^2=x(x+A)(x+B)$$

是模曲线.

取 $A=a^n$, $B=-b^n$,这里 a,b,c 和 n 是取上述费马方程的假设存在的解,我们看到,由于 $n\geqslant5$ 且 a,b,c 中有一个是偶数,所以定理 1 的条件是满足的. 从而定理 1 和瑞宾的结果合起来就蕴含着费马大定理.

2. 历史

费马大定理和椭圆曲线之间的联系始于 1955 年,当时谷山提出了一些问题,它们可以看成是下述猜想的较弱的形式.

谷山－志村猜想　$\mathbf{Q}$上的每条椭圆曲线都是模曲线.

这一猜想目前的这种形式是大约在 1962 ~ 1964 年间由志村五郎作出的,而且由于志村和安德鲁的工作,这一猜想变得更易于为人们所理解.谷山－志村猜想是数论中的主要猜想之一.

从 20 世纪 60 年代后期开始,赫勒高戈把费马方程 $a^n+b^n=c^n$ 和形如 ① 的椭圆曲线联系起来,并且用与费马大定理有关的结果来证明与椭圆曲线有关的结论.1985 年,形势发生了突然的变化,弗雷在 Oberwolfach 的一次演讲中说,由费马大定理的反例所给出的椭圆曲线不可能是模曲线.此后不久,罗贝特按照塞尔的思想证明了这一点.换句话说,谷山－志村猜想蕴含着费马大定理.

前进的路线就这样确定了:通过证明谷山－志村猜想(或者确知费马方程给出的椭圆曲线均为模曲线也就够了)来证明费马大定理.

3.椭圆曲线

定义 2　$\mathbf{Q}$ 上的椭圆曲线是由形如

$$y^2+a_1xy+a_3y=x^3+a_2x^2+a_4x+a_6 \quad ②$$

的方程所定义的非奇异曲线,其中诸系数 $a_i(i=1,\cdots,6)$ 均为整数,解$(-\infty,+\infty)$也可看成是椭圆曲线上的一个点.

注意　(1)曲线 $f(x,y)=0$ 上的奇点是两个偏导数均为 0 的点.曲线称为非奇异的,如果它没有奇点.

(2)$\mathbf{Q}$ 上的两条椭圆曲线称为同构的,如果其中一条可经坐标变换 $x=A^2x'+B,y=A^3y'+Cx'+D$ 从另一条曲线得到,这里 $A,B,C,D\in\mathbf{Q}$ 且代换后两边

要被 A^6 除之.

(3)**Q** 上每条椭圆曲线必与形如

$$y^2=x^3+a_2x^2+a_4x+a_6$$

(a_i 为整数) 的一条曲线同构. 这种形状的曲线是非奇异的,当且仅当右方的三次多项式没有重根.

例 1 方程 $y^2=x(x+3^2)(x-4^2)$ 定义了 **Q** 上的一条椭圆曲线.

4. 模性

令 N 表示上半复平面$\{z\in\mathbf{C}\mid \mathrm{Im}(z)>0\}$,其中 $\mathrm{Im}(z)$ 为 z 的虚部. 若 N 为正整数,定义矩阵群

$$\Gamma_0(N)=\{\begin{pmatrix}a & b\\ c & d\end{pmatrix}\in SL_2(\mathbf{Z})\mid c \text{ 可以被 } N \text{ 整除}\}$$

群 $\Gamma_0(N)$ 用线性分析变换 $\begin{pmatrix}a & b\\ c & d\end{pmatrix}(z)=\dfrac{ax+b}{cz+d}$ 作用在 N 上,商空间 $N/\Gamma_0(N)$ 是一个(非紧的) 黎曼曲面. 通过加进称为“尖点” 的有限点集可将此商空间变为一个紧黎曼曲面,在 $\Gamma_0(N)$ 的作用下,尖点集是 $\mathbf{Q}\cup\{\mathrm{i}\infty\}$ 的有限多个等价类. 椭圆曲线上的复点也可看成是一个紧黎曼曲面.

定义 3 椭圆曲线 E 是模椭圆曲线,如果对某个整数 N 存在从 $X_0(N)$ 到 E 上的一个全纯映射.

例 2 可以证明,存在从 $X_0(15)$ 到椭圆曲线 $y^2=x(x+3^2)(x-4^2)$ 上的(全纯) 映射.

注意 模性有许多等价的定义. 某些情形的等价性是很深刻的结果. 为讨论怀尔斯对费马大定理的证明,只要用后面“再谈模性” 中给出的定义就够了.

5. 半稳定性

定义 4 **Q** 上一条椭圆曲线称为在素数 p 处是半

稳定的,如果它与 $\mathbf{Q}$ 上一条椭圆曲线同构,后者 $\bmod q$ 或者是非奇异的,或者有一个奇点,在该奇点有两个不同的切方向. $\mathbf{Q}$ 上一条椭圆曲线称为是半稳定的,如果它在每个素数点是半稳定的.

例 3　椭圆曲线 $y^2=x(x+3^2)(x-4^2)$ 是半稳定的,因为它同构于 $y^2+xy+y=x^3+x^2-10x-10$,但是椭圆曲线 $y^2=x(x+4^2)(x-3^2)$ 不是半稳定的(它在 2 不是半稳定的).

后面我们要阐述怀尔斯是怎样证明他关于伽罗瓦表示的主要结果蕴含下面这部分.

半稳定谷山－志村猜想　$\mathbf{Q}$ 上每条半稳定的椭圆曲线均为模曲线.

命题 1　半稳定谷山－志村猜想蕴含定理 1.

注意　我们看到定理 1 和罗贝特定理合起来蕴含费马大定理. 于是,半稳定谷山－志村猜想蕴含费马大定理.

6. 模形式

本节中我们涉及的模性是用模形式定义的.

定义 5　如果 N 是正整数,关于 $\Gamma_0(N)$ 的一个权为 k 的模形式 f 是一个全纯函数 $f:\mathbf{N}\to\mathbf{C}$,对每个 $\gamma=\begin{pmatrix}a & b\\ c & d\end{pmatrix}\in\Gamma_0(N)$ 和 $z\in\mathbf{N}$,它满足

$$f(\gamma(z))=(cz+d)^k f(z) \qquad ③$$

而且它在尖点也是全纯的.

模形式满足 $f(z)=f(z+1)$(把 $\begin{pmatrix}1 & 1\\ 0 & 1\end{pmatrix}\in\Gamma_0(N)$ 用于式 ③),故它有傅里叶展开式 $f(z)=\sum\limits_{n=0}^{\infty}a_n\mathrm{e}^{2\pi inz}$,

其中 a_n 为复数，$n \geqslant 0$，这是因为 f 在尖点 $i\infty$ 是全纯的. 我们称 f 是一个尖点形式，如果在所有尖点处它取值 0. 特别有，尖点形式的系数 a_0（在 $i\infty$ 的值）为 0. 称一个尖形式是正规化的，如有 $a_1 = 1$.

N 固定时，对整数 $m \geqslant 1$，在关于 $\Gamma_0(N)$ 权为 2 的尖点形式组成的（有限维）向量空间上，存在交换的线性算子 T_m（称为汉克算子），如果 $f(z) = \sum_{n=1}^{\infty} a_n e^{2\pi i n z}$，那么

$$T_m f(z) = \sum_{n=1}^{\infty} \Big(\sum_{\substack{(d,N)=1 \\ d \mid (n,m)}} d a_{nm/d^2} \Big) d^{2\pi i n z} \qquad ④$$

这里 (a,b) 表示 a 与 b 的最大公约数，$a \mid b$ 表示 a 整除 b. 赫克代数 $T(N)$ 是 $\mathbf{Z}$ 上由这些算子所生成的环.

定义 6 本节中特征形式是指对某个 $\Gamma_0(N)$ 来说权为 2 的一个标准化的尖点形式，它是所有汉克算子的特征函数.

根据④，如果 $f(z) = \sum_{n=1}^{\infty} a_n e^{2\pi i n z}$ 是一个特征形式，则对所有 m 有 $T_m f = a_m f$.

7. 再谈模性

设 E 是 $\mathbf{Q}$ 上一条椭圆曲线. 如果 p 是素数，则用 F_p 记有 p 个元素的有限域，而用 $E(F_p)$ 记 E 的方程的 F_p 一解（包括无穷远点）. 现在来给出椭圆曲线模性的第二定义.

定义 7 $\mathbf{Q}$ 上一条椭圆曲线是模曲线，如果存在一个特征形式 $\sum_{n=1}^{\infty} a_n e^{2\pi i n z}$，对除去有限多个素数外的所有素数 q 皆有

$$a_q = q + 1 - \#(E(F_q)) \quad ⑤$$

二、概述

1. 半稳定模提升

设 $\overline{\mathbf{Q}}$ 表示 $\mathbf{Q}$ 在 $\mathbf{C}$ 中之代数闭包，$G_{\mathbf{Q}}$ 表示伽罗瓦群 $\mathrm{Gal}(\overline{\mathbf{Q}}/\mathbf{Q})$. 若 p 为素数，记

$$\bar{\varepsilon}_p : G_{\mathbf{Q}} \to F_p^{\times}$$

为特征，它给出 $G_{\mathbf{Q}}$ 到 p 次单位根上的作用. 如果 E 是 $\mathbf{Q}$ 上的椭圆曲线，F 是复数域的一个子域，那么 E 的 F — 解集上存在自然的交换群构造，并以无穷远点为单位元. 记这个群为 $E(F)$. 如果 p 是素数，用 $E[p]$ 记 $E(\overline{\mathbf{Q}})$ 中阶整除 p 的点构成的子群，则有 $E[p] \cong F_p^2 \cdot G_{\mathbf{Q}}$ 在 $E[p]$ 上的作用就给出连续表示

$$\bar{\rho}E,_p : G_{\mathbf{Q}} \to GL_2(F_p)$$

(在同构意义下)，使得

$$\det(\bar{\rho}E,_p) = \bar{\varepsilon}_p \quad ⑥$$

且对除去有限多个素数以外的所有素数 q

$$\mathrm{trace}(\bar{\rho}E,_p \mathrm{Frob}_q) \equiv q + 1 - \#(E(F_p)) \pmod p \quad ⑦$$

(对每个素数 q 有一个弗罗比尼乌斯(Frobenius)元素 $\mathrm{Frob}_q \in G_{\mathbf{Q}}$)

如果 $f(z) = \sum_{n=1}^{\infty} a_n \mathrm{e}^{2\pi i n z}$ 是一个特征形式，用 V_f 记数域 $\mathbf{Q}(a_2, a_3, \cdots)$ 的整数环. (记住这里特征形式皆为正规化的，故有 $a_1 = 1$)

下面的猜想是梅热一个猜想.

猜想 1(半稳定模提升猜想)　设 p 是一个奇素数，E 为 $\mathbf{Q}$ 上一条半稳定椭圆曲线，它满足

(1) $\bar{\rho}E,_p$ 是不可约的.

(2) 存在一个特征形式 $f(z)=\sum_{n=1}^{\infty}a_n e^{2\pi inz}$ 和 O_f 的一个素理想 λ，使 $p\in\lambda$，且对除去有限个以外的所有素数 q，有

$$a_q\equiv q+1-\#(E(F_q))(\mathrm{mod}\ \lambda)$$

那么 E 是模曲线.

2. 朗兰兹－腾内尔定理

为了叙述朗兰兹－腾内尔定理，我们需要关于 $\Gamma_0(N)$ 的子群的权为 1 的模形式.

令

$$\Gamma_1(N)=\{\begin{pmatrix}a & b\\ c & d\end{pmatrix}\in SL_2(\mathbf{Z})\mid c\equiv 0(\mathrm{mod}\ N),$$
$$a\equiv d\equiv 1(\mathrm{mod}\ N)\}$$

在"半稳定性"中用 $\Gamma_1(N)$ 代替 $\Gamma_0(N)$，可以定义 $\Gamma_1(N)$ 上的尖点形式这一概念. 关于 $\Gamma_1(N)$ 的权为 1 的尖点形式组成的空间上的赫克算子和定义.

定理 4(朗兰兹－腾内尔)　设 $\rho:G_{\mathbf{Q}}\to GL_2(\mathbf{C})$ 是连续不可约表示，它在 $PGL_2(\mathbf{C})$ 中的象是 S_4(四个元素的对称群)的一个子群，τ 是复共轭，且 $\det(\rho(\tau))=-1$. 那么，对某个 $\Gamma_1(N)$ 有一个权为 1 的尖点形式 $\sum_{n=1}^{\infty}b_n e^{2\tau inz}$，它是所有相应的赫克算子的特征函数，对除去有限多个以外的所有素数 q 有

$$b_q=\mathrm{trace}(\rho(\mathrm{Frob}_q))\qquad ⑧$$

由朗兰兹和腾内尔所陈述的这一定理，与其说产生了一个尖点形式，不如说是产生出一个自守表示. 利用 $\det(\rho(\tau))=-1$ 及标准的证法，可以证明，这一自守表示对应于定理 2 中的权为 1 的尖点形式.

3. 半稳定模提升猜想蕴含半稳定谷山－志村猜想

命题 2　设对 $p=3$ 半稳定模提升猜想为真，E 为半稳定椭圆曲线，$\bar{\rho}_{E,p}$ 不可约，那么 E 为模曲线.

证明　只要证明对 $p=3$，给定的曲线 E 满足半稳定提升模猜想的假设(2) 就够了，存在一个忠实的表示

$$\psi: GL_2(F_3)\to GL_2(\mathbf{Z}[\sqrt{-2}])\subset GL_2(\mathbf{C})$$

使得对每个 $g\in GL_2(F_3)$ 有

$$\mathrm{trace}(\psi(g))\equiv\mathrm{trace}(g)(\mathrm{mod}(1+\sqrt{-2}))\qquad ⑨$$

和

$$\det(\psi(g))\equiv\det(g)(\mathrm{mod}\ 3)\qquad ⑩$$

ψ 可以用

$$\psi\left(\begin{pmatrix}-1 & 1\\ -1 & 1\end{pmatrix}\right)=\begin{pmatrix}-1 & 1\\ -1 & 0\end{pmatrix},$$

$$\psi\left(\begin{pmatrix}1 & -1\\ 1 & 1\end{pmatrix}\right)=\begin{bmatrix}\sqrt{-2} & 1\\ 1 & 0\end{bmatrix}$$

通过 $GL_2(F_3)$ 的生成元给出显式定义令 $\rho=\psi_0\bar{\rho}_{E,3}$. 如果 τ 是复共轭，则由 ⑥ 和 ⑩ 得到 $\det(\rho(\tau))=-1$. ψ 在 $PGL_2(C)$ 中的象是 $PGL_2(F_3)\cong S_4$ 的一个子群. 利用 $\bar{\rho}_{E,3}$ 不可约，可证 ρ 也是不可约的.

设 P 是 $\overline{\mathbf{Q}}$ 中包含 $1+\sqrt{-2}$ 的一个素元，设 $g(z)=\sum_{n=1}^{\infty}b_n\mathrm{e}^{2\pi inz}$ 是把朗兰兹－腾内尔定理(定理 2)应用于 ρ 所得到的一个权为 1 的尖点形式(对某个 $\Gamma_1(N)$ 而言). 由 ⑥ 与 ⑩ 推出，N 被 3 整除. 函数

$$E(\mathbf{Z})+1+6\sum_{n=1}^{\infty}\sum_{d\mid n}\chi(d)\mathrm{e}^{2\pi inz}$$

是关于 $\Gamma_1(3)$ 的权为 1 的模形式. 其中

$$\chi(d)=\begin{cases}0, d\equiv 0(\mathrm{mod}\ 3)\\1, d\equiv 1(\mathrm{mod}\ 3)\\-1, d\equiv 2(\mathrm{mod}\ 3)\end{cases}$$

乘积 $g(z)E(z)=\sum_{n=1}^{\infty}c_n\mathrm{e}^{2\pi inz}$ 是关于 $\Gamma_0(N)$ 的权为 2 的尖点形式,其中 $c_n\equiv b_n(\mathrm{mod}\ p)$(对所有 n). 现在可在 $\Gamma_0(N)$ 上求出一个特征形式 $f(z)=\sum_{n=1}^{\infty}a_n\mathrm{e}^{2\pi inz}$,使得对每个 n 有 $a_n\equiv b_n(\mathrm{mod}\ p)$. 由 ⑦,⑧,⑨ 知,$f$ 满足 $p=3$ 时的半稳定模提升猜想,且 $\lambda=p\cap O_f$.

命题 3(怀尔斯)　设半稳定模提升猜想对 $p=3$ 与 5 为真,E 是 $\mathbf{Q}$ 上的半稳定椭圆曲线,$\bar{\rho}_{E,3}$ 可约,则 E 是模曲线.

证明　已知,若 $\bar{\rho}_{E,3}$ 和 $\bar{\rho}_{E,5}$ 均为可约,则相应的椭圆曲线 E 是模曲线,于是可以假定 $\bar{\rho}_{E,5}$ 是不可约的. 只要找到像半稳定模提升猜想中的(2) 所示的一个特征形式就够了,但是这一次没有与朗兰兹 - 腾内尔定理类似的结果可以帮我们的忙. 怀尔斯把希尔伯特的不可约性定理应用到椭圆曲线的参数空间,从而得到 $\mathbf{Q}$ 上另一条半稳定椭圆曲线 E',它满足:

(1)$\bar{\rho}_{E',5}$ 同构于 $\bar{\rho}_{E,5}$,且

(2)$\bar{\rho}_{E',3}$ 是不可约的. 事实上,这样的 E' 有无穷多个,E' 是模曲线. 令 $f(z)=\sum_{n=1}^{\infty}a_n\mathrm{e}^{2\pi inz}$ 是对应的特征形式. 那么,对除去有限个以外的所有素数 q 有(根据⑦)

$$a_q=q+1-\#(E'(F_q))\equiv\mathrm{trace}(\bar{\rho}_{E',5}(\mathrm{Frob}_q))\equiv$$

$$\mathrm{trace}(\bar{\rho}E,_5(\mathrm{Frob}_q)) \equiv q+1-\#(E(E_q))(\mathrm{mod}\ 5)$$

于是，f 满足半稳定模提升猜想中的假设(2)，从而推导出 E 是模曲线.

把命题 2 与命题 3 合起来就证明了对 $p=3$ 和 5 成立的半稳定模提升猜想蕴含半稳定朗兰兹－腾内尔猜想.

三、伽罗瓦表示

下一步要把半稳定模提升猜想变换成关于伽罗瓦表示的提升的模性的一个猜想(猜想 2). 如果 A 是一个拓扑环，那么表示 $\rho:G_{\mathbf{Q}}\to GL_2(A)$ 总是指一个连续同态，而$[\rho]$ 总是表示 ρ 的同构类. 如果 p 是素数，令

$$\varepsilon_p:G_{\mathbf{Q}}\to Z_p^{\times}$$

为特征，它给出 $G_{\mathbf{Q}}$ 在 p 次幂单位根上的作用.

1. 伴随椭圆曲线的 $p-adic$ 表示

设 E 为 $\mathbf{Q}$ 上一条椭圆曲线，p 是素数. 对每个正整数 n 用 $E[p^n]$ 记 $E(\overline{\mathbf{Q}})$ 中阶能整除 p^n 的点组成之子群，用 $T_p(E)$ 记 $E[p^n]$ 关于 p 的乘法逆向极限. 对每个 n 有 $E[p^n]\cong(\mathbf{Z}/p^n\mathbf{Z})^2$，因此 $T_p(E)\cong\mathbf{Z}_p^2G_{\mathbf{Q}}$ 的作用诱导出表示

$$\rho E,_p:G_{\mathbf{Q}}\to GL_2(\mathbf{Z}_p)$$

使得 $\det(\rho E,_p)=\varepsilon_p$ 且除有限个素数外，对所有素数 q 有

$$\mathrm{trace}(\rho E,_p(\mathrm{Frob}_q))=q+1-\#(E(F_q)) \qquad ⑪$$

把 $\rho E,_p$ 和 $\mathbf{Z}_p$ 到 F_p 的约化映射合起来就给出“半稳定模提升”中的 $\bar{\rho}E,_p$.

2. 模表示

如果 f 是一个特征形式，λ 是 O_f 的一个素理想，用

$O_{f,\lambda}$ 记 O_f 在 λ 的完备化.

定义 8 如果 A 是一个环,我们称表示 $\rho: G_{\mathbf{Q}} \to GL_2(A)$ 是模表示,如果存在一个特征形式 $f(z) = \sum_{n=1}^{\infty} a_n e^{2\pi i n z}$、一个包含 A 的环 A' 和一个同态 $\tau: O_f riA'$,使对除去有限个以外的所有素数 q 有

$$\operatorname{trace}(\rho(\operatorname{Frob}_q)) = \tau(a_q)$$

如果给定一个特征形式 $f(z) = \sum_{n=1}^{\infty} a_n e^{2\pi i n z}$ 和 O_f 的一个素理想 λ,埃舍尔和志村构造出一个表示

$$\rho_{f,\lambda}: G_{\mathbf{Q}} \to GL_2(O_{f,\lambda})$$

使得 $\det(\rho_{f,\lambda}) = \varepsilon_p$(这里 $\lambda \cap \mathbf{Z} = p\mathbf{Z}$),且对除去有限个以外的所有素数 q 有

$$\operatorname{trace}(\rho_{f,\lambda})(\operatorname{Frob}_q) = a_q \tag{12}$$

于是 $\rho_{f,\lambda}$ 是模表示,τ 取为 O_f 到 $O_{f,\lambda}$ 里的包含关系.

设 p 是素数,E 是 $\mathbf{Q}$ 上一条椭圆曲线. 若 E 是模曲线,由 ⑪⑦⑤ 可知,$\rho E,_p$ 和 $\bar{\rho} E,_p$ 均为模表示. 反之,若 $\rho E,_p$ 是模表示. 则由 ⑪ 推出 E 是模曲线,这就证明了下面的定理.

定理 5 设 E 是 $\mathbf{Q}$ 上一条椭圆曲线,那么 E 是模曲线 $\Leftrightarrow$ 对每个 p,$\rho E,_p$ 均为模表示 $\Leftrightarrow$ 对一个 p,$\rho E,_p$ 是模表示.

注意 换种说法,半稳定模提升猜想可说成:如果 p 是奇素数,E 是 $\mathbf{Q}$ 上一条半稳定椭圆曲线,又 $\bar{\rho} E,_p$ 是模表示且不可约,那么 $\rho E,_p$ 是模表示.

3. 伽罗瓦表示的提升

固定一个素数 p 和特征 p 的有限域 k,记 $\bar{k}$ 表示 k 的代数闭包.

给定映射$>$:$A\to B$,则 $GL_2(A)$ 到 $GL_2(B)$ 的诱导映射也记为$>$.

如果 $\rho:G_{\mathbf{Q}}\to GL_2(A)$ 是一个表示,A' 是一个包含A 的环,我们用 $\rho\otimes A'$ 表示 ρ 和 $GL_2(A)$ 在 $GL_2(A')$ 中包含关系的合成.

例 4　(1) 如果 E 是一条椭圆曲线,那么 $\rho E,_p$ 是 $\bar{\rho}E,_p$ 的提升.

(2) 如果 E 是一条椭圆曲线,p 是素数,猜想 1 中的假设(1) 与(2) 对一个特征形式 f 和素理想 λ 成立,那么 $\rho_{f,\lambda}$ 是 $\bar{\rho}E,_p$ 的提升.

4. 形变数据

我们并非对给定 $\bar{\rho}$ 的所有提升感兴趣,而是对那些满足各种限制条件的提升感兴趣. 我们称 $G_{\mathbf{Q}}$ 的一个表示 ρ 在素数 q 处是非分歧的,如果 $\rho(I_q)=1$. 如果 Σ 是一个素数集,我们称 ρ 在Σ 的外部是非分歧的,如果在每个 $q\notin\Sigma\rho$ 都是非分歧的.

定义 9　形变数据指的是元素对

$$D=(\Sigma,t)$$

其中,Σ 是一个有限素数集,t 是通常的(ordinary) 和平坦的(flat) 这两个词中的一个.

如果 A 是一个 $\mathbf{Z}_p$- 代数,令 $\varepsilon_A:G_{\mathbf{Q}}\to\mathbf{Z}_p^{\times}\to A^{\times}$ 是分圆特征 ε_p 和结构映射的复合.

定义 10　给定形变数据 D,表示 $\rho:G_{\mathbf{Q}}\to GL_2(A)$ 称为是 D—型的,如果 A 是完全的诺特局部 $\mathbf{Z}_p$- 代数,$\det(\rho)=\varepsilon_A$,ρ 是在 Σ 之外非分歧的,且 ρ 在 p 处就是 t(这里 $t\in$ {通常的,平坦的}).

定义 11　表示 $\bar{\rho}:G_{\mathbf{Q}}\to GL_2(k)$ 称为是 D—模的,如果有一个特征形式 f 和 O_f 的一个素理想 λ,使得

$\rho f, \lambda$ 是 $\overline{\rho}$ 的一个 D — 提升.

注意 (1) 一个有 D — 型提升的表示本身必是 D — 型的. 所以,如果一个表示是 D — 模的,那么它既是 D — 型的,也是 D — 模的.

(2) 反之,如果 $\overline{\rho}$ 是 D — 型的模表示,且满足下面定理 6 的(2),那么,根据罗贝特和其他人的工作, $\overline{\rho}$ 也是 D — 模的. 这在怀尔斯的工作中有重要的作用.

5. 梅热猜想

定义 12 表示 $\overline{\rho}: G_{\mathbf{Q}} \to GL_2(k)$ 称为绝对不可约的. 如果 $\overline{\rho} \otimes \overline{k}$ 是不可约的.

梅热猜想的如下变体蕴含半稳定模提升猜想.

猜想 2(梅热) 设 p 为奇素数, k 是特征为 p 的有限域, D 是形变数据, $\overline{\rho}: G_{\mathbf{Q}} \to GL_2(k)$ 是一个绝对不可约的 D—模表示. 那么, $\overline{\rho}$ 到 $\mathbf{Q}_p$ 的有限扩张的整数环的每个 D — 型提升都是模表示.

注意 用不太严格的话来说,猜想 2 表明,如果 $\overline{\rho}$ 是模表示,那么每个"看起来像模表示"的提升均为模表示.

定义 13 $\mathbf{Q}$ 上一条椭圆曲线 E 在素数点 q 处有好的(坏的)约化,如果 $E \cdot \bmod q$ 是非奇异的(奇异的). $\mathbf{Q}$ 上一条椭圆曲线 E 在 q 有通常的(超奇异的)约化,如果 E 在 q 有好的约化,用 $E[q]$ 有(没有)在惯性群 I_q 作用下稳定的 q 阶子群.

命题 4 猜想 2 蕴含猜想 1.

证明 设 p 是奇素数, E 为 $\mathbf{Q}$ 上满足猜想 1 中(1)与(2)的半稳定椭圆曲线. 我们要对 $\overline{\rho} = \overline{\rho}E,_p$ 应用猜想 2. 记 τ 为复共轭, 则 $\tau^2 = 1$, 又由 ⑥ 有 $\det(\overline{\rho}E,_p(\tau)) = -1$. 由于 $\overline{\rho}E,_p$ 不可约且 p 为奇,用简

单的线性代数方法可证 $\bar{\rho}_{E,p}$ 是绝对不可约的.

由于 E 满足猜想 1 的(2),所以 $\bar{\rho}_{E,p}$ 是模表示.令

$$\Sigma=\{p\}\cup\{\text{素数 } q \mid E \text{ 在 } q \text{ 有坏的约化}\}$$

t 等于通常的,如果 E 在 p 有通常的或坏的约化;t 等于平坦的,如果 E 在 p 有超奇异的约化

$$D=(\Sigma,t)$$

利用 E 的半稳定性可证,$\rho_{E,p}$ 是 $\bar{\rho}_{E,p}$ 的 D — 型提升,且(把几个人的结果合起来可证)$\bar{\rho}_{E,p}$ 是 D — 模表示.猜想 2 给出 $\rho_{E,p}$ 是模表示,由定理 3 得 E 是模曲线.

四、怀尔斯解决梅热猜想的方法

这里我们要扼要叙述怀尔斯解决猜想的思想.第一步(定理 5),也是怀尔斯证明中关键的一步,是把猜想归结为限定余切空间在 R 的一个素元处的阶的界限.在“斯梅尔群”中我们看到对应的切空间是斯梅尔群,在“欧拉系”中我们要简要叙述求斯梅尔群大小的界限的一个一般性的程序,它属于科里瓦尼(Kolyvagin),科里瓦尼方法要用到的基本材料称为欧拉系(Euler system).怀尔斯工作中最困难的部分,也是他 12 月宣告中所说的“还不完备”的部分,就是构造一个合适的欧拉系.在“怀尔斯结果”中我们要叙述怀尔斯所宣布的结果(定理 6,7 及推论),并要说明为什么定理 6 就足以证明半稳定谷山 — 志村猜想.作为推论的一个应用,我们可以写出无穷的模椭圆曲线簇.

在这里,我们如在上文中一样固定 $p,k,D,\bar{\rho},O$,$f(z)=\sum\limits_{n=1}^{\infty}a_n e^{2\pi i n z}$ 和 λ,则存在一个同态

$$\pi: T\rightarrow O$$

使得 $\pi \circ \rho_T$ 同构于 $\rho_{f,\lambda} \otimes O$. 并且,对有限多个以外的所有素数 q 皆有 $\pi(T_q)=a_q$.

1. 关键的转化

怀尔斯用到梅热一个定理的如下推广,这定理说的是"T 是 Gorenstein".

定理 6　存在一个(非标准的)T－模同构

$$\mathrm{Hom}_O(T,O) \xrightarrow{\cong} T$$

用 η 记元素 $\pi \in \mathrm{Hom}_O(T,O)$ 在复合

$$\mathrm{Hom}_O(T,O) \xrightarrow{\cong} T \xrightarrow{\pi} O$$

下的象所生成的 O 的理想. 理想 η 有确切的定义,它与定理 4 中同构的选取无关.

映射 π 确定了 T 和 R 的不同的素理想

$$PT=\ker(\pi), P_R=\ker(\pi \circ \varphi)=\varphi^{-1}(PT)$$

定理 7(怀尔斯)　如果

$$^{\#}(P_R/P_R^2) \leqslant {}^{\#}(O/\eta) < \infty$$

那么 $\varphi: R \to T$ 是同构.

证明　全是交换代数方法,φ 是满射表示 $^{\#}(P_R/P_R^2) \geqslant {}^{\#}(P_T/P_T^2)$, 而怀尔斯证明了 $^{\#}(P_T/P_T^2) \geqslant {}^{\#}(O/\eta)$. 于是, 如果 $^{\#}(P_R/P_R^2) \leqslant {}^{\#}(O/\eta)$,那么

$$^{\#}(P_R/P_R^2) = {}^{\#}(P_T/P_T^2) = {}^{\#}(O/\eta) \qquad ⑬$$

⑬ 中第一个等式表明,φ 诱导出切空间的一个同构. 怀尔斯用 ⑬ 中第二个等式和定理 4 推出:T 是 O 上的一局部完全交叉(这就是说,存在 $f_1, \cdots, f_r \in O[[x_1, \cdots, x_r]]$)使得作为 O－代数有

$$T \cong O[[x_1, \cdots, x_r]]/(f_1, \cdots, f_r)$$

怀尔斯把这两个结果组合起来证明了 φ 是同构的.

2. 斯梅尔群

一般来说，如果 M 是一个挠 $G_{\mathbf{Q}}$ 模，那么与 M 相伴的斯梅尔群就是伽罗瓦上同调群 $H^1(G_{\mathbf{Q}},M)$ 的一个子群，它由下述方式给出的某种“局部条件”所决定. 如果 q 是素数，相应有分解群 $D_q \subset G_{\mathbf{Q}}$，则有限制映射

$$\mathrm{res}_q: H^1(G_{\mathbf{Q}},M) \to H^1(D_q,M)$$

对一组固定的、与考虑的特殊问题有关的子群 $J=\{J_q \subseteq H^1(D_q,M) \mid q \text{ 为素数}\}$，对应的斯梅尔群是

$$S(M)=\bigcap_q \mathrm{res}_q^{-1}(J_q) \subseteq H^1(G_{\mathbf{Q}},M)$$

用 $H^i(\mathbf{Q},M)$ 表示 $H^i(G_{\mathbf{Q}},M)$，用 $H^i(\mathbf{Q}_q,M)$ 表示 $H^i(D_q,M)$.

例 5　斯梅尔群最初的例子来自椭圆曲线. 固定一条椭圆曲线 E 和一个正整数 m，取 $M=E[m]$，它是 $E(\overline{\mathbf{Q}})$ 中阶整除 m 的点组成的子群. 有一个自然的包含关系

$$E(\mathbf{Q})/mE(\mathbf{Q}) \to H^1(\mathbf{Q},E[m]) \qquad ⑭$$

它是把 $x \in E(\mathbf{Q})$ 映射成余圈 $\sigma \to \sigma(y)-y$ 所得到的，这里 $y \in E(\overline{\mathbf{Q}})$ 是满足 $my=x$ 的任一点. 类似地，对每个素数 q，有一个自然的包含关系

$$E(\mathbf{Q}_q)/mE(\mathbf{Q}_q) \to H^1(\mathbf{Q}_q,E[m])$$

在这种情形下定义斯梅尔群 $S(E[m])$ 的方法是：对每个 q 取群 J_q 是 $E(\mathbf{Q}_q)/mE(\mathbf{Q}_q)$ 在 $H^1(\mathbf{Q}_q,E[m])$ 中的映象. 这个斯梅尔群是研究 E 的算术的一个重要工具，因为它(通过 ⑭) 包含 $E(\mathbf{Q})/mE(\mathbf{Q})$.

用 m 表示 O 的极大理想，取一个固定的正整数 n. 切空间 $\mathrm{Hom}_O(P_R/P_R^2,O/m^n)$ 可以按下法和一个斯梅尔群等同起来.

令 V_n 是矩阵代数 $M_2(\mathbf{Q}/m^n)$，$G_{\mathbf{Q}}$ 通过伴随表示

$\sigma(B)=\rho_{f,\lambda}(\sigma)B_{\rho f,\lambda}(\sigma)^{-1}$ 而起作用. 有一个自然的单射

$$s: \mathrm{Hom}_O(P_R/P_R^2, O/m^n) \to H^1(\mathbf{Q}, V_n)$$

怀尔斯定义了一组 $J=\{J_q\subseteq H^1(\mathbf{Q}_q, V_n)\}$，它们依赖于 D. 用 $S_D(V_n)$ 记与之有关的斯梅尔群. 怀尔斯证明了 s 诱导出一个同构

$$\mathrm{Hom}_O(P_R/P_R^2, O/m^n)\cong S_D(V_n)$$

3. 欧拉系

我们现在来把梅热猜想的证明归结成求斯梅尔群 $S_D(V_n)$ 的大小. 科里瓦尼根据自己以及塞恩(Thaine)的思想，为估计斯梅尔群的大小引进了一种革命性的新方法. 此法对怀尔斯的证明至关重要，它正是我们要讨论的.

假设 M 是一个奇次幂 m 的 $G_{\mathbf{Q}}$—模，如“斯梅尔群”中所述，$J=\{J_q\subseteq H^1(\mathbf{Q}_q, M)\}$ 是与斯梅尔群 $S(M)$ 相伴的一组子群，令 $\hat{M}=\mathrm{Hom}(M,\mu_m)$，其中 μ_m 是 m 次单位根群. 对每个素数 q，上积给出一个非退化的塔特对，即

$$\langle,\rangle_q: H^1(\mathbf{Q}_q, M)\times H^1(\mathbf{Q}_q,\hat{M})\to H^2(\mathbf{Q}_q,\mu_m)\xrightarrow{\cong}\mathbf{Z}/m\mathbf{Z}$$

如果 $c\in H^1(\mathbf{Q}, M)$，$d\in H^1(\mathbf{Q},\hat{M})$，那么

$$\sum_q\langle \mathrm{res}_q(c), \mathrm{res}_q(d)\rangle_q=0 \qquad ⑮$$

假设 C 是一个有限素数集，设 $S_C^*\subseteq H^1(\mathbf{Q},\hat{M})$ 是由局部条件 $J^*=\{J_q^*\subseteq H^1(\mathbf{Q}_q,\hat{M})\}$ 给出的斯梅尔群，其中

$$J_q^*=\begin{cases}J_q \text{ 在}\langle,\rangle\text{ 下的正交补，若 } q\notin C\\ H^1(\mathbf{Q}_q,\hat{M})\text{，若 } q\in C\end{cases}$$

如果 $d\in H^1(\mathbf{Q},\hat{M})$，定义

$$\theta_d: \prod_{q \in C} J_q \to \mathbf{Z}/m\mathbf{Z}$$

为
$$\theta_d((c_q)) = \sum_{q \in C} \langle c_q, \mathrm{res}_q(d) \rangle_q$$

用 $\mathrm{res}_C: H^1(\mathbf{Q}, M) \to \prod_{q \in C} H^1(\mathbf{Q}_q, M)$ 表示限制映射的乘积. 根据 ⑮ 和 J_q^* 的定义，如果 $d \in S_C^*$，那么 $\mathrm{res}_C(S(M)) \subset \ker(\theta_d)$. 如果 res_C 在 $S(M)$ 上还是单射，那么

$$^{\#}(S(M)) \leqslant {}^{\#}(\bigcap_{d \in S_C^*} \ker(\theta_d))$$

困难在于做出 S_C^* 中足够多的上同调类，以便证明上述不等式右边是很小的. 仿照科里瓦尼，对很大的一组（无穷多个）素数集 C 来说，欧拉系就是一组相容的类 $k(C) \in S_C^*$. 粗略地说，相容是指：如果 $l \notin C$，那么 $\mathrm{res}_l(k(C \cup \{l\}))$ 与 $\mathrm{res}_l(k(C))$ 相关. 欧拉系一旦给出，科里瓦尼就有一个归纳程序来选取集 C，使得：

(1) res_C 是 $S(M)$ 上的单射.

(2) $\bigcap_{p \subset C} \ker(\theta_k(P))$ 可用 $k(>)$ 加以计算.（注：如果 $p \subset C$，则 $S_P^* \subset S_C^*$，从而 $k(P) \in S_C^*$）

对若干重要的斯梅尔群，可以构造出欧拉系，对此可用科里瓦尼的程序做出一个集合 C，对此集合实际上给出等式

$$^{\#}(S(M)) = {}^{\#}(\bigcap_{p \subset C} \ker(\theta_k(P)))$$

这正是怀尔斯要对斯梅尔群 $S_C(V_n)$ 做的. 文献中有一些例子较详细地做了这种讨论. 在最简单的情形下，所讨论的斯梅尔群是一个实阿贝尔数域的理想类群，而 $k(C)$ 可用分圆单位构造出来.

4. 怀尔斯的几何欧拉系

现在的任务是构造上同调类的一个欧拉系，并用

科里瓦尼的方法和这个欧拉系定理[#] $(S_D(V_n))$ 的界. 这是怀尔斯的证明中技术上最困难的部分，也是他在12月宣告中所指的尚未完成的部分. 我们仅对怀尔斯的构造给出一般性的说明.

其构造的第一步属于弗拉奇(Flach)，他对恰由一个素数组成的集合 C 构造出类 $k(C)\in S_C^*$. 这使他能定出 $S_D(V_n)$ 的指数，而不是它的阶.

每个欧拉系都是从某些明显、具体的对象出发. 欧拉系的更早的例子来自分圆或椭圆单位，高斯和，或者椭圆曲线上的赫格纳(Heegner)点. 怀尔斯(仿效弗拉奇)从模单位构造出上同调类，模单位即是模曲线上的半纯函数，它们在尖点外均为全纯且不为0. 更确切地说，$k(C)$ 使得自模曲线 $X_1(L,N)$ 上一个显函数，而这条模曲线又是由下法得到的：取上半平面在群作用

$$\Gamma_1(L,N)=\{\begin{pmatrix}a & b\\ c & d\end{pmatrix}\in SL_2(\mathbf{Z})\mid c\equiv 0(\bmod LN)$$
$$a\equiv d\equiv 1(\bmod L)\}$$

下的商空间，并联结尖点，其中 $L=\prod_{l\in C}l$ 且 N 就是"斯梅尔群"中的 N. 关于类 $k(C)$ 的构造与性质，都大大地有赖于法尔廷斯以及他人的结果.

5. 怀尔斯结果

在关于表示 $\bar{\rho}$ 的两组不同的假设下，在梅热猜想这个方向上怀尔斯宣布了两个主要结果(下面的定理6和定理7). 定理6蕴含半稳定谷山一志村猜想及费马大定理. 怀尔斯对定理6证明依赖于(尚未完成)构造出一组合适的欧拉系，然而定理7的证明(虽未充分予以检验)则不依赖于它. 对定理7怀尔斯并未构造新的欧拉系，而是用岩坡关于虚二次域的理论的结果给

出了斯梅尔群的界，这些结果反过来依赖于科里瓦尼的方法和椭圆单位的欧拉系.

为了容易说清楚，我们是用 $\Gamma_0(N)$ 而不是用 $\Gamma_1(N)$ 来定义表示的模性的，所以下面所说的定理比怀尔斯宣布的要弱一些，但对椭圆曲线有同样的应用. 注意，根据我们对 D 型的定义，如果 $\bar{\rho}$ 是 D — 型的，就有 $\det(\bar{\rho})=\bar{\varepsilon}_p$.

如果 $\bar{\rho}$ 是 $G_{\mathbf{Q}}$ 在向量空间 V 上的一个表示，就用 $sym^2(\bar{\rho})$ 来记在 V 的对称平方上由 $\bar{\rho}$ 所诱导出的表示.

定理 8（怀尔斯）　设 $p,k,D,\bar{\rho}$ 和 O 如上所述，$\bar{\rho}$ 满足如下附加的条件：

(1) $sym^2(\bar{\rho})$ 是绝对不可约的.

(2) 如果 $\bar{\rho}$ 在 q 是分歧的且 $q\neq p$，那么 $\bar{\rho}$ 到 D_q 的限制是可约的.

(3) 如果 p 是 3 或 5，就有某个素数 q，使 p 整除 $\bar{\rho}(I_q)$，那么 $\varphi: R\to T$ 是同构.

由于对 $p=3$ 和 5，定理 6 得不到完全的梅热猜想，我们需要重新检查"二、概述"中的讨论，以便弄清楚对 $\bar{\rho}_{E,3}$ 和 $\bar{\rho}_{E,5}$ 应用定理 6 可以证出什么样的椭圆曲线是模曲线.

如果 $\bar{\rho}_{E,p}$ 在 $GL_2(F_p)$ 中的象足够大（例如，如果 $\bar{\rho}_{E,p}$ 是满射的话），那么定理 6 的条件(1) 是满足的. 对 $p=3$ 和 $p=5$，如果 $\bar{\rho}_{E,p}$ 满足条件(3) 而且还是不可约的，那么它也满足条件(1).

如果 E 是半稳定的，p 是一个素数，$\bar{\rho}_{E,p}$ 是不可约的模表示，那么对某个 D，$\bar{\rho}_{E,p}$ 是 D — 模的，且 $\bar{\rho}_{E,p}$ 满足(2) 和(3)（利用塔特曲线）. 于是，定理 6 蕴含"半稳定

模提升猜想(猜想 1)对 $p=3$ 和 $p=5$ 成立". 如"二、概述"中所指出的,由此就推出半稳定谷山－志村猜想和费马大定理.

定理 9(怀尔斯) 设 $p,k,D,\overline{\rho}$ 和 O 如在上文中所给出的,且 O 不包含非平凡的 p 次单位根. 又设有一个判别式与 p 的虚二次域 F 和一个特征 $\chi:\mathrm{Gal}(\overline{\mathbf{Q}}/F)\to O^{\times}$,使得 $G_{\mathbf{Q}}$ 的诱导表示 Ind_{χ} 是 $\overline{\rho}$ 的 (D,O)－提升,那么 $\varphi:R\to T$ 是同构的.

推论(怀尔斯) 设 E 是 $\mathbf{Q}$ 上一条椭圆曲线,有用虚二次域 F 作的复乘法,p 是一个奇素数,E 在 p 有好的约化. 如果 E' 是 $\mathbf{Q}$ 上一条椭圆曲线,它满足 E' 在 p 有好的约化,且 $\overline{\rho}_{E',p}$ 同构于 $\overline{\rho}_{E,p}$,那么 E' 是模曲线.

推论的证明 设 p 是 F 中包含 p 的一个素元,定义:

(1)$O=F$ 在 P 的完备化的整数环.

(2)$k=O/PO$.

(3)$\Sigma=\{$素数 $|$ E 与 E' 在这些素数点均有坏的约化$\}\cup\{p\}$.

(4)t 等于通常的,如果 E 在 p 有通常的约化;t 等于平坦的,如果 E 在 p 有超奇异的约化.

(5)$D=(\Sigma,t)$. 令

$$\chi:\mathrm{Gal}(\overline{\mathbf{Q}}/F)\to \mathrm{Aut}_O(E[P^{\infty}])\cong O^{\times}$$

是特征,它给出 $\mathrm{Gal}(\overline{\mathbf{Q}}/F)$ 在 $E[P^{\infty}]$ 上的作用(这里 $E[P^{\infty}]$ 是 E 中的被 E 的那样一些自同态去掉的点组成的群,这些自同态含在 P 的某个幂中). 不难看出 $\rho_{E,P}\otimes O$ 与 Ind_{χ} 同构.

由于 E 有复乘法,熟知 E 是模曲线而 $\overline{\rho}_{E,p}$ 是模表示. 既然 E 在 p 有好的约化,可以证明 F 的判别式与 p

互素，且 O 不包含非平凡的 p 次单位根. 我们可以证明，$\bar{\rho}=\bar{\rho}_{E,p}\otimes k$ 满足定理 7 的所有条件. 根据我们对 E' 所做的假设，$\rho_{E',p}\otimes O$ 是 $\bar{\rho}$ 的一个 (D,O) − 提升，我们就推出(用命题 2 的证明同样推理)，$\rho_{E',p}$ 是模表示，从而 E' 是模曲线.

注　(1) 推论中的椭圆曲线 E' 不是半稳定的.

(2) 设 E 和 p 如推论中所给出，且 $p=3$ 或 5，一样可以证明 **Q** 上的椭圆曲线 E' 如果在 p 有好的约化且使 $\bar{\rho}_{E',p}$ 同构于 $\bar{\rho}_{E,p}$，那么它给出无穷多个 C − 同构类.

例 6　取 E 是由

$$y^2=x^3-x^2-3x-1$$

所定义的椭圆曲线，则 E 有 $\mathbf{Q}(\sqrt{-2})$ 给出的复乘法，且 E 在 3 有好的约化. 定义多项式

$$a_4(t)=-2\,430t^4-1\,512t^3-396t^2-56t-3$$

$$a_6(t)=40\,824t^6+31\,104t^5+8\,370t^4+504t^3-148t^2-24t-1$$

对每个 $t\in\mathbf{Q}$，令 E_t 是椭圆曲线

$$y^2=x^3-x^2+a_4(t)x+a_6(t)$$

(注意 $E_0=E$)，可以证明，对每个 $t\in\mathbf{Q}$，$\bar{\rho}_{E_t,3}$ 同构于 $\bar{\rho}_{E,3}$. 如果 $t\in\mathbf{Z}$ 且 $t\equiv 0$ 或 $1\pmod 3$(一般地讲，如果 $t=3a/b$ 或 $t=3a/b+1$，a 与 b 为整数且 b 不能被 3 整除)，则 E_t 在 3 有好的约化，比如，因为 E_t 的判别式是

$$2^9(27t^2+10t+1)^3(27t^2+18t+1)^3$$

于是对 t 的这些值，推论表明 E_t 是模曲线，于是 **Q** 上任一条在 C 上与 E_t 同构的椭圆曲线也是模曲线，也就是说，**Q** 上任一条 j − 不变量等于

$$\left(\frac{4(27t^2+6t+1)(135g^2+54t+5)}{(27t^2+10t+1)(27t^2+18t+1)}\right)^3$$

的椭圆曲线皆为模曲线.

这就用显式给出了 **Q** 上无穷多条模椭圆曲线,它们在 C 上均不同构.

5 好事多磨——证明有漏洞沸沸扬扬

> 跟以前谁宣布证明了费马大定理马上就会被否定的情形相反,怀尔斯的证明得到了那些理解他的证明方法的专家的强有力的支持.
>
> ——阿林·杰克逊(Allyn Jackson)

"好事多磨"仿佛是宇宙间的普适定律,任何使人们感到兴奋的好事都逃不掉这一规律.数学家杰克逊在美国数学会会报中对费马大定理的进展的介绍恰好验证了这点,他写道:

> "1993 年 6 月,对数学界来说是一个令人心醉的时刻,电子邮件(E—mail)在全球飞驰,都是宣传怀尔斯证明了费马大定理:怀尔斯在英国剑桥大学作的三次系列演讲中宣布了这一成果.伊萨克·牛顿学院被淹没在访问者的提问、解释以及照相机的闪光之中.全世界的报纸都在大力宣传,说这个貌似简单,却曾使很多人努力求索而久攻不下的难题,终于土崩瓦解了.跟以前谁宣布证明了费马大定理马上就会被否定的情形相反,怀尔斯的证明得到了那些理解他的证明方法的专家的强有力的支持."

然而，在 1994 年 12 月初，怀尔斯发出一个电子邮件，确认了与正流传的谣言相一致意见，即证明中有漏洞(gap). 早在 1994 年 7 月，有的专家就对怀尔斯的证明中使用了欧拉系的部分结果提出了尖锐的问题，那时还没发现错误. 欧拉系是科里瓦尼近年才提出的，它是同调群中元素的一个序列. 尽管罗贝特利用它在许多情形下获得过成功，但数学家们对欧拉系的一般理论还只能说理解了一部分. 漏洞正是出现在由斯梅尔群构成的欧拉系上，正如上节所述此处的斯梅尔群是由跟椭圆曲线对应的对称平方表示得出的. 怀尔斯的这种构造受到费拉奇工作的启发并推广了后者的结论.

有关出现漏洞的含混的流言，是由 1994 年秋季开始广泛传播并渐渐地变得似乎越来越确切，越肯定了. 最后在 1994 年 11 月 15 日，关于漏洞的传闻被怀尔斯的博士导师科茨(John Coates)在一次演讲中所证实. 这次演讲早在计划之中并于报告的几周前就向外界公布了，巧的是它在牛顿学院怀尔斯做报告的同一房间中举行. 修补怀尔斯的证明可能需要数学家们参与讨论，但他的手稿始终未向外界公布，手稿通过贝尔(Barre)投给了“Inventiones Mathematicae”准备出版. 梅热是该杂志的编辑，他和一个很小的审稿组成员得以接触手稿.

在那一段时间里，怀尔斯避免和舆论接触，安静地在手稿上工作，改正审稿人提出的有问题的部分，并试图使手稿变成更易于传播的形式. 虽然世界各地请他演讲的邀请信如雪片般飞至，但他不肯对他的证明再

讲一句话. 直到 1994 年 12 月 4 日,他发了一个电子邮件,承认了证明中的漏洞. 在信中说:

"鉴于对我关于谷山一志村猜想和费马大定理的工作情况的推测,我将对此作一简要说明. 在审稿过程中,发现了一些问题,其中绝大多数都已经解决了. 但是,其中有一个特别的问题我至今仍未能解决. 把谷山一志村猜想归结为斯梅尔群的计算(在绝大多数情形)这一关键想法没有错. 然而,对半稳定情形(即与模形式相适应的对称平方表示的情形)斯梅尔群的精确上界的计算还未完成. 我相信在不久的将来我将用我在剑桥演讲时说过的想法解决这个问题.

"由于手稿中还留下很多工作要做,因此现在作为预印本公开是不适当的. 2 月份开始我在普林斯顿上课,在课上我将给出这个工作的充分的说明."

在辛辛那提召开的联合数学会议上,伯克利加州大学的罗贝特关于怀尔斯的工作做了一个演讲. 在演讲中,罗贝特说,在怀尔斯的工作以前,谷山一志村猜想看起来是一个完全达不到的目标. 而怀尔斯把一个给定的椭圆曲线的谷山一志村猜想归结为一个数值不等式,这下把数论专家们镇住了. 罗贝特说,这是"震动整个数论界"的大功绩.

罗贝特还为怀尔斯的工作加入一个背景材料,他说,每个椭圆曲线有一个"j一不变量",这是一个有理数，由曲线的定义方程很容易算出来. 每个有理数都是某个椭圆曲线的 j—不变量. 进一步，两个椭圆曲线有相同的 j—不变量当且仅当两者作为黎曼曲面是相同的. 最后一点是，一个椭圆曲线是否是模曲线取决于它的 j—不变量. 这样，谷山—志村猜想可重新叙述为：所有有理数都是模椭圆曲线的 j—不变量.

直到 1994 年 6 月以前，人们只知道有限多个有理数是模椭圆曲线的 j—不变量. 怀尔斯在剑桥的第一个报告中，宣布他能够对一类椭圆曲线证明谷山—志村猜想，而这类椭圆曲线的 j—不变量构成一无限集合. 在他最后一次报告中，怀尔斯宣布，他能够对第二类椭圆曲线证明谷山—志村猜想. 由于第二类中包括了弗雷构造的与费马问题有关的椭圆曲线，怀尔斯在第一类曲线中的成功在征服费马问题的兴奋中被人们忘得一干二净. 而怀尔斯关于费马问题的证明出现的漏洞仅仅影响了第二类曲线，不影响第一类.

新闻媒介对于怀尔斯证明中出现了漏洞没有作出与他最初宣布(证明了费马定理)时同样的关注.《纽约时报》在怀尔斯剑桥演讲的第二天就在第一版上报道了此事，并配有费马的相片. 而在怀尔斯承认证明中有漏洞之后的一周，《纽约时报》才报道了这件事，并把这消息藏在了第九版. 由于确信证明所用的框架及策略仍是强有力的，故而新闻媒介比较谨慎地表示了宽容. 事实上，没有人声称这个漏洞是不可弥补的，架桥通过看来也是可行的. 最为重要的一点是，即使不包括费马大定理的完全证明，怀尔斯的成果已是对数论的意义深远的贡献.

在怀尔斯剑桥演讲之后数月中，新闻媒介对他的关注对于一个数学家而言是不同寻常的. 他被《人物》(*People*)杂志列为"1993 年最令人感兴趣的 25 个人物"之一. 与他一起被列入的有戴安娜王妃、麦克尔·杰克逊(Michael Jackson)以及克林顿总统和他夫人希拉里·克林顿等,但怀尔斯拒绝了 Gap 牛仔裤公司想让他做广告的企图. 关于电影女演员斯通(Sharon Stone)要求会见他的传闻被证明是谣言. 这谣言是由于在怀尔斯演讲后,一个显然是伪造的,署名为斯通的电子邮件被发送到牛顿学院给怀尔斯. 其他在怀尔斯的结果中作出重要贡献的人也与怀尔斯分享了出风头的快乐. 传言说,弗雷在美国一个机场上被海关官员叫住,并问他:"你是发现费马(大定理)与椭圆曲线的联系的那个弗雷吗?"

一般来说,宣传媒介都是以称赞、欣赏的态度热情地欢迎怀尔斯所作出的杰出的工作. 然而,有一则报道却激起了强烈的反响:从怀疑的低语到义愤填膺. 萨瓦特(Marilyn Von Savant),这个以"最高智商"之名列入"吉尼斯世界纪录"的女人给 *Parade Magazine* 的周六增刊写了一篇专栏文章(这个杂志夹在报纸中发行到全国). 1993 年 11 月 21 日,她的专栏主题是说明为什么怀尔斯关于费马大定理的证明是错误的.

在她的文章中,她指出著名问题"化圆为方"已被证明是不可能的,所以关于这个论断的任一"证明"都可以被认为是有缺陷的. 当她由此推断出波雷雅(János Bolyai)在双曲线几何中化圆为方是错的时,她的推理就变得行不通了. 她说波雷雅之所以错是因为"他的双曲型证明对欧氏几何不起作用". 然后她说怀尔斯的证明也是"基于双曲几何",她把同样的逻辑用到怀尔斯的工作上："如果我们在化圆为方上拒绝双曲法，我们应当也拒绝费马大定理的双曲性证明."

那么她是如何得到这些结论呢？原来，在辛辛那提的数学大会上，哈佛大学的梅热接受美国数学会的Chauvenet 奖. 他的得奖文章是《像牛虻的数论》(*Number Theory as Gadqty*). 这篇文章虽然写于怀尔斯宣布其结果的两年前，但还是解释了一些数论与费马大定理的关系及怀尔斯的工作. 在答谢讲话时，梅热提到：哈佛大学数学系曾收到了萨瓦特的请求，要求提供有关费马问题证明的信息，因此他给她寄去了一份"牛虻"文章. 萨瓦特拿了这篇文章后不仅写了专栏文章，而且写了一本关于费马大定理的书，由圣马丁(St. Martin)出版社出版. 虽然萨瓦特在她的书中感谢梅热，也感谢罗贝特和罗宾，但在收到文章后她从未与梅热有过任何接触. 另外两位也说他们从来没有和她有过任何接触. 梅热已写信给圣马丁出版社，痛斥这本书，否认此书与自己有任何关系.

虽然有这段插曲，费马大定理已经帮助公众更好地理解了数学的性质. 公众渐渐意识到要努力将"经济竞争"和"技术传播"与数学联系起来. 费马大定理将数学特有的魅力展现给每个人，使他们能欣赏它.

6　避重就轻——巧妙绕过欧拉系

虽然在稍长一点时间里保持小心谨慎是明智的，但是肯定有理由表示乐观.

—卡尔 · 罗宾(Karl Rubin)

自从怀尔斯那篇长达 200 页的论文被发现漏洞之后,从 1993 年 7 月起他就在修改论文.终于在 1994 年 9 月,怀尔斯克服了困难,重新写了一篇 108 页的论文.并于 1994 年 10 月 14 日寄往美国.

1994 年 10 月 25 日,美国俄亥俄州立大学教授罗宾向数学界的朋友发了一个电子信件之后,这个电子信件就在数学界反复传递,全文如下.

"今天早晨,有两篇论文的预印本已经公开,它们是:《模椭圆曲线和费马大定理》,作者是怀尔斯.《某些赫克代数的环论性质》,作者是泰勒(Richard Taylor)和怀尔斯."

第一篇是一篇长文,除了包含一些别的内容之外,它宣布了费马大定理的一个证明,而这个证明中关键的一步依赖于第二篇短文.

第一篇文章于 1995 年 5 月发表在《数学年刊》(*Annals of mathematics*)第 41 卷第 3 期上.大多数读者都已经知道,怀尔斯在他的剑桥演讲中所描述的证明被发现有严重的漏洞,即欧拉系的构造.在怀尔斯努力补救这个构造没有成功之后,他回到他原先试过的另一途径,以前由于他偏爱欧拉系的想法而放弃了这个途径.在作了某些赫克代数是局部完全交换的假设之后,他可以完成他的证明.这一想法以及怀尔斯在剑桥演讲中描述的其余想法写成了第一篇论文.怀尔斯和泰勒合作,在第二篇论文中,建立了所需的赫克代数的性质.

证明的整个纲要和怀尔斯在剑桥描述的那个相似.新的证明和原来那个相比,因为排除了欧拉系,所以更为简单和简短了.实际上,法尔廷斯在看了这两篇论文以后,似乎是提出了那部分证明的进一步的重要简化.

在一些重大的问题上,小人物喋喋不休的谈论是毫无意义的.因为他们只能将问题搞糟,只有那些大家才有发言的资格.像当年评价爱因斯坦的相对论一样,当今世界能够对费马大定理说三道四的大家并不多.但法尔廷斯肯定是其中一位.

以下是法尔廷斯对修改后的怀尔斯证明的简单介绍,据法尔廷斯自己说:“是由我将这个问题的几个报告改编而成,但绝不是我本人的工作.我要试图把这里的基本想法介绍给更广大的数学听众.在讲述时,我略去了一些我认为非专业人员不大感兴趣的细节,而专家们可以来找找错误并改正它们,以缓解阅读时的无聊.”大家风范溢于言表.

虽然在前面我们已反复介绍过怀尔斯的思路,但法尔廷斯的介绍却另有一种简洁的风格.

・椭圆曲线

从我们的目的出发,椭圆曲线 E 可由方程 $y^2=f(x)$ 的解 $\{x,y\}$ 的集合给出,其中 $f(x)=x^3+\cdots$ 是一个三次多项式.通常 E 是定义在有理数域 $\mathbf{Q}$ 上的,这就是说 f 的系数在 $\mathbf{Q}$ 中.我们还要求 f 的三个零点两两不同(E 是“非奇异”的).我们可以考虑 E 作为方程在 $\mathbf{Q}$,$\mathbf{R}$ 或 $\mathbf{C}$ 上的解,分别记为 $E(\mathbf{Q})$,$E(\mathbf{R})$ 或 $E(\mathbf{C})$.通常在这个集合中加入一个无穷远距离点,记作 ∞.加上 ∞ 后,解集合就有阿贝尔群的结构,并以 ∞ 为零元素.(x,y) 的逆是$(x,-y)$,且若三个点在一条直线上,则它们的和为零. 群 $E(\mathbf{Q})$ 是有限生成的(莫德尔定理),$E(\mathbf{R})$ 同构于 $\mathbf{R}/\mathbf{Z}$ 或 $\mathbf{R}/\mathbf{Z}\times\mathbf{Z}/2\mathbf{Z}$,而 $E(\mathbf{C})\subseteq\mathbf{C}/$ 格(例如 $y^2=x^3-x$ 生成的这个格是 $\mathbf{Z}\oplus\mathbf{Z}_i$). 对任一整数 n,用 $E[n]$ 记 n - 分点集合,即乘 n 后得零的点的集合. 在 $\mathbf{C}$ 上它同构于$(\mathbf{Z}/n\mathbf{Z})^2$,且坐标是代数数. 例如,2-分点集恰是 ∞ 和 f 的三个零点(此时 $y=0$). 因为定义方程系数在 $\mathbf{Q}$ 中,故绝对伽罗瓦群 $\mathrm{Gal}(\overline{\mathbf{Q}}/\mathbf{Q})$ 可作用于 $E[n]$ 上. 这样就产生了一个伽罗瓦表示:$\mathrm{Gal}(\overline{\mathbf{Q}}/\mathbf{Q})\to GL_2(\mathbf{Z}/n\mathbf{Z})$. 利用坐标变换可使 f 变为整系数. 作模素数 p 的约化,我们得到一个有限域 F_p 上的多项式. 如约化多项式的零点仍是不同的,则得到一个 F_p 上的椭圆曲线. 除了 f 的判别式的有限个素因子外,对其他一切素数都是这种情况. 还有,f 的选择不是唯一的,但若我们可以找到一个 f,它的零点模 p 后仍不同,则我们称 E 在 p 处有好约化;这个断言对 $p=2$ 是不完全正确的,由于有 y^2 这一项之故. 反之则 E 在 p 处有坏约化. 这时,如果 f 只有两个零点 $\bmod p$ 重合,我们称 E 有半稳定的坏约化,如果 E 对所有 p 都有好约化或半稳定约化,则称 E 为半稳定的. 曲线 $y^2=x^3-x$ 对 $p=2$ 不是半稳定的(没有一条 CM - 曲线是半稳定的).

半稳定曲线的一个例子(在最后我们知道它实际上不存在)是弗雷曲线. 对费马方程 $a^l+b^l=c^l$ 的一组解(其中 a,b,c 互素,$l\geqslant3$ 为素数),我们可造出相应的曲线

$$E: y^2=x(x-a^l)(x-c^l)$$

该曲线只在 abc 的素因子处有坏约化. 它有下面这个

值得注意的性质. 考虑对应的伽罗瓦表示 $\mathrm{Gal}(\overline{\mathbf{Q}}/\mathbf{Q}) \to GL_2(F_l)$. 该表示在一切使 E 具有好约化的素数 p 处是无分歧的(好约化的一种模拟). 当 $p=l$ 时我们需以“透明的”(crystalline) 来代替“无分歧的”. 由于 E 的方程的特殊形式,这一点对于 abc 的所有大于 2 的素因子 p 也是如此. 因此 l－分点集的性质与 E 在所有 $p>2$ 处有好约化非常相似. 但是我们将会看到,没有半稳定的 $\mathbf{Q}$ 上的椭圆曲线具有这种性质. 这是我们所希望得到的矛盾.

为了能用这种方法达到目的,我们必须用模形式来替换椭圆曲线. 从谷山－韦尔猜想(其本质上是属于志村的,以下会详细介绍) 可以做到这点. 如果 E 满足这一猜想的结论,就是说 E 是“模”的,则依照罗贝特的定理,我们可以对 $\Gamma_0(2)$ 找到一个模形式,$\Gamma_0(2)$ 对应于 $E[l]$ 的表示. 然而,并不存在这样的模形式. 泰勒和怀尔斯的文章正是对 $\mathbf{Q}$ 上半稳定的椭圆曲线证明了谷山－志村猜想. 为了解释这个结论我们需要几个关于模形式的基本事实,及有关赫克代数的有关结论. 为了使更多的读者了解这些背景材料,我们先插入一些粗浅介绍. 它基于选自美国马里兰大学和西德波恩大学教授扎格(D. Zagier) 一次来华的通俗演讲,这是由代数数论专家冯克勤先生翻译的.

· 模形式

模形式理论是单复变函数理论研究中的一个专门的论题,所以说它是分析学的一个分支. 但是它和数论、群表示论以及代数几何有着许多深刻的关系. 基于这些联系,许多数学家,包括 20 世纪一些大数学家都研究过模形式. 在它与许多分支的联系中,它和数论的关系是最容易解释的.利用模形式,人们可以得到数论函数之间许多非常新奇的恒等式,这些恒等式当中有许多是绝不能用其他方法得到的.先给出一些例子.

例 7　令 $r_4(n)$ 为 n 表示成四个整数之平方和的表法数,于是

$r_4(1)=8(1=(\pm 1)^2+0+0$,4 个置换 × 2 个符号)

$r_4(2)=24(2=(\pm 1)^2+(\pm 1)^2+0+0$,6 个置换 × 4 个符号)

$r_4(3)=32(3=(\pm 1)^2+(\pm 1)^2+(\pm 1)^2+0$,4 个置换 × 8 个符号)

$r_4(4)=24(4=(\pm 2)^2+0+0+0=(\pm 1)^2+(\pm 1)^2+(\pm 1)^2+(\pm 1)^2)$

$r_4(5)=48(5=(\pm 2)^2+(\pm 1)^2+0+0)$

欧拉和拉格朗日证明了,对于每个自然数 n 均有 $r_4(n)>0$. 事实上,我们有公式

$$r_4(n)=8\sum_{\substack{d\mid n\\ 4\nmid d}} d$$

类似地,令 $r_8(n)$ 为自然数 n 表示成八个整数的平方和的表法数,我们有

$$r_8(n)=16\sum_{d\mid n}(-1)^{n-d}d^3$$

这些关系式很古老,也很吸引人,但是确实没有容易的办法来证明它们,然而在模形式理论上可以对这些公式作出切实的解释.

例 8　利用下面的展开式来定义数 $\tau(n)$,即

$$\tau(1)x+\tau(2)x^2+\tau(3)x^3+\cdots=$$
$$x(1-x)^{24}(1-x^2)^{24}(1-x^3)^{24}\cdots$$

这个定义看起来很奇怪,但是等式右边的椭圆函数理

论上是基本的函数之一,因此是很自然的.它的前几个值为并且 τ 满足

$$\begin{cases}\tau(p_1^{r_1}p_2^{r_2}\cdots p_n^{r_n})=\tau(p_1^{r_1})\tau(p_2^{r_2})\cdots\tau(p_n^{r_n})\\ \text{(即 }\tau\text{ 是“积性”的)}\\ \tau(p^2)=\tau(p)^2-p^{11},\tau(p^3)=\tau(p)^3-2p^{11}\tau(p),\\ \text{对于 }\tau(p^4)\text{ 等有类似的公式}\end{cases} \quad ①$$

拉马努然(在本书中有关于他的较为详尽的介绍)于 1916 年猜想出这些公式,莫德尔于次年证明了它们.随后赫克于 20 世纪 20 年代和 30 年代作了推广,并且发展成理论.我们不久将叙述赫克的推广.

我们对上述那些奇怪的恒等式 ① 作同解释,是基于函数 $x\prod(1-x^n)^{24}$ 的如下一个值得注意的性质.

定理 10　对于 $z\in\mathbf{C},\mathrm{Im}(z)>0$,定义

$$\triangle(z)=\mathrm{e}^{2\pi iz}\prod_{n=1}^{\infty}(1-\mathrm{e}^{2\pi inz})^{24}$$

则对于满足 $ad-bc=1$ 的任意整数 a,b,c,d,均有

$$\triangle\left(\frac{az+b}{cz+d}\right)=(cz+d)^{12}\triangle(z)$$

这个定理来源于椭圆函数理论,我们在这里不给出证明(目前已有许多证明,其中包括西格尔给出的一个非常简短的证明,只用到柯西留数公式[①]).这个性质正是说 $\triangle(z)$ 是模形式.

我们令

---

① C. L. Siegel, $\eta(1-\frac{1}{\tau})=\eta(\tau)\sqrt{\frac{\tau}{i}}$, 一种简单证明, Mathematika, 1(1954). P. 4.

$$|H|=\{z\in \mathbf{C} \mid \operatorname{Im}(z)>0\}$$

$$\Gamma=\left\{\begin{pmatrix}a & b\\ c & d\end{pmatrix}\middle| a,b,c,d\in \mathbf{Z}, ad-bc=1\right\}$$

定义 14　模形式是一个函数

$$f(z)=\sum_{n=0}^{\infty}a(n)\mathrm{e}^{2\pi i n z}, z\in H$$

并且满足

$$f\left(\frac{az+b}{cz+d}\right)=(cz+d)^{k}f(z)$$

$$\left(\text{对于每个 } z\in |H| \text{ 和}\begin{pmatrix}a & b\\ c & d\end{pmatrix}\in\Gamma\right)\qquad ②$$

其中，k 是某个整数，叫作是模形式 f 的权. 如果它的系数 $a(n)$ 满足恒等式 ①（但是 11 要改成 $k-1$），我们称 f 为赫克形式. 我们以 M_k 表示全体权 k 的模形式所组成的集合. 显然 M_k 是（复数域上的）向量空间，注意当 k 是奇数时，则 $M_k=\{0\}$，这是因为取 $\begin{pmatrix}a & b\\ c & d\end{pmatrix}=\begin{pmatrix}-1 & 0\\ 0 & -1\end{pmatrix}$ 可知 $f(z)=(-1)^{k}f(z)$.

定理 11　向量空间 M_k 是有限维的，并且它的维数是

$$\dim M_k=d_k=\begin{cases}0, k=2\\ 1, k=0,4,6,8,10\\ d_{k-12}+1, k\geqslant 12\end{cases}$$

k	0	2	4	6	8	10	12	14	16	18	20	22	24	26
d_k	1	0	1	1	1	1	2	1	2	2	2	2	3	2

这个定理是不难的，后面我们将给出证明.

赫克理论中的最重要的“财富”是下述定理.

定理 12(赫克)　(1)M_k 中的赫克形式构成一组基,即恰好存在 d_k 个权 k 的赫克形式,并且它们是线性无关的.

(2) 赫克形式的系数 $a(n)$ 均是代数数.

事实上,$a(n)$ 均是某个代数数域中的代数整数(当 $k<24$ 时,这个代数数域可取为 $\mathbf{Q}$. 而对 $k=24$ 则是 $\mathbf{Q}(\sqrt{144\ 169})$).

注意,对于一个赫克形式,只要知道了 $a(p)$(p 为全体素数),我们便可以(由式 ①)得到所有的系数 $a(n)$. 而 $a(p)$ 是很神秘的,对于它我们基本上只知道:

定理 13　设 f 是权 k 的赫克形式,系数为 $a(n)$,并且 $a(0)=0$,则对于每个素数 p 均有

$$|a(p)|\leqslant 2p^{\frac{k-1}{2}}$$

这是由拉马努然首先对于 $\tau(p)$ 作了上述猜想,后来彼得森将猜想推广到任意赫克形式上去. 它是由德利涅于 1974 年证明的. 这可能是迄今所证明的最困难的定理.

现在我们给出另一些模形式的例子. 令

$$f(z)=\sum_{\substack{(m,n)\in\mathbf{Z}\times\mathbf{Z}\\ m,n\neq(0,0)}}\frac{1}{(mz+n)^4},z\in H$$

这个级数绝对收敛. 如果 $\begin{pmatrix}a & b\\ c & d\end{pmatrix}\in\Gamma$,则

$$f\left(\frac{az+b}{cz+d}\right)=\sum_{(m,n)}\frac{1}{\left(m\dfrac{az+b}{cz+d}+n\right)^4}=$$

$$\sum_{(m',n')}\frac{1}{\left(\dfrac{m'z+n'}{cz+d}\right)^4}=(cz+d)^4f(z)$$

其中，$\begin{pmatrix} m' \\ n' \end{pmatrix}=\begin{pmatrix} a & c \\ b & d \end{pmatrix}\begin{pmatrix} m \\ n \end{pmatrix}$. 从而 $f \in M_4$. 但是

$$f(z)=\sum_{m=0} f+\sum_{m>0} f=2\sum_{n=1}^{\infty}\frac{1}{n^4}+2\sum_{m=1}^{\infty}\sum_{n=-\infty}^{+\infty}\frac{1}{(mz+n)^4}$$

而

$$\sum_{n=-\infty}^{+\infty}\frac{1}{(z+n)^4}=\frac{(2\pi i)^4}{3!}\sum_{\tau=1}^{\infty} r^3 e^{2\pi i z}$$

后一公式是泊松(Poisson)求和公式的特殊情形. 而泊松求和公式告诉我们如何将任意函数 $\sum\limits_{n=-\infty}^{+\infty}\Phi(z+n)$ 傅里叶展开 $\sum_{\sigma}$, $e^{2\pi i r z}$. 从而

$$f(z)=2\left(1+\frac{1}{2^4}+\frac{1}{3^4}+\cdots\right)+2\,\frac{16\pi^4}{6}\sum_{m=1}^{\infty}\sum_{\tau=1}^{\infty} r^3 e^{2\pi i r z}=$$

$$2\zeta(4)+\frac{16\pi^4}{3}\sum_{n=1}^{\infty}\sigma^3(n)e^{2\pi n i z}$$

因此数 $\sigma^3(n)=\sum\limits_{d|n} d^3$ 是一个模形式的傅里叶系数. 利用同样的推理方法可以证明.

定理 14　令

$$G_k(z)=c_k+\sum_{n=1}^{\infty}\sigma_{k-1}(n)e^{2\pi i n z}, z \in H$$

其中 $k \geqslant 4$ 并且 k 是偶数, $\sigma_{k-1}(n)=\sum\limits_{d|n} d^{k-1}$, 而

$$c_k=(-1)^{\frac{k}{2}}\frac{(k-1)!}{(2\pi)^k}\left(1+\frac{1}{2^k}+\frac{1}{3^k}+\cdots\right)$$

则 $G_k(z) \in M_k$.

这里我们需要 $k \geqslant 4$ 以保证级数绝对收敛，从而可以将 $\pm(m,n)$ 放在一起.

现在我们来证明如何能得到维数 d_k 的公式：由于 $c_k \neq 0$，我们可以将任意模形式 $f \in M_k(k \geqslant 4, 2 \mid k)$ 写成 G_k 的常数倍加上一个新的模形式

$$\tilde{f}=\sum \tilde{a}(n)\mathrm{e}^{2\pi \mathrm{i}z}\in M_k$$

其中 $\tilde{a}(0)=0$. 于是 $g=\dfrac{\tilde{f}}{\triangle}$ 是权为 $k-12$ 的权形式(g 在 Γ 的作用下显然满足变换公式 ②(对于权 $k-12$),又由于 $\triangle(z)$ 是收敛的无穷乘积,从而它不等于零,并且在 ∞ 处展开式为 $\triangle(z)=\mathrm{e}^{2\pi \mathrm{i}z}-24\mathrm{e}^{4\pi \mathrm{i}z}+\cdots$);反之,如果 $g\in M_{k-12}$,而 $c\in \mathbf{C}$,则 $cG_k(z)+g(z)\triangle(z)\in M_k$. 因此 $M_k\cong C\oplus M_{k-12}(k\geqslant 4,2\mid k)$. 再注意,当 $k<0$ 和 $k=2$ 时,$M_k=\{0\}$,而 $M_0=C$,然后由数学归纳法即得结果.

现在我们给出另一些应用. 我们已经证明了

$$G_4=c_4+\sum \sigma_3(n)x^n\in M_4,x=\mathrm{e}^{2\pi \mathrm{i}z}$$

$$G_8=c_8+\sum \sigma_7(n)x^n\in M_8$$

其中

$$c_4=\frac{3}{8\pi^4}(1+\frac{1}{2^4}+\frac{1}{3^4}+\cdots),$$

$$c_8=\frac{315}{16\pi^8}(1+\frac{1}{2^8}+\frac{1}{3^8}+\cdots)$$

但是 $\dim M_8=1$,从而 G_4^2 和 G_8 只相差一个常数因子. 我们有

$$G_4^2(c_4+x+9x^2+28x^3+\cdots)^2=$$

$$c_4^2+2c_4x+(18c_4+1)x^2+\cdots$$

$$G_2=c_8+x+129x^2+\cdots$$

于是

$$\begin{cases}129=\dfrac{18c_4+1}{2c_4}\\ c_8=\dfrac{c_4^2}{2c_4}=\dfrac{c_4}{2}\end{cases}$$

即 $c_4=\frac{1}{240}, c_8=\frac{1}{480}$. 从而得到另一算术应用

$$1+\frac{1}{2^4}+\frac{1}{3^4}+\cdots=\frac{\pi^4}{90}$$

推论 $1+\frac{1}{2^8}+\frac{1}{3^8}+\cdots=\frac{\pi^8}{9\ 450}$.

注 欧拉曾用不严格的类比法证明了

$$1+\frac{1}{2^2}+\frac{1}{3^2}+\cdots=\frac{\pi^2}{6}$$

利用类似的推理,可得到所有 c_k 的值,它们均是有理数. 特别地

$$G_4=\frac{1}{240}+x+9x^2+28x^3+\cdots$$

$$G_6=-\frac{1}{504}+x+33x^2+\cdots$$

作为模形式的进一步应用,我们注意 $\triangle, G_4^3$ 和 G_6^2 有一定线性相关(由于 $\dim M_{12}=2$). 计算它们的前几个系数可得到恒等式

$$\triangle=8\ 000G_4^3-147G_6^2$$

从而可得到用 $\sigma_3(n)$ 和 $\sigma_5(n)$ 表达 $\tau(n)$ 的一个公式.

这里需要一个引理,容易直接证明

$$8\ 000\left(\frac{1}{240}+\sum\sigma_3(n)x^n\right)^3-$$

$$147\left(-\frac{1}{504}+\sum\sigma_5(n)x^n\right)^2$$

的系数均是有理整数.

于是整个思路是很清晰的:由于 M_k 是有限维的,一旦得到一些同权模形式之间的线性关系,然后考察它们的傅里叶系数,便可得出数论函数的恒等式. 现在我们证明如何按此法得到例 1 中的等式. 首先我们有

$$\sum_{n=0}^{\infty} r_4(n)x^n = 1 + 8x + 24x^2 + \cdots =$$

$$\sum_{n_1,n_2,n_3,n_4} x^{n_1^2+n_2^2+n_3^2+n_4^2} = \left(\sum_{n=-\infty}^{+\infty} x^{n^2}\right)^4$$

类似地
$$\sum r_8(n)x^n = \left(\sum_{n=-\infty}^{+\infty} x^{n^2}\right)^8$$

定理 15　令

$$\theta(z) = \sum_{n=-\infty}^{+\infty} \mathrm{e}^{2\pi i n^2 z}, z \in H$$

则 $\theta(z)^4$ 是对于群

$$\Gamma_4 = \left\{ \begin{pmatrix} a & b \\ c & d \end{pmatrix} \in \Gamma \,\middle|\, c \equiv 0 \pmod 4 \right\}$$

的权 2 模形式,即

$$(\triangle): \theta\left(\frac{az+b}{cz+d}\right)^4 = (cz+d)^4 \theta(z)^4, \begin{pmatrix} a & b \\ c & d \end{pmatrix} \in \Gamma_4$$

注意 $M_2 = \{0\}$,而 M_4 只有 $\frac{1}{240} + \sum \sigma_3(n) q^n$ ($q = \mathrm{e}^{2\pi i z}$),但是群 Γ_4 比 Γ 小,所以对于 Γ_4 可以有更多的模形式.采用与证明 $G_k \in M_k$ 相类似的方法,可知 $\frac{1}{8} + \sum_{n=1}^{\infty} \left(\sum_{\substack{d \mid n \\ 4 \nmid d}} d\right) g^n$ 是对于群 Γ_4 的权 2 模形式.然后利用上面例子中我们已经谈过的方法,即可得到 $r_4(n) = 8 \sum_{\substack{d \mid n \\ 4 \nmid d}} d$.类似地得到 $r_8(n) = 16 \sum_{d \mid n} (-1)^{n-d} d^3$.

为什么公式(△)成立?根据上面提到的泊松求和公式,我们有

$$\sum_{n=-\infty}^{+\infty} \mathrm{e}^{-\pi i (n+z)^2} = \sum_{r=-\infty}^{+\infty} \left(\frac{1}{\sqrt{t}} \mathrm{e}^{-\frac{\pi r^2}{i}}\right) \mathrm{e}^{2\pi i r z}$$

取 $z=0$,即得到

$$\sum_{n=-\infty}^{+\infty} e^{-\pi i n^2} = \frac{1}{\sqrt{t}} \sum_{r=-\infty}^{+\infty} e^{-\frac{\pi r^2}{t}}$$

令 $t=\frac{2z}{i}$,则得到 $\theta(z)=\sqrt{\frac{i}{2z}}\theta(-\frac{1}{4z})$,从而

$$\theta\left(-\frac{1}{4z}\right)^4 = -4z^2\theta(z)^4$$

也就是说,若不考虑符号,则 $\theta(z)$ 对于 $\begin{pmatrix} a & b \\ c & d \end{pmatrix} = \begin{pmatrix} 0 & -\frac{1}{2} \\ 2 & 0 \end{pmatrix}$ 满足式 ②. 另一方面,显然有 $\theta(z+1)=\theta(z)$,从而 $\theta(z)^4$ 对于 $\begin{pmatrix} a & b \\ c & d \end{pmatrix} = \begin{pmatrix} 1 & 1 \\ 0 & 1 \end{pmatrix}$ 满足式 ②,但是矩阵 $\begin{pmatrix} 0 & -\frac{1}{2} \\ 2 & 0 \end{pmatrix}$ 和 $\begin{pmatrix} 1 & 1 \\ 0 & 1 \end{pmatrix}$ 生成群

$$\widetilde{\Gamma}_4 = \Gamma_4 \cup \left\{ \begin{pmatrix} 2a & \frac{1}{2}b \\ 2c & 2d \end{pmatrix} \middle| a,b,c,d \in \mathbf{Z}, 4ad-bc=1 \right\}$$

从而若不考虑符号,则 θ^4 对于每个 $\begin{pmatrix} a & b \\ c & d \end{pmatrix} \in \Gamma_4$ 均满足式 ②,而负号恰好是对于 $\widetilde{\Gamma}_4 - \Gamma_4$ 中的矩阵.

最后,我们讲一下模形式与数论之间的另一种联系. 这也是本书感兴趣的联系. 设 a 和 b 是整数,考虑方程

$$y^2 = x^3 + ax + b \tag{③}$$

如果 $D=(4a^3+27b^2)=0$,则方程 ③ 的右边有重因子(即为 $(x-n)^2(x+2n)$),其中 $n=\sqrt{-a/3}=\sqrt[3]{b/2}$. 否

则我们就称方程 ③ 定义出一个椭圆曲线. 这时，我们有如下所述的猜想：

(1)(谷山，韦尔) 给了一个椭圆曲线 ③，则存在一个对于群 Γ_D 的权 2 赫克形式(Γ_D 的定义类似于上述的 Γ_4)，即

$$f(z)=\sum_{n=1}^{\infty}a(n)q^n, q=\mathrm{e}^{2\pi\mathrm{i}z}$$

其中对于每个素数 $p\nmid D$，均有

$$a(p)=p-((③)\bmod p\text{ 的解数})$$

对于 $p\mid D$ 的 $a(p)$ 也猜想出一个公式. 这样一来，给了椭圆曲线 ③，我们就有了全部系数 $a(p)$，然后利用公式 ① 可以把所有的 $a(n)$ 通过 a 和 b 表示出来，问题在于要证明：由此得到 $\sum a(n)q^n$ 满足 ③. (对于群 Γ_D)

(2)(伯奇 — 斯温纳顿 — 戴尔 (Birch-Swinnerton-Dyer)) 方程 ③ 有无穷多组有理解 $\Leftrightarrow\int_0^{\infty}f(\mathrm{i}t)\mathrm{d}t=0$.

已经计算了成百个例子，这两个猜想都是正确的. 但是，目前离证出这两个猜想还相距甚远. 大约几十年前，德林对于一类(无穷多个) 椭圆曲线(即所谓具有复乘法的椭圆曲线，例如当 $a=0$ 或者 $b=0$ 时)，证明了猜想(1). 而大约在 7 年前，科茨(Coates) 和怀尔斯对于某些情形证明了猜想(2).

现在让我们回到法尔廷斯对怀尔斯证明的介绍中去. 设 $H=\{\tau\in\mathbf{C}\mid \mathrm{Im}(\tau)>0\}$ 为上半平面，$SL(2,\mathbf{R})$ 以通常的方式 $(a\tau+b)/(c\tau+d)$ 作用于其上. $SL(2,\mathbf{Z})$ 的子群 $\Gamma_0(N)$ 由矩阵

$$\begin{pmatrix}a & b\\ c & d\end{pmatrix}$$

组成，其中 $c\equiv 0(\mathrm{mod}\ N)$. 一个(权为 2) 相对于 $\Gamma_0(N)$ 的模形式是 H 上的全纯函数 $f(\tau)$，对于一切 $\begin{pmatrix}a & b\\ c & d\end{pmatrix}\in\Gamma_0(N)$ 满足

$$f((a\tau+b)/(c\tau+d))=(c\tau+d)^2f(\tau)$$

且 $f(\tau)$"在尖点处为全纯". 后者即是说对傅里叶级数(因 $f(\tau+1)=f(\tau)$)

$$f(\tau)=\sum_{n\in\mathbf{Z}}a_n\mathrm{e}^{2\pi in\tau}$$

当 $n<0$，则 $a_n=0$，若再加上 $a_0=0$，则 f 称为尖点形式，赫克代数 T 作用于尖点形式空间. 它由赫克算子 T_p(若 p 与 N 互素) 和 U_p(若 $p\mid N$) 生成. 对于傅里叶系数，有

$$a_n(T_pf)=a_{np}(f)+pa_{n|p}(f)$$

$$a_n(U_pf)=a_{np}(f)$$

一个特征形式是指所有的赫克算子的公共特征形式. 我们总可将其正规化，使得 $a_1(f)=1$，于是 $a_p(f)$ 就是对应于 T_p 或 U_p 的特征值. 上面的等式使我们可以递归地定出所有 a_n，从而可定出特征形式 f. 反之，对于给定的一系列特征值 $\{a_p\}$，我们也可构造一个傅里叶级数 $f(\tau)=\sum a_n\mathrm{e}^{2\pi in\tau}$. 根据韦尔的定理，此 $f(\tau)$ 为模形式当且仅当 L－级数

$$L(s,f)=\sum_{n=1}^{\infty}a_nn^{-s}$$

在全 s－平面上有全纯延拓并满足适当的函数方程. 对于带有狄利克雷特征的 L－函数这也是对的.

对所有的 a_p 都在 $\mathbf{Q}$ 中的情形，特征形式 f 对应于一条椭圆曲线 E，它在除了 N 的素因子外的一切素数

处都有好约化. 对于与 N 互素的 p,$E(E_p)$ 的 E_p 一有理点数等于

$$\# E(F_p)=p+1-\alpha_p$$

反过来,对每个 $\mathbf{Q}$ 上的椭圆曲线 E,我们可以定义一个汉斯－韦尔 L－级数 $L(s,E)$,并猜想它具有上面讲到的好性质. 这样,根据韦尔定理,这个 L－函数一定属于一个具有有理特征值的特征形式. 这就是谷山－韦尔猜想的内容(注意与查格的叙述对比一下).

即便系数 a_p 不在 $\mathbf{Q}$ 中,我们也可以构造一个与特征形式对应的伽罗瓦表示.

赫克代数 T 是一个有限生成 $\mathbf{Z}$－模. 我们现在以 $\hat{T}$ 记它在一个合适的极大理想 m(非艾森斯坦理想)之下的完备化,$k=T/m$ 表示特征 l 的剩余类域. 于是有一个 2 维的伽罗瓦表示,即

$$\rho: \mathrm{Gal}(\overline{\mathbf{Q}}/\mathbf{Q}) \to GL_2(\hat{T})$$

它对于与 N 互素的 p 是无分歧的(或相应地为透明的),且

$$\mathrm{tr}(\rho(\mathrm{Frob}_p))=T_p$$

$$\det(\rho(\mathrm{Frob}_p))=p$$

每个有理特征值的特征形式产生一个同态 $\hat{T}\to Z_l$;ρ 诱导出 l-adic 表示,它是由与之对应的椭圆曲线 E 给出的,它描述了在 E 的全部 l^n 分点上的伽罗瓦作用. 反过来,也可以证明 E 是模的,当且仅当 l-adic 表示能以这种方式构造出来.

• **形变**(Deformations)

从 3 分点的表示出发,可以构造出 $l=3$ 的 l-adic 表示. 已知它同余于一个模表示,于是,可以证明,该表示的万有提升是模的. 这是整个证明的核心,这里素数 3

是非常特殊的,所以我们从 $l=3$ 开始考虑.

我们可局限于 3 分点产生的满映射

$$\mathrm{Gal}(\overline{\mathbf{Q}}/\mathbf{Q}) \to GL(2,F_3)$$

(这一段推理对 5 分点也适用). 因 $PGL(2,F_3) \subseteqq S_4(P^1(F_3))$ 上四个元素的对称群是可解群. 故而依朗兰兹和滕内尔的(提升)定理可知 3 分点的表示已经是模的了. 这里充分利用了素数 $l=3$ 的特殊性质;对 $l=2$,由于种种理由,一般的理论都不能奏效;而对 $l\geqslant 5$,这开头一步也行不通. 现在我们找一种形变的论证法,对于模 9,27,81,243,729 等的表示,依次可认定它们全是模表示. 为此,运用了模 3 表示的万有形变,即一个 $\mathbf{Z}_3$ 代数 $R=\mathbf{Z}_3[[T_1,\cdots,T_r]]/I$($I$ 是一理想)及一个"万有"伽罗瓦表示

$$\rho: \mathrm{Gal}(\overline{\mathbf{Q}}/\mathbf{Q}) \to GL_2(R)$$

它有下列性质:

(1) 对于与 N 互素的 p(这就是说 E 在 p 处有好约化),ρ 是无分歧的(或是透明的);

(2) 在与 N 非互素的 p 处,ρ 具有某些局部性质(此处不讨论"某些"之所指);

(3) 对与 N 互素的 p,$\det(\rho\mathrm{Frob}_p)=p$;

(4)$\rho \bmod (3,T_1,\cdots,T_r)$ 即是我们给定的 $E[3]$ 上的表示;

(5) 任一其他的表示 $\mathrm{Gal}(\overline{\mathbf{Q}}/\mathbf{Q}) \to GL_2(A)$,若具有上述性质(1)到(4),则都可通过一个同态 $R\to A$ 用唯一方法产生.

R 的构造照一般的原则进行,基本上是取一个伽罗瓦群的生成元集合$\{\sigma_1,\cdots,\sigma_s\}$,考虑 $4s$ 个变元的幂级数环,并除以一极小理想 I,这样在模 I 后就得到了

满足(1)到(4)的一个表示,只要我们给每个σ_i指定一个2×2矩阵,这矩阵有四个对应于σ_i的未定元作为素数.

在完成上述构造后,我们得到下面的换向图

$$k\begin{cases}\hat{T}\rightarrow T/m\\ \mathbf{Z}_3\rightarrow F_3\end{cases}$$

其中左方的两个映射是由模伽罗瓦表示和E的伽罗瓦表示产生的.至此,怀尔斯的想法是证明R同构于$\hat{T}$,这样椭圆伽罗瓦表示就自然是模表示了.

为此,我们当然需要关于R的信息,这些信息不能从一般的构造法中得到.令W_n表示$sl(2,\mathbf{Z}/3^n\mathbf{Z})$(迹为0的$2\times 2$矩阵)的伴随伽罗瓦表示.生成元的最小个数$\gamma(R=\mathbf{Z}_3[[T_1,\cdots,T_\gamma]]/I)$由$\dim^1_{F_3}H^1_f(\mathbf{Q},W_1)$给出,其中$H^1_f$表示满足与上面(1),(2)相对应的某种局部条件的上同调群.这种群也称为斯梅尔群.在定义中,我们见到的是令$A=F_3[T]/(T^2)$的情形.可以证明$H^1_f(\mathbf{Q},W_n)$的阶对n是一致有界的.这个阶出现于为了证明$R=\hat{T}$而作的一系列数值判定中:存在一个$\mathbf{Z}_3$-同构$\hat{T}\rightarrow O$,O是$\mathbf{Z}_3$在$\mathbf{Q}_3$的有限扩张中的整闭包.为了简单起见,我们假定$O=\mathbf{Z}_3$.已知$\hat{T}$是戈伦斯坦(Gorenstein)环,这就是说$\mathrm{Hom}_{\mathbf{Z}_3}(\hat{T},\mathbf{Z}_3)$是一个自由$\hat{T}$-模.此时满映射$\hat{T}\rightarrow Z_3$有一伴随映射$\mathbf{Z}_3\rightarrow T$;两个映射的合成是乘以$\mathbf{Z}_3$中一元素$\eta$,除了差一个单位数外是定义合理的,而且$\eta\neq 0$.另一方面,设$\rho\subseteq R$是满映射$\mathbf{R}\rightarrow\hat{T}\rightarrow Z_3$的核,则有$\#(\rho/\rho^2)\geqslant\#(\mathbf{Z}_3/\eta\cdot\mathbf{Z}_3)$(这里$\#$表示阶),等号成立当且仅当$R=\hat{\mathbf{T}}$且这是一个完全交($I$可由$\gamma$个元素生成).左方$\#(\rho/\rho^2)$等于斯梅尔群$H^1_f(\mathbf{Q},W_n)$的阶($n>0$).开始

的打算是试图用欧拉系(是科里瓦尼发明的)来建立等式,然而仅能证明 ρ/ρ^2 被 η 所零化. 这是弗拉奇定理的内容. 较高层的欧拉系,未能被构造出来.

· **证明**

先对最小情形进行证明,然后说明问题可归结为最小情形. 所谓最小情形意指出现的所有相应于坏约化的素数都已经模了 3(不仅仅模了高次幂). 依照罗贝特和其他人的定理(对 $l=3$ 应用而不是对费马方程中的幂次 l 应用它),属于曲线模 3 的伽罗瓦表示的层为 3 模表示. 在最小情形下计算欧拉特征(波伊托-塔特)(Poitou-Tate),可证明 $H_f^1(\mathbf{Q},W_1)$ 和 $H_f^2(\mathbf{Q},W_1)$ 有相同维数 r. 对每个 n,选取 r 个素数 $q_1,\cdots,q_r$ 满足模 3^n 同余于 1. 再进一步应用 $\Gamma_0(N)$ 的子群. 该子群包含 $\Gamma_0(N)$ 与 $\Gamma_1(q_1,\cdots,q_r)$ 的交. $\Gamma_0(N)$ 对此子群的商群同构于 $G=(\mathbf{Z}/3^n\mathbf{Z})^r$. 相应的赫克代数 $\hat{T}_1$ 是 $\mathbf{Z}_3[G]$ 上的自由模,具有 $G-$ 不变量 $\hat{T}$,是一表示环的商 $R_1=\mathbf{Z}_3[[T_1,\cdots,T_r]]/I_1$,它又可由 r 个元素生成. 由于群 G 的自由作用,理想 I_1 是小的. 现在取 $n\to\infty$ 时的极限,在极限情况下 R_1 和 $\hat{T}_1$ 变成最幂级环而且相等了. 进而从 R_1 得到 R,$\hat{T}_1$ 得到 $\hat{T}$,同时加入 r 个关系"$\sigma_i=1$",其中 $\sigma_1,\cdots,\sigma_r$ 是 G 的生成元. 最后 $R=\hat{T}$,且这是一个完全交.

如何将之归结为最小情形? 只要估计不等式

$$\#(\rho/\rho^2)\geqslant\#(\mathbf{Z}_3/\eta\cdot\mathbf{Z}_3)$$

当从层 M 过渡到更高的层 $N(M\mid N)$ 时左右两边的变化,对于左边的 $\#H_f^1(\mathbf{Q},W_n)$,那种局部条件被减弱,可得到一个上界. 对于右边则存在着"合并"现象,即老形式与新形式间是同余的. 这里的下界已由罗贝特和伊哈拉(Ihara)作出. 幸运的是这两个界一样,于是,一切都被证明了.

的确,怀尔斯是幸运的,他终于提出了一个使世人相信的关于费马大定理的证明,从而从数学家那装满众多未解决猜想的重负中卸下了几乎是最大的,而且已背负了长达 350 年之久的一块.

这场精彩的大戏,最后以怀尔斯荣获著名的沃尔夫奖而进入尾声. 让我们读一下,《美国数学会会刊》一篇来自沃尔夫基金新闻发布会的消息.

> 新泽西州普林斯顿大学的安德鲁·怀尔斯与普林斯顿高等研究所的朗兰兹将分享 1995 ~1996 年度的沃尔夫数学奖. 以色列总统韦茨曼(Ezer Weizman)将于 1996 年 3 月 24 日在耶路撒冷的国会(Knesset)大厦颁发该奖,奖金为十万美元. 同时颁发的还有取得杰出成就的沃尔夫化学、医药、农业和艺术奖.

由于证明费马大定理的成就,使怀尔斯在得沃尔夫奖之后,又于同年获得了美国国家科学院数学奖(National Academy of Sciences Award in Mathematics),此奖是美国数学会为纪念该学会成立 100 周年,而于 1988 年设立的. 此奖每四年颁发一次,奖励过去十年内发表杰出数学研究成果的数学家.

朗兰兹获沃尔夫(Wolf)奖是由于"他在数论、自守形式和群表示论领域里所做的引人注目的开拓工作和非凡的洞察". 朗兰兹形成了自守形式包括艾森斯坦级数的基本工作,群表示论,L—函数和阿丁(Artin)猜想，函子原理，及广泛的朗兰兹程序的系统阐述的现代理论．他的贡献与洞察为目前与未来在这些领域的研究者提供了基础和灵感．

朗兰兹，1936 年生于加拿大英属哥伦比亚(British Columbia)的新威斯敏特．他先后于 1957 年和 1958 年在英属哥伦比亚大学获学士学位和硕士学位．并于 1960 年在耶鲁大学(Yale University)获博士学位，同年他被任命为耶鲁大学讲师并于 1967 年获教授职位．1972 年他得到目前的普林斯顿高等研究所教授职位．他已荣获的主要奖项有耶鲁大学克罗斯(Wilbur L. Cross)奖章(1975)，美国数学会科尔(Cole)奖(1982)，Sigma Xi 联邦奖(1984)，及美国科学院数学奖(1988)．1972 年他被选为加拿大皇家学会会员．1981 年他又被选为伦敦皇家学会会员．朗兰兹荣获英属哥伦比亚大学、麦吉尔大学、纽约城市大学、滑铁卢大学、巴黎第七大学及多伦多大学的名誉博士学位．他们二位得奖的相关资料见 1996 年 2 月号的 Notices of the American Mathematical Society pp. 221-222；Langlands and Wiles share wolf prize 一文．

怀尔斯获沃尔夫奖是由于"他在数论和相关领域的杰出贡献，在某些基本猜想上所做的重大推进，及解决费马大定理．"怀尔斯引进了既深又新的方法，从而解决了数论中长期悬而未决的重要问题．他自己以及他的合作者致力于研究的问题包括伯奇(Birch，1931—)和戴尔(Swinnerton Dyer)猜想，岩坡理论的主要猜想，及谷山一志村一韦尔猜想．他的工作终致著名的费马大定理的证明．在过去的两个世纪里，数论中的许多结果和方法都是为证明费马大定理而形成的．

怀尔斯，1953 年生于英国剑桥．他于 1974 年在牛津大学的默顿（Merton）学院获学士学位．1977 年在剑桥大学的克莱尔（Clare）学院获博士学位．他是哈佛大学助教（1977～1980）和高等研究所的成员（1981）．在访问了多所欧洲大学之后，1982 年他被任命为普林斯顿大学的教授．从 1984 年起，他是普林斯顿的 Eugene Higgins 数学教授．从 1988 年到 1990 年，他还拥有牛津皇家研究教授学会的职位．从 1985 年到 1986 年，怀尔斯是古根海姆（Guggenheim）研究员．1989 年他被选为伦敦皇家学会会员．

自 1978 年以来，已有 160 位来自 18 个国家的最杰出成就者被沃尔夫基金会授予此殊荣．该基金由已故的里卡尔·沃尔夫（Ricardo Wolf）所建立．他是发明家、外交官和慈善家．设此基金的目的在于“有利于提高人类的科学和艺术水平”．沃尔夫 1887 年生于德国，后移民于古巴，于 1961 年被任命为古巴驻以色列大使．从那时起他一直生活在以色列国直到 1981 年去世．沃尔夫数学奖是一种“终身成就奖”，获奖者大都年逾古稀，著作等身，硕果累累．如德国数学家西格尔在 82 岁时获奖、法国数学家韦尔 73 岁获奖、法国的嘉当 76 岁获奖、芬兰的阿尔福斯 74 岁获奖、匈牙利的厄尔多斯 71 岁获奖、陈省身 73 岁获奖，所以此奖颇有“盖棺定论”的意味．而怀尔斯正当盛年（获奖时才 43 岁），实在是令人吃惊．当然这都托费马的福，是费马大定理使怀尔斯年纪轻轻就功成名就．

怀尔斯还获得过 1997 年的 Frank Nelson Cole Prize in Number Theory．Frank Nelson Cole 曾长期任美国数学学会的秘书（1896～1920）．并当过美国数

学学会的刊物 Bulletin 主编长达 21 年，经由他自己及美国数学学会会员的捐款设立了 Frank Nelson Cole Prize in Algebra 及 Frank Nelson Cole Prize in Number Theory. 1928 年首次颁奖，每五年一次，为代数及数论方面的大奖. 1903 年，在美国数学学会的一次会议中，时任美国哥伦比亚大学教授的 Cole 作了一个令人惊奇的报告，他走上讲台，一声不响地在黑板写下

$$2^{67}-1=193\ 707\ 721\cdot 761\ 838\ 257\ 287$$

但是，像许多美好的事物都有争论一样. 怀尔斯的证明也不是满堂喝彩. 1996 年《科学美国人》杂志发表了一篇名为"证明的消亡"的文章，该文引用了许多著名数学家的言论. 以表明在概念框架之下的经典证明将自然地被用计算机所做的可视化验法所代替. 从而怀尔斯关于费马大定理的证明则被认为是一个"极大的时代错误". 但文章一发表即引起了一场轩然大波，即使是那些在文中被引用了言论的数学家也都认为实际情况被完全地误解. 专家们指出，严格的论证将导致只是在某一概念绝对成立的近似真理，甚至是错误的结论，而且为了得到这个不一定正确的结论还需耗费大量的时间.

关于沃尔夫奖获奖者之情况本书还有详细论述.

千年等一回. 数论史上最重要的一页终于翻了过去. 这既使那些踌躇满志的失意者惘然若失，也使那些像怀尔斯这样的成功者信心百倍地迈向新的领域.

7　代数数论历史及其在 ICM 上的反映

H. Koch 教授 2003 年以 20 世纪历次世界数学家大会中的大会报告为例对代数数论和算术几何的发展给出历史的综述.

7.1　概述

1993 年,我被邀请在 1994 年在 Zurich 举行的 ICM(世界数学家大会)的数学史卫星会议做关于代数数论的报告,但是这个卫星会议未能举行.我准备的手稿在加拿大魁北克拉瓦尔大学的数学与统计系作为预印本 95—10 发表.在手稿中我只考虑了 ICM 的大会报告.后来为了给出代数数论更完全地描述,加进数论小组的报告.

第一届 ICM 于 1897 年举行.那时的代数数论主要是代数数域的理论.到了 20 世纪 20 年代,人们明显地看到,包括类域论在内的许多结果都适用于以有限域为常数域的函数域.但是对高维情形,这不是一种适当的语言.于是格罗登迪克[22,1957 年]建立了基于素理想的算术术语的代数几何基础.他把代数数论和代数几何统一起来,这种统一现在称之为算术几何.

本节只对于 1897～1962 年 ICM 的代数数论给予详细的描述.这个时期可认为是代数数域理论在代数数论中占主导地位的时期.我们一直讲到 1994 年的 ICM.

本节分两部分.第 1 部分对代数数论加以综述,也谈到向算术几何的转变.第 2 部分讲述 ICM 中的代数数论.

我感谢 Günter Frei，朗兰兹和 Norbert Schappacher 阅读本节的手稿,并向我指出某些不准确之处.

7.2 代数数论历史

为了更好地理解一个理论的历史,将它分成几个阶段通常是有益的.下面介绍代数数域历史时就这样做.对于算术几何我们还将加入一些评注.

7.2.1 创建年代(1800—1870)

代数数域的理论起源于二次互反律的推广和相关问题.在这个意义下,奠基者为高斯、艾森斯坦、雅可比和狄利克雷,并以库默尔关于分圆域的工作而达到第一个高峰.但是,库默尔对于代数数的一般理论并不十分感兴趣,他只研究与 n 次单位根相联系的代数数及这些代数数的 n 次方根.另一方面,狄利克雷则考虑任意代数整数在 $\mathbf{Z}$ 上生成的环上的单位群,并确定了这个群的结构.

戴德金认识到,这一理论的基本概念应当是代数数域,这正是他的先辈研究中所忽略的概念. R. Haubrich 在 Göttingen 大学的论文[32,1992 年]对于这一创建时代做了精彩的分析.

7.2.2 奠基年代(1871—1896)

在这个时期,基本概念和定理已建立起来并加以证明,是由戴德金、克罗内克和 Zolotarev 以彼此等价的 3 种方式建立起来的.

戴德金采用了理想论的方式,这种方式现在被普遍接受.他的结果于 1871 年作为狄利克雷《数论讲义》的第 10 个附录发表,后来于 1894 年以更易于接受的方式写在狄利克雷此书第 4 版的第 11 个附录之中.

克罗内克采用添加变量的方法,这种方法在 20 世纪初期从文献期刊中消失了,但是在 1940 年 H. Weyl[77]仍采用这种方式,并且 M. Eichler[15]于 1963 年讲述代数数论基础时也采用这种方法的一种简化形式.

Zolotarev 的理论则使用指数赋值的语言. Hensel 也独立地发展了这种方法,但直到 20 世纪 20 年代 Hasse 关于二次型的工作[24,1922 年][25,1924 年]之后,这种方法才被接受. Hasse 于 1949 年出版的《数论》[31]一书便是用赋值方法讲数论. Z. I. Borevich 和 I. R. Shafarevich 后来在他们的《数论》[6,1964 年]一书中主要沿袭 Zolotarev 的思想.

7.2.3　类域论,英雄年代(1897—1930)

克罗内克已经猜想到,代数数域的阿贝尔扩张(即正规扩张,并且伽罗瓦群是交换群)理论比代数数域的一般理论要丰富得多.这是根据他对有理数域 $\mathbf{Q}$ 和虚二次域为 Abel 扩张的研究做出这种判断的.但是,这样一种理论的最早形成应当回溯到希尔伯特和 H. Weber.

希尔伯特[35,1898 年]定义了一个概念,现在称之为代数数域 K 的希尔伯特类域.这是 K 的最大阿贝尔扩域 H,使得 K 的所有位在 H 中均不分歧.这个扩张 H/K 的次数等于 K 的类数,并且 K 的素理想 $\mathfrak{p}$ 在 H 中的惯性指数应等于理想类 $\bar{\mathfrak{p}}$ 在 K 的理想类群中的阶.希尔伯特进而猜想,K 的每个理想在 H 中均为主理想(主理想猜想).希尔伯特类域的存在性由 P. Furtwängler 证明[19,1907 年].

Weber[71,1897—1898 年]定义了结合于一个给定理想类群 I_m/S_m 的类域 H_m,其中 m 是 K 的一个整理想,I_m 是 K 中与 m 互素的理想组成的群,S_m 是满足 $\alpha\equiv1(\bmod m)$和 $\mathfrak{l}(\alpha)>0$(对 K 的每个实嵌入 $\mathfrak{l}$)的 K 中元素 α 形成的主理想(α)组成的群.类域 H_m 是 K 的正规扩张,并且 K 的素理想 $\mathfrak{p}$ 在 H_m 中完全分裂当且仅当 $\mathfrak{p}\in S_m$. Bauer 定理表明 H_m 的唯一性,但是 H_m 的存在性并不清楚,除了克罗内克已经知道的那些情况,对其余情形 Weber 不能给出证明.可是 Weber 证明了 H_m/K 的伽罗瓦群是交换群,并且同构于 I_m/S_m.

高木贞治(T. Takagi)[66,1920 年]首次给出了 Abel 扩张的完整理论.他证明了类域 H_m 的存在性和完备性定理,后者是说:对每个 Abel 扩张 A/K,K 中均存在理想 m,使得 $A\subseteq H_m$.

类域论最后一个重要内容,是由 Frobenius 自同构给出的理想群与相应的 Abel 扩张伽罗瓦群之间的正则同态,这是由 E. Artin 发现[3,1924 年],并作为一般互反律加以证明[5,1927 年],证明利用了 N. Chebotarev[12,1926 年]的方法将问题化为分圆扩张情形.基于 Artin 的互反律,Furtwängler[20,1930 年]证明了希尔伯特的主理想猜想.至此,类域论臻于完善.它作为数学的一部分,既美丽又充满十分困难并且神秘的证明.(更详细的介绍可见 Hasse[32,1967 年]的文章:类域论历史.)

7.2.4　改造和简化(1930—1952)

这个时期始于 Hasse[26,1930 年]在整体类域论之外独立地建立局部类域论,这里"局部"指的是 $\mathfrak{p}$-adic 数域,而"整体"指的是代数数域. C. Chevalley[8,1930 年]和施密特(未发表)几乎立刻用单代数理论对于 Hasse 诸定理给出局部证明,但是没有涉及互反映射(即从基域乘法群到 Abel 扩张伽罗瓦群之上的正则同态). 这个互反映射对于循环情形由 Hasse 给出[29,1933 年],然后在循环情形的基础上 Chevalley[9,1933 年]对于一般情形给出互反映射.

Hasse 发展了局部域 K 上的中心单代数理论[28,1931 年],并且证明了它们是迪克森类型的,即可用 K 的不分歧循环扩张的方式构作出来. 他还证明了:正规扩张 L/K 为相对 Brauer 群(根据 E. Noether,它可表示成上同调群 $H^2(\mathrm{Gal}(L/K),L^{\times})$)是具有正则生成元的循环群. 中山(T. Nakayama)用 Brauer 群的这个正则生成元,对任意交换的伽罗瓦群情形给出 Hasse 互反映射的正确扩广[52,1936 年]. 这是在建立类域论的上同调基础方面迈出的重要一步.

Chevalley[10,1936 年]在将整体类域论推广到无限阿贝尔扩张情形的过程中引进了 idele 概念. 这个概念以自然的方式与类群 I_m/S_m 的逆极限相联系. 在他的 idele 类群的基础上,Chevalley[11,1940 年]利用 J. Herbrand 的早期工作[37,1932 年]第一个给出整体类域论的纯代数讲述方式.

G. Hochschild[36,1950 年]给出局部类域论新的建立方式,采用上同调群而不用代数这种结构. 这可看成是对局部类域论的一种改造．而在韦尔[76，1951年]和中山[53，1951年]发现整体正则类之后，几乎同时导致整体类域论也以上同调为基础．J. Tate[67，1952年]引进负维数的上同调群并将中山映射解释成上积(cup product)，从而完成了类域论的上同调途径．

在1930～1952年，代数数域理论的最有趣结果或许是把高次分歧群看成是类群的子群的Hasse反射[27，1930年]和I. R. Shafarevich[60，1946年]对群扩张

$$1\to \mathrm{Gal}(L/K)\to \mathrm{Gal}(L/M)\to \mathrm{Gal}(K/M)\to 1$$

给出类域论解释，这里 L/K 为Abel扩张，而 L/M 为正规扩张($K\subseteq L$)．对应于这种扩张的2－类是 K/M 的正则类在 L/K 的类群的互反映射下的象．虽然Shafarevich只对局部情形叙述和证明了这个定理，但是他的证明可逐字逐句推广到整体情形(详见Koch[43，2001年]：类域论中Shafarevich定理的历史)．

7.2.5　无限扩张(1952—1970)

W. Krull[47，1928年]已经发展了无限扩张的伽罗瓦理论．但一直到20世纪50年代研究具有限制分歧的最大扩张的时候，无限扩张这个概念才显示出重要性．开创性工作之一是Shafarevich[61，1947年]对$\mathfrak{p}$-adic数域 K 的有限 p－扩张的研究，其中 p 的 K 的剩余类域的特征，并且 K 不包含 p 次单位根．用无限扩张语言，他的结果可以叙述为：K 的最大 p－扩张的伽罗瓦群是秩$[K:\mathbf{Q}_p]+1$的自由射影 p－群．岩泽健吉(K. Iwasawa)[38，1955年]第一个研究了局部域代数闭包的伽罗瓦群结构．他在一系列工作[39～41，

1959 年]中研究代数数域 K 的 $\mathbf{Z}_p$ 一扩张 E,对于中间域 $E_n(K\subset E_n\subset E)$的类数 p 部分给出全新的结果.

J. Tate 和 J.-P. Serre[59,1964 年]发展了无限扩张的上同调理论,给出这种扩张的结构理论与上同调群的关系.这个数学领域现在称为伽罗瓦上同调.

Shafarevich[65,1962 年]就代数数域具有限制分歧的最大 p 一扩张,对其伽罗瓦群的关系个数给出估计,并与 Golod 一起证明了无限类域塔的存在性[21,1964 年].

J. Lubin 和 J. Tate 发现一种用形式群明显构作局部域阿贝尔扩张的方法[49,1965 年].他们证明一系列漂亮结果时需要利用(不分歧的)无限扩张.这种方法与用椭圆函数生成虚二次数域的 Abel 扩张方式相比较,有异曲同工之处.

7.2.6 朗兰兹纲领(1970—)

最后一个至今还没有完成的时期是从 1970 年开始的,由朗兰兹猜想所统治.这个猜想是互反律到非 Abel 扩张的推广.朗兰兹纲领的某些源头可上溯至 20 世纪 20 年代. Artin[4,1924 年]研究了关于数域伽罗瓦群表示的 L 函数.另一方面,E. Hecke[34,1918 年]研究了关于 Grossen 特征与模形式的 L 函数.朗兰兹猜想是说:在伽罗瓦表示和模表示之间存在正则的对应,使得 Artin L 函数等于某个 Hecke L 函数,这就给出互反律的推广.事实上,这只是朗兰兹猜想与代数数论有关的那一部分.更一般地,他叙述了局部域上简约线性群和整体域上 adele 环的表示理论[48,1970 年].在这个意义上,代数数域的理论已被包含于初创的一种新理论之中,这个新理论为模表示理论.

当然,在每个时期结束之后,该领域的许多数学家仍用这个时期的语言继续从事研究工作.一个突出的例子是 Shafarevich 定理:每个有限可解群均可实现为一给定代数数域的扩张的伽罗瓦群.这些文章[63,64,1954 年]都是用英雄年代(1897 年～1930 年)的语言写成的.

7.2.7 算术几何

代数数域的理论为另一种新理论提供营养,这种新理论现在称为算术几何.谈到几何,不能不说起重要先驱者之一黎曼和黎曼曲面上的单变量函数理论.通往算术几何的重要第一步是由 19 世纪上面提到的一些数学家迈出的,这些数学家为克罗内克、戴德金和 Weber. 克罗内克在 Crelle 杂志(1882 年第 92 卷)中发表文章"代数数的算术理论基础",所叙述的理论可看成是格罗登迪克模型理论的先驱.在上述杂志的同一卷中,基于戴德金的理想论,戴德金和 Weber 给出 Riemann-Roch 定理的一个纯代数证明.

椭圆曲线,或者更一般地 Abel 簇,在算术几何发展中起了主要作用. $\mathbf{C}$ 上一个 Abel 簇是一个环面(torus)并且具有 $\mathbf{C}$ 上的复代数簇结构.换句话说,它是商 $\mathbf{C}^n/\Lambda$,其中 Λ 为具有某些熟知性质的格.这个对象已被阿贝尔、雅可比、黎曼、魏尔斯特拉斯等数学家做了大量的研究.后来人们认识到,可以在任何域上定义阿贝尔簇并研究它.莫德尔定理[51,1922 年]是说: $\mathbf{Q}$ 上椭圆曲线的有理点群是有限生成交换群.他在该文章中猜想: $\mathbf{Q}$ 上亏格 >1 的曲线只有有限多个有理点.法尔廷斯[16,1983 年]对于任意代数数域上的曲线证明了这个猜想.韦尔[72,1928 年]把莫德尔定理推广到任意代数数域上的阿贝尔簇.

对于有限域上的一些函数域，E. Artin[3，1924年]定义了 ζ 函数. 后来对有限域上每个代数簇均可定义 ζ 函数. 对于这种 ζ 函数也有类似的黎曼猜想，这个猜想对于椭圆曲线情形由 Hasse[30，1933 年]所证明，对于任意曲线由韦尔[73，1941 年]所证明. 但是韦尔需要发展代数几何更为坚实的基础. 韦尔对于代数几何的发展写成专著，书名为《代数几何基础》[74，1946 年]. 韦尔对于高维情形给出类似的猜想[75，1949 年]，他并且指明，如果代数簇有“正确”的上同调理论，则可得出猜想的一部分成立. 寻找这样的上同调成为格罗登迪克用 Serre，Zariski 等人的思想发展抽象代数几何的主要动机之一. 这个正确的上同调便是基于 etale 拓扑作出的 etale 上同调. 德利涅由此证明了高维韦尔猜想[14，1974 年]. 利用算术几何和朗兰兹对应(特殊情形)的深刻结果，怀尔斯证明了费马大定理[78，68，1994 年].

在解释了算术几何发展的主要特点和描述了代数数论历史之后，我想最后谈谈代数数论与算术几何的联系. 当然，前者是后者的基础，但这两个分支的思想常常交织在一起. 这里我只举两个例子.

1. A. Parshin[54，1975 年]和后来的 K. Kato[42，1979 年～1982 年]等人用 K 一理论给出的类域论推广. 这个理论采用域上一般 K 一理论的方法，但只有域上 K 一理论在 ICM 上有所反映(1986 年，A. Suslin，域的代数 K 一理论).

2. 朗兰兹纲领的进展与算术几何方法有关. 这里我只提一下 Shimula 簇，这是由德利涅[13，1971 年]

提出的概念,基于 Shimula 关于阿贝尔簇的工作.

7.3 ICM 上的代数数论

现在谈代数数论在 ICM 上的反映.

7.3.1 ICM 1897,Zurich

第一届 ICM 与 20 世纪后半期标准的 ICM 有所不同.不会只开 4 天,并且只有 2 个大会报告.只在"数论与代数"小组有 2 个代数数论报告.一个是由 H. Weber 作的邀请报告"关于代数数域的亏格",另一个是 L. Stickelberger 的非邀请报告"代数数域判别式的一个新性质".

Weber 提出他的类域概念(如前文所述),并且给出这种域的著名例子.报告的本质部分是用克罗内克语言解释代数数域理论的基本概念.

Stickelberger 考虑代数数域 K 的判别式 D 和素数在 K 中分裂性质的联系.他的结果是二次域 K 情形的直接推广(奇素数 p 在二次域 K 中分裂当且仅当 $(D/p)=1$).他的结果推出一个熟知定理:D 模 4 同余于 0 或 1.

7.3.2 ICM 1900,Paris

共有 4 个大会报告,与代数数论有关的只有 1 个,即希尔伯特在第 6 组"教育与方法"组所做的报告"数学问题".由于它的"非常重要性",这个演讲的法文本在小组报告之前就已发表在大会报告文集之中,而德文原文于 1900 年第一次发表在德国数学杂志(Göttingen Nachrichten).希尔伯特的这个演讲在许多会议上被讨论.希尔伯特的 23 个问题中,有 4 个与代数数论有关.事实上,演讲的讲稿中有 23 个问题,但在大会上并没有讲到所有问题.在与代数数论有关的问题当中,第 12 问题在会上就没有讲到.

在第 8 问题中他提到用戴德金 ζ 函数研究代数数域的素理想分布,作为用黎曼 ζ 函数研究素数分布的推广(Hadamard 和 de la Vallee Poussin 于 1896 年证明了素数定理).

第 9 问题只写了几行字,关于任意数域的最一般互反律.但是希尔伯特在第 12 问题中又回到这个问题.第 12 问题是如何将 Kronecker-Weber 定理推广到任意代数数域.他想把代数数域和复数域上单变量代数函数域加以比较,所以他把 Kronecker-Weber 定理叙述成两部分:

1.对给定的次数,给定的交换的伽罗瓦群和给定的判别式,**Q** 的正规扩张的存在性.

2.每个这种扩张均是 $\mathbf{Q}(e^{2\pi i/n})$ 的子域(对某个有理整数 n).

第 1 部分是具有给定分歧特点的阿贝尔扩张的存在性,它对应于具有给定分歧性的黎曼面上的函数域的黎曼存在性定理.克罗内克在他的“青春之梦”(指[45,1880 年])中已经猜想:Kronecker-Weber 定理的上述两部分均可推广到虚二次数域,指数函数要改用模函数和标准化的椭圆函数.而希尔伯特说:Kronecker-Weber 定理到任何基域的推广是数论和函数论最深刻和最困难的问题之一.

第 11 问题是关于系数属于任意代数数域的二次型问题.

现在我对希尔伯特上述 4 个问题作简短的评论.这 4 个问题虽然只是演讲的一小部分,但在我看来,它们充分体现出 ICM 的大会报告应当具有哪些内涵.希尔伯特讲到该领域的近期进展并指出未来方向.事实上,他本人当时也是该理论的推动者.他甚至讲到解决问题可能的方法.他也把这些问题放到更宽的视野之中,将之与代数函数论中类似的问题加以比较.类域论在后来几十年的巨大发展表明希尔伯特预言了正确的方向.素理想分布问题由 Landau,Hecke,Chebotarev 和其他一些人成功地加以研究,而 Artin 的一般互反律是集这一理论之大成.作为 Gauss 二次互反律更直接推广的互反律是后来由 Shafarevich[62,1956 年],Bruckner[7,1964 年]和 Vostokov[70,1978 年]等人给出.希尔伯特蓝图中只有一件事至今未能完成.为了生成任意基域的全部阿贝尔扩张,需要采用超越函数的特殊值.现在,这个问题事实上已与 Shimura 簇理论[13,1971 年]交汇在一起.

任意数域上的二次型理论现在已经相当完善.其第一个高潮是 Hasse[25,1924 年]关于二次型的局部一整体原则,它显示出 Hensel $\mathfrak{p}$-adic 数的重要性.希尔伯特没有预言到局部域和局部一整体原则的重要性.这似乎超出了他的数学视野.

7.3.3　ICM 1904,Heidelberg

共有 4 个大会报告,4 种大会语言(法、德、英、意)恰好各有一个大会报告.代数数论报告是闵可夫斯基在"算术与代数"组所做的:"数的几何".他对二维和三维情形介绍了数的几何这门学问.作为它在代数数论中的一个应用例子,他考虑了决定三次数域单位的问题.

7.3.4　ICM 1908,Rome

在"算术、代数和分析"小组中,数论方面只有迪克森关于费马大定理的报告. 他考虑方程 $x^n+y^n=z^n$ 的 n 与 xyz 互素情形(第一情形),证明了当 $2<n<70$ 时无解.

7.3.5　ICM 1912,英国 Cambridge

E. Landau 作了大会报告“素数分布理论和黎曼 ζ 函数的一些已解决和未解决问题”. 虽然 Landau 在研究素理想分布方面已很有名气,但他在大会报告中只讲到通常素数,这显然是由于他的工作还不被当时的全部数学家所理解.

会上还有一个关于代数数论的小组报告,即 G. Rabinowitsch 的“二次数域中素因子分解的唯一性”. 他证明了:判别式为 $1-4m$ 的虚二次数域的类数为 1 当且仅当 $0<a<m$ 时 a^2-a+m 的素数.

7.3.6　ICM 1920,Strasbourg 和 ICM 1924,Toronto

现在人们普遍接受这种观点,即虽然第一次世界大战之后类域论是重要数学成就之一,但是在 1920 年代的 ICM 中没有得到反映. 其原因可能是:在 1920 年代,研究代数数论的主要国家德国在 1920 年和 1924 年 ICM 上未被邀请. 尽管日本是战胜国之一,并且日本数学家高木贞治是类域论的主要人物之一,他也未被邀请作大会报告.

事实上,高木的工作在 1920 年是很新的理论. 他作了小组报告“代数数论的某些一般性定理”. 他用一种非常清晰的方式解释他的类域论结果(见 7.2.3 节所述).

1920 年大会上还有另外两个小组报告:M. Chatelet 的“互反律和阿贝尔域”(他的结果包含于高木贞

治结果之中)和 R. Fueter 的"椭圆曲线复乘理论的一个定理". 后者谈到如何由模函数和椭圆函数来生成类域.

迪克森在 1920 年和 1924 年均作了关于数论的大会报告,题目分别为"数论和其他数学分支的关系"和"代数的算术理论—现状的概述". 这两个演讲通俗易懂,但并不特别有趣. 这两个报告和数论在当时的最新进展没有关系. 1924 年大会上还有两个通讯报告,即迪克森讲述代数的算术和 H. S. Vandiver 讲述费马大定理的第一情形.

7.3.7 ICM 1928,Bologna 和 ICM 1932,Zurich

所有国家都被邀请参加 1928 年大会. 希尔伯特作了第一个演讲"数学基础的问题". 但是没有大会报告讲代数数论. 其原因可能是:主办国在选择邀请报告时起主要影响,而当时的意大利对代数数论懂得很少.

在 1932 年的大会上也可看出上述第一个原因在发挥作用:瑞士数学家 R. Fueter 为瑞士数学会奠基人之一和 1932 年 Zurich 大会的主席. 他给了题为"理想论和函数论"的大会报告. Fueter 研究复乘理论,他[18,1914 年]证明了"Kronecker 青春之梦"的一种提法(虚二次数域 K 的全体阿贝尔扩张由椭圆模函数在 K 中某些数处的取值所生成)是不正确的. 在他的大会报告中主要讲复乘及其推广. 他提到复乘理论的重大事情,Artin 互反律在 1927 年的证明和 Furtwängler 1930 年证明的主理想定理. 但这些都讲得很简略,并且讲法不被外行人所理解.

1932 ICM 的第 2 个大会报告属于代数领域,但涉及代数数论. 这就是诺特的报告"超复系及与交换代数和代数数论的联系". 报告中描述了 1920 年代和 20 世纪 30 年代由诺特，H. Hasse 和 R. Brauer 等人发展的单代数理论. 特别当基域为局部域和整体域时，这个理论非常丰富. 这个理论关系到类域论用上同调方法的改造，这是类域论在 1930 年～1952 年期间的主要面貌. 所以，从任何标准来看，这都是一个好的大会报告. 但是诺特毕竟是代数领域的主要代表数学家之一，这也影响到她的演讲风格.

7.3.8　ICM 1936，Oslo

1936 年，国际数学界有各种理由可以将德国排除在外，但是反而有 3 位德国数学家作了数论的大会报告，他们是 H. Hasse，E. Hecke 和 C. L. Siegel. Hecke 的报告题为"椭圆模函数理论的新进展"，讲述前面提过的 Hecke L 函数. Siegel 的报告为"二次型的解析理论"，讲二次型理论中的"Minkowski-Siegel mass 公式". 下面我比较仔细地谈谈 Hasse 的报告"函数域的 Riemann 猜想".

Hasse 对于函数域上黎曼猜想的贡献要追溯到他和 H. Davenport 之间关于数论的抽象代数化理论价值问题的争论. Hasse 利用代数函数域上他建立的除子理论，要以证明 Davenport 关于某些具体不定方程的下述猜想：给了系数属于有限域 $\mathbf{F}_q$ 的一个三次不可约多项式 $f(x)$，方程 $y^2=f(x)$ 在 $\mathbf{F}_q$ 中解 (x,y) 的个数 N 满足不等式 $|N-q|\leqslant 2\sqrt{q}$. Hasse 不仅证明了这个猜想，而且对 $\mathbf{F}_q$ 上任意射影曲线猜想出它的推广形式并且指出证明思路. 一般的不等式应当为 $|N_1-q-1|\leqslant 2g\sqrt{q}$，其中 N_1 是曲线在 $\mathbf{F}_q$ 上的有理点数，对于 Davenport 的情形 $N_1=N+1$，因为还要加

上一个无穷远点. 而 g 是曲线的亏格.

这个猜想可以用另一种方式叙述成关于 ζ 函数零点的黎曼猜想的一种类比形式,所以称之为有限域上曲线的黎曼猜想. 如前所述,韦尔证明了这个猜想,并且与他的《代数几何基础》一书具有密切的联系. 虽然韦尔采用了 Hasse 的思想,但韦尔的贡献标志着由函数域理论作为主要研究对象到曲线和代数簇的更具几何观点的一种转移.

7.3.9 ICM 1950,美国 Cambridge

关于代数数论有两个大会报告. E. Artin 的报告为"代数数论和类域论的现代进展". 尽管他没有提供讲稿,但可以想象得到,他讲的类域论一定是 idele 的理论,并且以群的上同调为基础. 韦尔的报告为"数论与代数几何". 他从与戴德金和克罗内克不同的观点讲起,沿着历史的脉络,主要解释他关于代数(和算术)几何基础的思想.

7.3.10 ICM 1954, Armsterdam 和 ICM 1958, Edinburgh

这两次大会没有关于代数数论的大会报告,但在 1958 年, M. Deuring 和 P. Roquette 均作了半小时邀请报告. Deuring 的报告为"代数函数域的新结果",但是没有提交文章. 而 Roquette 的报告为"阿贝尔函数域的一些基本定理",用函数域的语言考虑 Mordell-Weil 定理的一些推广.

7.3.11 ICM 1962, Stockholm

关于代数数论有 3 个邀请报告. I. R. Shafarevich 的大会报告是"代数数域", J. W. S. Cassels 和 J. Tate 的小组报告题目分别为"椭圆曲线的算术"和"数域上伽罗瓦上同调的对偶定理".

Shafarevich 的报告至少在两方面引人注意:对于代数数域在一个位的有限集之外不分歧的最大 p-扩张,他给出伽罗瓦群生成元关系数的一个估计[65,1963 年]. 在报告中他还讨论了构作无限不分歧类域塔的可能性. 如果有下述类型的一个定理:当一个群的关系数与生成元秩相比足够少,则它必是无限群. 那么由这个定理便可构作无限类域塔. 于是他把这个问题提交给数学界,希望能(否定地)解决一个老的著名问题:每个代数数域是否都存在类数为 1 的有限扩域. 尽管有不少数学家试图解决这个问题,最终还是 Shafarevich 本人与 E. S. Golod[21,1964 年]在两年后合作给出一个漂亮的答案:一个射影 p-群在关系秩 r 和生成元秩 d 之间满足不等式 $r<(d-1)^2/4$,则它为无限群.

这个结果(后来由 Vinberg 和 Gaschütz 把不等式改进为 $r<d^2/4$)实际上证明了无限类域塔的存在性. 报告的第 2 个方面讲代数数域与函数域的类比,这在希尔伯特的 1900 年大会报告中已经提到. 这种类比使 Shafarevich 提出关于代数数域上代数曲线的两个猜想,作为 Hermite 和 Minkowski 判别式定理的类比. 猜想 1:不计有理等价,则只存在有限多曲线具有给定的亏格 $g(>1)$ 并且在一给定的素除子有限集合之外均有好的约化. 这个猜想被法尔廷斯[16,1983 年]证明. 猜想 2:不存在有理数域上的非有理曲线(亏格不为零的曲线),使得对所有素数均有好的约化. 这个猜想由 V. A. Abrashkin[1,1977 年]和 J.-M. Fontaine[17,1985 年]证明.

Cassels 报告了关于代数数域上椭圆曲线有理点的新结果，特别是关于 Shafarevich-Tate 群的结构和 Birch-Swinnerton-Dyer 猜想.

Tate 报告了他关于上同调群 $H^n(G,M)$的结果，其中 G 是具有某种极大性条件的数域扩张的伽罗瓦群，而 M 是某个 G-模. 在某种意义下，这些结果表明由类域论方法可以得出非阿贝尔扩张的什么结论. 所宣布的多数定理是新的(其中某些结果是由 G. Poitou [56,1967 年]独立地发现和证明的)，但是 Tate 从未发表过这些结果的证明. 事实上，其中的一个结果等价于 Leopoldt 猜想，而它至今仍未被证明，但是其他结果的证明后来由 K. Haberland[23,1978 年]和 J. S. Milne[50,1986 年]给出.

7.3.12　ICM 1966—1994

对其余的 ICM 我只能给出简要的介绍. 这些大会的组织工作愈来愈职业化，并且具有健全的系统来选择过去几年中最重要的数学工作，作为邀请报告.

在 1966 年莫斯科大会上，格罗登迪克关于代数几何基础的工作获 Fields 奖. M. Artin 做了题为“概型的 Etale 拓扑”的大会报告 ，这是格罗登迪克理论的最重要部分之一. 另一个大会报告是 I. I. Pjateckij-Shapiro 的“自守函数与算术群”. 自守函数理论已成为朗兰兹纲领的一个本质性部分，朗兰兹在这方面的工作发表于 1970 年[48]. 在 1970 年的 Nice 大会上，Tate 做了题为“算术中的符号，K_2-群和它们与伽罗瓦上同调的联系”的大会报告.

下一个有代数数论大会报告的是 1978 年 Helsinki 大会：朗兰兹讲了他的纲领，题目为“L 函数和自守表示”, Yu. I. Manin 的报告为“模形式与数论”. 德利涅关于证明韦尔猜想的工作获 Fields 奖. 在 1983 年 Warsaw 大会上, B. Mazur 做了题为“模曲线和算术”的大会报告, 介绍 **Q** 上模曲线的新结果. 但是在 1983 年大会上最轰动的事是法尔廷斯对莫德尔猜想给出的证明, 这个证明在大会之前刚刚被接受. 德利涅则给出这个结果的一种改进方式. 法尔廷斯在下一届(1986 年)Berkeley 大会上获 Fields 奖, 并且作了关于莫德尔猜想和相关问题的大会报告. 第 2 个大会报告是 H. W. Lenstra 的“椭圆曲线和数论算法”, 他的报告表明代数数论如何用来把大整数进行素因子分解, 这对于公开密钥通信是重要的.

在 1990 年 Kyoto 大会上代数数论也有两个大会报告: Bloch 的“代数 K-理论, Motives 和代数 Cycles”和 Ihara 的报告, 后者讲述有理数域的代数闭包的伽罗瓦群. Drinfeld 为 Fields 奖得主之一, 其获奖成就的一部分是关于朗兰兹猜想方面的工作.

在 1994 年 Zurich 大会上, A. Wiles 做了题为“模形式, 椭圆曲线和费马大定理”的报告. 他解释他证明费马大定理的方法. 在大会期间, 他的证明中有一处仍不完善, 但在几周之后(与 R. Taylor 合作)完成了证明. 在 1994 年大会文集中已经提到他们即将发表的两篇证明文章.

7.3.13　最后评论

从 1900 年大会希尔伯特的报告到 1936 年大会, 代数数论在 ICM 中未得到充分反映. 这有两个原因: 1. 在 1930 年以前, 中欧和日本以外的人很少知道代数数论, 而大会邀请程序由主办国的组委会决定. 2. 第一次世界大战的战败国奥地利、保加利亚、德国和匈牙利在 1920 年和 1924 年大会上未被邀请. 在德国数学家缺席的情形下，代数数论有影响的代表为迪克森和 R. Fueter，但是他们对于发展这一理论所起的作用不大.

从 1936 年开始，代数数论在大会中有适当的反映. 而从 1962 年起这种反映就相当充分和令人满意了.

8 关于自守形式三本书的评论

Jonathan D. Rogawski 1998 年对三本专著：《$SL_2(R)$上的自守形式》(*Automorphic forms on* $SL_2(R)$)，A. Borel 著. Cambridge Tracts in Math. Vol. 130，剑桥大学出版社，1997.

《自守形式和表示》(*Automorphic forms and representation*)，D. Bump 著. Cambridge Studies in Advanced Math. Vol. 55，剑桥大学出版社，1997.

《经典自守形式中的论题》(*Topics in classical automorphic forms*)，H. Iwaniec 著，Graduate studies in Math.，Vol. 17，美国数学会，罗得岛州，普罗维登斯市，1997.

自守形式的研究中包含了数论，代数几何，分析和表示论之间惊人的相互影响，相互推动. 由于它的本质上的多面性，这三本介绍性的书从不同的观点切入这同一学科就不足为怪了.

在谈这几本书之前，我们对这一学科作一个简短的介绍. 我们回忆一下，$SL_2(\mathbf{R})$ 中的格 Γ 是指一个离散子群,且 $\Gamma \backslash SL_2(\mathbf{R})$ 有有限的不变体积. 相对于 Γ 的权为 k 的经典模形式是定义于庞加莱上半平面 $\mathscr{H}$ 上的全纯函数 $f(z)$,它满足

$$f(\gamma(z))=(cz+d)^k f(z), \text{对一切 } \gamma=\begin{pmatrix} a & b \\ c & d \end{pmatrix} \in \Gamma \quad ①$$

自然,$\gamma(z)$ 表示 $SL_2(\mathbf{R})$ 在 $\mathscr{H}$ 上的线性分式变换. $f(z)$ 还须在 Γ 的尖点处满足某种增长条件,这一点我们略去不谈. 如果 $\begin{pmatrix} 1 & 1 \\ 0 & 1 \end{pmatrix} \in \Gamma$,如 $\Gamma = SL_2(\mathbf{Z})$,则 $f(z)$ 在 $z \to z+1$ 映射下不变,$f(z)$ 可以展开为傅里叶级数

$$f(z)=\sum_{n \geqslant 0} a_n \mathrm{e}^{2\pi i n z}$$

增长条件保证了对 $n<0$ 有 $a_n=0$. 如果 $a_0=0$,则称 f 为尖点形式.

在最简单的模形式即相对于 $SL_2(\mathbf{Z})$ 的同余子群 Γ 的艾森斯坦级数中已经显现了与别的学科丰富的相互作用. 设 $\Gamma = SL_2(\mathbf{Z})$,权为 $2k(k>1)$ 的艾森斯坦级数由如下熟知的公式定义

$$G_{2k}(z)=\sum_{\substack{(c,d) \in \mathbf{Z}^2 \\ (c,d) \neq (0,0)}} (cz+d)^{-2k}$$

由此式立得:此级数收敛于一个全纯函数,该函数满足权为 $2k$ 的变换律 ①. $G_{2k}(z)$ 的傅里叶展开提供了一个与数论的联系

$$G_{2k}(z)=2\zeta(2k)+c_{2k}\sum_{n \geqslant 1} \sigma_{2k-1}(n) \mathrm{e}^{2\pi i n z}$$

其中 $c_l=2(2\pi i)^l/l!$,$\sigma_l(n)=\sum_{d \mid n} d^l$,$\zeta(s)$ 是 Riemann zeta 函数([Ser]). 事实上,这种联系比最初看到的还要深刻. 根据 Siegel-Weil 公式,艾森斯坦级数的傅里

叶系数与二次型表示整数 n 的表法数密切相关. 例如, 将 n 写为四平方和的表示的数 $r_4(n)$ 有一个雅可比公式

$$r_4(n)=8(2+(-1)^n)\sum_{\substack{d\mid n\\ d奇}} d$$

这等价于断言: $r_4(n)$ 一定等于相对于 $SL_2(\mathbf{Z})$ 的某个同余子群的权为 2 的一个艾森斯坦级数的第 n 个傅里叶系数. 艾森斯坦级数的傅里叶展开的常数项则有另外的深刻得的算术意义. 它是 Riemann-zeta 函数(或在同余子群时是狄利克雷 L- 函数)的特殊值. 在 Ribet[Ri] 及 Mazur 和 Wiles 的工作中这个事实是这些特殊值的 p-adic 性质与分圆域理论之间重要联系的基础. 设点 $z_0\in\mathscr{H}$, 使得 $\mathbf{Q}(z_0)$ 是二次虚域. 所以艾森斯坦级数在这点的值给出了与数论的第三个联系. 它们基本上就是这个二次虚域的某些 Hecke L- 函数的特殊值([W2]). 在自守形式与 L- 函数的特殊值之间有很多联系, 既有已知的, 也有仅是猜想的, 上面所说的只是其中的一个例子.

有一个更一般的 $SL_2(\boldsymbol{R})$ 上的艾森斯坦级数的定义([Bo,10.8]), 经典的艾森斯坦级数仅是它的一种特殊情形. 一般的定义也包括了权为 0 且参数 $\lambda\in\mathbf{C}$ 的谱艾森斯坦级数. 即

$$E(z,\lambda)=\mathrm{Im}(z)^{\frac{\lambda+1}{2}}\sum_{\substack{(c,d)\in\mathbf{Z}^2\\(c,d)\neq(0,0)}}|cz+d|^{-\lambda-1}$$

当 $\mathrm{Re}(\lambda)>1$, 则此级数收敛. 函数 $E(z,\lambda)$ 不是经典模形式, 因为它不是全纯的, 但它是 $\Gamma\backslash\mathscr{H}$ 上的拉普拉斯算子 Δ 的实解析本征函数, 对应的本征值是 $\frac{1}{4}(1-$

λ^2). 这样,它是 Maass 形式的一个例子. 这样的艾森斯坦级数以及它关于同余子群的变种是 $\mathscr{H}$ 上的拉普拉斯算子 Δ 的谱分解中的连续部分的基本本征函数. 这样,它们是指数函数 $e^{\lambda t}$, $\lambda \in i\boldsymbol{R}$ 在上半平面的类似. 正如标准的傅里叶分析基于指数函数 $e^{\lambda t}$ 一样,对自伴算子 Δ 进行谱分析时需要使用艾森斯坦级数 $E(z,\lambda)$,其中 $\lambda \in i\boldsymbol{R}$,此时这个级数不再是收敛的. Selberg 的基本结果之一是说 $E(z,\lambda)$ 作为 λ 的函数可以半纯延拓到整个复平面,而在虚轴上没有极点,这是自守形式谱理论的出发点. 此外,谱艾森斯坦级数也可作为所谓 Rankin-Selberg 卷积的核函数,设 $f(z)$ 和 $g(z)$ 为两个权为 k 的尖点形,该卷积为([Bu],1.6;[I1,13])

$$L(S,f,g)=\int_{\Gamma\backslash\mathscr{H}} f(z)\overline{g(z)}\mathrm{Im}(z)^{k-2}E(z,s)\mathrm{d}z$$

$L(S,f,g)$ 和狄利克雷级数 $\sum a_n b_n n^{-s}$ 只差一个含有 Gamma 函数的简单的因子,其中 a_n 与 b_n 分别是 f 与 g 的傅里叶系数. 这个卷积对很多问题都起了重要作用,后面将要提到其中的一些. 总之,艾森斯坦级数提供了自守形,数论和分析之间的密切联系的最初的诠释.

谈到与表示论的联系. 必须将自守形式定义为 $\Gamma\backslash SL_2(\boldsymbol{R})$ 上的函数 φ,而不是定义在对称空间 $\mathscr{H}$ 上的. 更一般地,人们在 $\Gamma\backslash G(\boldsymbol{R})$ 上定义自守形,这里 $G(\boldsymbol{R})$ 是 $\mathbf{Q}$ 上的一个约化代数群 G 的实数点群,$\Gamma \subset G(\boldsymbol{R})$ 是一个格. 群 $G(\boldsymbol{R})$ 通过右平移(记作 ρ) 作用在 $\Gamma\backslash G(\boldsymbol{R})$ 上各种不同的函数空间上. 例如 $G(\boldsymbol{R})$ 作用在 $L^2(\Gamma\backslash G(\boldsymbol{R}))$ 上,我们得到酉表示. $\Gamma\backslash G(\boldsymbol{R})$ 上的光滑函数称为自守形式是指它满足一个增长条件和两个有

限性条件. 第一个有限性条件要求 φ 在 $G(\boldsymbol{R})$ 的一个固定的极大紧子群的作用下得到的表示是有限维的. 第二个有限性条件是要求空间 $\{\rho(z)\varphi\}$ 是有限维空间, 其中 z 跑遍 $G(\boldsymbol{R})$ 包络代数的中心, $\rho(z)$ 是导出作用. 这两个有限性条件决定了 φ 是实解析的. 在 $G(\boldsymbol{R})=SL_2(\boldsymbol{R})$ 的情形. 从经典的权 k 的模形式的 $f(z)$ 到 $\Gamma\backslash SL_2(\boldsymbol{R})$ 上的自守形式 φ_f, 只要定义 $\varphi_f(g)=(ci+d)^{-k}f(g(i))$, 这里 (c,d) 是 g 的下面一行. ([Bo], 5.13; [Bu], 3.2; [G1]). 如果 f 是尖点形的, 则 φ_f 是平方可积且生成 $L^2(\Gamma\backslash SL_2(\boldsymbol{R}))$ 的不可约子表示 V_f, $L^2(\Gamma\backslash SL_2(\boldsymbol{R}))$ 同构于离散系列表示 D_{k-1}. 这导致同构

$$S_k(\Gamma)\xrightarrow{\sim} Hom_{SL_2(\boldsymbol{R})}(D_{k-1},L^2(\Gamma\backslash SL_2(\boldsymbol{R}))) \qquad ②$$

这里 $S_k(\Gamma)$ 是相对于 Γ 的权为 k 的全部尖点形式所构成的空间. 如果我们将 $S_k(\Gamma)$ 代之以固定本征值 $\frac{1}{4}(1-\lambda^2)$ 的平方可积 Maass 形的空间. 则存在一个类似的同构, 此时 D_{k-1} 换成对应的主系列表示 π_λ.

自守形式理论作为一个新的学科在整个 20 世纪有了多方面的进展, 各种推广不断地涌现出来. Siegel 发展了辛群上的模形式理论, 并利用它证明了前面提到的所谓 Siegel-Weil 公式, 它大大地推广了雅可比关于方程 ${}^t\boldsymbol{XQX}=\boldsymbol{R}$ 的整数解 X 的计算问题的结果, 其中 $\boldsymbol{Q}$ 与 $\boldsymbol{R}$ 是整数对称矩阵(二次型), 阶数分别为 m 和 n, $\boldsymbol{X}$ 是一个 $m\times n$ 的整数矩阵. 尽管 Siegel 的文章分析的味道很浓, 韦尔(W1) 在 60 年代指出, Siegel 的结果可改写为某种广义函数的唯一性断言, 该函数定义在辛群的二重覆盖的所谓振荡表示的空间上. 这给出研究

theta 级数的表示论框架，同时又是 70 年代 Roger Howe 关于对偶约化对理论的起点，该理论自那时起已成为自守形式理论的一个基本组成部分([Ho]，[Pr]，[Wa]). Siegel-Weil 公式本身也在 Kudla 和 Rallis 的工作中得到重大的扩展.

在另一个不同的方面，Hecke 开始研究与模形式相伴的 L- 级数. 对于 $SL_2(\mathbf{Z})$ 上的经典尖点形式 $f(x)=\sum_{n\geqslant 1}a_n e^{2\pi inz}$，与之相伴的 Hecke L- 级数是狄利克雷级数 $L(s,f)=\sum_{n\geqslant 1}a_n n^{-s}$. Hecke 证明 $L(s,f)$ 有一个解析延拓并且满足函数方程. 在莫德尔研究 Ramanujan Δ- 函数的基础上，Hecke 定义了模形式空间上的算子的交换环，即 Hecke 算子环. 设 f 是 Hecke 算子的本征函数，则 $a_1\neq 0$，可以正规化为 $a_1=1$，基本结果是 L- 级数有如下形状的欧拉乘积

$$L(s.f)=\prod_p(1-a_p p^{-s}+p^{k-1-2s})$$

([Bu]，1.4；[I1]，6.7) 自然，所有这些都可推广到 $SL_2(\mathbf{Z})$ 的同余子群以及其他约化群 $GL(n)$ 的情形([J2]，[GS]).

20 世纪 50 年代发展了几种新的研究方向：Maass-Roelcke-Selberg 的自守形式的谱理论，Gelfand 和 Harish-Chandra 的表示论方法，Eichler 和 Shimura 将模曲线的 zeta 函数和模形式联系起来的算术理论. 60 年代 Eichler-Shimura 理论([Sh])导致由 Serre 率先引入的与模形式关联的 $Gal(\overline{Q}/Q)$的 l-adic 表示的研究. 与此密切相关的是 p-adic 模形式理论的发展，直至 Hida 的模形式的 p-adic 形变理论[Hi]. 所有这些都是怀尔斯的费马大定理的证明的关键组成部分.

与此同时,Shimura 发展了关于 Shimura 簇的典范模型的一般理论,这个理论连同其他东西一起开辟了将 Eichler-Shimura 理论推广到高秩群的可能性(简述见[BR],这与计划在 $U(3)$ 群上实现的详情见[LR],在函数域上的 $GL(n)$ 的情形见[La],函数域中包含了许多基本素材).

使得这个学科达到高度统一性的发展是 60 年代朗兰兹给出的函子性法则的阐述[L1],它极大地加强了该学科的最终目的并使之清晰化. 它蕴含着一个错综复杂的关系网的存在性,在某些重要的特殊情形这些关系是已知的,但其他一些情形还只是猜想. 从历史观点看最富戏剧性的是这些猜想竟包含了 Artin 互反律的非阿贝尔情形的推广. Artin 互反律是二次互反律的大大推广,是关于阿贝尔类域论的基本结果. 之所以称为类域论是它用广义的理想类来描述数域的阿贝尔扩张. 数论学家们一直在寻找包含非阿贝尔扩张的互反律的推广,但没能找到. 直到有了朗兰兹的观点,即必须把这个互反律重新阐述为关于自守形式的命题,用无限维表示论的语言描述出来([Ro],[G2]). 换句话说,一个狄利克雷特征的非阿贝尔推广是一个自守形式,在这实施过程中,由 Harish-Chandra 创立的关于约化群调和分析的精美的机制统统并入了数论.

函子性法制还将非阿贝尔互反律纳入更大的关于不同的群的自守表示之间的"函子关系"的范围中. 描述这些关系需要用到 L-群构造,对于它的一般性概述,我们建设可参考[G2],[K1]或[Bu],3. 9. 一个典型例子是基变换提升,它给出了域 F 上 $GL_2(2)$ 的自守型和 F 的扩域 E 上的自守型之间的对应. 这个提升

是 E 到 F 的范数映射的非阿贝尔推广. 对于具有可解伽罗瓦群的扩张 E/F, 对 $GL(2)$ 甚至更一般 $GL(n)$, 提升的存在性是已知的([AC],[L3]). 关于函子性的幂在[L3]中已有诠释,其中 $GL(2)$ 的基变换已被用来证明对于大多数具有可解象的复 2 维伽罗瓦表示的 Artin 猜想. "大多数"这个词后来被 Tunnell 所抹去,他得到的定理也是怀尔斯工作中的关键成分(一些说明见[Ro]) Tunnell 工作的主要工具是迹公式,当然 Rankin-Selberg 积分([JS])也起了不小作用. 最主要之点是函子性将问题的焦点从研究个别的自守形的经典性质转到讨论相对于不同的群上的自守形空间之间的函子关系. 另一方面,函子性对于表示论自身的发展也起了很大促进作用. 过去的二十年间,一些基本的问题,如局部朗兰兹猜想([Buk],[Ku],[Mo]),基本引理([Ko],[LS])以及 Arthur 猜想[A2]对表示论中的大量研究提供了原动力. 对任一有兴趣研究这些问题的人,四卷本会议录[BM],[BC],[CM],[BK]是必不可少的. 有趣的历史的反省和思索可见[L3]和[L4].

现在我们转向这三本书. A. Borel 的 $SL_2(\boldsymbol{R})$ 上的自守形式是三本书中焦点最集中的. 作者的目的在于提供一个关于 $SL_2(\boldsymbol{R})$ 上的自守形式的 Selberg 谱理论的全面且易入门的阐述,他采用表示论的处理方法,而不是用 Selberg 文章中的对称空间上的分析. 因此研究中的主要对象是 $SL_2(\boldsymbol{R})$ 在 $L^2(\Gamma\backslash SL_2(\boldsymbol{R}))$ 上的右正则表示 ρ,其中 Γ 是任一格. 他从单独抽出尖形式的不变子空间开始. 设 N 是形如

$$\begin{pmatrix}1 & b\\0 & 1\end{pmatrix}$$

的么幂矩阵子群的任一个共轭，如果$(N\cap\Gamma)\backslash N$具有有限不变体积，我们就称$N$是尖点形的. 自守形式$\varphi$沿着$N$的常数项是$N\backslash SL_2(\boldsymbol{R})$上的函数

$$\varphi_N(g)=\int_{(N\cap\Gamma)\backslash N}\varphi(ng)\mathrm{d}n$$

我们称φ是尖点形式，如果对所有尖点形的N有$\varphi_N=0$. 如果N是尖点形的，则$(N\cap\Gamma)\backslash N\approx\boldsymbol{Z}\backslash\boldsymbol{R}$，又如$\varphi=\varphi_f$如上，则$\varphi_N$可以和经典模形式$f$的傅里叶展开的常数项等同起来. 所有尖点形式组成的子空间L_0^2在ρ下是不变的，并且有分解

$$L^2(\Gamma\backslash SL_2(\boldsymbol{R}))=L_0^2\oplus L_e^2$$

其中L_e^2是L_0^2的正交补.

书中用艾森斯坦级数给出了对L_e^2的精确的描述. 可以将L_e^2分解为$L_e^2=L_d^2\oplus L_c^2$，L_d^2是L_e^2的所有不可约的不变子空间之和，而L_c^2是它的正交补. L_d^2是L_e^2中可离散地分解为不可约表示的直和的那部分. 有两个主要结果：

(1)L_d^2由参数λ的艾森斯坦级数在$(0,1]$中的极点的留数生成(定理 16.6).

(2)L_c^2同构于$SL_2(\boldsymbol{R})$的主系列表示的连续直积分的和(定理 17.7).

空间L_d^2总是包含对应于$\lambda=1$的留数的常函数空间. 如果Γ是一同余子解，则没有其他留数，此时L_d^2是一维的. 以酉参数，即$\lambda\in\mathrm{i}\boldsymbol{R}$定义的艾森斯坦级数的谱类型可以清楚地给出(2)中的同构.

上面我们谈到酉参数λ的$E(z,\lambda)$时，必须将艾森斯坦级数作半纯延拓，同时证明联系$E(z,\lambda)$和$E(z,-\lambda)$之间的函数方程. 对$SL_2(\boldsymbol{R})$或$GL(2)$有很多种途径作这件事. Bump([Bu]，3. 7)和 Iwaniec

([I1],13.3)实施了对 $SL_2(\boldsymbol{R})$的同余子群的艾森斯坦级数的半纯延拓,方法是计算其傅里叶展开,并证明系数是可以延拓的,对伯恩斯坦和 Selberg 各自独立得到的结果,Borel 给出了一个漂亮的证明,从紧算子的予解式的对应性质可以直接得到半纯延拓. 这个证明适应于 $SL_2(\boldsymbol{R})$的所有格 Γ,并且大大简化了 Selberg 原有的证明. 类似的关于 adele 上面的 $GL(2)$的证明在[J1]中给出. 朗兰兹关于约化群上的艾森斯坦级数的一般理论在[MW]中给出了相当好的阐述.

本质上,上述结果说明 L_e^2 具有相对简单的结构. 但是实际上我们对 L_0^2 更感兴趣,它是 $L^2(\Gamma\backslash SL_2(\boldsymbol{R}))$中神秘而又有算术价值的部分,诚然,(2)中的同构在 Selberg 迹公式的起源中是主要的组成部分,迹公式给出了某些作用的 L_0^2 上的积分算子的迹的表达式. 在研究 $SL_2(\boldsymbol{R})$以及某些高秩群的同余子群的自守形式时,迹公式是强有力的工具. 与之形成对照的是对一般的非算术子群的 L_0^2,尽管有一些有趣的猜想([S2]),但所知的却寥寥无几.

主要结果的描述包括在书的后半部中. 前半部书中提供了所有必需的基础知识,差不多是从头讲起. 其中有益的诠释、讲解以及参考文献等都为本书增色不少. 首先作者遵循了这样一条路线,即使得基本参考文献[MW]所涵盖的基本理论较容易地为读者所接受. 正如 Borel 自己在本书以"最后诠释"为题目的一章中所说的,本书的终点实则是这个理论的起点. 很自然,下一步是发展迹公式理论及其应用. 但是,涉猎迹公式理论必定会改变书的厚度和书本身的均衡性. 幸运的是,书中有几个 $GL(2)$上的例子,说明迹公式的作用.

([A4],[DL],[G1],[G3],[He],[I2],[K2]). 事实上,这是一本由名家写就的漂亮的书. 对于任何一个寻求道路进入自守形式的谱的领域的人来说,这本书是十分有价值的.

为了介绍 D. Bump 的《自守形式和表示》,我们应该记得函子性法则突出了类域论与自守形式之间联系. 像类域论分为局部和整体的两部分一样,用整体域上的 adele 约化群术语叙述的自守形式论,也有它的局部对应,即定义在局部域上的约化群上的调和分析. 在任意域上的 $GL(2)$ 的局部与整体理论在 Lecture Notes 的 114 卷中有所发展,该书很著名,并有简称"Jacquet-Langlands"[JL]. 在 Jacquet-Langlands 中,出发点是在商群 $GL_2(F)\backslash GL_2(A_F)$ 上的自守形的概念,这里 F 是一任意整体域,A_F 是它的 adele 环. 我们记得 A_F 是直积 $\prod_v F_v$ 中这样的序列构成的子环:a_v 对几乎所有 v 是 v-adic 整数,这里 v 跑遍 F 的所有位(当 F 是数域时,包括无穷位). 存在 adele 拓扑,使 A_F 成为拓扑环,因此 $GL_2(A_F)$ 是一拓扑群. 在此拓扑下,$GL_2(F)$ 是 $GL_2(A_F)$ 的离散子群. 考虑 adele 自守形式,本质上等价于考虑相对于所有离散子群 Γ 的自守形式,且不必预先指定 Γ. 在 $GL_2(\mathbf{Q})$ 的情形,它等价于考虑所有商群 $\Gamma\backslash GL_2(\boldsymbol{R})$ 上的自守形式,Γ 是同余子群. 虽然 adele 的叙述方式只适用于同余子群,但它比古典叙述方式有两个优越性,即它使在 F 的位上的潜在的乘积结构变得明显,并使我们可以用一种统一的方法处理所有的整体域. 例如这个理论使得古典模形式和希尔伯特模形式统一起来.

用 adele 方式时,映射(2)变为映射 $f\to\pi(f)$,它

将每个作为 Hecke 算子本征函数的古典的尖点形式 f 与一个 $GL_2(A_Q)$ 的无限维不可约酉表示 $\pi(f)$ 相对应，表示 $\pi(f)$ 作为 $GL_2(Q)\backslash GL_2(\mathbf{A}_Q)$ 的尖点形空间 L_0^2 的组成部分. L_0^2 的每个不可约成分 π 作为一抽象表示都同构于“限制”张量积 $\otimes'\pi_v$，其中 v 跑遍 Q 的一切位，π_v 是 $GL_2(\mathbf{Q}_v)$ 的一个不可约的表示([Bu]，3. 14；[De]). 这个分解是与 f 相伴(或与一任意尖点形表示相伴)的 Hecke L-函数的欧拉乘积分解的表示论来源. 它也使我们将工作清楚地分为两部分；个别的“抽象”表示 π_v 的局部研究和作为 L_0^2 的“有形的”子空间整体表示 π 的研究.

Bump 的书试图对 $GL_2(2)$ 的 Jacquet-Langlands 理论和 Rankin-Selberg 方法提供一个目的诱人又便利的入门途径. 它覆盖的内容比[Bo]要广，但组织得不够紧凑，书又太长(574 页). 第一章讲模形式并从古典(而非 adele)的观点讲 Rankin-Selberg. 作为 Ranbin-Selberg 方法的一个应用，展示了 Doi-Naganuma 对二次扩张的基底变换提升方法，这为用 L-函数的技巧来证明函子性的结果提供了一个很好的例子. 余下的三章，讨论 $GL(2)$ 的局部与整体理论(除了迹公式)以及在 adele 框架下讨论 Rankin-Selberg. 除开半纯延拓和一些基本技巧性结果外，本书与[Bo]无什么重叠.

Bump 的书包括很多有趣的信息、诱导性的解释和很好的习题. 因为很多推理过程是计算，作者便很小心地解释为什么个别的计算会适合一般情形. 有时，证明或证明的细节被略去，但作者提供了参考资料，并鼓励读者查阅以达到更圆满的理解. 本书的另一特点是谈话式的风格.在非形式化在很多场合受到欢迎之时，我偶然发现这本书有点过分.例如，在处理 Whittaker 模型和重数一定理的技巧性一节(3.5)的中间，他插入了两页纸的范围广阔的非正式的注解，包括有 Tate 的论文，Satake 参数，缓增主系列，模曲线的好约化，Eichler-Shimura 理论，Maass 形式和 Ramanujan 猜想的最好的界，等等.在这些插话之后，作者突然又回到了他的技巧性的讨论，读者最后才明白这个讨论是为了证明局部和整体的函数方程.章节安排也使本书的组织问题更加突出.如书中安排第四章讨论 p-adic 域上的 $GL(2)$ 的局部理论.在前面的第三章，却处理 $GL_2(A_F)$ 的整体自守表示，作者在这样一本入门书中竟容许这种不符合材料的逻辑顺序出现.这导致第四章大量的参考文献在第三章中出现.

尽管有这些缺点，我还是将[Bu]推荐给研究生及任一位愿意学习这个学科的人.这里有大量基本性的材料.用心阅读，努力做练习，就会对基本的东西有很好的领悟.

至于谈到第三本书.我们要注意到在过去的三十年间，关于朗兰兹纲领的研究是沿着三条主线进行的：运用 L-函数([GS]，[JS])，运用对偶的约化对(theta 提升)([Ho]，[Pr]，[Wa])和运用迹公式([A1]，[A3]).这些观点之间有大量的交叉点，它们的目的都是尽可能多的理解前面提到的函子性猜想.对照而言，我们也可以认为自守形式是最有兴趣的.因为它给我们关于经典问题的具体的解析信息.从这个观点看函子化与其说是目的不如说是工具更合适，解析数论中的其他大量的方法也有同等(相对于自守形式)重要的作用.

这正是 Iwaniec 写《经典自守形式中的论题》一书采取的途径. 与我们评的另外两本书一样，Iwaniec 用几章写标准的基本内容：模群，艾森斯坦级数，Hecke 算子，L-函数，等等. 但主要集中于两个问题：(1)估算模形式的 Fourier 系数的大小；(2)用二次型表整数.

Iwaniec 在第四和第五章通过 Poincaré 级数和 Kloosterman 和着手处理(1)，关于相对于 $SL_2(Z)$ 同余子群的经典的尖点形式 f，Ramanujan-Petersson ([RP])猜想断言，它的第 n 个傅里叶系数 a_n 满足 $|a_n|=O(n^{\frac{k-1}{2}}+\varepsilon)$. 众所周知德利涅将 RP 猜想归结为后来为他所证明的有限域上的黎曼猜想. 但德利涅的结果仅仅解决了问题的一部分. RP 猜想对于 Maass 形式和半整数权的全纯形式也可叙述. 如[L1]所指出的，从函子性猜想的一部分可得到经典形式和 Maass 形式的 RP 猜想. 事实上，函子手段主要用于对所有的 n，$GL(n)$的尖点表示，然而，看来实现这个目标还是很遥远. 我们可以换个方法，即尝试用解析技巧去证明 RP 猜想. 这对于半整数权的情形从本质上讲是至关紧要的，因为这时不能应用函子性，甚至猜想地应用也不可能. Iwaniec 在半整数权的 RP 猜想方面作出了开创性的工作([I3]). 在这本书中，他列出了他的一些结果. 这些结果基于精细地估计 Kloosterman 和，从而同时对整数和半整数情形导出了傅里叶系数的非平凡估值. 关于 RP 猜想的阿基米德类比的最近进展可参见[LRS]和[S3].

为了处理问题(2)，Iwanitc 用第九和第十两章来描述由一个正定二次型 Q 定出的上半平面上的 theta

函数的基础理论. 这些函数令人感兴趣是因为其第 n 个傅里叶系数等于 $Q(X)=n$ 的整数解的数目 $r(n, Q)$. 在第十一章,用 Hardy-Littlewood 圆法得到了对 $r(n,Q)$ 的估计. 圆法对于用表示论法通过 Siegel-Weil 公式去计算 $r(n,Q)$ 是一个替代. 事实上 Siegel-Weil 公式仅仅给出关于数 $r(n,Q)$(Q 在一个种的类中)的加权平均值的一些信息,而圆法对其中的一些问题能得到更强的解析结果. 作为圆法及估计 Fourier 系数的一个应用,Iwaniec 证明了所求的整数解渐近地均匀分布在椭球 $Q(x)=n$ 上. 关于最新进展和此领域中未解决的问题的综述可参见[Du].

Iwaniec 还讲了不少其他题目,虽然有时缺乏证明的细节:新形式,Weil 的逆定理,与 Hecke 特征和椭圆曲线相关的自守形式,艾森斯坦级数和 Rankin-Selberg 方法等. 虽然在若干部分需要解析工具,但解释是清楚的,而且有助于理解的小注贯穿全书. 如果说还有些许意见的话,那就是作者没有写一节综述,就像[Bo]中"最后诠释"一节一样. 这样的一节可以描述该领域的现状并为读者提供下一步该往哪里去的有用的指南. 无论如何,这毕竟是以解析方法研究模形式的出色的起点. 书[S1][I1]是很好的配对,以互补的方法处理类似的课题. 并且可以应用于像图论那样的其他领域.

任何一个初次遇到自守形式的人都应该从阅读 Serre 的漂亮的书《算术教程》(*A Course in arithmetic*)"的最后一章开始. 如何往下学就要看你个人的口味了. 所幸的是,现在有几本可供选择的好书和综述文章,这里评述的书中的任何一本都是对于成长中的介绍性文献的令人欢愉的增添.

9　费马大定理证明者：搞数学是一种怎样的体验？

安德鲁·怀尔斯是一个数学传奇.他由于证明了费马大定理这个数百年来一直嘲弄着数学家智慧的问题而格外地有名.在这次采访中，怀尔斯告诉我们，证明这样一个重要的结果是什么样的感觉，通常做数学又是什么样子.

本节基于安德鲁·怀尔斯在 2016 年 9 月的海德堡奖学金论坛(Heidelberg Laureate Forum)上举行的新闻发布会."Plus"要感谢海德堡奖学金论坛(HLF)提供这个机会，所有参与者的精彩问题，以及安德鲁·怀尔斯的深思熟虑的回答！

在花了这么长时间来寻找证明之后，最终证明费马大定理是什么样的感觉？

简直棒极了.这是我们一直盼望的，这些造就启示和激动的时刻.实际上很难平静下来做任何事情——那一两天(你)欣喜若狂.起初有点难以回到正常的工作生活，也很难沉下心来做一些平凡的问题.

你是否认为你对费马大定理的证明是某种开始，而不是某种结束？

好吧，两者都是吧.对于那个非同寻常、经典而又浪漫的问题，我的工作给它画上了句号，这个数学问题在我还是小孩子的时候就驱使我和带领我走向数学，所以它也是我从那时起稚气而浪漫的数学观点的终结.

以它作为起点,打开了一扇通往朗兰兹纲领(Langland's programme)的小门,以及试图在朗兰兹纲领得到结果的一种新的方式.那扇门的打开,(允许)很多人穿过和发展它,这也是我一直在努力做的.

你为什么秘密地进行证明工作?

实际上我没有秘密地开始.我告诉了一两个人,然后意识到不能告诉其他任何人:这不轻松.他们总是想知道我所做的一切,我是否取得进展,等等.我完全确信那些在黎曼猜想(Riemann hypothesis 另一个著名的未证明的问题)上工作的人,我相信其中有一些人,没有告诉全世界他们在做什么.因为如果你有一个想法,你只是想把它做出来.当然在大多数时候,你并没有想法...

第一次分享这个证明的经历(在剑桥的一系列讲座中),能够媲美这个证明的发现吗?

不,发现是最令人激动的事情.有一种泄露天机的小感觉.这是一场私底下的较量.它是让我五味杂陈的朋友,因为它有时对待我很糟糕.(笑声)但是把它传递到世界上也有种小遗憾的感觉.

你代表数学研究员向普通大众的听众演讲.当你与更广泛的公众交谈时,你会强调什么主题?

我想很多人在年轻的时候已经被数学吓退了.但实际上你会发现的是,孩子们在有某些负面的经历之前,他们真的乐在其中.糟糕的经历可能是因为你被教导或者你处在一个人们害怕数学的环境中.但我在大多数孩子中发现的自然状态是,他们发现数学是非常令人兴奋的.孩子们生来就很好奇,渴望探索外面的世界. 我试图向他们解释，对于那些坚持下去的人，(做数学)真的是一个愉快的经验 —— 它非常刺激.

现在，当你作为一个稍大的孩子或成年人开始做数学时，你必须接受这种被困住的状态. 人们不习惯这种状态. 有些人觉得这样压力山大. 即使是非常擅长数学的人有时也会觉得很难习惯，他们觉得这是他们的失败之处. 但它不是的：它是这个过程的一部分，你必须接受(和)学会享受这个过程. 是的，你不明白(当前的东西)，但你要有信心，随着时间的推移你会弄明白 —— 你必须经历这个过程.

这就像体育训练. 如果你想跑得快，你得训练. 在你试图做任何新东西的过程中，你都必须经历这个困难的时期. 这没什么好害怕的. 每个人都这么过来的.

在某种意义上，我最为反对的，就是那种观点，例如电影《心灵捕手》(*Good Will Hunting*)所表达的，存在一些你天生的东西，要么你拥有它，要么你没有. 这真的不是数学家的体会. 我们都觉得数学很困难，这不是说我们和那些在三年级时与数学问题做斗争的人有什么不同. 这真的是相同的过程. 我们只是准备好打一场更大规模的战争，我们已经建立了对这些挫折的抵抗力.

是的，有些人比别人更聪明，但我真的相信，如果他们准备好应对这些更多是心理层面的问题，即如何处理被困住的情况，大多数人可以真正达到相当好的数学水平.

当你陷入困境时，你怎么做?

研究数学的过程在我看来是你理解了关于问题已有的一切，你想到了很多解决这个问题的想法，使用了所有可用于这些东西的技术手段.但通常问题依然存在,需要别的东西——所以是的,你陷入了困境.

然后你必须停下来,让你的头脑放松一下,然后再回来.你的潜意识正在以某种方式建立联系,你再次开始,也许在下午,第二天,甚至下星期,有时它就浮现出来.有时我把某个东西放下了几个月,我再回来然后发现它是显然的.我不能解释为什么.但你必须有信心,那会浮现出来.

有些人处理这种情况的方式是他们同时处理几件事情,然后当陷入困境时他们从一个切换到另一个.我不能这样做.对此我会变得狂躁.一旦我被一个问题困住,我就不能再思考别的东西.这更困难.所以我只是稍微休息一下,然后再回来.

我真的认为,如果你想成为一个数学家,有太好的记忆力并非好事.你需要有稍微不好的记忆力,因为你需要忘记你前一次处理(一个问题)的方式,因为它有点像 DNA 进化.你需要按照你以前的做法来犯一点小错误,使得你去做一些稍微不同的东西,然后这实际上能让你绕过去(问题).

所以,如果你记住之前所有的失败尝试,你不会再去试一次.但是因为我的记忆力稍微有点不好,我可能会尝试基本上相同的事情,然后我意识到我只是错过了一点我需要做的小东西.

当你休息时 —— 你的一天是什么样的?

我喜欢去参观牛津附近美丽的地方.我的意思是反正牛津是一个美丽的地方,有很多地方可以去,以及邻近的兰斯洛特·布朗(别名 Capability Brown)设计的布伦海姆楼(Blenheim House)那儿的美丽的地方.

有很多美丽的地方,例如就到这些在几个世纪前由那些真正投入了他们生命的人所创建的景观去走走,我发现那样非常放松.

创造力在数学中有多重要?

对,创造力就是它的全部.我认为外界对数学有不同的反应,其中之一是普通公众认为"不都是已知的吗?",或认为它是机器式的.

但不是那样的,而是非常有创造性的.我们想出一些完全意想不到的模式,无论是在我们的推理过程中或结果里.是的,要与其他人交流,我们必须使其非常正式和非常合乎逻辑.但我们不是按那种方式创造的,我们不按那种方式思考.我们不是自动机.对于它应该如何组合在一起,我们已经发展出了一种感觉,我们试图感觉,"嗯,这个很重要,我没有使用这个,我想尝试并想出一些新的方式来解释这个,使得我可以把它放入方程,"等等.

我们认为自己非常有创造性.我想这有时对数学家们来说有点沮丧,因为我们从美和创造力等角度来思考,然而外界当然认为我们更像一台计算机.这完全不是我们看待自己的方式.

它可能有点像音乐.在某种意义上,音乐,你可以只是用数字把它写出来.我的意思是,他们只是些记号.它是上,下,上,下,加入一个节奏.它完全可以用数字方式写出,确实如此.但你听巴赫或贝多芬,这不是一系列的数字,还有别的东西.这与我们一样.有一些非常,非常有创造性的东西,是我们非常热衷的.

当事情开始变得协调并朝着正确的方向发展,你能感觉到吗?

是的，一点没错. 当你有感觉，就像睡梦中和清醒之间的区别. 当你做错了，在你内心深处往往有点儿感觉到它还没有足够简化. 但当你做对了，那么你感觉到，“啊，这就是它了.”

你认为数学是被发现还是被发明？

老实说，我不能理解哪数学家会不同意它是被发现的. 所以我认为我们都站在同一阵线. 在某种意义上，也许证明是被创造的，因为它们更容易犯错并且有很多选项，但是根据我们的需要找到的实际的东西，我们只是认为它是被发现的.

这是一个必要的幻觉吗？作为一个数学家，做这项工作，你需要相信是你发现了它，而不是发明了它吗？

我不想说这是谦虚，但你以某种方式找到这个东西，突然你看到这个景致的美丽，你就是觉得它一直在那里. 你不会觉得在你看到它之前它不在那里，这就像你的眼睛被打开，然后你看到了它.

谁创造了这个景致？

好吧，数学家不是那么的哲学.（笑声）我们是艺术家，我们只是享受它，我们并不是它的一部分. 有哲学家和其他人工作在数学中更哲学的一面，有一些人为这种事情劳心，但我们不是伯特兰·罗素. 我们真的不是.（笑声）我们其实想做数学本身. 我们是工作的艺术家.

第三编

外　　史

概率方法

第 15 章

1　费曼用概率方法巧“证”费马大定理[①]

理查德·费曼(Richard Feynman)或许是 20 世纪最有天赋的物理学家. 他以拥有强大的数学和物理直觉来解复杂的概念并从第一原则来解决问题而知名. 有数不清的逸闻趣事显示费曼的天才:在 MIT 念本科时,他用自己的方法求解看起来不可能处理的积分,在普林斯顿念研究生时独自推导薛定谔

① 引自 2016 年 9 月 7 日 Luis Batalha 和乐数学,欧阳顺湘翻译.

方程. 我在阅读施韦伯(Silvan S. Schweber)的书《量子电动力学及创造它的人》(*QED and the Men who made it*)中有关费曼推导薛定谔方程的介绍时，见到书中提及费曼曾写有两页纸的有关费马大定理的稿件. 费曼的稿件并没有出现在 Schweber 的书中，但 Schweber 对费曼的方法作了一些解释. 我下面更详细地叙述下.

17 世纪，费马称若 n 为大于 2 的正整数，则方程 $x^n+y^n=z^n$ 无非平凡整数解，x，y 和 z 都不是 0 的解. 这个声明通常被称为“费马大定理”或“费马最后定理”，方程 $x^n+y^n=z^n$ 被称为“费马方程”.

在长达三个半世纪的时间里，这个难题吸引了许许多多著名数学家的兴趣，其中包括欧拉，勒让德，狄利克雷，库默尔，以及近来的罗杰·希斯一布朗(D. R. Heath-Brown)，格哈德·弗雷(G. Frey)和怀尔斯. 怀尔斯最终解决了这个问题.

Schweber 没有提费曼稿件的写作日期. 但费曼死于 1988 年，而安德鲁·怀尔斯是在 1995 年发表他关于费马大定理的证明，所以当费曼写他的稿件时，费马大定理仍是数学中最有名的公开问题之一. 费曼的稿件有趣之处在于费曼的方法纯粹是概率方法. 设 N 为大整数(后面我将解释我们为什么这样做)，费曼一开始是计算一个数 N 为 n 次完全方的概率. 为此，我们需要计算\sqrt[n]{N}和\sqrt[n]{N+1}之间的距离

$$d=\sqrt[n]{N+1}-\sqrt[n]{N}=\sqrt[n]{N}\sqrt[n]{1+\frac{1}{N}}-\sqrt[n]{N}=$$

$$\sqrt[n]{N}\left(\sqrt[n]{1+\frac{1}{N}}-1\right)$$

利用幂级数展开$(1+x)^k=1+kx+\frac{k(k-1)}{2}x^2+\cdots$,

$-1<x<1$,令 $k=\frac{1}{n}$,$x=\frac{1}{N}$,可得

$$d=\sqrt[n]{N}\left(\left(1+\frac{1}{n}\ \frac{1}{N}+\frac{\frac{1}{n}\left(\frac{1}{n}-1\right)}{2}\ \frac{1}{N^2}+\cdots\right)-1\right)$$

这里可以使用幂级数是因为$\frac{1}{N}<1$. 取极取 $N\to\infty$ 并只保留其中最大的项,可得

$$d\approx\frac{\sqrt[n]{N}}{nN}$$

因为 $n>1$,$\sqrt[n]{N}>1$,所以

$$d\approx\frac{\sqrt[n]{N}}{nN}=\frac{1}{\underbrace{n\sqrt[n]{N}\cdots\sqrt[n]{N}}_{n-1\text{次}}}<1$$

因此 $n\sqrt[n]{N}\cdots\sqrt[n]{N}>1$.

费曼随后写道:"N 为完全 n 次方的概率是$\frac{\sqrt[n]{N}}{nN}$". 他没有解释如何得到这个结论. 下面是我猜的他的思考过程. 若 N 是完全 n 次方 $N=z^n$,则在区间$[\sqrt[n]{N},\sqrt[n]{N+1}]$中至少有一个整数($\sqrt[n]{N}=z$). 因为连续整数之间的距离为 1,$[\sqrt[n]{N},\sqrt[n]{N+1}]$含有整数的概率是$\sqrt[n]{N}$和$\sqrt[n]{N+1}$之间距离和两个整数组成区间长度之比:$\frac{d}{1}$. 理解这一点的好方法是想象有一条直线,其中任意连续整数之间的距离是 1 m. 如果有人丢下一个长为 d m 的尺子于这条线上,则这把尺子"击中"一个整数的概率是

$$\frac{d\ \mathrm{m}}{1\ \mathrm{m}}=d\approx\frac{\sqrt[n]{N}}{nN}$$

在费马大定理的情形，$N=x^n+y^n$，因此 x^n+y^n 为完全 n 次方的概率为$\frac{\sqrt[n]{x^n+y^n}}{n(x^n+y^n)}$. 当然，这个概率是对特定的 x 和 y 而言的. 因此，若我们要考虑任意的 x^n+y^n，计算全概率，我们要对所有的 $x>x_0$，$y>y_0$ 进行求和. 费曼选择做积分而非求和. 我想，费曼选择做积分而非求和是因为通常积分比求和更简单，而且最终结果没有多大影响.

费曼还假设 $x_0=y_0$. 他计算所得概率如下

$$\int_{x_0}^{\infty}\int_{x_0}^{\infty}\frac{1}{n}(x^n+y^n)^{-1+\frac{1}{n}}\mathrm{d}x\mathrm{d}y=\frac{1}{nx_0^{n-3}}c_n$$

其中

$$c_n=\int_0^{\infty}\int_0^{\infty}(u^n+v^n)^{-1+\frac{1}{n}}\mathrm{d}u\mathrm{d}v$$

为得到 c_n，费曼做了两次变量替换. 首先令 $\theta=\frac{x-x_0}{x_0}$，$\phi=\frac{y-x_0}{x_0}$，作第一次变量代换

$$\int_{\theta(x_0)}^{\infty}\int_{\phi(x_0)}^{\infty}f(x(\theta,\phi),y(\theta,\phi))\left|\frac{\partial(x,y)}{\partial(\theta,\phi)}\right|\mathrm{d}\theta\mathrm{d}\phi=$$

$$\int_0^{\infty}\int_0^{\infty}\frac{1}{n}x_0^{1-n}((\theta+1)^n+(\phi+1)^n)^{-1+\frac{1}{n}}x_0^2\mathrm{d}\theta\mathrm{d}\phi=$$

$$\frac{1}{nx_0^{n-3}}\int_0^{\infty}\int_0^{\infty}((\theta+1)^n+(\phi+1)^n)^{-1+\frac{1}{n}}\mathrm{d}\theta\mathrm{d}\phi$$

其中

$$\left|\frac{\partial(x,y)}{\partial(\theta,\phi)}\right|=\frac{\partial x}{\partial\theta}\frac{\partial y}{\partial\phi}-\frac{\partial x}{\partial\phi}\frac{\partial y}{\partial\theta}=x_0^2$$

是雅可比，而且用到

$$\theta(x_0)=\frac{x_0-x_0}{x_0}=0,\phi(x_0)=\frac{x_0-x_0}{x_0}=0$$

最后令 $u=\theta+1, v=\phi+1$，作第二次变量代换

$$\frac{1}{nx_0^{n-3}}\int_0^\infty\int_0^\infty((\theta+1)^n+(\phi+1)^n)^{-1+\frac{1}{n}}\mathrm{d}\theta\mathrm{d}\phi=$$

$$\frac{1}{nx_0^{n-3}}\int_1^\infty\int_1^\infty(u^n+v^n)^{-1+\frac{1}{n}}\mathrm{d}u\mathrm{d}v$$

由此可见，费曼原来所给 c_n 的表达式有误，其中的积分下限应该都为 1，而不是 0. 这只要注意到 $u(0)=0+1=1, v(0)=0+1=1$ 就可.

最终我们得到 $z^n=x^n+y^n$ 为整数的概率的表达式. 而且我们可以对一些 n 进行计算. 设 $x_0=2, z^n=x^n+y^n$ 有整数解的概率

$$\frac{1}{nx_0^{n-3}}\int_1^\infty\int_1^\infty(u^n+v^n)^{-1+\frac{1}{n}}\mathrm{d}u\mathrm{d}v$$

随着 n 的增加而减小.

同时，费曼知道索菲·吉尔曼的结果. 19 世纪早期，吉尔曼就证明了当 $n\leqslant 100$ 时，费马方程没有解. 既然随着 n 的增加，越来越难找到解，费曼试图利用 $n\leqslant 100$ 时，费马方程无解这一知识来计算费马方程有解的概率.

对充分大的 n（请读者推到这个极限）

$$c_n\approx\frac{1}{n}$$

（译者注：这个极限实际是错误的，但不影响最终结论. 实际上，对充分大的 n

$$c_n\approx\frac{2\log 2}{n^2}$$

这个阶为更有利于结论. 正确的推理可参考 Math Stack Eschange 上的讨论

因此，对特定的 n，找到解的概率是 $\frac{1}{n^2x_0^{n-3}}$. 对任意

的 $n>n_0=100$，找到解的概率是$\int_{100}^{\infty}\frac{1}{n^2x_0^{n-3}}\mathrm{d}n$. 对 $x_0=2$ 计算这个积分可得

$$\int_{100}^{\infty}\frac{1}{n^2 2^{n-3}}\mathrm{d}n\approx 8.85\times 10^{-34}$$

这表明这个概率小于 10^{-33}. 据此费曼作出结论："依我看，费马大定理是正确的". 从数学的观点来看，这当然不是很正式的. 它也远远比不上怀尔斯多年工夫写成的 110 页长的证明. 然而，这就是说明费曼的科学方法与天才的很好的例子. 正如费曼常说的：理论物理的主要工作就是尽可能证明你错了.

2　浅议现代数学物理对数学的影响[①]

物理和数学有着十分深刻的联系. 物理的目的是想了解新的自然现象. 而一个新的自然现象之所以新的标志，就是它连名字、连描写它的数学符号都没有. 这就是为什么当物理学家有一个真正的新发现的时候，她什么都说不出来，什么都写不出来，也无法进行计算推导. 这时候，就需要引入新的数学语言来描写新的自然现象. 这就是数学和物理之间的深刻联系. 正因为如此，每一次物理学的重大革命，其标志都是有新的数学被引入到物理中来.

第一次物理革命是力学革命. 需要描写的新现象是粒子的曲线运动. 当时人们认为所有物质都是由粒

---

① 引自孔良、赛先生.

子组成的. 牛顿不仅要发明他在物理学上的粒子运动理论,而且还要发明微积分这一套新的数学来描写他的粒子理论. 第二次物理革命是电磁革命. 麦克斯韦发现了一种新的物质形态——场形态物质. 这就是电磁波,也是光波. 后来人们发现,这种场形态物质需要用数学的纤维丛理论来描写. 第三次物理革命是广义相对论. 爱因斯坦发现了第二种场形态物质——引力波. 他需要引入数学中的黎曼几何来描写这一种新物质. 第四次物理革命是量子革命. 这次革命揭示了,我们世界中的真实存在,既不是粒子也不是波,但又是粒子又是波. 这种莫名其妙却又真实的存在,是用数学中的线性代数来描写的.

我们现在正在经历一场新的物理革命——第二次量子革命. 这次革命中的主角是量子信息和它们的量子纠缠. 这交我们所遇到的新现象,就是很多很多量子比特的纠缠. 这种多体量子纠缠的内部结构,正是我们既说不出来,又没有名字的新现象. 我们现在正在发展一套新的数学理论(某种形式的范畴学),来试图描写这种新现象.

这次正在进行中的物理学的新革命是非常深刻的. 因为这次革命试图用纠缠的量子信息来统一所有的物质、所有的基本粒子、所有的相互作用,甚至,时空本身. 而凝聚态物理中的拓扑序、拓扑物态,以及量子计算中的拓扑量子计算,都是多体量子纠缠的应用,也是我们发现多体量子纠缠的原始起点.

我们刚才用物理的眼光概括了数学和物理的关系. 自牛顿以来,我们都是用分析的眼光看世界,用连续流形,连续场来描写物理现象. 但量子革命以来,特别是第二次量子革命以来,我们越来越意识到,我们的世界不是连续的,而是离散的.我们应该用代数的眼光看世界.连续的分析,仅仅是离散的代数的一个幻象.就像连续的流体,是许许多多一个个分子集体运动的幻象.

今天的这篇文章是从数学的角度来看数学和物理的关系,也描写了近代数学发展的若干脉络.有趣的是,其中也有一条脉络正是从连续到离散、从分析到代数的脉络.也提出了一个离散的代数是比连续的分析更本质的观点.这和物理学从经典到量子的发展一一相映.

本节为“在线优先”(online first)版本,最终版本刊登于《数理人文》杂志.《赛先生》经《数理人文》杂志授权转载.

从 20 世纪 80 年代以来,数学物理,特别是量子场论和弦论,对数学的很多领域都产生了影响.这些影响不是简简单单地隔靴搔痒,可以轻易地被大多数数学家所忽视.笔者遇到很多年青的数学家都曾经在某个时候(或正在)困惑:是不是需要学习一下量子力学和量子场论?当然不同的数学家对这些影响可能有完全不同的态度和反应.我们想了解的是:量子场论带来的这个数学新潮流是一个昙花一现的时尚,还是一股改变数学发展进程的洪流?要对这个问题作全面细致的分析,免不了需要进入很多数学物理进展的具体细节,这个任务大大超过了笔者的能力.冒着主观,片面化和简单化的风险,本节以不进入任何具体细节的方式,试图在哲学层面来解析这个潮流的根源和特点,以期得到以上问题的一个解答.当然我们的真正目的并不是去解答这个“肤浅”的问题，而是了解藏在现象背后的深层原因，从而了解我们在历史脉络里的位置和时代赋予我们的机遇和使命.

数学的发展的一个原动力就是去认识我们的物理世界. 比如在希腊语里“几何”这个词就是指测量大地的意思. 反过来，对物理世界的描述和深入理解又需要数学这样精确的语言和方法. 其实从更深的层次上看，很多数学语言都是在理解自然的过程中被创造出来的，所以语言本身也是自然法则的一部分.

直到 20 世纪中叶，数学和物理这种相互依存的关系一直伴随着数学发展的每一个重要时期. 一个特别值得一提的例子是牛顿的科学革命伴随着微积分的诞生，微积分不仅为牛顿力学，而是为整个现代物理学提供了一个语言体系和强大的工具. 如果没有了微积分，很难想象物理学今天会是什么样子. 而微积分在物理中的应用也成就了微积分本身的大发展. 一种数学理论由于在物理中的应用而被普遍接受或被加速发展的情况屡见不鲜. 除了微积分还有一个例子就是爱因斯坦的广义相对论之于黎曼几何. 其实黎曼创立黎曼几何的一个初衷就是希望能够把很多复杂的物理现象看成高维的非平凡的几何现象. 爱因斯坦的广义相对论可以看成黎曼这一理想的完美实现. 黎曼几何在广义相对论发明之后成了数学里面的一个主流分支，在数学里大放异彩，它的一个广为人知的应用就是解决了拓扑学里著名的庞加莱猜想. 其实黎曼的原始思考不仅包括了大尺度物理空间的基本要素和特征，他还提到小尺度上的空间有可能是离散的，而且小尺度上的几何基础必须要由将来的物理来决定，很难想象这些思考发生在量子物理登上历史舞台的50年前.

另外数学和物理相互依存和难以分割的关系还表现在历史上有很多大数学家,往往也同时是物理学家或自然哲学家,比如牛顿,莱布尼茨,欧拉,拉普拉斯,高斯,黎曼,庞加莱,希尔伯特,外尔,冯·诺伊曼,等等.我们想强调的是数学和物理的紧密结合一直是科学发展过程中的主流形态,然而这个主流形态和我们今天所看到的大学教育里面数学和物理相对独立的现状非常不符,其原因是20世纪中叶发生了一个脱离传统形态的现象.

20世纪中叶出现了一个新现象就是数学和物理走上了两条相对独立的发展道路.

现在回头看来大致有两个表面原因:

1.量子力学的出现和牛顿力学的出现的一个显著的不同是:它没有带来一个全新的“量子几何”或“量子微积分”.所以量子力学完全缺乏几何直观,所有人在学习和掌握它的时候都会觉得非常困难.即使到现在物理学界也没有对量子力学的基础有一个统一的看法.物理学家为了能够继续往前走发展了的很多不严格的做法,比如量子场论中的重整化技术,使得数学家望而生畏.

2.数学也有愈来愈形式化的趋势,很多现代数学的抽象语言也让大多数物理学家望而生厌,不知所云.另外数学的体系已经发展到了一个如此丰富和成熟的阶段,一部分数学家认为数学不需要外部的动力也可以自己持续发展.

在这一期间,双方都没有给对方带来显著的影响,不但如此数学和物理似乎都把对方视为前进的包袱,想要努力甩掉包袱，轻装上路，寻求自己独立发展的自由空间.

一方面，物理学家由于实验手段的突飞猛进，很多大自然的全新结构被揭示出来，这些崭新的发现所带来的紧迫感，使得物理学家希望摆脱严格性的束缚，在没有完善的数学和哲学基石的情况下阔步前行. 物理学家也因此取得了不可思议的辉煌成就，这些成就深刻改变了物理的全貌，甚至改变了我们的生活的方方面面.

另一方面，数学家也努力地使得所谓的“纯数学”成为数学的核心，而其他和应用相关的数学则被视为应用数学，甚至是含有贬义的“不纯”的数学. 数学成了一个完全独立于自然科学的学科. 虽然这个纯数学运动从 19 世纪就开始了，但是到了 20 世纪中叶对数学纯粹性的追求才真正到了顶峰. 其实纯数学运动是一个非常自然的诉求，她有非常底层和内蕴的动力，对此庞加莱表述的十分恰当：

On the one side, mathematical science must reflect upon itself, and this is useful because reflecting upon itself is reflecting upon the human mind which has created it, the more so because, of all its creations, mathematics is the one for which it has borrowed least from outside.... The more these speculations depart from the most ordinary conceptions, and, consequently, from nature and applications to natural problems, the better will they show us what the human mind can do when it is more and more withdrawn from the tranny of the exterior world; the better, consequently, will they make us know this mind itself.

20 世纪发展起来很多数学,特别是那些完全脱离物理应用的学科:抽象代数、代数几何、代数拓扑、范畴学等都可以看作是讲述人类抽象思维是如何工作的研究报告.脱离了物理学的影响,数学家同样取得了不可思议的辉煌成就.

庞加莱的思考也可以应用在物理上面,毕竟物理是一门以实验为主导的自然科学,她内在的驱动力并没有对严格性有严格的要求,对一些自然现象的理解保持灵活和直觉上的理解,是物理学家探索未知时不可缺少的状态,这一特点也使得整个学科保持永恒的活力.总而言之,从学科内蕴的特征上看,核心数学和核心物理的分离是学科发展的必然趋势.

不过两大核心的自然分离并不能推出数学和物理的完全分离的结论.但是历史的单摆总是不愿意在平衡点过多地停留,两个核心的分离使得广阔的中间地带变得过度的荒芜,随着两大核心的体量的增加,吸力也越来越大,荒芜的地带会变得更加荒芜.时间长了不同核心地带的居民也变得陌生起来,甚至有了敌意.

1.一方面,一些物理学家认为数学家不会提供任何物理学家自己做不出来的结果,认为对数学严格性的追求会阻碍物理的发展,甚至认为过多的数学训练会阻碍物理直觉的培养.其中的代表人物是费曼,物理学家徐一鸿先生曾写过:事实上,大统一理论的创造者,以及大部分 20 世纪 70 年代的粒子物理学家,都十分费曼,很蔑视数学,有次费曼和我一起看秀,他告诉我数学物理那些华而不实的东西,应用到物理时根本连马尿都不如.

2. 另一方面,一些纯数学家也对应用于科学的数学产生了鄙夷之心. 其中极具代表性的就是英国数学家哈代,他认为应用数学试图把物理真实用数学语言表达,这些数学往往肤浅且无趣;而纯数学则在寻求独立于物理世界之外的真知,具有永恒的价值. 具有讽刺意味的是,为了自圆其说,哈代认为广义相对论和量子力学是优美的纯数学,因而无用.

数学和物理的分离是如此彻底,以至于即使在同一个人的身上她们也可能是分开的. 既是物理学家又是数学家的戴森曾说,他错过了发现模形式和李代数的深刻关系,是因为物理学家的戴森并不和数论学家的戴森交流.

在这一分离期间,数学物理这个名词被限制在一个比较小的范围内,比如用分析的方法来研究物理中的方程,泛函分析和算子代数的方法来研究统计物理和场论模型,以及群表示论在物理中的应用,等等.

虽然这个分离时期,在 70 年代规范场论的兴起和 80 年代弦论发展之后,就已经彻底结束了,但是它给我们这个时代留下的“后遗症”还广泛地存在.

1. 在教学上表现为,数学专业的学生几乎不要求现代物理学(特别是量子力学,量子场论和统计物理)的任何知识,而物理专业的学生也对现代数学特别是比较形式化的课题,如代数拓扑、代数几何、抽象代数、范畴学等缺乏基本的了解. 而过去 30 年间数学与物理的大融合和大发展,造成了学生很难通过正规渠道来跟上这个发展,对于是不是应该提出一个针对培养数学物理方向上的学生的教学方案这样的问题也没有被提到讨论的日程上来.

2. 更严重的危机是数学物理的身份危机. 对于很多物理学家来说,数学物理学家像是往返于数学和物理之间的商人,不过是经常来贩卖一些时髦的数学名词,虽然有时候还可以对某些物理理论做一些美化的工作,但是对物理本质并无核心贡献. 不少数学家也不把数学物理看成一个严肃的数学研究领域,因为只有那些具有明确的数学定义,陈述清晰的数学定理和完整严格的证明的工作才能被称为数学,而在此发生之前的所有努力被数学家称为物理. 如果还没有对数学有本质的贡献,人们确实要怀疑数学物理有无存在的必要. 在求职的道路上,今天的数学物理学家不得不面对这种双重否定的身份所带来的尴尬.

毫无疑问,数学物理与数学和物理有不一样的特性,这些特性是不是本质的? 是不是值得把数学物理当作一个专门的既不同于数学,也不同于物理的新学科来对待? 这是一个不好回答的问题. 但是我们坚信,同庞加莱所说的对数学本性的思考类似,对数学物理的本质特性的思考和讨论,对数学和物理两方面都是有益的.

量子场论早期的发展主要是以微扰论为主要研究方法,而孕育而生的重整化的方法对数学物理的对话起到了一定的阻碍作用. 但是到了 70 年代,量子场论的非微扰方法开始和近代数学的课题有了广泛的接触,特别是规范场论和纤维丛理论的完美对应,大大促进了数学家和物理学家的重新对话,它的一个直接的结果就是 80 年代唐纳森理论的发现和对 4 维拓扑的深刻影响. 而这种对话更由于 80 年代弦论的兴起而达到了全新的高度. 弦论可能是目前对数学要求最高的物理理论，它所需要的数学大多是数学里面没有的崭新的数学，而这种新数学又与广泛的数学领域有着深刻的联系，例如拓扑学，代数几何，微分几何，表示论，分析，数论，概率论，范畴学，等等. 借助于这种联系和由量子场论带来的独特视角，弦论学家得到了一系列惊人的数学结果，引起了数学家的广泛的注意. 一时间以威腾(E. Witten)为代表的很多弦论学家，成了数学新潮流的领路人. 从 20 世纪 80 年代到现在这个新潮流非但没有出现任何衰退的迹象，反而有越演越烈之势，以至于现在我们都不清楚什么数学领域和物理没有关系.

我们经常能够听到做学问不能跟风的劝告，因为很多时髦的东西确实都是昙花一现的时尚. 那么这个新潮流能否摆脱昙花一现的宿命呢？这个问题和我们每个人要选择做什么数学并没有直接关系，从个人角度，选择做什么是没有统一的答案的，因为个人的喜好和选择总是很私密的，不可一概而论. 但是学科的发展和停滞也确有其历史发展规律，不是每个学科都会同步地发展，有些学科甚至停止发展也是正常的. 每一个时代都会有属于自己这个时代的潮流，我们该做的只能是从历史的角度来分析这个潮流的特点，从而了解我们这个时代留给我们的机遇和使命.

带着这个疑问，我们来看看过去 30 年数学里面发生了哪些变化. 先从现象学的角度来看，弦论和量子场论的确对数学的方方面面产生了影响，其中一个最显著的特征就是新数学结构的大爆炸. 过去 30 年崭新的数学结构被以前所未有的速度被创造发明出来，他们要么是直接或间接地因为量子场论而被定义出来,要么是由数学家独立发现,但因其后发现了和物理的关系而被加速发展.这里我们举一些例子,比如在几何里有:Calabi-Yau manifolds, Mirror Symmetry, Gromov-Witten theory, elliptic cohomology, Fukaya categories, Donaldson-Thomas Invariants, non-commutative geometry, derived algebraic geometry,等等;拓扑有:Jones polynomial, Donaldson theory, Chern-Simons theory, Seiberg-Witten theory, Khovanov homology, topological field theories, operad, factorization homology,等等;代数及表示论有:chiral algebras, quantum groups, vertex operator algebras, modular tensor categories, subfactors, fusion categories, algebras in a tensor category, A-infinity(L-infinity, G-infinity,...)algebras, geometric Langlands correspondence,等等;概率论有:Stochastic Loewner evolution,等等.甚至在数论这样古典的领域里面,都发现了朗兰兹纲领和场论里面的电磁对偶的关系、模形式和拉马努扬公式等都在量子场论中有很多的应用.

从表面上看,量子场论的确席卷了数学的大部分领域,以至于有人认为量子场论在扮演着统一数学的角色.不过对更多人来说,这可能是一句没有意义的空话,崇尚多元和自由的数学家尤其讨厌这类空洞的"政治"口号.我们需要做的是离开现象的表面去探究导致这一现象的深层原因.

老子说"道法自然",大自然是我们最佳的导师.物理学家在大自然的指导下,甚至是逼迫下,不得不研究多体(或无穷自由度)系统,因为物理世界的大多数问题都是多体的,比如流体,星体,材料,甚至股票市场和人类社会.多体和少体有着本质的区别,简单地说"More is different",而由此而诞生的物理理论:统计物理,量子多体理论和量子场论,可以看作是大自然(或物理学家)对数学家的馈赠.这个馈赠可以精炼出来一条很短的消息:

无穷维上存在有限维上根本看不到的数学结构(如:量子场论,弦论)为了能够了解这一个简短的信息带来的震撼,让我们来想想看,单凭想象力就能企及的无穷维的数学结构是什么?是无穷维的代数(结合代数,李代数,Hopf 代数),无穷维的流形,无穷维的李群?还是无穷维的函数空间,算子空间,等等?你会发现这些显然的无穷维的结构都是有限维概念的直接推广,我们在不知不觉之中陷入了一个看不见的牢笼.一个能够打破这个牢笼的问题是:有没有一个只在无穷维上才存在的全新的数学结构?这是一个不平凡的问题,可以肯定的是单凭想象力很难企及这样的结构.而令人赞叹的是,现代物理发展出来的量子场论就给出了许多这样的无穷维的新结构.比如任何一个不平凡的 2 维共形不变的量子场论(或共形场论)都是无穷维的,而有限维的 2 维共形场论在某种意义下都平凡的.可以想象这样的无穷维结构的存在性本身就是一个非平凡的问题,所以量子场论的数学结构的完整构造往往是非常困难的.

先抛开构造不谈,这样的新结构的存在本身已经可以解释为什么量子场论在扮演统一数学的角色.当我们透过不同的有限维或无限维的窗口去观察这个无穷维的庞然大物,我们往往会看到完全不同的数学景象.难道这就是老子所说的“大音希声,大象无形”?举一个我自己比较熟悉的例子:第一个被构造出来的2维共形场论是一个顶点算子代数(一个有限维不存在的新结构,其中自动包括结合代数和李代数等结构);她的配分函数是著名的J函数,J函数是所有模函数的生成函数,模函数在数论里面占有重要地位;她的自同构群是最大的有限散单群:摩群(Monster Group);另外她还包含了48个统计物理模型中的Ising模型的某种极限.这个允许很多看似毫不相关的数学结构在其上生长的庞然大物真的可以称为怪物了.

今天我们看到,这些无穷维的怪物已经在很多不同的数学领域之间建立了桥梁,为很多古老的问题带来了全新的理解和解决方案.比如今天几何学家也已经熟知了有些在有限维的流形上面的问题,可以通过对无限维的Loop Space的研究而得到答案;而拓扑学家也经常强调要去看无穷维的(co) chain space上的结构,而不仅仅是看(上)同调.其实真正重要的还不是解决了以前的问题,而是发现了一个全新的数学新大陆,在等着我们去探险.

也正因为是研究无穷维,我们也不难理解为什么我们生活在一个数学结构大爆炸的时代.随着越来越多的不同角度的观察,新的数学结构层出不穷地被挖掘出来,而那些刚刚发现的数学结构已经足够的宏大和丰富,会让人不禁感慨:似乎数学才刚刚开始.十几年前数学家苏利文(Dennis Sullivan)和笔者说,其实60年代已经可以研究无穷维的拓扑学,那个时候也发现了一些无穷维的新数学结构,但是当时确实缺乏思想上动力，真的要等量子场论带来了一场思想上的革命，才能真的复兴，并大行其道. 所以推动这场数学的新潮流，以及数学结构的大爆炸的幕后推手，既不是一两项新的技术，也不是一两个深刻的思想，而是广袤无边的，完全未开垦的数学新大陆. 至少从数学的角度看，基于以上的分析，我们已经有理由相信这个由量子场论而来的研究无穷维数学结构的潮流不是一个昙花一现的时尚，而是一场革命性的洪流. 它应该就是陈寅恪先生在《陈垣敦煌劫余录序》中所提及的"此时代学术之新潮流"：

一时代之学术，必有共新材料与新问题. 取用此材料，以研求问题，则为此时代学术之新潮流. 治学之士，得预于此潮流着，谓之预流(借用佛教初果之名). 其未得预者，谓之未入流. 此古今学术史之通义，非彼闭门造车之徒，所能同喻者也.

也许人类的想象力终究还是抵不过大自然的馈赠，数学在纯数学化运动之后不久，就迎来了以物理学的全面入侵，数学终于又重新拥抱大自然了.

量子场论带来的无穷维的新数学和传统的数学有什么不同的特征呢？真的有很多不同，需要很完整的分析，我们这里只想借助于无穷维的提示来给出一些简单化，但是可能仍然有启发的解读. 我们先来谈谈数学内容以外的一些新特征，以及其对研究者的一些影响和挑战.

表面上的混乱：无穷维的数学很像老子所说的大象无形，从表面上看似乎十分混乱，比如在量子场论的不同方向上的研究者似乎在用不同的数学语言，有的偏重代数，有的偏重几何，有的偏重拓扑，有的偏重分析，有的偏重用不严格的物理语言，所以即使大家都在做数学物理，交流仍然是很困难的．因为这些表面上的混乱，也为初学者入行带来了极大的困难．数学物理是不好入门的，因为第一，没有教科书；第二，范围太广，几乎涵盖了所有数学领域，正是这样的庞然大物，会让初学者常常有无从下手的感觉；第三，需要一些和别的数学学科不一样的训练，特别是需要一些物理的背景，而自学物理对数学家来讲是非常困难的．

内在的和谐与统一：虽然表面上看是很混乱，但是在深处这些表面的乱象都是同一个无穷维的庞然大物的不同的侧面，因而他们有内蕴的和谐．他们在深层次上的和谐与统一，使得我们不应该把表面的现象看成混乱，而是应该看成是一种丰富的体现．是的，无穷维的数学的一个基本特征是表面的丰富和内在的统一．只有以这样的心态去看待数学物理，才会消除很多对表面上的混乱的抵触心理．她的丰富多彩与和谐统一正是你所追慕的，所以你也要接受她表面上多变的性格，并因此而爱她．

数学物理的哲学趣味：一方面数学物理和对大自然的理解息息相关，所以数学物理的内涵必然是包括自然哲学的．不但如此，因为和量子引力的深刻关系，现在的数学物理在非常基础的层次上挑战我们对宇宙几乎所有的认知，这些新的挑战使得哲学家，逻辑学家，数学家，物理学家，计算机科学家开始聚合在一起，一起来面对一场非常底层的变革．另一方面不同方向的数学物理学家要交流，必须要抛开表面的，语言的和技术上的不同，而去挖掘深层次的，哲学上的共性．只有沉的足够的深，交流才是可能的．然而更重要的是，一个本质特征能够被挖掘出来，往往是因为我们先发现她会在不同数学语境里有类似的表现，而发现那些隐藏在表象背后的哲学本质本来就是数学物理研究的最根本的目标之一. 数学家 Gelfand 说："不要吝惜时间来思考基础理论问题，这点很重要……，在我们的时代，数学家应该成为自然哲学家".

新的语言：在这个充满未知的领域里面，连描述未知的语言往往也是未知的. 能够描述自然法则的前提是要建立一个语言系统，而语言系统的建立本身就依赖于我们对自然法则的深刻理解，所以语言本身就是自然法则的一部分. 而且语言系统的建立可能是我们在探索过程中最为艰难的步骤. 用精确的数学语言把问题描述出来，或把核心结构定义出来往往是最难的. 如果能做到，问题也就被解决了一大半了.

基础知识和技术：当精确的数学语言把问题描述出来以后，往往会发现以前所有的数学工具都用不上，需要的是去发明全新的数学工具. 虽然有的时候碰巧前人发明的数学工具可以用，但是常存这样的侥幸心理长期来讲是有害的，因为我们的目的就是去发现一个全新的数学世界. 所以坚固的数学基础，广博的数学知识和强大的技术都不是探索者必需的素质. 真正需要的是探索者的勇气，独立之精神和自由之思想. 虽然从本质上讲，所有领域在这一点上都是一样的，但是那些相对成熟的领域对基础和技术的要求还是要高很多.

年青人的舞台：我们接着前面的特点略微展开谈一下，量子场论和很多领域的数学相关，这也给刚入门的学生带来一些错觉：是不是需要懂很多数学才有可能来做数学物理？其实真实的情况并非如此，除了几个需要比较多基础知识的领域，比如镜对称（Mirror Symmetry）等，更多的方向上并不需要太多的基础知识，即使是研究镜对称也有很多不需要太多基础的入手点.更重要的是量子场论要求的数学大多是全新的数学，她们还没有被建立起来.更有甚者，学了很多数学有时候甚至是有害的，因为如果学了很多数学知识放在脑子里，我们的本能就是希望有机会让这些数学知识能够发挥作用，这种功利的想法反而限制了我们的想象力.因为你面对的是一个全新的数学世界，虽然建立旧世界通向新世界的桥梁也很重要，但是这种桥梁很多时候只是涉及了新世界的枝枝叶叶，而忽略了新世界有她自己内蕴的全新的生命结构.所以更重要的素质是学会放下，放下数学知识带来的包袱，用一颗自由的心去倾听.所以一个年青人虽然没有很丰富的数学知识，只要能够保持一个天真的童心和足够的努力，就有可能做出很大的突破性的工作.限于篇幅，只在这里点到为止，笔者会在其他文章中详细解答.

在数学内容上，无穷维的数学展现出很多新特征和新现象，比如高阶同伦论和高阶范畴的应用，丰富的形变理论和模空间问题，很多神奇的对偶现象，等等.每一个现象都值得我们做深入的分析和解读.而在这里我们仅仅简单谈谈下面三个新特征.

代数方法的重要性：传统物理学大厦建立在微积分的基础上，牛顿把经典力学问题完全化成了微分方程的问题，电动力学和广义相对论也都建立在微分方程的基础上，所以分析的方法在经典的数学物理里面占有举足轻重的地位，大多数物理学家因此相信，方程是表达宇宙的永恒规律的唯一语言，写下以自己名字来命名的方程式大概是几乎所有物理学家的梦想. 量子力学的诞生以后，虽然方程仍然是主流语言，比如：薛定谔方程，狄拉克方程，但是代数的方法也越来越重要，特别是表示论的重要性变的显而易见，群论和群表示论也已经从最初的一个纯数学分支变成了所有物理学家的通用语言. 而且从量子力学的起源上看，海森堡从可观测代数的角度给出的量子力学描述可能更加基本. 量子场论兴起以后，分析的方法在半经典的近似下仍然有很大的作为，但是对完全量子化的场论显得有些力不从心，其根本原因是量子物理和牛顿的经典时空观念是格格不入的，而从描述量子世界的数学语言上看，微积分在本质上就是不够的，我们需要一个新的量子化的微积分. 这里的“量子化”有两个不同又彼此相融的意思.

a. 一是在量子物理中，可观测量构成一个非交换的代数(海森堡图像). 如果和量子力学的建立一样，我们把可观测量看作是构建新的微积分的出发点的话，那么代数方法将是这个新的微积分核心，法国数学家阿兰 · 孔涅(Alain Connes)发展的非交换几何是这一个思路的代表；

b. 另一个是路径积分的，从这个角度看需要无穷维，因为路径空间是无穷维的. 从无穷维的角度看，实数就不是一把测量无穷维数学世界的好尺子. 所以很多无穷维空间就没有传统意义上的取实数值的测度. 这时候我们需要用无穷维的尺子来测量无穷维的世界. 在我们寻找适当的测量无穷维的尺子的时候，尺子内蕴的结构变得更为重要. 也许我们最终还是要建立完备的分析的方法和理论，但是这个理论必须建立在我们对无穷维相关数学的基本代数结构的理解之上，就好像实数是由有理数完备化而来，但是这个完备化依赖于有理数上面的代数结构. 所以对无穷维上面的数学结构的理解，应该放在完备化之前.

70 年代以前，物理中的代数方法主要是指群论，现在越来越多的代数结构开始在量子场论的研究中大展身手，比如：无穷维李代数，A-infinity（C-，L-infinity，etc）代数，Hopf 代数，顶点算子代数，张量范畴，factorization algebra，等等.

范畴学的兴起：范畴学起源于代数拓扑，60 年代格罗登迪克将其变成了代数几何的基础语言，随后其影响逐渐辐射到很多其他领域，因而成就了一股范畴论替代集合论的潮流. 到了 90 年代这个潮流非但没有衰减，反而有了新的强大动力：量子场论或无穷维的数学结构. 为什么无穷维的数学要用到范畴学？从代数上看，如果我们的尺子是实数（或复数），很多场论的问题就可以化成无穷维的线性代数问题，但是用有限维的尺子去测量无穷维是没有效率的，而特别有效的尺子本身往往就是无穷维的，用了这样的尺子，很多场论的问题都可以转化成在不平凡的张量范畴里面的代数问题. 更多的时候，无穷维丰富的数学结构会让研究者非常迷惑，而范畴学对数学做一个巨大的统一，很多不同领域看似不同的数学概念，在范畴学的视角里不过是不同范畴里的同一概念. 所以研究无穷维的问题的时候，范畴学变成了非常有用的语言和导向性工具. 不但如此，在物理里面，没有结构的"存在"是不存在的，即使是"点粒子"也不是数学意义上的点而是有很多结构,很多时候我们希望能够在每一个“点”都带有丰富结构的“数域”上积分,而范畴学其实就提供了一个结构化的微积分.另外值得一提的是量子物理在很多基本方面都暗合范畴学的基本精神.比如,量子理论把可测量提到一个最本质的层次,可测的不是基本粒子,而是他们之间的相互作用,没有相互作用,测量也是不可能的;而范畴学的基本精神就是认为对象之间的相互关系比对象更重要,甚至对象本身就是所有相互关系的反映.

物理图像对无穷维数学的研究有不可思议的有效性:我们熟知的一个著名问题是:为什么数学对物理有不可思议的有效性(unreasonable effectiveness)?而物理图像对无穷维数学的研究有不可思议的有效性,这是一个全新的现象.要仔细解读这个现象很难,超出了本节的范畴,我们这里只想点出,本节的核心,无穷维上的新数学,给出了一个明显的暗示.一个无穷维的数学结构,如果单从他的生成元和她们之间的关系的角度看,非常复杂,很难有什么数学直觉.但是如果这个无穷维的数学结构描述的是一个有无穷自由度的物理系统,比如一块固体材料.我们的物理直觉,甚至就是一块固体材料在普通视觉下效果,也已经是做了很复杂的重整化计算的结果,即把所有微观自由度积分积出来的结果.这一个过程从数学上看是非常不平凡的,也就是说有时候物理直觉本身就是一个不平凡的对无穷自由度的计算结构.也许这就是物理图像对无穷维数学的研究有不可思议的有效性的一个重要原因.

另外借助这个语境,我们顺便提一下,无穷维的数学世界展现了很多神奇的对偶现象，这些对偶并不是局限在数学结构之间的同构，可以是更弱意义下的对应，比如一些多体系统和场论里面的 boundary-bulk duality. 这些看上去低维度的多体系统能够和高维度的多体系统之间有对偶，其根本原因是二者本质上都是无穷维的. 甚至在无穷维的数学世界里面，一个“点”也都是无穷维的. 这可能是藏在很多物理全息现象背后的原因. 我们希望以后能回到这个话题上来.

在这节里，我们简略地分析了过去 30 年物理对数学产生了深刻影响的原因. 我们希望读者已经从我们的分析中了解了，为什么这是一场革命性的洪流，而非昙花一现的时尚. 我们相信探索无穷维的数学新大陆正是这个时代赋予我们的机遇和使命.

在本节的进程中我们有意地忽略了很多重要的问题，比如：我们既没有对数学物理发展的历史进程做任何说明，在每一个年代里面到底发生了什么？在不同的年代有什么特别重要的特点？也没有对数学物理新进展的具体内容做任何介绍，也没有给出任何具体的实例来展现由数学物理带来的和传统数学不同的思考方式. 我们认为对这些问题做细致的分析和广泛深入的讨论是非常有意义的，不过这不可避免地让我们走入学科的细节. 从数学方面介绍数学物理的中文文章不多，我们希望抛砖引玉，期待以后能够看到很多这方面的讨论. 在这里我们推荐阿蒂亚(M. Atiyah)先生的《数学的统一性》和丘成桐先生的《丘成桐谈空间的内在形状》(简体中文版为《大宇之形》). 其实这方面的英文文章也不多，特别是和本节类似性质的文章几乎没有，一个比较深入的讨论见 Moore 的综述性文章.

在本节结束前,我们想指出,如果物理对数学的影响只是单向的,那么这股潮流的生命力将减少不少.所以我们要问一个显然的问题:这些由物理学带来的数学革命最终能不能回馈物理呢?而这种回馈会不会仅仅是一些装饰性的美化?还是有可能会深刻地改变物理学?这些问题显然需要另外一篇文章来仔细分析,我们只想指出数学对弦论的回馈早就不是新闻,而且近年来,我们看到一些数学家对场论的研究开始已经对其他物理学有不平凡的回馈.笔者比较熟悉的就有拓扑场论的数学理论和范畴学对凝聚态物理中的拓扑序的研究的影响.不过这是一个独立偶然的现象呢,还是一股革命性的新潮流的开始呢?我们期待专家的解读.

致谢:笔者非常感谢中国科学院物理所的曹则贤老师,清华高等研究院的汪忠老师,清华大学丘成桐数学中心的李思老师,中国科学院数学所的苏阳老师和西交利物浦大学的刘启后老师对本节的评论和建议.

3　数论中的概率方法①

3.1　导言

概率论被建立起来以描写随机大量现象.自从 1933 年 A. H. 廓洛莫格若夫(A. H. Колмогоров)的基本著作[1]出现以后,概率论就变成了纯粹数学的一部

① 本节是 Rényi Alfréd 于 1957 年在北京所作讲演的详细改写.

分,它以某一组公理为基础(参看 3.2).和其他的抽象的公理化理论一样,它可以应用于任何一组满足其公理的对象;所以它可以应用于其他完全不同于为它原来所设计的那种场合.因此在原则上它可以应用于数学的其他分支.

下面我们将要讨论概率论在数论上的某些应用.此处我们要指出 M. Kac 对此问题所写的综合性的文章[2],他的这篇文章综合了 1949 年以前的结果的大部分,此外还有 P. Erdös 的报告及 1956 年的 И. П. Кубилюс 的综合文章.我们不详细的讨论[2]—[4]中所述及的结果.我们特别要讨论最近的结果,这种选择稍稍带有主观性.作者选择了在他自己研究工作中所接触到的那些结果,其中包括作者自己的结果,还包括作者与旁人特别是与 P. Erdös 及 P. Turáu 合作的结果,这里所提到的结果中,有些结果比原来发表的结果更完全更普遍,有些证明也被简化.

为了给予读者以方便,在 3.2,3.3 里我们汇集了概率论中的公理、概念及常用的定理.这两节中所介绍的概念今后常常要用到.在 3.4 中我们概述作者最近所提出的概率论的一个推广,这一推广理论在本节的许多地方要用得到,有一些结果只能利用这一推广理论的术语才能充分表达出来(虽然一般说来它们能够用通常理论的形状来加以证明).3.6～3.9 讨论在数论领域中的应用.3.9～3.11 讨论实数表示论中某些计算研究的应用,这些问题是属于数论(更正确的说是算术)及分析两个分支的共同边缘上的.

我们不能对本节中所有的定理给以完全的证明.我们只给出那些不需要很多计算的证明,当这种情形是不可能的时候，我们只给一个略证而指明它的基本思想，但是我们还指出原文的出处. 在 3.2，3.3 中我们完全不给证明，因为在任何一本近代概率论中都可以找到这些证明，在这里我们只不过为了使本节容易读，才汇集了概率论中的熟知的定理.

我们主要的目的是想清楚地指出概率论在这些应用中的作用. 几乎在应用的每一节里都提出来尚未解决的问题.

本节末尾所附的文献也没有注意到完全性，我们只给出来和本节有关的文章及书. 请读者注意文章 [2]—[4]中所列的参考文献.

最后作者谨向本节的译者越民义和王寿仁及出版者致以衷心感谢.

3.2　概率论公理化

令 Ω 为一抽象空间. 空间 Ω 的元素记为 ω. 令 $\mathscr{A}$ 为 Ω 中子集的 σ 一代数，这就是说 $\mathscr{A}$ 是 Ω 中子集(以字母 $A,B,\cdots$ 记之) 的一个族，它满足下述(a)(b)(c) 三个条件：

(a) 若 $A_k \in \mathscr{A}(k=1,2,\cdots)$，则 $\sum\limits_{k=1}^{\infty} A_k \in \mathscr{A}$，此处 $\sum\limits_{k=1}^{\infty} A_k$ 表示集合 A_k 的并集(今后也把集 A 及 B 的并集记为 $A+B$).

(b) 若 $A \in \mathscr{A}$，则 $\overline{A} \in \mathscr{A}$，此处 $\overline{A}$ 为 A 在 Ω 中的补集.

(c) $\Omega \in \mathscr{A}$.

由(a)(b) 及(c) 可知若 $A \in \mathscr{A}, B \in \mathscr{A}$，则集 A 和

B 的交集 AB 也属于 $\mathscr{A}$,因为 $AB=\overline{\overline{A}+\overline{B}}$. 空集 $\varnothing$ 也属于 $\mathscr{A}$,因为 $\varnothing=\overline{\Omega}$.

令 $P(A)$ 为 Ω 中定义于 $\mathscr{A}$ 上的测度,此即谓,它是定义于每一 $A\in\mathscr{A}$ 的非负及 σ — 加性的集合函数,而且还满足条件 $P(\Omega)=1$. 换言之,即对每一 $A\in\mathscr{A}$ 对应一个数 $P(A)$ 而有下述性质:

(α) $P(A)\geqslant 0$,当 $A\in\mathscr{A}$;

(β) 若 $A_k\in\mathscr{A}(k=1,2,\cdots)$ 且 $A_jA_k=\varnothing$ 当 $i\neq j(j,k=1,2,\cdots)$,则 $P\left(\sum\limits_{k=1}^{\infty}A_k\right)=\sum\limits_{k=1}^{\infty}P(A_k)$.

(γ) $P(\Omega)=1$.

显见由(α)(β)(γ)可知对任意 $A\in\mathscr{A}$,$P(A)\leqslant 1$,此外还有 $P(A)+P(\overline{A})=1$,而且 $P(\varnothing)=0$.

若所有以上的条件皆被满足,则称 $(\Omega,\mathscr{A},P(A))$ 是一个概率空间. A. H. 廓洛莫格若夫的公理化概率论就是概率空间的理论. 概率论中的一切定理都是以上的定义及公理的后果,所以它在概率论中很重要.

在概率论中要采用下述的术语. Ω 中的元素 ω 叫作基本事件,$\mathscr{A}$ 中的元素 A 叫作随机事件,而 $P(A)$ 叫作 A 的概率. 事件 $A+B$ 被解释为事件 A 及 B 的当中至少发生一个. 事件 AB 被解释为事件 A 及 B 同时发生,而 $\overline{A}$ 被解释为事件 A 不发生. 空间 Ω 有时叫作肯定事件,而 $\varnothing$ 叫作不能事件.

我们给几个概率空间的例.

例 1 令 Ω 为一有穷或可数无穷集,Ω 中的元素记为 $\omega_n(n=1,2,\cdots)$ 令 $\mathscr{A}$ 为 Ω 中所有的子集的集合. 设对每一 ω_n 应以一个非负的数 p_n 而且 $\sum\limits_{n=1}p_n=1$. 对任

意 $A \in \mathscr{A}$ 定义 $P(A)$ 如下

$$P(A) = \sum_{\omega_n \in A} p_n$$

于是$(\Omega, \mathscr{A}, P(A))$ 是一个概率空间.

特别言之,当Ω为有穷集时,设其中元素的个数为N,而且设 $p_n = \frac{1}{N}$ 当$n = 1, 2, \cdots, N$,于是我们就得到一个概率空间而且 $P(A) = \frac{N(A)}{N}$,此处 $N(A)$ 为 A 中元素的个数. 这一概率空间是主要以讨论赌博机会的古典概率论的唯一的主题.

例 2　令 Ω 为 n 维欧几里得空间的单位立方体 $0 \leqslant x_k \leqslant 1 (k = 1, 2, \cdots, n)$,其中的点记为 $x = (x_1, x_2, \cdots, x_n)$. 令 $\mathscr{A}$ 为 Ω 中可测集的集合,对于 $A \in \mathscr{A}$ 定义 $P(A)$ 等于 A 的 n 维勒贝格测度. 于是$(\Omega, \mathscr{A}, P(A))$ 是一个概率空间,为简便计把此空间记作 $\mathscr{L}_n$.

特别言之,$\mathscr{L}_1$ 是这样的概率空间$(\Omega, \mathscr{A}, P(A))$,其中 Ω 是单位间隔$(0,1)$,$\mathscr{A}$ 是此间隔上所有可测集的集合,而 $P(A)$ 为 A 的通常勒贝格测度.

我们定义事件 A 对于事件 $B(P(B) > 0)$ 的条件概率 $P(A \mid B)$ 如下

$$P(A \mid B) = \frac{P(AB)}{P(B)} \qquad ①$$

易见若 B 固定,$(\Omega, \mathscr{A}, P(A \mid B))$ 也是概率空间.

一串有穷个或可数无穷个事件 $B_1, B_2, \cdots$ 叫作事件的完备集,若这些事件是互斥的亦即若 $j \neq k$ 是 $B_j B_k = \varnothing$, 而且 $P(B_k) > 0 (k = 1, 2, \cdots)$ 同时 $\sum_{k=1} P(B_k) = 1$. 若 $\{B_k\}$ 是事件的完备集,A 是任意事件,我们有

$$P(A)=\sum_{k=1} P(A \mid B_k)P(B_k) \qquad ②$$

关系式 ② 叫作全概率定理. 特别言之,若 $0<P(B)<1$,则 B 及 $\overline{B}$ 就是事件的完备集.

我们将要常常用到下列两个显明的等式:

$$P(A+B)\leqslant P(A)+P(B),\text{若 } A,B \text{ 为任意两个事件} \qquad ③$$

$$P(A)\leqslant P(B),\text{若事件 } A \text{ 蕴含事件 } B$$
$$(\text{换言之,即集合 } A \text{ 为集合 } B \text{ 的子集}) \qquad ④$$

3.3 概率论中的一些概念及定理

定义于所有 $\omega\in\Omega$ 上的实函数 $\xi=\xi(\omega)$ 叫作一个随机变数,若它对 $\mathscr{A}$ 为可测,亦即 Ω 中满足 $\xi(\omega)<x$ 的那些 ω 所成的集合 $A_\xi(x)$ 属于 $\mathscr{A}$,此处 x 为任何实数.

函数

$$F_\xi(x)=P(A_\xi(x)) \qquad ⑤$$

称为 ξ 的分布函数(通常不写足码 ξ). 每一个分布函数 $F(x)$ 是非降、左连续的, $0\leqslant F(x)\leqslant 1$, 而且 $\lim\limits_{x\to-\infty}F(x)=0$, $\lim\limits_{x\to\infty}F(x)=1$.

若分布函数 $F_\xi(x)$ 为绝对连续,其微分 $f_\xi(x)=F'_\xi(x)$(几乎处处有意义) 叫作随机变数 ξ 的密度函数.

事件 $A_1,A_2,\cdots,A_n$ 叫作相互独立,若对 $1,2,\cdots,n$ 中的任意组合 $i_1,i_2,\cdots,i_k(2\leqslant k\leqslant n)$ 我们有

$$P(A_{i_1}A_{i_2}\cdots A_{i_k})=P(A_{i_1})P(A_{i_2})\cdots P(A_{i_k}) \qquad ⑥$$

随机变数 $\xi_1,\xi_2,\cdots,\xi_n$ 称为相互独立,若对任意实数 $x_1,\cdots,x_n$ 事件 $A_{\xi_1}(x_1),A_{\xi_2}(x_2),\cdots,A_{\xi_n}(x_n)$ 是相

互独立的.

随机变数的无穷序列 $\xi_1,\xi_2,\cdots,\xi_n,\cdots$ 称为相互独立,若对每一 $n=2,3,\cdots;\xi_1,\xi_2,\cdots,\xi_n$ 是相互独立.

随机变数 ξ 的均值定义为 ξ 对测度 $P(A)$ 展于 Ω 上的抽象勒贝格积分(若此积分存在),ξ 的均值记作 $M(\xi)$. 所以有

$$M(\xi)=\int_{\Omega}\xi\mathrm{d}P \tag{7}$$

ξ 的离差 $D^2(\xi)$ 定义如下

$$D^2(\xi)=M((\xi-M(\xi))^2) \tag{8}$$

(若它存在). $D^2(\xi)$ 的平方根 $D(\xi)=+\sqrt{D^2(\xi)}$ 叫作 ξ 的均方差. 容易看出

$$D^2(\xi)=M(\xi^2)-(M(\xi))^2 \tag{9}$$

$M(\xi)$ 是一个线性泛函,这就是说若 ξ 及 η 为随机变数,其均值分别为 $M(\xi)$ 及 $M(\eta)$,α 及 β 为实数,则有

$$M(\alpha\xi+\beta\eta)=\alpha M(\xi)+M(\eta) \tag{10}$$

若 ξ 与 η 相互独立,其均值分别为 $M(\xi)$ 及 $M(\eta)$,则 $\xi\eta$ 的均值 $M(\xi\eta)$ 存在,且有

$$M(\xi\eta)=M(\xi)M(\eta) \tag{11}$$

随机变数 ξ 的均值只与 ξ 的分布函数 $F_{\xi}(x)$ 有关,而且可以表为下列的勒贝格－斯蒂尔切斯积分

$$M(\xi)=\int_{-\infty}^{+\infty}x\mathrm{d}F_{\xi}(x) \tag{12}$$

若 $F_{\xi}(x)$ 为绝对连续,令其密度函数为 $f_{\xi}(x)=F'_{\xi}(x)$,则 $M(\xi)$ 可以表为

$$M(\xi)=\int_{-\infty}^{+\infty}xf_{\xi}(x)\mathrm{d}x \tag{13}$$

定义于 Ω 上的复函数 $\zeta=\zeta(\omega)$ 称为(复值)随机变

数若其实部及虚部为（实）随机变数. 若 $\zeta(\omega)=\xi(\omega)+\mathrm{i}\eta(\omega)$ 而 $\xi(\omega)$ 及 $\eta(\omega)$ 为实随机变数，我们定义 $\zeta=\zeta(\omega)$ 的均值 $M(\zeta)$ 为

$$M(\zeta)=M(\xi)+\mathrm{i}M(\eta) \tag{14}$$

若 $\xi=\xi(\omega)$ 及 $\eta=\eta(\omega)$ 的均值都存在.

随机变数 ξ 的特征函数 $\varphi_\xi(t)$ 是实变数 t 的函数，它由下式定义

$$\varphi_\xi(t)=M(\mathrm{e}^{\mathrm{i}t\xi}) \tag{15}$$

随机变数 ξ 的特征函数只与 ξ 的分布函数 $F_\xi(x)$ 有关，它可以表为

$$\varphi_\xi(t)=\int_{-\infty}^{+\infty}\mathrm{e}^{\mathrm{i}tx}\,\mathrm{d}F_\xi(x) \tag{16}$$

若 $F_\xi(x)$ 为绝对连续，则有

$$\varphi_\xi(t)=\int_{-\infty}^{+\infty}\mathrm{e}^{\mathrm{i}tx}f_\xi(x)\,\mathrm{d}x \tag{17}$$

所以 $\varphi_\xi(t)$ 是 $F_\xi(x)$ 的傅里叶－斯蒂尔切斯变换，或 $f_\xi(x)$ 的傅里叶变换. 熟知 $F_\xi(x)$ 完全由 $\varphi_\xi(t)$ 确定.

若 ξ 与 η 为相互独立随机变数，则

$$\varphi_{\xi+\eta}(t)=\varphi_\xi(t)\cdot\varphi_\eta(t) \tag{18}$$

而且有

$$D^2(\xi+\eta)=D^2(\xi)+D^2(\eta) \tag{19}$$

关系 ⑲ 不只当 ξ 与 η 为独立时成立，而且当 ξ 与 η 为非相关时也成立，所谓非相关者即谓满足 ⑪.

今后常常用到下列定理.

定理 1　若 $\xi\geqslant 0$ 而且 $M(\xi)$ 存在，则对任意 $x>M(\xi)$，就有

$$P(\xi\geqslant x)\leqslant M(\xi)/x$$

定理 1 称为马尔可夫不等式.

定理 2　若 $M(\xi)$ 及 $D^2(\xi)$ 存在，则对任意 $\lambda>1$，

就有

$$P(|\xi - M(\xi)| \geqslant \lambda D(\xi)) \leqslant \frac{1}{\lambda^2}$$

定理 2 称为切贝谢夫不等式;把马尔可夫不等式应用于随机变数 $\zeta=(\xi-M(\xi))^2$ 上即得切贝谢夫不等式.

定理 3　若 $\zeta_n(n=1,2,\cdots)$ 是一串随机变数,$F_n(x)$ 及 $\varphi_n(t)$ 分别为 ζ_n 的分布函数及特征函数,令对每一实数 t 下列极限存在

$$\lim_{n\to\infty}\varphi_n(t)=\varphi(t)$$

而且 $\varphi(t)$ 在 $t=0$ 处为连续,于是 $\varphi(t)$ 是一个特征函数,令其分布函数为 $F(x)$,则在 $F(x)$ 的每一个连续点上有

$$\lim_{n\to\infty}F_n(x)=F(x)$$

(参看例如[5]).

在叙述其他必需的定理之前,我们列举一些最重要的概率分布.

(1) 二项分布. 所谓随机变数 ξ 依 n 级而且其参数为 $p(0<p<1)$ 的二项分布而分布,就是说 ξ 取值 $k(=0,1,\cdots,n)$ 的概率为

$$P(\xi=k)=\binom{n}{k}p^k(1-p)^{n-k},k=0,1,\cdots,n$$

这样的随机变数的均值及离差等于

$$M(\xi)=np,D^2(\xi)=np(1-p)$$

(2) 泊松分布. 所谓随机变数 ξ 依参数为 $\lambda>0$ 的泊松分布而分布,就是说它取非负整数 k 的概率为

$$P(\xi=k)=\frac{\lambda^k e^{-\lambda}}{k!},k=0,1,\cdots$$

这时

$$M(\xi)=D^2(\xi)=\lambda$$

(3) 正态分布. 随机变数 ξ 遵循参数为 m 及 $\sigma>0$ 的正态分布(也称此随机变数 ξ 为正态 (m,σ)),若其分布函数为 $\Phi\left(\frac{x-m}{\sigma}\right)$,此处

$$\Phi(x)=\frac{1}{\sqrt{2\pi}}\int_{-\infty}^{x}\mathrm{e}^{-\frac{u^2}{2}}\mathrm{d}u \tag{20}$$

若 ξ 为正态 (m,σ),则

$$M(\xi)=m, D^2(\xi)=\sigma^2$$

为正态 (m,σ) 的随机变数 ξ 的特征函数等于 $\mathrm{e}^{\mathrm{i}mt-\frac{\sigma^2t^2}{2}}$. 特别言之,若 ξ 为正态(0,1),则其特征函数为 $\mathrm{e}^{-\frac{t^2}{2}}$.

(4) 指数分布. 随机变数 ξ 遵循参数为 $\lambda>0$ 的指数分布,若 ξ 为非负,其分布函数等于

$$F_\xi(x)=\begin{cases}1-\mathrm{e}^{-\lambda x},若 x\geqslant 0\\0,若 x<0\end{cases}$$

其均值及离差等于

$$M(\xi)=\frac{1}{\lambda}, D^2(\xi)=\frac{1}{\lambda^2}$$

概率论中最重要的定理是中心极限定理及大数法则. 这两种定理中每一种都不只有一个定理而是一组定理,包括广泛性程度不同的定理. 这里我们只叙述它们的最简单的情形.

定理 4(相同分布的随机变数的中心极限定理) 令 $\xi_1,\xi_2,\cdots,\xi_n,\cdots$ 是一串相互独立的随机变数,它们遵循同一分布其均值为 M,离差为 D^2. 令 $\zeta_n=\xi_1+\xi_2+\cdots+\xi_n(n=1,2,\cdots)$. 于是对每一实数 x,有

$$\lim_{n\to\infty}P\left(\frac{\zeta_n-nM}{D\sqrt{n}}<x\right)=\Phi(x)$$

此处 $\Phi(x)$ 由公式⑳定义.换言之,随机变数 $\frac{\zeta_n - nM}{D\sqrt{n}}$ 当 $n \to \infty$ 时为极限正态(0,1).

定理 5(相同分布的随机变数的强大数法则)　令随机变数 $\xi_1, \xi_2, \cdots, \xi_n, \cdots$ 为相互独立,遵循同一分布,具有均值 M,于是概率为 1 地有

$$\lim_{n\to\infty} \frac{\xi_1 + \xi_2 + \cdots + \xi_n}{n} = M$$

所谓"概率为 1 地"即谓上式对不属于 A_0 的一切 $\omega \in \Omega$ 都能成立,而 $P(A_0) = 0$.

除了定理 4 以外,我们还需要另一个普遍的中心极限定理,即下述定理.

定理 6(李雅普诺夫条件下的中心极限定理)　令 $\xi_1, \xi_2, \cdots, \xi_n, \cdots$ 为一串独立随机变数,并假设均值 $M_n = M(\xi_n)$,离差 $D_n^2 = D^2(\xi_n)$ 及三阶绝对中心矩 $K_n^3 = M(|\xi_n - M_n|^3)$ 对每一 $n = 1, 2, \cdots$ 都存在,令

$$A_N = \sum_{n=1}^{N} M_n, B_N^2 = \sum_{n=1}^{N} D_n^2, C_N^3 = \sum_{n=1}^{N} K_n^3$$

而且假设

$$\lim_{n\to\infty} \frac{C_N}{B_N} = 0$$

令 $\zeta_n = \xi_1 + \xi_2 + \cdots + \xi_n (n = 1, 2, \cdots)$,于是对每一实数 x 有

$$\lim_{N\to+\infty} P\left(\frac{\zeta_N - A_N}{B_N} < x\right) = \Phi(x)$$

注意条件 $\lim_{N\to\infty} \frac{C_N}{B_N} = 0$ 蕴含 $\lim_{N\to\infty} B_N = +\infty$.在更普遍的条件下(例如林得伯格条件)中心极限定理也能成立,但定理 6 对我们就足够了.

在这里我们再叙述两个定理,它们都是著名的普遍定理的特款.

定理 7(叠对数法则) 令 $\xi_1,\xi_2,\cdots,\xi_n,\cdots$ 为一串独立随机变数,假定这些随机变数为一致有界 $|\xi_n|\leqslant K(n=1,2,\cdots)$. 令 $M_n=M(\xi_n),D_n^2=D^2(\xi_n),A_N=\sum_{n=1}^{N}M_n,B_N^2=\sum_{n=1}^{N}D_n^2$, 设 $\lim\limits_{N\to\infty}B_N=+\infty$. 令 $\zeta_n=\xi_1+\xi_2+\cdots+\xi_n$. 于是概率为 1 地有

$$\overline{\lim_{N\to\infty}}\frac{\zeta_N-A_N}{B_N\sqrt{2\log\log B_N}}=+1$$

$$\underline{\lim_{N\to\infty}}\frac{\zeta_N-A_N}{B_N\sqrt{2\log\log B_N}}=-1$$

定理 7 是 A. N. 廓洛莫格若夫定理[41] 的特款,至于更普遍的情形请参看[62] 及[63].

定理 8 令 $\xi_1,\xi_2,\cdots,\xi_n,\cdots$ 为一串独立随机变数,分别具有均值 $M_n=M(\xi_n)$ 及离差 $D_n^2=D^2(\xi_n)(n=1,2,\cdots)$. 若级数 $\sum_{n=1}^{\infty}M_n$ 及 $\sum_{n=1}^{\infty}D_n^2$ 都收敛,则级数 $\sum_{n=1}^{\infty}\xi_n$ 概率为 1 地收敛.

定理 8 是 A. N. 廓洛莫格若夫的三级数定理[1] 的特款.

我们还需要下列定义. 随机变数 ξ 相对于条件 $B(P(B)>0)$ 的条件分布函数 $F_\xi(x\mid B)$ 定义如下

$$F_\xi(x\mid B)=P(A_\xi(x)\mid B)$$

随机变数 ξ 相对于条件 B 的条件均值 $M(\xi\mid B)$ 定义为条件分布函数 $F_\xi(x\mid B)$ 的均值,亦即

$$M(\xi\mid B)=\int_{-\infty}^{+\infty}x\mathrm{d}F_\xi(x\mid B) \tag{21}$$

给了一串随机变数 $\xi_1,\xi_2,\cdots,\xi_n,\cdots$. 设 ξ_n 的可能

值为一串数 $x_{nk}(k=1,2,\cdots)$. 若条件概率

$$P(\xi_n = x_{nk} \mid \xi_1 = x_{1j_1},\cdots,\xi_{n-1}=x_{n-1,j_{n-1}}) \tag{22}$$

只依赖于 j_{n-1} 及 k 而不依赖于 $j_1,j_2,\cdots,j_{n-2}$，则称这一串随机变数为马尔可夫链. 条件概率

$$p^{(n)}(k \mid j) = P(\xi_n = x_{nk} \mid \xi_{n-1}=x_{n-1,j_{n-1}}) \tag{23}$$

称为马尔可夫链 $\{\xi_n\}$ 的转移概率. 若 x_{nk} 及 $p^{(n)}(k \mid j)$ 不依赖于 n，则称此马尔可夫链是时齐的.

在这一小节里为了使不熟悉概率论的读者容易阅读本节而汇集了上述的概率论中的定义及定理. 偶尔在本节的一些地方还需要更高深的概率论知识，但是知道了本小节及下一小节的内容之后差不多就可以读懂本节中的大部分. 在下一小节里我们叙述而且部分地证明概率论中一些专门的定理.

当然在这一短短的介绍里不可能有机会来评论概率论由其原来朴素的理论而发展成为目前的公理化的理论. 关于概率论的历史及其基本概念可以参看例如[68]. 同样在此地既不可能讲清概率论中的概念与实际的关系，也不可能讲清概率论诸成果在应用及哲学上的重要性，这些问题在[68]中也详细地讨论了.

3.4　条件概率空间

在 3.2 中所提出的 A. H. 廓洛莫格若夫的公理化概率论是最近 25 年中概率论及其应用急速发展的基础. 但在发展中也发现了一些不适合这一理论结构的问题，这些问题例如发生于物理的不同部门中特别是在统计力学及量子力学中，此外还在积分几何等部门中. 所以我们需要概率论的推广，更确切地说需要 3.2 中所提出的公理化基础的推广.

这种概率论公理化基础的推广由 Rényi Alfréd 给出(参看[6],[7],[8] 及[68]). 因为这一推广对于概率方法在数论中的应用是重要的,所以在本小节里我们对这一推广理论做一概略介绍.

在这一推广理论中基本概念是条件概率. 在这一推广理论中我们不处理 3.2 中所定义的概率空间. 而去处理条件概率空间这一广博概念.

条件概率空间定义如下. 令 Ω 为一任意的抽象空间,$\mathscr{A}$ 为 Ω 中子集的 σ 代数,$\mathscr{B}$ 为 $\mathscr{A}$ 中的非空子集,而 $P(A \mid B)$ 是两个集合变数的集合函数,它定义于 $A \in \mathscr{A}$ 及 $B \in \mathscr{B}$. 我们说$(\Omega, \mathscr{A}, \mathscr{B}, P(A \mid B))$ 是一个条件概率空间,若下列三个公理被满足:

Ⅰ. 对于任意固定的 $B \in \mathscr{B}$,$P(A \mid B)$ 是 $\mathscr{A}$ 上的测度(即非负及 σ 加性集合函数).

Ⅱ. 对任意 $B \in \mathscr{B}$,$P(B \mid B) = 1$.

Ⅲ. 对任意 $A \in \mathscr{A}$,$B \in \mathscr{B}$ 及 $C \in \mathscr{B}$,而且 B 是 C 的子集,同时还满足 $P(B \mid C) > 0$,于是就有

$$P(A \mid B) = \frac{P(AB \mid C)}{P(B \mid C)} \qquad ㉔$$

属于 $\mathscr{A}$ 中的集合 A 仍然解释为随机事件,而 $\mathscr{B}$ 中的集合 B 解释为取条件概率时能作为条件的随机事件,$P(A \mid B)$ 为在条件 B 下随机事件 A 的条件概率. 在这一推广理论中没有定义通常(绝对)概率.

形如 AC 的集合,此处 $A \in \mathscr{A}$,组成一个 σ 代数 $\mathscr{A}_c$,显见对任意 $C \in \mathscr{B}$,$(C, \mathscr{A}_c, P(A \mid C))$ 是 3.2 意义下的概率空间. 这样一来一个条件概率空间乃是被公理 Ⅲ 连紧起来的通常概率空间族. 公理 Ⅲ 可以看作是可紧致条件. 实际上公理 Ⅲ 保证了下一事实:当 $C \in \mathscr{B}$ 为

固定时，在通常概率空间$(\mathscr{C},\mathscr{A}_c,P(A\mid C))$中我们用公式①来定义的在条件$B$下事件$A$的条件概率(此处$B\in\mathscr{B}$，$B$是$C$的子集，而且$P(B\mid C)>0$)跟我们这一推广公理中所直接定义的$P(A\mid B)$是一致的.

显见，条件概率空间概念是概率空间概念的直接推广. 特别言之，当集合$\mathscr{B}$只含一个元素Ω，于是令$P(A)=P(A\mid\Omega)$，就知条件概率空间$[\Omega,\mathscr{A},\mathscr{B},P(A\mid B)]$化为通常概率空间$[\Omega,\mathscr{A},P(A)]$.

每一个通常概率空间$[\Omega,\mathscr{A},P(A)]$由下述方式产生一个条件概率空间：令$\mathscr{A}$的那些集合$B$使得$P(B)>0$者组成一个集合的集合$\mathscr{B}$，用①对这些$B$可以定义$P(A\mid B)$，于是易知$[\Omega,\mathscr{A},\mathscr{B},P(A\mid B)]$是一个条件概率空间.

另一方面，并不是所有的条件概率空间都可以用上述方式产生. 例如令Ω是任意的抽象空间，$\mathscr{A}$是Ω子集的σ代数，$\mu(A)$是$\mathscr{A}$上的无穷测度，亦即$\mathscr{A}$上的非负，σ可加集合函数而且$\mu(\Omega)=+\infty$. 令$\mathscr{B}$为$\mathscr{A}$中的那些子集B所组成的集合，此处$\mu(B)$为正值有穷. 定义$P(A\mid B)$如下

$$P(A\mid B)=\frac{\mu(AB)}{\mu(B)} \tag{25}$$

于是$[\Omega,\mathscr{A},\mathscr{B},P(A\mid B)]$是一个条件概率空间，但它不能由一个通常概率空间经过上述方式而产生.

现在举出这种条件概率空间的两个例子.

例3　令Ω为可数无穷集合，其中的元素记为ω_1，ω_2，…，ω_n，…. 令p_n为一串非负的数使得级数$\sum_{n=1}^{\infty}p_n$为发散. 令$\mathscr{A}$为Ω中所有子集的集，对$\mathscr{A}$中的每一个A定义

$$\mu(A) = \sum_{\omega_k \in A} p_k \tag{26}$$

㉖ 应作如下述的了解：若 ㉖ 的右方级数收敛，则 $\mu(A)$ 就等于此级数的和；若此级数发散，则定义 $\mu(A) = +\infty$. 令 $\mathscr{B}$ 为集合的集，其中的集合 $B \in \mathscr{A}$，而且 $\mu(B)$ 为正值有穷. 对任意 $A \in \mathscr{A}, B \in \mathscr{B}$ 用 ㉕ 定义 $P(A \mid B)$. 于是 $[\Omega, \mathscr{A}, \mathscr{B}, P(A \mid B)]$ 是条件概率空间.

例 4　令 Ω 为 n 维欧氏空间. $\mathscr{A}$ 为 Ω 中所有可测子集的集，$\mathscr{B}$ 为 Ω 中具有有穷正勒贝格 n 维测度的可测子集的集. 对 $A \in \mathscr{A}, B \in \mathscr{B}$，用下式定义 $P(A \mid B)$

$$P(A \mid B) = \frac{V_n(AB)}{V_n(B)} \tag{27}$$

此处 V_n 代表 n 维勒贝格测度. 于是 $[\Omega, \mathscr{A}, \mathscr{B}, P(A \mid B)]$ 是一个条件概率空间.

我们说存在着这样的条件概率空间，它不能由单一的测度（有穷或无穷）通过上述方式产生，而只能由一族测度通过上述方式产生. 因为在这篇文章里我们不会遇到这种情形，所以我们不打算详细讨论，若读者对此有兴趣可参看[8].

令 $[\Omega, \mathscr{A}, \mathscr{B}, P(A \mid B)]$ 为一条件概率空间，定义于 $\omega \in \Omega$ 上的实值函数 $\xi = \xi(\omega)$ 称为一个随机变数，若它对 $\mathscr{A}$ 为可测. 对任意 $B \in \mathscr{B}$ 我们可以定义 ξ 对条件 B 的条件分布函数 $F_\xi(x \mid B)$、条件密度函数 $f_\xi(x \mid B)$（当 $F_\xi(x \mid B)$ 是绝对连续时）、条件均值 $M(\xi \mid B)$ 及条件离差 $D^2(\xi \mid B)$ 分别等于 ξ 对于通常概率空间 $[B, \mathscr{A}_B, P(A \mid B)]$ 而言的（非条件的）分布函数、密度函数、均值及离差，因为 ξ 在通常概率空间 $[B, \mathscr{A}_B, P(A \mid B)]$ 上 ξ 显然是一个通常的随机变数. 由此可见概率论里的一切定理在条件概率空间里仍能成立，如

果我们用对同一个固定 $B\in\mathscr{B}$ 作条件的条件概率来代替通常的概率. 条件概率空间里的独特问题当然是这类的问题,在这些问题里同时提到相对不同条件的条件概率. 这类问题已经不能简单地划归为通常概率空间的问题. 在下一小节里我们将要看到一些例子.

3.5　数论里的概率概念

令 Z 表所有自然数组成的集合,$\mathscr{A}$ 为 Z 中所有子集的集,$\mathscr{B}$ 为 Z 中非空有穷子集的集,令 $N(A)$ 表子集 $A\in\mathscr{A}$ 中含元素的个数(若 A 中含无穷个元素,定义 $N(A)=+\infty$). 对 $A\in\mathscr{A},B\in\mathscr{B}$ 定义

$$P(A\mid B)=\frac{N(AB)}{N(B)} \tag{28}$$

显见 $\mathscr{Z}=[Z,\mathscr{A},\mathscr{B},P(A\mid B)]$ 是一个条件概率空间. 在概率论于数论的很多应用里,事实上我们都是考察这一特殊的条件概率空间. 换言之,一个自然数在它属于非空的自然数有穷集合 B 的条件下,它属于自然数集合 A 的条件概率定义为 B 中也属于 A 的元素个数被 B 中元素个数所除的商.

用比较不严格的语言说这就意味着所有的自然数是“等同概然”的. 更确切地说,在条件 B 下,此处 B 是一个非空的自然数有穷集合,我们假设 B 中的每一元素是(条件的)等同概然.

令 Z_N 为自然数串 Z 中的一段$(1,2,\cdots,N)$,$\prod$ 为所有素数的集合. 在上述意义下就有

$$P(\prod\mid Z_N)=\frac{\pi(N)}{N} \tag{29}$$

此处和通常一样,$\pi(N)$ 代表不超过 N 的素数个数,所

以$\frac{\pi(N)}{N}$可以了解为一个自然数在它不超过N的条件下，它是素数的条件概率.

令A_a为所有能被$d(d=1,2,\cdots)$整除的数的集合.显见$A_1=Z$，而且

$$P(A_a \mid Z_N)=\frac{1}{N}\left[\frac{N}{d}\right], d=2,3,\cdots \quad ㉚$$

此处而且今后我们用记号$[Z]$表实数Z的整数部分.由㉚特别有

$$P(A_d \mid Z_N)=\frac{1}{d}, \text{若 } d \mid N \quad ㉛$$

（此处及今后我们用记号$d \mid N$表d是N的一个因子）.

令$d_1,d_2,\cdots,d_r$为对对互素而且$d_1d_2\cdots d_r \mid N$.由㉛，因为显然有$A_{d_1d_2\cdots d_r}=A_{d_1}\cdot A_{d_2}\cdot\cdots\cdot A_{d_r}$，所以得

$$P(A_{d_1}A_{d_2}\cdots A_{d_r} \mid Z_N)=\prod_{k=1}^{r}P(A_{d_k} \mid Z_N) \quad ㉜$$

所以在条件Z_N下，事件$A_{d_k}(k=1,2,\cdots,r)$是（条件的）独立的.若N不为$d_1\cdots d_r$所整除，上述事实不对，但若$d_1,\cdots,d_r$固定而令$N\to\infty$，上述事实能够渐近地成立，因为当$d_1\cdots d_r$为对对互素，而对N不加任何条件只令$N\to\infty$时，由㉚就得

$$P(A_{d_1}A_{d_2}\cdots A_{d_r} \mid Z_N)=\prod_{k=1}^{r}(A_{d_k} \mid Z_N)+O\left(\frac{1}{N}\right) \quad ㉝$$

此处尾项与d_k有关.所以在条件Z_N下，事件$A_{d_k}(k=1,2,\cdots,r)$是“近乎”独立的若N足够大.

用这些简单事实可以简单而巧妙地例如说证明欧拉函数$\varphi(N)$的著名表达式，此处$\varphi(N)$即代表与N互素且不超过N的自然数的个数.这一古典公式是

$$\frac{\varphi(N)}{N}=\prod_{p \mid N}\left(1-\frac{1}{p}\right) \quad ㉞$$

此处右方的乘积是对所有的能除尽N的素数p求乘积(此处及今后永用p表一素数). 事实上,㉞ 的左方等于条件概率$P(R_N \mid Z_N)$,而R_N表与N互素的自然数所组成的集. 现在显见$R_N=\prod_{p\mid N}\overline{A}_p$(此处以及今后,当符号$\prod$应用于集合上时,即表示这些集合的交集),而$\overline{A}_p$代表一个自然数不能被$p$整除这一事件. 因为$A_p(p/N)$在条件$Z_N$下是独立的,所以$\overline{A}_p$亦如此(概率论中的简单定理),由此即可推出 ㉞.

我们对这一不足道的例子加以详细的讨论,是因为它很富启发性而且对概率论如何应用于数论上的了解是有帮助的.

在这里我们必须指出:什么时候事件A_{d_1},A_{d_2},…,A_{d_r}在条件Z_N下只是近乎独立而非真正独立(若N不为$d_1d_2\cdots d_r$所整除). 这一事实可以被忽略或者不能被忽略的问题是概率论在数论的应用上最精细问题中的一个. 在某些情形中,主要困难的地方就在于证明轻微相依是可被忽略的. 但也有一些情形轻微相依显得重要而不能忽略,今用下例加以说明.

我们想求条件概率$P(\prod \mid Z_N)$或者说求$\frac{\pi(N)}{N}$.

因为在$\sqrt{N}<k\leqslant N$里的每一自然数k或者是一个素数或者被小于等于$\sqrt{N}$的素数p所整除,所以

$$P(\prod \mid Z_N)=\frac{\pi(N)}{N}=\frac{\pi(\sqrt{N})}{N}+P\Big(\prod_{P\leqslant\sqrt{N}}\overline{A}_p \mid Z_N\Big)$$

这时我们就诱致(当然是不正确的)忽略在条件Z_N下事件$\overline{A}_p$是轻微相依,而用$\prod_{P\leqslant\sqrt{N}}P(\overline{A}_p \mid Z_N)$去渐近

$P\left(\prod_{P\leqslant\sqrt{N}}\overline{A}_p \mid Z_N\right)$. 这样一来我们就得到 $\pi(N)/N$ 的渐近值为 $\prod_{P\leqslant\sqrt{N}}\left(1-\frac{1}{p}\right)$，这一结果是不对的，因为由 Mertens 的熟知的公式可知 $\prod_{k\leqslant\sqrt{N}}\left(1-\frac{1}{p}\right)\sim\frac{2e^{-r}}{\log r}$，而 γ 为欧拉常数. 于是就得到 $\pi(N)$ 的渐近值为 $2e^{-\gamma}\frac{N}{\log N}$. 但 $2e^{-\gamma}\neq 1$，上得结果不合于素数定理 $\pi(N)\sim\frac{N}{\log N}$，所以我们的结果是错了. 由这一个例子可以看出在这一领域内用直观推理（不加必要的细心而应用）的危险性. 当然正确地应用概率论方法永远可以得到正确的数论结果. 上例的错误并不是概率论的责任，而是错用了概率的推理的责任.

相似的推理也可以导致正确的结果，今举一个这样的例子，这就是求无平方因子整数的密度. 此处及今后一串自然数 S 的密度的意思就是 S 的"渐近"密度，它定义等于下列极限（若此极限存在）

$$d(S)=\lim_{N\to\infty}P(S\mid Z_N) \tag{35}$$

令 S_0 为无平方因子整数集. 显见 $S_0=\prod_p\overline{A}_{p^2}$，此处 p 跑过所有的素数. 于是忽略在条件 Z_N 下事件 $\overline{A}_{p^2}$ 的轻微相依，当 $N\to\infty$ 时，我们得到

$$P(S_0\mid Z_N)\sim\prod_{P\leqslant\sqrt{N}}P(\overline{A}_{p^2}\mid Z_N)$$

由此即得无平方因子整数的密度

$$d(S_0)=\lim_{N\to\infty}P(S_0\mid Z_N)=\prod_p\left(1-\frac{1}{p^2}\right)=\frac{6}{\pi^2} \tag{36}$$

详细地考察忽略了的尾量，就知恰与上例相反对这一

情形所得到的结果是正确的.

用同样方法也可以得到更普遍的结果. 令 $V(n)$ 表 n 的所有的素因子的个数, $U(n)$ 表 n 的不同素因子的个数. 换言之, 若 n 表为素数乘方之积的典型表示为

$$n = p_1^{\alpha_1} p_2^{\alpha_2} \cdots p_r^{\alpha_r}$$

此处 $p_1, p_2, \cdots, p_r$ 为相异的素数而 $\alpha_1, \alpha_2, \cdots, \alpha_r$ 为自然数, 则

$$V(n) = \alpha_1 + \alpha_2 + \cdots + \alpha_r \tag{37}$$

而

$$U(n) = r \tag{38}$$

更令

$$\Delta(n) = V(n) - U(n) \tag{39}$$

显见 n 为无平方因子数的充要条件是 $\Delta(n) = 0$. 令 S_k 表那些自然数 n 的集合, n 满足条件 $\Delta(n) = k(k = 0, 1, \cdots)$. 在[9] 口用同样推理能够证明密度 $d_k = d(S_k)$ 存在当 $k \geqslant 0$, d_k 可以用下列公式求出

$$\sum_{k=0}^{\infty} d_k z^k = \prod_p \left(1 - \frac{1}{p}\right)\left(1 + \frac{1}{p - z}\right) \text{ 当 } |z| < 1 \tag{40}$$

而在 ㊵ 右方乘积中 p 跑过所有的素数. 显见当 $z=0$ 时 ㊵ 就变成 ㊱.

联系着这个问题我们指出 $d_0 = \frac{6}{\pi^2}$ 常常叫作“自然数为无平方因子的概率”, 而且普遍说来渐近密度被解释为概率. 但是我们必须提醒读者这一传统是概率论还未发展成为确切数学理论时代的坏传统, 而且从近代概率论的眼光来看, 渐近密度不该被称为概率. 事实上, 令 $\mathscr{Z}$ 为自然数集, 令 $\mathscr{D}$ 为那些整数串 S 的集, 使得这些整数串 S 在 ㉟ 的意义下的密度 $d(S)$ 存在. 于是

$[\mathscr{Z},\mathscr{D},d(S)]$ 不是一个概率空间,因为首先把 $d(S)$ 看作是集合函数时它只是有穷可加的而不是 σ 可加的,其次 $\mathscr{D}$ 不只不是一个 σ 代数,而且根本不是一个集合的代数.我们可以举出这样的例子,若 $A\in\mathscr{D}$ 及 $B\in\mathscr{D}$,但 $A+B$ 不属于 $\mathscr{D}$;例如取 $A=A_2$(偶数集),而定义 B 包含自然数 n 的充要条件为 $n+\left[\dfrac{\log n}{\log 2}\right]$ 为偶数.显见 A 及 B 都有渐近密度 $\dfrac{1}{2}$,但 $A+B$ 没有渐近密度.从这些讨论中可知自然数串的渐近密度只能看作是条件概率的极限,而不能看作是概率.

我们认为从这些初等而基本的问题入手是很有用的,因为它们帮助读者了解在数论中概率推理的应用的主要概念.在这一小节里我们只考虑了这种能够翻译成概率论语言的问题,但这并不必要.在以下三小节里我们将要考虑直到现在只能用这种办法来处理的问题.

3.6 堆垒数论函数的值的分布

每一数论函数,即对于 $n=1,2,\cdots$ 皆有定义的实函数 $f(n)$,可以看作是 3.5 中所引进的条件概率空间 $Z=[Z,\mathscr{A},\mathscr{B},P(A\mid B)]$ 上的一随机变数.

在本小节中,我们将要来讨论堆垒数论函数.

数论函数 $f(n)$ 若满足关系

$$f(nm)=f(n)+f(m) \tag{41}$$

则称之为堆垒数论函数,于此,n 与 m 设为互素,即 $(m,n)=1$.今后,(m,n) 常表示 m 和 n 的最大公约数.

若 $f(n)$ 为一堆叠数论函数,则 $f(1)=0$,且若 $n=p_1^{\alpha_1}p_2^{\alpha_2}\cdots p_r^{\alpha_r}$ 是 n 表成素数幂之积的规范表示,则

$$f(n)=\sum_{k=1}^{r}f(p_k^{\alpha_k})\qquad ㊷$$

显而易见,对于每一素数 p 及每一自然数 α,我们可以随意选取 $f(p^\alpha)$ 的值;在既经选定之后,若 $f(n)$ 由 ㊷ 定义,则 $f(n)$ 即满足 ㊶,即 $f(n)$ 是一堆垒数论函数.

在所有的堆垒数论函数中,我们特别挑出两个子类.一个堆垒数论函数,若它对于任何素数 p 及任何 $\alpha\geqslant 1$,皆有

$$f(p^\alpha)=f(p)\qquad ㊸$$

则称之为强堆垒的.显而易见,若 $f(n)$ 为强堆垒的,则代替 ㊷,我们有

$$f(n)=\sum_{p\mid n}f(p)\qquad ㊹$$

于是,p 表素数.一个堆垒数论函数 $f(n)$,若它对于任何素数 p 及任何 $\alpha\geqslant 1$,皆有

$$f(p^\alpha)=\alpha f(p)\qquad ㊺$$

则称之为绝对堆垒的.显而易见,对于一个绝对堆垒数论函数 $f(n)$,㊶ 对于任何整数对 m,n 皆成立.(同时是强堆垒和绝对堆垒的函数,显然就是唯一的一个函数 $f(n)=0$,当 $n=1,2,\cdots$.)

例 5　n 的素因子的全部数目,我们以 $V(n)$ 记之,是一绝对堆垒数论函数.n 的不同的素因子的数目,我们以 $U(n)$ 记之,是一强堆垒函数,在 3.5 中所引进的函数 $\Delta(n)=V(n)-U(n)$ 是堆垒的,但既非强堆垒,又非绝对堆垒.函数 $f(n)=\log n$ 是绝对堆垒的.若 $\varphi(n)$ 表欧拉函数($\leqslant n$ 的自然数中与 n 互素者的个数),则 $\log\varphi(n)$ 是堆垒的,而 $\log\frac{\varphi(n)}{n}$ 则是强堆垒的.若 $d(n)$ 表示 n 的因子的个数,则 $\log d(n)$ 是堆垒的,但既非强

堆垒,又非绝对堆垒.

设 $\alpha_d=\alpha_d(n)$ 为一数论函数,定义如下

$$\alpha_d(n)=\begin{cases}1,\text{若 } n\in A_d(\text{即若 } d\mid n)\\0,\text{在其他情形}\end{cases} \tag{46}$$

若 $f(n)$ 是一强堆垒数论函数,则我们显然有

$$f(n)=\sum_{p\leqslant N}\alpha_p(n)\cdot f(p),\text{于此 } n\leqslant N \tag{47}$$

在 ㊼ 中,求和系在所有的素数 $p\leqslant N$ 上展开. 如是,被认为是 Z_N 上之一随机变数的 $f(n)$,乃是 $\pi(N)$ 个几乎独立随机变数之和. 这就似乎很有理由相信,$f(n)$ 在 Z_N 上的分布对于充分大的 N 是几乎正态的. 在相当普遍的条件之下,事情确是如此. 这一事实已为 P. Erdos 和 M. Kac[14] 发现. 他们的结果包含在下述定理之中:

定理 9　若 $f(n)$ 是一强堆垒数论函数,当 p 跑过所有的素数时,$|f(p)|\leqslant 1$,又若令

$$A_N=\sum_{p\leqslant N}\frac{f(p)}{p}\text{ 及 }B_N=\left(\sum_{p\leqslant N}\frac{f^2(p)}{p}\right)^{\frac{1}{2}}$$

并假定 $\lim\limits_{N\to+\infty}B_N=+\infty$,则对于任何实数 x,我们有

$$\lim_{N\to+\infty}P\left(\frac{f(n)-A_N}{B_N}<x\mid Z_N\right)=\Phi(x)$$

即 $f(n)$ 当 $N\to+\infty$ 时为极限正态分布.

最近,И. П. Кубилюс 曾将 Erdös 和 Kac 的定理加以推广. 他证明,例如说,条件 $|f(p)|\leqslant 1$ 可代之以条件 $\max\limits_{p\leqslant N}|f(p)|=o(B_N)$. 他的结果还要更广泛一些,而且也涉及 $f(n)$ 的极限分布不是正态分布的这种情形. Кубилюс 的定理如下:

定理 10　设 $f(n)$ 是一强堆垒数论函数. 令

$$A_N=\sum_{p\leqslant N}\frac{f(p)}{p},B_N=\left(\sum_{p\leqslant N}\frac{f^2(p)}{p}\right)^{\frac{1}{2}}$$

于此，在两个和数中的 p 皆跑过所有 $\leqslant N$ 的素数. 假定下面的条件成立：

(α) $\lim\limits_{N\to+\infty} B_N = +\infty$；

(β) 存在一正的整值函数 $a(N)$，使得当 $N\to+\infty$ 时，$\log a(N) = o(\log N)$，$B_N - B_{a(N)} = o(B_N)$；

(γ) 存在一不减函数 $K(u)$，使得对于 $K(u)$ 的任一连续点，有

$$\lim_{N\to+\infty} \frac{1}{B_N^2} \sum_{\substack{p\leqslant N \\ f(p)<uB_N}} \frac{f^2(p)}{p} = K(u) \tag{48}$$

⑱ 中的和数只就满足关系 $p\leqslant N$ 及 $f(p)<uB_N$ 的素数而取者. 则

$$\lim_{N\to+\infty} P\left(\frac{f(n)-A_N}{B_N} < x \mid Z_N\right) = F(x) \tag{49}$$

在分布函数 $F(x)$ 的任一连续点皆成立，而 $F(x)$ 的特征函数 $\varphi(t)$ 系由下式给出

$$\log \varphi(t) = \int_{-\infty}^{\infty} \frac{\mathrm{e}^{\mathrm{i}tu} - 1 - \mathrm{i}tu}{u^2} \mathrm{d}K(u) \tag{50}$$

特别，若当 $u<0$ 时，$K(u)=0$，当 $u>0$ 时，$K(u)=1$，则由 ㊿，即得 $\varphi(t)=\mathrm{e}^{-t^2/2}$. 如是，在这种情形，$F(x)=\Phi(x)$.

㊾ 中所示的分布函数 $F(x)$ 属于“无穷可分分布”类，在概率论中是大家所熟知的.

在[14]及[4]中分别给出的定理 9 和 10 的证明皆是基于一些数论方法(特别是 Viggo Brun 的筛法) 和概率方法的结合应用. 在这里，我们不想把这些定理的证明重新再做一遍，也不希望把堆垒数论函数的值的分布理论作详尽的报道，虽然这种理论也许是概率方法在数论上富有结果的应用中最有发展和最美丽的例

子.这种理论的结果,直到 1956 年以前的,皆撮要载于[4]中,我们建议读者去参考这篇文章.

在本小节中,我们要来报告堆垒数论函数理论的一个新的进路,它的主要观念属于 P. Turán. 这种方法——它可以叫作解析方法——事实上不是别的,而是将解析数论中常用的工具(狄利克雷级数、围道积分等)运用来研究堆垒数论函数的值的分布.这样一条进路的可能性已经在 1934 年由 P. Turán 在[11]中首先指出.尽管如此,这一方法直到 1957 年还不会再用到.直到这一年,在 P. Turán 和 Rényi Alfréd 的论文[15]中指出了解析方法在某些方面优于初等方法,有如数论中许多(但不是全部)其他的部分一样.

下面,我们来说明解析方法在一种特殊情形,即在函数 $V(n)$(n 的全部素因子的数目)的情形的应用.

我们设想 $V(n)$ 是条件概率空间 Z 上的一随机变数.在条件 Z_N 之下,$V(n)$ 的条件均值和离差可以容易算出.运用著名的 Morten 公式

$$\sum_{p\leqslant x}\frac{1}{p}=\log\log x+B+o(1) \qquad ⑤①$$

我们即得

$$M(V(n)\mid Z_N)=\frac{1}{N}\sum_{n=1}^{N}V(n)\sim\log\log N \qquad ⑤②$$

及

$$D^2(V(n)\mid Z_N)\sim\frac{1}{N}\sum_{n=1}^{N}(V(n)-\log\log N)^2\sim\log\log N \qquad ⑤③$$

由 ⑤② 及 ⑤③,利用 Чебышев 不等式(定理 2),立刻可以得出:若 $\omega(N)$ 是任意一个当 $N\to+\infty$ 时超于 $+\infty$ 的函数,则我们有

$$\lim_{N\to+\infty} P(|V(n)-\log\log N|>\omega(N)\sqrt{\log\log N} \mid Z_N)=0 \quad ⑭$$

换言之,使得 $|V(n)-\log\log N|>\omega(N)\sqrt{\log\log N}$ 的整数 $n\leqslant N$ 的数目为 $o(N)$. 这就是著名的 G. H. Hardy 和 S. Ramanujan[10] 的定理. 上述的证明属于 P. Turán(参看[11],[12],[13]). 值得提一下,在 1934 年,当 Turán 发现这一证明时,他没有发觉他用了 Чебышев 不等式,因而他的 Hardy-Ramanujan 定理的证明是一概率证明.

至于 $V(n)$ 的值的分布,我们已经知道的还要更多一些. P. Erdös 和 M. Kac[14] 曾经证明了下面的:

定理 11 对每一实数 x,我们有

$$\lim_{N\to\infty} P(V(n)-\log\log N< x\sqrt{\log\log N} \mid Z_N)=\Phi(x) \quad ⑮$$

换言之,$V(n)$ 在 Z_N 上的分布当 $N\to+\infty$ 时为渐近正态,均值和离差两者皆等于 $\log\log N$.

注意当以 $U(n)$ 代替 $V(n)$ 时,类似的命题乃是定理 9 的一特殊情形. 但定理 11 并不包含在定理 9 中,因为 $V(n)$ 是堆垒的(而且是绝对堆垒的),但不是强堆垒的. 不管怎样,$U(n)$ 和 $V(n)$ 的变化情形非常相似,定理 11 可以从关于 $U(n)$ 的相应命题容易推出.

正如已经说过的,Erdös 和 Kac 的创造性证明方法除了概率的考虑之外还用到 V. Brun 的筛法. 定理 11 的一些别的证明,这关于 Delange[29] 和 Halberstam[30],是基于矩论的方法. 所有的这些证明皆包含相当精致的数论考虑,因而还非简单的证明. 下面我们将描述一下定理 11 的解析证明,这是在[15]中

发表的,它用到了黎曼 ζ 函数的理论,此外还用到了属于概率论的定理 3,这是定理 11 最直接的证明. 这一解析进路的可能性是 P. Turán 在他的学位论文[11] 中指出的,在这篇论文里,他对于 Hardy 和 Ramanujan 的定理除了给出上述的初等证明之外,也给了一个解析证明. 这一解析进路之所以在论文[15] 出来之前一直没有人接下去的原因,可有是在于[11] 只用匈牙利文发表,而 Turán 关于同一问题的其他两篇文章[12] 和[13] 则只涉及初等方法. 这解析方法表现得确比别的方法优越,因为在[15] 中,W. J. Leveque[16] 的一个猜测得到证明,而这一猜测用别的方法则无能为力. 刚才提到的在[15] 中所证明的 Leveque 的猜测是说:Erdös 和 Kac 的定理 11 可以改进为:

定理 12

$$P(V(n)-\log\log N<x\sqrt{\log\log N}\mid Z_N)=\Phi(x)+O\left(\frac{1}{\sqrt{\log\log N}}\right) \qquad ⑯$$

于此,O 项关于 $x(-\infty<x<+\infty)$ 是一致的.

⑯ 可能是最好的,即是说,⑯ 右边关于 x 为一致的 O 不能代之以关于 x 为一致的 o. 前此最好的结果是 Кубилюс[4] 的结果,他证明 ⑯ 中的余项为 $O\left(\frac{\log\log\log N}{\sqrt{\log\log N}}\right)$,关于 x 为一致(Кубилюс 也曾研究余项与 x 相关的情形;在这里我们不考虑这一问题).

在这里,我们将描述一下定理 11 和 12 的解析方法证明. 对于更进一步的详细报道,读者可参考论文[15].

我们来讨论狄利克雷级数

$$\lambda(s,u)=\sum_{n=1}^{\infty}\frac{e^{iuV(n)}}{n^s} \tag{57}$$

于此，u 是一实数，而 $s=\sigma+it$ 则为一复数. ㊼ 右边的级数当 $\sigma>1$ 时显然收敛. 因 $e^{iuV(n)}$ 是一完全积性函数，即

$$e^{iuV(nm)}=e^{iuV(n)}\cdot e^{iuV(m)}$$

对于任意一对自然数 m,n 皆成立，故得

$$\lambda(s,u)=\prod_{p=2}^{\infty}(1-e^{iu}p^{-s})^{-1} \tag{58}$$

今后，p 常跑过所有的素数. 今设

$$\mu(s,u)=\lambda(s,u)\zeta(s)^{-e^{iu}} \tag{59}$$

于此

$$\zeta(s)=\sum_{n=1}^{\infty}\frac{1}{n^s}=\prod_{p=2}^{\infty}(1-p^{-s})^{-1} \tag{60}$$

是著名的黎曼 ζ 函数. 显而易见，当 $\sigma>1$ 时，我们有

$$\log\mu(s,u)=\sum_{p=2}^{\infty}\sum_{k=2}^{\infty}\frac{e^{iu}(e^{iu(k-1)}-1)}{kp^{ks}} \tag{61}$$

因 ㊶ 右边的级数当 $\sigma\geqslant\frac{1}{2}+\varepsilon$ 时一致收敛，于此 $\varepsilon>0$ 为任意的数，故 $\mu(s,u)$ 对于任何实的 u 在开半平面 $\sigma>\frac{1}{2}$ 上为 s 的一正则函数.

令

$$S(n,u)=\sum_{k=1}^{n}\log\frac{n}{k}\cdot e^{iuV(k)} \tag{62}$$

则由狄利克雷级数论中之一著名定理，当 $c>1$ 时，我们有

$$S(n,u)=\frac{1}{2\pi i}\int_{c-i\infty}^{c+i\infty}\frac{n^s\lambda(s,u)ds}{s^2} \tag{63}$$

施行分解

$$\lambda(s,u)=\frac{\mu(s,u)}{(s-1)^{e^{iu}}}+\mu(s,u)\left(\zeta(s)^{e^{iu}}-\frac{1}{(s-1)^{e^{iu}}}\right)$$

并将积分路径移至直线$\sigma=1+it$,然后利用关于ζ函数在这直线上众所周知的估值,我们就得到

$$S(n,u)=\frac{\mu(1,u)}{2\pi i}\int_{c-i\infty}^{c+i\infty}\frac{n^s ds}{(s-1)e^{iu}}+O\left(\frac{n}{\log n}\right) \quad ⑭$$

利用关于Γ函数从所周知的积分表示

$$\Gamma(z)=\int_0^{\infty}e^{-u}u^{z-1}du, 当 Rz>0$$

及其函数方程

$$\Gamma(z)\Gamma(1-z)=\frac{\pi}{\sin \pi z}$$

我们即得

$$\frac{1}{2\pi i}\int_{c-i\infty}^{c+i\infty}\frac{n^s ds}{(s-1)^{e^{iu}}}=\frac{n(\log n)^{e^{iu}-1}}{\Gamma(e^{iu})} \quad ⑮$$

如是,我们最后即得

$$S(n,u)=\frac{n\cdot\mu(1,u)}{\Gamma(e^{iu})}(\log n)^{e^{iu}-1}+O\left(\frac{n}{\log n}\right) \quad ⑯$$

现令

$$s(n,u)=\sum_{k\leqslant n}e^{iuV(k)} \quad ⑰$$

因

$$S(n,u)=\int_1^n\frac{s(x,u)}{x}dx$$

由⑯,我们即得

$$\frac{s(n,u)}{n}=\frac{\mu(1,u)}{\Gamma(e^{iu})}(\log n)^{e^{iu}-1}\left(1+O\left(\frac{|u|}{\log n}\right)\right)+O\left(\frac{1}{\log n}\right) \quad ⑱$$

但

$$\varphi_n(n)=\frac{s(n,u)}{n} \tag{69}$$

显然是 Z_n 上的随机变数 $V(k)$ 的特征函数. 故欲利用定理 3 证明定理 11,只需证明对于任何实数 u,有

$$\lim_{n\to\infty}\varphi_n\left(\frac{n}{\sqrt{\log\log n}}\right)e^{-\mathrm{i}u\sqrt{\log\log n}}=\mathrm{e}^{-\frac{u^2}{2}} \tag{70}$$

但 ⑦0 可以从 ⑥8 经司机计算容易得出. 由是定理 11 即告证明.

要证明定理 12,我们需要将定理 3 代之以下面一个由 C. G. Esseen[17] 所得到的定理.

定理 13　若 $F(x)$ 和 $G(x)$ 是两个分布函数, $G'(x)$ 对于所有的 x 皆存在, $|G'(x)|\leqslant A$,并且若以 $\varphi(n)$ 和 $\psi(u)$ 分别记 $F(x)$ 及 $G(x)$ 的特征函数,则

$$\int_{-T}^{+T}\left|\frac{\varphi(u)-\psi(u)}{u}\right|\mathrm{d}u<\varepsilon$$

由是对于 $-\infty<x<+\infty$ 即得

$$|F(x)-G(x)|<K\left(\varepsilon+\frac{A}{T}\right)$$

于此 K 是一绝对常数.

将定理 13 运用于 $F(x)=P(V(k)-\log\log n<x\sqrt{\log\log n}\mid Z_n)$, $G(x)=\Phi(x)$, $A=\frac{1}{\sqrt{2\pi}}$, $T=\sqrt{\log\log n}$, $\varepsilon=\frac{c}{\sqrt{\log\log n}}$,于此, $c>0$ 是一常数,则由 ⑥8 我们即得 ⑤6. 由是定理 12(Leveque 的猜测) 即告证明. 欲证明 ⑤6 不可得改进(对 $x=0$),我们将利用 P. Erdös[18] 及 L. G. Sathe[19] 之一定理(参考[30]). 按照这个定理,假若令 $\pi_r(n)$ 记所有满足关于 $V(k)=r$ 之整数 $k\leqslant n$ 的数目,则对于所有使得 $\left|\frac{r-\log\log n}{\sqrt{\log\log n}}\right|$ 为

有界之 r

$$\pi_r(n) \sim \frac{n(\log\log n)^{r-1}\mathrm{e}^{-\log\log n}}{(r-1)!} \tag{71}$$

(Sathe 证明了 ⑪ 当 $r < c\log\log 2$ 时成立,其中 $c<2$,但这在此地并不需要).

注意 ⑪ 当 $r=1$ 时无非就是素数定理,而对于任何固定之 $r>1$ 及 $n\to+\infty$,恰如 E. Landau 所指出,它可从素数定理得出. 公式 ⑪ 可以解释成为:在条件 Z_n 之下,随机变数 $V(k)$ 的分布对于大的值 n 可以很好地用均值 $\lambda=\log\log n$ 的泊松分布去逼近. 这说明为什么 Z_n 上 $V(k)$ 的均值和离差当 $n\to+\infty$ 时渐近相等.

还须补充一点,由于泊松分布当 $\lambda\to+\infty$ 时趋于正则分布,故定理 11 可从 ⑪ 推出;实际上,若 ξ_λ 具有均值为 λ 的一泊松分布,则

$$\varphi_{\xi_\lambda}(t)=\mathrm{e}^{\lambda(\mathrm{e}^{\mathrm{i}t}-1)} \tag{72}$$

由是有

$$\lim_{\lambda\to+\infty}\varphi_{\xi_\lambda}\left(\frac{t}{\sqrt{\lambda}}\right)\mathrm{e}^{-\mathrm{i}t\sqrt{\lambda}}=\mathrm{e}^{-t^2/2} \tag{73}$$

由定理 3,即得

$$\lim_{\lambda\to+\infty}P\left(\frac{\xi_\lambda-\lambda}{\sqrt{\lambda}}<x\right)=\Phi(x) \tag{74}$$

⑪ 之另一推论可述如下:令

$$V^*(k)=k-[\log\log k]$$

则 $V^*(k)$ 在 Z_n 上的条件分布当 $n\to+\infty$ 时趋于整数集上的一致条件分布. 换言之,对于任何二整数 i 和 j,有

$$\lim_{n\to\infty}\frac{P(V^*(k)=i\mid Z_n)}{P(V^*(k)=j\mid Z_n)}=1 \tag{75}$$

以上用于 $V(n)$ 的论证也可类似地用于其他的数

论函数.在[15]中曾经证明下面的一般性定理成立.

定理 14　设 $f(n)$ 是满足下列条件的堆垒数论函数：

(a) $f(p)=1$ 对任何素数 p 成立；

(b) $|f(p^k)|\leqslant k^\alpha$ 对某一常数 $\alpha>0$ 及任何素数 p 和 $k=1,2,\cdots$ 成立.

则有

$$P(f(n)-\log\log N<x\sqrt{\log\log N}\mid Z_N)=\Phi(x)+O\left(\frac{1}{\sqrt{\log\log N}}\right) \tag{76}$$

定理 14 中之条件(a)及(b)除了对于 $V(n)$ 之外，对于(例如)$U(n)$ 及 $\log_2 d(n)$ 等皆成立，于此，$d(n)$ 为 n 之除数的个数.由是我们即得

$$P(U(n)-\log\log N<x\sqrt{\log\log N}\mid Z_N)=\Phi(x)+O\left(\frac{1}{\sqrt{\log\log N}}\right) \tag{77}$$

及

$$P(d(n)<2^{\log\log N+x\sqrt{\log\log N}}\mid Z_N)=\Phi(x)+O\left(\frac{1}{\sqrt{\log\log N}}\right) \tag{78}$$

解析方法当然还可以运用于大量的堆垒数论函数.很可能，它的应用范围包括有极限分布存在的各种情形(例如定理 10 所包括的情形).无论如何，在一般性情形所需要的解析技巧当更为复杂.

最后还必须说明，公式㊵也可以很容易的由解析方法得出，只需注意我们有

$$\sum_{n=1}^{\infty}\frac{\mathrm{e}^{\mathrm{i}u\Delta(n)}}{n^s}=\zeta(s)\prod_{p=2}^{\infty}(1-p^{-s})\left(1+\frac{1}{p^s-\mathrm{e}^{\mathrm{i}u}}\right) \quad ⑲$$

3.7 丢番图分析中某些问题的概率进路

空集经常具有概率 0. 因此,假若我们能证明某一集 A 之概率为正,我们就可深信集 A 至少包含一个元素,虽然不知道 A 中任何一个元素. 再有,假若所论的概率空间是这样的一个空间,其中每一个只由一个元素作成的集具有概率 0(比如 3.2 中例 2 就是这样的空间),则由概率的 σ 可加性,每一可数集亦具有概率 0. 如是,在这种情形,若我们证明了集 A 具有正概率,即知 A 是非可数集.

这种给出存在证明的方法有时是比实际去构造要简单得多,而且有时是唯一可以用来证明问题中的对象存在的方法. 在这小节中,我们将要来处理这类问题. 所述的存在证明的方法曾经用于许多其他别的问题. 在 3.9,3.10,3.11 中我们将要看到一些别的例子(另外一个例子是天体力学中三体问题中的俘获的可能性).

本小节的内容乃是 P. Erdös 和 Rényi Alfréd 合作的一篇论文[20] 的一个摘要. 我们的研究与下述狄利克雷的古典定理有关.

定理 15　若 $\alpha_1,\alpha_2,\cdots,\alpha_n$ 是任意的实数,$D\geqslant 2$ 是一整数,则在区间 $1\leqslant k\leqslant D^n$ 内存在一整数 k,使得我们可以找到整数 $b_1,b_2,\cdots,b_n$ 使不等式组

$$|k\alpha_j-b_j|\leqslant\frac{1}{D},j=1,2,\cdots,n \quad ⑳$$

皆成立.

在这种形式之下,狄利克雷定理是可能最好的,正

如我们可以从下面的例子看出：若 $\alpha_j=\frac{1}{D^j}(j=1,2,\cdots,n)$，则对任何满足关系 $1\leqslant k\leqslant D^n-1$ 的整数 k，在数目 $\alpha_1,\alpha_2,\cdots,\alpha_n$ 中有一个，说它是 α_j，使得 $|k\alpha_j-b|\geqslant\frac{1}{D}$ 对于任何所选取的整数 b 皆成立.

在分析及解析数论中，狄利克雷定理的下述推论常被用到：若 $D\geqslant 5, z_j=\mathrm{e}^{2\pi\mathrm{i}\alpha_j}$，则在方幂和

$$S_k=\sum_{j=1}^{n}z_j^k, k=1,2,\cdots,D^n \tag{81}$$

中，至少有一个满足关系

$$|S_k|\geqslant n\cos\frac{2\pi}{D} \tag{82}$$

这结果可以叙述成下面一个与之等价的形式：

定理 16　对于任意的 n 个复数 $z_j=\mathrm{e}^{2\pi\mathrm{i}\alpha_j}(j=1,2,\cdots,n;\alpha_j$ 为实数)，我们有

$$\max_{1\leqslant k\leqslant A_c^n}|S_k|\geqslant cn \tag{83}$$

于此，$0<c<1, A_c=[2\pi/\arccos c]+1$.

（今后 $[z]$ 常表 z 的整数部分.）

发生了这样的问题，狄利克雷定理的这一修改过的形式（勿宁说是推论）是否可以在本质上加以改进.显而易见，这问题的答案不能因为狄利克雷定理就它原来的形式是可能最好的这样一个事实推出.事实上，要想 $|S_k|$ 很大（靠近 1），并不需要所有的 $z_j^k(j=1,2,\cdots,n)$ 都靠近 1，只需有大量的数目 $z_j^k(j=1,2,\cdots,n)$ 靠近同一数目 $\zeta=\mathrm{e}^{\mathrm{i}\varphi}$ 即可.

我们也可以把这种情况的特点说明如下：要想 $|S_k|$（和 n 比较起来）很小，必须点 $z_j^k(j=1,2,\cdots,n)$ 在单位圆周上相当一致地分布.

利用概率论方法,我们将指出,⑧③ 除了 A_c 确实可用一较小的数目代替之外,不可能有多大改进. 我们将证明下述:

定理 17 对于任何整数 $n \geqslant 2$ 及任何满足条件 $0 < c < 1$ 的 c,存在一组单位模[①]复数 $z_1, z_2, \cdots, z_n$,使得

$$\max_{1 \leqslant k < \frac{1}{4}(e^{c^2/2})^n} |S_k| < cn \tag{84}$$

于此

$$S_k = \sum_{j=1}^{n} z_j^k, k = 1, 2, \cdots$$

我们将要来证明定理 17,方法是先在由单位模复数所组成的 n 度空间$(z_1, z_2, \cdots, z_n)$中引入一适当的概率测度,然后证明关系 ⑧④ 的概率为正. 因为证明很简单而且只用到初等概率论,所以我们把它详细写出.

我们现将单位模复数 $z_1, z_2, \cdots, z_n$ 看成一组复值随机变数,它们互相无关,且各在单位圆周上一致分布. 这些假定可如实的表现(比如说)如下:我们选取 3.2 例 2 中所引入的概率空间 $\mathscr{L}_n$,即是说,我们取 n 次元欧氏空间中之单位立方体 $0 \leqslant x_j \leqslant 1 (j = 1, 2, \cdots, n)$ 作为 Ω,其中之点我们以 $x = (x_1, x_2, \cdots, x_n)$ 记之,并定义 n 次元勒贝格测度为概率. 在概率空间 $\mathscr{L}_n$ 上,我们定义复值随机变数 Z_j 如下

$$Z_j = z_j(x) = e^{2\pi i x_j}, j = 1, 2, \cdots, n$$

显而易见,Z_j 在单位圆周上为一致分布,就是说,Z_j 属于点 $e^{2\pi i\alpha}$ 和 $e^{2\pi i\beta} (0 \leqslant \alpha < \beta \leqslant 1)$ 之间的弧段的概率等

---

① 绝对值为 1 的数.

于 $\beta-\alpha$. 容易看出，同样的事情对于随机变数 $z_j^k(k=2,3,\cdots)$ 也成立，此外，集 $(z_1^k,z_2^k,\cdots,z_n^k)$ 也是一个互相无关的随机变数之集. 由是，关于集 $(z_1,z_2,\cdots,z_n)$ 的任何概率命题对 $(z_1^k,z_2^k,\cdots,z_n^k)$ 亦复有用. 我们先对关于这种随机变数集证明一个定理.

定理 18　若 $\xi_1,\xi_2,\cdots,\xi_n$ 是互相无关的复值随机变数，其各在单位圆周上一致分布，又

$$\zeta_n=\xi_1+\xi_2+\cdots+\xi_n$$

则对 $0<c<1$，我们有

$$P(|\zeta_n|\leqslant cn)\leqslant 4e^{-\frac{c^2n}{2}} \tag{85}$$

定理 18 的证明，我们来计算 $|e^{\lambda\zeta_n}|$ 的均值，于此 λ 为实数.

由 ⑪，我们得到

$$M(|e^{\lambda\zeta_n}|)=M\Big(\prod_{j=1}^{n}|e^{\lambda\xi_j}|\Big)=[M(|e^{\lambda\xi_j}|)]^n \tag{86}$$

由是有

$$M(|e^{\lambda\zeta_n}|)=\left(\frac{1}{2\pi}\int_0^{2\pi}e^{\lambda\cos\varphi}d\varphi\right)^n=[J_0(i\lambda)]^n \tag{87}$$

于此，$J_0(x)$ 表 0 阶的 Bessel 函数，即

$$J_0(x)=\sum_{k=0}^{\infty}\frac{(-1)^k\left(\frac{x}{2}\right)^{2k}}{(k!)^2} \tag{88}$$

因显然有

$$J_0(i\lambda)=\sum_{k=0}^{\infty}\frac{1}{k!^2}\left(\frac{\lambda}{2}\right)^{2k}\leqslant\sum_{k=0}^{\infty}\frac{1}{k!}\left(\frac{\lambda}{2}\right)^{2k}=e^{\frac{\lambda^2}{4}} \tag{89}$$

故得

$$M(|e^{\lambda\zeta_n}|)\leqslant e^{\frac{n\lambda^2}{4}} \tag{90}$$

令 $R(\omega)$ 记复数 ω 的实部分. 因为随机变数 z_j，

$-z_j$, $\mathrm{i}z_j$ 及 $-\mathrm{i}z_j$ 皆是同样地分布,故随机变数 $R(z_j)$, $R(-z_j)$, $R(\mathrm{i}z_j)$ 及 $R(-\mathrm{i}z_j)$ 也皆是同样地分布. 试注意,若 $\omega=u+\mathrm{i}v$ 当(u 及 v 为实数),则有

$$|\omega|=\sqrt{u^2+v^2}\leqslant\sqrt{2}\max(|u|,|v|)=$$
$$\sqrt{2}\max(R(\omega),R(-\omega))$$
$$R(\mathrm{i}\omega),R(-\mathrm{i}\omega) \tag{91}$$

运用 (91) 于 $\omega=|\zeta_n|$,并且由于 ζ_n, $-\zeta_n$, $\mathrm{i}\zeta_n$ 及 $-\mathrm{i}\zeta_n$ 皆具有相同的分布,则由不等式 ③ 及 ④,对于 $0<c<1$ 我们有

$$P(|\zeta_n|\geqslant cn)\leqslant 4P\left(R(\zeta_n)\geqslant\frac{cn}{\sqrt{2}}\right) \tag{92}$$

由是,若 $\lambda>0$,则得

$$P(|\zeta_n|\geqslant cn)\leqslant 4P(|\mathrm{e}^{\lambda\zeta_n}|\geqslant \mathrm{e}^{\frac{\lambda cn}{\sqrt{2}}}) \tag{93}$$

今运用 Марков 不等式(定理 1)于 $|\mathrm{e}^{\lambda\zeta_n}|$,则关于 (90),我们有

$$P(|\mathrm{e}^{\lambda\zeta_n}|\geqslant \mathrm{e}^{\frac{\lambda cn}{\sqrt{2}}})\leqslant \mathrm{e}^{n\left(\frac{\lambda^2}{4}-\frac{c\lambda}{\sqrt{2}}\right)} \tag{94}$$

结合 (93) 及 (94),并选取 $\lambda=c\sqrt{2}$(它使得 (94) 的右边取最小值),当 $0<c<1$ 时我们即得

$$P(|\zeta_n|\geqslant cn)\leqslant 4\mathrm{e}^{-\frac{c^2n}{2}} \tag{95}$$

由是定理 18 即告证明(这证明的主要概念与 С. Вернстейн 用于大数定律的证明中的主要概念相似).

定理 18 可运用于各个 $S_k(k=1,2,\cdots)$ 以代替 ζ_n. 由 ②,显然有

$$P(\max_{1\leqslant k\leqslant N}|S_k|\geqslant cn)\leqslant\sum_{k=1}^{N}P(|S_k|\geqslant cn) \tag{96}$$

由 (95),即得

$$P(\max_{1\leqslant k\leqslant N} |S_k| \geqslant cn) \leqslant 4Ne^{-\frac{c^2 n}{2}} \tag{97}$$

对于 N，我们选取为小于 $\frac{1}{4}e^{\frac{nc^2}{2}}$ 的最大整数，则由 ⑨⑦，即得

$$P(\max_{1\leqslant k<\frac{1}{4}e^{\frac{nc^2}{2}}} |S_k| \geqslant cn) < 1 \tag{98}$$

由是，因为余事件的概率之和等于 1，故得

$$P(\max_{1\leqslant k<\frac{1}{4}e^{\frac{nc^2}{2}}} |S_k| < cn) > 0 \tag{99}$$

故存在无穷多组单位模数 $(z_1, z_2, \cdots, z_n)$，使得

$$\max_{1\leqslant k<\frac{1}{4}e^{\frac{nc^2}{2}}} \left|\sum_{j=1}^{n} z_j^k\right| < cn \tag{100}$$

由是定理 17 即告证明.

熟悉 P. Turán 的重要工作[21] 的读者们，他们必会懂得为什么像定理 17 这样的结果是值得注意的. Turán 关于 $\max\limits_{a\leqslant k\leqslant b} |S_k|$ 给出了下述估值：他考虑了相当短的范围 (a,b)，给出了相当小的下界. 定理 17 指出，即使对于 k 的更长得多的范围，也不可能得出在本质上较大一些的下界.

关于这方面更进一步的结果可以参考[20]，在这篇文章里也提到了一些尚未解决的问题，下面的问题就是其中的一个：是否存在一个在 $0 < \varepsilon < 1$ 内定义的函数 $\delta(\varepsilon) > 0$，使得对于任何一组单位模复数 $z_1, z_2, \cdots, z_n$，可以在区间 $1 \leqslant k \leqslant (1+\varepsilon)^n$ 内求得一整数 k，使点 $z_j^k (j=1,2,\cdots,n)$ 不落在单位圆周上其长 $\geqslant \delta(\varepsilon)$ 之一弧内？

3.8 大筛法及其概率推广

Ю. В. Линник[22] 在 1944 年曾经在数论中发明了一种强有力的方法，他称之为"大筛法". 利用这种方法，他证明了下之：

定理 19 假设我们要来考虑一个任意的正整数列 $1 \leqslant n_1 < n_2 < \cdots < n_z \leqslant N$. 设 $f(p)$ 是一个正的整值函数，它对所有的素数 p 皆有定义，且对于这些 p，有 $f(p) < p$. 令

$$\tau = \min_{p < \sqrt{N}} \frac{f(p)}{p} \tag{101}$$

则对每一素数 $p < \sqrt{N}$，至多可能除去

$$V = \frac{20\pi N}{\tau^2 z} \tag{102}$$

个"例外"素数之外，整数 $n_1, n_2, \cdots, n_z$ 至少占有 $p - f(p)$ 个不同的剩余系 mod p.

大筛法曾为 Rényi Alfréd 在若干不同的方面加以推广. 在推广中最重要的一个步骤是我们能够证明：对于大多数的素数 $p < \sqrt{N}$，数 $n_k (k=1,2,\cdots,z)$ 不仅占有许多的剩余系 mod p，而且在这些剩余系里差不多是一致分布. 在[23]中，我证明了下之：

定理 20 假设我们要来考虑一个任意的正整数列 $1 \leqslant n_1 < n_2 < \cdots < n_z \leqslant N$. 设 $f(p)$ 为一正的整值函数，它对所有的素数 p 皆有定义，且对于这些 p，有 $f(p) < p$. 令

$$\tau = \min_{p < \sqrt{N}} \frac{f(p)}{p} \tag{103}$$

设 $Q(p)$ 为任一正函数，它对所有的 p 皆有定义，又设

$$Q=\max_{p<\sqrt{N}} Q(p) \tag{104}$$

令 $z(p,r)$ 记序列 $n_1,n_2,\cdots,n_z$ 中同余于 $r \bmod p(r=0,1,\cdots,p-1)$ 的 n_k 的个数.则对每一素数 $p<\sqrt{N}$,至多可能除去

$$V=\frac{3\pi N^2 Q^3}{2z^2\tau^{3/2}} \tag{105}$$

个"例外的"素数之外,对每一剩余 $r \bmod p$,至多可能除去 $f(p)$ 个"不规则的"剩余类之外,有

$$\left|z(p,r)-\frac{z}{p}\right|<\frac{z}{pQ(p)} \tag{106}$$

定理20,以其一个更为一般的形式,乃是 Rényi Alfréd 在1947年证明下列定理的主要工具:存在一常数 K,使得每一整数 n 可以表示成 $n=p+P$ 的形式,于此 p 为一素数,P 是这样的一个正整数,它的所有的素因子的数目不超过一常数 K(即 $V(P)\leqslant K$).

稍后一点,在1948年,我们证明了定理19和20,以及所有类似的定理,确属于概率论的范围.我们曾证明了一个一般性的概率论定理([26],也参考[24]及[25]),由这一定理,像定理19及20这一类型的结果即可得出.在本小节中,我们将要来证明这一般性的概率论定理(定理21),但所证明的定理较之[26]中的形式多少简化一些,而且我们将从这定理导出定理23,它与定理20类似,且可用于同样的目的.

首先,我们需要一些概率论中的补充材料.设 A_1,A_2,… 为一个在3.2中所定义的事件的完备集,又设 η 为任意一个具有有限均值的随机变数.由㉑所定义的条件均值 $M(\eta\mid A_k)$ 也可以写成一个抽象的勒贝格积分如下

$$M(\eta \mid A_k) = \frac{1}{P(A_k)} \int_{A_k} \eta \mathrm{d} P \tag{107}$$

因为勒贝格积分,在把它看成一个集函数时,是 σ 一可加,故由 ⑩⑦,即得

$$M(\eta) = \sum_k M(\eta \mid A_k) P(A_k) \tag{108}$$

显而易见,⑩⑧ 是全概率定理(参看 ②)的一个推理,假若 η 只取值 0 和 1 时,⑩⑧ 即化为全概率定理(关系 ⑩⑧ 有时称为全均值定理).

今设 ξ 为一具有零散概率分布的随机变数.此即谓,ξ 的所有可能的值作成的集是一有限的或可列无限的序列 $x_1, x_2, \cdots, x_n, \cdots$.今以 A_n 记事件 $\xi = x_n$,并假定对于所有使得 A_n 有定义的 n,$P(A_n) > 0$(ξ 以 0 概率所取的那种值可以略去不计).

显而易见,$\{A_k\}$ 是一事件完备集.今设 η 为一任意具有有限均值和离差的随机变数.我们把一随机变数,它在事件 A_k 出现的时候,即取值 $M(\eta \mid A_k)$(即若 $\omega \in A_k$,则 $M(\eta \mid \xi) = M(\eta \mid A_k)$)定义为"$\eta$ 关于 ξ 的条件均值",这我们将以 $M(\eta \mid \xi)$ 记之.由 ⑩⑧ 即知 $M(\eta \mid \xi)$ 的均值存在,且等于 η 的均值;即

$$M(M(\eta \mid \xi)) = M(\eta) \tag{109}$$

我们现来讨论随机变数 $M(\eta \mid \xi)$ 的离差,即量

$$D^2(M(\eta \mid \xi)) = \sum_k P(A_k)(M(\eta \mid A_k) - M(\eta))^2 \tag{110}$$

比

$$C_{\xi(\eta)} = \frac{D(M(\eta \mid \xi))}{D(\eta)} \tag{111}$$

称为 η 对 ξ 的相关比(参考[5],p.280),系由 K.

Pearson 引入统计学中的.

容易证明,我们常有

$$0 \leqslant C_{\xi(\eta)} \leqslant 1 \tag{112}$$

$C_{\xi(\eta)}$ 测量出 η 对 ξ 的相依性. 两个极端的情形如下:若 η 与 ξ 无关,则 $C_{\xi(\eta)}=0$,若在 η 和 ξ 之间有一函数关系,即若在条件 A_k 之下,η 等于一常数 $y_k=g(x_k)$(或者换另一句话说,$\eta=g(\xi)$),则 $C_{\xi}(\eta)=1$. 下面我们将经常用到量 $D^2(M(\eta \mid \xi))$.

现设 ζ_1 和 ζ_2 是两个零散随机变数,它们分别以正概率取值 $z_{1k}(k=1,2,\cdots)$ 和 $z_{2k}(k=1,2,\cdots)$. 我们分别以 A_{1k} 和 A_{2k} 记事件 $\zeta_1=z_{1k}$ 和 $\zeta_2=z_{2k}$. 我们今定义量 $d(\zeta_1,\zeta_2)$ 如下

$$d(\zeta_1,\zeta_2)=\sup_{(k,l)}\left|\frac{P(A_{1k}A_{2l})}{P(A_{1k})P(A_{2l})}-1\right| \tag{113}$$

这量在某种意义下测量出 ζ_1 和 ζ_2 之间的相依性. 显而易见,$d(\zeta_1,\zeta_2)=d(\zeta_2,\zeta_1)\geqslant 0$. 若 ζ_1 与 ζ_2 相互无关,而且只有在这种情形,我们有 $d(\zeta_1,\zeta_2)=0$.

设 $\xi_1,\xi_2,\cdots,\xi_n,\cdots$ 是有限个或可列无限个随机变数,令

$$d_{nm}=d(\xi_n,\xi_m) \tag{114}$$

若对任意一列满足关系 $\sum\limits_{n=1}^{\infty}x_n^2<+\infty$ 的实数 x_n,我们常有

$$\left|\sum_{n=1}^{\infty}\sum_{\substack{m=1\\ m\neq n}}^{\infty}d_{mn}x_nx_m\right|\leqslant \Delta\cdot\sum_{n=1}^{\infty}x_n^2 \tag{115}$$

我们即称 $\xi_1,\xi_2,\cdots,\xi_n,\cdots$ 为"模 Δ 的几乎独立"(almost independent with modulus of almost independence Δ). 显而易见,若序列 ξ_n 为模 Δ 的几乎

独立,则它就模 $\Delta' > \Delta$ 而言也是几乎独立(一有限的零散随机变数序列,按照上面的意来说,常就某些(大的)模而言为几乎独立).

现在,我们已经能够来叙述我们的定理,它可以看作是 Linnik 的"大筛法"的一概率推广.

定理 21　设 $\xi_1,\xi_2,\cdots,\xi_n,\cdots$ 是有限个或可列无限个具有零散分布的随机变数.我们假定序列 ξ_n 就模 Δ 而言为几乎独立.设 η 为任意一个使得 $M(\eta^2)$ 存在的随机变数.则我们有

$$\sum_{n=1}^{\infty} D^2(M(\eta \mid \xi_n)) \leqslant \max(1,\Delta) \cdot M(\eta^2) \qquad (116)$$

定理 21 的意义可以不需公式表示如下,虽然这种表示多少是比较笼统的:若零散随机变数序列 ξ_n(就某些较小的模 Δ 而言)为几乎独立,则任意一随机变数 η 在大多数的离差 $D^2(M(\eta \mid \xi_n))$(相关比 $C_{\xi_n}(\eta)$)为甚小这一意义之下与大多数的变数 ξ_n 几乎独立.至于像这样的一个定理之为确属可信,这从下面的一点注释似乎可以得到解释:若 η 与某些变数 ξ_n 密切相关,则它必然与其他的变数 ξ_n 几乎独立,因为诸变数 ξ_n 本身互为无关.

下面,我们将详细的来证明定理 21.在证明中,我们将需要一个关于拟正交随机变数的简单定理,这定理是正交函数论中 Bessel 不等式之一推广,系由(对于概率空间为 L_1 时的特别情形)R. P. Boas,Jr.[27] 所得出者.要陈述这一定理,我们现引入下之定义:设 ξ_n 为一列使得 $M(\xi_n^2)$ 存在的随机变数.令

$$C_{nm} = M(\xi_n \xi_m) \qquad (117)$$

若存在一正常数 K,使得对于任何满足关系 $\sum\limits_{n=1}^{\infty} x_n^2 <$

∞ 的序列 x_n，我们常有

$$\left|\sum_{n=1}^{\infty}\sum_{m=1}^{\infty}C_{nm}x_n x_m\right|\leqslant K\sum_{n=1}^{\infty}x_n^2 \tag{118}$$

则称序列 ξ_n 为一"具有上界 K 的拟正交"序列(显而易见，若序列 ξ_n 在通常意义之下为规格化正交，即 $M(\xi_n^2)=1$，且当 $n\neq m$ 时，$M(\xi_n\xi_n)=0$，则它即为具有上界 $K=1$ 的拟正交序列).

我们现在可以把 Boas 的定理叙述如下：

定理 22　若$\{\xi_n\}$是一具有上界 K 的拟正交随机变数序列，η 是任一使得 $M(\eta^2)$ 存在的随机变数. 令

$$\gamma_n=M(\eta\xi_n),n=1,2,\cdots \tag{119}$$

则我们有

$$\sum_{n=1}^{\infty}\gamma_n^2\leqslant KM(\eta^2) \tag{120}$$

定理 22 的证明　这证明很容易. 显而易见，对于任一整数 $N\geqslant 1$，有

$$M\left(\left(\eta-\frac{1}{K}\sum_{n=1}^{N}\gamma_n\xi_n\right)^2\right)=M(\eta^2)-\frac{2}{K}\sum_{n=1}^{N}\gamma_n^2+\frac{1}{K^2}\sum_{n=1}^{N}\sum_{m=1}^{N}C_{nm}\gamma_n\gamma_m\geqslant 0 \tag{121}$$

运用 (118) 于 (121) 右边是最后一个和数，我们即得

$$\frac{1}{K}\sum_{n=1}^{N}\gamma_n^2\leqslant M(\eta^2) \tag{122}$$

因 (122) 对于任意大的 N 皆成立，故定理 22 即告证明. 试注意，若诸随机变数 ξ_n 为规格化正交，则 (120) 即化为 Bessel 不等式.

我们现来证明定理 21. 设 ξ_n 的值以 $x_{nk}(k=1,$

2,…)记之.我们以 A_{nk} 记事件 $\xi_n = x_{nk}$,并令

$$P(A_{nk}) = p_{nk}, k = 1, 2, \cdots; n = 1, 2, \cdots \tag{123}$$

我们定义随机变数 ξ_{nk} 如下

$$\xi_{nk} = \begin{cases} 1, 若\ \xi_n = x_{nk}(在\ A_{nk}\ 出现的情形) \\ 0, 若不然 \end{cases} \tag{124}$$

并令

$$\xi_{nk}^* = \frac{\xi_{nk} - p_{nk}}{\sqrt{p_{nk}}}, n, k = 1, 2, \cdots \tag{125}$$

(我们假定处处有 $p_{nk} > 0$;ξ_n 以 0 概率取的值可略去不计).我们令

$$C_{nmkl} = M(\xi_{nk}^* \xi_{ml}^*) \tag{126}$$

则我们显然有

$$C_{nnkk} = 1 - p_{nk} \tag{127}$$

$$C_{nnkl} = -\sqrt{p_{nk} p_{nl}}, 当\ k \neq l\ 时 \tag{128}$$

又若 $n \neq m$,则

$$|C_{nmkl}| = \sqrt{p_{nk} p_{ml}} \left| \frac{P(A_{nk} A_{ml})}{P(A_{nk}) P(A_{ml})} - 1 \right| \leqslant \sqrt{p_{nk} p_{ml}}\, d(\xi_n, \xi_m) \tag{129}$$

利用⑫⑦ ~ ⑫⑨,容易证明:随机变数(二重)序列 $\{\xi_{nk}^*\}$ 为一具有上界 $K = \max(1, \Delta)$ 的拟正交序列,于此,Δ 是随机变数 ξ_n 的几乎独立性的模.事实上,令

$$S = \sum_{n=1}^{\infty} \sum_{m=1}^{\infty} \sum_{k=1}^{\infty} \sum_{l=1}^{\infty} C_{nmkl} x_{nk} x_{ml} \tag{130}$$

于此 x_{nk} 是一满足关系 $\sum_{n=1}^{\infty} \sum_{k=1}^{\infty} x_{nk}^2 < +\infty$ 的二重序列,又令

$$\theta_n = \sum_{k=1}^{\infty} x_{nk} \sqrt{p_{nk}} \tag{131}$$

我们即得

$$|S| \leqslant \sum_{n=1}^{\infty}\sum_{\substack{m=1\\ m\neq n}}^{\infty} d(\xi_n,\xi_m)\theta_n\theta_m + \sum_{n=1}^{\infty}\left(\sum_{k=1}^{\infty} x_{nk}^2 - \theta_n^2\right) \tag{132}$$

现令

$$T_n = \sum_{k=1}^{\infty} x_{nk}^2 \tag{133}$$

并运用柯西—施瓦兹(Cauchy-Schwarz)不等式于 ⑬①,因显然有

$$\sum_{k=1}^{\infty} p_{nk} = 1$$

我们即得

$$|\theta_n| \leqslant \sqrt{T_n} \tag{134}$$

由 Δ 的定义,我们从 ⑬② 即得

$$|S| \leqslant (\Delta - 1)\sum_{n=1}^{\infty}\theta_n^2 + \sum_{n=1}^{\infty}\sum_{k=1}^{\infty} x_{nk}^2 \tag{135}$$

如是,由 ⑬③⑬④ 及 ⑬⑤,即得

$$|S| \leqslant \max(1,\Delta)\cdot\sum_{n=1}^{\infty}\sum_{k=1}^{\infty} x_{nk}^2 \tag{136}$$

由是,我们已经证明,系 $\{\xi_{nk}^*\}$ 是一具有上界 $K = \max(1,\Delta)$ 的拟正交序列.

令

$$\gamma_{nk} = M(\eta\xi_{nk}^*) \tag{137}$$

则按照定理 22,即得

$$\sum_{n=1}^{\infty}\sum_{k=1}^{\infty}\gamma_{nk}^2 \leqslant \max(1,\Delta)M(\eta^2) \tag{138}$$

因由 ⑪⓪ 显然有

$$\sum_{k=1}^{\infty}\gamma_{nk}^2 = D^2(M(\eta \mid \xi_n)) \tag{139}$$

故 ⑬⑧ 可以写成

$$\sum_{n=1}^{\infty} D^2(M(\eta \mid \xi_n)) \leqslant \max(1,\Delta) \cdot M(\eta^2) \tag{140}$$

由是定理 21 即告证明.

显而易见,若诸变数在通常之意义下互相无关,则 $\Delta=0$,而由 ⑭⓪,即得

$$\sum_{n=1}^{\infty} D^2(M(\eta \mid \xi_n)) \leqslant M(\eta^2) \tag{141}$$

下面这一特殊情形值得提一下:若 η 是随机事件 B 的"示性变数",即当 $\omega \in B$ 时,$\eta=\eta(\omega)=1$,当 $\omega \in \overline{B}$ 时,$\eta=\eta(\omega)=0$,则 ⑭⓪ 即化为

$$\sum_{n=1}^{\infty}\sum_{k=1}^{\infty} \frac{(P(A_{nk}B)-P(A_{nk})P(B))^2}{P(A_{nk})} \leqslant \max(1,\Delta) \cdot P(B) \tag{142}$$

作为定理 21 之一应用,我们现来证明定理 23,其与定理 19 及 20 系属同一类型. 它告诉我们某些数论函数的值在关于一组素数模的剩余类中的分布情形.

我们现来讨论概率空间 Z_N,并对于每一素数 p 定义随机变数 ξ_p 如下

$$\xi_p=\xi_p(n)=r,当\ n \equiv r \bmod p, 0 \leqslant r \leqslant p-1 \tag{143}$$

设 $\eta=\eta(n)$ 为任一数论函数. 令

$$Z_\eta(p,r)=\sum_{\substack{1 \leqslant n \leqslant N \\ n \equiv r \bmod p}} \eta(n) \tag{144}$$

又令

$$z_\eta=\sum_{n=1}^{N} \eta(n) \tag{145}$$

$$z_{\eta^2}=\sum_{n=1}^{N} \eta^2(n) \tag{146}$$

我们现来计算随机变数 ξ_p 的几乎独立性的模,于此,p

跑过所有 $\leqslant A$ 的素数，A 满足关系

$$\max\left(\sqrt[3]{\frac{N}{2}},4\right)\leqslant A<\sqrt{\frac{N}{2}} \tag{147}$$

显而易见，⑭⑦ 隐含 $N>32$，这在下面我们将假定其成立.

经一些简单计算，我们可得

$$d(\xi_p,\xi_q)\leqslant\frac{2A^2}{N}，若\ p\neq q,p\leqslant A,q\leqslant A \tag{148}$$

（p 与 q 为素数）. 由是可知，随机变数 ξ_p（$p\leqslant A$）就模 $\Delta=\frac{2A^3}{N}$ 而言为几乎独立. 因为在我们现刻这种情形显然有

$$D^2(M(\eta\mid\xi_p))=\frac{1}{N}\sum_{r=0}^{p-1}\left[\frac{N-r}{p}\right]\left(\frac{z_\eta(p,r)}{\left[\frac{N-r}{p}\right]}-\frac{z_\eta}{N}\right)^2 \tag{149}$$

故由定理 21，即得

$$\sum_{p\leqslant A}p\sum_{r=0}^{p-1}\left(z_\eta(p,r)-z_\eta\frac{\left[\frac{N-r}{p}\right]}{N}\right)^2\leqslant 2A^3{z_\eta}^2 \tag{150}$$

今设 $f(p)$ 为一正的整值函数，其对所有的素数 p 皆有定义，且 $f(p)<p$. 令 $\tau=\min\limits_{p\leqslant A}\frac{f(p)}{p}$. 设 $Q(p)$ 为一正函数，并令 $Q=\max\limits_{p\leqslant A}Q(p)$. 我们假定 $2AQ\leqslant N$. 我们令 ν 记那种 $\leqslant A$ 的素数 p 的个数，对于这种素数 p，至少存在 $f(p)$ 个剩余类 r 使得

$$\mid z_\eta(r,p)-\frac{z_\eta}{p}\mid>\frac{z_\eta}{pQ(p)}$$

于是，由 ⑮⓪，我们即得

$$\nu\leqslant\frac{8A^3{z_\eta}^2Q^2}{\tau\cdot(z_\eta)^2} \tag{151}$$

由是,我们已经证明了下面的:

定理 23　设 N 为一整数, $N > 32$, A 是一满足不等式

$$\max\left(4, \sqrt[3]{\frac{N}{2}}\right) \leqslant A < \sqrt{\frac{N}{2}}$$

的正数. 设 $f(p)$ 为一正的整值函数,满足关系 $f(p) < p$. 令

$$\tau = \min_{p \leqslant A} \frac{f(p)}{p} \tag{152}$$

设 $Q(p)$ 为一正函数. 并令

$$Q = \max_{p \leqslant A} Q(p) \tag{153}$$

(在 ⑮② 和 ⑮③ 以及以后, p 常记素数). 设

$$2AQ \leqslant N \tag{154}$$

设 $\eta(n)$ 为一实数论函数,以 ⑭④⑭⑤ 及 ⑭⑥ 分别定义 $z_\eta(p, r)$, z_η 及 z_{η^2}. 如是,对于所有的素数 $p \leqslant A$,可能除去为数不超过

$$\nu = \left[\frac{8A^3 z_{\eta^2} Q^2}{\tau \cdot z_\eta^2}\right] \tag{155}$$

个"例外" 素数之外,则对 $r = 0, 1, \cdots, p-1$, 至多除 $f(p)$ 个"不规则的" 剩余类之外,我们有

$$\left| z_\eta(r, p) - \frac{z_\eta}{p} \right| \leqslant \frac{z_\eta}{pQ(p)} \tag{156}$$

当 $\eta(n)$ 只取 1 和 0 这两个值的这种特别情形是特别重要. 在这种情形,从定理 23,我们即得下之:

定理 24　设 N 为一整数, $N > 32$. 设 $1 \leqslant n_1 < n_2 < \cdots < n_z \leqslant N$ 为一列整数. 设 $f(p)$ 为一正的整值函数,其对所有的素数皆有定义. 定义 τ 如 ⑮②,又设 A 为满足不等式 ⑭⑦ 之一数. 设 $Q(p)$ 为一正函数,其对所有素数 p 皆有定义. 定义 Q 如 ⑮③,并假定 ⑮④ 成立. 设

$z(p,r)$ 为诸整数 $n_k(k=1,2,\cdots,z)$ 中同余于 $r \bmod p(r=1,2,\cdots,p-1)$ 者的个数. 则至多除

$$\nu=\left[\frac{8A^3Q^2}{z\tau}\right] \tag{157}$$

个"例外"素数之外,对于所有的 $p\leqslant A$,不等式

$$\left|z(p,r)-\frac{z}{p}\right|<\frac{z}{pQ(p)} \tag{158}$$

对于每一剩余 $r \bmod p$,可能除 $f(p)$ 个"不规则的"剩余类之外皆成立.

若我们将定理24与定理20加以比较,我们就会看出定理24关于 ν 与 Q 和 ν 与 $\frac{1}{\tau}$ 的依存关系方面给出了较好的结果,但它却在 A 上施加了更多的限制. 实际上,要想得出合理的结果,我们将取 A 至多有 N^α 的阶,于此,α 是某一满足关系 $0<\alpha<\frac{1}{2}$ 的数.

从应用的观点来看,这一损失并不关重要. 作为定理24之一特别情形,我们现陈述下之:

定理25 设 $\pi(N,p,r)$ 为算术级数 $pk+r(k=1,2,\cdots)$ 中 $\leqslant N$ 的素数的个数,于此,$1\leqslant r\leqslant p-1$,$p$ 为一素数,则

$$\pi(N,p,r)=\frac{\pi(N)}{p-1}+O\left(\frac{N}{\log N\cdot p^{1+\beta}}\right) \tag{159}$$

对于所有的素数 $p\leqslant N^\alpha$,至多除 $O(N^{\alpha(1-\delta)})$ 个"例外"素数之外,以及对于每一剩余 $r \bmod p(1\leqslant r\leqslant p-1)$,至多除 $p^{1-\gamma}$ 个"不规则"剩余之外,皆成立,只需假定正数 $\alpha,\beta,\gamma,\delta$ 满足不等式

$$3\geqslant\frac{1}{\alpha}>2+2\beta+\gamma+\delta \tag{160}$$

注意 ⑯⓪ 隐含 $\alpha < \frac{1}{2}$. 我们可以选取(比如说)$\alpha = \frac{2}{5}, \beta = \gamma = \delta = \frac{1}{10}$.

假若在定理 23 中我们选取 $\eta(n)$ 为

$$\eta(n) = \Lambda(n) = \begin{cases} \log p, 若\ n = p^k (p\ 为素数, k \geqslant 1\ 为整数) \\ 0, 在其他情形 \end{cases} \qquad (161)$$

所定义的 Mangoldt 函数;并令

$$\psi(N, p, r) = \sum_{\substack{n \leqslant N \\ n \equiv r \bmod p}} \Lambda(n), \psi(N) = \sum_{n=1}^{N} \Lambda(n) \qquad (162)$$

则我们即得出差数 $\psi(N, p, r) - \frac{\psi(N)}{p}$ 之一估值. 这种估值在[23]曾经用到.

除了[23]之外,关于大筛法在数论中的另一应用,可参考 P. T. Bateman, S. Chowla 及 P. Erdös 的论文[28].

看起来,大筛法在数论中应用的可能性还远没有达到止境. 定理 23 在概率论本身中也有一些有趣的应用,但这已超出了本节的范围.

3.9 实数的 q-adic 展式及 Cantor 级数的概率的理论

这一小节里所研究的问题的出发点是下述 E. Borel 定理[32]:

定理 26 考虑实数 $x (0 < x < 1)$ 的 q-adic 展式

$$x = \sum_{n=1}^{\infty} \frac{E_n(x)}{q^n} \qquad (163)$$

此处"位标"$E_n(x)$ 可以取 $0, 1, \cdots, q-1$ 中的任何一

个,而 q 为大于或等于 2 的任意整数. 令 $N_n^{(q)}(k,x)$ 表展式 ⑯③ 中前 n 个位标中出现整数 k 的次数,亦即

$$N_n^{(q)}(k,x)=\sum_{\substack{\varepsilon_j(x)=k\\1\leqslant j<n}}1,k=0,1,\cdots,q-1;n=1,2,\cdots \tag{164}$$

于是对几乎一切的 x 及 $k=0,1,\cdots,q-1$ 就有

$$\lim_{n\to\infty}\frac{N_n^{(q)}(k,x)}{n}=\frac{1}{q} \tag{165}$$

定理 26 可以解释为:对几乎一切 x,位标串 $E_n(x)(n=1,2,\cdots)$ 中出现 $0,1,\cdots,q-1$ 的极限频率相同. ⑯⑤ 对几乎一切 x 成立的意思当然就是在间隔 $(0,1)$ 中有一个子集 E_q,其勒贝格测度为 0,当 $x\in\overline{E}_q$ 时则 ⑯⑤ 成立. 因为可数无穷个零测集之和仍为零测集,故对几乎一切 x 及任意 $q\geqslant 2$,⑯⑤ 都成立. 关系式 ⑯⑤ 成立(对每一 $q\geqslant 2$)的 x,Borel 称之为正则数. 所以定理 26 就是说几乎一切的实数是正则数.

D. Raikov 推广了 Borel 定理[33]. 令(x)表 x 的分数部分亦即$(x)=x-[x]$,Raikov 定理就是:

定理 27 若 $f(x)$ 在$(0,1)$中 L—可积,则对任意整数 $q\geqslant 2$ 及几乎一切的 x,有

$$\lim_{n\to\infty}\frac{1}{n}\sum_{k=0}^{n-1}f((q^kx))=\int_0^1 f(t)\mathrm{d}t \tag{166}$$

F. Riesz 在[34]中指出 Raikov 定理是 Birkhoff 的个体遍历定理的特款,而 Birkhoff 的个体遍历定理的普遍的陈述(由 F. Riesz 所证)是下列定理:

定理 28 令 Ω 为任意空间,$\mathscr{A}$ 为 Ω 中子集的 σ 代数,$\mu(A)$ 为 $\mathscr{A}$ 上的有穷测度. 若 T_x 为空间 Ω 的一个保测度变换(亦即,若令 $T^{-1}E=\{\omega\in\Omega\mid T\omega\in E\}$,此处

$E \in \mathscr{A}$,则 $\mu(T^{-1}E)=\mu(E)$),令 $f(\omega)$ 为 Ω 上可积函数,于是对几乎一切 $\omega \in \Omega$,下列极限存在

$$\lim_{n\to\infty}\frac{1}{n}\sum_{k=0}^{n-1}f(T^k\omega)=f^*(\omega) \tag{167}$$

此外若变换 T 为遍历(亦即 $E=T^- E$ 蕴含或则 $\mu(E)=0$ 或则 $\mu(\overline{E})=0$),则 $f^*(\omega)$ 对几乎一切 ω 而言是常数,它等于 $\frac{1}{\mu(\Omega)}\int_\Omega f(\omega)\mathrm{d}\mu$,这就是说在新加条件下,对几乎一切 $\omega \in \Omega$,我们有

$$\lim_{n\to\infty}\frac{1}{n}\sum_{k=0}^{n-1}f(T^k\omega)=\frac{1}{\mu(\Omega)}\int_\Omega f(\omega)\mathrm{d}\mu \tag{168}$$

若在定理 28 中令 Ω 为间隔 $(0,1)$,μ 为通常勒贝格测度,$Tx=(qx)$,(易知这一变换是保勒贝格测度的,也不难证明这一变换是遍历的),由此便可推出定理 27.

Borel 定理显然是定理 27 的特款,因为在定理 27 中取 $f(x)=f_k(x)$,而

$$f_k(x)=\begin{cases}1,\text{若}\dfrac{k}{q}\leqslant x<\dfrac{k+1}{q},k=0,1\cdots q-1\\0,\text{其他}\end{cases} \tag{169}$$

即得 Borel 定理. Borel 定理也是概率论中强大数法则(定理 5)的特款. 事实上若在概率空间 $\mathscr{L}_1$ 上我们定义随机变数 $\xi_n^{(k)}$ 如下

$$\xi_n^{(k)}=\xi_n^{(k)}(x)=\begin{cases}1,\text{若 }E_n(x)=k\\0,\text{其他}\end{cases} \tag{170}$$

于是容易看出随机变数 $\xi_n^{(k)}(n=1,2,\cdots)$ 为独立,而且是相同分布的

$$P(\xi_n^{(k)}=1)=\frac{1}{q},P(\xi_n^{(k)}=0)=1-\frac{1}{q}$$

其均值 $M(\xi_n^{(k)})=\frac{1}{q}$,所以定理 26 确是定理 5 的后果.

Borel 定理的第三个证明可以由著名的 H. Weyl 定理[35] 推出. 事实上依据 Weyl 定理可知序列 $(q^n x)(n=1,2,\cdots)$ 对几乎一切的 x 是在间隔 $(0,1)$ 中一致分布的;这也就是说若令 $F_n(x,a,b)$ 表那些正整数 $k\leqslant n$,它们满足条件 $0\leqslant a\leqslant(q^k x)<b\leqslant 1$,于是对几乎一切 x

$$\lim_{n\to\infty}\frac{F_n(x,a,b)}{n}=b-a \tag{171}$$

因为 $E_{n+1}(x)=[q(q^n x)]$,所以若在 ⑰ 中取 $a=\frac{k}{q}$,$b=\frac{k+1}{q}$,就可得到 Borel 的定理 26.(当然 ⑰ 是 ⑯ 的特款. 实际上由 Weyl 定理可以推出 ⑯ 对任意黎曼可积函数 $f(x)$ 能够成立,但不对任意勒贝格可积函数). 至于 Borel 定理的其他证明请参看[66] 及[67].

把 Borel 定理推广到 Cantor 级数上(参看[7] 及[36] 还要参看 P. Turán 的文章[37],在[37] 中研究了 Cantor 级数的某些问题,但所用的方法不同;Turán 的结果在[36] 中用概率论的方法重加证明).

令 $q_n(n=1,2,\cdots)$ 为任意自然数串,但要限定 $q_n\geqslant 2$. 于是在$[0,1]$中的任意实数 x 可以展为相应于序列 q_n 的 Cantor 级数如下(参看[38] 及[39])

$$x=\sum_{n=1}^{\infty}\frac{E_n(x)}{q_1q_2\cdots q_n} \tag{172}$$

这里位标 $E_n(x)$ 可以取 $0,1,\cdots,q_n-1(n=1,2,\cdots)$. Cantor 级数是 q-adic 展式的直接而自然的推广,因为若每一个 q_n 都等于 $q\geqslant 2$,则 ⑰ 即化为 ⑯.

在[36] 里证明了下述定理.

定理 29 令 $N_n(k,x)$ 为展式 ⑰ 中前 n 个位标

$E_1(x),E_2(x),\cdots,E_n(x)$ 中出现正整数 k 的次数. 设

$$\sum_{n=1}^{\infty}\frac{1}{q_n}=+\infty \tag{173}$$

于是对几乎一切 $x(0\leqslant x\leqslant 1)$ 有

$$\lim_{n\to\infty}\frac{N_n(k,x)}{\sum\limits_{\substack{j\leqslant n\\ k<q_j}}\frac{1}{q_j}}=1,k=0,1,\cdots \tag{174}$$

若 ⑰ 中分母当 $n\to\infty$ 时趋于 $+\infty$.

⑰ 中分母中的和数只对那类的 j 求和:$j\leqslant n$ 而且 $k<q_j$,亦即那类的 j 使 k 是 $E_j(x)$ 的一个可能值.

现在让我们指出定理 29 的一些推论,显见若 $q_n=q(n=1,2,\cdots)$,则 $\sum\limits_{\substack{j\leqslant n\\ k<q_j}}\frac{1}{q_j}=\frac{n}{q}$ 当 $k=0,,\cdots,q-1$. 所以 Borel 的定理 26 是定理 29 的特款. 若除了假设 ⑰ 之外还假设

$$\lim_{n\to\infty}\frac{1}{q_n}=0 \tag{175}$$

于是由 ⑰ 可以推出:对几乎一切 x 及任意两个非负整数 k 及 l,有

$$\lim_{n\to\infty}\frac{N_n(k,x)}{N_n(l,x)}=1 \tag{176}$$

这就是说,除了 ⑰ 之外,⑰ 也成立时,则 Cantor 级数 ⑰ 中的位标串 $E_n(x)(n=1,2,\cdots)$ 里在极限下是"等常"出现每一个非负整数的(对几乎一切的 x).

用了 A. H. 廓洛莫格若夫的三级数定理(定理 8)来导出定理 29 的. 将此法说明如下.

令

$$\xi_{nk}=\begin{cases}1,若\ E_n(x)=k\\ 0,其他\end{cases} \tag{177}$$

定义随机变数 η_n 如下

$$\eta_n=\frac{\xi_{nk}-\frac{1}{q_n}}{\sum\limits_{\substack{j=1\\k<q_j}}^{n}\frac{1}{q_j}},\text{若 } k<q_n;\eta_n\equiv 0,\text{其他} \tag{178}$$

把定理8应用于级数 $\sum\limits_{n=1}^{\infty}\eta_n$ 上，显见随机变数 η_n 是独立的，$M(\eta_n)=0$，经过一些计算可知，若 k 为这样的整数它使序列

$$b_n=\sum_{\substack{j\leqslant n\\k<q_j}}\frac{1}{q_j},n=1,2,\cdots \tag{179}$$

趋于 $+\infty(n\to\infty)$，则 $\sum\limits_{n=1}^{\infty}D^2(\eta_k)<\infty$. 于是应用定理 8 知级数 $\sum\limits_{n=1}^{\infty}\eta_n$ 概率为 1 地收敛. 再用 Kronecker 熟知的引理推知，概率为 1 地有

$$\lim_{n\to\infty}\frac{\sum\limits_{j=1}^{n}b_j\eta_j}{b_n}=0 \tag{180}$$

而 ⑱⓪ 即等价于 ⑰④.

必须注明定理 29 不能由遍历定理（定理 28 中推出，也不能由 Weyl 定理推出. 证明定理 29 的唯一有效的办法就是上述的利用概率论的方法.）

3.3 中所给的概率论普遍定理对于实数的 Cantor 级数及 q-adic 展式的位标序列还可以引出其他的结果. 利用定理 6 可以得到下列结果.

定理 30　令 $E_n(y)$ 为$[0,1]$中满足下式的诸 x 的集合

$$\frac{\sum_{k=1}^{n}\frac{E_k(x)}{q_k-1}-\frac{n}{2}}{\sqrt{\frac{1}{12}\sum_{k=1}^{n}\left(\frac{q_k+1}{q_k-1}\right)}}<y \tag{181}$$

此处 $E_k(x)$ 为 x 的 Cantor 级数 ⑰ 中的第 k 个位标，于是若把 E 的勒贝格测度记作 $m(E)$，则对于任意实数 y 就有

$$\lim_{n\to\infty} m(E_n(y))=\frac{1}{\sqrt{2\pi}}\int_{-\infty}^{y}\mathrm{e}^{-\frac{t^2}{2}}\mathrm{d}t \tag{182}$$

特别言之，当 $q_n=q$ 时亦即在 q-adic 展式的情形，由定理 30 就可以得到下述特款. 若令 $E_n(y)$ 为[0,1]中满足下式的诸 x 的集合

$$\frac{\sum_{k=1}^{n}E_k(x)-\frac{n(q-1)}{2}}{\sqrt{\frac{n(q^2-1)}{12}}}<y \tag{183}$$

则关系 ⑱ 成立.

由 Rényi Alfréd 在 1950 年所证明的一个概率论的普遍定理[40] 可以推出：若 $\mu(E)$ 是间隔(0,1) 中的任意测度，它对勒贝格测度而言是绝对连续的（即 $m(E)=0$ 蕴含 $\mu(E)=0$），而且整个间隔(0,1) 的 μ 测度等于 1，我们就有

$$\lim_{n\to\infty} \mu(E_n(y))=\frac{1}{\sqrt{2\pi}}\int_{-\infty}^{y}\mathrm{e}^{-\frac{t^2}{2}}\mathrm{d}t \tag{184}$$

特别言之，若 E_0 为(0,1) 中的可测集合，且 $m(E_0)>0$，令 $\mu(E)=\frac{m(EE_0)}{m(E_0)}$，⑱ 仍能成立.

叠对数法则（定理 7）也能应用于随机变数 $\frac{E_n(x)}{q_n-1}$

上，而得到下列定理.

定理 31　令 $B_n=\sqrt{\frac{1}{12}\sum_{k=1}^{n}\frac{q_k+1}{q_k-1}}$，于是对几乎一切的 $x(0\leqslant x\leqslant 1)$ 有

$$\varlimsup_{n\to\infty}\frac{\sum_{k=1}^{n}\frac{E_k(x)}{q_k-1}-\frac{n}{2}}{B_n\sqrt{2\log\log B_n}}=+1$$

$$\varliminf_{n\to\infty}\frac{\sum_{k=1}^{n}\frac{E_n(x)}{q_k-1}-\frac{n}{2}}{B_n\sqrt{2\log\log B_n}}=-1 \tag{185}$$

（对 q-adic 展式的定理参看[64]）.

注意在定理 30 及 31 里对于数 q_n 我们没有加上任何条件.

在这里我们指出一个未解决的问题：我们应如何推广 Birkhoff 的个体遍历定理，使得此推广的个体遍历定理包含定理 29 恰如定理 28 包含定理 26 的式样一样？

3.10　实数的连分式及普遍"f 展式"的概率的理论

考虑实数 $x(0<x<1)$ 的连分式

$$x=\cfrac{1}{E_1+\cfrac{1}{E_2+\cfrac{1}{E_3+\cdots}}} \tag{186}$$

这里的位标 $E_n=E_n(x)$ 可以取任何正整数. 若 (186) 是 x 的连分展式，定义

$$r_n(x)=\cfrac{1}{E_{n+1}+\cfrac{1}{E_{n+2}+\cfrac{1}{E_{n+3}+\cdots}}},n=0,1,2,\cdots \quad ⑱⑦$$

（显见 $r_0(x)=x$），把 $r_n(x)$ 叫作连分式 ⑱⑥ 的第 n 个尾量.

高斯（在他写给拉普拉斯的信中）是考察连分式的概率理论的第一个人. 用我们的术语来说，高斯的猜想就是：若把 $r_n(x)$ 看作是 $\mathscr{L}_1$ 上的随机变数，则 $r_n(x)$ 的分布函数 $F_n(y)=P(r_n(x)<y)$ 趋于 $F(y)=\frac{1}{\log 2}\int_0^y\frac{\mathrm{d}t}{1+t}(0\leqslant y\leqslant 1)$. 高斯的猜想被 R. O. Kuzmin 于 1928 年所证实[42]. 另外的一个证明是由 P. Lévy 所给出[65]. 由这一结果可以推出：若把 $E_n=E_n(x)$ 看作是 $\mathscr{L}_1$ 上的随机变数，则

$$\lim_{n\to\infty}P(E_n=k)=\frac{1}{\log 2}\log\frac{(k+1)^2}{k(k+2)},k=1,2,\cdots \quad ⑱⑧$$

在所谓连分式的“尺度”理论（我们赞成把“尺度”理论这个名词称为连分式的“概率”理论）中 P. Lévy[46,65] 和 A. Я. Хинчин[43-45] 得到了其他重要的结果. 在他们的结果里我们只提出下列定理.

定理 31　$x(0<x<1)$ 的连分式中前 n 个位标 $E_1(x),E_2(x),\cdots,E_n(x)$ 里取数值 $k(k=1,2,\cdots)$ 的个数记作 $N_n(k,x)$. 则对几乎一切 x 有

$$\lim_{n\to\infty}\frac{N_n(k,x)}{n}=\frac{1}{\log 2}\log\frac{(k+1)^2}{k(k+2)},k=1,2,\cdots \quad ⑱⑨$$

所有上述结果都包含于下述 C. Ryll-Nardzewski[47-49] 的普遍定理中.

定理 32　若 $f(x)$ 在 $(0,1)$ 中 L— 可积，$r_n(x)$ 由式 ⑱⑦ 所定义，则对几乎一切 $x(0<x<1)$ 有

$$\lim_{n\to\infty}\frac{1}{n}\sum_{j=0}^{n-1}f(r_j(x))=\frac{1}{\log 2}\int_0^1\frac{f(t)}{1+t}\mathrm{d}t \tag{190}$$

定理 32 的证明思路是这样：定义间隔$(0,1)$中可测子集 E 的测度如下

$$V(E)=\frac{1}{\log 2}\int_E\frac{\mathrm{d}t}{1+t} \tag{191}$$

于是变换 $Tx=\left(\frac{1}{x}\right)$ 使测度 $V(E)$ 不变，而且它是遍历的. 另一方面 $r_{n+1}(x)=Tr_n(x)(n=0,1,2,\cdots)$. 这样一来由个体遍历定理 28 就可推出定理 32.

q-adic 展式 ⑯③ 和连分式 ⑱⑥ 全部属于实数表达法的普遍型，这一普遍型称作"f— 展式". 实数 $x(0<x<1)$ 的"f— 展式"具有下列形式

$$x=f(E_1+f(E_2+f(E_3+\cdots)\cdots) \tag{192}$$

此处单调(上升或下降)函数 $f(x)$ 要满足一些条件，这些条件将在后面给出，"位标"$E_n=E_n(x)(n=1,2,\cdots)$是非负整数，由下述演算求出：

令 $x=\varphi(y)$ 是 $y=f(x)$ 的反函数，用下列递推定出序列 $r_n(x)$

$$r_0(x)=x, r_{n+1}(x)=(\varphi(r_n(x))), n=0,1,2,\cdots \tag{193}$$

令

$$E_{n+1}(x)=[\varphi(r_n(x))], n=0,1,2,\cdots \tag{194}$$

(此处和以前一样(z)表示 z 的分数部分，$[z]$表示 z 的整数部分).

若取 $f(x)=\frac{x}{q}$ 当 $0\leqslant x\leqslant q$ 时，则由 ⑲② 得到一个特款，这就是 q-adic 展式，若取 $f(x)=\frac{1}{x}(x\geqslant 1)$ 则由 ⑲② 得到一个特款，这就是连分式.

B. H. Bissinger[50] 研究了当 $f(x)$ 为下降时的 f— 展式. C. I. Everett[51] 研究了当 $f(x)$ 为上升时的 f— 展式. Rényi Alfréd 在[52]中推广了上两位作者关于把实数 $x(0<x<1)$ 用 f— 展式表达的可能性结果,而且还研究了普遍 f— 展式的概率的理论.

在[52]中证明了:若 $f(x)$ 满足下述条件(A)及(B)中的一个,则每一实数 $x(0<x<1)$ 可以表达为形如 ⑲② 的展式,那里的位标 E_n 由演算 ⑲③ 和 ⑲④ 定出.

(A) $f(t)$ 是正值连续而且严格下降于 $1\leqslant t\leqslant T$ 中,此处 $2<T\leqslant+\infty$,而且 $f(1)=1$;当 $T<\infty$ 时,$f(t)=0(t\geqslant T)$,当 $T=+\infty$ 时 $\lim\limits_{t\to\infty}f(t)=0$. 此外

$$|f(t_2)-f(t_1)|\leqslant|t_2-t_1|,若 1\leqslant t_1<t_2$$

而且

$$|f(t_2)-f(t_1)|<|t_2-t_1|,若 \tau-\varepsilon<t_1<t_2$$

此处 τ 是方程式 $1+f(\tau)=\tau$ 的解,且 $0<\varepsilon<\tau$.

(B) $f(t)$ 是连续且严格上升于 $0\leqslant t\leqslant T$,此处 $1<T\leqslant+\infty$,且 $f(0)=0$. 若 $T<+\infty$,则 $f(t)=1$ $(t\geqslant T)$;若 $T=+\infty$,则 $\lim\limits_{t\to+\infty}f(t)=1$. 此外

$$f(t_2)-f(t_1)<t_2-t_1,若 0\leqslant t_1<t_2\leqslant T$$

上述条件(A)是由 J. Czipszer 所给出.

当条件(A)被满足时,$E_n(x)(n=1,2,\cdots)$ 的可能值是小于 T 的正整数;当条件(B)被满足时,$E_n(x)$ $(n=1,2,\cdots)$ 的可能值是小于 T 的非负整数. 我们说一串整数 $E_1,E_2,\cdots,E_n$ 是针对一个满足条件(A)或条件(B)的给定的函数 $f(t)$ 的典型序列,如果在间隔(0,1)中存在一个实数 x 使得 $E_k(x)=E_k(k=1,2,\cdots,n)$,此处 $E_k(x)$ 是 x 的形如 ⑲② 的展式中的第 k 个位标.

在下列两种情形之间存在着本质的区别:

情形 1　数 T(分别在条件(A) 及(B) 中提到的) 是一个整数或 $T=+\infty$.

情形 2　T 是有穷但不是整数.

在情形 1 中若条件(A) 被满足,凡是小于 T 的任意有穷个一串正整数是典型的;若条件(B) 被满足,凡是小于 T 的任意有穷个一串非负整数是典型的;但在情形 2 中这就不对.

在情形 1 中,我们说 ⑱ 是具有独立位标的 f— 展式;在情形 2 中,我们说 ⑱ 是具有相依位标的 f— 展式.(Bissinger[50] 和 Everett[51] 只考虑了具有独立位标的 f— 展式,具有相依位标的展式是在[52] 中第一次引进来).

显见 q-adic 展式(q 是 $\geqslant 2$ 的整数) 和连分式展式都是具有独立位标的 f— 展式.

对于具有独立位标的 f— 展式,我们可以给出一个普遍的概率的理论[52],但是为了这一目的,我们必须在函数 $f(t)$ 上加上另外一个补充条件. 欲陈述此补充条件(下面所给的条件(C)),我们引进下列记号.

当 $0\leqslant t\leqslant 1$,令

$$f_n(x,t)=f(E_1(x)+f(E_2(x)+\cdots+f(E_n(x)+t)\cdots)) \tag{195}$$

若 $f(t)$ 满足条件(A) 或(B),则显见 $f(t)$ 是几乎处处可微分的,而且是绝对连续的,对于 t 的函数 $f_n(x,t)$ 也有这一性质. 令

$$H_n(x,t)=\frac{\mathrm{d}f_n(x,t)}{\mathrm{d}t} \tag{196}$$

现在我们陈述条件:

(C) 存在着一个常数 $C\geqslant 1$,使得

$$\frac{\sup\limits_{0<t<1} |H_n(x,t)|}{\inf\limits_{0<t<1} |H_n(x,t)|} \leqslant C, 0<x<1; n=1,2,\cdots \quad ⑲⑦$$

在[52]中证明了下列定理：

定理 33　若 $f(t)$ 或则满足条件(A)或则满足条件(B)而 T 是一个整数或 $T=+\infty$(情形1)，此外令 $f(t)$ 还满足条件(C)，于是对于任意在间隔(0,1)中 L— 可积函数 $g(x)$，则对几乎一切 $x(0<x<1)$ 有

$$\lim_{n\to\infty}\frac{1}{n}\sum_{k=0}^{n-1} g(r_k(x)) = M(g) \quad ⑲⑧$$

此处 $r_k(x)$ 由式⑲③定出，而 $M(g)$ 是一个与 x 无关的常数，它与 $f(x)$ 及 $g(x)$ 之间有下列关系

$$M(g) = \int_0^1 g(x)h(x)\mathrm{d}x \quad ⑲⑨$$

其中的可测函数 $h(x)$ 只依赖于 $f(x)$，而且满足下列不等式

$$\frac{1}{C} \leqslant h(x) \leqslant C \quad ⑳⓪$$

此处 C 就是条件(C)中所提到的那一个常数. 测度

$$\nu(E) = \int_E h(x)\mathrm{d}x \quad ⑳①$$

对变换

$$Tx = (\varphi(x)) \quad ⑳②$$

而言是不变的，此处 $y=\varphi(x)$ 是函数 $x=f(y)$ 的反函数.

定理33的证明是以下列的 Dunford 和 Miller 的遍历定理[53]为基础的(尚可参看[52]，在这篇文章中对于遍历定理稍加改进).

定理 34　令 Ω 为一抽象空间，$\mathscr{A}$ 是 Ω 中子集的 σ — 代数，而 $\mu(A)$ 是 $\mathscr{A}$ 上的一个测度，且 $\mu(\Omega)<+\infty$. 令

T 为 Ω 变入 Ω 的一个可测变换，而 T^{-1} 为其逆变换（$\omega \in T^{-1}E$ 若 $T\omega \in E$）且满足下列条件：存在着一个正常数 K 使得对于每一 $E \in \mathscr{A}$ 有

$$\frac{1}{n}\sum_{k=0}^{n-1}\mu(T^{-k}E) \leqslant K\mu(E) \tag{203}$$

于是对 Ω 上任意 μ — 可积函数 $g(x)$，对几乎一切 x 下列极限存在

$$\lim_{n\to\infty}\frac{1}{n}\sum_{k=0}^{n-1}g(T^k x) = g^*(x) \tag{204}$$

此外在 $\mathscr{A}$ 上还存在着一个测度 $\nu(E)$，它对 $\mu(E)$ 而言是绝对连续的而且对 T 而言是不变的. 若 T 是遍历的，则 $g^*(x)$ 是一个常数，它等于

$$g^*(x) = \frac{1}{\nu(\Omega)}\int_\Omega g(\omega)\mathrm{d}\nu \tag{205}$$

情形2（即具有相依位标的 f— 展式）比情形1要困难，我们只成功地解决了一个特款，即 $f(x) = \frac{x}{\beta}$ 当 $0 \leqslant x \leqslant \beta$，而 $f(x)=1$ 当 $x \geqslant \beta$，此处 β 是大于1而非整数. 在[52]中对于这一特款，得到下列定理.

定理 35　令 $\beta > 1$ 是任意一个非整数. 于是任意实数 $x(0 \leqslant x \leqslant 1)$ 可以表为

$$x = \sum_{n=1}^{\infty}\frac{E_n(x)}{\beta^n} \tag{206}$$

此处位标 $E_n(x)(n=1,2,\cdots)$ 可以取数值 $0,1,\cdots,[\beta]$，而且由下给演算定出：先由下列递推定出序列 $r_n(x)(n=0,1,\cdots)$

$$r_0(x) = x, r_{n+1}(x) = (\beta r_n(x)), n=0,1,2,\cdots \tag{207}$$

再令

$$E_n(x) = [\beta r_{n-1}(x)], n=1,2,\cdots \tag{208}$$

于是对在间隔$(0,1)$中任意L— 可积函数$g(x)$,对几乎一切的$x(0\leqslant x\leqslant 1)$有

$$\lim_{n\to\infty}\frac{1}{n}\sum_{k=0}^{n-1}g(r_k(x))=M(g) \tag{209}$$

此处常数$M(g)$与x无关.此外还存在着一个$(0,1)$中可测集上的测度$\nu(E)$,它等价于 Lebesgue 测度,它对$(0,1)$变到自己的变换$Tx=(\beta x)$而言是不变的,而且$\nu(E)$可以表为

$$\nu(E)=\int_E h(x)\mathrm{d}x \tag{210}$$

此处$h(x)$是可测函数,满足

$$1-\frac{1}{\beta}\leqslant h(x)\leqslant\frac{1}{1-\frac{1}{\beta}} \tag{211}$$

(209) 中的常数$M(g)$可以表为

$$M(g)=\int_0^1 g(x)h(x)\mathrm{d}x \tag{212}$$

显见,定理 34 包含 Raikov 的定理 27 和 Ryll-Nardzewski 定理 32.若分别取$f(x)$为$f(x)=\frac{x}{q}$当$0\leqslant x\leqslant q$和$f(x)=\frac{1}{x}$当$x\geqslant 1$,即可得定理 27 和定理 32.在这两个特殊情形中,不变测度ν为已知,前者中不变测度即是通常的勒贝格测度,后者中则是由式 (191) 所定义的测度.在普遍情形中测度ν存在性是由定理 34 所保证,但如何构成这一测度还是未解决的问题.同样的问题也对定理 35 适用:定理 35 保证了对任意非整数$\beta>1$,存在着一个测度ν,但我们不能构造出它来.但对β的一些特殊(代数)值我们可以决定测度$\nu=\nu_\beta$.例如若β为下列方程的唯一正根时

$$\beta^n=\beta^{n-1}+1,n\geqslant 2,\text{整数} \tag{213}$$

则 ⑽ 中所提到的函数 $h(x)$ 就可取为下式

$$h(x)=\begin{cases}\lambda,\text{当 } 0<x<\dfrac{1}{\beta^{n-1}}\\ \dfrac{\lambda}{\beta^k},\text{当}\dfrac{1}{\beta^{n-k}}<x<\dfrac{1}{\beta^{n-k-1}},k=1,2,\cdots,n-1\end{cases} \tag{214}$$

此处

$$\lambda=\frac{\beta}{(\beta-1)(n(\beta-1)+1)} \tag{215}$$

若在定理 34 和 35 中取 $g(x)$ 如下

$$g(x)=\begin{cases}1,\text{当 } x \text{ 属于间隔}(f(k),f(k+1))\\ 0,\text{其他情形}\end{cases} \tag{216}$$

此处 k 是位标 $E_n(x)$ 的一个可能值，则有下列结果：令 $N_n(k,x)$ 为位标 $E_1(x),E_2(x),\cdots,E_n(x)$ 中出现数值 k 的个数，则对几乎一切 x 下列极限存在

$$\lim_{n\to\infty}\frac{N_n(k,x)}{n}=d_k \tag{217}$$

此极限与 x 无关，而且对位标的一切可能值而言此极限为正数（亦即在情形(B) 中对小于 T 的任意非负整数而言 $d_k>0$，而在情形(A) 中对小于 T 的任意正整数而言 $d_k>0$）. 极限频率 d_k 之值只当测度 ν 为已知时才可以确定，所以在普遍情形中我们不能给出 d_k 的显明公式. 但当 $f(x)=\dfrac{x}{\beta}$ 而 β 是方程式 ㉑③ 的正根时的特殊情形，显见 $1<\beta<2$，所以位标 $E_n(x)$ 的可能值只能是 0 和 1. 于是极限频率就很容易地利用 $h(x)$ 的公式 ㉑④ 和 ㉑⑤ 来计算. 我们得到

$$d_0=\frac{(n-1)(\beta-1)+1}{n(\beta-1)+1},d_1=\frac{\beta-1}{n(\beta-1)+1} \tag{218}$$

特别言之，当 $n=2$ 时，$\beta=\frac{1+\sqrt{5}}{2}$，所以

$$d_0=\frac{5+\sqrt{5}}{10},d_1=\frac{5-\sqrt{5}}{10} \tag{219}$$

我们认为下列问题是很有兴趣的，对一切非整数 $\beta>1$ 来决定测度 $V_\beta(E)$（它等价于 Lebesgue 测度，而且对变换 $Tx=(\beta x)$ 而言是不变的）. 在 β 满足方程式 ㉑③ 时的特殊情形中，我们证明了测度 $V_\beta(E)$ 本质上与数 β 的代数性质有关. 事实上 $h_\beta(x)=\frac{\mathrm{d}V_\beta}{\mathrm{d}x}$ 是一个阶梯函数，而它的阶梯的个数等于 β 的（代数）次.

最后我们再指出 f— 展式的一个有趣味的特款，对于这一特款定理 34 能够成立. 选取

$$f(x)=\begin{cases}\sqrt[m]{1+x}-1,当 0\leqslant x\leqslant 2^m-1\\ 1,当 x\geqslant 2^m-1\end{cases} \tag{220}$$

此处 m 是 $\geqslant 2$ 的整数. 于是可以验证条件（A）和（C）被满足，因之得到：任意 $x(0<x<1)$ 可以表为

$$x=-1+\sqrt[m]{E_1+\sqrt[m]{E_2+\sqrt[m]{E_3+\cdots}}} \tag{221}$$

此处位标 $E_n=E_n(x)$ 的可能值为 $0,1,\cdots,2^m-2$，而且对每一可能值，对几乎一切的 x，序列 $E_n(x)$ 中出现此可能值的极限频率存在，此极限频率（密度）与 x 无关.（但此极限频率的值是不知道的）. 这个演算可以叫作 Bolyai Farkas 演算，在 1832 年他所发表的书"Tentamen…"[54] 中，他应用这一演算去逼近某些代数方程的根（当 $m=2$ 的情形）（Bolyai Fanos 在他父亲的这一本书中给了一个有名的附录，这个附录中包含了绝对几何的发现）.

如何把定理 35 推广到具有相依位标的 f— 展式

的更宽广类的问题仍未解决.

3.11　Engel 级数、Sylvester 级数及 Cantor 乘积的概率的理论

每一个实数 $x(0<x<1)$ 可以展成 Engel 级数(参看例如[39])

$$x=\frac{1}{q_1}+\frac{1}{q_1q_2}+\cdots+\frac{1}{q_1q_2\cdots q_n}+\cdots \qquad ㉒㉒$$

此处 $q_n=q_n(x)$ 是整数,$q_n\geqslant 2$,由下列不等式决定

$$\frac{1}{q_1}\leqslant x<\frac{1}{q_1-1} \qquad ㉒㉓$$

若 $q_1,q_2,\cdots,q_{n-1}$ 已经决定好了,则 q_n 由下列不等式决定

$$\frac{1}{q_1}+\frac{1}{q_1q_2}+\cdots+\frac{1}{q_1q_2\cdots q_n}\leqslant x\leqslant$$
$$\frac{1}{q_1}+\frac{1}{q_1q_2}+\cdots+\frac{1}{q_1q_2\cdots q_{n-1}(q_n-1)} \qquad ㉒㉔$$

换言之,即如此地依次选取 $q_1,q_2,\cdots,q_n,\cdots$ 为那些最小的正整数使得其相应的如数 $\frac{1}{q_1},\frac{1}{q_1}+\frac{1}{q_1q_2},\cdots,\frac{1}{q_1}+\frac{1}{q_1q_2}+\cdots+\frac{1}{q_1q_2\cdots q_n}$ 不超过 x.(若在 ㉒㉔ 的左方出现等号,则选取步骤停止;这时 x 就具有一个形如 ㉒㉒ 的有穷表达式).由上定义显见

$$q_{n+1}\geqslant q_n,n=1,2,\cdots \qquad ㉒㉕$$

考察 Engel 级数的概率的理论的第一个人是 E. Borel[55,56].他得到下列结果:

定理 36　对几乎一切 $x(0<x<1)$ 有

$$\lim_{n\to\infty}\sqrt[n]{q_n}=\mathrm{e} \qquad ㉒㉖$$

此处 q_n 由 ㉒㉒ 所决定.

Borel 没有给定理 36 一个证明. 头一个证明是 P. Lévy[57] 所给, Lévy 还得到有关 Engel 级数中分母 q_n 的其他的结果, 他的结果就是下列两个定理:

定理 37　若把函数 $q_n = q_n(x)$ 解释为 $\mathscr{L}_1$ 上的随机变数, 则 $\frac{\log q_n - n}{\sqrt{n}}$ 为渐近正态(0,1) 的当 $n \to \infty$; 这就是说

$$\lim_{n\to\infty} P\left(\frac{\log q_n - n}{\sqrt{n}} < y\right) = \Phi(y) \tag{227}$$

定理 38　对序列 q_n 而言, 叠对数法则成立, 这就是说对几乎一切的 $x(0 < x < 1)$ 有

$$\overline{\lim_{n\to\infty}} \frac{\log q_n - n}{\sqrt{2n\log\log n}} = +1, \underline{\lim_{n\to\infty}} \frac{\log q_n - n}{\sqrt{2n\log\log n}} = -1 \tag{228}$$

在 P. Erdös, P. Szüsz 和 Rényi Alfréd 合写的文章[58] 中, 我们对上述定理又给了新的而且简单的证明. 下面我们只给出定理 37 的证明, 此证明将由概率论的一个普遍定理(下面的定理 39) 里导出, 这一个普遍定理在本节中首次发表.

定理 36,37 和 38 中应注意的事就是它们指出来 $\log q_n$ 的渐近性质与 n 个相互独立的均值和离差等于 1 的随机变数之和的性质一样; 这是有意思的, 因为随机变数 $\log q_n - \log q_{n-1}$ 不是独立的. 它们是在某种意义下的几乎独立的, 也就是因为这样的性质, 所以定理 36 ～ 38 能够成立.

我们将要证明马尔可夫链的一个普遍定理(对马尔可夫链的定义参看 3.3). 这一定理证明的思路恰和 [58] 里对定理 37 的所给的证明的思路相似. 当我们证

完了定理39之后，我们就要证明随机变数 q_n 满足此定理的条件，特别我们将要证明叙利 q_n 组成一个马尔可夫链. 这样一来我们就可把定理37当作定理39的特款而得到.

定理39　令 $\xi_n(n=1,2,\cdots)$ 为齐次马尔可夫链，而且 $\xi_n(n=1,2,\cdots)$ 只取正整数的值，此链的转移概率可以写成下列形状

$$P(\xi_n=k\mid\xi_{n-1}=j)=\pi_{jk}=\frac{C_k}{\sum_{l=j}^{\infty}C_l}\text{，当 }1\leqslant j\leqslant k \tag{229}$$

此处 C_l 是一串非负数，其中有无穷个是正的，而且

$$\sum_{l=1}^{\infty}C_l=1 \tag{230}$$

此外设

$$C_k=\frac{A}{k^{\alpha}}+O\left(\frac{1}{k^{\alpha+\varepsilon}}\right)\text{，当 }k\to+\infty \tag{231}$$

此处 $A>0,\alpha>1,0<\varepsilon\leqslant 1$. 于是对任意实数 y 有

$$\lim_{n\to\infty}P\left(\frac{\log\xi_n-\frac{n}{\alpha-1}}{\frac{\sqrt{n}}{\alpha-1}}<y\right)=\Phi(y) \tag{232}$$

定理39的证明　令

$$R_j=\sum_{l=j}^{\infty}C_l,j=1,2,\cdots \tag{233}$$

由(231)便知

$$R_j=\frac{A}{(\alpha-1)j^{\alpha-1}}+O\left(\frac{1}{j^{\alpha+\varepsilon-1}}\right) \tag{234}$$

现在令

$$P_n(k)=P(\xi_n=k),k=1,2,\cdots \tag{235}$$

及

$$\Delta_n = \sum_{k=1}^{\infty} \frac{P_n(k)}{k^{\varepsilon}} \tag{236}$$

由马尔可夫链的定义和全概率的定理便得

$$P_n(k) = \sum_{j=1}^{k} P_{n-1}(j)\pi_{jk} = C_k \sum_{j=1}^{k} \frac{P_{n-1}(j)}{R_j} \tag{237}$$

这样一来我们得到

$$\Delta_n = \sum_{j=1}^{\infty} \frac{P_{n-1}(j)}{R_j} \sum_{k=j}^{\infty} \frac{C_k}{k^{\varepsilon}} \tag{238}$$

显见

$$\sum_{k=j}^{\infty} \frac{C_k}{k^{\varepsilon}} < \frac{R_j}{j^{\varepsilon}}, j = 1, 2, \cdots \tag{239}$$

而且

$$\lim_{j \to \infty} \frac{j^{\varepsilon}}{R_j} \sum_{k=j}^{\infty} \frac{C_k}{k^{\varepsilon}} = \frac{\alpha - 1}{\alpha + \varepsilon - 1} < 1 \tag{240}$$

故有

$$\max_{(j)} \frac{j^{\varepsilon}}{R_j} \sum_{k=j}^{\infty} \frac{C_k}{k^{\varepsilon}} = \mu < 1 \tag{241}$$

由 (238) 及 (241) 可知

$$\Delta_n \leqslant \mu \Delta_{n-1}, n = 2, 3, \cdots \tag{242}$$

$$\Delta_n \leqslant \Delta_1 \mu^{n-1}, n = 1, 2, \cdots \tag{243}$$

现在令 $\log \xi_n$ 的特征函数记作 $\varphi_n(t)$，我们考察 $\varphi_n(t)$，即

$$\varphi_n(t) = M(\mathrm{e}^{it\log \xi_n}) = \sum_{k=1}^{\infty} \mathrm{e}^{it\log k} P_n(k) \tag{244}$$

由 (237) 有

$$\varphi_n(t) = \sum_{j=1}^{\infty} P_{n-1}(j) \mathrm{e}^{it\log j} \left(\sum_{k=j}^{\infty} \frac{C_k}{R_j} \mathrm{e}^{it\log \frac{k}{j}} \right) \tag{245}$$

但显然有

$$\sum_{k=j}^{\infty} \frac{C_k}{R_j} \mathrm{e}^{it\log \frac{k}{j}} = (\alpha - 1) \sum_{k=j}^{\infty} \frac{1}{j} \left(\frac{j}{k} \right)^{\alpha} \mathrm{e}^{it\log \frac{k}{j}} + O\left(\frac{1}{j^{\varepsilon}} \right) \tag{246}$$

及

$$(\alpha-1)\sum_{k=j}^{\infty}\frac{1}{j}\left(\frac{j}{k}\right)^{\alpha}\mathrm{e}^{\mathrm{i}t\log\frac{k}{j}}=$$

$$(\alpha-1)\int_1^{\infty}\frac{\mathrm{e}^{\mathrm{i}t\log x}}{x^{\alpha}}\mathrm{d}x+O\left(\frac{1}{j}\right) \tag{247}$$

$$(\alpha-1)\int_1^{\infty}\frac{\mathrm{e}^{\mathrm{i}t\log x}}{x^{\alpha}}\mathrm{d}x=\frac{1}{1-\frac{\mathrm{i}t}{\alpha-1}} \tag{248}$$

故由 ㉔③ ～ ㉔⑧ 可得

$$\varphi_n(t)=\frac{\varphi_{n-1}(t)}{1-\frac{\mathrm{i}t}{\alpha-1}}(1+O(\mu^n)) \tag{249}$$

于 ㉔⑨ 中令 $n=M+1,M+2,\cdots,N$ 然后连乘之得

$$\varphi_N(t)=\frac{\varphi_M(t)}{\left(1-\frac{\mathrm{i}t}{\alpha-1}\right)^{N-M}}(1+O(\mu^M)) \tag{250}$$

但对每一固定的 M 及任意实数 t 显然有

$$\lim_{N\to\infty}\frac{\varphi_M\left(\frac{t(\alpha-1)}{\sqrt{N}}\right)}{\left(1-\frac{\mathrm{i}t}{\sqrt{N}}\right)^{N-M}}\mathrm{e}^{-\mathrm{i}t\sqrt{N}}=\mathrm{e}^{-\frac{t^2}{2}} \tag{251}$$

由此及 ㉕⓪ 可知，对每一固定的 M 便有

$$\overline{\lim_{N\to\infty}}\left|\varphi_N\left(\frac{(\alpha-1)t}{\sqrt{N}}\right)\mathrm{e}^{-\mathrm{i}t\sqrt{N}}-\mathrm{e}^{-\frac{t^2}{2}}\right|=O(\mu^M) \tag{252}$$

但 ㉕② 对任意大的 M 都能成立，故对任意实数 t 有

$$\lim_{N\to\infty}\varphi_N\left(\frac{(\alpha-1)t}{\sqrt{N}}\right)\mathrm{e}^{-\mathrm{i}t\sqrt{N}}=\mathrm{e}^{-\frac{t^2}{2}} \tag{253}$$

但 $\varphi_N\left(\frac{(\alpha-1)t}{\sqrt{N}}\right)\mathrm{e}^{-\mathrm{i}t\sqrt{N}}$ 是随机变数 $\eta_N=\frac{\xi_N-\frac{N}{\alpha-1}}{\frac{\sqrt{N}}{\alpha-1}}$ 的

特征函数,所以定理 39 立刻由定理 3 推出.

欲从定理 39 中推出定理 37,首先让我们注意:若把 q_n 看作是 $\mathscr{L}_1$ 上的随机变数,则当 $2 \leqslant j_{n-1} \leqslant k$ 时

$$P(q_n = k \mid q_1 = j_1, q_2 = j_2, \cdots, q_{n-1} = j_{n-1}) = \frac{j_{n-1} - 1}{k(k-1)} \tag{254}$$

所以 $\{q_n\}$ 的确是齐次马尔可夫链. 令 $C_1 = 0$ 而且令

$$C_k = \frac{1}{k(k-1)}, k = 2, 3, \cdots \tag{255}$$

我们看到定理 39 的条件($\alpha = 2, A = 1$ 而 $\varepsilon = 1$)被满足,故定理 37 由定理 39 得到.

现在我们转向我们的文章[58]中的 Sylvester 级数的概率的理论.

每一实数 $x(0 < x < 1)$ 可以展成 Sylvester 级数[59]

$$x = \frac{1}{Q_1} + \frac{1}{Q_2} + \cdots + \frac{1}{Q_n} + \cdots \tag{256}$$

此处 $Q_1, Q_2, \cdots, Q_n, \cdots$ 是正整数, $Q_n \geqslant 2$. Q_n 由下列方式决定:定 Q_1 为满足下列不等式的最小正整数

$$\frac{1}{Q_1} \leqslant x \tag{257}$$

若 $Q_1, Q_2, \cdots, Q_{n-1}$ 已经定出,决定 Q_n 为满足下列不等式的最小正整数

$$\frac{1}{Q_1} + \frac{1}{Q_2} + \cdots + \frac{1}{Q_n} \leqslant x, n = 2, 3, \cdots \tag{258}$$

若在 (257) 或 (258) 中对某一个 n 等式成立,这时就停止向下演算,而 x 就有一个形如 (256) 的有穷展式. 容易证明当 x 为有理数时就有有穷展式,早在 3 500 年以前埃及就已经用到把有理数展成正整数倒数的和.

容易看出，永有

$$Q_{n+1} \geqslant Q_n(Q_n - 1) + 1, n = 1, 2, \cdots \tag{259}$$

在[58]中关于序列 $Q_n = Q_n(x)$ 有下列定理：

定理 40　对几乎一切的 $x(0 < x < 1)$ 下列极限存在

$$\lim_{n \to \infty} \sqrt[2^n]{Q_n(x)} = l(x) \tag{260}$$

正值极限 $l(x)$ 与 x 有关.

定理 41　对几乎一切的 x 有

$$\lim_{n \to \infty} \sqrt[n]{\frac{Q_n(x)}{Q_1(x)Q_2(x)\cdots Q_{n-1}(x)}} = \mathrm{e} \tag{261}$$

定理 42　把 $Q_n = Q_n(x)$ 看作是 $\mathscr{L}_1$ 上的随机变数，于是对每一实数 y 有

$$\lim_{n \to \infty} P\left(\frac{\log \dfrac{Q_n}{Q_1 Q_2 \cdots Q_{n-1}} + n}{\sqrt{n}} < y\right) = \Phi(y) \tag{262}$$

定理 40 ～ 42 的证明都是以下列的事实为根据：概率空间 $\mathscr{L}_1$ 上的随机变数序列 $Q_n = Q_n(x)$ 是一个齐次马尔可夫链，它的转移概率等于

$$\pi_{jk} = P(Q_{n+1} = k \mid Q_n = j) = \frac{j(j-1)}{k(k-1)} \tag{263}$$

当 $j \geqslant 2$ 而且 $k \geqslant j(j-1)+1$.

在[60]中从概率论的观点也考察了把实数 x $(0 < x < 1)$ 表为 Cantor 乘积的问题.

每一实数 $x(0 < x < 1)$ 可以表为

$$x = \prod_{n=1}^{\infty}\left(1 - \frac{1}{C_n}\right) \tag{264}$$

此处 $C_1, C_2, \cdots, C_n, \cdots$ 为正整数，而且 $C_n \geqslant 2(n = 1, 2, \cdots)$. 在[60]中我们证明了序列 C_n 的渐近性质和 Sylvester 级数 ㉕⑥ 中的分母序列 Q_n 的渐近性质是一样

的. 所以若把定理 40,41,42 中的 $Q_n=Q_n(x)$ 换成 ㉖④ 中所定义的 $C_n=C_n(x)$ 时,这些定理仍能成立.

我们应当注明 G. Cantor 在[61] 中考察 $\frac{1}{x}(0<x<1)$ 的下列展式

$$\frac{1}{x}=\prod_{n=1}^{\infty}\left(1+\frac{1}{C_n-1}\right) \tag{265}$$

但 ㉖⑤ 和 ㉖④ 是等价的.

指出一个未解决的问题这就是:我们还没有定出定理 40 中所提到的函数 $l(x)$.

参考文献

[1] A. Kolmogorov. Grundbegriffe der Wahrscheinlichkeitsrechnung, Ergebnisse der Mathematik, Springer, Berlin,1933.

[2] M. Kac. Probability methods in some problems of number theory and analysis, Bulletin of the American Mathematical Society, 1949, 55: 641-665.

[3] P. Erdös. On the distribution of values of additive arithmetical functions, Proceedings of the International Congress of Mathematicians, Amsterdam,1954.

[4] И. П. Кубилюс. Вероятностные методы в теории чисел, Успехи Метематических Наук, 1956, 2: 31-66.

[5] H. Crámér. Mathematical methods of statistics,

Princeton,1946.

[6]A. Rényi. On a new axiomatic theory of probability, Acta Mathematica Acad. Sci. Hung. 1955, 6:285-335.

[7] A. Rényi. On a new axiomatic foundation of the theory of probability, Proceedings of the International Congress of Mathematics, Amsterdam, 1954.

[8] A. Rényi. On conditional probability spaces generated by a dimensionally ordered set of measures, Теория вероятностей и ее применения, 1956,1:61-71.

[9] A. Rényi. On the density of certain sequences of integers, Publicationes de I ′ Institut Mathématique de Beograde, 1955, 8: 157-162. (see also the paper of M. Kac in the same volume and 15).

[10] G. H. Hardy-S. Ramanujan. The normal number of prime factors of n, Quarterly Journal, 1917:76-92.

[11] Turán Pál. Az egész számok primosztoinak számáról, Matematikai és Fizikai Lapok, 1934, 41:103-130.

[12] P. Turán, On a theorem of Hardy and Ramanujan, Journal of the London Mathematical Society,1934,9:274-276.

[13] P. Turán. Über einige Verallgemeinerungen eines Satzes von Hardy und Ramanujan, Journal

of the London Mathematical Society, 1936, 11: 125-133.

[14] P. Erdös-M. Kac. The Gaussian law of errors in the theory of additive number-theoretical functions, American Journal of Mathematics, 1940, 62:738-742.

[15] A. Rényi-P. Turán. On a theorem of Erdös and Kac, Acta Arithmetica, 1957, 1, in print.

[16] W. J. Le Veque. On the size of certain number-theoretical functions, Transactions of the American Mathematical Society, 1949, 66:440-463.

[17] C. G. Esseen. Fourier analysis of distribution functions. A mathematical study of the Laplace-Gaussian law. Acta Mathematica, 1945, 77: 1-125.

[18] P. Erdös. On the integers having exactly k prime factors, Annals of Mathematies, 1948, 49: 53-66.

[19] L. G. Sathe. On the problem of Hardy I-IV. Journal of the Indian Mathematical Society, 1953, 17: 63-82. & 83-141; 1954, 18: 27-42 & 43-81.

[20] P. Erdös-A. Rényi. A probabilistic appraoch to problem of diophantine approximation. Illinois Journal of Mathematics. 1957, 1: 303-315.

[21] P. Turán. Eine neue Methode in der Analysis und deren Anwendungen, Budapest 1953.

[22] Ю. В. Линник, Большое решето, Доклады

Академии Наук СССР, 1941, 30: 292 -294.

[23]A. Rényi. О представлении чётных чисел в впде суммы простого и почти простого числа, Известия Академии Наук СССР сер. матем. 1948, 12: 57 - 78.

[24] A. Rényi. On the large sieve of Ju. V. Linnik, Compositio Mathematica, 1950, 8: 68-75.

[25] A. Rényi. Un nouveau théorème concernant les fonctions indépendantes et ses applications à la théorie des nombres, Journal des Mathematiques pures et apliaué, 1949, 28: 137-149.

[26] A. Rényi. Sur un théorème général de probabilité, Annales de l'Institut Fourier, 1949, 1: 43-52.

[27] R. P. Boas, Jr. A general moment problem, American Journal of Mathematics, 1941: 361-370.

[28] P. T. Bateman, S. Chowla, P. Erdös. Remarks on the size of $L(1,x)$, Publicationes Mathematicae, Debrecen, 1950, 1: 165-182.

[29] H. Delange. Sur le nombre des diviseurs premiers de n, Comptes Rendus de l'Académie des Sciences de Paris, 1953, 237: 542-544.

[30] H. Halberstam. On the distribution of additive number theoretical functions, Journal of the London Mathematical Society, 1955, 30: 43-53.

[31] A. Selberg. Note on a paper by L. G. Sathe, Journal of the Indian Mathematical Society, 1954, 18: 83-87.

[32] E. Borel. Sur les probabilités dénombrables et leurs applications arithmetiques, Rendiconti del Circolo Matematico di Palermo, 1909, 26: 247-271.

[33] D. Raikov. On some arithmetical properties of summable functions, Математически сборник, 1936, 1: 377-384.

[34] F. Riesz. Az ergodikus elméletröl. Matematikai és Fizikai Lapok, 1943.

[35] H. Weyl. Über Gleichverteilung mod 1. Mathematische Annalen, 1916, 77: 313-352.

[36] Rényi A. A számjegyek eloszlása valos számok Cantor-féle elöállitásaiban. Matematikai Lapok, 1956, 7: 77-100.

[37] Turán P. Faktorialisos natureudsserbeli szawjegyek elonlasarol, Matematikai Lapok, 1956, 7: 71-76.

[38] G. Cantor. Über die einfachen Zahlensysteme, Zeitschrift für Mathematik und Physik, 1869, 14.

[39] O. Perron, Irrationalzahlen, Göschen, Berlin, 1921: 111-116.

[40] A Rényi. К теории предельных теорем для сумм независимых случайных величин, Acta Mathematica Acad. Sci. Hung. 1950, 1: 99-108.

[41] A Kolmogorov. Über das Gesets des iterierten Logarithums, Mathematische Annalen, 1929, 101: 126-135.

[42] R. O. Kuzmin. Sur un problème de Gauss, Atti

del Cougresso Internationale del Matematici, Bologna, 1928,6:83-89.

[43] A. Khintchine. Metrische Kettenbruch-probleme, Compositio Mathematica, 1935: 1: 359-382.

[44] A. Khintchine. Zur metrischen Kettenbruch-theorie, Compositio Mathematica, 1936, 3: 276-285.

[45] A. Khintchine. Kettenbrüche, Leipzig, 1956.

[46] P. Lévy. Théorie de l'addition des variables aléatoires, Paris, 1954.

[47] C. Ryll-Nardzewski. On the ergodic theorems II, Ergodic theory of continued fractions, Studia Mathematica, 1951, 12:74-79.

[48] S. Hartman-E. Marczewski-C. Ryll-Nardzewski, Théorèmes ergodiques et leurs applications, Colloquium Mathematicum, 1951, 2:109-123.

[49] S. Hartman. Quelques propriétés ergodiques des fractions continues, Studia Mathematica, 1951, 12:271-278.

[50] B. H. Bissinger. A generalization of continued fractions, Bulletin of the American Mathematical Society, 1941, 50:868-876.

[51] C. J. Everett. Representations for real numbers, Bulletin of the American Mathematical Society, 1946, 52:861-869.

[52] A. Rényi. Representations for real numbers and their ergodic properties, Acta Mathematica

Acad. Sci. Hung,1957,8.

[53] N. Dunford, D. S. Miller. On the ergodic theorem, Transactions of the American Mathematical Society,1946,60:538-549.

[54] Bolyai Farkas. Tentamen inventutem studiosam in elementa matheseos introducendi, Budapest, 1894(2nd edition).

[55] É. Borel. Sur les développements unitaires normaux, Comptes Rendus de l'Académie des Sciences,1947,225:51.

[56] É. Borel. Sur les développements unitaires normaux, Annales de Société Polonaise de Mathématique,1948,21:74-79.

[57] P. Lévy. Remarques sur un théorème de M. Emile Borel, Comptes Rendus de l'Académie des Sciences,1947,225:918-919.

[58] P. Erdös, A. Rényi, P. Szüsz. On Engel's and Sylvester's series, Annales Universitatis L. Eötvös de Budapest, Sect. Math. 1958. 1.

[59] J. J. Sylvester. Collected papers.

[60] A. Rényi. On Cantor's products, Colloquium Mathematicum(in print).

[61] G. Cantor. Zwei Sätze über eine gewine Zerlegung der Zahlen in unendliche Produkte, Zeitschrift für Mathematik und Physik, 1869.

[62] P. Hartman & A. Wintner. On the law of the iterated logarithm, American Journal of Mathematics,1941,63:169-176.

[63] W. Feller. The general form of the so called law of the iterated logarithm, Transactions of the American Mathematical Society, 1943, 54: 373-402.

[64] A. Khintchine, Über dyadische Brüche, Math. Zeitschrift, 1923, 18: 109-116.

[65] P. Lévy. Sur les lois de probabilité dont dépendent les quotients complets et incomplets d'un fraction continue, Bulletin de la Société Mathématique de France, 1929, 57: 178-194.

[66] Rényi A. Simple proof of a theorem of Borel and of the law of the iterated logarithm, Mathematisk Tidskrift B, 1948: 41-48.

[67] Riesz F. Zero-sets and their importance in analysis 1. Magyar Matematikai Kongressrus Körleményei (Proceedings of the Hungarian Mathematical Congress). Budapest, 1950: 205-224.

[68] Rényi A. Valószinüségszámitás (Text book of probability theory) Budapest, Tankönyokiado, 1954: 1-746.

有理指数的费马大定理

第16章

1 介 绍

在这章中，我们考虑费马大定理在有理指数 $\frac{n}{m}$ 情形下的一个允许有复数根的推广，这里的 $n>2$. 使用复数根会有古怪的事情发生. 例如，在这种情形下对费马大定理有一个“新”的解

$$1^{\frac{5}{6}}+1^{\frac{5}{6}}=1^{\frac{5}{6}} \quad ①$$

这里的第1个 $1^{\frac{5}{6}}$ 实际是 $(e^{2\pi i})^{\frac{5}{6}}=e^{\frac{5\pi i}{3}}$，第2个是 $(e^{10\pi i})^{\frac{5}{6}}=e^{\frac{\pi i}{3}}$，第3个是 $(e^{0})^{\frac{5}{6}}=1$. 这样，方程变为更易明白的 $e^{\frac{5\pi i}{3}}+e^{\frac{\pi i}{3}}=1$.

因为方程使我们大多数人感觉不舒服(而且的确导致了混乱),所以我们觉得有必要把方程 $a^{\frac{n}{m}}+b^{\frac{n}{m}}=c^{\frac{n}{m}}$ 改写为

$$(a^{\frac{1}{m}})^n+(b^{\frac{1}{m}})^n=(c^{\frac{1}{m}})^n$$

的形状.这时可以问:对正整数 a,b,c 的哪些 m 次根以及哪些满足 $\gcd(m,n)=1,n>2$ 的 n 有 $a^n+b^n=c^n$[①]?

我们得到的主要定理是:

定理1 如果 m 和 n 是互素的正整数且 $n>2$,那么 $a^{\frac{n}{m}}+b^{\frac{n}{m}}=c^{\frac{n}{m}}$ 有正整数解 a,b,c,只有当 $a=b=c$,m 能被6整除而且使用3个不同的复6次方根时才能发生.

设 $S_m=\{z\in\mathbf{C}\mid z^m\in\mathbf{Z},z^m>0\}$ 为正整数的 m 次根的集合.这时,S_1 是正整数集.用这个记号,我们的主要定理变为:

定理2 对满足 $n>2$,而且 $\gcd(n,m)=1$ 的整数 n 和 m,在 S_m 中的数 a,b 和 c 满足 $a^n+b^n=c^n$ 当且仅当:(1)6整除 m;(2)a,b 和 c 是同一实数的不同复6次根.

确实,所有的解可用三元组 $(\alpha e^{\frac{i\pi}{3}},\alpha e^{\frac{i\pi}{3}},\alpha)$ 的形式给出,这里的 α 属于 S_m,或者也许更奇怪的,用三元组 $(\alpha e^{\frac{i\pi}{3}},\alpha e^{-\frac{ni\pi}{3}},\alpha)$ 的形式(因为 $\gcd(n,m)=1$ 意味着 $n\equiv\pm 1(\bmod 6)$).

在面对这类问题时,标准的做法不是寻求 $a^n+b^n=c^n$ 的解,而是寻找等价的方程 $(\frac{a}{c})^n+(\frac{b}{c})^n=1$ 的

---

① 最后的方程似为"$(a^{1/m})^n+(b^{1/m})^n=(c^{1/m})^n$"之误.——编校注

解.为此,对每个正整数 m,我们定义

$$T_m=\{z\in\mathbf{C}\mid z^m\in\mathbf{Q},z^m>0\}$$

这时,定理1是下面定理的一个推论:

定理 3 设 m 是个正整数,x_1 和 x_2 属于 T_m 且满足 $x_1+x_2=1$,那么或者 x_1 和 x_2 都是有理数,或者 $x_1=a_1\mathrm{e}^{\pm\mathrm{i}\theta_1}$ 而且 $x_2=a_2\mathrm{e}^{\mp\mathrm{i}\theta_2}$,这里的 a_1,a_2,θ_1 和 θ_2 如后面的表1(只有它的最后一行给出了费马方程的解)所述那样.

令人惊讶地,表1中的项对应于有趣的典型三角形:等边三角形,$45°-45°-90°$ 三角形,$30°-60°-90°$ 三角形,以及 $30°-30°-120°$ 三角形,而且这个定理的证明可以容易地作为伽罗瓦理论的基础定理的一个应用在抽象代数课上讲述.

定理3的证明(因此费马大定理的推广)需要一个(用到伽罗瓦理论的)技术性的结果以及三角几何学中正弦和余弦定律的简单应用.当然,为了得到推广,我们也需要怀尔斯和 Taylor 证明的费马大定理.我们也建议读者寻找 Zuehlke 给出的费马大定理到高斯整数幂的有趣推广. Tomescu 和 Vulpescu-Jalea 考虑了有理指数的情况(包括 $n=1,2$)但只限于实根.用伽罗瓦理论时的论证方法类似于把 Lang 猜想化简为莫德尔猜想的标准方法.

定理3的证明分成3个重要步骤.我们先处理实根的情况,即 a 和 b 属于 $T_{m,\mathbf{R}}=T_m\cap\mathbf{R}$($T_m$ 中的实数集);接着我们证明那个技术性的引理;最后,我们证明对费马大定理的推广.

2　实根的情况

我们从一个有关极小多项式的著名引理开始.

引理 4　如果 α 在一个域 F 上是代数的,那么在 $F[X]$ 中存在唯一一个首一不可约多项式 $p_\alpha(X)$ 满足 $p_\alpha(\alpha)=0$,而且,如果 $f(X)$ 是 $F[X]$ 中满足 $f(\alpha)=0$ 的一个多项式,那么 $p_\alpha(X)$ 在 $F[X]$ 中整除 $f(X)$.

我们把 $p_\alpha(X)$ 叫作 α 在 F 上的极小多项式,而且特别指出,在 F 上的扩域 $F(\alpha)$ 的次数满足

$$[F(\alpha):F]=\deg(p_\alpha(X))$$

在本节中,我们将主要关注满足 α^m 属于 $\mathbf{Q}$ 的 α 的极小多项式.像通常那样,我们用 $|\alpha|$ 表示复数 α 的模.

引理 5　如果 α^m 是 $\mathbf{Q}$ 中的一个元,而且当 $k<m$ 时,$|\alpha^k|$ 不是 $\mathbf{Q}$ 中元,那么 $X^m-\alpha^m$ 是 α 在 $\mathbf{Q}$ 上的极小多项式.

证明　虽然这个结果是众所周知的,但为了完整起见,我们仍引用一个证明.设 ζ 是 m 次本原单位根,那么

$$X^m-\alpha^m=\prod_{j=1}^{m}(X-\zeta^j\alpha)$$

设 $p_\alpha(X)$ 是 α 在 $\mathbf{Q}$ 上的极小多项式.根据引理 4,$p_\alpha(X)=\sum\limits_{t=0}^{r}b_tX^t$ 整除 $X^m-\alpha^m$.根据 $\mathbf{Q}$ 上多项式的唯一分解定理,$p_\alpha(X)$ 的常数项 b_0 是 $X^m-\alpha^m$ 的 r 个根的积.因此,存在整数 t,r,使得 $b_0=\zeta^t\alpha^r$.因为 b_0 是有理

数,而且 $|b_0|=|\alpha^r|$,可知 $|\alpha^r|$ 也是有理数.这样,按照假设有 $r \geqslant m$,这意味着 $p_\alpha(X)=X^m-\alpha^m$.

我们现在证明定理 3 的实数情形,这是建立定理的完全复数情形的一个重要步骤.

命题 6 设 m 是个正整数.如果 a 和 b 是 $T_{m,\mathbf{R}}$ 中满足 $a+b=1$ 的元,那么 a 和 b 是有理数.

证明 设 k 是使得 $|a^k|=\pm a^k$ 属于 $\mathbf{Q}$ 的最小正整数.按照引理 5

$$p_a(X)=X^k-a^k$$

而且

$$[\mathbf{Q}(a):\mathbf{Q}]=k$$

因为 $b=1-a$,所以也有

$$[\mathbf{Q}(b):\mathbf{Q}]=k$$

因而,k 是使得 $|b^k|$ 是有理数的最小正整数,而且

$$p_b(X)=X^k-b^k$$

属于 $\mathbf{Q}[x]$.我们发现 $a=1-b$ 是 $(1-X)^k-b^k$ 的一个根.基于引理 4,我们断定 X^k-a^k 整除 $(1-X)^k-b^k$.这两个多项式有同样的次数,因此它们相差一个常数倍.因为第 2 个多项式总有个线性项,故只要 $k=1$,这就能发生.因此,a 和 b 是有理数.

此时,我们能陈述定理 1 的实数情形.

命题 7 设 m 和 n 是互素的正整数且 $n>2$,那么,在 $T_{m,\mathbf{R}}$ 中 $a^n+b^n=1$ 没有解 a 和 b.

证明 利用反证法,假设 $T_{m,\mathbf{R}}$ 中有 a 和 b 满足

$$a^n+b^n=1$$

因为 $(a^n)^m$ 和 $(b^n)^m$ 都是有理数,命题 6 意味着 a^n 和 b^n 是有理数.因为 a^n 和 a^m 都是有理数,我们推断 $a^{\gcd(m,n)}=a$ 是有理数.一个相似的讨论可证明 b 是有

理数. 结果，$a^n+b^n=1$ 对有理数 a,b 成立，这与费马大定理矛盾.

3　需要的伽罗瓦理论片断

允许复根增加了困难，但伽罗瓦理论可以帮助我们绕过它. 如果 $a^n+b^n=1$ 而且 $[\mathbf{Q}(a,b):\mathbf{Q}]>1$，那么伽罗瓦群的元在一对解 (a,b) 上的作用可以产生其他的解. 这样，我们在这一节的主要目标是使用伽罗瓦理论去确定一个使一个 m 次分圆域中的元的 n 次幂是有理数的约束条件.

引理 8　设 m 和 n 是正整数. 假设 a 是扩域 $\mathbf{Q}(\mathrm{e}^{\frac{2\pi i}{m}})$ 中满足 a^n 是有理数的一个实数. 那么，a^2 也是有理数.

引理 8 的证明是这篇文章中我们需要伽罗瓦理论的唯一一个地方，已经知道这个引理或者愿意无条件相信它的读者可以安全地提前跳到第 4 节. 为了证明引理 8，我们要依靠下面 3 个由伽罗瓦理论得到的结果. 为了研究费马大定理，库默尔特地建立了这些引理中的第一个. 引理 9 是"伽罗瓦理论的基本定理"，引理 10 对搞清楚多项式的根是重要的.

在数论结果的存在性证明中，伽罗瓦理论是一个代表性工具. 该理论的一些基本的想法可以追溯到 J. L. Lagranger 的小册子 *Réflexions sur la résolution algebraique deséquations*（1770 ~ 1771）. 在 1832 年，为了确定哪些代数方程是"可解的"（它们的根能用它们的系数表示出来），伽罗瓦发展了一个普遍的理论. 而且，当一个具体的方程可解时，在伽罗瓦理论的帮助下,我们能构造出它的“解”. 1976 年 3 月 20 日,C. F. Gauss 在证明正 17 边形的可构造性时发现了伽罗瓦理论的一个重要的特殊情况. 在过去两个世纪,伽罗瓦理论已经改变了代数学的环境,成为许多存在性证明中的一个不可缺少的工具. 我们打算使用这个工具. 我们用到的伽罗瓦理论中的两个重要概念是多项式的分裂域以及现在叫作域扩张的伽罗瓦群的东西. 一个多项式 $p(x)$ 在一个域 F 上的分裂域是 F 的一个最小扩张域 K,使得 $p(x)$ 能在 K 上分裂成线性多项式. F 的一个扩张域 K 的伽罗瓦群 $\mathrm{Gal}(K/F)$ 是固定 F 中每个元的 K 的所有域同构的集合.

引理 9 设 m 是一个正整数,$K=\mathbf{Q}(\mathrm{e}^{\frac{2\pi i}{m}})$ 是 $\mathbf{Q}$ 添加 $\mathrm{e}^{\frac{2\pi i}{m}}$ 所生成的扩域. 那么,群 $\mathrm{Gal}(K/\mathbf{Q})$ 是阿贝尔的.

引理 10 如果 F 是一个域,K 是某个多项式在 F 上的分裂域,L 是一个中间域($F\subseteq L\subseteq K$),那以 L 是某个多项式在 F 上的分裂域当且仅当 $\mathrm{Gal}(K/L)$ 是 $\mathrm{Gal}(K/F)$ 的一个正规子群.

引理 11 令 K 是某个多项式在 F 上的分裂域. 如果 $p(X)$ 是 $F[X]$ 的一个不可约多项式,而且在 K 中至少有一个根,那么 $p(X)$ 的所有根都在 K 中.

引理 8 的证明 设 m 和 n 是任意的正整数,而且假设 a 是 $K=\mathbf{Q}(\mathrm{e}^{\frac{2\pi i}{m}})$ 中满足 a^n 是有理数的一个实数. 这时,伽罗瓦群 $G=\mathrm{Gal}(K/\mathbf{Q})$ 是阿贝尔的(引理 9). 从而,G 的每个子群都在 G 中正规. 特别地,如果 $F=K\cap\mathbf{R}$,那么 $\mathrm{Gal}(K/F)$ 在 $\mathrm{Gal}(K/\mathbf{Q})$ 中正规. 由伽罗瓦理论的基本定理知道,F 是 $\mathbf{Q}[X]$ 中某个多项式的分裂域.

令 k 是使 a^k 属于 $\mathbf{Q}$ 的最小正整数. 按照引理 5,a

在 $\mathbf{Q}$ 上的极小多项式是 X^k-a^k，因此这个多项式在 $\mathbf{Q}$ 上不可约. 因为 a 属于 F，引理 11 意味着 X^k-a^k 的所有根都在 F 中. 因为 F 是实数域的一个子域，这保证了 X^k-a^k 的每个根都是实数. 这样，k 至多是 2，从而正如所希望的那样，a^2 是个有理数.

我们注意到可以通过直接证明首一多项式

$$\prod_{\substack{1\leqslant k\leqslant\frac{m}{2}\\ \gcd(k,m)=1}}\left(X-2\cos\left(\frac{2k\pi}{m}\right)\right)$$

有整数系数来代替上面的证明的第一段，从而确定 $F=\mathbf{Q}\left(\cos\frac{2\pi}{m}\right)$ 是个分裂域. 这个方法避免了使用伽罗瓦理论，但有点复杂. 因为我们的一个目标是为大学抽象代数 课提供这个问题的处理方法，我们选择了我们已给的证明.

4　主要结果

为了证明主要结果：我们需要一个关于 $\cos\frac{2k\pi}{m}$ 能取哪些有理值的引理. 我们特别指出：

引理 12　假设 k 和 m 是正整数. 如果 $\cos\frac{2k\pi}{m}$ 是个有理数，那么 $2\cos\frac{2k\pi}{m}$ 是个整数.

证明　令 $\alpha=\frac{2k\pi}{m}$. 用些基本的运算，我们能建立递归关系

$$2\cos(n\alpha)=2\cos((n-1)\alpha)\cdot 2\cos\alpha-$$

$$2\cos((n-2)\alpha)$$

这时,用一个简单的归纳论证可得

$$2=2\cos(m\alpha)=\sum_{j=0}^{m}a_j(2\cos\alpha)^j$$

这里的 $a_m=1$,而且对于 $j=0,1,\cdots,m,a_j$ 是个整数.因此,$2\cos\alpha$ 是一个首位系数为 1 的多项式的根.如果

$$2\cos\alpha=\frac{p}{q}$$

那么对有理根进行的验证可得 $q=1$,因此 $2\cos\alpha$ 是个整数.

我们现在可以证明定理 3 了.

定理 3 的证明 考虑 T_m 中满足 $x_1+x_2=1$ 的元 x_1 和 x_2.如果 x_1 和 x_2 是实数,那么命题 6 蕴含了结果.因此我们可以假设 x_1 或者 x_2 不是实数;因为它们的和是 1,我们可以进一步假设它们都不是实数.用复数的极坐标表示法,我们记

$$x_1=a_1e^{i\psi_1},x_2=a_2e^{i\psi_2}$$

这里的 a_1 和 a_2 是正实数,而且 $-\pi\leqslant\psi_1,\psi_2<\pi$.因为

$$\operatorname{Im}(x_1+x_2)=0$$

$\sin\psi_1$ 和 $\sin\psi_2$ 有相反的符号.具体地,对其中一个 j,我们有 $0\leqslant\psi_j\leqslant\pi$,但对另一个有 $-\pi<\psi_j<0$.如果必要可重新设计 x_1 和 x_2,我们不妨假设 $0\leqslant\psi_1\leqslant\pi$.这样的话,我们可设

$$\theta_1=\psi_1,\theta_2=-\psi_2$$

使得

$$x_1=a_1e^{i\theta_1},x_2=a_2e^{-i\theta_2}$$

注意到 $x_j^m(j=1,2)$ 是有理数,我们推断 a_j 属于 $T_{M,\mathbf{R}}$,而且

$$\theta_j=\frac{2k_j\pi}{2m}$$

对某个 k_j 成立.用这个新符号,我们有

$$a_1e^{i\theta_1}+a_2e^{-i\theta_2}=1$$

在图 1 中用图画描绘了这个复数加法,点 $a_1e^{i\theta_1}$ 在第一象限,点 $a_2e^{-i\theta_2}$ 在第四象限,虚线表示第二个向量的平移,组成了两个复数的向量和,那等于 1.

重点考查这个图中处于第一象限的那部分,我们得到一个三角形,如图 2 所示,边长分别为 x_1,x_2 的模和 1,角度由 θ_1,θ_2 以及 $\theta_0=\pi-\theta_1-\theta_2$ 给出.

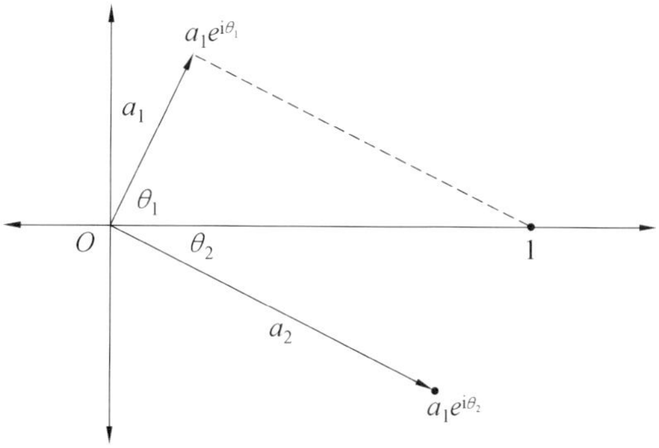

图 1　$x_1^n+x_2^n$ 的复平面表示

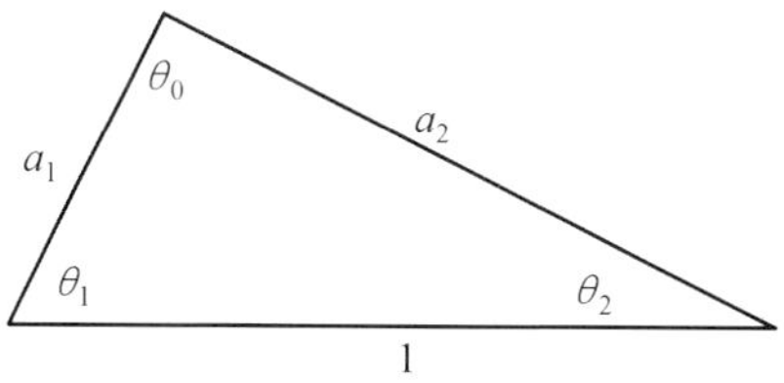

图 2　与向量求和有关的三角形

因为三角形的内角和等于 π，所以 $\theta_0=\dfrac{2k_0\pi}{2m}$ 对某个整数 k_0 成立. 按照正弦定律，$\dfrac{a_2}{1}=\dfrac{\sin\theta_1}{\sin\theta_0}$，而且

$$\frac{a_1}{1}=\frac{\sin\theta_2}{\sin\theta_0}$$

现在，因为

$$\sin\theta_j=\frac{(e^{i\theta_j}+e^{-i\theta_j})}{2i}$$

而且 i 是 1 的一个四次根，所以 $\sin\theta_j$ 属于 $\mathbf{Q}(e^{\frac{2\pi i}{4m}})$. 因此 a_j 属于 $\mathbf{Q}(e^{\frac{2\pi i}{4m}})\cap\mathbf{R}$. 这时，由引理 8 知道 a_1^2 和 a_2^2 都是有理数. 接下来，对我们的三角形应用余弦定律得到

$$1^2=a_1^2+a_2^2-2a_1a_2\cos\theta_0$$
$$a_2^2=a_1^2+1^2-2a_1\cos\theta_1$$
$$a_1^2=a_2^2+1^2-2a_2\cos\theta_2$$

由第一个方程得知

$$\cos\theta_0=\frac{a_1^2+a_2^2-1}{2a_1a_2}$$

因为 a_1^2 和 a_2^2 是有理数，由此得到

$$\cos(2\theta_0)=(2\cos^2\theta_0)-1$$

是有理数. 从而，$2\cos(2\theta_0)$ 是个整数(引理 12). 同样地，$2\cos(2\theta_1)$ 和 $2\cos(2\theta_2)$ 是整数. 因此 $2\cos(2\theta_j)\in\{0,\pm1,\pm2\}$ 对 $j=0,1,2$ 成立. 因为 $0<\theta_j<\pi(j=0,1,2)$，我们有 $\theta_j=\dfrac{p_j\pi}{12}$，这里 $p_j\in\{2,3,4,6,8,9,10\}$. 因为 $\theta_0+\theta_1+\theta_2=\pi$，在 $\theta_1\geqslant\theta_2$ 的假设下，(θ_1,θ_2) 的可能值简化为一个短表

$$\left(\frac{2\pi}{3},\frac{\pi}{6}\right),\left(\frac{\pi}{6},\frac{\pi}{6}\right),\left(\frac{\pi}{4},\frac{\pi}{4}\right),\left(\frac{\pi}{2},\frac{\pi}{4}\right)$$

$$\left(\frac{\pi}{2},\frac{\pi}{3}\right),\left(\frac{\pi}{2},\frac{\pi}{6}\right),\left(\frac{\pi}{3},\frac{\pi}{6}\right),\left(\frac{\pi}{3},\frac{\pi}{3}\right)$$

这些值都对应于一个经典三角形(即 $30^\circ-30^\circ-120^\circ$ 三角形,$45^\circ-45^\circ-90^\circ$ 三角形,$30^\circ-60^\circ-90^\circ$ 三角形或者等边三角形).

解这些三角形,我们得到表 1.

表 1

三角形类型	θ_1	θ_2	a_1	a_2
$30^\circ-30^\circ-120^\circ$	$\frac{2\pi}{3}$	$\frac{\pi}{6}$	1	$\sqrt{3}$
	$\frac{\pi}{6}$	$\frac{\pi}{6}$	$\frac{1}{\sqrt{3}}$	$\frac{1}{\sqrt{3}}$
$45^\circ-45^\circ-90^\circ$	$\frac{\pi}{2}$	$\frac{\pi}{4}$	1	$\sqrt{2}$
	$\frac{\pi}{4}$	$\frac{\pi}{4}$	$\frac{1}{\sqrt{2}}$	$\frac{1}{\sqrt{2}}$
$30^\circ-60^\circ-90^\circ$	$\frac{\pi}{2}$	$\frac{\pi}{3}$	$\sqrt{3}$	2
	$\frac{\pi}{2}$	$\frac{\pi}{6}$	$\frac{1}{\sqrt{3}}$	$\frac{2}{\sqrt{3}}$
	$\frac{\pi}{3}$	$\frac{\pi}{6}$	$\frac{1}{2}$	$\frac{\sqrt{3}}{2}$
等边三角形	$\frac{\pi}{3}$	$\frac{\pi}{3}$	1	1

这完成了定理 3 的证明.

我们现在准备证明定理 2,即我们对费马大定理的推广.为简洁起见,我们在这里用稍微改动的形式重述它.

定理 13　设 m 和 n 是互素的正整数,$n>2$. T_m 中存在 x 和 y 满足 $x^n+y^n=1$ 当且仅当 6 整除 m,此时 $x^m=y^m=1$. 换句话说,在 S_m 中存在 x,y 和 z 使得 $x^n+y^n=z^n$ 当且仅当 6 整除 m,这时 $x^m=y^m=z^m$.

证明　假设 x 和 y 是 T_m 中的元，而且 $x^n+y^n=1$. 令 $\gamma=x^n$，$\beta=y^n$. 因为

$$\gamma^m=(x^n)^m=(x^m)^n$$

是有理数而且是正的，由此可知 γ 属于 T_m. 同样地，β 属于 T_m 而且 $\gamma+\beta=1$. 如果有必要，我们重标 γ 和 β，那么从定理 3 推出，或者 γ 和 β 都是有理数，或者

$$\gamma=a_1\mathrm{e}^{\mathrm{i}\theta_1}, \beta=a_2\mathrm{e}^{-\mathrm{i}\theta_2}$$

对表 1 中的某些 a_1，a_2，θ_1 和 θ_2 成立. 如果 γ 是有理数，那么 x^m 和 x^n 也是有理数，从而 $x=x^{\gcd(m,n)}$ 是有理数. 同样的讨论证明 y 是有理数，但 $x^n+y^n=1$ 与费马大定理矛盾. 这样，我们可以假设 γ 和 β 来自表 1 给出的值.

因为 $a_2^{\frac{m}{n}}=|y^m|$ 是有理数，从而 a_2^m 是某个有理数的 n 次幂. 但是，观察表 1 中的值，这只有当

$$\gcd(m,n)=n$$

或者

$$a_1=a_2=1$$

而且 $\theta_1=\theta_2=\dfrac{\pi}{3}$ 时才可能发生. 按照假设，$n>2$，而且 $\gcd(m,n)=1$，因此前一种情况是不可能的. 在后一种情况，$\gamma=\mathrm{e}^{\frac{\mathrm{i}\pi}{3}}$ 而且 $\beta=\mathrm{e}^{\frac{\mathrm{i}\pi}{3}}$. 同时，$\gamma$ 是 T_m 中的元意味着 $\mathrm{e}^{\frac{m\mathrm{i}\pi}{3}}$ 是个正有理数，因此 m 被 6 整除而且 $\gamma^m=\beta^m=1$. 因为 $x^m=\gamma^{\frac{m}{n}}$ 是 1 的 n 次正有理单位根，从而有 $x^m=1$. 同样地，$y^m=1$. 正如所求.

用 $\gamma=\mathrm{e}^{\frac{\mathrm{i}\pi}{3}}$，我们能进一步限定 x 和 y，断定

$$x=\gamma^{\frac{1}{n}}=\mathrm{e}^{\frac{(6k+1)\mathrm{i}\pi}{3n}}$$

对某个 k 成立. 因为 $\gcd(m,n)=1$，而且 x^m 是有理数，

由此得知 $6k+1$ 一定被 n 整除. 从而,这个 k 对 n 的模是唯一的,因此 x 是唯一的. 一个相似的讨论可证明 y 是唯一的.

另一方面,如果 $m=6l$,可设

$$x=e^{\frac{in\pi}{3}}, y=e^{-\frac{in\pi}{3}}$$

这时,$x^m=e^{2inl\pi}=1$. 类似地,$y^m=1$. 这说明 x 和 y 属于 T_m. 现在,定理的假设 $\gcd(m,n)=1$ 意味着

$$\gcd(6,n)=1$$

这样 $n^2\equiv 1 \pmod 6$. 由此可知

$$x^n+y^n=e^{\frac{i\pi}{3}}+e^{-\frac{i\pi}{3}}=1$$

因此,x 和 y 是 $x^n+y^n=1$ 在 T_m 中的唯一解(除了交换 x 和 y).

第17章 骑自行车上月球的旅人

1 业余数学爱好者的证明

陈省身教授在为庆祝国家自然科学基金委员会成立10周年所举行的科学报告会上的演讲中指出：

"从这定理(指怀尔斯的证明)我们应认识高深数学是必要的，费马定理的结论虽然简单，但它蕴藏着许多数学的关系，远远超过结论中的数学观念，这些关系日新月异，十分神妙，学问之实，令人拜赏.

我能相信，费马大定理不能用初等方法证明.这种努力会是徒劳的.数学

是一个整体,一定要吸收几千年的所有进步."(见《数学进展》,第 25 卷,第 5 期)

几乎可以肯定地说,在数学史上有关费马大定理的证明是最多的,给出证明的人也最杂.据统计,仅在1908～1912 年这 4 年内,仅德国哥廷根科学院就收到了 1 000 多个证明.不用说,无一例是对的.而这些证明的提出者用现代话说是费马猜想的发烧友,如果加以分析大致可分这样四类.

第一类是职业数学家,这类人是具备了证明费马大定理的素质,但不具备所必需的工具.

实际上,有许多数学家终生都在为费马大定理工作.例如,美国科学院院士范迪维尔(Harry Shultz Vandiver, 1882—1973)就是其中一位,他为此花费了他长达 91 岁的一生.这有点像买了一路下跌的股票的股民一样,一旦买进便马上被套牢,而且终生难释,但他最后得到了补偿——因研究费马问题的成果而获了大奖.

数学家虽然绝大多数在为人上是谦虚的,也可以说是与世无争的,但从某种意义上说又是最争强好胜的.他们总是觉得应该和各个时代的最伟大的数学家竞争,所以他们大搞世界级难题,啃最硬的果,并且对此充满自信.

记得有人在采访美国数学家罗宾逊教授时,当问及"在数学中,是否有某些领域比其他领域更容易使人成名"时,罗宾逊教授说:"在数论中,有许多经典的猜想——哥德巴赫猜想、费马猜想等,任何对此做出贡献的人将立刻成名,因为这些问题非常有名.美国数学家伯克霍夫的儿子现在还保留着充满他父亲豪言壮语的信，他的父亲——第一个被公认为世界上第一流美国数学家的美国人在给另一位数学家的信中写到‘我们将解决费马问题，而且还不止于此’. 但今天看来当时他似乎更应该说‘我们必定无法解决费马问题，而且仅此而已’. 因为当时他还没有掌握攻克费马大定理的工具——代数几何. 那么这样急三火四地宣布可以解决它究竟是什么心理在作怪呢？很早以前有一位名叫梅里尔(Merrill)的数学家在一本称作《数学漫谈》的书中剖析了人类的这种情结. 他写道：‘凡属人类，天生有一种崇高的特性，也就是好胜的心理，这种心理，使人探险攀高、赴汤蹈火而不辞……’”

波兰最著名的数学家巴拿赫也常常以这样一句话不断勉励自己，他说：“最重要的是掌握技艺的巨大光荣感——众所周知. 数学家的技艺有着像诗人作诗一样的秘诀……”

第二类证明者是初等数论的爱好者. 他们认为唯有需要魄力和技巧的艰苦工作，才有诱惑的力量. 有些人认为数学家之所以不能证明费马大定理，乃是工作太难的缘故. 存有这个念头，当然想要自己去解决问题，以便打倒一切数学家，出人头地. 总之，一切麻烦都因学识不够，竟不知这对他来说是不可能之事，真是可惜. 现在无法证明高峰绝壁不可攀登，探险家仍然继续尝试，将来终有登临之日. 但是凭借初等数学乃至大学本科或硕士研究生的功底要想证明费马大定理，无疑是想骑自行车到月球上旅行，这时人类的自省力便是遏制这种蠢行的唯一力量.

中国第一批理学博士曾为南京师范大学数学系主任的单墫教授专攻数论，曾拜师于王元，功力不可谓不深.但在他为中国青年出版社写的一本小册子《趣味数论》的结尾中写道:本书的作者还必须在此郑重声明,如果哪位数学爱好者坚持要解决这个问题(费马猜想),务必请他别把解答寄来,因为作者不够资格来判定如此伟大、如此艰难的工作的正确性.

这一声明同样也适用于其他的猜想,如许多爱好者关心的哥德巴赫猜想和黎曼猜想.所幸的是,前几年中国科学院数学研究所所长杨乐专门在《文汇报》上撰文指出目前国内无人(包括陈景润在内)搞哥德巴赫猜想和黎曼猜想.另外数学所绝不受理宣布证明了这几个猜想的论文(大部分论文是各级各类政府官员"推荐"的,在这里数学不承认权力).可向国外投稿,世界著名数学杂志有 200 家之多.

再有一种心理就是心理寄托与转移的误区,正像中国千百万自己很不甘心默默无闻地走完人生大半的家长们把全部希望都寄托在自己的子女身上,即所谓的望子成龙的心理一样.有太多太多的人平凡又平凡地淹没在人海中.于是乎悲叹自己竟比不上夏夜的萤火虫在黑夜中尚有一丝自己的光亮.于是他们便开始挖空心思表现自己,或将名字刻到长城的石头上追求永恒,或当追星族,借明星之光照亮自己,而稍稍有点头脑的人便琢磨如何将自己同世界上公认伟大的、崇高的事联系起来.于是文坛上有了写了几千万字无一变成铅字的被讥讽为浪费中国字的"文学青年",有了吟诗百首无一首一人听得懂、看得明白的"朦胧派诗人",但最难对付的要算"业余数学爱好者"了.他们像练气功走火入魔一样,笃信自己是数学天才,天降解决某个重大猜想之大任于斯,于是整天衣冠不整,神经兮分，置本职工作于不顾，视妻儿老小如路人，一心一意，夜不安寝，食不甘味，昼夜兼程为求得一个所谓的“证明”.

第三类证明者是政治狂徒，试图以政治代替学术，最明显反映政治对数学的冲击是第二次世界大战时的德国.希特勒上台后，教育部长由冲锋队大队长拉斯特(Rust)担任.1936 年，德国创办了一种新的数学期刊叫作《德意志数学》，第一卷的扉页上就是元首的语录.在所有政治数学家中，最著名的是倾向于纳粹的数学家比伯巴赫(Bieberbach)，他曾在函数论及希尔伯特第 18 问题等方面做出过杰出的成就.但他从 1934 年起就发表文章论述种族与数学的关系，主张把“元首原则”搬到数学界来.

第四类是对数学基本外行的业余人士.在费马大定理提出后的 350 年间，不知有多少次被布之报端闹得沸沸扬扬.

对于这种轰动性的传闻，究其原因在很大程度上是源于记者对数学的无知.

谁都无意苛求新闻出版人员有专家般的学识，像周振甫为钱钟书的《管锥编》当责编时所显示出的学识水准，但最起码要有一种科学的态度.《纽约时报》的编辑兼记者、科技部主任詹姆斯·格莱克为了写《混沌开创新科学》，采访了大约 200 位科学家，这种精神是值得新闻工作者学习的.相反有一些新闻工作者仅凭道听途说，凭着一点少得可怜的数学知识，再加杂着一点好大喜功的心理作用，于是一篇篇攻克世界难题的报道被布之报端，混淆了人们的视听，助长了“爱好者”们不想做长期艰苦努力就想一鸣惊人的投机心理，于科学的普及极为不利.

历史有惊人的相似之处,在中国这片大地上出现过许多类似费马大定理被“爱好者”证明的事件.我们可以给读者展示一个小小的缩影,即中国历史上的三分角家及方圆家的悲喜剧.这对那些狂热的爱好者及不负责的报纸记者都是值得借鉴的.

所谓三分角家是指那些试图用尺规将一个给定角三等分的人,这个问题是公元前 5 世纪(相当于我国周朝贞定王时期)古希腊人提出来的,经过 2 000 多年的尝试,始终无法解决.直到 1837 年,即我们的清朝道光十七年才被证明是不可能的.中国老百姓就是不信,加之记者们的推波助澜,于是闹剧纷呈,一幕接着一幕.

先是 1936 年 8 月 18 日,当时中国颇有影响的大报《北平晨报》以整版篇幅报道了一个惊人的消息.河南郑州铁路局郑州站站长汪联松耗费了 14 年的精力终于解决了这一世界难题.不幸的是一个多月后,即同年 9 月 27 日,武汉的《扫荡报》马上发表了一位名叫李森林的文章,指出其错误.11 月份《数学杂志》上又发表了顾澄君的文章,12 月份《中等数学月刊》上也发表了两位名叫郭焕庭、刘乙阁读者的文章.他们分别用不同的方法指出汪联松的错误.随即抗日战争爆发了,战时 8 年艰辛,全国老百姓都致力于救亡图存之大业.由于这个数学难题与当时现实无关,于是沉寂不复有所闻.1945 年 8 月 15 日抗战胜利,民族精神振奋,对此纯理论问题又引起了国人的兴趣.于是 1946 年 12 月 4 日四川省科学馆主办的《科学月刊》在第 4 期上又发表了成都一位名叫吴佑之的文章,宣称他已获成功,遭到驳回后,仍不死心.一年后,1949 年 5 月 13 日,忽然有一位灌县的叫袁履坤的人，致函给四川大学数理学会主办的《笛卡儿半月刊》，称“吴君……已完成全部解法，……成为吾国学术界之光荣……特……附寄吴君原稿，敬希披露”云云.据当时著名的数学家余介石评价说：“吴君所表现之学力，尚未逮初中程度，其证明错误百出.”

以三等分角问题在中国轰动最大的，是旧上海一位叫杨嘉如的会计员.新中国成立前夕，1948 年 1 月 4 日上海《大陆报》首先披露了这一消息，两天后的国民党中央社上海电称“颇引起科学界之重视，且公认为我国数学界无上之光荣，……早在 1938 年，他就制订了这个原则，一度曾将其法则呈寄牛津、剑桥诸大学，及纽约泰晤士学院、加尼西学院，以待证实.他们的答案，颇有相同之处，都认为仅用圆规与直尺来解答三等分任何一角问题绝不可能.并众口一声地劝告杨君放弃这个企图.”并且在报上还详细介绍了杨嘉如的证明过程：

“杨君肄业沪市中法学堂时，……承认‘化圆为方’与‘倍立方体’之不可能，而对‘一角三等分’之不可能起了怀疑，9 年以前，杨君以衣架做戏，忽然……起了特殊的灵感，……就寻得了答案……”这番传奇之消息，马上引起了国人的好奇心，以至沸沸扬扬自以为在此问题上，国人拨了头筹.其实当时的数学家头脑还是清醒的，5 天以后即 1948 年 1 月 9 日天津《大公报》马上登载了留英归来的南开大学教务长吴大任的讲话.1 月 12 日国民党中央通讯社长春分社又发表了曾获柏林大学数学博士学位的东北师范大学(当时称为长春大学)教务长张德馨博士的长篇讲话，皆指出这是绝不可能的.但杨氏有一种近乎病态的自信心,大放狂言说:"我静候全世界科学家、数学家,来公认这个原则的正确性,或是指出我的破绽."更有甚者,他还说什么"高等数学,我虽不懂,不过我希望海内外同人,能不吝指出我法则的错误处."

悲乎,当年一些知名数学家对此种行为撰文指出孟子有言,"舜人也,予人也,有为者亦若是",三分角家之精神类此.自未可厚非,惜其致力之途则谬.有志做纯理研究者,首当知所研讨之问题今日已发展至若何程度.权威之说,如无充分理由,固可不必轻信,但亦不必无故"轻"疑.今日之纯理科学,已达高远之域,未具有基本学识及相当修养者,断难望有徒恃灵感即可成功之事.否则将徒耗时间、精力,终归失败.

当然也有少数证明者尚存一丝自知,态度较为谨慎,这些都是受过高等教育的.1948 年 1 月 20 日成都《新民晚报》报道了当时广汉交通部第五区八总段三十分段袁成林工程师的证明经历.虽然袁成林也意欲"向法国数学会、诺贝尔奖奖金会,及世界有名数学家审核……"但仍有"但不知是否合乎原出题之规定"一语,表明还是有一定的科学态度.

当时这类报道充斥报刊,除以上诸位外,较著名的还有成都《新新新闻》报道的伪四川省教育厅职员宋叙伦,及 1949 年 1 月 17 日成都《西方日报》报道的某高中学生刘君明等.

世间的事真是说不准,前不久许多档次很高的数学杂志竟又报道说匈牙利一位数学家解决了三等分角问题,这就很难自圆其说.

当然这种报道的失误似乎已成为新闻传媒的常见

病，不仅在我国有，就是美国著名的《时代》周刊也出现过这样严重失实的报道.

1984 年 2 月 13 日美国《时代》周刊报道了美国桑迪亚国家实验室的数学家们花了 32 小时，解决了一个历经 3 个世纪之久的问题：

他们找到了梅森(M. Mersenne)数表中最后一个尚未分解的 69 位数 $2^{251}-1$ 的因子，这个 69 位数是

132 686 104 398 972 053 177 608 575 506 090 561 429 353 935 989 033 525 802 891 469 459 697

它的三个因子是

178 230 287 214 063 289 511

61 676 882 198 695 257 501 367

12 070 396 178 249 893 039 969 681

我国的《参考消息》同年 2 月 17 日转载了这篇报道，《数学译林》杂志 1984 年第 3 期摘登了此消息，此外还有些杂志作了相应的报道①. 后来我国天津的三位“业余”数学家，天津商学院的吴振奎、沈惠璋和华北第三设计院的王金月发现这是一篇严重失实的报道.

因为 $2^{251}-1$ 是个 76 位数，并且早在 1876 年卢卡斯(Francois-Edouard-Anatole Lucas，1842—1891)，法国数学家. 生于巴黎，卒于同地. 早年毕业于亚眠(Amiens)师范学校，曾任天文台职员. 在普法战争(1870～1871)中充当炮兵军官. 以后在巴黎两所中学里教学，致力于数论中素数理论和因子分解的研究. 1876 年设计新方法证明了 $2^{127}-1$ 为一素数. 此外，撰

① 曹聪. 1984 年世界科学有哪些重大进展[J]. 科学画报，1986(4).(据[美]《发现》杂志 85.1 编译)

写过四大卷本《数学游戏》(*Récréations Mathematiques*, 1891～1894)，该书以问题新颖奇妙而盛行一时)就已经找到了它的一个素因数 503. 1910 年克尼佛姆又找到了另一个素因数54 217. 所以真实的情况是报道中的数并不是梅森数 M_{251}，即报道中的 132…697 只是梅森数 $2^{251}-1$ 的除去因子 $503\times54\ 217=27\ 271\ 151$ 外的余因子.

当然对于像费马大定理这样的热门话题，很自然会成为喜欢数学的人议论的中心. 其间有些善意的“谬传”是情理之中的，并不在抨击之列. 我们都知道心理学中有一个酸葡萄效应，即对追求不到的东西就贬低，使人在潜意识中觉得它不值得追求. 若干年前，在久攻费马大定理不下之际，西方数学界开始流传一则关于“费马大定理”的“小道新闻”，可博一粲. 当时医学界发现了一种奇怪的疾病，患者由于脑部或眼部某些机能不能正常运作，分不清上下或左右，导致上下左右对调. 有人便猜想，会不会费马恰巧患了这种病，他写下的式子并非 $x^n+y^n=z^n$，而是 $n^x+n^y=n^z$. 如果真是这样的话，那就太好了，因为若是那样，中学生就会解，但不幸的是这只是自欺欺人的传闻罢了.

英国诺丁汉大学纯粹数学教授，联合王国国家数学委员会委员哈勃斯坦(Heini Halberstam)曾这样评价数论问题：数论或高等算术是最古老的数学分支之一. 整数数列的平凡外貌极易使人误解，这掩盖了它无穷无尽的漂亮的形式，以及从最古代起就使学者和业余爱好者都着迷的问题，这种问题的地位通常是由经验形成，而且易于描述，但是要解释它们是不容易的，而且常常是极端困难的. 所以德国的一位数学家克罗内克将关心数论的数学家比做“一旦尝到食物的滋味就永远不会放弃它的贪吃的人”是有道理的.

所以可以肯定从全世界对数学感兴趣的人群来看,对数论感兴趣的人最多,试图攻克数论难题的人也最多,而在这众多的爱好者中,选择不定方程的又是占了绝大多数.英国数论专家莫德尔在其专著《丢番图方程》(*Diophuntine Equations*. Academic Press. London, 1969)的前言中写道:这门学科可简要地这样来描述.它主要是讨论整系数多项式方程 $f(x_1,x_2,\cdots,x_n)=0$ 的有理解或整数解.众所周知,整个世纪以来,没有哪一个专题像这样吸引了如此众多的专业和业余的数学家的注意,也没有哪一个专题产生了像这样多的论文,如此就不难理解为什么会有如此众多的人士对费马猜想感兴趣,因为它是这一领域中最著名的问题.

这些人里又分三类,最庞大的一类人是有一定文化修养的业余爱好者,他们发表了大量的所谓“证明”.在费马大定理的证明中,许多“花边”新闻出自他们.这一类爱好者失败的原因,是由于工具不够,且对问题的难度认识不够.这类论文的作者一般都初通数论,有的甚至有微积分的训练,对这类作者,一般受到的劝告是放弃用初等办法解决的幻想,继续钻研直到掌握足够的工具.这类作者一般都很理智,或知错而返,或知难而退.其实道理很简单,对数论中的经典猜想全世界有成千上万人都试图证明,并且你所使用的工具,以及你所运用的方法别人也同样会,那为什么别人没有做出来呢?所以此时我们提倡人们自问,我有什么过人之处吗?在解决这个问题的过程中我的长处是什么?这样会将自己的成果拿出来时“慎重”些. 以下是几个错误证明的实例.

山东临沂师专有位叫崔舍兴的毕业生,他误以为自己证明了费马大定理,于是他在自己学校的学报(自然科学版)1985 年的某期上发表了“费马大定理的证明”的论文,该校的校刊编辑为该文所加的编者按写道:“该文在证明中,尚有值得商榷的地方. 但为鼓励青年大胆探索的精神,特予发表,以此引发对此问题有兴趣的同志们的讨论.”以下节选自崔舍兴的证明部分,您能指出它错在哪吗?

敝人认为,费马大定理是成立的,且方程

$$x^n+y^n=z^n \qquad (*)$$

在前设条件下不存在有理数. 下面证明这些事实.

引理 1　设 n 和 N 都是大于 1 的整数,若 $\sqrt[n]{N}$ 不是整数,则为无理数.

证明　用反证法. 由题设知若 $\sqrt[n]{N}$ 不是无理数,必为有理分数. 假设 $\sqrt[n]{N}=\frac{q}{p}$, $p>1$, 且 $(p,q)=1$, 则 $N=\frac{q^n}{p^n}$. 由于 $(p,q)=1$, 所以 $(p^n,q^n)=1$, 又 $p>1$, $p^n>1$, 故 $\frac{q^n}{p^n}$ 为有理分数. 但 N 为整数,所以 $N=\frac{q^n}{p^n}$ 不成立,因而 $\sqrt[n]{N}$ 只能是无理数.

现在证明方程(*)不存在有理数解.

为行文方便,以下证明都是在前设条件下进行的,不再另加说明.

首先证明(*)没有整数解.

显然,只要证明了当 X,Y 均为任意正整数时,Z

不是整数即可.

设 X,Y 均为任意整数,则有 $X=Y$ 或 $X\neq Y$.

(i) 若 $X=Y$,由(*)知 $Z=\sqrt[n]{2}X$ 显然为无理数,而 X 为整数,所以$\sqrt[n]{2}X$ 为无理数,即 Z 不是整数.

(ii) 若 $X\neq Y$,不失一般性,不妨设 $X<Y$,设 $Y=X+K$,则 K 为正整数,又由(*)知 $Z>Y$,所以对于任意正整数 $X<Y$,存在实数 $R>K$,使得 $Z=X+R$,代入(*)得

$$X^n+(X+K)^n=(X+R)^n$$

再由二项式定理得

$$2X^n+C_n^1KX^{n-1}+C_n^2K^2X^{n-2}+C_n^3K^3X^{n-3}+\cdots+K^n=X^n+C_n^1RX^{n-1}+C_n^2R^2X^{n-2}+C_n^3R^3X^{n-3}+C_n^4R^4X^{n-4}+\cdots+R^n$$

即

$$X^n+C_n^1RX^{n-1}+C_n^2R^2X^{n-2}+C_n^3R^3X^{n-3}+\cdots+R^n=(C_n^1X^{n-1}+C_n^2RX^{n-2}+C_n^3R^2X^{n-3}+C_n^4R^3X^{n-4}+\cdots+R^{n-1})R$$

令

$$P=X^n+C_n^1KX^{n-1}+C_n^2K^2X^{n-2}+C_n^3K^3X^{n-3}+\cdots+K^n$$

$$Q=C_n^1X^{n-1}+C_n^2RX^{n-2}+C_n^3R^2X^{n-3}+C_n^4R^3X^{n-4}+\cdots+R^{n-1}$$

于是 $P=RQ$.

下面仍用反证法证明 R 不是整数.

假设 R 为整数,由 $n,R,X,C_n^i(i=1,2,3,\cdots,m-1)$ 都是正整数知 P,Q 均为正整数,再由 $P=RQ$,知 $Q\mid P$. 但是

$$P=\left(\frac{1}{n}X+K-\frac{C_n^3}{n^2}R\right)Q+$$

$$\left(C_n^2K^2-C_n^2KR+C_n^2\frac{C_n^2}{n^2}R^2-\frac{C_n^3}{n}R^2\right)X^{n-2}+$$

$$\left(C_n^3K^3-C_n^3KR^2+C_n^3\frac{C_n^2}{n^2}-R^3+\frac{C_n^4}{n}R^3\right)X^{n-3}+\cdots+$$

$$K^n-KR^{n-1}+\frac{C_n^2}{n^2}R^n$$

所以

$$\left(C_n^2K^2-C_n^2KR+C_n^2\frac{C_n^2}{n^2}R^2-\frac{C_n^3}{n}R^2\right)X^{n-2}+$$

$$\left(C_n^3K^3-C_n^3KR^2+C_n^3\frac{C_n^2}{n^2}R^3-\frac{C_n^4}{n}R^3\right)X^{n-3}+\cdots+$$

$$K^n-KR^{n-1}+\frac{C_n^2}{n^2}R^n=0$$

由此得

$$C_n^2K^2-C_n^2KR+C_n^2\frac{C_n^2}{n^2}R^2-\frac{C_n^3}{n}R^2=0$$

$$C_n^3K^3-C_n^3KR^2+C_n^3\frac{C_n^2}{n^2}R^3-\frac{C_n^4}{n}R^3=0$$

$$K^n-KR^{n-1}+\frac{C_n^2}{n^2}R^n=0$$

由此得

$$6nK^2-6nRK+(n+1)R^2=0$$

解关于 K 的二次方程得

$$K=\frac{3n\pm\sqrt{3n^2-6n}}{6n}R$$

故

$$4nK^3-4nR^2K+(n+1)R^3=0$$

把 K 的表达式代入上式得

$$4n\left(\frac{3n\pm\sqrt{3n^2-6n}}{6n}R\right)^3-4n\left(\frac{3n\pm\sqrt{3n^2-6n}}{6n}R\right)R^2+$$

$$(n+1)R^3=0$$

但左边等于

$$(\frac{27n^3\pm 27n^2\sqrt{3n^2-6n}}{54n^2}+$$

$$\frac{9n(3n^2-6n)\pm(3n^2-6n)\sqrt{3n^2-6n}}{54n^2}-$$

$$\frac{6n\pm 2\sqrt{3n^2-6n}}{3}+n+1)R^3=$$

$$(\frac{54n^3-54n^2\pm 6n(5n-1)\sqrt{3n^2-6n}}{54n^2}-$$

$$n\pm\frac{2}{3}\sqrt{3n^2-6n}+1)R^3=$$

$$(n-1\pm\frac{1}{9n}(5n-1)\sqrt{3n^2-6n}\pm$$

$$\frac{2}{3}\sqrt{3n^2-6n}-n+1)R^3=$$

$$\pm(\frac{1}{9n}(5n-1)+\frac{2}{3})\sqrt{3n^2-6n}R^3=\frac{1}{9n}(n-1)$$

$$\sqrt{3n^2-6n}R^3$$

所以

$$\pm\frac{1}{9n}(n-1)\sqrt{3n^2-6n}R^3=0$$

由于 $R>0, R^3\neq 0$，所以 $\pm\frac{1}{9}nR^3\neq 0$，所以

$$(n-1)\sqrt{3n^2-6n}=0$$

但

$$n>2, n-1>0, \sqrt{3n^2-6n}=\sqrt{3n(n-2)}>0$$

即

$$(n-1)\sqrt{3n^2-6n}>0$$

所以 $R \notin \mathbf{Z}$.

因为 $X \in \mathbf{Z}, R \notin \mathbf{Z}$,所以 $Z = X + R \notin \mathbf{Z}$.

这就证明了 $Z \neq Y$ 时,$Z \notin \mathbf{Z}$.

综合(i)(ii) 知费马大定理成立.

以下他又证明费马方程不存在有理解.

对此类证明(人们还曾见过昔阳县的一位爱好者的同样证明),数论前辈四川大学的柯召和孙琦教授在《自然杂志》(3 卷 7 期) 曾有一个总结:

> "目前,有不少数学爱好者在搞费马大定理,有的还写成了论文,宣布他们'证明'了费马大定理.我们也看过一些这类稿子,但毫无例外都是错的.这些稿子,大部分是运用整数的整除性质,也有的证明连初等数论都没有用到,仅仅用二项式公式展开一下,就给出了'证明'.这些同志不了解费马大定理的历史,也不了解数学研究的复杂性和艰巨性.初等方法,固然能够创造出很高的技巧,并且至今还能解决一些困难问题,但是,我们觉得费马大定理并不属于这样的问题.300 多年来,成百上千的人(其中包括许多极为优秀的数学家) 运用过各种各样的方法都没有成功.可以说,打算用初等的方法证明费马大定理是不可能成功的."

也有一些貌似专业的证明,幻想用初等数论证明费马大定理.例如,有人想通过如下 9 个引理完成对这个定理的证明.

引理 2 p 为奇素数,m 为大于 1 的整数,当$(m-1,p)=1$ 时,则

$$m^p-1=(m-1)(m^{p-1}+m^{p-2}+\cdots+m+1)=(m-1)(2pB_1+1)$$

当$(m-1,p)=p$ 时,则

$$m^p-1=(m-1)(m^{p-1}+m^{p-2}+\cdots+m+1)=(m-1)p(2pB_2+1)$$

设 q 为奇素数,$q\mid 2pB_1+1$ 或 $q\mid 2pB_2+1$,则 q 为 $pb+1$ 之形状,且

$$m^p\equiv 1(\bmod q)$$

为最小解.

引理 3 p 为奇素数,p^p-1 定有 $2np+1$ 型的素因子,其中 $p\nmid n$.

引理 4 $p^p\equiv 1(\bmod q)$,$q=2np+1$,p,q 均为奇素数(以下均假定 p,q 为奇素数),$p\nmid n$,对任意整数 K,则 $K^p\not\equiv p(\bmod q)$.

引理 5 $p^p\equiv 1(\bmod q)$,$q=2np+1$,且 $p\nmid n$,若 $m^p\equiv 1(\bmod q)$,则 $m\equiv p^d(\bmod q)$,其中 $d\geqslant 0$.

引理 6 $p^p\equiv 1(\bmod q)$ 为最小解,$q=2np+1$,$p\nmid n$,那么,一定有 K,$K^{2np}\equiv 1(\bmod q)$ 为最小解.

引理 7 $p^p\equiv 1(\bmod q)$,$q=2np+1$,$p\nmid n$,$K^{2np}\equiv 1(\bmod q)$ 为最小解,则

$$K^{np}\equiv -1(\bmod q)$$

亦为最小解,对于 l,$(l,q)=1$,则存在 b,使 $l^p\equiv K^bp(\bmod q)$.

引理 8 $p^p\equiv 1(\bmod q)$,$q=2np+1$,$p\nmid n$,$K^{2np}\equiv 1(\bmod q)$ 为最小解,则存在 d_1,d_2,使 $K^n\equiv$

$-p^{d_1}(\bmod\ q)$，$K^{2n}\equiv p^{d_2}(\bmod\ q)$ 且对任意 l，$(l,q)=1$，当 $n\mid b$ 时，若存在一个 m，使 $l^b\equiv\pm p^m(\bmod\ q)$，则一定存在一个 m_1，使 $l\equiv\pm p^{m_1}(\bmod\ q)$.

引理 9 $p^p\equiv 1(\bmod\ q)$，$q=2np+1$，$p\nmid n$，$K^{2np}\equiv 1(\bmod\ q)$ 为最小解，当 $n>1$ 时，若 $n\nmid b$，则存在 c，d，使 $K^{bp}\equiv p^dK^c(\bmod\ q)$，且 $p\nmid dc$，$n\nmid c$.

引理 10 $p^p\equiv 1(\bmod\ q)$，$q=2np+1$，$p\nmid n$，$K^{2np}\equiv 1(\bmod\ q)$ 为最小解，那么

$$1+K^{bp}+K^{cp}\not\equiv 1(\bmod\ q)$$

其中，$b\geqslant 0$，$c\geqslant 0$.

由上面的引理可得如下定理.

定理 1 $p^p\equiv 1(\bmod\ q)$，$q=2np+1$，$p\nmid n$，$K^{2np}\equiv 1(\bmod\ q)$ 为最小解，当 $p\nmid xyz$ 时，若 $q\mid xyz$，则方程 $x^p+y^p=z^p$ 无正整数解.

定理 2 $p^p\equiv 1(\bmod\ q)$，$q=2np+1$，$p\nmid n$，$K^{2np}\equiv 1(\bmod\ q)$ 为最小解，当 $p\nmid xyz$ 时，若 $q\nmid yz$，则方程 $x^p+y^p=z^p$ 无正整数解.

轻率不仅是年轻人爱犯的毛病，有时强烈的出人头地、渴望有一番作为的想法也会使老同志变得不理智. 下面的证明是一位年近七旬的老者给出的，令人吃惊的是老人家竟然在一本薄薄的小册子（正式出版物）中宣布他证明了哥德巴赫猜想、费马大定理、奇完全数问题、居加猜测等诸多世界级难题. 据数论专家曹珍富教授介绍，他的错误在于利用了一条错误的估计式，当指出后，老先生表示承认. 摘录于此，供读者借鉴.

2 证 明

费马大定理,可简单地表述为:

若 n 为大于 2 的整数,则不定方程

$$X^n = Y^n + Z^n \quad ①$$

没有整数解.

若定理成立,必然 $Y \neq Z$. 因为,若 $Y = Z$,则式 ① 可化为

$$X^n = Y^n + Z^n = 2Y^n \quad ②$$

这样必有 $X = 2^{\frac{1}{n}} Y$,此时,X,Y 中至少有一个为无理数,式 ① 才能成立. 故以后假设 $Y \neq Z$.

设 n 的标准分解式为

$$n = q_1{}^{b_1} q_2{}^{b_2} \cdots q_s{}^{b_s} \geqslant 3$$

其中,q_i 为素数,当 $i \neq j$ 时,$q_i \neq q_j$,且若 $i < j$,则

$$q_i < q_j \quad ③$$

此时若 $q_1 = 2$,$b_1 = 1$,则仍有 $q_2{}^{b_2} q_3{}^{b_3} \cdots q_s{}^{b_s} \geqslant 3$. 因为 $n > 2$,又 $q_2 > q_1$,则$n/2 \geqslant 3$. 这样式 ① 可改为

$$(X^2)^{\frac{n}{2}} = (Y^2)^{\frac{n}{2}} + (Z^2)^{\frac{n}{2}} \quad ④$$

式 ④ 仍是费马大定理.

如果 $q_1 = 2$,$b_1 \geqslant 2$,则式 ① 可改为

$$(X^{\frac{n}{4}})^4 = (Y^{\frac{n}{4}})^4 + (Z^{\frac{n}{4}})^4 \quad ⑤$$

关于式 ⑤,数学家们已证明定理成立.

现再假设式 ③ 中,$q_i > 2(1 \leqslant i \leqslant s)$,且 $b_i \geqslant 1$ $(1 \leqslant i \leqslant s)$,即 n 为奇复合数,这样可改式 ① 为

$$(X^{\frac{n}{q_1}})^{q_1} = (Y^{\frac{n}{q_1}})^{q_1} + (Z^{\frac{n}{q_1}})^{q_1} \quad ⑥$$

式⑥仍为费马大定理,故在以下证明中规定 n 为奇素数.

已知 $Y\neq Z$,不妨设 $Y>Z$,因已有 $X>Y$,故有

$$X>Y>Z \quad ⑦$$

$$(Y+Z)^n=Y^n+C_n^1Y^{n-1}Z+C_n^2Y^{n-2}Z^2+\cdots+C_n^{n-1}YZ^{n-1}+Z^n>X^n \quad ⑧$$

从式⑧可得

$$Y+Z>X>Y>Z \quad ⑨$$

证明　假设定理不成立,式①有正整数解,当然有

$$X=Y+a=Z+b \quad ⑩$$

已知 $X>Y>Z$,所以 $b>a\geqslant 1$.设 b 的标准分解式为

$$b={p_1}^{\alpha_1}{p_2}^{\alpha_2}\cdots{p_r}^{\alpha_r} \quad ⑪$$

其中,p_i 为素数,当 $i\neq j$ 时,$p_i\neq p_j$.

将式⑩及式⑪代入式①,可得

$$Y^n+Z^n=(Y+a)^n \quad ⑫$$

$$Y^n+Z^n=(Z+{p_1}^{\alpha_1}{p_2}^{\alpha_2}\cdots{p_r}^{\alpha_r})^n \quad ⑬$$

展开式⑫及式⑬得

$$Y^n+Z^n=Y^n+C_n^1Y^{n-1}a+C_n^2Y^{n-2}a^2+\cdots+a^n \quad ⑭$$

$$Y^n+Z^n=Z^n+C_n^1Z^{n-1}{p_1}^{\alpha_1}{p_2}^{\alpha_2}\cdots{p_r}^{\alpha_r}+C_n^2Z^{n-2}({p_1}^{\alpha_1}{p_2}^{\alpha_2}\cdots{p_r}^{\alpha_r})^2+\cdots+({p_1}^{\alpha_1}{p_2}^{\alpha_2}\cdots{p_r}^{\alpha_r})^n \quad ⑮$$

消去等式两边的同类项,得

$$Z^n=C_n^1Y^{n-1}a+C_n^2Y^{n-2}a^2+\cdots+a^n \quad ⑯$$

$$Y^n=C_n^1Z^{n-1}{p_1}^{\alpha_1}{p_2}^{\alpha_2}\cdots{p_r}^{\alpha_r}+C_n^2Z^{n-1}({p_1}^{\alpha_1}{p_2}^{\alpha_2}\cdots{p_r}^{\alpha_r})^2+\cdots+({p_1}^{\alpha_1}{p_2}^{\alpha_2}\cdots{p_r}^{\alpha_r})^n \quad ⑰$$

如式 ⑰ 成立,必有

$$p_1^{\beta_1} p_2^{\beta_2} \cdots p_r^{\beta_r} \parallel Y, \beta_i \geqslant 1 \tag{18}$$

否则式 ⑰ 不成立.

又因为 $Y + Z > X = Z + b$,所以 $Y > b$,设

$$Y = b + d = p_1^{\alpha_1} p_2^{\alpha_2} \cdots p_r^{\alpha_r} + d(\text{已知 } d > 0) \tag{19}$$

当然有

$$p_1^{\beta_1} p_2^{\beta_2} \cdots p_r^{\beta_r} \parallel d \tag{20}$$

否则式 ⑲ 不成立,再设

$$Y = p_1^{\beta_1} p_2^{\beta_2} \cdots p_r^{\beta_r} p, d = p_1^{\beta_1} p_2^{\beta_2} \cdots p_r^{\beta_r} q$$

当有

$$Y - d = p_1^{\beta_1} p_2^{\beta_2} \cdots p_r^{\beta_r} (p - q) = p_1^{\alpha_1} p_2^{\alpha_2} \cdots p_r^{\alpha_r} \tag{21}$$

当然有

$$p - q = p_1^{\alpha_1 - \beta_1} p_2^{\alpha_2 - \beta_2} \cdots p_r^{\alpha_r - \beta_r} \tag{22}$$

且

$$(p, q) = 1 \tag{23}$$

对于 α_i 与 β_i 之间($1 \leqslant i \leqslant r$),可雷同 α_1 与 β_1 的情况. 只有以下三种可能:

第一种:$\beta_1 > \alpha_1$;

第二种:$\beta_1 = \alpha_1$;

第三种:$\beta_1 < \alpha_1$.

如果属第一种,即 $\beta_1 > \alpha_1$,则式 ⑰ 不成立,与定理不成立的假设相矛盾.

再看第二、三两种:将 $Y = p_1^{\beta_1} p_2^{\beta_2} \cdots p_r^{\beta_r} p$ 代入式 ⑰,有

$$(p_1^{\beta_1} p_2^{\beta_2} \cdots p_r^{\beta_r} p)^n = C_n^1 Z^{n-1} p_1^{\alpha_1} p_2^{\alpha_2} \cdots p_r^{\alpha_r} + C_n^2 Z^{n-2} (p_1^{\alpha_1} p_2^{\alpha_2} \cdots p_r^{\alpha_r})^2 + \cdots + (p_1^{\alpha_1} p_2^{\alpha_2} \cdots p_r^{\alpha_r})^n \tag{24}$$

如属第二种情况,即 $\beta_1 = \alpha_1$,则式 ㉔ 两边同除以

$p_1{}^{\alpha_1}$ 后有

$$(p_2{}^{\beta_2} p_3{}^{\beta_3} \cdots p_r{}^{\beta_r} p)^n p_1{}^{(n-1)\alpha_1} = \mathrm{C}_n^1 Z^{n-1} p_2{}^{\alpha_2} \cdots p_r{}^{\alpha_r} + \mathrm{C}_n^2 Z^{n-2} p_1{}^{\alpha_1} (p_2{}^{\alpha_2} \cdots p_r{}^{\alpha_r})^2 + \cdots + p_1{}^{(n-1)\alpha} (p_2{}^{\alpha_2} \cdots p_r{}^{\alpha_r})^n \qquad ㉕$$

式 ㉕ 两边 p_1 的幂指数仍应一致. 已知

$$(n-1)\alpha_1 \geqslant 2$$

即 $n = p_1$，则由于恒有

$$p_1 \mid \mathrm{C}_{p_1}^i, 1 \leqslant i \leqslant p_1 - 1$$

故式 ㉕ 右边首项也应有因数 p_1，但其余各项 p_1 的幂指数均大于等于 2. 如式 ㉕ 成立，只有 $p_1 \mid Z$ 也成立. 因已知 $p_1 \mid Y$，故若式 ① 成立，必然有

$$(X, Y, Z) = p_1$$

这样，我们可令

$$X = p_1 X_1, Y = p_1 Y_1, Z = p_1 Z_1 \qquad ㉖$$

将式 ㉖ 代入式 ①，消去公因数 $p_1{}^n$，得

$$X_1^n = Y_1^n + Z_1^n \qquad ㉗$$

式 ㉗ 与式 ① 相比较，除前者无公因数 $p_1{}^n$ 外，两式完全一致，此后，可按此循环处理. 直至

$$X_r^n = Y_r^n + Z_r^n \qquad ㉘$$

且式 ㉘ 中不再有 $p_i (1 \leqslant i \leqslant r)$ 公因数为止，此时

$$X_r = X/b, Y_r = X_r - a/b, Z_r = X_r - 1$$

即

$$X_r = Z_r + 1 > Y_r > Z_r \qquad ㉙$$

此时 Y_r 绝非自然数，与定理不成立的假设相矛盾. 如此，则费马大定理得证.

如果是第三种情况，即 $\beta_1 < \alpha_1$，这又可以分为以下四种：

第一种：$n\beta_1 < \alpha_1$；

第二种：$n\beta_1 > \alpha_1 + 1$；

第三种：$n\beta_1 = \alpha_1$；

第四种：$n\beta_1 = \alpha_1 + 1$.

除以上四种外，再没有第五种情况.

现按顺序证明如下：

若属第一种，即 $n\beta_1 < \alpha_1$，则从式 ⑰ 看，显然有等式右边的各项 p_1 的幂均大于等式左边的 p_1 的幂. 故式 ⑰ 不成立. 得出矛盾. 故应排除 $n\beta_1 < \alpha_1$.

若属第二种，即 $n\beta_1 > \alpha_1 + 1$，从式 ⑰ 看，即使 $n = p_1$，等式两边 p_1 的幂也不平衡，除非 $p_1 \mid Z$ 成立. 这点在前面已作了证明. 这里就不赘述了.

若属第三种，即 $n\beta_1 = \alpha_1$，若 $n = p_1$，则有

$$p_1{}^{\beta_1+1} \mid Y$$

成立，这与式 ⑱ 相矛盾.

若在 $n\beta_1 = \alpha_1$ 时，并 $n \neq p_1$. 这在以下讨论：

从式 ⑩ 及式 ⑲，可发现有

$$Z = a + b \tag{30}$$

将式 ㉚ 两边各取 n 次方得

$$Z^n = d^n + C_n^1 d^{n-1} a + C_n^2 d^{n-2} a^2 + \cdots + a^n \tag{31}$$

由式 ⑯ ~ ㉛，得

$$d^n = C_n^2 (Y^{n-1} - d^{n-1}(a + C_n^2) Y^{n-2} - d^{n-2}) a^2 + \cdots + C_n^{n-1} (Y - d) a^{n-1} \tag{32}$$

已知定有

$$Y - d \mid Y^k - d^k, 1 \leqslant k \leqslant n - 1 \tag{33}$$

成立，且 $Y - d > 1$.

因 n 为素数，已知

$$n \mid C_n^i, 1 \leqslant i \leqslant n - 1 \tag{34}$$

成立，如式 ㉜ 成立，必然有

$$n \mid d \tag{35}$$

成立.这样又可以分别从四方面论证.

(i) 若 $n=p_i$(i 为 $2,3,\cdots,r$ 中之一),只需视 p_i 为 p_1,即为本证明中的第三种情况,此时定理成立;

(ii) 若 $n\neq p_i(1\leqslant i\leqslant r)$,这样从式 ㉜ 可发现,若 $n\mid Y$ 也成立,则有$(Y,d)=n$,这与式 ㉓ 相矛盾;

(iii) 若 $n\neq p_i(1\leqslant i\leqslant r)$,且 $n\mid a$ 及 $n\nmid Y$.此时,我们将式 ㉜ 改写为

$$d^n=\mathrm{C}_n^1Y^{n-1}a+\mathrm{C}_n^2Y^{n-2}a^2+\cdots+\mathrm{C}_n^{n-1}Ya^{n-1}-(\mathrm{C}_n^1d^{n-1}a+\mathrm{C}_n^2d^{n-2}a^2+\cdots+\mathrm{C}_n^{n-1}da^{n-1}) \tag{36}$$

观察式 ㊱ 的两端各项 n 的幂,先设

$$n^k\mid a,k\geqslant 1$$

若 k 取最小值 1,式 ㊱ 右端括号内的各项 n 的幂均为 $n+1$,所以,如式 ㊱ 成立,则必有

$$n^n\parallel \mathrm{C}_n^1Y^{n-1}a+\mathrm{C}_n^2Y^{n-2}a^2+\cdots+\mathrm{C}_n^{n-1}Ya^{n-1} \tag{37}$$

因为 $n\geqslant 3$,式 ㊲ 右端至少有两项,即使 $k=1$,式 ㊲ 右端首项仅有因数 n^2,而其余各项有因数 n^s.幂指数 s,第 t 项有 $s=t\cdot k$,故若式 ㊲ 及式 ㊱ 均成立的话,必有 $n\mid Y$ 成立.这与假设 $n\nmid Y$ 相矛盾.且式 ㊱ 右端所有项 n 的幂均为 $n+1$,式 ㊱ 不成立.

(iv) 若 $n\neq p_i(1\leqslant i\leqslant r)$,又 $n\nmid a,n\nmid Y$,从式 ㊱ 发现,一定有$(d,a)=m(m>1)$.此时 $a>1$,若 $a=1$,则从式 ㊱ 可得$(Y,q)=n(n\neq p_i)$,这与式 ㉓ 矛盾.

已知 $m>1$,此时必有 $a=m^{nt}$ 及 $m^t\parallel d$,否则有 $m\mid Y$.这样将有

$$(d,Y)=m,m\neq p_i$$

与式 ㉓ 矛盾.

最后,若属第三种,即 $n\beta_i=\alpha_i$,只有同时存在 $a=$

m^{nt} 及 $m^{t} \parallel d$ 时尚未证毕.

已知 $Y = {p_1}^{\alpha_1} {p_2}^{\alpha_2} \cdots {p_r}^{\alpha_r} + d = b + d$,将此代入式㊱,得

$$\begin{aligned} d^n = & \mathrm{C}_n^1 (d+b)^{n-1} a + \mathrm{C}_n^2 (d+b)^{n-2} a^2 + \cdots + \\ & \mathrm{C}_n^{n-2} (d+b)^2 a^{n-2} + \mathrm{C}_n^{n-1} (d+b) a^{n-1} - \\ & (\mathrm{C}_n^1 d^{n-1} a + \mathrm{C}_n^2 d^{n-2} a^2 + \cdots + \\ & \mathrm{C}_n^{n-1} d a^{n-1}) = \\ & \mathrm{C}_n^1 (\mathrm{C}_{n-1}^1 d^{n-2} b + \mathrm{C}_{n-1}^2 d^{n-3} b^2 + \cdots + \\ & \mathrm{C}_{n-1}^{n-2} d b^{n-2} + b^{n-1}) a + \\ & \mathrm{C}_n^2 (\mathrm{C}_{n-2}^1 d^{n-3} b + \mathrm{C}_{n-2}^2 d^{n-4} b^2 + \cdots + \\ & \mathrm{C}_{n-2}^{n-3} d b^{n-3} + b^{n-2}) a^2 + \cdots + \\ & \mathrm{C}_n^{n-2} (\mathrm{C}_2^1 d b + b^2) a^{n-2} + \mathrm{C}_n^{n-1} b a^{n-1} \end{aligned} \tag{38}$$

因已知 $b \parallel d^n$,$a \parallel d^n$ 或写为 $ab \parallel d^n$(因$(a,b)=1$)均成立.

但从式㊳看,若 $n > 2$,式㊳左端仅有 ab 因数,而式㊳右端所有项均有 $b^u a^v$ 因数,此时 u,v 符合以下条件,即

$$u \geqslant 1 + \frac{n-2}{n} = 2 - \frac{2}{n} > 1, 1 \leqslant v \leqslant 2 - \frac{2}{n}, n > 2$$

$u + v > 2$,所以式㊳不成立.

至此,我们已讨论了第三种情况,即 $n\beta_1 = \alpha_1$ 的一切情况,即在 $n\beta_1 = \alpha_1$ 时,定理也成立.

现在研究第四种情况,即 $b\beta_1 = \alpha_1 + 1$. 此时若 $n \neq p_1$,从式㉕又可导出 $p_1 \mid Z$ 成立,并可得

$$(X, Y, Z) = p_1 \tag{39}$$

这又回到式㉖～㉙证明过的情况.

若 $n = p_1$,从式㉜,仍可导出 $p_1 \mid a$,即有 $p_1 \mid Z$,得出式㊴.

至此，我们已讨论了一切情况，费马大定理都成立. 故费马大定理得证.

当然，我们还可以这样证，先将

$$X^n = Y^n + Z^n$$

中所有公因数全部约去，即成

$$X_1{}^n = Y_1{}^n + Z_1{}^n$$

此时，即

$$(X_1, Y_1, Z_1) = 1$$

然后又逐步导出$(X_1, Y_1, Z_1) = p_1$，得出矛盾，也可以得证定理成立.

当然有些人对自己的所谓证明还是心存怀疑，所以拿出来让众人评判一番. 以下是湖南攸县一中的王开利提供的一个所谓“证明”.

费马大定理　若 $n > 2, n \in \mathbf{N}$，则 $x^n + y^n = z^n$.

首先证明无正整数解.

证明　我们知道，只要证明 n 是大于 2 的素数时无整数解，就可推出费马大定理成立.

若 n 是大于 2 的素数，且有正整数解，则 $z^n = x^n + y^n < (x+y)^n$，所以$z < x + y$.

又因为 $z^n = x^n + y^n < (x+y)^n$，所以 $z < x + y$.

令 $z - x = a, z - y = b(a, b \in \mathbf{N})$.

所以 $z > x$，同理 $z > y$. 又因为 n 是大于 2 的素数，故 n 为奇数. 所以 $x + y$ 能整除 $x^n + y^n$(即 z^n).

故可令 $x + y = \frac{z^n}{c}(c \in \mathbf{Z})$. 联立得

$$\begin{cases} z - x = a & ⑩ \\ z - y = b & ⑪ \\ x + y = \dfrac{z^n}{c} & ⑫ \end{cases}$$

㊵ + ㊶ + ㊷ 得

$$2z = a + b + \frac{z^n}{c}$$

即
$$z(2 - \frac{z^{n-1}}{c}) = a + b$$

则由 $z, a, b \in \mathbf{N}$，有 $2 - \frac{z^{n-1}}{c} \in \mathbf{N}$；而且 $c < 2 - \frac{z^{n-1}}{c} < 2$，所以

$$2 - \frac{z^{n-1}}{c} = 1, c = 2^{-1}$$

代入 ③ 得

$$x + y = z$$

这与 $x + y > z$ 相矛盾. 故无整数解.

难道困惑了人类 300 多年的数学难题就这么简单地证明了?!

陈省身先生在"陈省身奖"第二届颁奖仪式上的讲话指出："我们一定要维持一个水平. 没有这个水平，普通一个人对数学有兴趣，有些老先生可以花很多时间，作一些费马问题、哥德巴赫问题. 我们要不断努力，最重要的是工作. 因为这些人缺乏数学训练，根本不了解什么叫作数学的证明. 像这类基本的训练，基本的了解，了解数学有个水平，我想大家也是应该做的." 当然做这些是需要下苦功的，陈省身先生还说："拓扑学要念进去或者数论要念进去，10 年苦功也许才能入门."

那些只读了几本初等数论书就以为可以解决大猜想，仿佛数学史从来没有存在过，仿佛哲学只是一门白痴的艺术，这种对前贤毫无敬畏之心的狂妄简直令人愤怒.

同样的业余证明也出现在企图给出素数个数的公式中，姚琦和楼世拓教授分析了此类错误的原因.我们用 $\pi(x)$ 来表示数值不大于 x 的素数的个数.素数定理是说：当 x 趋于无穷大时，$\pi(x) \approx \frac{x}{\lg x}$，也就是说，不大于 x 的素数的个数约为 $\frac{x}{\lg x}$.假如素数在正整数中的分布是均匀的，在每 $[\lg x]$ 个正整数中就应该有一个素数.但是，素数分布并不均匀，因此这是不可能的.克莱默在 1936 年借助于以概率理论为基础的方法提出一个猜想：当 $D=\lg^2 N$ 时，对任何自然数 N，N 与 $N+D$ 之间一定有素数.也就是说，在每 $[\lg^2 N]$ 个正整数中至少有一个素数.明显地，这比在黎曼猜想成立时得到的结论要强得多.

有人在粗略地观察素数定理的结论后，似乎对解决这一猜想找到了一线希望，由于 $\pi(x)$ 近似于 $\frac{x}{\lg x}$，而 $\pi(x-y)$ 近似于 $\frac{x-y}{\lg(x-y)}$，因此在 $x-y$ 与 x 间的素数个数 $\pi(x)-\pi(x-y)$ 应该近似于 $\frac{x}{\lg x}-\frac{x-y}{\lg(x-y)}$.如果 y 比 x 小得多，则这个数又与 $\frac{y}{\lg x}$ 差不多.只要 $\frac{y}{\lg x}>0$，就可以得到 $\pi(x)-\pi(x-y)>0$.即在区间 $(x-y,x]$ 中一定存在素数.这样一来，不仅克莱默的猜想得以解决（只要取 $y=\lg^2 x$），还可以得到更好的结果.但是这种想法是不正确的.为了找出上述证明的错误，让我们看一看素数定理的严格叙述：当 x 趋向于无穷大时，$\pi(x)$ 与 $\frac{x}{\lg x}$ 之商的极限是 1.这时，$\pi(x)$ 与$\frac{x}{\lg x}$之差比起$\frac{x}{\lg x}$来要小得多. 但是，当 x 很大时，$\frac{x}{\lg x}$ 本身就是一个很大的数，因而 $\pi(x)-\frac{x}{\lg x}$ 也可能很大. 同样地，当 $x-y$ 很大时，$\pi(x-y)-\frac{x-y}{\lg(x-y)}$ 也可能很大. 两个很大的数相减当然可能是一个很大的数，可见 $\pi(x)-\pi(x-y)$ 与 $\frac{x}{\lg x}-\frac{x-y}{\lg(x-y)}$ 可能相差甚远，因此两数不能被认为是近似相等的. 显然，由这种错误观点得出的结论是不正确的. 这个错误告诫我们，对待数学中的"近似"应十分慎重. 应特别注意其中的误差. 我们可以将素数定理表示为

$$\pi(x)=\frac{x}{\lg x}+A, A=O\left(\frac{x}{\lg x}\right)$$

上述记号 $O(\cdot)$ 表示当 x 趋于无穷大时，A 满足下式：$\lim\limits_{x\to\infty}\frac{A}{\frac{x}{\lg x}}=0$. 也就是说，$A$ 是比$\frac{x}{\lg x}$高阶的无穷小量.

自从阿达玛(Hadmard)、泊桑(Poussin) 在 1896 年分别独立地证明了这个定理以后，人们致力于研究素数定理的误差项，即研究 A 的最佳估计. 当今最好的结果是，1958 年维诺格拉多夫得到的 $A=O(x\mathrm{e}^{-a(\lg x)^{3/5+\varepsilon}})$. 这里的记号 $O(\cdot)$ 是表示：一定存在一个常数 C 使得

$$-Cx\mathrm{e}^{-a(\lg x)^{3/5+\varepsilon}}\leqslant A\leqslant Cx\mathrm{e}^{-a(\lg x)^{3/5+\varepsilon}} \quad ㊸$$

成立，上式中的 a 是某个正数；ε 可以取为任意小的正

数，也就是说对于无论多么小的正数 ε，式 ㊸ 都是成立的，但是 ε 不能等于 0. 式中 C 是一个仅仅与 a 和 ε 有关的正数.

另外，我们从前面素数定理的介绍中知道，人们已经得到了函数 $\pi(x)$ 的带误差项的表示式，一般称为渐近表示式. 而 $\pi(x)$ 的准确表示式，至今还无法得到. 我们在素数分布问题的研究中所得到的公式往往是渐近表示式. 这就使得许多分析工具在这些问题中难以直接使用.

$\pi(x)$ 的渐近表示式中 $\pi(x)$ 与其主要项 $\dfrac{x}{\lg x}$ 之差可用 $O(B)$ 表示. 当 x 变动时，$O(B)$ 有时是正数，有时是负数. 我们不禁要问：是否可以找到一个函数，它不仅是 $\pi(x)$ 的主要项，而且与 $\pi(x)$ 有一个固定的大小关系呢？我们如果用

$$\mathrm{li}\ x=\int_2^x \frac{\mathrm{d}u}{\lg u}+\mathrm{li}\ 2$$

$(\mathrm{li}\ 2\approx 1.04\cdots)$ 来代替 $\dfrac{x}{\lg x}$，不仅

$$\lim_{x\to\infty}\frac{\pi(x)}{\mathrm{li}\ x}=1$$

成立，而且 $\mathrm{li}\ x$ 比 $\dfrac{x}{\lg x}$ 更接近于 $\pi(x)$. 曾有人证明了 $\pi(10^9)<\mathrm{li}\ 10^9$. 经过千万次运算，人们似乎认为

$$\pi(x)<\mathrm{li}\ x$$

有可能成立. 如果这个不等式成立，$\pi(x)$ 与 $\mathrm{li}\ x$ 之差就有恒定的符号. 可是事与愿违，李特伍德在 1914 年证明了：一定有充分大的 x 存在，使得 $\pi(x)>\mathrm{li}\ x$，而且这样的 x 有无穷多个. 以后又有人证明了确有小于

$10^{10^{10^{10^3}}}$ 的整数 x 满足$\pi(x)>\mathrm{li}\ x$. 可见，不用说是 $\pi(x)$ 的准确表达式尚未得到，连 $\pi(x)$ 与它的主要项之间哪一个较大尚无一定规律. 从式 ㊸ 已经可以看到，素数定理的渐近表示式

$$\pi(x)=\frac{x}{\lg x}+O(B)$$

实质上一定存在正的常数 C 使如下的不等式成立，即

$$-CB\leqslant\pi(x)-\frac{x}{\lg x}\leqslant CB \tag{44}$$

我们在前面已经指出，在使用素数定理时不能将误差项随便去掉. 有些论文的作者不仅去掉了误差项，而且对 $\pi(x)$ 施行求导运算，即

$$\pi'(x)=-\frac{1}{\lg^2 x}+\frac{1}{\lg x} \tag{45}$$

还对函数 $\pi(x)$ 使用中值公式

$$\pi(x)-\pi(x-y)=\pi'(\xi)y \tag{46}$$

这里 $x-y<\xi<x$. 若取 $y=\lg^{1+\varepsilon}x$（ε 为任意正数），则由式 ㊺，$\pi'(\xi)y>1$，再由式 ㊻ 得到在区间$(x,x+\lg^{1+\varepsilon}x]$ 中必有素数. 这种错误的严重性不仅在于在素数定理中去掉了误差项，而且还在于对$\pi(x)$施行了求导运算. 从不等式 ㊹ 我们尚无法了解 $\pi(x)$ 的许多性质，当然不能随便使用分析工具.

当然并不是说使用初等方法不能碰费马猜想，可以用其得到一些粗浅的结论，如湖北的郑良俊只使用费马小定理和奇偶性分析可以证明不定方程 $x^p+y^p=z^p$ 无$(x,y,2p)$ 的解.

即不定方程

$$x^p+y^p=(2p)^p \tag{47}$$

只有解 $(2p,0)$ 和 $(0,2p)$.

证明　当 $p=2$ 时,㊼ 是

$$x^2+y^2=16 \quad ㊽$$

显然 ㊽ 有解 $(4,0)$ 和 $(0,4)$. 现设 (x_0,y_0) 是 ㊽ 的解,且 $x_1\neq 0$, $y_0\neq 0$,则

$$0<x_0^2<16, 0<y_0^2<16$$

故只可能有 $x_1=\pm 1,\pm 2,\pm 3$; $y_1=\pm 1,\pm 2,\pm 3$,但上面任意一组值都不满足 ㊽,故 ㊽ 无其他解,即 $p=2$ 时定理成立.

当 p 为奇素数,设 (x_0,y_0) 是 ㊼ 的一个解,且 $x_0\neq 0$, $y_0\neq 0$.

(i) 当 x_0, y_0 同正,则由 ㊼ 应有

$$0<x_0<2p, 0<y_0<2p \quad ㊾$$

从而

$$0<x_0+y_0<4p$$

但由 ㊼ 及推论有

$$x_0+y_0\equiv 0(\bmod p)$$

即

$$x_0+y_0=kp, k\in \mathbf{Z} \quad ㊿$$

综合 ㊾㊿ 有

$$x_0+y_0=p,2p,3p$$

若 $x_0+y_0=p$,则

$$x_0{}^p+y_0{}^p<(x_0+y_0)^p=p^p<(2p)^p$$

若 $x_0+y_0=2p$,则

$$x_0{}^p+y_0{}^p<(x_0+y_0)^p=(2p)^p$$

若 $x_0+y_0=3p$,则 x_0, y_0 一奇一偶,于是 $x_0{}^p$, $y_0{}^p$ 一奇一偶,从而 $x_0{}^p+y_0{}^p$ 为奇数,但 $(2p)^p$ 是偶数.

因此,x_0, y_0 同正时,(x_0,y_0) 不是 ㊼ 的解.

(ii) x_0, y_0 一正一负. 不妨设 $x_0>0$, $y_0<0$.

若 $x_0+y_0\leqslant 0$,则 $x_0{}^p+y_0{}^p\leqslant 0<(2p)^p$,这表明在 ⑤⓪ 中 k 取 0 或负整数时,(x_0,y_0) 不是 ④⑦ 的解,于是 ⑤⓪ 中 k 只能取 1,2,3,…

若 $x_0+y_0=p$,则 x_0,y_0 一奇一偶,由上述讨论此时 (x_0,y_0) 不是解.

若 $x_0+y_0\geqslant 2p$,即 $x_0\geqslant 2p-y_0=2p+|y_0|$,则

$$x_0{}^p+y_0{}^p\geqslant(2p+|y_0|)^p+y_0{}^p=(2p)^p+C_p^1(2p)^{p-1}|y_0|+\cdots+C_p^{p-1}2p|y_0|^{p-1}>(2p)^p$$

所以 $x_0+y_0\geqslant 2p$ 时也不是 ④⑦ 的解.

(iii) x_0,y_0 同负时显然不是 ④⑦ 的解.

综上所述,定理得证.

数学世界是公平的,没有“暴发”的可能,得到任何结论都要付出相应的代价.工具的高精尖决定了得到结论的优劣.而所谓“业余爱好者”的证明因其所花代价太小,所以无法得到真正有价值的东西,但也正因如此小代价大收获的诱惑,证明“屡禁不止”.在陈景润教授去世后几天,这种“证明”热浪又开始掀起.于是《光明日报》在同一天发表了两篇文章,力劝爱好者们及时回头.一篇是中科院数学所业务处写的,文章说“著名数学家陈景润院士去世以后,我们数学研究所收到比以前多得多的来信来稿,声称解决了哥德巴赫猜想.过去我们也曾收到成千上万类似的稿件,但没有一篇是对的,而且绝大多数错误不超出中学数学的常识范围.”陈景润在 1988 年出版的《初等数论》的前言中说:“一些同志企图用初等数论的方法来解决哥德巴赫猜想及费马大定理等难题,我认为在目前几十年内是

不可能的，所以希望青年同志们不要误入歧途，浪费自己的宝贵时间和精力.”

哥德巴赫猜想是数学中的一个古典难题，自 1742 年提出以来，已有 250 多年的历史. 经过中外数学家 200 多年的努力，虽然未能最终解决，但对各种研究途径和其中的困难之处已有了很深的了解. 陈景润于 1966 年证明了每个充分大的偶数都可表为一个素数和一个素因子个数不超过 2 的整数之和（简称为“1＋2”，证明全文发表于 1973 年《中国科学》），这是目前该领域的最好结果，但距离完全解决哥德巴赫猜想还很遥远. 哥德巴赫猜想看起来是个整数问题，实际上涉及非常复杂的三角和微积分的精确估计，属于经典分析的范畴. 这类问题的重要性在于：在研究的过程中，不断产生新思想、新理论、新方法，对整个数学的发展起到推动作用.

由于哥德巴赫猜想的表述非常简洁，稍加解释任何人都能明白它的意思，这使许多业余数学爱好者抱着侥幸的心理，误以为靠一些初等的方法或从哲学的认识论角度就可以证明它. 他们长年累月地冥思苦索，浪费了大量的时间和精力. 他们并不明白哥德巴赫猜想难在何处，也不懂得什么才是严格的数学证明. 在现代数学的研究领域，即使是做出很普通的成果，也需要长期的努力学习，打下良好的基础，达到大学数学系毕业的同等学力；对所研究领域的已有成果、方法和最新文献有较好的掌握；在所研究的课题上下一番苦工夫. 可惜的是，那些自认为解决了哥德巴赫猜想的同志，绝大部分连上面最起码的第一条都不具备. 许多同志只是从新闻报刊中了解到哥德巴赫猜想，根本没有认真读过一篇数学文献，甚至连中学数学和微积分都没有学好，显然还不具备数学研究的条件．这些同志无论花多少时间，也绝对不可能解决哥德巴赫猜想，就像用锯子、刨子去造宇宙飞船一样，是不可能成功的，因为缺乏必要的理论基础、工具和手段．希望业余数学爱好者不要再白白耗费时间去做无谓的“探索”．

另一篇是对哥德巴赫猜想颇有贡献的前数学研究所所长王元教授写的，他说：

> “哥德巴赫猜想是哥德巴赫在 1742 年写信给欧拉时提出的，即(A)：每个大于 4 的偶数都是两个奇素数之和．由(A)可以推出(B)：每个大于 7 的奇数都是三个奇素数之和．多年来，有些人凭一时的热情欲攻克猜想(A)，但他们既不了解这个问题 80 年来的成就，用的工具又原始，所以既浪费了宝贵的时间，又干扰了数学家的工作．潘承洞、杨乐和我本人多次对这种不正常现象提出劝告，比如，我本人 1984 年在国外出版的《哥德巴赫猜想》一书的前言中写道：可以确信，在哥德巴赫猜想的研究中，有待于将来出现一个全新的数学观念．意思实际是说用现有的方法不能解决这个问题．陈景润生前也有同样看法．”

另外，王元教授在另一篇写给中学生的关于评论数论经典问题的科普文章中，语重心长地对数论爱好者说：“最后我还想说几句说过多次而某些人可能不爱听的话．那就是研究经典的数论问题之前，必须首先对整个近代数学有相当的了解与修养,对前人的工作要熟习.在这个基础上认真研究,才可能有效.由于某些片面的宣传,使一些人误解为解决上述著名数论问题就是研究数论的唯一目的,就是摘下数学皇冠上的明珠,就是为国争光.只要我们能破除迷信,敢于拼搏就可以成功.这就难怪有些人在专攻这些问题之前甚至连大学数学基础课也没有学过,初等数论书也没有念过,更不用说对这些问题的历史成果有所了解了.他们往往把一些错误的东西误认为是正确的,以为把问题'解决'了.这样做不仅没有好处,反而是很有害的.这些年来,在这方面不知浪费了多少人的宝贵光阴,实在令人痛心,我衷心希望他们从走过的弯路中,认真总结经验,端正看法,有所反思,有所更改."

有一种值得注意的倾向是有些爱好者已将试图证明猜想改为自己提出猜想,以期与著名猜想那样受到世人瞩目.但数学圈偏偏又是那样"势利",只注重那些大家提出的问题,因为它有价值的概率大,而那些小人物往往是人微言轻,不被人重视.这是自然的,因为那些小人物还没有证明自己行,还没取得说话的资格.

目前民间许多业余爱好者提出了许多所谓的猜想,有些比较容易否定,有些则暂时无法证明或肯定,因为有一些是与著名的数论猜想具有某种等价性,随之而来的是将极端的困难性也传递了过来.

较典型的是,海南省的一位老农民梁定祥在劳动之余提出了一个类似哥德巴赫猜想的猜想:6 的任何倍数的平方,恰好是两组孪生素数之和.如

$$6^2=(13+11)+(5+7)$$

$$12^2=(61+59)+(11+13)$$

$$18^2=(151+149)+(11+13)$$
$$24^2=(271+269)+(19+17)$$
$$30^2=(249+247)+(103+101)$$

这一猜想可归入堆垒素数论.

它的解决将会遇到的第一个难题就是孪生素数是否有无穷多对？因为$(6n)^2$型数是无限的.它自然需要有无穷多对孪生素数来配合.

另一方面，将$(6n)^2=36n^2=18n^2+18n^2$，则如能证明$18n^2$都可以用两种不同的方式分成两素数之和，即

$$18n^2=p_1+p_2=p'_1+p'_2$$

这些加上再能证明(p_1,p'_1)，(p_2,p'_2)恰是孪生素数，也能证明.但前一部分已经涉及部分哥德巴赫猜想了，所以这一猜想将会有一定的难度.

最近，一次关于业余人士宣布证明了费马大定理的报道发表在《科学时报》上，是说中国航空工业总公司退休高级工程师蒋春暄宣布他发现了一种新的数学方法.用他的话来说，这种方法“具有许多优美的性质，对未来的数学将产生重大影响”，而证明费马大定理只不过是其中的一个应用而已.按照他的方法，证明费马大定理的论文只需要4页纸，而且也不需要任何最新的数论知识.因此他认为这才应当是当年费马所想到的证明.但与怀尔斯的证明不同的是，对蒋春暄来说，目前的尴尬倒不是无人喝彩，而是根本无人理睬.

自从1991年他在现已停刊的《潜科学》发表了他的证明后，只找到了有限的赞同者，但却从未收到过任何公开的来自学术上的反驳.1994年一位数学家曾将蒋春暄发表在《潜科学》的那篇文章写成评论，寄给了

美国的《数学评论》，但遭到了拒绝. 直到 1998 年才在一位美国人的帮助下发表在《代数，群，几何》上. 在报道这件事时，记者借用了一句流行歌曲的歌词："谁能告诉我是对还是错". 这也许是所有业余者的共同遭遇，从漠然和不置可否这点上说，数学家是吝啬和绝情的.

最近，蒋春暄又提供了新的所谓"证明".

利用初等函数（复双曲函数）我们研究指数 $4P$ 和 P 费马方程式，其中 P 是奇素数. 只要证明指数 4 就证明费马大定理. 我们用 12 行证明费马大定理. 本文回答三百年所有数学家没有解决问题：费马是否证明他的最后定理？1992 年我们回答：费马证明他的最后定理.

1974 年我们发现欧拉公式

$$\exp\left(\sum_{i=1}^{4m-1} t_i J^i\right) = \sum_{i=1}^{4m} S_i J^{i-1} \tag{51}$$

其中 J 称为 $4m$ 次单位根，$J^{4m}=1$，$m=1,2,3,\cdots$，t_i 是实数.

S_i 称为 $4m$ 阶具有 $4m-1$ 变量的复双曲函数

$$S_i = \frac{1}{4m}\left[e^{A_1} + 2e^H\cos\left(\beta + \frac{(i-1)\pi}{2}\right) + 2\sum_{j=1}^{m-1} e^{B_j}\cos\left(\theta_j + \frac{(i-1)j\pi}{2m}\right)\right] + \frac{(-1)^{(i-1)}}{4m}\left[e^{A_2} + 2\sum_{j=1}^{m-1} e^{D_j}\cos\left(\phi_j - \frac{(i-1)j\pi}{2m}\right)\right] \tag{52}$$

$$i=1,\cdots,4m$$

$$A_1 = \sum_{\alpha=1}^{4m-1} t_\alpha, A_2 = \sum_{\alpha=1}^{4m-1} t_\alpha (-1)^\alpha,$$

$$H=\sum_{\alpha=1}^{2m-1}t_{2\alpha}(-1)^{\alpha},\beta=\sum_{\alpha=1}^{2m}t_{2\alpha-1}(-1)^{\alpha}$$

$$B_j=\sum_{\alpha=1}^{4m-1}t_{\alpha}\cos\frac{\alpha j\pi}{2m},\theta_j=-\sum_{\alpha=1}^{4m-1}t_{\alpha}\sin\frac{\alpha j\pi}{2m}$$

$$D_j=\sum_{\alpha=1}^{4m-1}t_{\alpha}(-1)^{\alpha}\cos\frac{\alpha j\pi}{2m},\phi_j=\sum_{\alpha=1}^{4m-1}t_{\alpha}(-1)^{\alpha}\sin\frac{\alpha j\pi}{2m}$$

$$A_1+A_2+2H+2\sum_{j=1}^{m-1}(B_j+D_j)=0 \tag{53}$$

从式 ㊷ 我们有逆变换

$$e^{A_1}=\sum_{i=1}^{4m}S_i,e^{A_2}=\sum_{i=1}^{4m}S_i(-1)^{1+i}$$

$$e^{H}\cos\beta=\sum_{i=1}^{2m}S_{2i-1}(-1)^{1+i}$$

$$e^{H}\sin\beta=\sum_{i=1}^{2m}S_{2i}(-1)^{i}$$

$$e^{B_j}\cos\theta_j=S_1+\sum_{i=1}^{4m-1}S_{1+i}\cos\frac{ij\pi}{2m}$$

$$e^{B_j}\sin\theta_j=-\sum_{i=1}^{4m-1}S_{1+i}\sin\frac{ij\pi}{2m}$$

$$e^{D_j}\cos\varphi_j=S_1+\sum_{i=1}^{4m-1}S_{1+i}(-1)^{i}\cos\frac{ij\pi}{2m}$$

$$e^{D_j}\sin\varphi_j=\sum_{i=1}^{4m-1}S_{1+i}(-1)^{i}\sin\frac{ij\pi}{2m} \tag{54}$$

式 ㊸ 和 ㊹ 有相同形式.

从式 ㊸ 我们有

$$\exp\left[A_1+A_2+2H+2\sum_{j=1}^{m-1}(B_j+D_j)\right]=1 \tag{55}$$

从式 ㊹ 我们有

$$\exp\left[A_1+A_2+2H+2\sum_{j=1}^{m-1}(B_j+D_j)\right]=$$

$$\begin{vmatrix} S_1 & S_{4m} & \cdots & S_2 \\ S_2 & S_1 & \cdots & S_3 \\ \vdots & \vdots & & \vdots \\ S_{4m} & S_{4m-1} & \cdots & S_1 \end{vmatrix} =$$

$$\begin{vmatrix} S_1 & (S_1)_1 & \cdots & (S_1)_{4m-1} \\ S_2 & (S_2)_1 & \cdots & (S_2)_{4m-1} \\ \vdots & \vdots & & \vdots \\ S_{4m} & (S_{4m})_1 & \cdots & (S_{4m})_{4m-1} \end{vmatrix} \quad ⑯$$

其中
$$(S_i)_j = \frac{\partial S_i}{\partial t_j}[7]$$

从式 ⑮ 和 ⑯ 我们有循环行列式

$$\exp\left[A_1 + A_2 + 2H + 2\sum_{j=1}^{m-1}(B_j + D_j)\right] =$$

$$\begin{vmatrix} S_1 & S_{4m} & \cdots & S_2 \\ S_2 & S_1 & \cdots & S_3 \\ \vdots & \vdots & & \vdots \\ S_{4m} & S_{4m-1} & \cdots & S_1 \end{vmatrix} = 1 \quad ⑰$$

设 $S_1 \neq 0, S_2 \neq 0, S_i = 0$，其中 $i = 3, \cdots, 4m$. $S_i = 0$ 是 $(4m-2)$ 不定方程式具有 $(4m-1)$ 变量. 从式(4) 我们有

$$e^{A_1} = S_1 + S_2, e^{A_2} = S_1 - S_2, e^{2H} = S_1^2 + S_2^2$$

$$e^{2B_j} = S_1^2 + S_2^2 + 2S_1S_2\cos\frac{j\pi}{2m},$$

$$e^{2D_j} = S_1^2 + S_2^2 - 2S_1S_2\cos\frac{j\pi}{2m} \quad ⑱$$

例如，设 $4m = 12$. 从式 ⑬ 我们有

$$A_1 = (t_1 + t_{11}) + (t_2 + t_{10}) + (t_3 + t_9) + (t_4 + t_8) + (t_5 + t_7) + t_6$$

$$A_2 = -(t_1 + t_{11}) + (t_2 + t_{10}) - (t_3 + t_9) +$$

$$(t_4+t_8)-(t_5+t_7)+t_6$$

$$H=-(t_2+t_{10})+(t_4+t_8)-t_6$$

$$B_1=(t_1+t_{11})\cos\frac{\pi}{6}+(t_2+t_{10})\cos\frac{2\pi}{6}+$$

$$(t_3+t_9)\cos\frac{3\pi}{6}+(t_4+t_8)\cos\frac{4\pi}{6}+$$

$$(t_5+t_7)\cos\frac{5\pi}{6}-t_6$$

$$B_2=(t_1+t_{11})\cos\frac{2\pi}{6}+(t_2+t_{10})\cos\frac{4\pi}{6}+$$

$$(t_3+t_9)\cos\frac{6\pi}{6}+(t_4+t_8)\cos\frac{8\pi}{6}+$$

$$(t_5+t_7)\cos\frac{10\pi}{6}+t_6$$

$$D_1=-(t_1+t_{11})\cos\frac{\pi}{6}+(t_2+t_{10})\cos\frac{2\pi}{6}-$$

$$(t_3+t_9)\cos\frac{3\pi}{6}+(t_4+t_8)\cos\frac{4\pi}{6}-$$

$$(t_5+t_7)\cos\frac{5\pi}{6}-t_6$$

$$D_2=-(t_1+t_{11})\cos\frac{2\pi}{6}+(t_2+t_{10})\cos\frac{4\pi}{6}-$$

$$(t_3+t_9)\cos\frac{6\pi}{6}+(t_4+t_8)\cos\frac{8\pi}{6}-$$

$$(t_5+t_7)\cos\frac{10\pi}{6}+t_6$$

$$A_1+A_2+2(H+B_1+B_2+D_1+D_2)=0,$$

$$A_2+2B_2=3(-t_3+t_6-t_9) \quad ⑲$$

从式 ㊳ 和 ㊴ 我们有费马方程式

$$\exp[A_1+A_2+2(H+B_1+B_2+D_1+D_2)]=$$

$$S_1^{12}-S_2^{12}=(S_1^3)^4-(S_2^3)^4=1 \quad ⑳$$

从式 ⑲ 我们有

$$\exp(A_2+2B_2)=[\exp(-t_3+t_6-t_9)]^3 \quad ⑥①$$

从式 ⑱ 我们有

$$\exp(A_2+2B_2)=(S_1-S_2)(S_1^2+S_2^2+S_1S_2)$$
$$=S_1^3-S_2^3 \quad ⑥②$$

从式 ⑥① 和 ⑥② 我们有费马方程式

$$\exp(A_2+2B_2)=S_1^3-S_2^3=[\exp(-t_3+t_6-t_9)]^3 \quad ⑥③$$

费马证明式 ⑥⓪ 无有理数解对指数 4. 因此我们证明式 ⑥③ 无有理数解对指数 3.

定理　设 $4m=4P$，其中 P 是奇素数，$\frac{P-1}{2}$ 是偶数.

从式 ⑤③ 和 ⑤⑧ 我们有费马方程式

$$\exp\left[A_1+A_2+2H+2\sum_{j=1}^{P-1}(B_j+D_j)\right]=S_1^{4P}-S_2^{4P}=(S_1^P)^4-(S_2^P)^4=1 \quad ⑥④$$

从式 ⑤③ 我们有

$$\exp\left[A_2+2\sum_{j=1}^{\frac{P-1}{4}}(B_{4j-2}+D_{4j})\right]=[\exp(-t_P+t_{2P}-t_{3P})]^P \quad ⑥⑤$$

从式 ⑤⑧ 我们有

$$\exp\left[A_2+2\sum_{j=1}^{\frac{P-1}{4}}(B_{4j-2}+D_{4j})\right]=S_1^P-S_2^P \quad ⑥⑥$$

从式 ⑥⑤ 和 ⑥⑥ 我们有费马方程式

$$\exp\left[A_2+2\sum_{j=1}^{\frac{P-1}{4}}(B_{4j-2}+D_{4j})\right]=S_1^P-S_2^P=[\exp(-t_P+t_{2P}-t_{3P})]^P \quad ⑥⑦$$

费马证明式 ⑭ 无有理数解对指数 4. 因此我们证明式 ⑰ 无有理数解对所有奇素数指数 P. 我们证明费马证明了他的最后定理. 回答三百多年来所有数学家没有解决的问题：费马是否证明他的最后定理? 我们回答费马证明了他的最后定理. 用多种方法我们证明了费马大定理,可参看：

(1) 蒋春暄. 费马大定理已被证明，潜科学杂志，2,17－20(1992). Preprints (in English) December (1991). http://www.wbabin.net/math/xuan47.pdf.

(2) 蒋春暄.三百多年前费马大定理已被证明，潜科学杂志,6,18－20(1992).

(3)Jiang, C-X. On the factorization theorem of circulant determinant, Algebras, Groups and Geometries, 11. 371-377(1994), MR. 96a: 11023, http://www.wbabin.net/math/xuan45.pdf.

(4)Jiang, C-X. Fermat last theorem was proved in 1991, Preprints (1993). In: Fundamental open problems in science at the end of the millennium, T. Gill, K. Liu and E. Trell (eds). Hadronic Press, 1999, 555-558. http://www.wbabin.net/math/xuan46.pdf.

(5)Jiang, C-X. On the Fermat-Santilli theorem, Algebras, Groups and Geometries, 15. 319-349(1998).

(6)Jiang, C-X. Complex hyperbolic functions and Fermat's last theorem, Hadronic Journal Supplement, 15. 341-348(2000).

(7) Jiang, C-X. Foundations of Santilli Isonumber Theory with applications to new cryptograms, Fermat's theorem and Goldbach's Conjecture. Inter. Acad. Press. 2002. MR2004c: 11001, http://www.wbabin.net/math/xuan13.pdf. http://www.i－b－r.org/docs/jiang.pdf.

(8) Ribenboim. P. Fermat last theorem for amateur, Springer-Verlag, (1999).

注　蒋春暄先生是我国著名“民科”，多年来做了大量的“研究工作”. 对此，我们的态度是：坚决否定他的证明，但誓死捍卫他发表的权利. 对于现代社会，这很重要.

第18章 50年来数理学在法国之概况[①]

1 序　言

法国之于数理学，不但有长久及光荣之历史，即最近数十年来，彼邦一般学者之对于数理学之潜心研究，刻苦探讨，亦无处不足以使数理学得到新的材料和发展，此篇即就新的材料及进展略为述之.

这样广泛的一个题目，绝不是一短篇幅所能完事，所以择不精，语不详的

① 原名"About Mathematics and Physics in France during These 50 Years".

地方，在所难免，唯希读者谅之.

在19世纪前半世纪，打开数理研究此条大道者，要算是傅里叶、柯西及伽罗瓦诸氏.傅氏关于热学解析理论之著作，在数学物理中，可算是很有价值，现在研究物理学中许多微分方程所用之方法，在此著作中，已具端倪，又傅氏级数，在物理数学两方面，也都是很重要的.

至于柯西氏，则无论在纯粹数理学，或应用数理学中，皆有很大的功劳.我们知道，复变数函数论，柯西乃是最伟大的创造者，自他以后，高等数理分析，乃得了新的生命和发展.

谈到伽罗瓦氏，我们实禁不住要为科学伤心.伽氏是一个天赋之才，尤其在数理方面，特别地显出精彩，但可惜他仅活了21岁，即与他所爱的科学长别了！伽氏虽然青年夭折，但在数理学中，他却已有了不少的贡献，譬如群论之基础概念，系得自伽氏，并且他还应用于代数方程式论方面及证明！凡每一方程式，都有一代换群与之对应，在此代换群中，方程式之本性可以显出.此外，由他死前所留下的一封信，其中对于代数微分之积分方面，也有很重要的发现.

以上所述之三氏，乃近数十年来法国数理学之先导，凡学过数理学的人们，无有不景仰其伟大之建树而心向往者.

兹为便利起见，略将数理学分为数类，以叙述之.

2 解析函数论

解析函数创造者为柯氏,上边已经说过.柯氏以其常在勔勔劳劳、努力发掘宇宙知识之新宝藏,对于解析函数之论证,往往所用的形式,未免太简单,不易明了,然此并不能消灭其伟大之价值,盖解析函数之基础理论,自此已经成立,而永久不朽了.由于应用解析函数之定律于各特殊函数,往往容易得到此各特殊函数之主要特征.譬如椭圆函数论,就是不能磨灭的一例.首先研究双周期函数通论者为刘维尔,稍后埃尔米特乃求沿周期格之积分,并得简单分数基本展开式.此二氏者,皆应用解析函数之普通定理,以研究椭圆函数,而为柯氏之继起者,此外,菲耶氏(Puiseux),布里奥氏(C. A. Briot),布凯氏(J. C. Bouquet)等,亦皆为柯氏之继起者.菲氏之关于代数函数之著作,可算为开一新时代,因为自此以后,非单值函数之存在状态,始得精确之概念,并在此著作中,柯氏所指出之积分周期概念,也得到显明的基础.布、布二氏之工作,在微分方程方面为特多.又二氏在所著之椭圆函数论中,专为柯氏发扬光大之地方,亦颇不少.

由上所述,可见复变数函数论之起源,在法国是如何的发达和进步.近 50 年来,法国学者之专力于此方面者,还是很多.有些是在解析函数通论中用功,有些是在某特殊函数中探索.解析函数,至梅雷(H. C. R. Meray)及魏尔斯特拉斯时,曾经由基础上重新建造,他们均以整级数为其研究理论之基本元素,不过柯氏之观察点,就以后黎曼所采取的,与梅、魏二氏之观察点,不久即趋于一致.

最近在法国,对于解析函数之普通理论,贡献特多者,要算是埃尔米特,拉盖尔(Laguerre),庞加莱(H. Poincaré),皮卡(É. Picard),阿佩尔(K. I. Appell),吉尔萨(E. J. B. Goursat),班勒卫(P. Painlevé),阿达马(J. Hadamard)及波莱尔(É. Borel)诸氏.从前之证明关于沿界线之积分等于零之柯氏定理,系假设引函数在界线上为连续性,及至古尔萨氏,始证明此假设非为必要的.柯氏与其门徒,只论及单值函数(fonction uniforme)之极点.及至德国之几何学家魏氏,始注意及较复杂之奇性,这就所谓本性奇点(point singulier essentiel).至 1880 年,皮卡氏更进一步证明:凡单值函数在其孤立本性奇点之邻近,于任何已知之一值,均无穷次取之,至多只有二特别数值,可为例外.由此定理,曾经推出许多关于整函数之定理.此定理之证明法,皮卡氏系用模函数(fonction modulaire)之理论,至 1896 年,波莱尔氏始用初等数理学证明之,至 1916 年,蒙泰尔(P. Montel)氏又用解析函数正规族(famille normale)之理论证明之.自从以后,此定理遂成一普通及重要之定理.

自 1880 年后,以上所述之几个几何学家,对于单值函数之概论,皆有很精深的研究.譬如阿佩尔和班勒卫之多项式级数展开式,庞加莱及古尔萨之空位函数(fonction lecunaire lespace lecunaire),及最近蒙泰尔之各展开式等,皆是很有价值的发现,而在数理学中永垂不朽的.

整级数在收敛圆上之收敛性之研究,在数理学中,是一件很重要之工作.在此方面,达布氏(D. Darboux)曾得到一部分很好之结果.至于阿达马氏关于此问题之工作,则更精密高明,而为研究此问题之基础,并他还特别注意收敛为截线时(conpure)之情形.继续阿达马氏而研究者波莱尔,楼(Leau)及帕布里(Fabry)诸氏.帕氏曾证明,凡收敛圆周普遍为一截线.

在整函数论中,类(geure)之概念,自拉格尔氏始引用.凡整函数之类及其根之分布,有很密切的关联.庞加莱曾求得一必要条件,令某一整函数属于某已知之类,阿达马氏再证明此条件也是充分的,并创立系数之递减与根数之递增间之关系,及应用此种结果从研究黎曼氏在素数论(nomber primers)中所取之某一函数.波莱尔氏专力于整函数之根之分配,及某全等式之不可能性,并继阿达马氏而研究整函数之增性.最近,布特鲁(P. L. Boutroux),当儒瓦(Denjoy),瓦利隆(G. Valiron)诸氏,对于整函数之增性问题,皆有很精深的研究.

波莱尔氏所研究之可和发散级数,以其可以应用以研究整级数在其收敛圆外之推广,在分析学中,颇为重要.在此方面,班勒卫氏之贡献,也很不少.

在多值函数(fonction multiforme)概论中,难点很多,关此问题,庞加莱曾证明一惊人的定理:设已知含一变数之任何一多值函数,我们都能用含一助变数之单值函数,以表明此多值函数及其变数.由此定理,可见多值函数可变为单值函数而研究之(至少在理论方面).班勒卫氏对于多值函数论,曾将各种奇点做一合理的分类,此亦可算为很有价值的贡献.

若由一变数之函数而至二变数之函数,则其困难,不知增加几倍.柯氏之基本定理,自庞加莱后,始推广至二重积分,并由此推出有理函数之残数之概念.此外,庞氏还证明凡设含有本性奇之单值函数,皆可用二整函数表之.

兹略观各特殊函数.在各特殊函数中之最多研究者,要算是含一变数之代数函数,代数曲线之类(geure)之概念,在阿贝尔时,已具端倪,及至伽罗瓦氏始深究之,至黎曼氏及外氏时,再将此理论重为整理,并获得很多的改良.皮卡及庞加莱二氏,对代数微分之积分方面,皆有很精密的研究.阿佩尔氏尝从事研究乘数函数(fonction a multiplicateur)和第三种双周期函数之展开式.庞加莱之发现富克斯函数(fonction Fuchsienne)是近数十年来,数理学中最伟大的成就,而永垂不朽的.由此函数,他乃获得任何一代数曲线之单值函数助变表明法.凡与类高于单位之曲线对应之富克斯函数,均以全圆周或以在此圆周上之某之间断完备集(ensemble parfait discontiun)为本性奇点,此乃皮卡氏之一定理之结果,此定理是:若在一点之周围为单值性之二函数,系由类高于单位之一代数关系联络之,则此二函数不能以此点为孤立本性奇点.富克斯群(groupes Fuchsienne)之外还有较普遍的线性群,庞加莱称之为克莱因群(groupes Kleins),并研究之.在克莱因群中,圆周变为在各点皆有切线而无曲率之奇异曲线.

吾人于各函数,不但可展之为级数,或无穷乘积,而且可令其取连续分数之形状.拉格尔及哈尔方(Halphen)二氏,于此问题,曾指出许多很奇怪的情形.又斯蒂尔杰斯氏(T. Stieltjès)之笔记中,亦有关于某种连续分数之收敛性的普遍结论.

在多变数各特殊函数范围中,以阿贝尔函数最有研究.埃尔米特氏之关于此等函数之除法及变换法之著作,是很精密和明了的.黎曼氏所指出关于具有 $2n$ 周期数,含有 n 自变数之函数之周期数之关系,自庞加莱、皮卡及阿佩尔诸氏后,始得各种证明法.在此方面,库辛氏(P. Cousin)所获得者,很为丰富及精奥.他研究具有 $n+2$ 周期数,含有 n 自变数之函数之周期数之各种关系.阿佩尔之奇异函数,曾为汉伯尔(Humbert)之工作之对象,他所得之结论,不但有关于函数论,且与几何及数论皆有关系.此外,埃尔米特氏之于多项式,阿佩尔氏之发现超几何级数(séries hypergéometriques),皆是很有精彩的成就.

于庞加莱所研究之富克斯函数后,自然地,是要研究含有两变数的间断群,及与其对应之函数.皮卡氏曾研究其线性群,及某二次群,并获得广富克斯函数(fonctions hyper Fuchsiennes)和广阿贝尔函数(fonctions hyper Abeliennes).

3 微分方程式论

在17世纪中,力学之发展,乃是分析学伟大进步之起源.在科学历史中,此乃一关键时代.自此以后,才精确地知道,自然现象之研究,可以取数学之方式,并知道凡一组现象之改变,只是关于此组现象之现状,或至多也不过是一关于此组现象之现状及其无穷近之状态.若此,便产生了微分方程式,换言之,就是函数与引函数之关系. 此概念自 18 世纪以来,曾定了分析学及几何学之发展之方向. 由此可见微分方程论之重要.

第一次精密地证明微分方程式之积分之存在者为柯西氏. 当方程式及已知各项均为解析函数时,他之基本法则系应用强函数(fonction majorante). 首先证明偏微分方程组之积分之存在者为里奎尔(C. Riquier),笛拉褚(Delassus)和嘉当(Cartan)诸氏,不过嘉当氏之证明法,与里、笛二氏之证明法略有不同耳. 偏微分方程式之通积分(integrale générale)之存在,曾经过长时间的怀疑,即阿伯尔(Ampère)与柯西之观察点,亦各不同,及至古尔萨,始证明柯西之观察点比阿氏之观察点较为普遍.

若不假设方程式之各项为解析函数,柯氏也获得一法以证明普通微分方程式之积分之存在. 皮卡及班勒卫二氏又证明柯氏之法则凡于积分及微分系数为连续性之域内,皆可适用. 于普通微分方程式,皮卡氏还用逐次逼近法(methode d'appoximation succesives)以求其积分,并指出许多很有用的例. 以后阿达马、古隆(Coulon)、哥冬(Cotton)诸氏,在此方面,皆继续有所建树.

微分方程之特别简单者为线性微分方程. 首先研究线性微分方程之有理奇异点者(points singuliers réguliers)为德国之富克斯氏(I. L. Fuchs). 至于无理奇异点(points singuliers irréguliers)之研究者,则要以庞加莱为先导. 庞氏在此方面,曾有不少很有价值的贡献. 又在线性微分方程方面,庞氏还有一很有精彩的发现,这发现与他所研究之富克斯函数互有关联,这就是用富克斯级数(séries théta Fuchsiennes)以求具有有理奇异点之代数线性微分方程之积分法. 在特殊方程中, 如古尔萨之超几何方程 (equation hypergéométrique), 埃尔米特所积分之拉梅方程 (equation de Lamé), 其系数为双周期函数, 其积分为单值函数之皮卡方程, 及可用指数函数和有理函数以积分之哈尔方方程等, 皆是很精奥的发现.

在非线性微分方程中, 我们一般不能由特别积分以求通积分. 达布氏在某种方程中, 曾由某特别积分求出通积分, 这可算是很有价值的工作. 在此方面, 从前布里奥及布凯二氏所得之结果, 最初曾得庞加莱和皮卡二氏之补充, 其次又得欧顿尼 (Autonne) 和第拉 (Dulac) 二氏之继续工作, 然此皆属小范围的研究, 盖他们只注意于方程式中可看出之奇异点, 而于因积分而变之他种奇异点, 则未之道及也. 依班勒卫氏之研究所得, 凡此各奇异点, 在一级方程中, 皆为代数临界点 (points critiques algébriques). 依庞加莱氏, 凡具有代数临界点的一级方程, 皆可求出积分, 或变为黎卡提 (J. F. Riccati) 方程式. 后来, 皮卡氏再证明在此处, 庞氏所用之方法不能推至于二级方程. 总之, 在非线性方程研究中, 难点甚多, 及至班勒卫氏, 始藉他天资的敏锐, 探悉其中奥妙, 而将难关打破, 并获得具有固定临界点 (points ritiques fixer) 之各方程之形式. 随班勒卫氏已开之路而继续研究者, 为布特鲁, 冈比埃 (B. O. Gambier), 沙怡 (Chazy) 及卡尼 (Garnier) 诸氏, 并皆有很精彩的成就.

在实数域中, 微分方程之研究, 于几何及力学方面, 很为重要. 庞加莱对于由微分方程所决定之曲线问题, 曾有很多的著作. 在此方面之简单者, 为一次一阶方程.最先吾人所研究者,为奇异点,颈(cols),结(nolud)和焦点(foger)等之本性,其次乃为封闭积分曲线,及与一极限封闭积分曲线为渐近线(asymptote)之积分曲线.至在高次一阶方程方面,要算庞加莱,班勒卫和阿达马诸氏贡献最多.庞氏曾指明拓扑学(geometrie de situation)在此等问题中之作用,班氏曾研究在力学中之各轨迹线,阿氏曾证明在复连接(connexion multiple)及曲率曲面中,测地线(géodétiques)之形状可与积分之常数之算求特性有关.

能决定一偏微分方程之一积分之条件,很为复杂.在含有二变数的二阶线性方程中,最先为吾人所研究者,乃是由于经过二特征线(caractéristique)以求积分曲面问题.古尔萨氏在他的关于二阶偏微分方程著作中,曾有很多的重要发现.白洞(Bendon),阿达马,笛拉褚及黎鲁(Le Roux)诸氏,在特征曲线研究中,亦皆有很多的贡献.

在特征方程中,极限条件(conditions aux limites)往往得自几何学或物理学.普通所研究者,均系实数,并特征线之本性在所研究之问题中之作用,很为紧要.皮卡氏曾证明,在线性方程中,若特征线为虚数,则其积分乃为解析的.此等问题,甚为复杂,至今尚无普遍法则,不过我们往往可以应用以上所述之皮卡之逐次逼近法(approximation successives).在此方面,我们得自庞加莱、皮卡、阿达马、亚达马尔(d'Ademar)、罗伊(LeRoy)、古隆及日抚利(Gévrey)诸氏之贡献者很多.

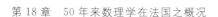

微分方程论在微分几何中,应用很多.在此方面,近几十年来,要以达布为领袖.他在曲面通论和正交曲

面等著作,确是很伟大的贡献,而永垂不朽的.在此等著作中,他同时发表他个人研究之所得,及用新的法则以叙述前人所已得之.此外,古尔萨、疑查尔(Guichard)和柯尼希(Koenig)诸氏在此方面,也皆有不少的发现.

4 数论、代数及几何

在上边之解析函数论及微分方程论中,我们已连带略述及数理学中之其他各部分,可是我们对于数论,代数,几何及群论等,仍不能不特别地再为述之.

在数论中,最负盛名之一个是埃尔米特氏.他的基本观念,系引入连续变数.在高等算术中,他的许多工作,皆由此观念产生.又他所创立之各法则,实已使数论由此别开生面.在1873年,埃氏曾有一不朽的发现,这就是纳氏对数底 e 为超越数(transcendante)之证明.随埃氏之后,德国几何学者林德曼(F. vonLindemann)又证明圆周与其直径之比 π 为超越数.

在高次代数方程论中,约当氏(C. Jordan)关于各型之等价论,很为重要,而使型论得到很大的进步.在二次型(forme guadratique)中,庞加莱曾引入新的观察点,而特别关于二次型之类(geure)方面.由于三元型(forme ternaire)之论证,庞氏又曾得到具有乘式定理(théoréme de multiplication)之一群富克斯函数.在各间断群中,皮卡和汉伯尔二氏曾应用埃尔特氏之连续可约法而为很精奥的研究,所得结果,很为美满.

在算术研究中,加因氏(Cahen)之工作及阿达马氏之关于素数之渐近论(théorie asymptotique),在数理历史中,可永垂不朽.

首先筑成代数方程式论之坚固基础者为伽罗瓦氏,在上边我们已经说过.近来,约当氏对于代换论及代数方程式论方面,曾发表很多精彩的著作.约氏深究伽罗瓦氏之思想,并关于本原群(groupes primitifs),可迁群(groupes transitifs)及合成群(groupes composés)等,增加很多重要发现.在代数方程式论中,约氏研究具有合成群之各方程式,并解决阿贝尔氏所命之一问题:试求已知次数及可用根号以解之各方程式,并判别某一方程式是否属于此各方程式中.此外在线性群(groupes linéaires)中,约氏还有很多工作.又古尔萨氏对此方面,也有相当的发现.

纯粹几何学及解析几何学,从来在法国是很发达的.譬如拉梅(G. Lamé),迷班(Dupin),彭赛列(J. — V. Poncelet),沙勒(M. Chasles)及贝特朗(J. L. F. Bertrand)诸氏,皆是很有贡献的几何学家.近来约当氏对于多面体及拓扑学等,皆有研究并发现两可任意伸屈之曲面之可互相贴合而不断裂及折叠之条件.拉格尔氏之工作之重要部分,系在几何方面.当他很幼时,已能补足彭赛列氏在投影几何中之著作,及后又扩充焦点论于代数曲线,及创立方向几何.第一次找到在平面中任何次双有理变换之例解者,为重哀尔氏(Jonquierés).稍迟,意大利之几何学者格摸纳氏(Cremona)乃创立双有理变换之普通理论.

哈尔方氏在几何方面最先是专力于查理氏之特征线(caractéristique)论,并解查理氏所不能解之一问题.在圆纹曲面(cyclique)论中,换言之,就是以无穷远圆为重线之四级曲面，要算拉格尔、达布及莫达尔(Montard)诸氏，最有研究. 达、莫二氏同时发现三次正交之圆纹曲面组. 达氏在他的关于曲线及曲面著作中，曾发表很多关于旋轮类曲线(courbes cyclides)及圆纹曲面之结论，并深究广阿贝尔函数与旋轮类曲线及圆纹曲面之关系. 在凯莱(A. Cayley)几何中，达氏曾得非欧几何在欧氏空间之表释法. 此结果往往有人归功于宠加莱氏，但其实乃达氏之发现.

哈尔方氏对于不平曲线(courbes ganches)曾有很多重要著作，此或是他在数理学中最有精彩的贡献. 在此等著作中，往往论及函数论，并作解析几何之高深研究. 哈氏曾将同次之曲线，分为各类，并引例证明他的分类法则之精确，他所举的例系将 120 次之各曲线，完全分类. 在诸伟大贡献中，哈氏曾指告我们以如何决定已知次数之一不平曲线之貌似二重点(points doubles apperents)之数之下限，并证明凡与此下限对应之曲线皆在二次曲面上.

几个特殊曲面曾特别地引起几何学家之注意者，为施泰纳(J. Steiner)曲面，及库默尔曲面等. 达布氏曾指出施泰纳曲面之渐近曲线(ligies asymptotiques)之几何产生法. 皮卡氏曾证明，施泰纳曲面为非正则曲面(surfaces non régleés)中之唯一曲面，其截线为有理曲线(courbes unicursales). 关于库默尔曲面，汉伯尔氏最有研究，并发现此等曲面之许多新的特性.

代数方程式论久已引出不变量(invariant)之概念，拉格尔氏在他的某一笔记中，曾告诉我们，此概念可以扩充至线性微分方程. 哈尔方氏也对于不因任何单应变换(transformation homogrephique)而变之微分方程做了很精密的研究，直线之微分方程及二次曲线之微分方程，就是此等方程之二例.结果哈氏创立了线性方程之不变量之全论，而在数理学中放出新的光芒.

群论乃代数学之基础，并自李氏(M. S. Lie)创立代数群论后，他在分析学中之作用，亦颇不少.在李氏之工作中，群论仅是分类原则(principe de classification)，乃至皮卡氏证明伽罗瓦氏对于代数方程式之观念如何能扩充至线性微分方程式后，群论乃成为简化原则(principe de reduction).随皮卡氏已开之路而继续研究者，有卫秀(Vessiot)和托哈(Drach)二氏.托哈氏首先证明有理群(groups de rationalité)之概念如何有扩充至一切普通微分方程或偏微分方程，这就他所谓为与几何积分或级数积分法或相反之逻辑积分也(integration logique).至于卫秀氏，则专研究伽罗瓦氏之理论，及其各种扩充情形，并已发表了不少很有精彩的著作.

在数理学中，普通的理论，往往必经特殊的应用后，始能在科学中占一坚固位置，可是在许多地方，以其理论太过广泛，若此特殊的应用，很不容易找到，即或找到，然而所得之结果，仅是已知之结果，在此各情形中，我们的理论，只是分类上颇有趣味，而非为发现新的真理之利器，因此，所以托哈氏之由于探索波曲面(surface des ondes)之曲率线(liques de courbure)之微分方程式之有理群，而求出久不能积分之方程式之积分一事，乃是很有价值的贡献，盖由此而群论之效用益见彰著也.

嘉当氏对于群论很有研究，尤其关于群之构造，及简单群之决定法等,贡献特多,在连续有限群中,李氏和其学生等已经创立了各原则,但无限群之原则,在那时候,还在探讨之中.乃至嘉当氏,才知道如何决定一切可迁的或不可迁的简单无限群,而为群论产生了许多新的材料.

5 实变数函数论及集合论

抽象分析学中之一重要对象为函数之研究,换言之,则求二变数或多变数间之关系.函数中之最常用者为实数解析函数,它乃分析学中之重要部分,自从柯西以后,在德国有狄利克雷研究展开函数为三角函数之可能性之条件,黎曼研究可积分函数及不可积分函数之分别,魏尔斯特拉斯氏找得一没有引函数之连续函数,换言之,就是没有切线之连续曲线.在法国有达布氏研究间断函数(fonction discontinue),并找得许多没有引函数之连续函数,约当氏研究有界变差函数(fonction *à* variation bornée),并找得分平面为二不同部分之约当曲线.实变数函数论得诸数学泰斗之苦心焦思,惨淡探索,遂愈臻精确,大为进步,而为研究自然现象之主要利器.

集合论(théorie des ensembles)之创造者,为德国之数学家康托.中间经许多数学家之辩论及努力,至今已能在数理学中占一位置.集合论在函数论及几何学中均有应用.首先给我们以点集测度(mesure d'un ensemble)之定义者,为约当氏.稍后波莱尔氏又研究此问题,并引入其测度为零之点集之概念.现在我们已知道有些定理，除在其测度为零之某一点集外，在其余各点，均为正确. 譬如波氏定理，即其一例，此定理是：凡有界解析函数除在其测度为零之某一点集外，均等于一收敛多项式级数. 又傅里叶级数，也是同样的例.

定积分(integrale définie)之研究，至黎曼氏后，几乎已登峰造极，不能再进了. 但近来以勒贝格之悉心研究，始知数理学的此块园地，并非已经完全开垦，没留余地可耕. 勒氏在此方面所得之结果，比黎氏的更为美满和普遍. 最近波莱尔氏对于定积分之理论，亦很有研究和贡献.

贝尔氏(R. L. Baire)曾将一切实变数函数分为各类，并求使一实变数可展为多项式级数之条件. 为要解答此问题，贝尔氏曾应用集合论. 在简单级数之情形中，所求之条件是要此函数对于任何完备集(ensemble parfait)都为点态不连续的(poutuellement discontinue). 勒贝格氏对于解析函数之研究与贝尔氏之研究，互有关联，也是很重要的.

在今日的分析学中，尚有一重要部分，这就是泛函演算(calcul fonctionnel). 此学之第一重要算是变分法(calcul des variations). 在一曲面上求由某一点到他一点之最短路线，乃是变分法之第一个问题，及后乃因力学中之各问题而渐次发达. 最近阿达马氏所发表的变分法一书，可算是很有价值的著作. 积分方程式论之创立者，为意大利之沃尔泰拉(V. Volterra)及瑞典之弗雷德霍姆(I. Fredholm)二氏，近来在法国甚为发达. 黎鲁氏(Le Roux)积分其上限为变数之方程式，古尔萨氏关于正交核(noyaux orthogonoux)有所发现，皮卡氏对于第一种方程式及奇异方程(equation singulieres)等,有所贡献,马底氏(Marty)对于可对称核(noyaux symétrisables),工作很多.此外,阿达马,莱维(A. Lévy)及弗雷歇(M. R. Fréchet)诸氏,在积分方程论方面,亦皆很有研究,并有所成功.

最后关于四元数(quaternions),我也要说几句.此学之创造者为英国哈密顿氏(S. W. R. Hamilton).此学在英国颇为通用,此学在物理及力学中略有应用.近来在法国庞加莱,沙儿候(Larran)、嘉当诸氏,对于此学,皆有相当的建树.

6 数理学与物理学之关系

在此篇中,我想若附带地说几句关于物理学与数理学之关系,并非无用的,盖此两种科学,好比是肢体相连的双生兄弟,绝不能使其分离而有所损失.

在许多人的眼光中,数学家好像是些奇怪的东西,整天的在抽象的符号里头过生活,讨烦恼,其实数理学的起源,并非抽象的,而却是有实验性的,而几何学更是物理学之一部分.我们知道,在纪元前,巴比伦(Babylone)人已经晓得若在一圆中,作一正六边形,则此六边形之每边等于此圆之半径,此种知识,无疑的是由实验得来.同样的,我们又知道,从前在埃及之测量土地者,已经知道若一三角形之各边之比为 3∶4∶5,则此三角形为一直角三角形.此等埃及及加尔德(Chalde)之实用几何,便是以后之理论之起点.

科学历史告诉我们,在纯粹的数理学与实用的数理学间,常有一个很密切的关联.譬如动力学及力学之发达,乃是数理学大进步之起点,就是一个很显著的例.无论奈端也好,伊梓斯(Huygens)也好,笛卡儿也好,他们都同时是数理学家,物理学家及机械学家.在数理研究中,当好像已经寻其底蕴,没有兴趣再进时,往往依赖于物理现象所生之问题,始之新的方向,而重为研究.譬如在希腊文化之晚年,几何学之理论,好似早已陷于停顿的状态,然以天文学之要求,三角学及球面几何学,乃以发达.我们知道,在现代的科学中,复变数函数论所占之地位如何重要,可是复变数函数之第一次发现,乃在达朗贝尔之关于流体阻力之笔记中.我们又知道,由于傅里叶之热学分析理论,曾经产出几多数学的问题.

由上可见物理学之研究,往往是数理学的发现之重要原因.从另一方面言之,数理学之所贡献于物理学者,也很重大.能使由归纳时期而进于演绎时期,能使各原理都得到一个简要方式,并由此而渐次推广,此皆是数理学之效能.我们知道,在力学中,假位移(deplacements virtnels)之原理,是多么简单,可是由于释述此原理之解析公式,我们所得之推广,则几乎与全部物理有关,我们又知道,在天体力学中所有者不过是宇宙引力的定律,及几个由观察得来之常数,然以运算之无穷变化,我们几乎能说明一切星球运动之特别状况.总之,数理学家好比是一个造模型者,而物理学家则将其由实验得来之结果,分别地放在各适当的模型中,而使容易知道自然现象之各种关系.

7 结　论

综上所述,我们可看出近来数理学在法国之概况及其趋势,并由此而因性所近,择定努力的方向,是即此篇区区之意也.

依上之分类法,有时同一问题,可以列入此一类,或他一类,故此并非自然的及十分逻辑的分类法,不过为便利叙述起见,不得不如此耳.

在数理研究中,往往易于太过形式主义(formalisme)及太过象征主义(symbolisme),而不能由已得之结果,求出新的真理,或应用已得之结果于别的研究,可是若在此情形中,科学是不会有实在的进步的,关此一点,法国之数理学者,好像是特别的注意,盖他们常不忘记科学并非纯粹逻辑之演习,而留意于新的真理之发现,及各真理之关联也.

上边我们曾略述数理学与物理学之关系,但我们不要以为数理学之目的乃专为求致用于物理学,盖数理学除为研究自然现象者供给必要的工具外,还有其哲学和美学的目的者也.